普通高等教育“十一五”国家级规划教材
21世纪高职高专规划教材（土建类）

建 筑 力 学

第2版

主　编　梁圣复
副主编　任世贤　梁秋道
参　编　孟凡深　赵丽君　武可娟
　　　　王智超　王昕明

机 械 工 业 出 版 社

本书是普通高等教育“十一五”国家级规划教材，是根据教育部有关文件精神的要求编写的，内容包括静力平衡，构件的强度、刚度和稳定性，结构的内力分析与计算等。本书每篇均有篇前提要，各章后有小结和习题，书后附有习题答案。本书取材理论联系实际，并通过141道例题的分析和204道习题的设置，帮助读者掌握全书内容。

本书可作为高等职业技术院校、高等学校专科、职工大学、业余大学、夜大学、函授大学、成人教育学院等大专层次的建筑力学教材，并可作为大学本科少学时的建筑力学教材和有关工程技术人员的参考书。

为方便教学，本书配备电子课件等教学资源。凡选用本书作为教材的教师均可登录机械工业出版社教材服务网 www. cmpedu. com 注册后免费下载。如有问题请致信 cmpgaozhi@ sina. com，或致电 010 - 88379375 联系营销人员。

图书在版编目（CIP）数据

建筑力学/梁圣复主编．—2版．—北京：机械工业出版社，2007.5（2018.1重印）

普通高等教育“十一五”国家级规划教育．21世纪高职高专规划教材．土建类

ISBN 978-7-111-08429-7

Ⅰ．建…　Ⅱ．梁…　Ⅲ．建筑力学－高等学校：技术学校－教材　Ⅳ．TU311

中国版本图书馆CIP数据核字（2007）第063825号

机械工业出版社（北京市百万庄大街22号　邮政编码100037）
策划编辑：余茂祚　责任编辑：赵志鹏
版式设计：冉晓华　责任校对：张晓蓉
封面设计：马精明　责任印制：李　昂
三河市宏达印刷有限公司印刷
2018年1月第2版第16次印刷
184mm×260mm·25.75印张·635千字
50001—51900册
标准书号：ISBN 978-7-111-08429-7
定价：49.50元

凡购本书，如有缺页、倒页、脱页，由本社发行部调换

电话服务
服务咨询热线：（010）88361066
读者购书热线：（010）68326294
（010）88379203

网络服务
机 工 官 网：www. cmpbook. com
机 工 官 博：weibo. com/cmp1952
教育服务网：www. cmpedu. com
金 书 网：www. golden-book. com

21 世纪高职高专规划教材
编 委 会 名 单

第2版前言

本书是根据2005年7月在北京召开的21世纪高职高专规划教材编写会议的要求编写的，并被教育部评为“普通高等教育‘十一五’国家级规划教材”。

建筑力学（第1版）于2001年9月由机械工业出版社出版，历时5年，重印7次，印数达2万1千册，深受读者欢迎。根据我国高等职业教育教学改革的发展趋势，为了满足素质教育与创新精神培养的要求，我们又重新组织多所院校有经验的教师对全书进行了全面的修改、充实、提高和完善，使教材的思路更清晰，内容更合理，特点更鲜明。

- 考虑到知识的不断更新和工程实际的需要，《建筑力学》（第2版）在保证原有体系的系统性、完整性的前提下，根据专业的需要，在内容上进行了重新挑选、更新、优化、组合。书中删去高职高专学生所不需要掌握的内容，对部分内容进行了简化处理，增加了与注册建筑师考试关系密切的内容等，从而满足了社会对人才知识结构的需求。
- 第2版书的编写中，结合了当前高职高专学生的实际情况，尽量减少繁琐的公式推导和数学运算，从内容讲解到实际引例，从插图到习题等，均进行了仔细的研究与探讨。在修订过程中，注重从培养学生分析问题和解决问题的能力上下功夫，使第2版教材的内容更加合理和适用。
- 本书是根据高等职业技术院校教学要求编写的，取材尽量做到理论联系实际。为了在有限的学时内掌握好三大力学基本知识，真正提高素质教育和创新能力，第2版书中新增加了一些与专业知识有密切联系的工程实例，加强了针对性，开拓了学生的视野，增强了创新意识，达到了学以致用的目的。
- 第2版书中不仅保留了每一篇的篇前提要和每一章的小结，使读者了解重点和难点，同时为了适应不同程度学生的需要，我们还充实了习题的数量，并在书后附上习题答案，帮助读者掌握书中的内容。另外，例题的讲解也作了一些改革，有些例题详解，而有些题则略解并引导学生自己完成，以增强学生自主学习的意识。
- 第2版书保持了3篇内容各自相对的独立性和理论的系统性的同时，不仅考虑到它们的相互联系和融合，同时还注意到与其他相关课程的衔接和延续问题。经过全体编者进一步推敲、加工、整理，使第2版书的内容更简明，重点更突出，构架更合理，更具有适用性，很好地体现出高职教育的特色。
- 在编写时由于《金属材料　室温拉伸试验方法》GB/T228—2002标准与之配套的剪切、扭转等新标准尚未颁布，新旧符号与术语全书难以统一。为此，本书的符号与术语仍采用GB/T228—1987标准。为方便读者并把新旧标准符号与术语对照列于附录A。

本书总课时为96学时左右，各院校可根据实际情况取舍。

本书由大连理工大学梁圣复（第1、4、5、6章）、洛阳大学梁秋道（第9、11、12章）、孟凡深（第7、8、10章）、赵丽君（第13、14章）、扬州工业职业技术学院任世贤（第15、16、19、22章）、王智超（第17、21章）、王昕明（第18、20章）、日照职业技术学院武可娟（第2、3章）编著。大连理工大学郑芳怀教授审阅了全书，并提出了修改意见。机械工业出版社和大连理工大学对本书的出版给予了大力支持。编者一并表示诚挚的谢意。

本书虽经再版修订，但书中难免还有不少缺点与不足，诚恳希望广大读者提出宝贵意见，以便下次修订时改进。

您的意见和建议可通过信函与梁圣复联系：大连理工大学建筑与艺术学院（116023）

也可通过电话直接与梁圣复联系：0411-84708532。

编　者

主要符号表

符　号	符号意义	常用单位	符　号	符号意义	常用单位
A	面积	m^2	S_x,S_y	静矩	m^3
C	弯矩传递系数		T	内扭矩	N·m
e	偏心距	m	V	体积	m^3
e_f	形状改变比能	J/m^3	W	重力，功，虚功	N，N·m
e_v	体积改变比能	J/m^3	W_p	抗扭截面系数	m^3
E	弹性模量	Pa	W_x，W_y	抗弯截面系数	m^3
E_v	弹性变形能	N·m	x，y，z	坐标轴	
f	挠度	m	x_c，y_c，z_c	形心坐标	m
F	集中力，集中荷载	N	γ	切应变，侧移刚度系数	无，N/m
F_A	A处支座反力	N	δ	断后伸长率，广义位移	%，m，rad
F_{Ax}，F_{Ay}	A处支座反力分力	N	Δ	广义位移	m，rad/m
F_{cr}	临界力	N	ε	线应变	
F_H	拱的水平推力	N	η	剪力分配系数	
F_N	轴力	N	θ	单位长度扭转角，转角	rad/m，rad
F_R	合力	N	$[\theta]$	单位长度许用扭转角	rad/m
F_S	剪力	N	λ	长细比或柔度	
F_V	拱的铅垂反力	N	μ	泊松比，力矩分配系数，长度分配系数	
G	切变模量	Pa	σ	正应力	Pa
h	高度	m	σ_b	抗拉强度	Pa
i	线刚度	N·m	σ_{bs}	挤压应力	Pa
i_x，i_y	惯性半径	m	σ_{cr}	临界应力	Pa
I_p	极惯性矩	m^4	σ_e	弹性极限	Pa
I_x，I_y	惯性矩	m^4	σ_p	非规定比例伸长应力	Pa
I_{xy}	惯性积	m^4	σ_r	相当应力	Pa
l	长度，跨度	m	σ_s	屈服点	Pa
M	弯矩	N·m	σ_u	极限应力	Pa
M_e	外力偶矩	N·m	σ_1，σ_2，σ_3	主应力	Pa
n	转速，安全因数	r/min，无	$[\sigma]$	许用正应力	Pa
P	功率	kW	τ	切应力	Pa
q	均布荷载集度	N/m	$[\tau]$	许用切应力	Pa
r，R	广义反力	N	φ	扭转角，稳定系数	rad/m，无
S	转动刚度	N·m	ψ	断面收缩率	%

目　录

第3篇　结构的内力分析与计算

第1篇　静 力 平 衡

本篇研究的对象是刚体，研究的主要内容是物体在力系作用下的平衡问题。包括力的基本性质、力系的合成规律以及力系平衡理论。

静力平衡问题是本门课程最基本的问题之一。通过学习，要对物体的平衡有明确的概念，能熟练运用平衡条件进行计算。平衡条件是物体受力分析必须满足的条件，其应用很广，在工程技术中有着重要的地位和作用。后面各章和后续某些课程都离不开力的平衡分析，而其理论基础是在本篇中奠定的。

第1章　基本知识与物体的受力分析

1.1　基本概念

1.1.1　刚体

刚体就是在力的作用下不发生变形的物体。在本篇中所研究的物体都是刚体。在自然界中，任何物体在力的作用下都将发生变形，但如果物体的变形尺寸与其原始尺寸相比很小，在所研究的力学问题中，忽略此变形后对研究结果的精确度并无显著影响，就可以把这个物体抽象化为刚体，从而使所研究的问题得到简化。可见，刚体是由实际物体抽象得出的一种理想的力学模型。

1.1.2　力

1. 力的定义　力是物体间相互的机械作用，这种作用使物体的运动状态发生改变或引起物体变形。

2. 力的三要素　力的大小、方向、作用点是力的三要素。力的三要素表明力是矢量，这个矢量可用一个带箭头的线段来表示，此有向线段的起点或终点表示力的作用点，故力是定位矢量。本书中用黑体字 $\boldsymbol{F}$ 表示力矢量。图1-1就表示了物体在 A 点受到力 $\boldsymbol{F}$ 的作用。

在力的三要素中，力的大小表示物体相互间机械作用的强弱程度；力的方向表示物体间的机械作用具有方向性；力的作用点表示物体所受机械作用的位置。力的三要素中的任何一个如有改变，则力对物体的作用效果也将改变。

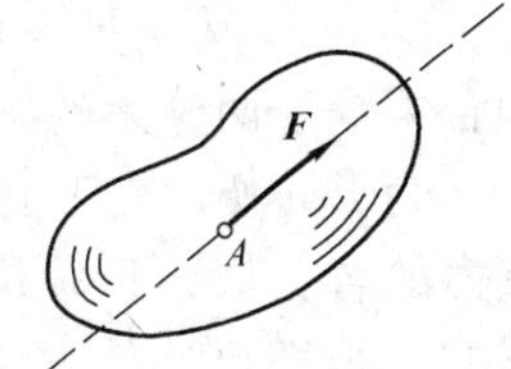

图1-1　力矢量

3. 力的单位　国际单位制中力的计量单位是“牛顿”，简称“牛”，英文字母“N”和“kN”分别表示“牛”和“千牛”。

4. 力的作用效应　力对物体的作用要同时产生两种效应：运动效应与变形效应。改变物体运动状态的效应称为运动效应（或外效应）；使物体变形的效应称为变形效应（或内效应）。内效应在第 2 篇和第 3 篇中研究，本篇只研究外效应。

1.1.3 力系

作用在物体上的一组力称为力系。一个较复杂的力系，总可以用一个和它作用效果相等的简单力系来代替。在不改变作用效果的前提下，用一个简单力系代替复杂力系的过程，称为力系的简化或力系的合成。如果一个物体在两个力系分别作用下其效应相同，则此二力系称为等效力系。

1.1.4 平衡

物体相对于地面处于静止或作匀速直线运动的状态称为平衡。平衡是相对的，是有条件的。要使物体平衡，作用在它上面的力系必须满足一定的条件。这些条件称为力系的平衡条件，使物体平衡的力系称为平衡力系。

1.1.5 荷载

主动作用于结构的外力称为荷载。在工程结构物所受的荷载中，除了其作用范围可以不计的集中荷载外，有时还可有作用于整个物体或其某一部分上的分布荷载。当荷载分布于某一体积上时，称为体荷载（如物体的重力）；当荷载分布于物体的某一面积上时，称为面荷载（如风、雪、水等对物体的压力）；而当荷载分布于长条形状的体积或面积上时，则可简化为沿其长度方向中心线分布的线荷载（如梁的自重）。

物体上每单位体积、单位面积或单位长度上所承受的荷载分别称为体荷载集度、面荷载集度或线荷载集度，它们各表示对应的分布荷载密集的程度。荷载集度要乘以相应的体积、面积或长度后才是荷载（力）。如荷载是均匀分布的则称为均布荷载；否则，即为非均布荷载。

线荷载集度的单位是 N/m（牛/米）等，面荷载集度的单位是 N/m^2（牛/$米^2$），体荷载集度的单位是 N/m^3（牛/$米^3$）。

1.2 静力学公理

在静力分析方面，经长期经验积累与总结，又经实践反复检验、证明是符合客观实际的普遍规律，称为静力学公理。它们是力学中基本的客观规律，是研究力系的简化和平衡的主要依据。

【公理 1】 力的平行四边形法则

作用于物体上同一点的两个力可合成为作用于该点的一个力，此合力的大小和方向由以原来二力为邻边所构成的平行四边形的对角线来表示（见图 1-2a）。如以 $\boldsymbol{F}$ 表示合力，以 $\boldsymbol{F}_1$、$\boldsymbol{F}_2$ 分别表示原来的两个力（称为分力），则有

$$\boldsymbol{F} = \boldsymbol{F}_1 + \boldsymbol{F}_2 \tag{1-1}$$

即合力等于两分力的矢量和。

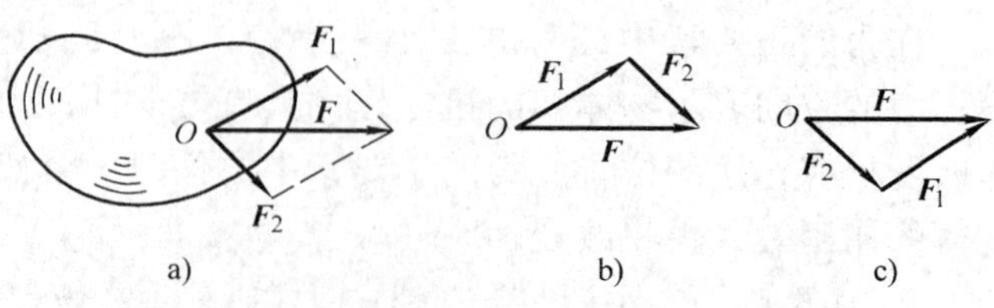

图 1-2 力的平行四边形法则

为了简便，在利用作图法求两共点力的合力时，只须画出力平行四边形的一半即可。其方法是：先从两分力的共同作用点 O 画出某一分力，再自此分力的终点画出另一分力，最后由 O 点至第 2 个分力矢的终点作一矢量，即为合力 $\boldsymbol{F}$，这称为力的三角形法则（见图 1-2b、 c）。

力的平行四边形法则是最简单的力系合成的法则，是力系合成、分解的基础。因每个矢量包含大小、方向两个量，故式（1-1）共有6个量。要使合成、分解有惟一确定的解，就必须知道任何4个量。

【公理2】 二力平衡原理

刚体在两个力作用下保持平衡的必要与充分条件是：此二力等值、反向、共线。图1-3所示为某刚体同时受到等值、反向、共线的两个力 $\boldsymbol{F}$ 和 $\boldsymbol{F}'$ 的作用，显然，该刚体是平衡的。

应当指出，本原理只适用于刚体。对变形体，这个平衡条件是不充分的。例如，一根绳索两端受大小相等、方向相反的拉力能平衡，若是压力则不能平衡。

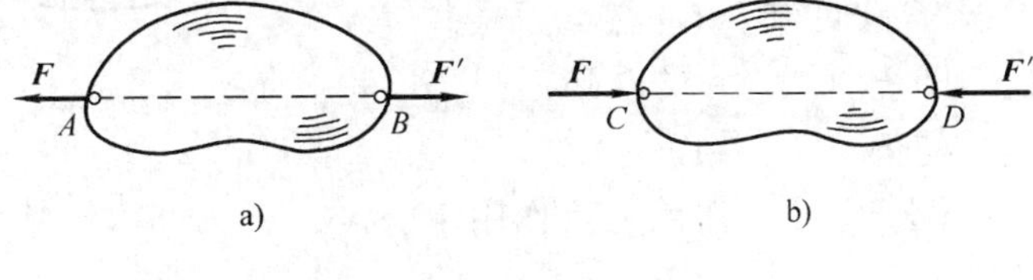

图1-3 二力平衡原理

a）拉力作用时 b）压力作用时

【公理3】 加减平衡力系原理

在作用于刚体上的任一力系中加上或减去任意平衡力系，都不改变原来力系对刚体的作用效应。这就是加减平衡力系原理。

因平衡力系对刚体的运动效应为零，它不能改变刚体的运动状态，故本原理的正确性是显而易见的。而对于变形体，加减平衡力系会改变其受力情况，而引起物体内、外效应的改变，故本原理只适用于刚体。

根据上述3个公理，可以推导出下面2个重要的推论。

（推论1） 力的可传性原理

作用在刚体上的力可沿其作用线移动到刚体内任一点，而不改变该力对刚体作用的效应。这就是力的可传性原理。

设力 $\boldsymbol{F}$ 作用于刚体上的 A 点（见图1-4a）。今在力的作用线上任选一点 B，并于 B 点处加上互相平衡的两个力 $\boldsymbol{F}_1$ 与 $\boldsymbol{F}_2$（见图1-4b），且使

$$\boldsymbol{F}_1 = -\boldsymbol{F}_2 = \boldsymbol{F} \qquad (1\text{-}2)$$

由加减平衡力系原理可知，$\boldsymbol{F}_1$、$\boldsymbol{F}_2$、$\boldsymbol{F}$ 三个力所组成的力系与原来的力 $\boldsymbol{F}$ 等效。再从该力系中减去由 $\boldsymbol{F}$ 与 $\boldsymbol{F}_2$ 组成的平衡力系后留下的力 $\boldsymbol{F}_1$（见图1-4c）也应与原来的力 $\boldsymbol{F}$ 等效。由此力的可传性原理便得到了证明。

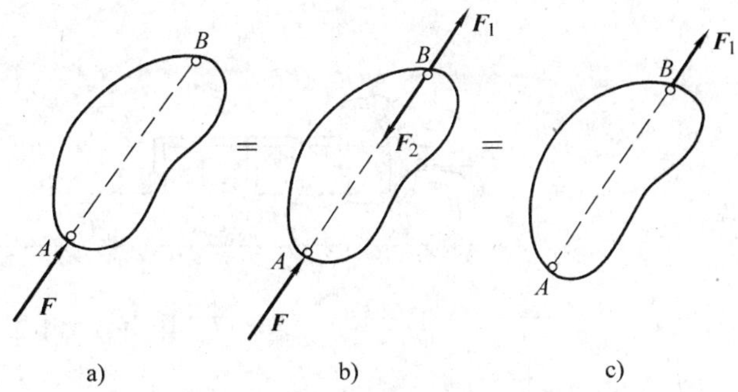

图1-4 力的可传性原理

显然，力的可传性原理只适用于刚体而不适用于变形体。因若改变变形体所受之力的作用点，则物体上发生变形的部位也将随之而改变，这就改变了力对物体的作用效应。可见，对于刚体，力的三要素又可表叙为力的大小、方向、作用线。

（推论2） 三力平衡汇交定理

刚体上共面且不平行的三个力若平衡，则此三力的作用线必汇交于一点。这就是三力平

衡汇交定理。

设作用于刚体上的平衡力系由 3 个不平行的力 $\boldsymbol{F}_1$、$\boldsymbol{F}_2$ 与 $\boldsymbol{F}_3$ 组成，且其中任意二力（例如 $\boldsymbol{F}_1$ 与 $\boldsymbol{F}_2$）的作用线交于一点 O（见图 1-5a）。今将力 $\boldsymbol{F}_1$ 与 $\boldsymbol{F}_2$ 均沿各自的作用线移到 O 点使其成为两共点力并求出它们的合力 $\boldsymbol{F}_{12}$（见图 1-5b）。由于 $\boldsymbol{F}_{12}$ 与其两分力 $\boldsymbol{F}_1$ 和 $\boldsymbol{F}_2$ 等效，所以 $\boldsymbol{F}_{12}$ 应与 $\boldsymbol{F}_3$ 平衡。再由二力平衡条件可知，$\boldsymbol{F}_3$ 必与 $\boldsymbol{F}_{12}$ 共线，即 $\boldsymbol{F}_3$ 的作用线也必通过 O 点并与 $\boldsymbol{F}_1$、$\boldsymbol{F}_2$ 共面。

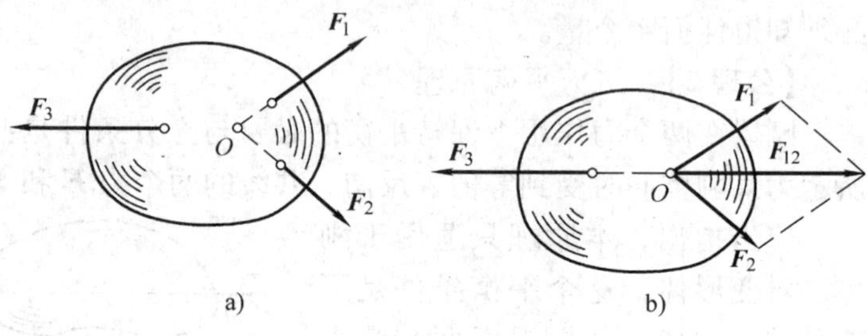

图 1-5　三力平衡汇交定理

【公理 4】 作用与反作用定律

两个物体之间的作用力和反作用力，总是大小相等、方向相反、作用线共线，且分别作用在两个相互作用的不同物体上。这一普遍规律叫做力的作用与反作用定律。它指出了物体之间相互作用力的关系，同时也表明，对于两个相互作用的物体，力有成对出现的性质。

人站在地面，则人对地面作用一个压力，而地面对人也作用一个向上的反力；当我们用拳头碰击墙壁时，手给墙壁一个作用力 $\boldsymbol{F}$，而拳头也会受到墙壁的一个反作用力 $\boldsymbol{F}'$（见图 1-6）；图 1-7 中所示的挂车受到汽车的拉力 $\boldsymbol{F}$ 的作用，与此同时，挂车以力 $\boldsymbol{F}'$反作用于汽车。这里共列举了三对作用力与反作用力的例子，其中任何一对均等值、反向、共线且同时存在并分别作用于两个不同的物体上。

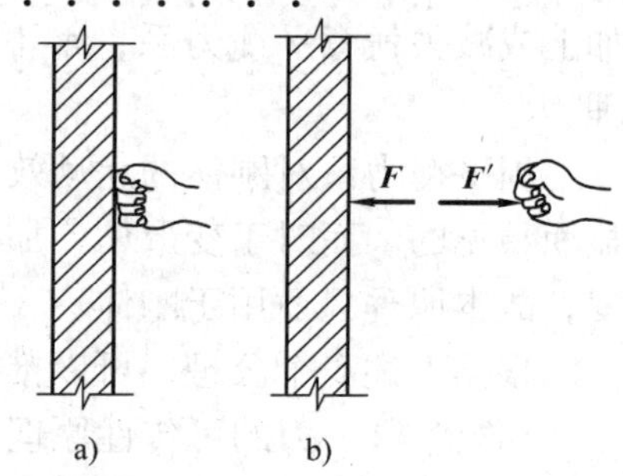

图 1-6　作用与反作用定律实例 1
a）实例　b）受力分析

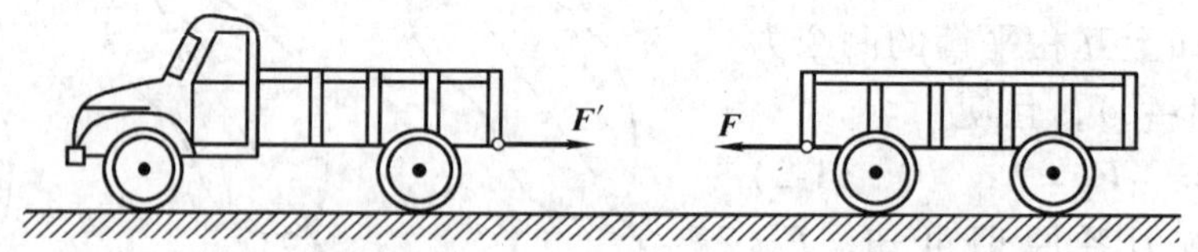

图 1-7　作用与反作用定律实例 2

1.3　约束与约束反力

任何物体都是不能独立存在的，都要受到其他物体的制约。在工程中，将能自由地向空间任意方向运动的物体称为自由体。如工地上工人上抛的砖就属于自由体。在空间某一方向运动受到阻碍或阻止的物体称为非自由体。其实组成建筑物的各种构件都不能自由运动，所以都属于非自由体。本书只研究非自由体。

在工程中，将限制或阻碍非自由体运动的其他物体称为约束，或者可以理解为一个物体对另一个物体的支持作用。显然，约束就是一种力的作用，它是通过约束物体对被约束物体所施加的力来体现的。非自由体受到约束对它施加的力称为约束反力，约束反力的方向总是与受约束限制的位移方向相反。

现以几种常见的约束为例，说明如何确定其约束反力。

1.3.1 柔索约束

由拉紧的绳索、链条、带等柔软物体构成的约束统称为柔索约束。其约束反力的作用线沿柔体中心线，方向背离被约束的物体，即被约束物体受到一个拉力作用。在图 1-8a 所示的起重装置中，桅杆和重物一起所受绳子的约束反力分别为 $\boldsymbol{F}_1$、$\boldsymbol{F}_2$ 和 $\boldsymbol{F}_3$（见图 1-8b），而重物单独受绳子的约束反力则为 $\boldsymbol{F}_4$（见图 1-8c）。在图 1-9a 所示的带轮中，带对两轮的约束反力分别为 $\boldsymbol{F}_1$、$\boldsymbol{F}_2$ 和 $\boldsymbol{F}'_1$、$\boldsymbol{F}'_2$（见图 1-9b）。

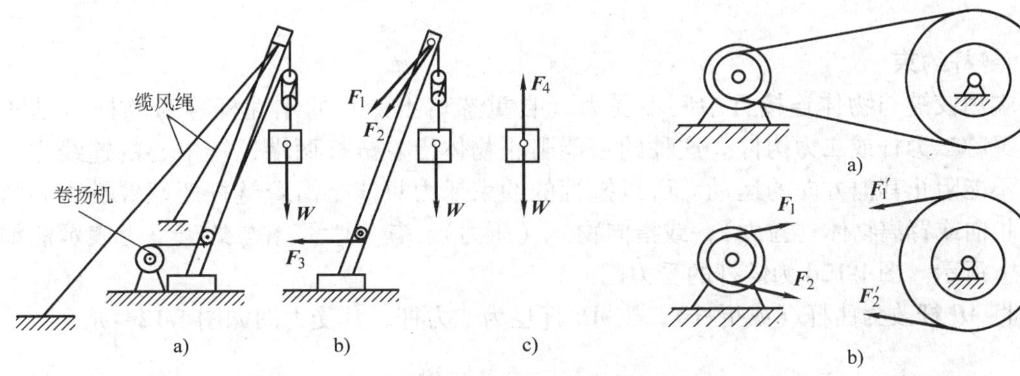

图 1-8 柔索约束实例 1　　图 1-9 柔索约束实例 2

1.3.2 光滑面约束

由光滑表面对刚性物体构成的约束称为光滑面约束。由于接触面光滑，则被约束物体可无阻碍地沿接触面的公切面运动，但却不能沿通过接触点的公法线并朝向约束它的物体一侧运动。因此，光滑接触面对物体的约束反力应作用于接触点并沿接触面的公法线且指向被约束的物体，如图 1-10 所示。此时约束反力的方向已知。

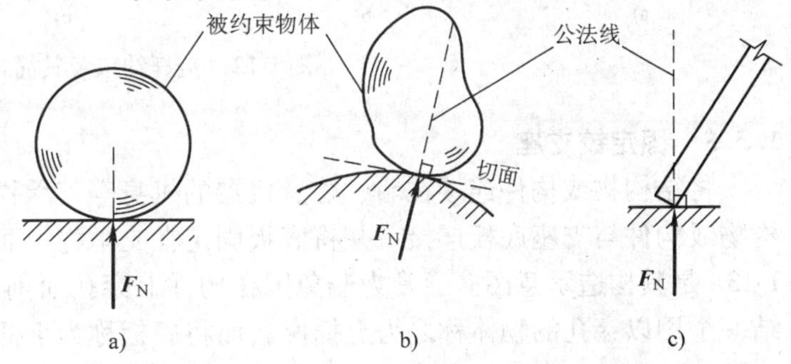

图 1-10 光滑面约束实例

1.3.3 铰链约束

在两个物体上分别穿直径相同的圆孔，再将一直径略小于孔径的圆柱体（称为销钉）插入该两物体的孔中便构成了铰链约束（见图 1-11a）。连接件本身简称为铰或中间铰。这样，物体既可沿销钉轴线方向运动又可绕销钉轴线转动，但却不能沿垂直于销钉轴线的方向移动而脱离销钉。若不计摩擦，则物体与销钉为光滑面接触，物体所受到的约束反力应通过接触点和圆孔中心（见图 1-11b）。由于接触点 C 随主动力而变，故约束反力 $\boldsymbol{F}_C$ 的大小和方向均为未知，一般将它分解为两个互相垂直的分力 $\boldsymbol{F}_{Cx}$ 与 $\boldsymbol{F}_{Cy}$（见图 1-11c）。其力学简图与约束反力表示法分别如图 1-11d、e 所示。

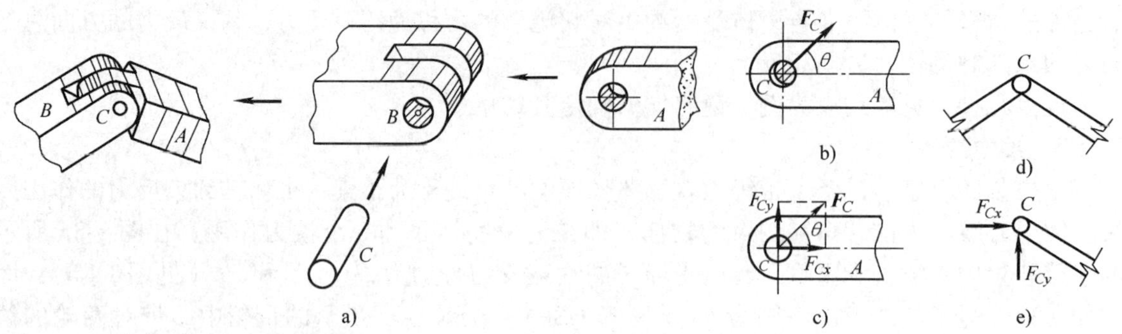

图 1-11　中间铰链约束及其简化

1.3.4　链杆约束

两端用铰链与物体连接且中间不受力（自重忽略不计）的刚性杆称为链杆（见图 1-12a），又称二力杆或二力构件。这种约束能阻止物体沿着链杆两端铰链中心的连线方向运动，但不能阻止其他方向的运动。所以链杆的约束反力只能是沿着链杆两端铰链中心的连线，其指向或背离物体（拉力），或指向物体（压力）。其力学简图与约束反力表示法如图 1-12b、c 所示。图 1-12d 为链杆的受力图。

若将 AB 杆改为曲杆（或折杆），则 AB 杆也为二力杆，其受力图如图 1-12e 所示。

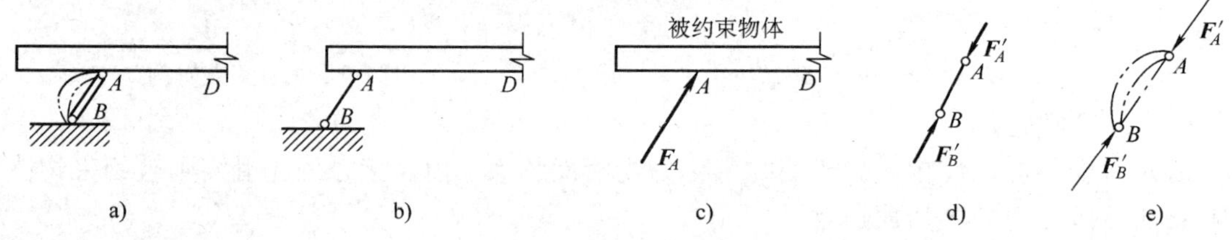

图 1-12　链杆约束及其简化

1.3.5　固定铰支座

将结构物或构件连接在墙、柱、机器的机身等支承物上的装置称为支座。用中间铰把结构物或构件与支座底板连接，并将底板固定在支承物上而构成的支座，称为固定铰支座。图 1-13a 是其构造示意图。通常为避免因在构件上穿孔而削弱构件的支承能力，可在构件上固结一个用以穿孔的物体称之为上摇座，而将底板称为下摇座（见图 1-13b）。

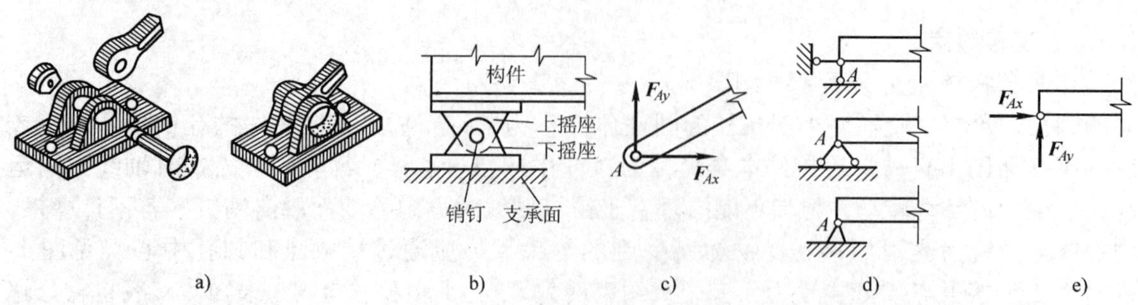

图 1-13　固定铰支座约束及其简化

与中间铰相比可知，固定铰支座作用于被约束物体上的约束反力也应通过圆孔中心，而大小和方向待求，通常也以其相互垂直的两个分力表示（见图 1-13c）。固定铰支座的力学简图和约束反力表示法分别如图 1-13d、e 所示。

1.3.6 可动铰支座

若在固定铰支座的下摇座与支承物之间放入可沿支承面滚动的滚动体就构成了可动铰支座（见图 1-14a）。因这种支座只能阻止物体与销钉连接处垂直于支承面的运动而不能阻止它沿支承面的运动，故可动铰支座对物体的约束反力应垂直于支承面并通过圆孔中心（见图 1-14c）。可动铰支座的力学简图和约束反力表示法如图 1-14b、c 所示。

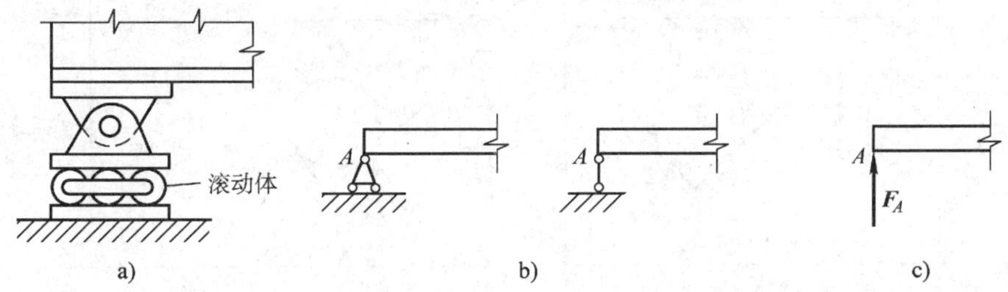

图 1-14 可动铰支座约束及其简化

图 1-15a 是一钢筋混凝土梁，两端插入墙内。在平衡状态下，当然不允许梁发生上下、左右的移动。但温度有变化时，梁长可能有微量的伸缩，另外，当梁受荷载作用后，由于弯曲致使梁端也会有微量转动。为反映这一受力和变形特点，工程中将梁简化成一端是固定铰支座，另一端是可动铰支座。这种梁称为简支梁，如图 1-15b 所示。

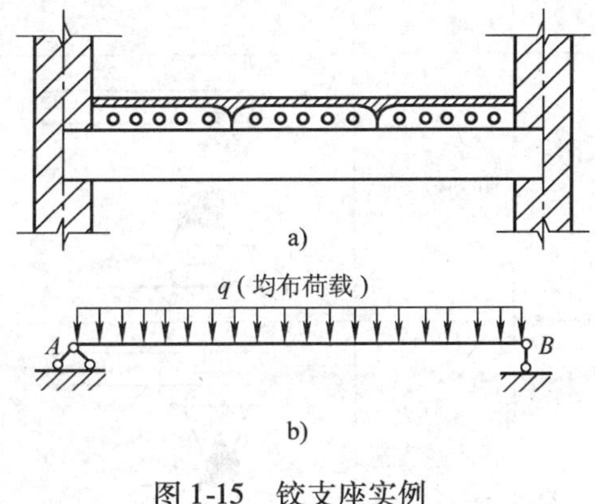

图 1-15 铰支座实例

1.3.7 固定端支座

图 1-16a 所示雨篷的剖面图，在此结构中，由于墙的约束作用，完全限制了雨篷的运动，使雨篷靠墙的一端既不能上下左右移动，又不能转动。这两个约束特点可用图 1-16b 来表示。这种支座叫固定端支座。当构件受到荷载作用时，固定端支座将产生两个互相垂直的反力 $\boldsymbol{F}_{Ax}$、$\boldsymbol{F}_{Ay}$ 和一个阻止构件绕固定端 A 点转动的约束反力偶矩 M_A（见图 1-16d）。固定端支座的力学简图和约束反力表示法分别如图 1-16c、d 所示。

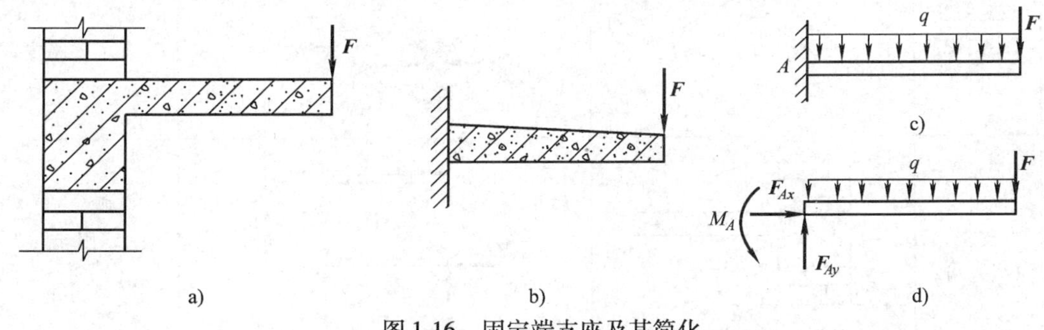

图 1-16 固定端支座及其简化

平面问题中常见的约束见表1-1。

表1-1 平面约束与约束反力一览表

序号	约束类型	示 意 图	计 算 简 图	约束反力个数	注
1	柔索约束	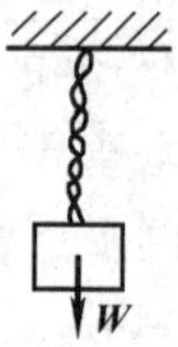	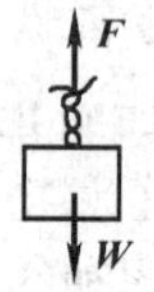	1	只能承受拉力,沿绳背离研究对象
2	光滑面约束	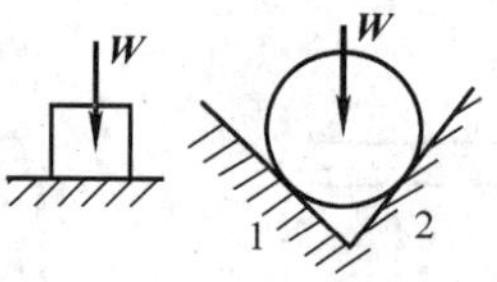	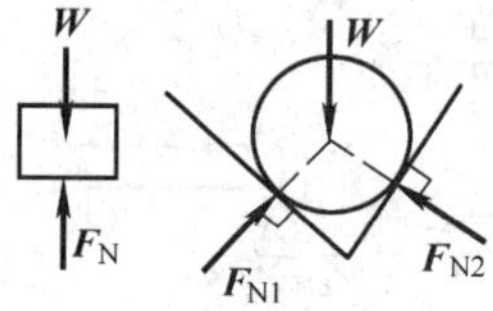	1	接触点公法线方向,指向研究对象
3	链杆约束（二力杆）	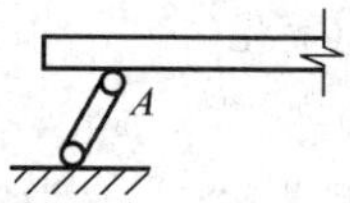	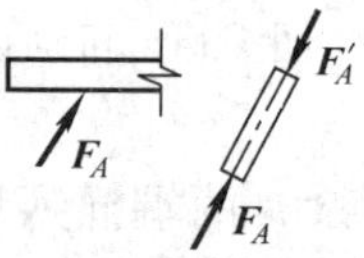	1	限制研究对象沿链杆轴线方向的运动
4	可动铰支座	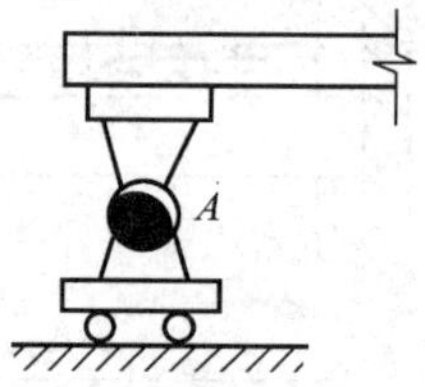	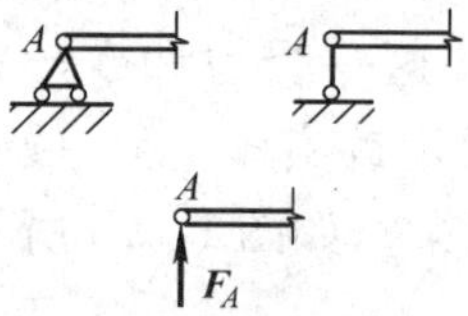	1	是光滑面约束的一种,限制研究对象沿接触点公法线方向的移动
5	固定铰支座	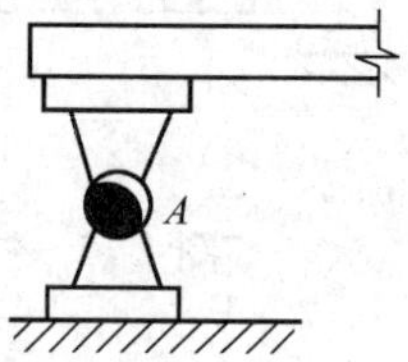	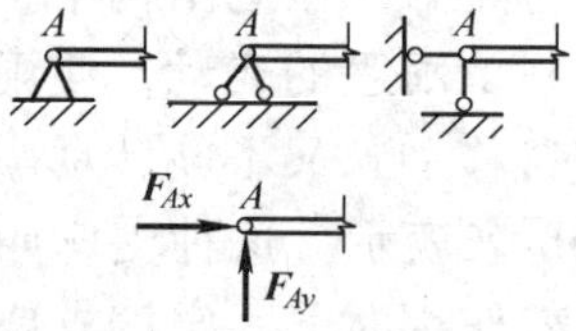	2	限制移动（F_{Ax}, F_{Ay}）,不限制转动
6	铰链约束（中间铰）	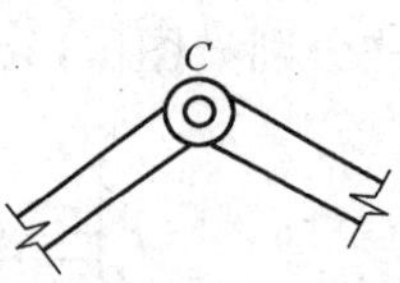	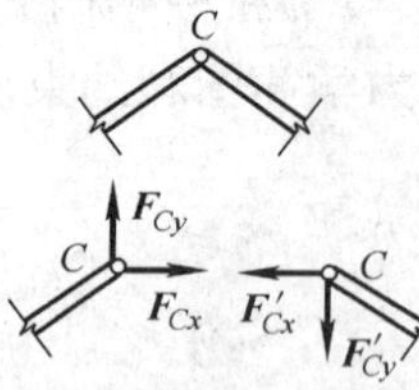	2	限制移动（F_{Cx}, F_{Cy}）,不限制转动
7	固定端支座（嵌入端）	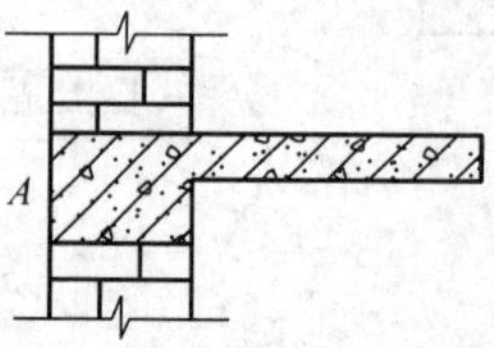	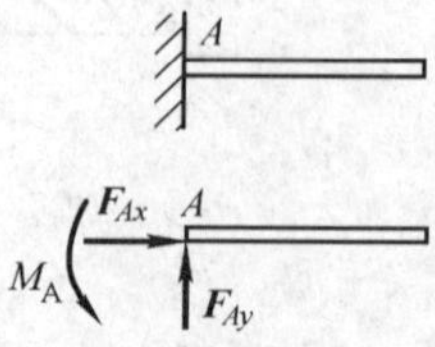	3	限制移动（F_{Ax}, F_{Ay}）,限制转动（M_A）

在实际工程中所遇到的约束往往比较复杂，常需根据具体情况分析它对物体运动的限制特点而加以简化，使它近似于上述的某类基本约束，以便判断其约束反力的方向。

1.4 物体的受力分析和受力图

在进行构件或结构设计之前，必须首先分析所研究的物体究竟受到些什么力的作用，其中哪些是已知的、哪些是未知的，这称之为对物体进行受力分析。

在工程结构物所受的主动力（荷载）中，除了其作用范围可以不计的集中荷载外，有时还可有作用于整个物体或其某部分上的分布荷载。例如，均质等截面管道的重力、水池的水平池底所受的水压力（见图1-17a）等是均布荷载，而池壁所受的水压力为三角形分布的非均布荷载（见图1-17b）。

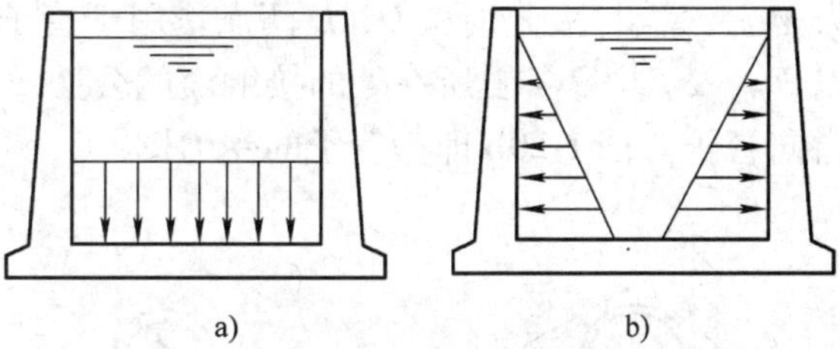

在工程实际中所遇到的物体一般都是非自由体，所以除主动力外，它们还受到约束力的作用。为了对所研究的物体进行受力分析，我们假想将该物体从周围物体中脱离出来，这种脱离出来的物体称为**脱离体**。然后再画出它所受的全部主动力与约束力，这样的图称为该物体的**受力图**。

a) b)

图1-17 水池受力分析图

正确地画出受力图是解决力学问题的关键。下面用具体例子说明受力图的画法。

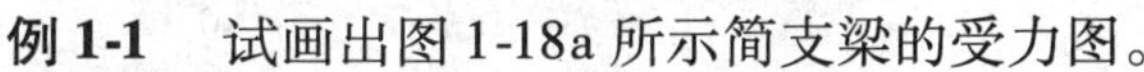

例1-1 试画出图1-18a所示简支梁的受力图。

解：

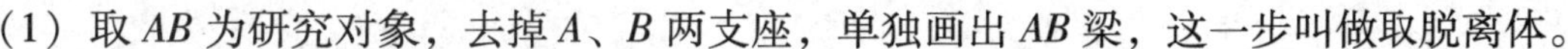

（1）取AB为研究对象，去掉A、B两支座，单独画出AB梁，这一步叫做取脱离体。

（2）将作用在AB梁上的荷载画上。

（3）将固定铰支座和可动铰支座所对应的约束反力$\boldsymbol{F}_{Ax}$、$\boldsymbol{F}_{Ay}$、$\boldsymbol{F}_B$画上。图1-18b就是AB梁的受力图。

例1-2 试画出图1-19所示构件AB的受力图（不计摩擦）。

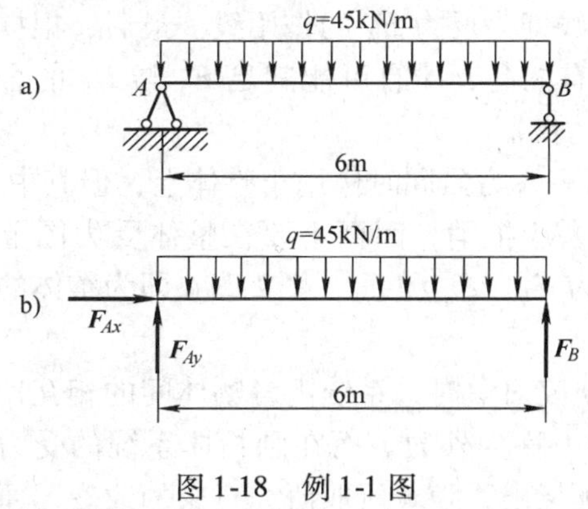

图1-18 例1-1图

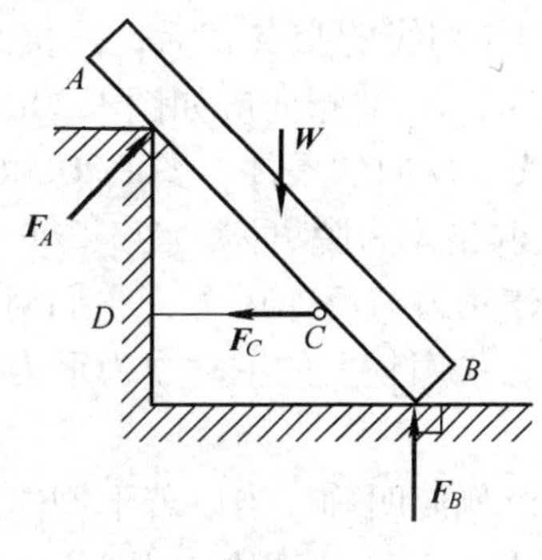

图1-19 例1-2图

解： 取构件AB为研究对象，构件AB与基础在A、B两处的接触为光滑接触面约束，故A、B处的约束反力指向构件AB，并与接触点的切线垂直，用$\boldsymbol{F}_A$、$\boldsymbol{F}_B$表示。自重作用在构件的中点，用 W 表示。CD 为柔性约束，其约束反力背离构件 AB，方位与绳索一致，用 $\boldsymbol{F}_C$ 表示。

当研究的问题比较简单时，为了画图方便，可以不另画脱离体，而以原构件为依据，只是假想地将约束去掉，画出相应的约束反力就行了。这种处理方法简单明了，因此在工程计算中应用很普遍，当我们熟悉画受力图后也可采用此方法。

例 1-3 重 $\boldsymbol{W}$ 的管子用自重不计的板 AB 和绳 BC 支于铅垂墙面上（见图 1-20a）。板在 A 端受到固定铰支座的约束。如所有接触面都是光滑的，试分别画出管子 O、板 AB 及整体的受力图。

解：

（1）先取管子为脱离体（图 1-20b 中所示为管子的对称横截面）。它所受的主动力为重力 $\boldsymbol{W}$。又墙与板分别在 D、E 两点作用于管子的约束反力为 $\boldsymbol{F}_D$ 和 $\boldsymbol{F}_E$。由于接触面光滑，所以 $\boldsymbol{F}_D$、$\boldsymbol{F}_E$ 均沿各自所在处的接触面的公法线，从而它们的作用线均通过管子截面中心 O 并指向管子。图 1-20b 即为管子的受力图。

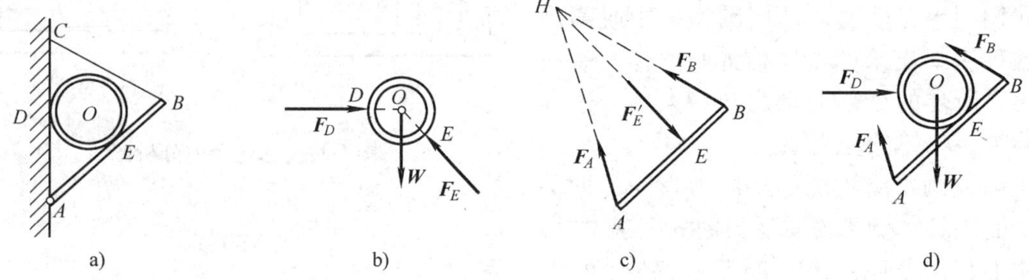

图 1-20　例 1-3 图

（2）再取板 AB 为脱离体。AB 板所受的主动力为管子在 E 点给它的压力 $\boldsymbol{F}'_E$，它与上述的 $\boldsymbol{F}_E$ 互为作用力与反作用力，两者应等值、共线、反向。又 AB 板所受约束反力为 B 处绳子对它的拉力 $\boldsymbol{F}_B$ 和 A 处固定铰支座给它的力 $\boldsymbol{F}_A$。由于板 AB 在 $\boldsymbol{F}'_E$、$\boldsymbol{F}_B$ 和 $\boldsymbol{F}_A$ 三力共同作用下处于平衡，故由三力平衡必要条件知，此三力的作用线应汇交于一点。因此，在找到 $\boldsymbol{F}'_E$ 与 $\boldsymbol{F}_B$ 两力作用线的交点 H 后，连接 A、H 两点的直线即为反力 $\boldsymbol{F}_A$ 的作用线。最后，根据板的平衡可知，$\boldsymbol{F}_A$ 的指向应如图 1-20c 中所示，因只有如此，才有可能满足 $\boldsymbol{F}_A$ 与 $\boldsymbol{F}_B$ 的合力与 $\boldsymbol{F}'_E$ 共线、反向的条件。图 1-20c 即为板 AB 的受力图。

（3）取整体为脱离体。图 1-20b 和图 1-20c 中所有各力虽同时作用于整体上，但其中 $\boldsymbol{F}_E$ 与 $\boldsymbol{F}'_E$ 为作用力与反作用力，它们对整体的作用效果应抵消，因而不要在整体受力图上画出。这样，作用其上的主动力为重力 $\boldsymbol{W}$，约束反力为 $\boldsymbol{F}_D$、$\boldsymbol{F}_A$ 和 $\boldsymbol{F}_B$。图 1-20d 即为整体的受力图。

通过此例应明确，当以若干物体组成的系统为研究对象时，系统内各物体间的相互作用力称为内力；系统外物体作用于该系统中各物体的力称为外力。而在画物体系统的受力图时，只需画出该系统所受的外力而不画内力。但必须指出，随着所取研究对象的改变，原来的内力可转化为外力，而外力也可转化为内力。例如在图 1-20 中，当研究对象只是管子时，$\boldsymbol{F}_E$ 为外力必须画出（见图 1-20b），但当以整体为研究对象时，$\boldsymbol{F}_E$ 便转化为内力而不出现在受力图上（见图 1-20d）。

例 1-4 图 1-21a 为一简易起重架的计算简图。架子由三根杆 AC、BC 和 DE 以铰链连接而成，A 处是固定铰支座，B 处是滚子，它相当于一个可动铰支座，C 为滑轮，而滑轮轴相当于销钉。用力 $\boldsymbol{F}$ 拉住绳子的另一端并使重 $\boldsymbol{W}$ 的物体匀速缓慢地上升。不计各杆和滑轮的重量，试画出下列各研究对象的受力图；（1）重物连同滑轮；（2）DE 杆；（3）BC 杆；（4）AC 杆连同滑轮和重物；（5）整体。

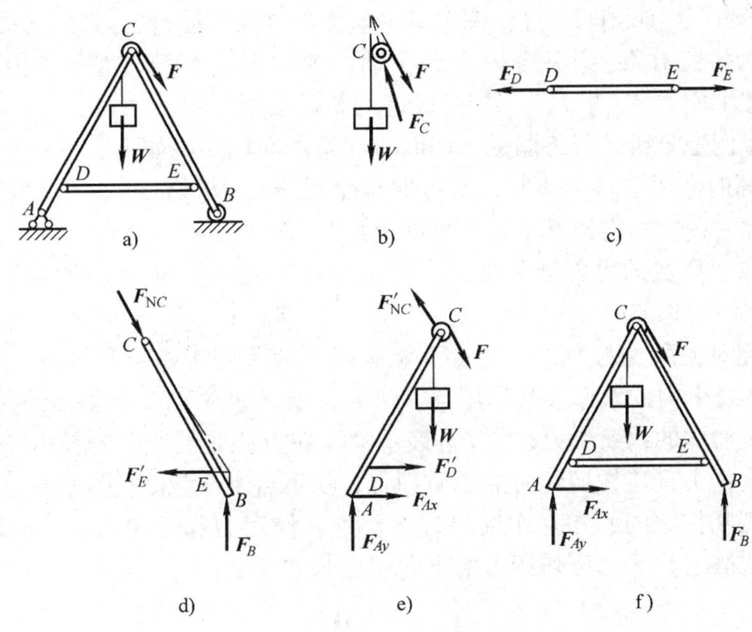

图 1-21 例 1-4 图

解：

（1）取重物连同滑轮为脱离体。主动力有作用于重物上的重力 $\boldsymbol{W}$ 和绳子另一端所受的拉力 $\boldsymbol{F}$，因重物匀速缓慢上升，它处于平衡状态，故 $\boldsymbol{F}$ 与 $\boldsymbol{W}$ 应等值。又约束反力为滑轮轴对滑轮的支承力，它作用于滑轮中心且应沿此中心与 $\boldsymbol{W}$、$\boldsymbol{F}$ 二力作用线交点的连线。图 1-21b 为滑轮连同重物的受力图。

（2）取 DE 杆为脱离体。DE 杆重量不计，它只在两端各受一力并处于平衡，故铰链 D 与 E 分别作用于该杆上的力 $\boldsymbol{F}_D$ 与 $\boldsymbol{F}_E$ 应等值、反向且都沿两铰链中心的连线。又由图 1-21a 可见：若无 DE 杆，则在重物重力和绳子拉力作用下，B 轮将向右滚动而使 D、E 两点间的距离增大，故 DE 杆受拉。图 1-21c 即为 DE 杆的受力图。

应该指出，若物体系统的受力情况较为复杂，以致分析不出其中某个物体所受约束反力的指向，则可先任意假设，对受两力作用并处于平衡的物体（如 DE 杆）而言，一般均设它受拉。

（3）以 BC 杆为研究对象。它所受的主动力为滑轮连同 AC 杆通过滑轮轴给它的力 $\boldsymbol{F}_{NC}$。约束反力有：DE 杆通过铰链 E 给它的力 $\boldsymbol{F}'_E$（$\boldsymbol{F}_E$ 与 $\boldsymbol{F}'_E$ 互为作用力与反作用力）；滚子 B 对它的铅垂向上的力 $\boldsymbol{F}_B$。由于 $\boldsymbol{F}'_E$ 和 $\boldsymbol{F}_B$ 的方向已知，它们作用线的交点容易找到，于是根据三力平衡必要条件便可确定力 $\boldsymbol{F}_{NC}$的作用线。再由 $\boldsymbol{F}_B$ 和 $\boldsymbol{F}'_E$ 的指向还可进而判定 $\boldsymbol{F}_{NC}$的指向

（应与 $\boldsymbol{F}'_E$ 和 $\boldsymbol{F}_B$ 的合力共线、反向）。图 1-21d 即为 BC 杆的受力图。显然，$\boldsymbol{F}'_E$ 与图 1-21c 中的 $\boldsymbol{F}_D$ 相等。

（4）以 AC 杆连同滑轮与重物为研究对象。作用于其上的主动力是重物重力 $\boldsymbol{W}$ 和绳子另一端的拉力 $\boldsymbol{F}$。约束反力有：固定铰支座 A 对它的反力，分解为互相垂直的两个分力 $\boldsymbol{F}_x$ 和 $\boldsymbol{F}_y$；铰链 D 的反力 $\boldsymbol{F}'_D$（与图 1-21c 中的 $\boldsymbol{F}_D$ 相等）以及 BC 杆通过滑轮轴给它的反力 $\boldsymbol{F}'_{NC}$（$\boldsymbol{F}'_{NC}$与 $\boldsymbol{F}_{NC}$互为作用力与反作用力）。图 1-21e 即为 AC 杆连同滑轮与重物的受力图。

（5）以整体为研究对象。作用于其上的主动力为重物重力 $\boldsymbol{W}$、绳子拉力 $\boldsymbol{F}$，约束反力为 A、B 两处的反力 $\boldsymbol{F}_{Ax}$、$\boldsymbol{F}_{Ay}$和 $\boldsymbol{F}_B$。图 1-21f 即为整体的受力图。

通过以上几个例题分析，现将画受力图时应注意的问题归纳如下。

（1）根据计算的需要取脱离体时，既可取整个系统作为研究对象，也可取物体系统的某个部分作为研究对象，并去掉其上的全部约束。

（2）研究对象上所受的力要全部画出。注意，凡研究对象与其他物体连接之处，一般都受到力的作用，不要遗漏。

（3）不是研究对象所受的力，一个也不能画出。为了便于检查和核对，最好利用文字符号标示出所画的每个力的来源或其作用点。例如，以 $\boldsymbol{F}$ 表示绳子对物体的拉力；以 $\boldsymbol{F}_A$ 表示固定铰支座 A 对物体的约束反力；以 $\boldsymbol{F}_{ND}$表示物体在 D 点处所受到的反力等等。

（4）约束反力的方向应按照约束的性质判定，切不可主观臆断凭空想象。

（5）在分析两物体之间的相互作用力时，要注意作用力和反作用力之间的关系。作用力的方向确定（或假定）后，反作用力的方向就应与它相反。

小　结

本章着重介绍静力分析的基础、方法及受力图的画法。

1. 基本概念

（1）刚体：在力的作用下不产生变形的物体。刚体是力学中的一种理想化模型。

（2）力：一个物体对另一个物体的机械作用。力不能脱离物体而单独存在。力的大小、方向、作用点是力的三要素。

（3）等效力系：作用于一个物体上，且作用效应（外效应或内效应）相同的力系。

（4）平衡：物体相对于地面处于静止或匀速直线运动的状态。

（5）荷载：主动作用于结构上的外力。

2. 静力学公理、推论

公理 1　力的平行四边形法则

公理 2　二力平衡原理

公理 3　加减平衡力系原理 $\begin{cases}\text{推论 1　力的可传性原理}\\\text{推论 2　三力平衡汇交定理}\end{cases}$

公理 4　作用与反作用定律

3. 约束与约束反力

（1）约束：限制非自由体运动的周围其他物体称为约束。

（2）约束反力：约束对非自由体的作用力称为约束反力。

约束的类型不同，则该物体所受到的约束反力也就不同。几种常见平面约束和约束反力见表 1-1。正确而熟练地掌握它是准确进行物体受力分析的基础。

4. 物体的受力图　表示物体所受全部外力（包括主动力和约束反力）的简图即为物体的受力图。正确进行物体的受力分析，准确画出物体的受力图，是利用力学理论解决实际问题的桥梁，也是进行结构计算的关键，因此十分重要。在画受力图过程中应注意的一些问题已于本章 1.4 节详细阐述，这里不再赘述。

习　题

1-1　画出图中各物体的受力图。凡未注明者，物体的自重不计，所有接触面都是光滑的。

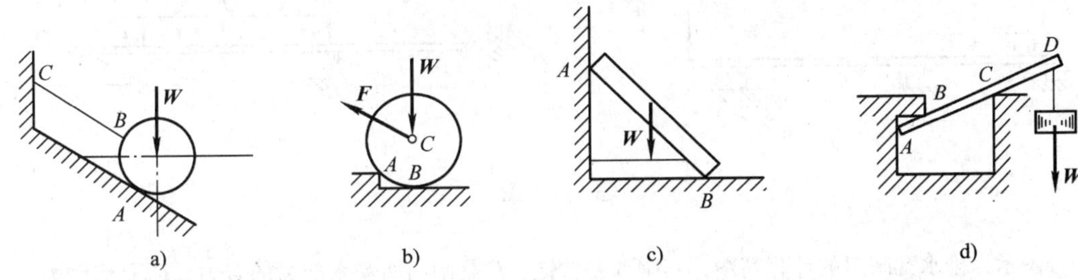

题 1-1　图

1-2　画出图中各物体的受力图。

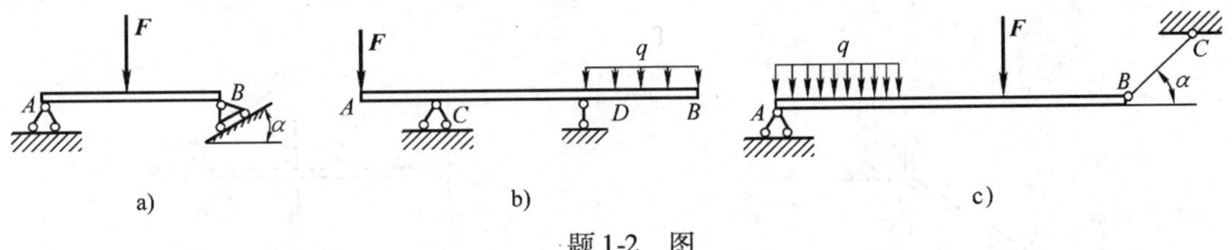

题 1-2　图

1-3　画出图中整体和每个构件的受力图。凡未注明者，物体的自重均不计。

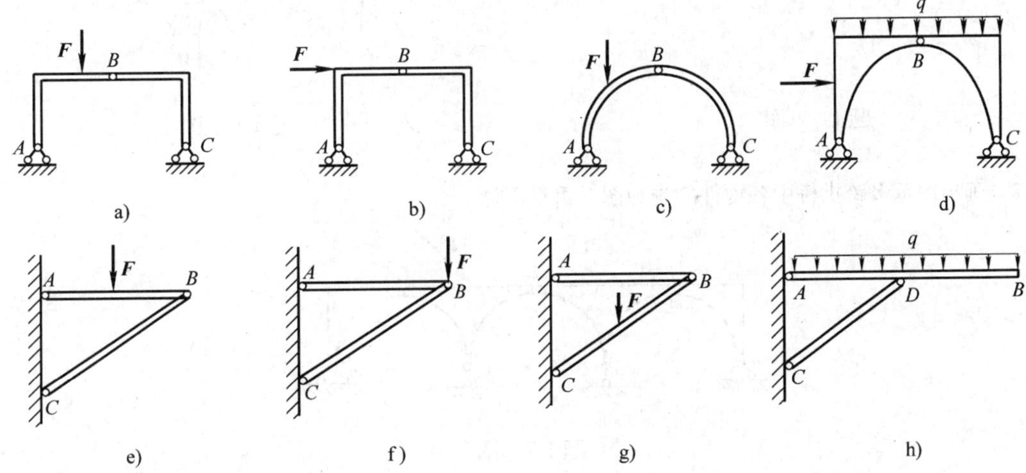

题 1-3　图

1-4　画出图中整体和每个构件的受力图。凡未注明者，物体的自重均不计。

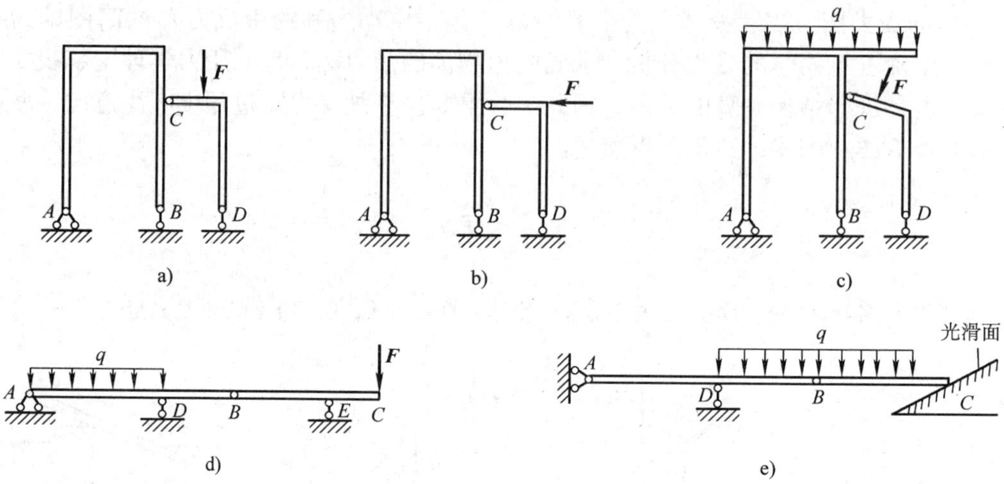

题 1-4　图

1-5　图示为排水孔闸门的计算简图，其中 A 是铰链，$\boldsymbol{F}$ 是闸门所受水压力的合力，$\boldsymbol{F}_B$ 是启动力。闸门重力为 $\boldsymbol{W}$，重心在其长度的中点。画出：(1) $\boldsymbol{F}_B$ 力不够大，未能启动闸门时，闸门的受力图；(2) $\boldsymbol{F}_B$ 力刚好能将闸门启动时，闸门的受力图。

1-6　图示某物体重 $\boldsymbol{W}$，由三杆 AB、BC、CE 所组成的构架与滑轮 E 支承。试画出 AB、BC、CE 杆的受力图。

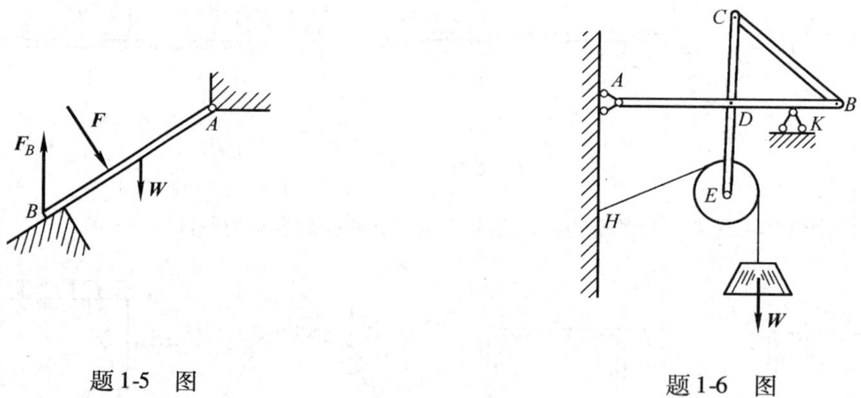

题 1-5　图　　　　题 1-6　图

1-7　画出图示多跨拱桥中各构件的受力图。重量不计。

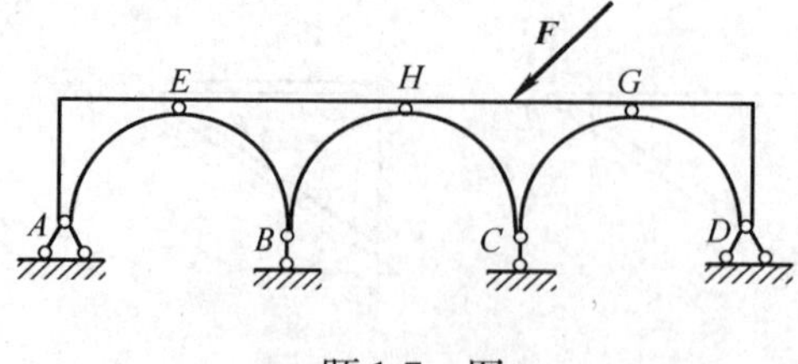

题 1-7　图

第2章 平面汇交力系

2.1 概述

为了便于研究，将力系按照各力作用线的空间分布情况进行分类，如果组成力系的各力作用线在同一平面内，称为平面力系；各力的作用线不在同一平面内的力，称为空间力系。如果平面力系各力相交于同一点，称为平面汇交力系。本章主要讨论平面汇交力系的合成，平衡及平衡条件的应用。

平面汇交力系在实际中有着广泛的应用。如图2-1a所示的屋架，由于每个杆件只在两端受力，如果忽略杆件的自重，每根杆件在两端所受到的力必然沿杆件的轴线，因此对每个节点而言，若忽略节点本身的大小，它所承受的荷载必然交于一点（见图2-1b）；平面网架中，每一个球形节点所受到的力也形成平面汇交力系。

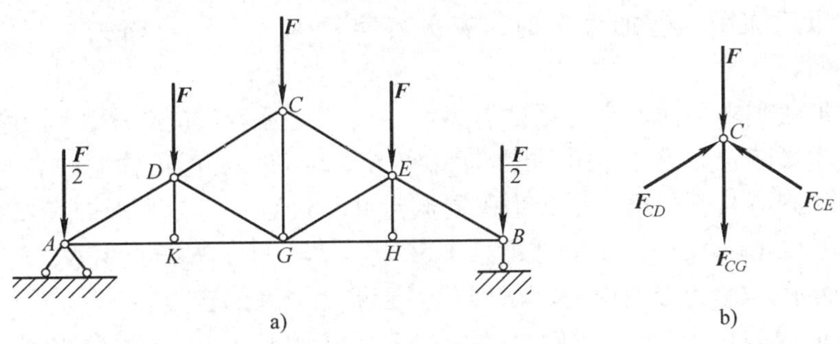

图2-1 平面屋架及节点受力图

2.2 平面汇交力系合成的几何法

2.2.1 平面汇交力系合成的几何法

设在物体的 O 点作用一个平面汇交力系 $\boldsymbol{F}_1$、$\boldsymbol{F}_2$、$\boldsymbol{F}_3$、$\boldsymbol{F}_4$，如图2-2a所示，为求其合力，可连续多次使用力的三角形法则，如图2-2 b所示，先求 $\boldsymbol{F}_1$ 和 $\boldsymbol{F}_2$ 的合力 $\boldsymbol{F}_{12}$，再求 $\boldsymbol{F}_{12}$ 和 $\boldsymbol{F}_3$ 的合力 $\boldsymbol{F}_{123}$，最后求 $\boldsymbol{F}_{123}$ 和 $\boldsymbol{F}_4$ 的合力 $\boldsymbol{F}$。力 $\boldsymbol{F}$ 就是原汇交力系 $\boldsymbol{F}_1$、$\boldsymbol{F}_2$、$\boldsymbol{F}_3$、$\boldsymbol{F}_4$ 的合力，即

$$\boldsymbol{F}=\boldsymbol{F}_1+\boldsymbol{F}_2+\boldsymbol{F}_3+\boldsymbol{F}_4$$

实际画图时，$\boldsymbol{F}_{12}$ 和 $\boldsymbol{F}_{123}$ 不必画出，而直接按任选的次序首尾相接地画出原力系中所有各力矢，得到图2-2c所示的平面折线，然后由所画第一个力矢 $\boldsymbol{F}_1$ 的起点向最后一个矢量的终点 $\boldsymbol{F}_4$ 作一矢量，以使折线封闭而成为一个多边形。此多边形的封闭边就代表了原力系的合力的大小和方向。合力作用线的位置，则应通过原力系中各力作用线的汇交点。

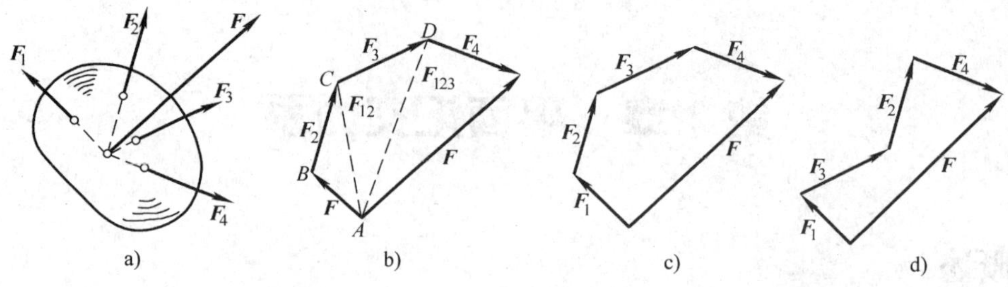

图 2-2　力的合成

上述所作出的多边形称为力多边形，这种求合力的方法就称为力多边形法则。显然，无论由多少个力组成的平面汇交力系，都可用这种方法求出合力的大小和方向。由此得出结论：平面汇交力系可合成为一个合力，此合力的作用线通过力系中所有各力的汇交点，而合力的大小和方向则由力多边形的封闭边所确定，它等于力系中所有力（设 n 个力）的矢量和，即

$$\boldsymbol{F} = \boldsymbol{F}_1 + \boldsymbol{F}_2 + \cdots + \boldsymbol{F}_i + \cdots + \boldsymbol{F}_n = \sum_{i=1}^{n} \boldsymbol{F}_i = \sum \boldsymbol{F}_i \tag{2-1}$$

为了简便，以后在用到连加号 $\sum$ 时，有关各字符的上下称可略去不写，而可简写为 $\sum \boldsymbol{F}_i$。

在用力多边形法则求平面汇交力系的合力时，若改变画力矢的顺序，则力多边形的形状也随之改变，但不影响合力 $\boldsymbol{F}$ 的大小和方向，如图 2-2c 和 d。但需注意，各分力矢必须首尾相接，而合力矢则应与所画第一个分力矢同起点并与最后一个分力矢同终点。

例 2-1　作用在 A 点的 4 个力其中 $F_1 = 0.5\text{kN}$，$F_2 = 1\text{kN}$，$F_3 = 0.4\text{kN}$，$F_4 = 0.3\text{kN}$，各力方向如图 2-3 所示，$\boldsymbol{F}_4$ 为铅垂向上。试用几何法求此力系的合力。

解：选取 1cm 代表 0.25kN 的比例尺，并按 $\boldsymbol{F}_1$、$\boldsymbol{F}_2$、$\boldsymbol{F}_3$、$\boldsymbol{F}_4$ 的顺序首尾相接地依次画出各力矢，所得的力多边形如图 2-3b 所示。由力多边形的封闭边量得合力矢 $\boldsymbol{F}$ 长为 2.49cm，故合力的大小为

$$2.49\text{cm} \times 0.25\text{kN/cm} = 0.6225\text{kN}$$

合力 $\boldsymbol{F}$ 指向右下方，量得该合力与水平方向间的夹角 $\alpha = 27.5°$，且合力 $\boldsymbol{F}$ 作用在各力的汇交点 A 上（见图 2-3a）。

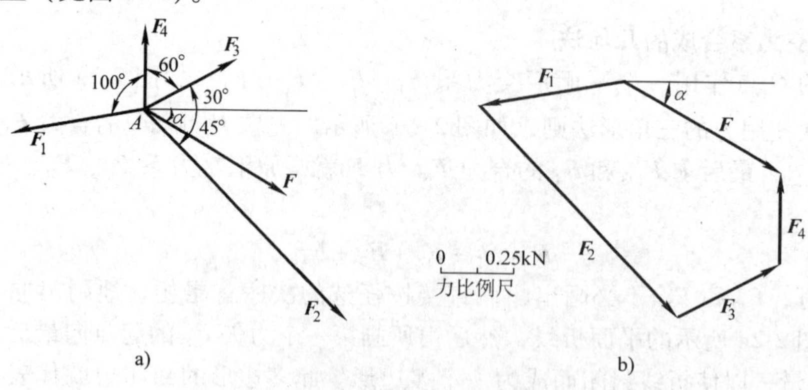

图 2-3　例 2-1 图

2.2.2 平面汇交力系平衡的几何条件

在上节已经指出平面汇交力系可合成为一个合力。因此，如平面汇交力系平衡，则其合力为零。反之，如平面汇交力系的合力为零，则力系必然平衡。故平面汇交力系平衡的必要与充分条件是力系的合力为零，即

$$\boldsymbol{F}=\sum \boldsymbol{F}_i=0 \tag{2-2}$$

由于力多边形的封闭边代表平面汇交力系合力的大小和方向，所以如果力系平衡，其合力为零，即力多边形的封闭边长度为零，则力多边形自行封闭。反之，如果平面汇交力系的力多边形自行封闭，则力系的合力必为零。所以，力多边形自行封闭是平面汇交力系平衡的几何条件。利用这一条件，可求出平面汇交力系平衡问题中所需的两个未知量。

例 2-2 如图 2-4a 表示起吊构件的情形。构件自重 $W=10\text{kN}$，$\alpha=45°$，当构件匀速上升时，它处于平衡状态。求两钢丝绳 AC 和 BC 的拉力。

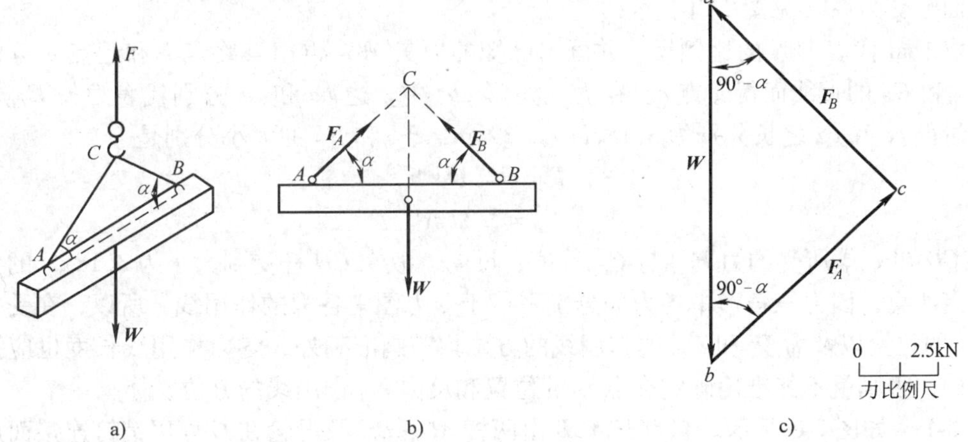

图 2-4 例 2-2 图

解：以梁为研究对象，画出其受力图（见图 2-4b）。图中的 $\boldsymbol{F}_A$ 和 $\boldsymbol{F}_B$ 分别为钢丝绳 AC 和 BC 对梁的拉力，根据三力平衡的必要条件可知，此三力的作用线应汇交于一点，从而组成了一平衡的平面汇交力系。故由此三力构成的力多边形自行封闭。

选取适当的比例尺，以 1cm 表示 2.5kN，画出已知的力矢 $\boldsymbol{W}$（见图 2-4c）。从力矢 $\boldsymbol{W}$ 的起点 a 作平行于图 2-4b 中拉力 $\boldsymbol{F}_A$ 和 $\boldsymbol{F}_B$ 的直线，此两直线交于 c 点。bc 边和 ca 边分别代表力矢 $\boldsymbol{F}_A$ 和 $\boldsymbol{F}_B$ 的指向。最后，由力三角形的 bc 边和 ca 边分别量得力矢 $\boldsymbol{F}_A$ 和 $\boldsymbol{F}_B$ 的长度，其长度均为 2.85cm，故此二力的大小为

$$F_A=F_B=2.5\text{kN/cm}\times 2.85\text{cm}=7.13\text{kN}$$

即钢丝绳 AC 和 BC 所受的拉力均为 7.13kN。

由图 2-4c 可见，当 α 角增大时，$\boldsymbol{F}_A$、$\boldsymbol{F}_B$ 值随之减小，故增加 AC 和 BC 两段钢丝绳的长度，即可减小它们所受的拉力。但这样一来，构件所能起吊的高度就减小了，所以设计时应综合考虑。

事实上当构件刚吊起时，构件进行加速运动，钢丝绳受到的拉力比上面所求得的值大得多。

例 2-3 管道支架由 CD、AB 两杆组成，如图 2-5a 所示。图中 B、D 是固定铰支座，C 是连接用的铰链。管道悬挂在水平杆 AB 的 A 端，每一支架所负荷的管重 $\boldsymbol{W}$ = 1.5kN，不计杆重，求 CD 杆所受的力和支座 B 的反力。

解：以 AB 杆为研究对象，它受到重力 $\boldsymbol{W}$，支座 B 的约束反力 $\boldsymbol{F}_B$ 及 CD 杆施加的力，CD 杆是二力杆，故知 $\boldsymbol{F}_{CD}$ 和 $\boldsymbol{F}'_{CD}$ 均应沿 CD 杆的轴线。由此可见，AB 杆受 3 个力作用，故由三力平衡的必要条件知，$\boldsymbol{W}$、$\boldsymbol{F}_{CD}$ 和 $\boldsymbol{F}_B$ 三力组成一平衡的平面汇交力系（见图 2-5b）。

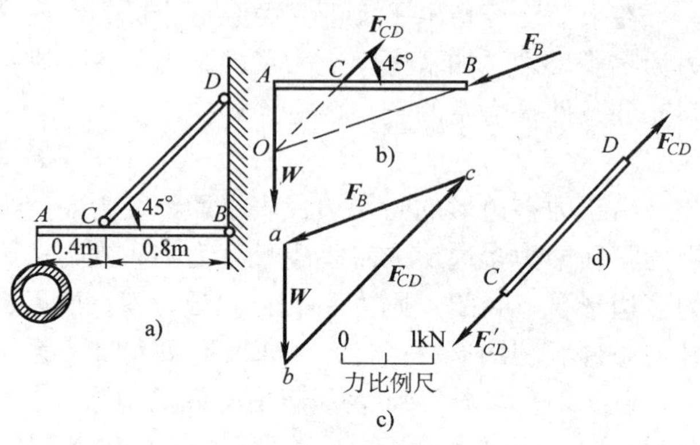

图 2-5 例 2-3 图

选取 1cm 代表 1kN 的比例尺，并画出已知的力矢 $\boldsymbol{W}$，再由其终点 b 和起点 a 分别作平行于 $\boldsymbol{F}_{CD}$ 和 $\boldsymbol{F}_B$ 的直线而得交点 c。在力三角形 abc 中，边 bc 和 ca 分别代表力矢 $\boldsymbol{F}_{CD}$ 和 $\boldsymbol{F}_B$。由图中量得 bc 和 ca 之长分别为 3.18cm，2.37cm，$\boldsymbol{F}_{CD}$ 和 $\boldsymbol{F}_B$ 的大小分别是

$$F_{CD} = 3.18\text{kN}$$

$$F_B = 2.37\text{kN}$$

杆 CD 在 C 端所受的力 $\boldsymbol{F}'_{CD}$ 与 $\boldsymbol{F}_{CD}$ 等值、反向，故知 CD 杆受到大小为 3.18kN 的拉力。

应当注意，因力三角形中各力矢分别平行于受力图中各力的作用线，所以，在受力图中除 AB 杆的位置以及力 $\boldsymbol{W}$ 和 $\boldsymbol{F}_{CD}$ 的作用线的方位均需画准确外，各力作用线长度也应按比例尺画准确，否则就不能准确确定交点 O 的位置和反力 $\boldsymbol{F}_B$ 作用线的方位。

例 2-4 如图 2-6 所示，起重架 ACB 由两杆 AC、BC 及滑轮在 C 处以销钉连接而成。设 A、B 处为光滑铰链，缠绕于卷扬机上的钢丝绳绕过滑轮将重为 W = 200kN 的重物匀速吊起。若不计各杆及滑轮的自重与尺寸，并设各接触处均为光滑，试求杆 AC 和 BC 所受的力。

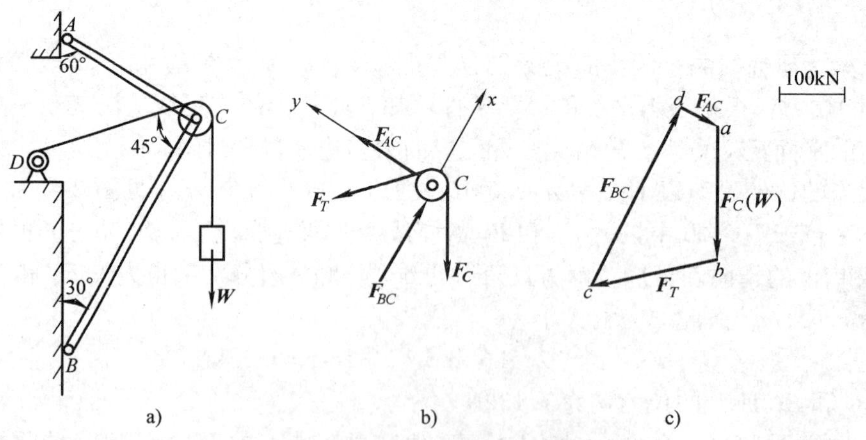

图 2-6 例 2-4 图

解：由于杆 AC、BC 都是二力杆，并且滑轮的尺寸不计，所以为求二杆受力可通过两杆对滑轮的约束力来求解，故取带销钉的 C 作为研究对象。

C 处受钢丝绳拉力 $\boldsymbol{F}_T$ 和 $\boldsymbol{F}_C$（已知 $F_T=F_C=W$）及约束力 $\boldsymbol{F}_{AC}$、$\boldsymbol{F}_{BC}$。因不计滑轮尺寸，故这些力组成一平衡的平面汇交力系，受力图如图 2-6b 所示。

选取适当的比例尺，以 1cm 表示 100kN，由已知力 $\boldsymbol{F}_C$ 开始，从任意点 a 开始做 ab，代表力矢 $\boldsymbol{F}_C$，以 b 首尾相接做 bc，代表 $\boldsymbol{F}_T$；分别过 a 点、c 点做平行于 $\boldsymbol{F}_{AC}$、$\boldsymbol{F}_{BC}$的直线，得一交点 d，则 ad、cd 分别代表 $\boldsymbol{F}_{AC}$、$\boldsymbol{F}_{BC}$，如图 2-6c 所示。

量取各边长，得 ad、cd 的长度分别为 0.4cm，3.2cm，于是得

$$F_{AC}=40\text{kN}\ (\text{压}),\quad F_{BC}=320\text{kN}\ (\text{压})$$

2.3 平面汇交力系合成和平衡的解析法

2.3.1 力在坐标轴上的投影

设力 $\boldsymbol{F}$ 作用于物体的 A 点，如图 2-7a、b 所示，在力作用的平面内任选一轴，从力 $\boldsymbol{F}$ 的两端点 A 和 B 分别作坐标轴的垂线，则所得两垂足间的直线段，称为力 $\boldsymbol{F}$ 在该轴上的投影，分别以 F_x 和 F_y 表示之。习惯上规定：当从力的始端垂足到末端垂足的方向与坐标轴正向一致时，力的投影为正值；反之为负值，显然除图 2-7b 中的 F_y 为负值外，两图中其余各投影均为正值。

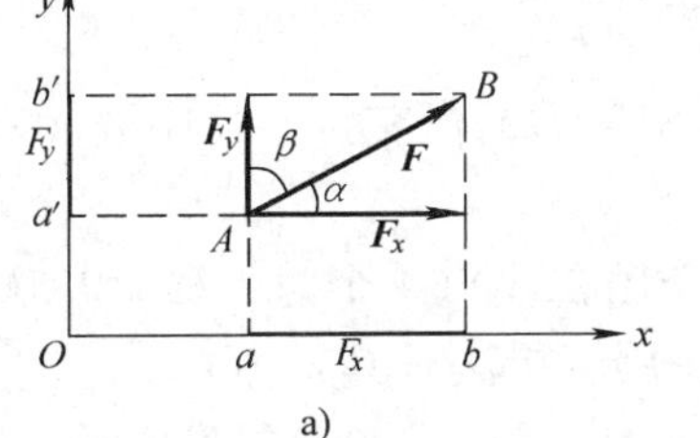

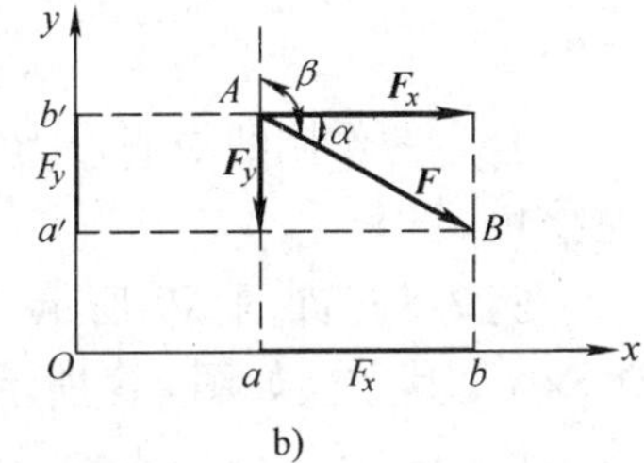

图 2-7　力的投影

通常采用力 $\boldsymbol{F}$ 与坐标轴 x 所夹的锐角来计算投影，其正号或负号可根据直观判断得出。由图 2-7a、b 可见，投影 F_x 和 F_y 可用下列公式计算：

$$\left.\begin{aligned} F_x &= \pm F\cos\alpha \\ F_y &= \pm F\sin\alpha \end{aligned}\right\} \tag{2-3}$$

式中　α——力 $\boldsymbol{F}$ 与 x 轴所夹的锐角。

应当注意：力的投影与力的分力 $\boldsymbol{F}_x$、$\boldsymbol{F}_y$ 是不同的，力的投影只有大小和正负，它是标量；而力的分力是矢量，其作用效果还与作用点或作用线有关，所以，不能将分力与投影混为一谈。在直角坐标系中，分力分别与其所对应的投影大小相等，因此可以以投影表示分力的大小。如图 2-7a、b 中力 $\boldsymbol{F}$ 沿直角坐标方向的分力 $\boldsymbol{F}_x$ 和 $\boldsymbol{F}_y$ 的大小分别与其所对应的投影相等。

为了加深理解，应再指出，如选用斜坐标系，则分力与它所对应的投影，甚至在大小上也不相同。

2.3.2 合力投影定理

建立了力在轴上的概念后，就可以推出力系的合力与力系中各力在同一轴上的投影之间的关系。如图 2-8 所示为一个由 $\boldsymbol{F}_1$、$\boldsymbol{F}_2$、$\boldsymbol{F}_3$、$\boldsymbol{F}_4$ 4 个力所组成的平面汇交力系的力多边形，$\boldsymbol{F}$ 是该力系的合力矢。建立直角坐标系，各力矢向两轴投影（见图 2-8），则各力在 x 轴和 y 轴上的投影的代数和分别为

$$F_{1x}+F_{2x}+F_{3x}+F_{4x}=ab+bc+cd-de=ae=F_x$$

$$F_{1y}+F_{2y}+F_{3y}+F_{4y}=a'b'-b'c'-c'd'-d'e'=-a'e'=F_y$$

上列两式中的 $\boldsymbol{F}_x$ 和 $\boldsymbol{F}_y$ 分别表示合力 $\boldsymbol{F}$ 在 x 轴和 y 轴上的投影。

若力系由 n 个力 $\boldsymbol{F}_1$、$\boldsymbol{F}_2$、…、$\boldsymbol{F}_n$ 组成，则

$$\left.\begin{aligned}F_x = F_{1x} + F_{2x} + \cdots + F_{nx} = \sum F_{ix}\\ F_y = F_{1y} + F_{2y} + \cdots + F_{ny} = \sum F_{iy}\end{aligned}\right\} \tag{2-4}$$

即合力在某轴上的投影等于力系中各力在同一轴上投影的代数和。这称为合力投影定理。

通过合力投影定理，可将求平面汇交力系合力的矢量运算转化为代数量运算。如已知力系中各力在所选直角坐标轴上的投影，则合力的大小和方向分别由下列三式确定：

$$\left.\begin{aligned}&F = \sqrt{F_x^2 + F_y^2} = \sqrt{(\sum F_{ix})^2 + (\sum F_{iy})^2}\\ &\cos\alpha = \frac{F_x}{F}\\ &\cos\beta = \frac{F_y}{F}\end{aligned}\right\} \tag{2-5}$$

合力的作用线应通过力系中诸力的汇交点。式中的 α 和 β 是合力分别与 x 轴和 y 轴的正向夹角。

例 2-5 如图 2-9 所示，作用在 A 点 4 个力，$\boldsymbol{F}_1 = 0.5\text{kN}$，$\boldsymbol{F}_2 = 1\text{kN}$，$\boldsymbol{F}_3 = 0.4\text{kN}$，$\boldsymbol{F}_4 = 0.3\text{kN}$，其方向如图 2-9 所示，用解析法求其合力。

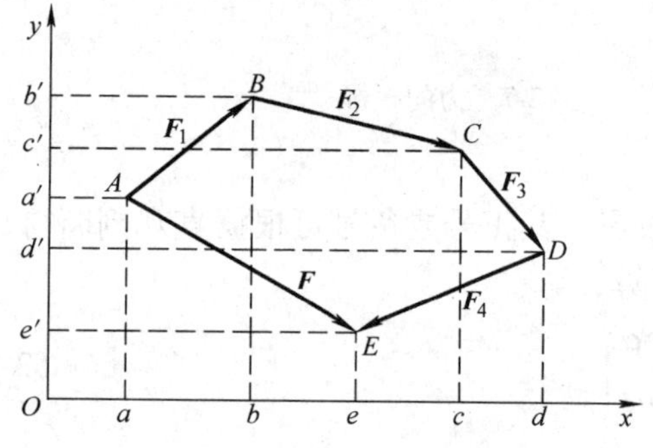

图 2-8　合力投影定理

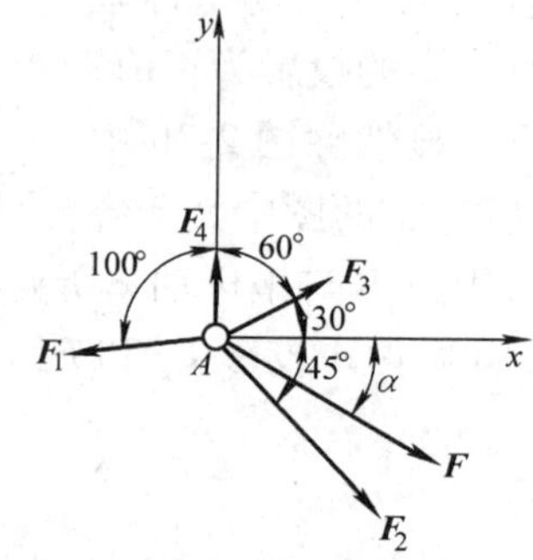

图 2-9　例 2-5 图

解：选定参考坐标系如图。根据力的大小和方向求出各力的投影：

$$F_{1x} = -0.5\cos 10° = -0.5 \times 0.9848\text{kN} = -0.492\text{kN}$$

$$F_{2x} = F_2\cos 45° = 1 \times 0.707\text{kN} = 0.707\text{kN}$$

$$F_{3x} = F_3\cos 30° = 0.4 \times 0.866\text{kN} = 0.346\text{kN}$$

$$F_{4x} = 0$$

$$F_{1y} = -F_1\sin 10° = -0.5 \times 0.1736\text{kN} = -0.0868\text{kN}$$

$$F_{2y} = -F_2\sin 45° = -1 \times 0.707\text{kN} = -0.707\text{kN}$$

$$F_{3y} = F_3\sin 30° = 0.4 \times 0.5\text{kN} = 0.2\text{kN}$$

$$F_{4y} = 0.3\text{kN}$$

由合力投影定理得

$$F_x = \sum F_x = -0.492\text{kN} + 0.707\text{kN} + 0.346\text{kN} = 0.561\text{kN}$$

$$F_y = \sum F_y = -0.0868\text{kN} - 0.707\text{kN} + 0.2\text{kN} + 0.3\text{kN} = -0.294\text{kN}$$

$$F=\sqrt{F_x^2+F_y^2}=\sqrt{(0.561)^2+(-0.294)^2}\text{kN}=0.633\text{kN}$$

$$\tan\alpha=\left|\frac{F_y}{F_x}\right|=\frac{0.294}{0.561}=0.5241,\ \alpha=27.6°$$

合力为0.633kN，与 x 轴所夹锐角为27.6°，由 $F_x>0$，$F_y<0$，可见合力 $\boldsymbol{F}$ 通过原汇交点且指向右下方，如图2-9所示。

2.3.3 平面汇交力系平衡的解析条件

由上节讨论可知，平面汇交力系平衡的充分和必要条件是力系的合力为零。

即
$$F=\sqrt{F_x^2+F_y^2}=\sqrt{(\sum F_{ix})^2+(\sum F_{iy})^2}=0$$
要使合力为零，必须使它的两个分力为零，因此得

$$\left.\begin{aligned}\sum F_{ix}=0\\ \sum F_{iy}=0\end{aligned}\right\} \tag{2-6}$$

反之，如式（2-6）成立，则必有 $F=0$。它表明：平面汇交力系平衡的必要与充分条件是力系中所有力在任一轴上投影的代数和均为零，这就是平面汇交力系平衡的解析条件，其中 x 轴、y 轴是平面内任意一对互相垂直的轴。

式（2-6）称为平面汇交力系的平衡方程。根据平面汇交力系的平衡条件可以求解平衡问题中的两个未知量。

例2-6 图2-10中斜梁 AB 的中部承受铅垂荷载 $F=20\text{kN}$。求 A、B 两端的支座反力。

解：梁除受到主动力 $\boldsymbol{F}$ 的作用外，还受到两端支座的反力 $\boldsymbol{F}_A$、$\boldsymbol{F}_B$ 的作用，梁的受力图如图2-10b所示，由于梁在三个力作用下平衡，故知力 $\boldsymbol{F}$、$\boldsymbol{F}_B$ 与 $\boldsymbol{F}_A$ 构成一平衡的平面汇交力系，根据三力平衡汇交必要条件，即可确定固定铰支座对梁的约束反力 $\boldsymbol{F}_A$ 应沿 A、D 两点的连线，其作用线应如图2-10 b 所示。

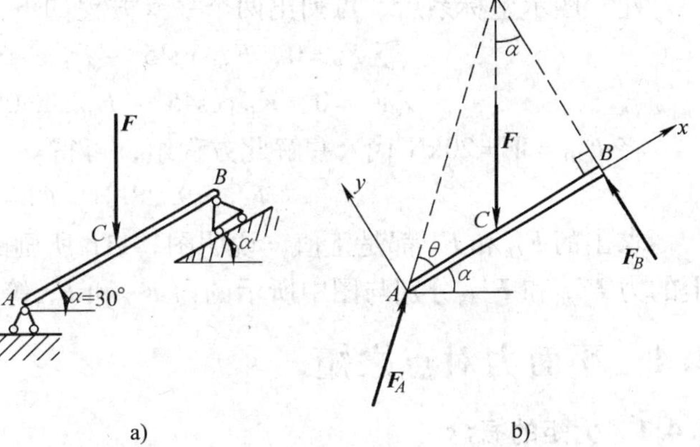

图2-10 例2-6图

选图2-10b所示的坐标系，建立平衡方程如下：

$$\sum F_x=0,\ F_A\cos\theta-F\sin\alpha=0$$

$$\sum F_y=0,\ F_A\sin\theta+F_B-F\cos\alpha=0$$

已知 $F=20\text{kN}$，$\alpha=30°$，再由图2-10b可知，如设 $AB=2l$，则 $DB=\sqrt{3}\,l$，$AD=\sqrt{(2l)^2+(\sqrt{3}l)^2}=\sqrt{7}l$。从而

$$\cos\theta=\frac{AB}{AD}=\frac{2}{7}\sqrt{7},\ \sin\theta=\frac{BD}{AD}=\frac{\sqrt{21}}{7}$$

故由上列平衡方程可得

$$F_A=F\frac{\sin\alpha}{\cos\theta}=20\text{kN}\times\frac{1/2}{2\sqrt{7}/7}=5\sqrt{7}\text{kN}=13.2\text{kN}$$

$$F_B = F\cos\alpha - F_A\sin\theta = 20\text{kN} \times \frac{\sqrt{3}}{2} - 5\sqrt{7}\text{kN} \times \frac{\sqrt{21}}{7} = 5\sqrt{3}\text{kN} = 8.66\text{kN}$$

此即所求的支座反力。

例 2-7 图 2-11a 所示是一个桅杆起重装置的简图，杆 BC 是铅垂的。滑轮 A 装在臂杆 AC 的上端，在滑轮轴上用钢索 AB 将杆 AC 拉住。被匀速吊起的重物重 $W = 20\text{kN}$，不计滑轮、钢索、杆 AC 的重量和滑轮轴的摩擦，求杆 AC 和钢索 AB 所受的力。

解：杆 AC 仅在两端受力且处于平衡，故此二力等值、反向，且沿杆的轴线，但其大小待求。

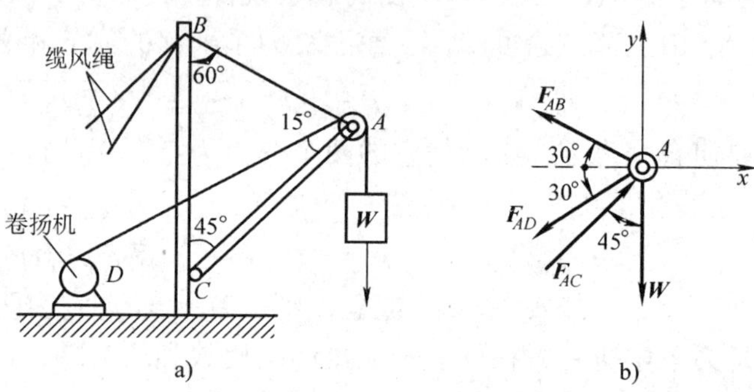

图 2-11　例 2-7 图

杆 AC 和绳 AB 分别以约束反力 $\boldsymbol{F}_{AC}$ 和拉力 $\boldsymbol{F}_{AB}$ 作用于滑轮上。因此，如能根据滑轮的平衡求出 $\boldsymbol{F}_{AC}$ 和 $\boldsymbol{F}_{AB}$ 的大小，则再利用作用力与反作用力定律，问题即可得解。

选滑轮连同其轴为研究对象，除上述 $\boldsymbol{F}_{AC}$、$\boldsymbol{F}_{AB}$ 和 W 三个力外，起重钢索的 AD 段还承受拉力 $\boldsymbol{F}_{AD}$。上述作用于滑轮上的 4 个力组成一平衡的平面汇交力系，图 2-11b 即为滑轮的受力图。

建立图示坐标系后，可列出两个平衡方程如下：

$$\sum F_x = 0,\ F_{AC}\sin45° - F_{AD}\cos30° - F_{AB}\cos30° = 0$$

$$\sum F_y = 0,\ F_{AC}\cos45° - F_{AD}\sin30° + F_{AB}\sin30° - W = 0$$

将 $F_{AD} = W = 20\text{kN}$ 代入并解此方程组，可得

$$F_{AB} = 9.28\text{kN},\ F_{AC} = 35.9\text{kN}$$

求出的 F_{AB} 和 F_{AC} 都是正值，说明图 2-11b 所画的方向正确。滑轮作用在杆 AC 上和绳 AB 上的力 $\boldsymbol{F}'_{AC}$ 和 $\boldsymbol{F}'_{AB}$ 分别与图中所示的力 F_{AC} 和 F_{AB} 等值、反向，故杆 AC 受压力。

2.4　平面力对点之矩

2.4.1　力矩的概念

从实践中知道，力除了使物体移动外，还能使物体转动。例如，用扳手拧紧螺母时，加力可以使扳手绕螺母中心转动；再如搬运重物时用撬棍；操纵机器时用手柄等，都是加力使其产生转动效果的例子。力使物体转动的效应与哪些因素有关并应如何度量呢？

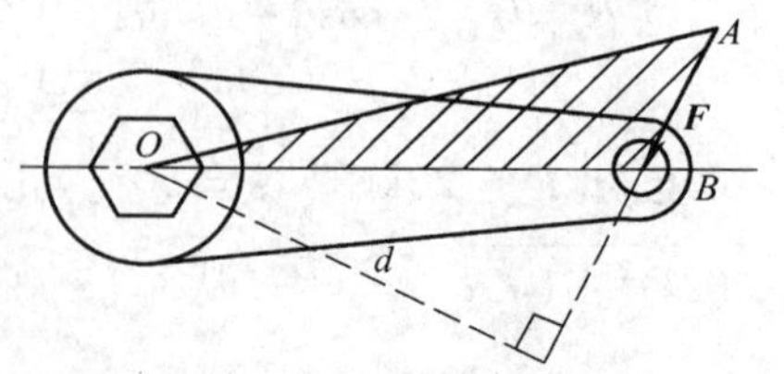

图 2-12　扳手转动螺母

以扳手拧紧螺母为例来说明。用扳手拧紧螺母时，作用于扳手上的力 $\boldsymbol{F}$ 使扳手绕 O 点转动，如图 2-12 所示，实践证明其转动效应不仅与力的大小和方向有关，而且与 O 点到力的作用线的距离 d 有关。由实践经验可知，力的方向不同，使物体转动的方向也不同，本书规定：力 $\boldsymbol{F}$ 使物体绕 O 点逆时针转动时为正，反之为负。

现将以上所述内容推广到一般情形。将力 $\boldsymbol{F}$ 的大小与力 $\boldsymbol{F}$ 的作用线到任一点 O 的垂直

距离 d 的乘积 Fd，冠以适当的正负号，称为力 $\boldsymbol{F}$ 对 O 点之矩，简称力矩，用以作为力 $\boldsymbol{F}$ 使物体绕 O 点转动效应的度量，用 $M_O(\boldsymbol{F})$ 表示，即

$$M_O(\boldsymbol{F}) = \pm \boldsymbol{F}d \tag{2-7}$$

O 点称为力矩中心，简称矩心，d 称为力臂。力矩的单位常用 N · m 或 kN · m。

由图 2-12 可知，当力 $\boldsymbol{F}$ 沿作用线滑动时，并不改变力对某指定点的力矩；又当力的作用线通过矩心时，力对该点之矩等于零。

2.4.2 合力矩定理

作用在物体上的平面汇交力系，其效果可以用一个合力来代替，下面分析一下合力对某点之矩与各分力对某点之矩的关系。设力 $\boldsymbol{F}_1$、$\boldsymbol{F}_2$ 作用于物体上 O 点，其合力为 $\boldsymbol{F}$，如图 2-13 所示。由简单证明可知（见图 2-13）：

$$M_A(\boldsymbol{F}) = M_A(\boldsymbol{F}_1) + M_A(\boldsymbol{F}_2)$$

即：合力对平面上任一点之矩等于各分力对同一点之矩的代数和。这就是合力矩定理。

将上述表达式推广到一般形式，则有

$$M_O(\boldsymbol{F}) = M_O(\boldsymbol{F}_1) + M_O(\boldsymbol{F}_2) + \cdots + M_O(\boldsymbol{F}_n) = \sum M_O(\boldsymbol{F}_i) \tag{2-8}$$

例 2-8 简支梁受三角形分布的荷载作用，如图 2-14 所示。荷载的最大值为 q，梁的长度为 l，试求合力作用线的位置。

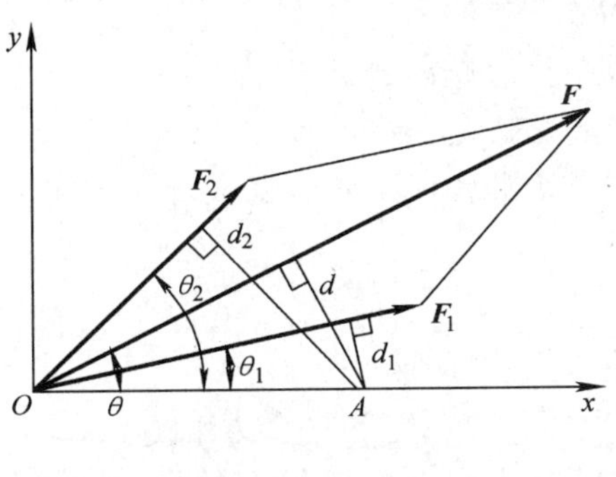

图 2-13 合力矩定理

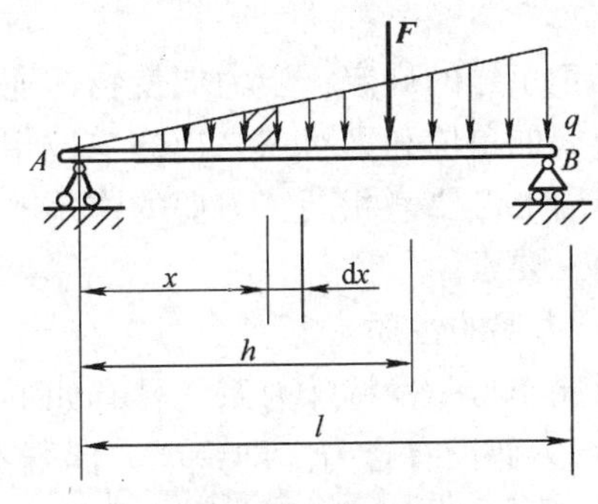

图 2-14 例 2-8 图

解：在距离 A 点 x 处取微段 dx，作用于 dx 微段上的力为 $dF = q(x)dx$，而 $q(x) = \frac{x}{l}q$，则合力 $\boldsymbol{F}$ 的大小可由积分得到

$$F = \sum dF = \int_0^l q(x)dx = \frac{ql}{2}$$

设合力距 A 点的距离为 h，根据合力矩定理，有

$$Fh = \int_0^l q(x)x dx$$

式左端为合力 $\boldsymbol{F}$ 对 A 点的矩，右端为分布荷载对 A 点之矩的代数和，计算求得 $h = \frac{2}{3}l$。

通过上述计算可知，三角形分布线荷载的合力大小等于分布荷载所形成图形的面积，合力作用点位于三角形的形心。

将上述计算推广到一般的分布荷载求合力的计算：分布荷载合力的大小等于分布荷载作用区段所形成图形的面积，其合力作用线的位置在分布荷载作用区段所形成图形的形心上。

2.5 平面力偶

2.5.1 力偶的概念

在日常生活或实践中，经常会遇到物体受大小相等、方向相反、作用线互相平行的两个力作用的情形。例如，汽车司机用双手转动转向盘，如图 2-15a；钳工用丝锥攻螺纹，如图 2-15b 等。实践证明，这样的两个力 $\boldsymbol{F}$、$\boldsymbol{F}'$、对物体只产生转动效应，而不产生移动效应。这种由大小相等、方向相反、作用线平行但不共线的两个力组成的力系，称为力偶，用符号（$\boldsymbol{F}$，$\boldsymbol{F}'$）表示。

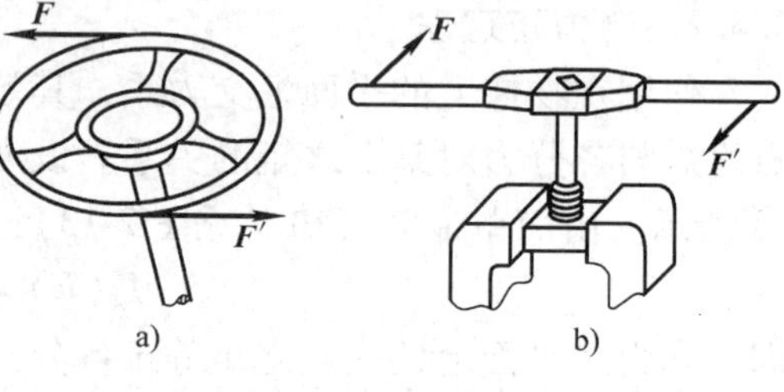

图 2-15 力偶的应用

力偶所在平面称为力偶的作用面，力偶的两个力作用线间的距离称为力偶臂。一个力偶使得物体转动的效果与哪些因素有关呢？实践证明，力偶使物体转动的效果与力的大小和力臂有关。力偶的转动效应用力的值与力臂长度的乘积冠以适当的正负号后所得代数量来表示，称之为力偶矩，以 $M(\boldsymbol{F}, \boldsymbol{F}')$ 表示，即

$$M(\boldsymbol{F}, \boldsymbol{F}') = \pm F\mathrm{d} \tag{2-9}$$

其正负号的规定：当力偶使物体逆时针转动时取正号，顺时针取负号。

力偶的单位和力对点之矩的单位相同，用 N · m 或 kN · m 表示。

与力的三要素相同，力偶的作用效果完全取决于：力偶矩的大小，转向和作用面，此即力偶的三要素。

2.5.2 力偶的性质

力偶作为一种特殊力系，具有如下几个独特的性质。

1）力偶没有合力。即一个力偶既不能用一个力代替，也不能和一个力平衡。

2）力偶在任意坐标轴上投影为零。因为力偶中的两个力在同一轴上的投影总是等值、异号，所以其代数和为零。

3）力偶对其作用面内任一点力矩恒等于力偶矩，与矩心的位置无关。

4）力偶的等效性。在同一平面内的两个力偶，如果它们的力偶矩大小相等、转向相同，则此二力偶等效。力偶的这一特性已为实践所证实。例如，司机加在转向盘上的力（见图 2-16），不管两手的力是 $\boldsymbol{F}_1$、$\boldsymbol{F}'_1$ 或是 $\boldsymbol{F}_2$、$\boldsymbol{F}'_2$，只要力的大小不变，力偶臂不变，则转动转向盘的效果就完全相同。

根据力偶的等效性，可以得出下列两个推论：

推论 1 力偶的可移性。只要力偶矩保持不变，力偶可在其作用面内任意搬移，而不改变力偶对物体的效应，即力偶对物体的转动效果与它在作用面内的位置无关。

推论 2 力偶的可改装性。在保持力偶矩大小不变和力偶转向不变的条件下，可任意改变力偶中力的大小和力偶臂的长短，而不改变它对物体的转动效果。如用丝锥攻螺纹时（见图 2-17），无论以力偶（$\boldsymbol{F}_1$、$\boldsymbol{F}'_1$）或（$\boldsymbol{F}_2$、$\boldsymbol{F}'_2$）作用于丝锥上，只要满足条件 $F_1d_1 = F_2d_2$，则它们使丝锥转动的效应就相同。

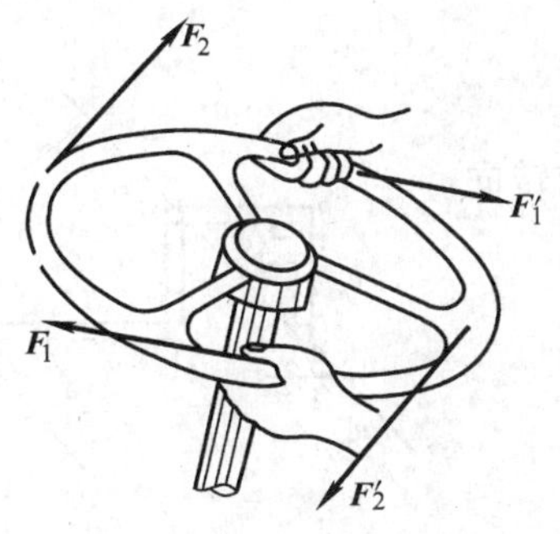

图 2-16　力偶的等效性

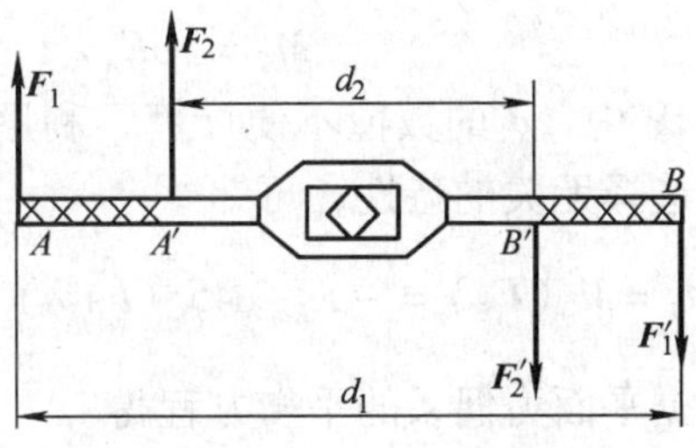

图 2-17　力偶的可改装性

2.5.3　平面力偶系的合成和平衡

设在物体某平面内作用有两个力偶 M_1 和 M_2，如图 2-18a，任选一线段 $AB=d$ 作为公共力偶臂，将力偶 M_1、M_2 搬移，可将 M_1 和 M_2 等效为图 2-18b 中的力，则

$$F_1=F'_1=\frac{M_1}{d},\ F_2=F'_2=\frac{M_2}{d}$$

于是，力偶 M_1 与 M_2 可合成为一个合力偶，如图 2-18c，其合力偶矩为

$$M=Fd=(F_1-F_2)d=M_1+M_2$$

若有 n 个力偶作用于物体的某一平面内，这种力系称为平面力偶系。采用上面的方法合成，可得一个合力偶，合力偶矩等于各分力偶矩的代数和，即

$$M=M_1+M_2+\cdots+M_n=\sum_{i=1}^{n}M_i \tag{2-10}$$

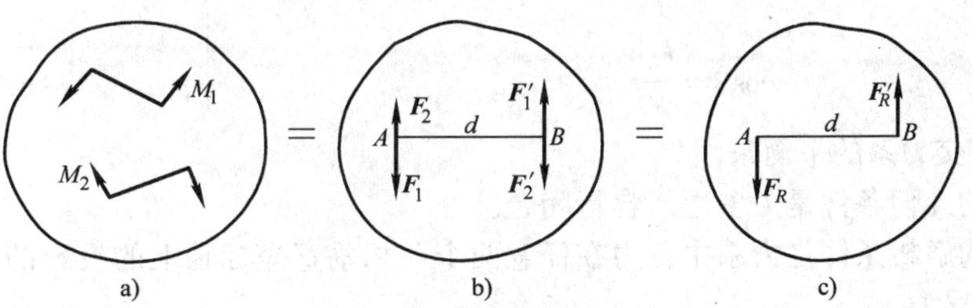

图 2-18　力偶的合成

平面力偶系平衡的充分必要条件是组成力偶系的各力偶的力偶矩的代数和等于零，即

$$\sum M_i=0 \tag{2-11}$$

例 2-9　如图 2-19 所示结构由两直角折杆 ABC 和 CDE 构成。在 CDE 上作用一力偶 M，已知 $AB=BC=CD=a$，$DE=l$，且 A、D、E 3 点共线。试求 A、E 点处的约束反力。两折杆自重不计。

解：由图 2-19 可知，ABC 为二力杆，所以点 A 处的约束反力 $\boldsymbol{F}_A$ 的作用线必定沿 AC 连线。由于力偶只能与力偶相平衡，因此 E 处约束力 $\boldsymbol{F}_E$ 必与 $\boldsymbol{F}_A$ 构成一力偶。系统受力如图 2-19 所示，由 $\boldsymbol{F}_E$ 与 $\boldsymbol{F}_A$ 构成的力偶记为 M_1，则有

$$M_1 = -F_A d$$

在图 2-19 中，d 的数值不便计算，利用力偶矩的大小和转向与矩心选择无关的特性，可知

$$M_1 = M_A(\boldsymbol{F}_E) = -F_E \sin 45°(l+a) = -\frac{\sqrt{2}}{2}F_E(l+a)$$

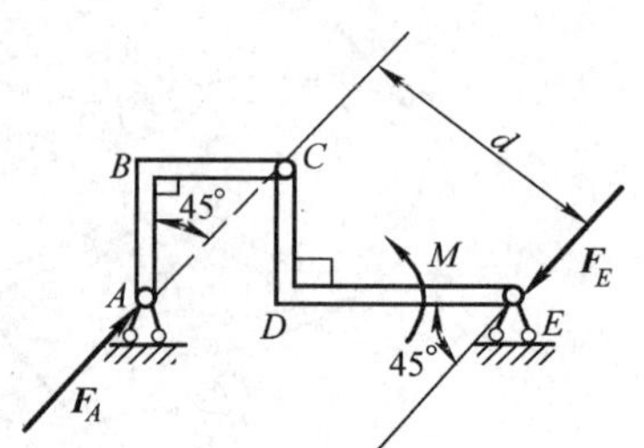

图 2-19　例 2-9 图

根据平面力偶系的平衡方程得

$$M + M_1 = 0$$

即

$$M - F_E \sin 45°\ (l+a) = 0$$

故

$$F_A = F_E = \frac{\sqrt{2}}{l+a}M$$

小　结

平面汇交力系是最简单，最基本的力系，它解决问题的方法在其他较复杂力系中仍要采用，因此要掌握好平面汇交力系。

1. 平面汇交力系的合成　合成方法有两种——几何法和解析法。实际工程中多采用解析法，因此应重点掌握。

2. 合力投影定理　合力在某轴上的投影等于力系中各力在同一轴上投影的代数和。

$$F_x = F_{1x} + F_{2x} + \cdots + F_{nx} = \sum F_{ix}$$

$$F_y = F_{1y} + F_{2y} + \cdots + F_{ny} = \sum F_{iy}$$

$$\left.\begin{aligned} F &= \sqrt{F_x^2 + F_y^2} = \sqrt{(\sum F_{ix})^2 + (\sum F_{iy})^2} \\ \cos\alpha &= \frac{F_x}{F} \\ \cos\beta &= \frac{F_y}{F} \end{aligned}\right\}$$

3. 平面汇交力系的平衡条件

1）平衡的几何条件是力多边形自行闭合。

2）平衡的解析条件是力系中各力在任意两个互相垂直坐标轴上的投影的代数和分别等于零。平衡方程为

$$\sum F_{ix} = 0;\ \sum F_{iy} = 0;$$

4. 利用平衡方程求解未知量的步骤

1）首先进行受力分析，根据解决问题的需要确定研究对象，画出受力图。

2）选择坐标系，列出平衡方程式，解方程求未知量，尽量避免求解联立方程。

5. 平面力对点之矩和平面力偶　主要讲述了平面力对点之矩和平面力偶的概念及转动效应的计算。

习　题

2-1　图示一个固定在墙壁上的圆环受 3 条绳的拉力作用，$\boldsymbol{F}_1$ 沿水平方向，$\boldsymbol{F}_2$ 与水平线成 40°角，$\boldsymbol{F}_3$

沿铅垂方向。三力大小分别为 $F_1=200\text{kN}$，$F_2=250\text{kN}$，$F_3=150\text{kN}$，求此三力的合力。

2-2　图示某桁架接头，有4根角钢焊接在连接板上而成。已知作用在角钢 A 和 C 上的力为 $F_A=2\text{kN}$，$F_C=4\text{kN}$，并知作用在角钢 B 和 D 上的力 $\boldsymbol{F}_B$、$\boldsymbol{F}_D$ 的作用方向，该力系汇交于 O 点。求在平衡状态下 $\boldsymbol{F}_B$、$\boldsymbol{F}_D$ 的值。

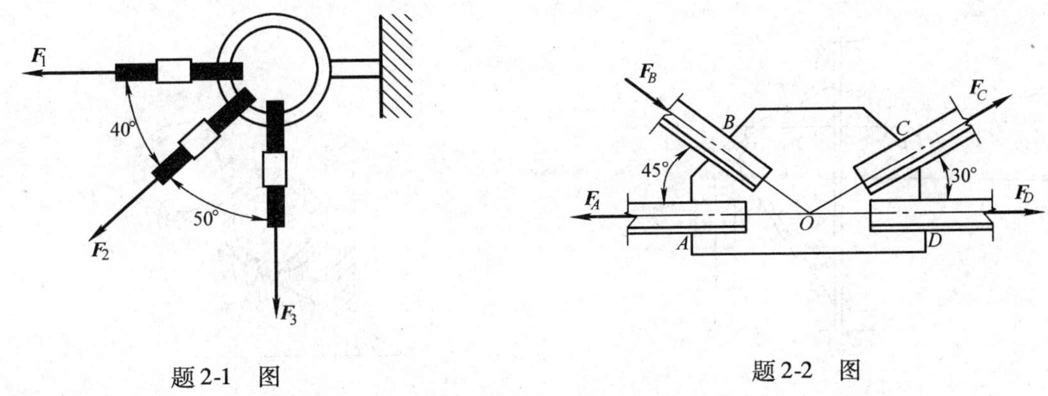

题2-1　图　　　　题2-2　图

2-3　图示梁 AB 的支座在梁的中点作用一力 $F=2\text{kN}$，力和梁的轴线成45°角。若梁的重量略去不计，求图a、图b两种情况下的支座反力。

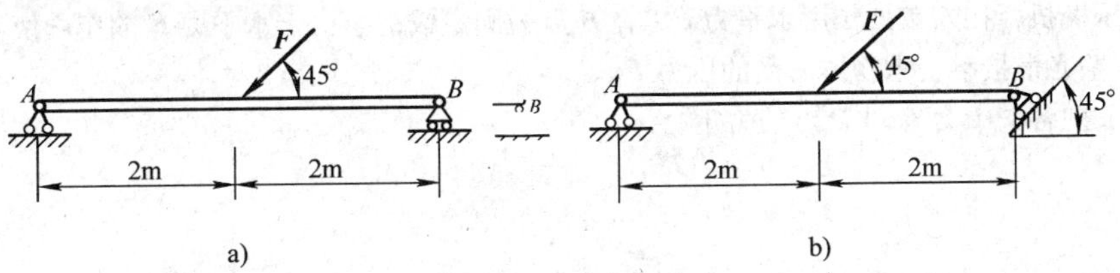

题2-3　图

2-4　求图示三铰刚架在水平力作用下所引起的 A、B 支座的反力。

2-5　支架由杆 AB、AC 构成，A、B、C 三处均为铰链，在 A 点悬挂重为 W 的重物。求图示两种情况下，杆 AB、AC 所受的力。

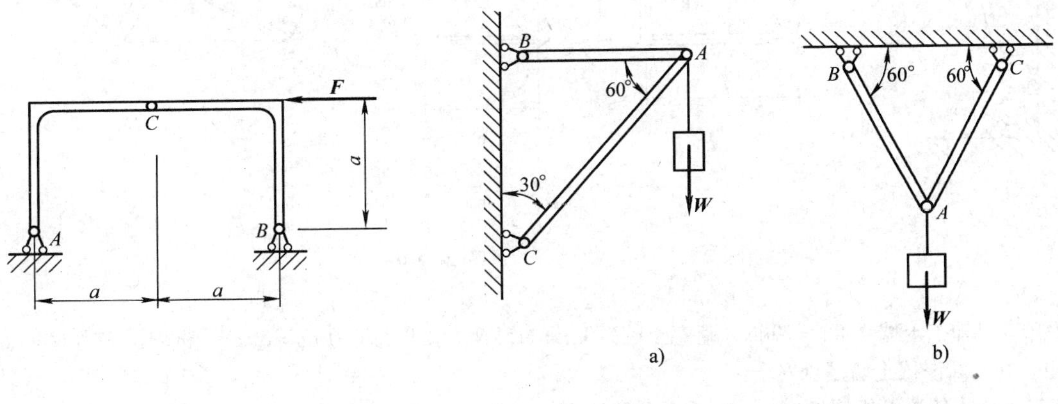

题2-4　图　　　　题2-5　图

2-6　图示起重架可借绕过滑轮 A 的绳索将重为 $G=20\text{kN}$ 的物体吊起，滑轮 A 用不计自重的杆 AB 和 AC 支撑，不计滑轮的重量和轴承处的摩擦。求系统平衡时杆 AB、AC 所受的力（忽略滑轮的尺寸）。

2-7　相同的两根钢管 C 和 D 搁放在斜坡上，并在两端各用一铅垂立柱挡住，如图所示，每根管子重 4kN，求管子作用在每一立柱上的压力。

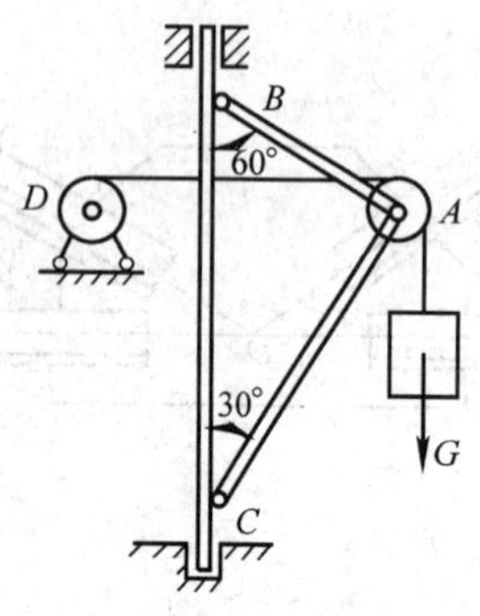

题 2-6　图

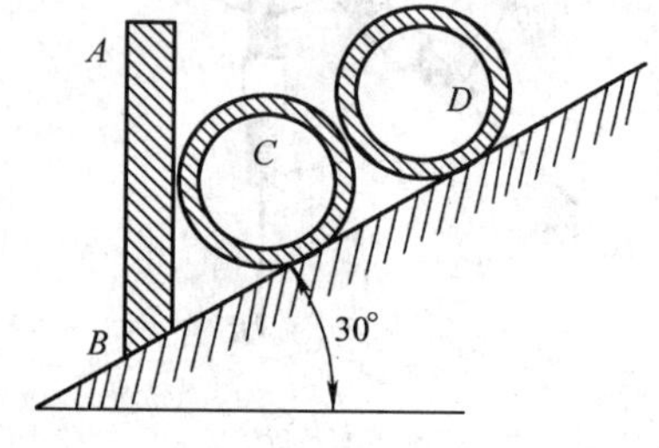

题 2-7　图

2-8　图示压榨机，在 A 铰处作用水平力 $\boldsymbol{F}$，在 B 点为固定铰链。由于水平力 $\boldsymbol{F}$ 的作用使 C 块压紧物体 D。若 C 块与墙壁光滑接触，求物体所受的压力 $\boldsymbol{F}_D$。

2-9　计算下列各图中力 $\boldsymbol{F}$ 对 O 点的力矩。

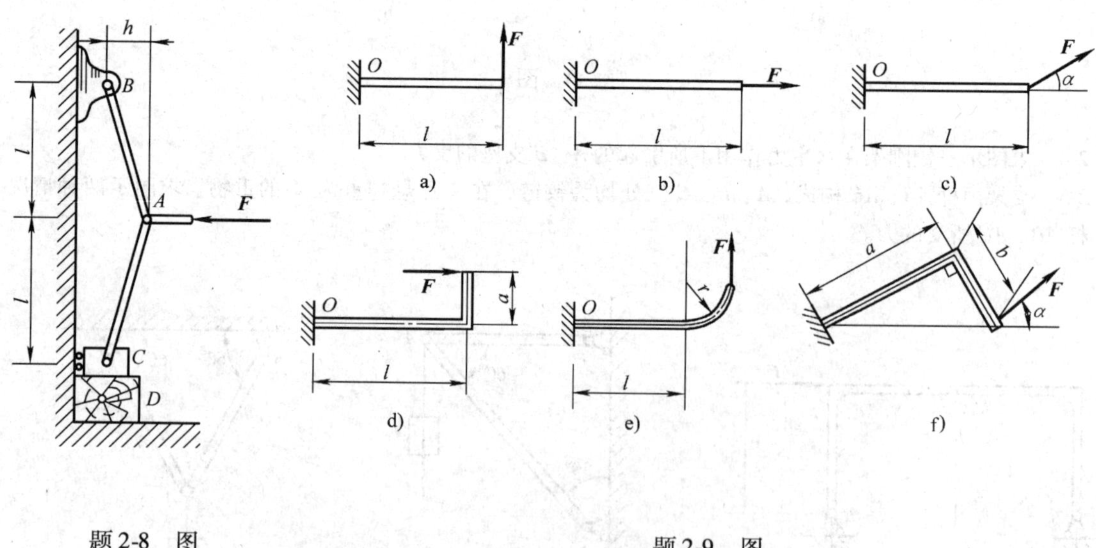

题 2-8　图

题 2-9　图

2-10　已知挡土墙重 $W_1=70\text{kN}$，垂直土压力 $W_2=115\text{kN}$，水平土压力 $F_{\text{P}}=85\text{kN}$，试求此三力对前趾 A 点的矩，并判断该挡土墙是否安全?

2-11　图中四连杆机构 $OABO_1$，在图示位置平衡。已知 $OA=0.4\text{m}$，$O_1B=0.6\text{m}$，$M_1=1\text{kN}\cdot\text{m}$，各杆的自重均不计。试求作用在杆 O_1B 上的力偶矩 M_2 的大小及杆 AB 所受的力。

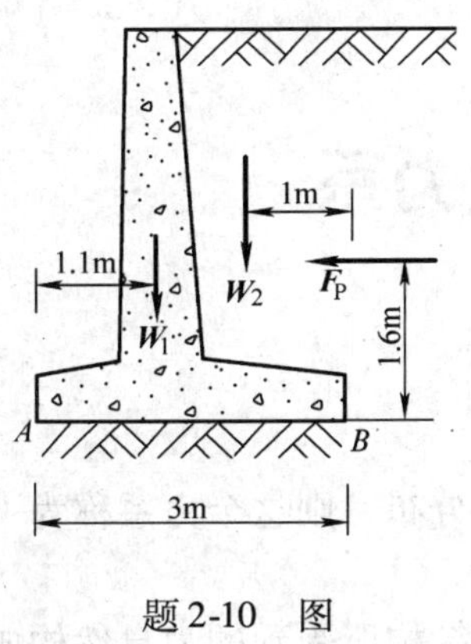

题 2-10　图

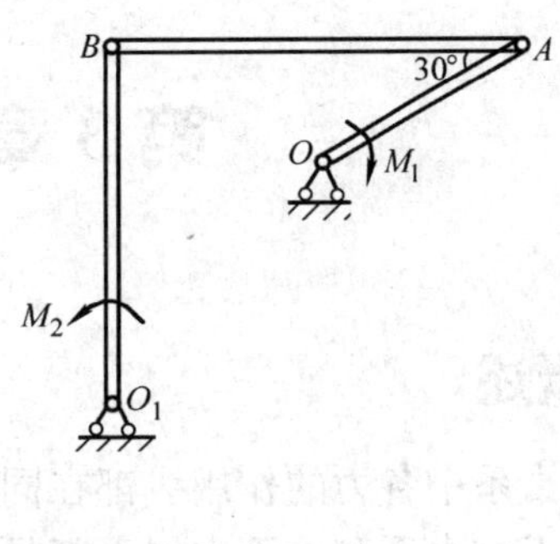

题 2-11　图

2-12　图示结构中各构件的自重略去不计，在构件 AB 上作用一力偶，其力偶矩 $M=800\text{N}\cdot\text{m}$，求点 A 和 C 的约束反力。

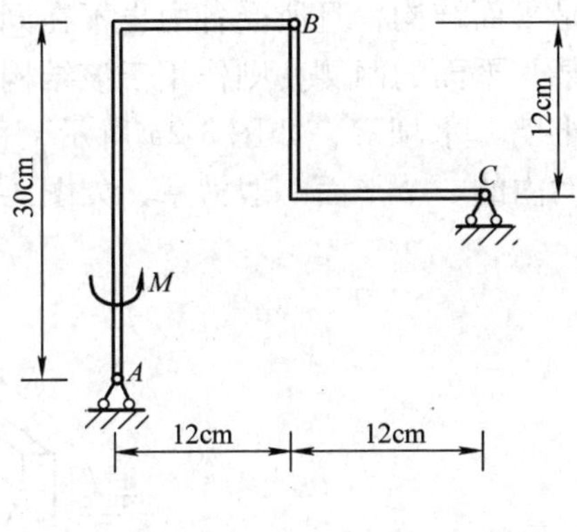

题 2-12　图

第3章　平面一般力系

3.1　概述

如果力系中各力的作用线都在同一平面内而且成任意分布，则这个力系称为**平面一般力系**。平面汇交力系和平面力偶系都是平面一般力系的特例。

平面一般力系在实际工程中有着广泛的应用。平面的结构所受到的力自然构成平面一般力系。如图 3-1 所示的旋转式悬臂起重机，其横梁 AB 受到重力 $\boldsymbol{W}$、吊绳和小车传来的力 $\boldsymbol{F}_W$、拉杆拉力 $\boldsymbol{F}_\mathrm{T}$ 和 A 端反力 $\boldsymbol{F}_{Ax}$、$\boldsymbol{F}_{Ay}$的作用，这些力组成一个平面一般力系。

还有些结构虽然本身并不是平面结构，且所受各力也不在同一平面内，但结构本身和作用于其上的各力都对称分布于某一平面的两侧，则作用于该结构上的力系也可简化为此平面内的平面一般力系。例如，挡土墙、水坝等，如图 3-2a 所示，可将作用于该坝段上的力系简化为位于该坝段中心对称平面内的一个平面一般力系，如图 3-2b 所示。

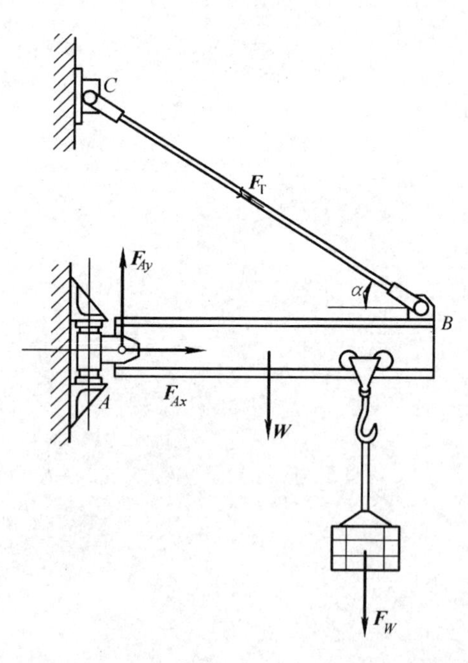

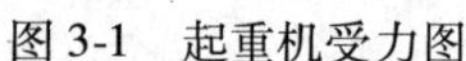
图 3-1　起重机受力图

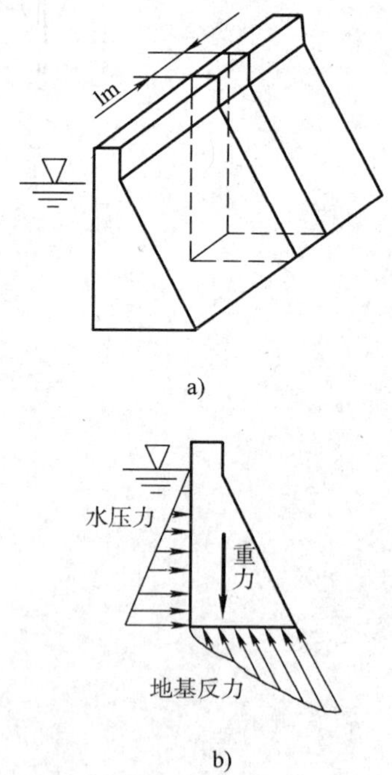

图 3-2　水坝受力图

工程中的大量问题可以简化为平面一般力系问题，分析和解决平面一般力系问题的方法具有普遍性，因此平面一般力系的研究具有特别重要的意义。本章主要讨论平面一般力系的简化、合成和平衡。

3.2 平面一般力系的合成

3.2.1 力的平移定理

设 $\boldsymbol{F}$ 是作用于刚体上 A 点的一个力，如图 3-3a 所示，O 是力作用平面内的任意一点。今在 O 处增加一对大小相等、方向相反且共线的作用力 $\boldsymbol{F}'$ 和 $\boldsymbol{F}''$，且 $F'=F$，$F''=-F$。由 $\boldsymbol{F}$、$\boldsymbol{F}'$、$\boldsymbol{F}''$ 组成的力系与 $\boldsymbol{F}$ 等效，如图 3-3b 所示。显然 $\boldsymbol{F}$ 与 $\boldsymbol{F}''$ 组成一对力偶，其力偶矩等于 $\boldsymbol{F}$ 对 O 点的矩。根据力偶等效性质，可以在 O 点用一个力偶 M 代表 $\boldsymbol{F}$、$\boldsymbol{F}''$，如图 3-3c 所示。上述过程实际上完成了力 $\boldsymbol{F}$ 从 A 点向 O 点的平移。图 3-3c 所示的作用于点 O 的 $\boldsymbol{F}'$ 力和一个力偶 M 与图 3-3a 所示的作用于 A 点的一个力等效。

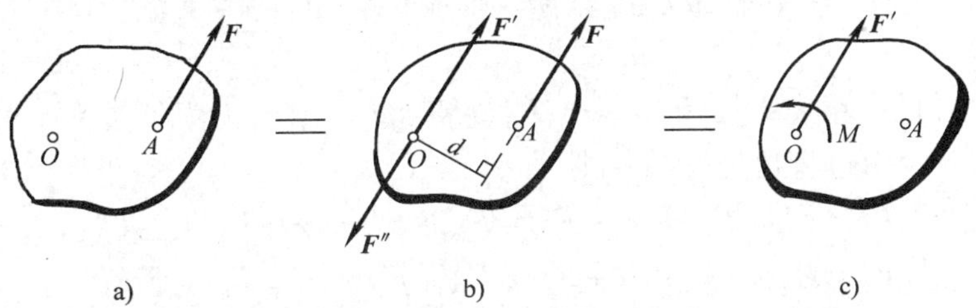

图 3-3 力的平移

a）物体在 A 点受一集中力作用 b）在 O 点增加一对平衡力 c）力的平移结果

综上所述可知：作用于刚体上的力，可以平行移动到力的作用平面内的任一点，但必须附加一力偶才能保持与原作用力等效，此附加力偶的力偶矩等于原作用力对新作用点的矩。这就是力的平移定理。

根据力的平移定理可以解释实际工程中的某些现象。如图 3-4 所示的偏心受压柱，在分析下段柱的受力情况时，常将牛腿上的力 $\boldsymbol{F}$ 平移到柱的轴线上，为了等效，必须附加一个力偶，其力偶矩为 $M=Fe$，e 称为偏心距。这样的简化使柱受力明确，它除受轴向力作用外，还受弯矩作用。因此，偏心受压柱更容易发生倾斜或破坏。

在此必须注意的是，在研究物体的内力时，不能随意将力从一点平移到另一点，这样会使物体的内力和变形发生改变。

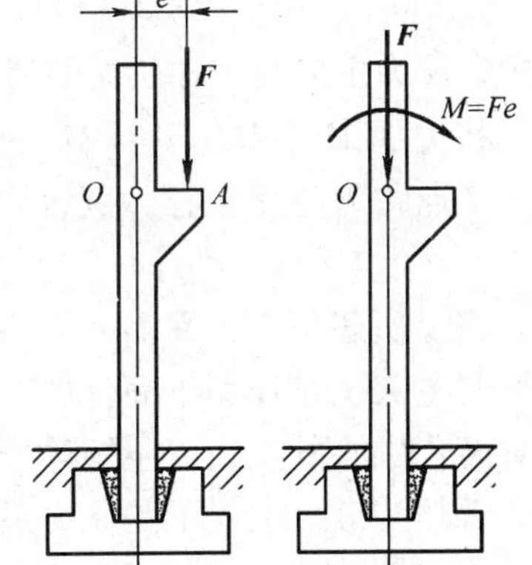

图 3-4 偏心受压柱受力

3.2.2 平面一般力系向平面内一点简化

在第 2 章讨论了平面汇交力系可以合成为一个力，平面力偶可以合成为一个力偶。平面一般力系的合成结果是什么呢？下面讨论平面一般力系的合成。

如图 3-5a 所示，O 是平面一般力系作用平面内的任一指定点。将组成力系的各个力平移至 O 点便得到与原力系等效的一组汇交力 $\boldsymbol{F}_1'$、$\boldsymbol{F}_2'$、…、$\boldsymbol{F}_n'$ 和一组力偶 M_1、M_2、…、M_n（见图 3-5b），则

$$F_1'=F_1,\ F_2'=F_2,\ \cdots,\ F_n'=F_n$$

$$M_1 = M_O(\boldsymbol{F}_1),\ M_2 = M_O(\boldsymbol{F}_2),\ \cdots,\ M_n = M_O(\boldsymbol{F}_n)$$

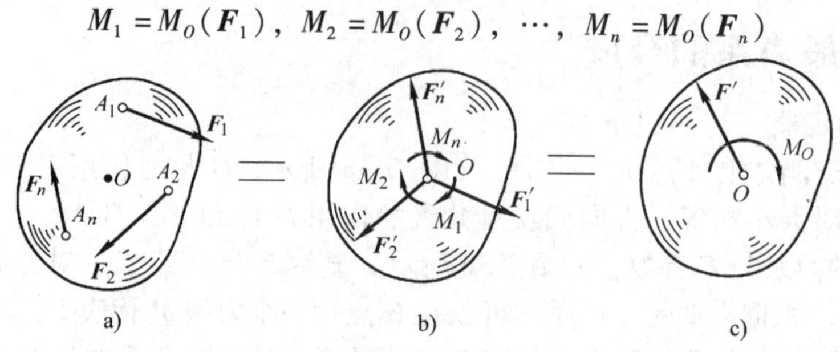

图 3-5　平面一般力系向一点简化

a）平面一般力系　b）力系向一点平移　c）主矢和主矩

将汇交于 O 点的一组力 $\boldsymbol{F}'_1$、$\boldsymbol{F}'_2$、…、$\boldsymbol{F}'_n$继续合成，其合力为矢量 $\boldsymbol{F}'$，称为主矢，如果在求力系的合力时，引进直角坐标系，则

$$F'_x = F'_{1x} + F'_{2x} + \cdots + F'_{nx} = F_{1x} + F_{2x} + \cdots + F_{nx} = \sum F_{ix}$$

$$F'_y = F'_{1y} + F'_{2y} + \cdots + F'_{ny} = F_{1y} + F_{2y} + \cdots + F_{ny} = \sum F_{iy}$$

故

$$\boldsymbol{F}' = \sum \boldsymbol{F}'_i = \sum \boldsymbol{F}_i$$

即

$$\left.\begin{aligned} F' &= \sqrt{(F'_x)^2 + (F'_y)^2} = \sqrt{(\sum F_{ix})^2 + (\sum F_{iy})^2} \\ \cos\alpha &= \frac{F'_x}{F'} \\ \sin\alpha &= \frac{F'_y}{F'} \end{aligned}\right\} \tag{3-1}$$

式中，α 为主矢与 x 轴所夹的锐角，其所在具体方位可由 F'_y 与 F'_x 的正负号直观判断。

将力偶 M_1、M_2、…、M_n 合成，得一个合力偶，其力偶矩 M_O 称为力系向 O 点简化的主矩，O 点称为简化中心。显然

$$M_O = \sum M_i = \sum M_O(\boldsymbol{F}_i) \tag{3-2}$$

综上所述可知：平面一般力系向一点简化，得到一个力和一个力偶。这个力矢量称为原力系的主矢，它作用于简化中心，主矢等于力系中各力的矢量和；这个力偶的力偶矩称为力系对简化中心的主矩，主矩等于力系中各力对简化中心的力矩的代数和。

必须注意，主矢不是原力系的合力，主矩也不是原力系的合力偶。因为作为一个单独的量，它们各自都不能与原力系等效。

还应该指出，力系的主矢是一个常量，不随简化中心的位置而变化，而主矩则是一个不确定量，随简化中心的位置而不同。因此，求一般力系的主矩时必须说明简化中心。

上面讨论的平面一般力系可以合成为一个主矢和一个主矩，这是平面一般力系简化的一般结果，主矢和主矩还可以继续合成，直到最终合成为一个力矢量（见图 3-6），继续合成过程不再讨论，下面讨论一般力系合成结果的几种特殊情况。

1）$\boldsymbol{F}' \neq 0$，$M_O = 0$，即主矢不等于零，主矩等于零。此时力系成为一个合力，合力的方向、大小由主矢确定且通过简化中心。

2）$\boldsymbol{F}' = 0$，$M_O \neq 0$，即主矢等于零，主矩不等于零。此时力系合成为一个力偶，其力偶

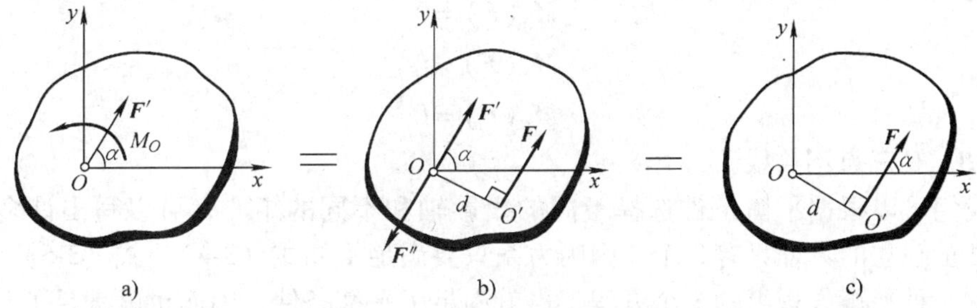

图 3-6　主矢和主矩均不为零时的进一步合成

a）力系简化为主矢和主矩　b）主矢平移　c）最后的简化结果

矩与主矩相等。根据力偶的性质可知此时力系对任一简化中心的主矩将是一个常量。

3）$\boldsymbol{F}'=0$，$M_O=0$，主矢与主矩都等于零。此时不存在合力或合力偶，力系平衡。

由上述讨论可知，平面一般力系最后简化结果有三种可能：合成为一个合力；合成为一个合力偶；或者力系平衡。

3.3　平面一般力系的平衡条件及其应用

3.3.1　平衡方程的一般形式

由上一节的讨论可知，当平面力系向平面内某一点简化时主矢和主矩都等于零，则原力系平衡。因此，主矢和主矩都等于零是平面力系平衡的充分与必要条件，即

$$\left.\begin{aligned}\boldsymbol{F}'=0\\M_O=0\end{aligned}\right\}\tag{3-3}$$

根据式（3-1）、式（3-3），在直角坐标系内，平面力系平衡的解析条件可以进一步写成

$$\left.\begin{aligned}&\sum F_x=0\\&\sum F_y=0\\&\sum M_O(\boldsymbol{F})=0\end{aligned}\right\}\tag{3-4}$$

式（3-4）是平面一般力系平衡方程的基本形式，包括两个投影式和一个力矩式。x、y 可以是平面内任意两个正交轴，O 可以是平面内任意指定点。平衡方程给出了平面一般力系平衡的充分必要条件。

3.3.2　平衡方程的其他形式

平面一般力系的平衡方程除了式（3-4）所表示的基本形式外，还可以表示成二力矩式和一个投影式或三力矩式。这些不同形式的平衡方程组是彼此等价的。

二力矩式的平衡方程是

$$\left.\begin{aligned}&\sum F_x=0\\&\sum M_A(\boldsymbol{F})=0\\&\sum M_B(\boldsymbol{F})=0\end{aligned}\right\}\tag{3-5}$$

式中，x 轴与 A、B 两点连线不相垂直。

三力矩式的平衡方程如下：

$$\left.\begin{aligned}\sum M_A(\boldsymbol{F})=0\\ \sum M_B(\boldsymbol{F})=0\\ \sum M_C(\boldsymbol{F})=0\end{aligned}\right\}\qquad(3\text{-}6)$$

式中，A、B、C 三点不共线。

虽然我们可以根据平衡条件选择不同的投影轴和不同的矩心，可以写出许多不同的方程，但是真正独立的方程只有 3 个。因为力系只要满足了如式（3-4）、式（3-5）、式（3-6）所示的任意一种平衡方程组的 3 个方程，也就满足了平衡条件，因而也就满足了其他所有的方程。所以利用平面一般力系的静力平衡方程只能求解 3 个未知量。

例 3-1　钢筋混凝土刚架，受荷载及支撑情况如图 3-7a 所示。刚架上作用有集中力 $\boldsymbol{F}_P$ 和力偶矩为 M 的力偶，以及支座反力 $\boldsymbol{F}_{Ax}$、$\boldsymbol{F}_{Ay}$、$\boldsymbol{F}_B$，各反力的指向都是假定的，它们组成平面一般力系。已知 $\boldsymbol{F}_P=5\text{kN}$，$M=2\text{kN}\cdot\text{m}$。应用三个平衡方程求解 3 个未知反力。

解：以刚架为研究对象，其受力图如图 3-7b 所示。

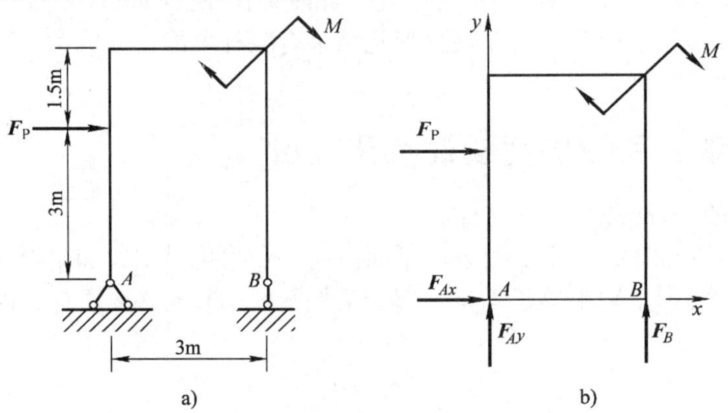

图 3-7　例 3-1 图

由　$\sum F_x=0$，$F_P+F_{Ax}=0$，

得　$F_{Ax}=-F_P=-5\text{kN}$

由　$\sum M_A=0$，$-F_P\times3\text{m}-M+F_B\times3\text{m}=0$

得　$F_B=5.67\text{kN}$

由　$\sum F_y=0$，$F_{Ay}+F_B=0$

得　$F_{Ay}=-F_B=-5.68\text{kN}$

得数为正，说明假设的指向正确；得数为负，说明力的实际方向和原假设的指向相反。

例 3-2　图 3-8a 所示为一管道支架，其上搁有管道，设每一支架所承受的管重 $W_1=12\text{kN}$，$W_2=7\text{kN}$，且架重不计。求支座 A 和 C 处的约束反力，尺寸如图 3-8a 所示。

解：已知主动力 $\boldsymbol{W}_1$、$\boldsymbol{W}_2$ 和支座 A 的约束反力 F_{Ax}、F_{Ay}均作用于梁 AB 上。杆 CD 仅在两端受力且处于平衡，故支座 C 的反力应与杆 CD 通过铰 D 而作用于梁 AB 上的力相等，各力组成一平面一般力系。

以梁 AB 为研究对象，受力图如图 3-8b 所示。其平衡方程为

$$\sum M_A(\boldsymbol{F})=0,\ 60F\sin30^\circ-30W_1-60W_2=0$$

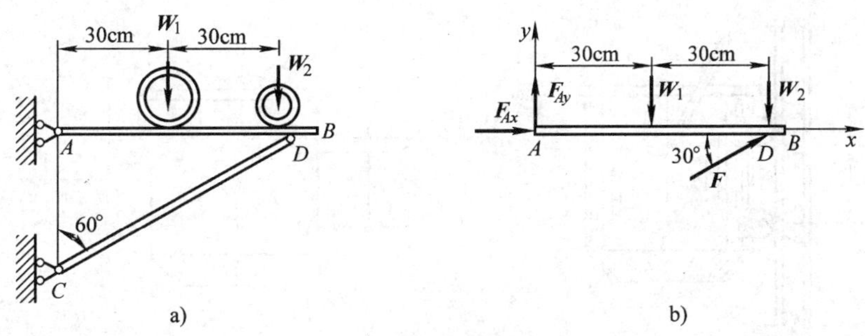

图 3-8　例 3-2 图

所以
$$F=W_1+2W_2=26\text{kN}$$
$$\sum F_{ix}=0,\ F_{Ax}+F\cos30°=0$$
所以
$$F_{Ax}=-F\cos30°=-22.5\text{kN}$$
式中，负号说明图中所设 F_{Ax} 的指向与实际相反。

又
$$\sum F_{iy}=0,\ F_{Ay}-W_1-W_2+F\sin30°=0$$
所以
$$F_{Ay}=W_1+W_2-F\sin30°=6\text{kN}$$

根据作用力与反作用力定律，杆 CD 在 D 点所受力 F' 应与 $\boldsymbol{F}$ 等值、反向。再由杆 CD 的平衡可知，支座 C 的约束反力 $\boldsymbol{F}_C$ 应沿杆 CD 并与 $\boldsymbol{F}$ 同向，且
$$F_C=F'=F=26\text{kN}$$

如采用二矩式的平衡方程解本题，则可将上列平衡方程 $\sum F_{iy}=0$ 弃去而代之以 $\sum M_D(\boldsymbol{F})=0$，即
$$-60F_{Ay}+30W_1=0$$
故
$$F_{Ay}=6\text{kN}$$
所得结果与上面的一致。

同样，如采用三力矩式的平衡方程解本题，则可保留上面的平衡方程 $\sum M_A(\boldsymbol{F})=0$ 和 $\sum M_D(\boldsymbol{F})=0$,并列出平衡方程 $\sum M_C(\boldsymbol{F})=0$,即
$$-F_{Ax}\cdot AC-30W_1-60W_2=0$$
故
$$F_{Ax}=-\frac{30W_1+60W_2}{AC}=-\frac{30W_1+60W_2}{AD}\tan60°=-22.5\text{kN}$$
所得结果也与上面的一致。

由此可见，虽然以上梁 AB 总共列出了 5 个平衡方程，但其中只有 3 个彼此独立，故所能求出的未知量并不多于 3 个。

例 3-3　如图 3-9 所示的混凝土浇灌器连同所装混凝土共重 $W=60\text{kN}$，重心在 C 处，用钢索沿铅垂导轨匀速吊起，摩擦不计。已知 $a=15\text{cm}$，$b=60\text{cm}$，$\alpha=10°$。求钢索的拉力与两对导轮 A 和 B 分别对导轨的压力。

解：浇灌器匀速上升，处于平衡状态。

浇灌器所受的主动力为 C 点的重力 $\boldsymbol{W}$，而约束反力则有：钢索拉力 $\boldsymbol{F}$ 以及由两对导轮 A 和 B 分别传来的导轨反力 $\boldsymbol{F}_A$ 和 $\boldsymbol{F}_B$，如图 3-9b 所示。

建立图示坐标系，列出平衡方程

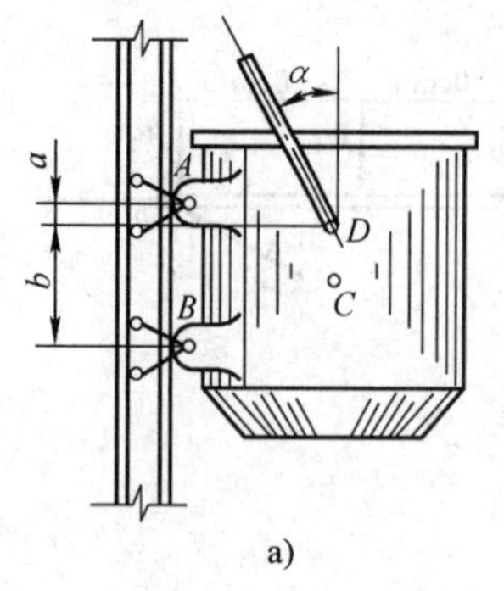

a)

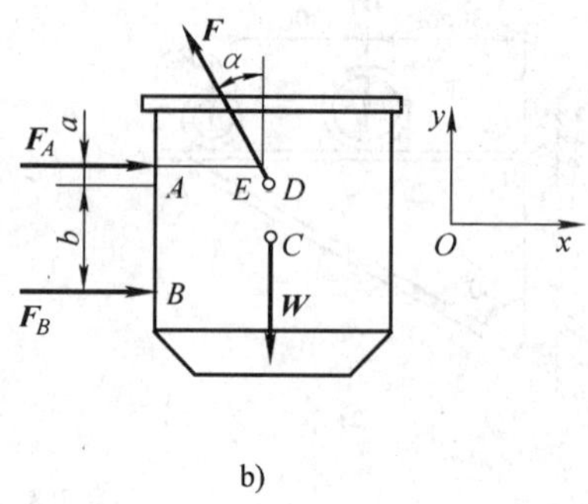

b)

图 3-9　例 3-3 图

$$\sum F_y = 0,\ F\cos\alpha - W = 0$$

所以

$$F = \frac{W}{\cos\alpha} = 60.9\text{kN}$$

$$\sum M_E(\boldsymbol{F}) = 0, F_B(a+b) - W a\tan\alpha = 0$$

所以

$$F_B = W\frac{a}{a+b}\tan\alpha = 2.1\text{kN}$$

E 为 $\boldsymbol{F}$、$\boldsymbol{F}_A$ 两力作用线的交点。

$$\sum M_D(\boldsymbol{F}) = 0,\ -F_A a + F_B b = 0$$

所以

$$F_A = \frac{b}{a}F_B = 8.4\text{kN}$$

故所求钢索拉力 $\boldsymbol{F}$ 的大小为 60.9kN，而两对导轮 A 和 B 对导轨的压力 $\boldsymbol{F}_A'$、$\boldsymbol{F}_B'$ 分别与 $\boldsymbol{F}_A$、$\boldsymbol{F}_B$ 等值、反向，即有

$$F_A' = F_A = 8.4\text{kN},\ F_B' = F_B = 2.1\text{kN}$$

3.4　平面平行力系的平衡方程

若平面一般力系中各力的作用线互相平行，则称为**平面平行力系**。

平面平行力系是平面一般力系的特例，其平衡方程可由平面一般力系的平衡方程推出：当取 x 轴与各力作用线垂直时，则各力在 x 轴上的投影均为零，此时式（3-4）中的 $\sum F_x = 0$ 变为等号两端均为零的恒等式而不再是方程式，故平面平行力系的平衡方程只有 2 个，即

$$\left.\begin{aligned}\sum F_y &= 0\\ \sum M_O(\boldsymbol{F}) &= 0\end{aligned}\right\}\tag{3-7}$$

同样，也可将平面平行力系的平衡方程写成二矩式的平衡方程：

$$\left.\begin{aligned}\sum M_A(\boldsymbol{F}) &= 0\\ \sum M_B(\boldsymbol{F}) &= 0\end{aligned}\right\}\tag{3-8}$$

式中，A，B 两点之间的连线不能与各力平行。

由于平面平行力系的平衡方程只有 2 个，故只能解出 2 个未知量。

平面汇交力系也是平面一般力系的特例。因为力系汇交于一点，因此力系自然满足 $\sum M_O(\boldsymbol{F}) = 0$，$O$ 为汇交点，因此平面汇交力系最多能求解两个未知量。

例 3-4 在图 3-10 所表示的桥式起重机中，横梁 AB 重 $W=60\text{kN}$，电动小车连同所吊起的重物重 $F_P=40\text{kN}$。求小车在图示位置时两端轨道对梁的支撑反力。

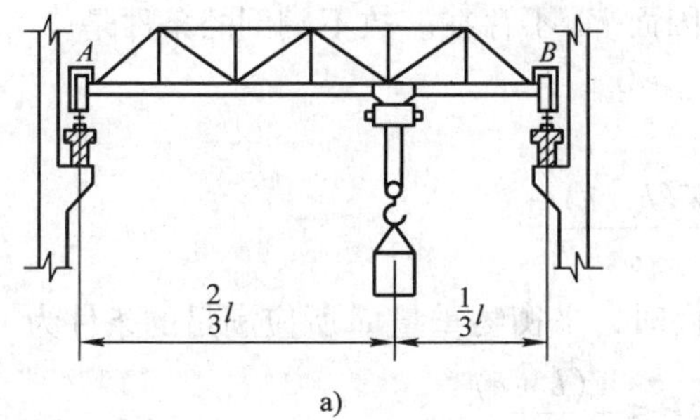

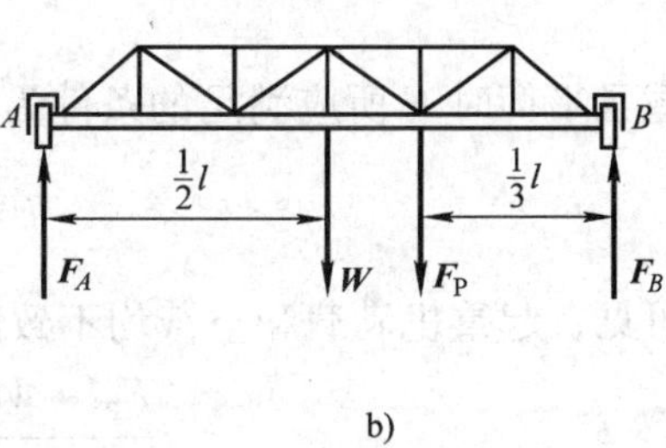

图 3-10 例 3-4 图

解：以横梁 AB 为研究对象。作用于其上的力除主动力 $\boldsymbol{F}_P$ 和 $\boldsymbol{W}$ 外还有垂直于图面的水平轨道对它的反力 $\boldsymbol{F}_A$ 和 $\boldsymbol{F}_B$，此四力构成一平衡的平面平行力系。由平衡方程

$$\sum M_A(\boldsymbol{F})=0,\ F_Bl-F_P\frac{2}{3}l-W\frac{l}{2}=0$$

得

$$F_B=\frac{2}{3}F_P+\frac{1}{2}W\approx 56.7\text{kN}$$

$$\sum F_y=0,\ F_A+F_B-W-F_P=0$$

得

$$F_A=W+F_P-F_B\approx 43.3\text{kN}$$

例 3-5 塔式起重机如图 3-11 所示，设机身所受重力为 $\boldsymbol{W}$，其作用线距右轨的距离为 e，载重的重力 $\boldsymbol{F}_P$ 距右轨的最大距离为 l，轨距 $AB=b$，又平衡物的重力 $\boldsymbol{F}$ 距左轨 A 为 a。求起重机满载和空载均不致翻倒时，平衡物的重量 $\boldsymbol{F}$ 所应满足的条件。

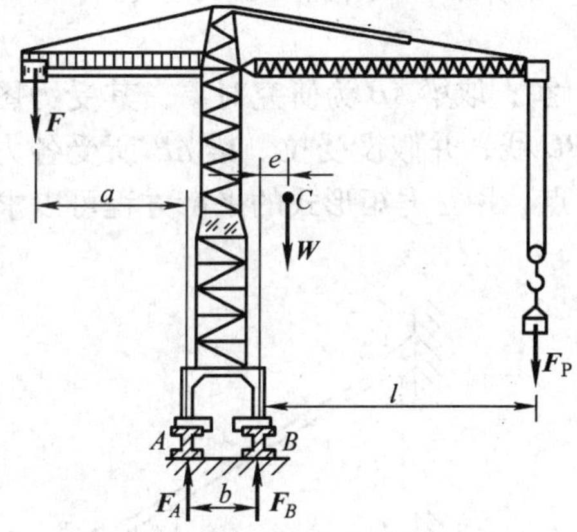

图 3-11 例 3-5 图

解：起重机不翻倒时其所受的主动力 $\boldsymbol{W}$、$\boldsymbol{F}_P$、$\boldsymbol{F}$ 和约束反力 $\boldsymbol{F}_A$、$\boldsymbol{F}_B$ 组成一平衡的平面平行力系。由平衡方程

$$\sum M_B(\boldsymbol{F})=0,\ -F_Pl-We+F(a+b)-F_Ab=0$$

所以

$$F_A=\frac{F(a+b)-F_Pl-We}{b}$$

满载时载重 $\boldsymbol{F}_P$ 距右轨最远，这时起重机若翻倒则必为绕 B 点往右翻倒，因而 $\boldsymbol{F}_A$ 不存在。故不翻倒的条件是 $F_A\geqslant 0$。

其中等号对应于起重机处于翻倒与不翻倒的临界状态。由以上两式可得满载且平衡时 $\boldsymbol{F}$ 所应满足的条件为

$$F\geqslant\frac{F_Pl+We}{a+b}$$

空载时 $F_P=0$，由平衡方程 $\sum M_A(\boldsymbol{F})=0$ 得

$$-W(b+e)+Fa+F_Bb=0$$

所以
$$F_B=\frac{W(b+e)-Fa}{b}$$

这时起重机若翻倒则必为绕 A 点往左翻倒，因而 $\boldsymbol{F}_B$ 不存在。故不翻倒的条件是

$$F_B\geqslant 0$$

于是，空载且平衡时 F 所应满足的条件为

$$F\leqslant\frac{W(b+e)}{a}$$

由此可见，起重机满载和空载均不致翻倒时，平衡物重量 F 所应满足的条件为

$$\frac{F_Pl+We}{a+b}\leqslant F\leqslant\frac{W(b+e)}{a}$$

3.5 物体系统的平衡

当几个相互联系的物体共同受力时，系统的平衡问题要比单个物体复杂得多。系统作为一个整体所受的外力应满足平面力系的平衡条件。同时，还必须满足系统内部每一个局部或每一单个物体的平衡条件，因此由 n 个杆件组成的结构，最多能列出 $3n$ 个独立方程，能求解 $3n$ 个未知量。

求解物体系统的平衡问题时，首先要注意选择合适的研究对象，认真分析研究对象的受力，不重复，不遗漏，然后选择合适的平衡方程求解未知力。尽量减少每一平衡方程中的未知力个数，避免求解联立方程。下面举例说明解题方法和步骤。

例 3-6 如图 3-12 所示为一悬臂式起重机，A、B、C 处都是铰链连接。梁 AB 自重 $W=1\text{kN}$，作用在梁的中点，提升重量 $F_P=8\text{kN}$，杆 BC 自重不计，求支座 A 的反力和杆 BC 所受的力。

解： 取梁 AB 为研究对象，其受力图如图 3-12b 所示。杆 BC 为二力杆，它的约束反力沿 BC 线，并假设受拉。梁 AB 所受各力组成平面一般力系，3 个未知力两两相交于 A、B、C 3 点，用三力矩形式的平衡方程可以求解这 3 个未知力。

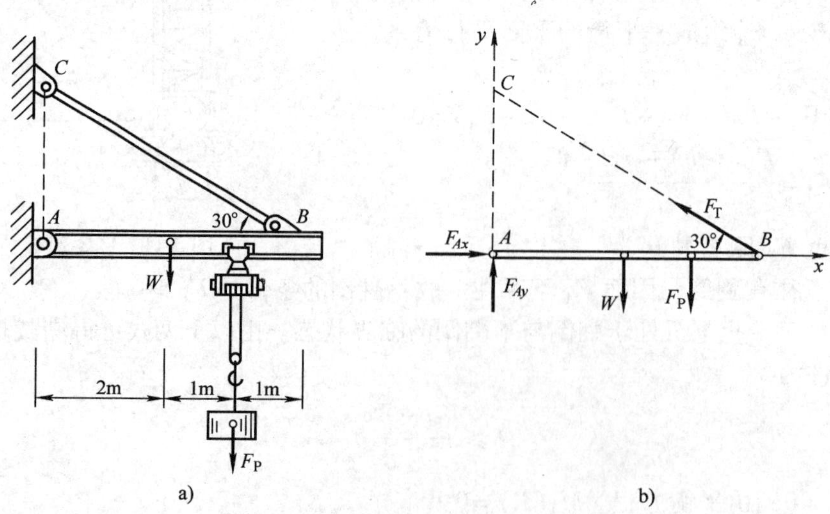

图 3-12 例 3-6 图

由 $$\sum M_A=0,\ -W\times2-F_P\times3+F_T\sin30°\times4=0$$

得 $$F_T=\frac{2W+3F_P}{4\times\sin30°}=\frac{2\times1+3\times8}{4\times0.5}\text{kN}=13\text{kN}$$

由 $$\sum M_B=0,\ F_P\times1+W\times2-F_{Ay}\times4=0$$

得 $$F_{Ay}=\frac{2W+F_P}{4}=\frac{2\times1+8}{4}\text{kN}=2.5\text{kN}$$

由 $$\sum M_C=0,\ F_{Ax}\times4\times\tan30°-W\times2-F_P\times3=0$$

$$F_{Ax}=\frac{2W+3F_P}{4\times\tan30°}=\frac{2\times1+3\times8}{4\times0.577}\text{kN}=11.27\text{kN}$$

校核：对图 3-12b，

由 $$\sum F_x=F_{Ax}-F_T\cos30°=11.26\text{kN}-13\times0.866\text{kN}\approx0$$

$$\sum F_y=F_{Ay}-W-F_P+F_T\sin30°=2.5\text{kN}-1\text{kN}-8\text{kN}+13\text{kN}\times0.5=0$$

可见计算无误。

例 3-7 组合梁受荷载如图 3-13 所示。已知 $q=5\text{kN/m}$，$F_P=30\text{kN}$，求支座 A、B、D 的反力。

解：组合梁由梁 AC、CD 在 C 处用铰链连接并支撑于 3 个支座上而构成。

若取整个梁为研究对象，其受力图如图 3-13d 所示。由受力图可知，它在平面平行力系作用下平衡，有 $\boldsymbol{F}_A$、$\boldsymbol{F}_B$ 和 $\boldsymbol{F}_D$ 共 3 个未知量，而独立的平衡方程只有 2 个，不能求解。因而需要将梁从铰 C 处拆开，分别考虑 CD 段和 AC 段的平衡，它们的受力图如图 3-13b、c 所示。梁 CD 的力系是平面平行力系，只有 2 个未知量，应用平衡方程可求得 $\boldsymbol{F}_D$，$\boldsymbol{F}_D$ 求出后，再考虑整体平衡，如图 3-13d，$\boldsymbol{F}_A$、$\boldsymbol{F}_B$ 也可求出。

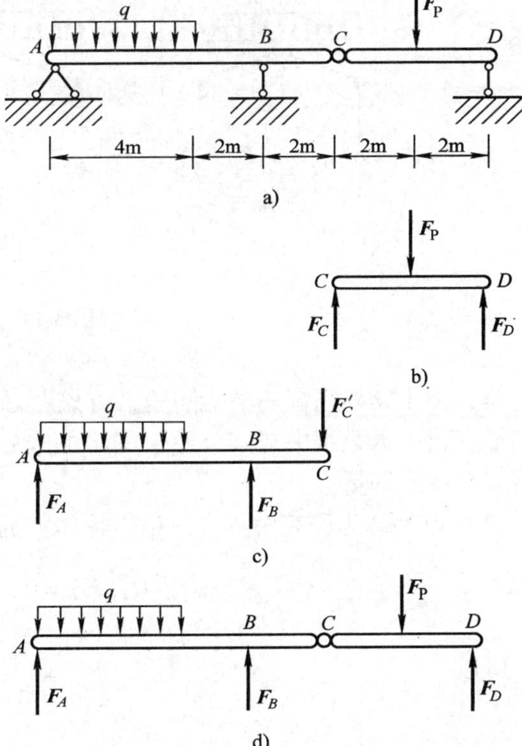

图 3-13 例 3-7 图

1）取梁 CD 段为研究对象，如图 3-13b 所示，

由 $\sum M_C=0,\ F_D\times4-F_P\times2=0$

得 $$F_D=\frac{2F_P}{4}=\frac{2\times30}{4}\text{kN}=15\text{kN}$$

2）取整个组合梁为研究对象，如图 3-13d 所示，

由 $$\sum M_A=0,\ F_B\times6+F_D\times12-q\times4\times2-F_P\times10=0$$

得 $$F_B=\frac{8q+10F_P-12F_D}{6}=\frac{8\times5+10\times30-12\times15}{6}\text{kN}=26.7\text{kN}$$

由 $$\sum M_B=0,\ q\times4\times4-F_P\times4-F_A\times6+F_D\times6=0$$

得 $$F_A=\frac{16q-4F_P+6F_D}{6}=\frac{16\times5-4\times30+6\times15}{6}\text{kN}=8.33\text{kN}$$

校核：对整个组合梁（见图3-13d），列出

$$\sum F_y=F_A+F_B+F_D-q\times4m-F_P=8.33\text{kN}+26.7\text{kN}+15\text{kN}-5\times4\text{kN}-30\text{kN}\approx0$$

可见计算正确。

本题还可先取梁 CD 为研究对象，求解 $\boldsymbol{F}_C$ 和 $\boldsymbol{F}_D$；再取梁 AC 段为研究对象，求解 $\boldsymbol{F}_A$ 和 $\boldsymbol{F}_B$。计算结果相同，但这一种解法不如上述解法简单。读者可自行验算。

例3-8 图3-14所示三铰刚架，其顶部受沿水平方向均匀分布的铅垂荷载的作用，荷载集度为 $q=8\text{kN/m}$。已知：$l=12\text{m}$；$h=6\text{m}$；$f=2\text{m}$，求支座 A、B 的反力。刚架自重不计。

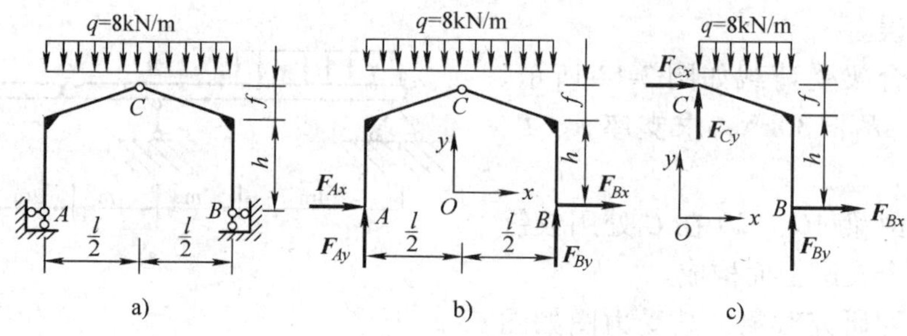

图3-14　例3-8图

解：由于物体系统的平衡问题，可先考虑整体的平衡，列出相应的平衡方程，求解部分未知量，再根据系统中与其余还未解出的未知量有关的（某或某些）部分物体的平衡，以求出其余各未知量。

（1）以整体为研究对象。作用于物体上的力如图3-14b。根据平衡有

$$\sum M_A(\boldsymbol{F})=0,\ F_{By}l-ql\frac{l}{2}=0$$

所以 $$F_{By}=\frac{1}{2}ql=48\text{kN}$$

$$\sum M_B(\boldsymbol{F})=0,\ -F_{Ay}l+ql\frac{l}{2}=0$$

所以 $$F_{Ay}=\frac{1}{2}ql=48\text{kN}$$

显然，整体的第三个独立平衡方程无论是取力矩式或投影式，其中必同时含 $\boldsymbol{F}_{Ax}$ 和 $\boldsymbol{F}_{Bx}$ 两个未知量，因此不能由它单独求解。为避免解联立方程，可暂不列出此第三式，而再另选系统中某有关部分为研究对象以解出 $\boldsymbol{F}_{Ax}$ 或 $\boldsymbol{F}_{Bx}$。

（2）选刚架的 BC 部分为研究对象。于是，AC 部分通过铰链 C 对它的作用力 $\boldsymbol{F}_{Cx}$、$\boldsymbol{F}_{Cy}$ 就成为外力。BC 部分的受力图如图 3-14c 所示。因只须求出 $\boldsymbol{F}_{Bx}$，故可取 C 点为矩心建立力矩方程以避免其余两个不需要的未知量 $\boldsymbol{F}_{Cx}$ 和 $\boldsymbol{F}_{Cy}$ 的出现。

由 $$\sum M_C(\boldsymbol{F})=0, F_{Bx}(h+f)+F_{By}\frac{l}{2}-q\frac{l}{2}\times\frac{l}{4}=0$$

得 $$F_{Bx}=-18\text{kN}$$

式中，负号表示图中所设 $\boldsymbol{F}_{Bx}$ 的指向与实际相反。

在已求出 $\boldsymbol{F}_{Bx}$ 之后，再以整体为研究对象，列出它的第三个独立平衡方程即可求出 $\boldsymbol{F}_{Ax}$ 了。

（3）以整体为研究对象

由 $$\sum F_x=0$$

得 $$F_{Ax}+F_{Bx}=0$$

所以 $$F_{Ax}=-F_{Bx}=18\text{kN}$$

若还须求出 $\boldsymbol{F}_{Cx}$ 和 $\boldsymbol{F}_{Cy}$，则可再列出两个独立平衡方程以解出该两未知量来。

若分别以 AC 和 BC 两部分为研究对象，建立平衡方程，也可解出所需要的 4 个未知量 $\boldsymbol{F}_{Ax}$、$\boldsymbol{F}_{Ay}$、$\boldsymbol{F}_{Bx}$ 和 $\boldsymbol{F}_{By}$。

例 3-9 物体重 $W=12\text{kN}$，由三杆 AB，BC 和 CE 所组成的构架及滑轮 E 支持，如图 3-15 所示。已知：$AD=DB=2\text{m}$，$DC=DC=1.5\text{m}$。不计杆及滑轮的重量，求支座 A、B 的反力及 BC 杆的内力。

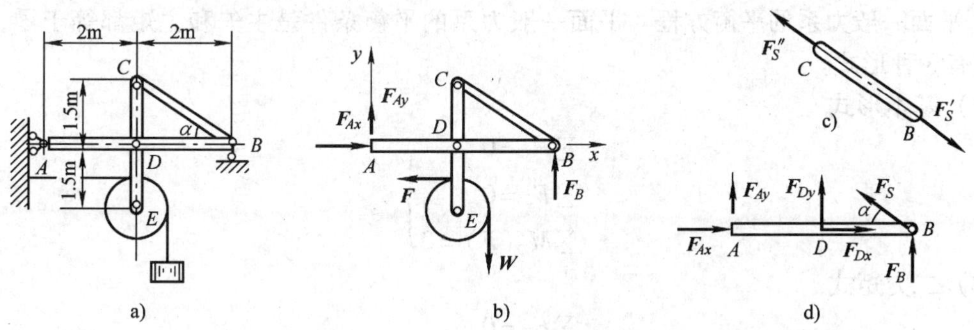

图 3-15 例 3-9 图

解： 以构架连同滑轮为研究对象，它受由铅垂段绳子所传来的物体重力 $\boldsymbol{W}$，水平段绳子的拉力 $\boldsymbol{F}$（$F=W$）及两支座处的支座反力，其受力图如图 3-15b 所示。设滑轮半径为 r，则可列出平衡方程如下：

由 $$\sum M_A(\boldsymbol{F})=0, 4F_B-(1.5\text{m}-r)F-(2\text{m}+r)W=0$$

得 $$F_B=\frac{2+1.5}{4}\times 12\text{kN}=10.5\text{kN}$$

由 $$\sum F_x=0,\ F_{Ax}-F=0$$

得 $$F_{Ax}=F=12\text{kN}$$

由 $$\sum F_y=0,\ F_{Ay}+F_B-W=0$$

得 $$F_{Ay}=W-F_B=1.5\text{kN}$$

杆 CB 只在两端各受一力且处于平衡，故此二力 $\boldsymbol{F}_S'$ 和 $\boldsymbol{F}_S''$ 必等值、反向、共线，且如以任一横截面将 CB 分为两段，则由杆的平衡可知，每一段也应平衡，从而 CB 杆的内力应分别和杆所受的外力等值、反向、共线。为此，可以 AB 杆为研究对象，并求出它所受来自 CB 杆的作用力即可。显然，F_S、F_S'' 为作用力与反作用力关系（见图 3-15c）。

AB 杆的受力图如图 3-15d 所示。

由 $$\sum M_D(\boldsymbol{F})=0,(F_S\sin\alpha+F_B)\times2-F_{Ay}\times2=0$$

得 $$F_S=\frac{1}{\sin\alpha}(F_{Ay}-F_B)=\frac{2.5}{1.5}\times(1.5-10.5)\text{kN}=-15\text{kN}(\text{压力})$$

小　　结

平面一般力系是本书研究的重点之一，本章的主要内容如下：

1. 平面一般力系向一点简化

1）力的平移定理。力向某点平移时，必须附加一力偶，该附加力偶矩等于原力对新作用点之矩。

2）平面一般力系向平面内任一点简化，可得到一个作用在简化中心的平面汇交力系和一个平面力偶系，进而可以合成为一个力和一个力偶。该力称为原力系的主矢，它作用于简化中心，与简化中心的位置无关；该力偶称为原力系对简化中心的主矩，它的大小、转向一般与简化中心有关。

2. 平面一般力系的平衡方程　平面一般力系的平衡条件是主矢和主矩都等于零，其平衡方程有 3 种形式。

（1）基本形式

$$\left.\begin{aligned}\sum F_x&=0\\\sum F_y&=0\\\sum M_O(\boldsymbol{F})&=0\end{aligned}\right\}$$

（2）二力矩式

$$\left.\begin{aligned}\sum F_x&=0\\\sum M_A(\boldsymbol{F})&=0\\\sum M_B(\boldsymbol{F})&=0\end{aligned}\right\}$$

其中，x 轴或 y 轴不能垂直于 A、B 两点的连线。

（3）三力矩矩形式

$$\left.\begin{aligned}\sum M_A(\boldsymbol{F})&=0\\\sum M_B(\boldsymbol{F})&=0\\\sum M_C(\boldsymbol{F})&=0\end{aligned}\right\}$$

其中，A、B、C 三点不在同一直线上。

不论采用哪种形式，都只能写出 3 个独立的方程，求解 3 个未知量。

3. 平行力系　主要讲述了平面平行力系的概念、平衡方程及其与平面一般力系的区别，及平行力系的应用。

4. 物体系统的平衡 求解物体系统的平衡问题的方法是：恰当选取研究对象，以整个系统或系统中的某个物体作为研究对象进行受力分析，画出其受力图，再由平衡方程求解未知数。解题时要选择合适的平衡方程、投影轴和矩心等，力求做到每个平衡方程只包含一个未知数，使计算简化。

习　题

3-1 挡土墙受力情况如图示。挡土墙重 $W_1=75\text{kN}$，土的压力为 $W_2=140\text{kN}$，水平土压力 $F=90\text{kN}$。试将该力系向坝底 A 点简化，并求其最后的简化结果。

3-2 某桥墩顶部受到两边桥面传来的铅垂力 $F_{P1}=1940\text{kN}$，$F_{P2}=800\text{kN}$，制动力 $F_{P3}=193\text{kN}$ 的作用，桥墩自重 $W=5280\text{kN}$，风力 $F_{P4}=140\text{kN}$。各力作用线位置如图所示。求将这些力向基底截面中心 O 简化的结果；如能简化为一合力，求作用线的位置。

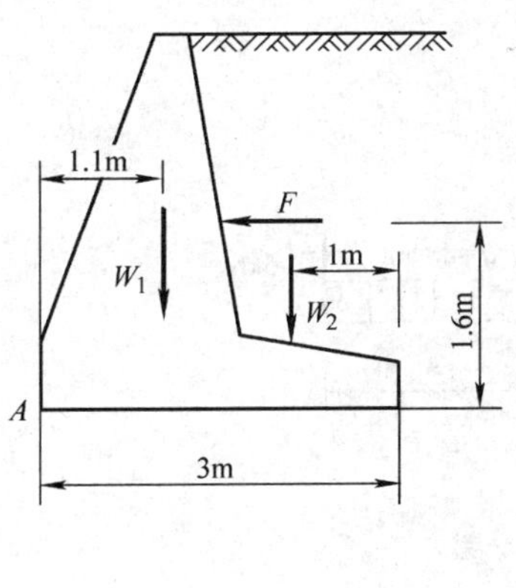

题 3-1　图

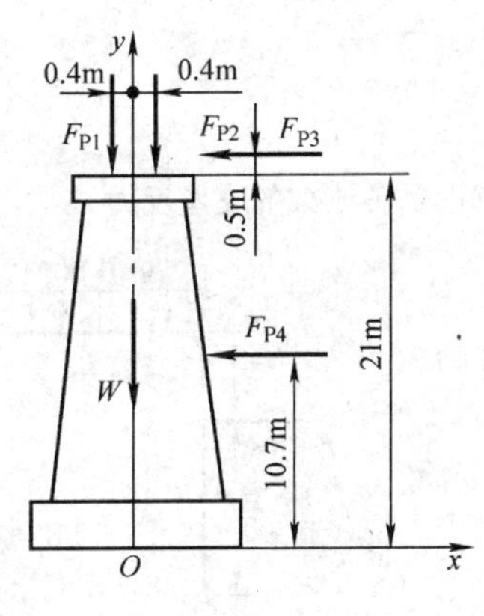

题 3-2　图

3-3 求图示各梁的支座反力。

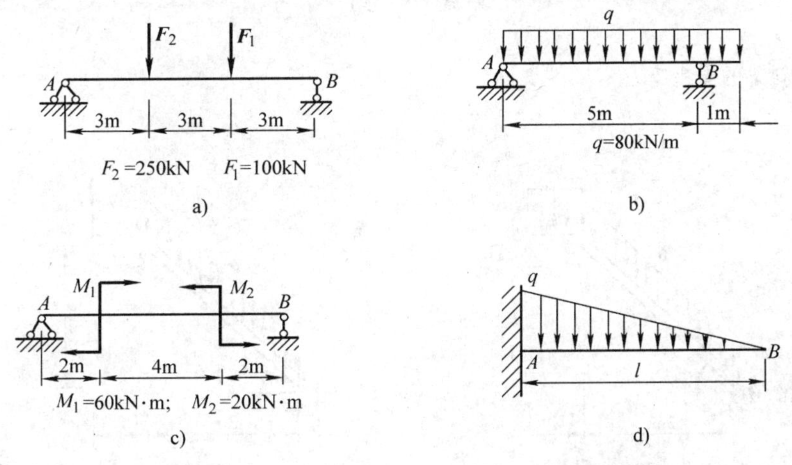

题 3-3　图

3-4 求图示各梁的支座反力。

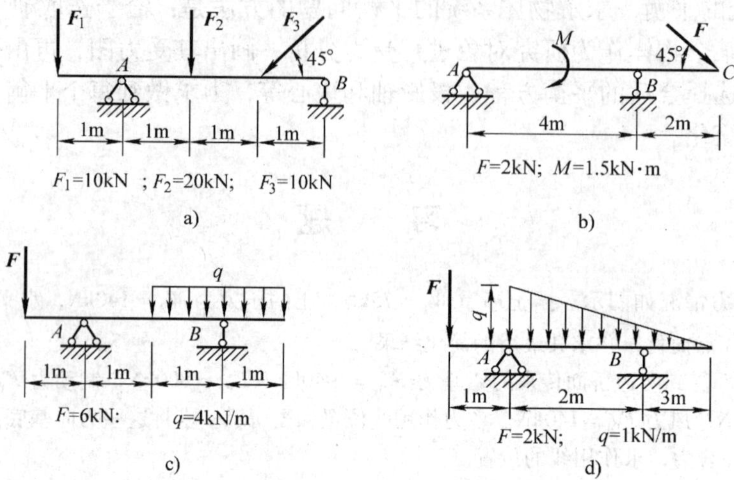

题 3-4 图

3-5 求图示各刚架的支座反力。

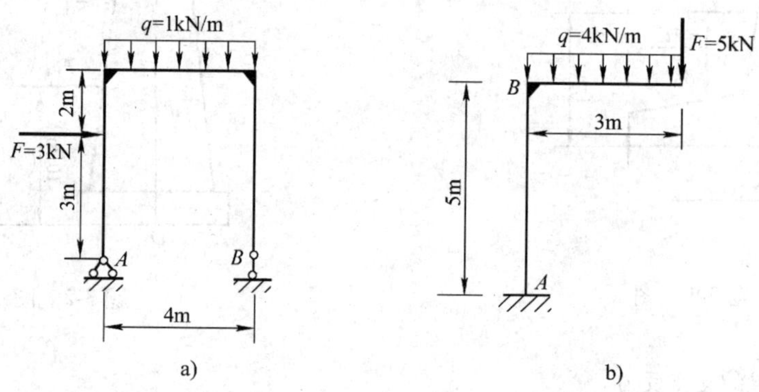

题 3-5 图

3-6 求图示斜梁的支座反力。

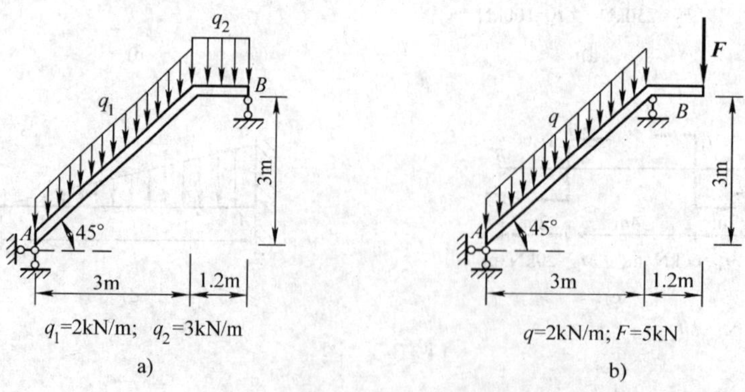

题 3-6 图

3-7 求图示多跨静定梁的支座反力。

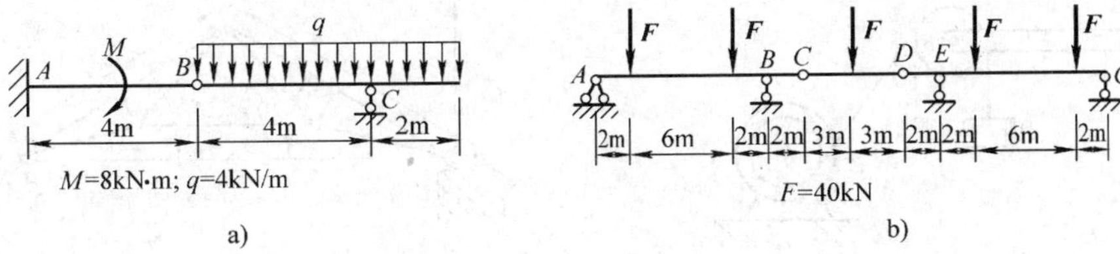

题 3-7 图

3-8 求图示各静定平面刚架的支座反力。

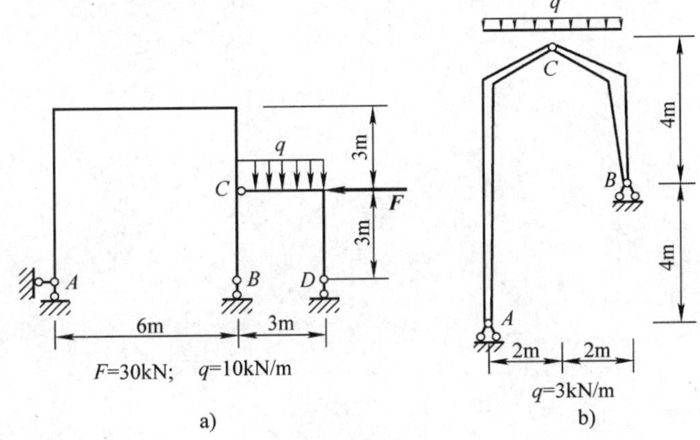

题 3-8 图

3-9 求图所表示结构中 AC 和 BC 两杆所受的力。

3-10 手动钢筋剪切机由手柄 AB、杠杆 CHD 和链杆 DE 用铰链连接而成。图中长度以 cm 计。手柄及杠杆的 DH 段是铅垂的，铰链 C、E 中心的连线是水平的。当 A 处用水平力 $F=100\text{kN}$ 作用在手柄上且机构在图示位置时，求杠杆的水平刀口 H 作用于钢筋的力。

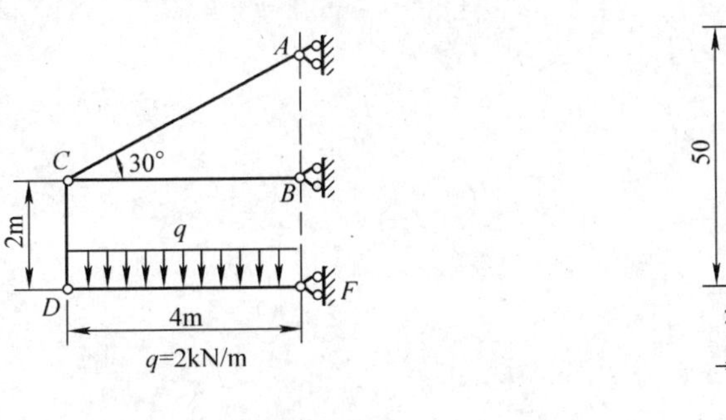

题 3-9 图

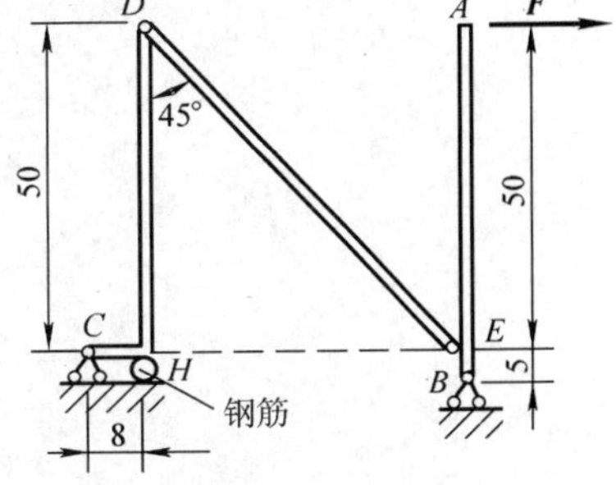

题 3-10 图

3-11 悬臂梁 AB 的 A 端嵌固在墙内，B 端装有滑轮，用以吊起重物。设重物的重量为 W，又 $AB=l$，斜绳与铅垂线成 α 角，当重物匀速吊起时，求固定端的约束反力。

3-12 对称屋架 AB 的 A 点用铰链固定，B 点用辊子搁在光滑的水平面上。屋架重 100kN，AC 边承受风压，风力平均分布，并垂直于 AC，其合力等于 8kN。其他尺寸如图所示，求支座反力。

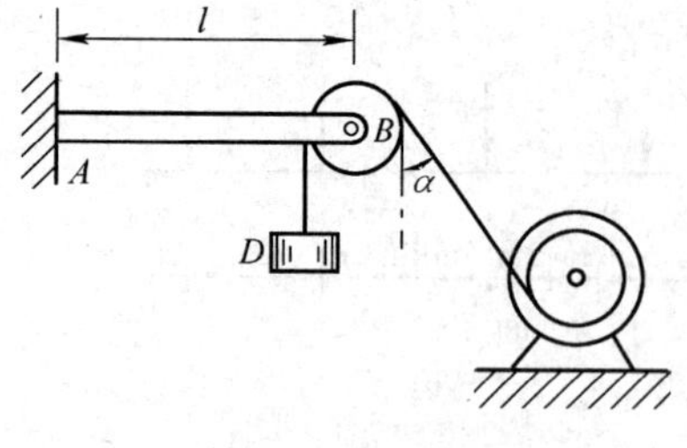

题 3-11　图

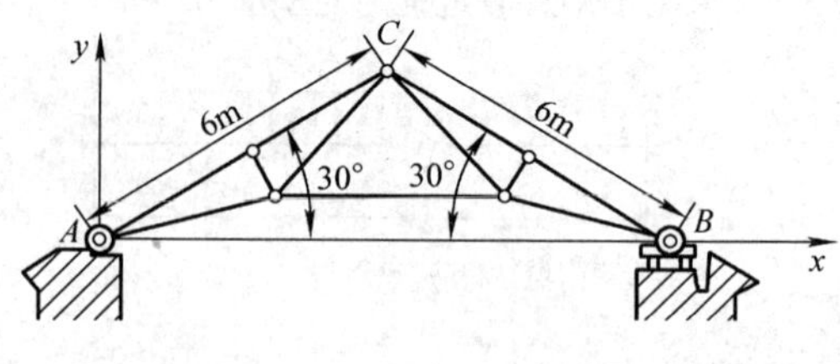

题 3-12　图

第4章　空间力系

4.1　概述

在第2章开始的时候，我们曾经指出，作用在结构物上的力系可分为平面力系与空间力系两大类。它们的区别在于力系中各力的作用线是否在同一个平面内。在大多数情况下，为了计算方便，我们是将实际的力系简化为平面力系来计算的。但对有些工程，却必须考虑其空间作用。如图4-1所示起重用三脚架，重物的重量 $\boldsymbol{W}$ 与三脚架每一个脚所受的力以及拉力 $\boldsymbol{F}$ 不全在同一平面内，不能再用平面力系的方法进行计算。由于三个脚所受的力与重物的重量 $\boldsymbol{W}$ 及拉力 F 都汇交于一点，故为空间汇交力系。又如图4-2所示的起重绞车，除在其轮轴上受到被吊起物体的重力 $\boldsymbol{W}$ 和带的拉力 $\boldsymbol{F}_1$、$\boldsymbol{F}_2$ 的作用外，在轴承 A、B 处还受到约束反力 $\boldsymbol{F}_{Ax}$、$\boldsymbol{F}_{Az}$ 和 $\boldsymbol{F}_{Bx}$、$\boldsymbol{F}_{Bz}$ 的作用，这些力分布在空间中且无对称平面，故不能简化为平面力系。由于这些空间分布的力既不汇交于一点，也不全部互相平行，故称为空间一般力系。其他如圆屋顶、水塔支架、飞机等也都受到空间力系的作用。

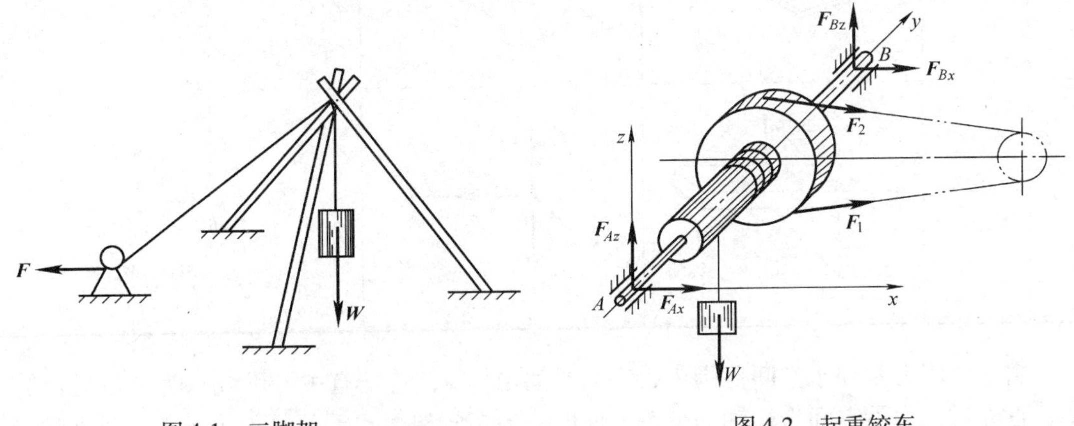

图4-1　三脚架　　　　图4-2　起重绞车

首先，介绍常见的几种空间约束类型（见表4-1）。物体在空间共有6种可能运动，即沿 x、y、z 三轴的移动和绕这三轴的转动。有几种运动受到约束的阻碍，就有几个约束反力（包括反力偶）。约束反力的方向与约束所能阻碍的物体运动方向相反。

表4-1　空间约束与约束反力一览表

序号	约束类型	示意图	计算简图	约束反力个数	注
1	球铰	A	A　F_{Ax}　F_{Ay}　F_{Az}	3	限制移动（$\boldsymbol{F}_{Ax}$、$\boldsymbol{F}_{Ay}$、$\boldsymbol{F}_{Az}$） 不限制转动

（续）

序号	约束类型	示意图	计算简图	约束反力个数	注
2	普通（颈）轴承	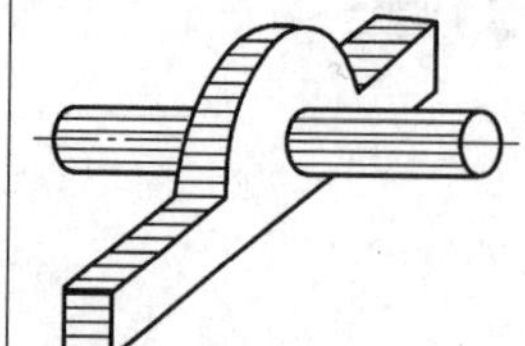	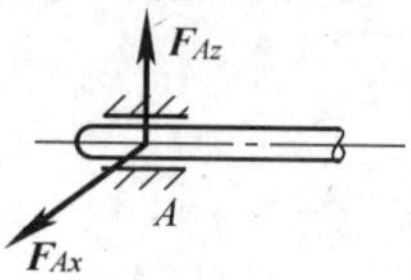 F_{Az} A F_{Ax}	2	限制与轴垂直方向的移动（F_{Ax}、F_{Az}）
3	止推轴承	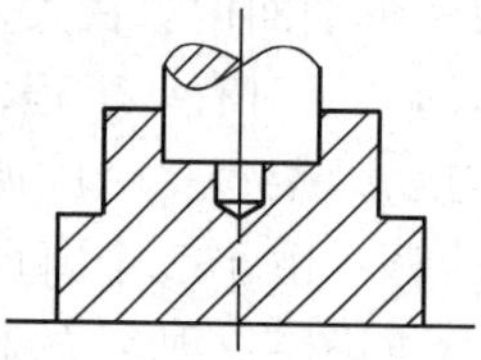	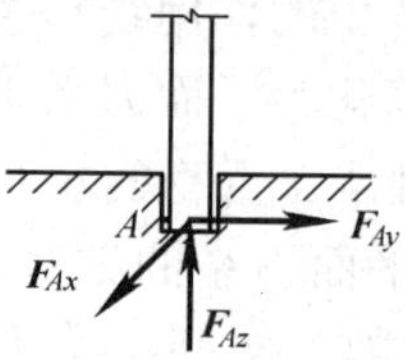 A F_{Ay} F_{Ax} F_{Az}	3	限制移动（F_{Ax}、F_{Ay}、F_{Az}）不限制转动
4	蝶铰	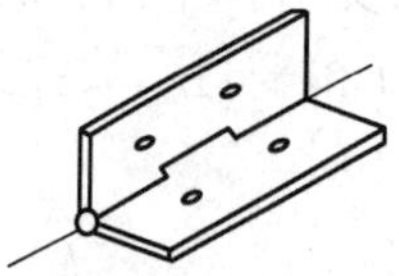	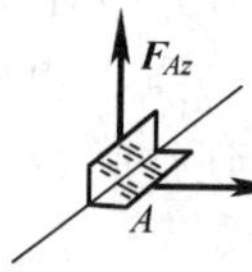 F_{Az} F_{Ay} A	2	限制与轴垂直方向的移动（F_{Az}、F_{Ay}）
5	固定端（嵌入端）	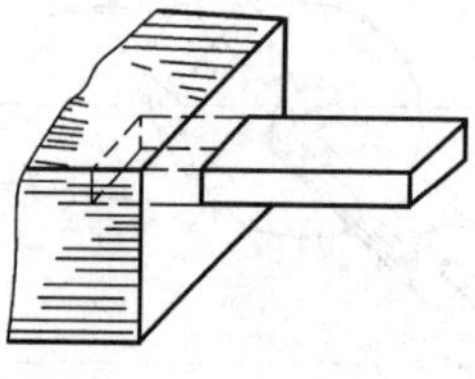	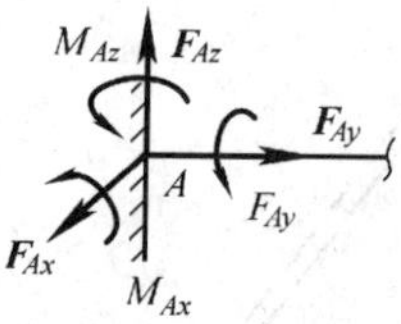 M_{Az} F_{Az} F_{Ay} A F_{Ay} F_{Ax} M_{Ax}	6	限制移动（F_{Ax}、F_{Ay}、F_{Az}）限制转动（M_{Ax}、M_{Ay}、M_{Az}）

由于空间力系处于空间范围内，它与空间坐标 x、y、z 有关，因此，为了以后计算的方便，首先讨论力沿空间坐标轴的分解，同时，力矩的概念也要从平面力系中力对点的矩扩展到空间力系中力对轴的矩。

4.2 力在空间直角坐标轴上的投影

设已知一空间力 $\boldsymbol{F}$ 及空间坐标系 $Oxyz$，如图 4-3 所示。力 $\boldsymbol{F}$ 与 x 轴、y 轴和 z 轴正向所夹的角分别为 α、β 和 γ。根据 2.3 节中所述的力在平面直角坐标轴上投影的计算式（2-3），不难得出力在空间直角坐标轴上投影的计算公式为

$$\left.\begin{aligned} F_x &= F\cos\alpha \\ F_y &= F\cos\beta \\ F_z &= F\cos\gamma \end{aligned}\right\} \tag{4-1}$$

这 3 个投影是有正负号的，其规定与平面力系相同，图 4-3 中所示的投影均为正值。

若力与坐标轴的夹角不易求出，但图 4-4 中所示的角 φ 和 θ 为已知或容易求得时，则可

先将力 $\boldsymbol{F}$ 分解为沿 z 轴和垂直于 z 轴的两个分力 $\boldsymbol{F}_z$ 和 $\boldsymbol{F}_{xy}$，然后再将此二力分别向各坐标轴上投影得

$$\left.\begin{aligned}F_x &= F\cos\varphi\cos\theta\\F_y &= F\cos\varphi\sin\theta\\F_z &= F\sin\varphi\end{aligned}\right\}\qquad(4\text{-}2)$$

式中，φ 为力 $\boldsymbol{F}$ 与 Oxy 坐标面间的夹角；θ 为分力 $\boldsymbol{F}_{xy}$ 与 x 轴正向间的夹角。当然所求出的投影 F_x、F_y 和 F_z 也应有正负号之分。

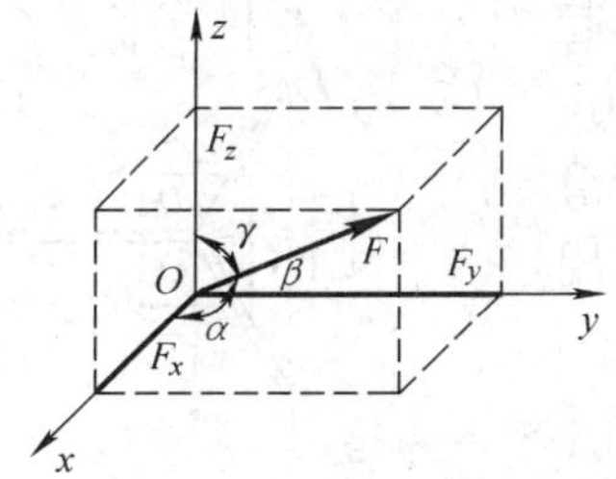

图 4-3　力在空间直角坐标轴上的投影

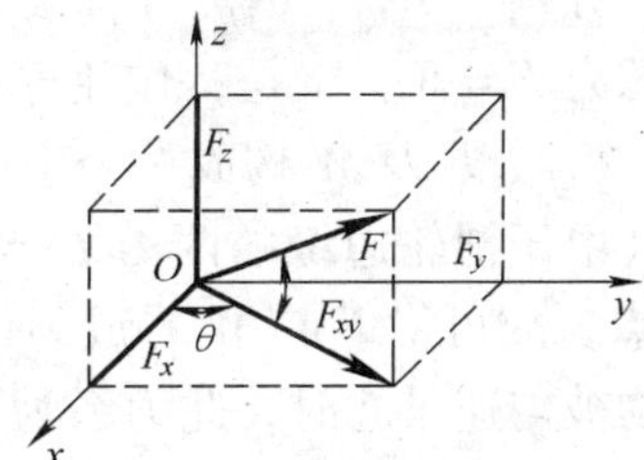

图 4-4　二次投影法

4.3　空间汇交力系的平衡

与平面汇交力系相类似，我们可以得出，空间汇交力系的合力等于力系中所有各力的矢量和，即

$$\boldsymbol{F} = \boldsymbol{F}_1 + \boldsymbol{F}_2 + \cdots + \boldsymbol{F}_n = \sum \boldsymbol{F}_i$$

且合力 $\boldsymbol{F}$ 的作用线也应通过力系的汇交点。

设 F_x、F_y、F_z 分别为合力 $\boldsymbol{F}$ 在各对应坐标轴上的投影，则根据合力投影定理可知，汇交力系各力在某坐标轴上投影的代数和与合力在该坐标轴上的投影相等，于是有

$$\left.\begin{aligned}F_x &= F_{x1} + F_{x2} + \cdots + F_{xn} = \sum F_{xi}\\F_y &= F_{y1} + F_{y2} + \cdots + F_{yn} = \sum F_{yi}\\F_z &= F_{z1} + F_{z2} + \cdots + F_{zn} = \sum F_{zi}\end{aligned}\right\}\qquad(4\text{-}3)$$

既然空间汇交力系可合成为一个作用线通过汇交点的合力，因此空间汇交力系平衡的必要与充分条件是：力系的合力为零，即

$$\boldsymbol{F} = \sum \boldsymbol{F}_i = 0$$

从而根据式（4-3）有

$$\left.\begin{aligned}\sum F_x &= 0\\\sum F_y &= 0\\\sum F_z &= 0\end{aligned}\right\}\qquad(4\text{-}4)$$

即空间汇交力系平衡的充分必要条件可叙述为：力系中所有各力在任选直角坐标系的每一轴

上投影的代数和均为零。式（4-4）称为空间汇交力系的平衡方程。由此式可求解 3 个未知量。

例 4-1 如图 4-5 所示某起重装置，三角架的三根脚杆 *AD*、*BD*、*CD* 和绳索 *ED* 均与水平面成 60°的倾角，△*ABC* 为等边三角形。已知重物的重量 $W=30\text{kN}$，且不计架重。求当重物被匀速吊起时，各脚杆所受的力。

解： 取整个起重装置（包括重物）为研究对象。因自重不计，故三根脚杆所受地面反力沿各自轴线，设其指向如图所示，并分别以 $\boldsymbol{F}_{AD}$、$\boldsymbol{F}_{BD}$、$\boldsymbol{F}_{CD}$表示之。重物被匀速吊起时，绳索拉力 $F=W$。于是，作用于研究对象上的 5 个力：$\boldsymbol{F}_{AD}$、$\boldsymbol{F}_{BD}$、$\boldsymbol{F}_{CD}$、$\boldsymbol{F}$ 及 $\boldsymbol{W}$ 构成一个空间汇交力系，汇交于滑轮中心 *D*（由于滑轮边缘的两力 $\boldsymbol{F}$ 与 $\boldsymbol{W}$ 等值，其合力作用线必过 *D* 点，故可将 $\boldsymbol{F}$ 与 $\boldsymbol{W}$ 看成为作用于 *D* 点）。

当重物被匀速吊起时，此力系为平衡力系。

取图示直角坐标系 *Oxyz*，算出各力分别在各坐标轴上的投影见表 4-2。

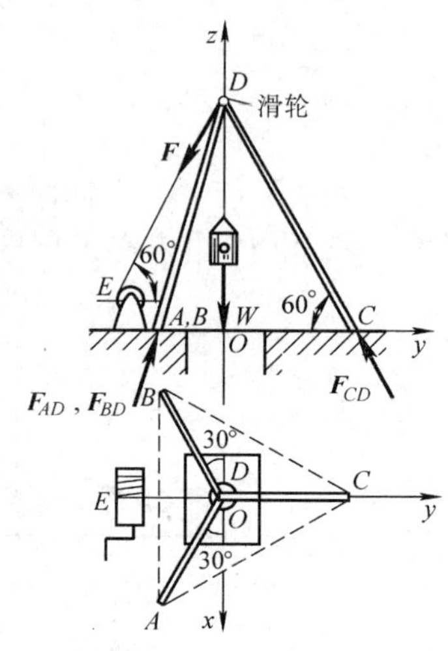

图 4-5　例 4-1 图

表 4-2　力在各坐标轴上的投影

力	在 *x* 轴上的投影	在 *y* 轴上的投影	在 *z* 轴上的投影
$\boldsymbol{F}_{AD}$	$-F_{AD}\cdot\cos60°\cos30°=-\dfrac{\sqrt{3}}{4}F_{AD}$	$+F_{AD}\cos60°\cdot\sin30°=+\dfrac{1}{4}F_{AD}$	$+F_{AD}\sin60°=+\dfrac{\sqrt{3}}{2}F_{AD}$
$\boldsymbol{F}_{BD}$	$+F_{BD}\cos60°\cdot\cos30°=+\dfrac{\sqrt{3}}{4}F_{BD}$	$+F_{BD}\cos60°\cdot\sin30°=+\dfrac{1}{4}F_{BD}$	$+F_{BD}\sin60°=+\dfrac{\sqrt{3}}{2}F_{BD}$
$\boldsymbol{F}_{CD}$	0	$-F_{CD}\cos60°=-\dfrac{1}{2}F_{CD}$	$+F_{CD}\sin60°=+\dfrac{\sqrt{3}}{2}F_{CD}$
$\boldsymbol{F}$	0	$-F\cos60°=-15\text{kN}$	$-F\sin60°=-15\sqrt{3}\text{kN}$
$\boldsymbol{W}$	0	0	$-W=-30\text{kN}$

据此可列出下面 3 个平衡方程：

$$\sum F_x=0,\qquad -\frac{\sqrt{3}}{4}F_{AD}+\frac{\sqrt{3}}{4}F_{BD}=0$$

$$\sum F_y=0,\qquad \frac{1}{4}F_{AD}+\frac{1}{4}F_{BD}-\frac{1}{2}F_{CD}-15\text{kN}=0$$

$$\sum F_z=0,\qquad \frac{\sqrt{3}}{2}F_{AD}+\frac{\sqrt{3}}{2}F_{BD}+\frac{\sqrt{3}}{2}F_{CD}-15\sqrt{3}\text{kN}-30\text{kN}=0$$

简化并整理，得

$$F_{AD}-F_{BD}=0\text{kN},$$

$$F_{AD}+F_{BD}-2F_{CD}=60\text{kN},$$

$$F_{AD}+F_{BD}+F_{CD}=\frac{2}{3}\sqrt{3}\times15(\sqrt{3}+2)\text{kN}=64.65\text{kN}$$

联立求解上列三式得

$$F_{AD}=F_{BD}=31.55\text{kN},\qquad F_{CD}=1.55\text{kN}$$

此即三根脚杆分别所受压力之值。

4.4 力对点之矩与力对通过该点的轴之矩的关系

4.4.1 力对点之矩的矢量表示法

我们已经知道，在平面力系的情况下，力对点之矩用一代数量来表示就足够了，因为各力的作用线和所取的矩心均在同一个平面内，所产生的矩也在同一平面内，所以力对点之矩只有大小和转向的问题。但在空间力系中，因各力作用线分别与空间中同一点所构成的平面互不相同，则各力使物体绕该点转动时的转轴也就不同。如图 4-6 所示，当选原点 O 为矩心时，位于 Oxy 坐标面内的力 $\boldsymbol{F}$ 使物体绕 z 轴转动，而不在 Oxy 坐标面内的力 $\boldsymbol{F}_1$ 却使物体绕 z_1 轴转动，且 z_1 轴应通过 O 点并垂直于 O 点与力 $\boldsymbol{F}_1$ 的作用线所构成的平面 A_1。所以，力使物体绕某点转动的效应，首先与相应的力矩平面在空间的方位有关，其次才是转向问题。

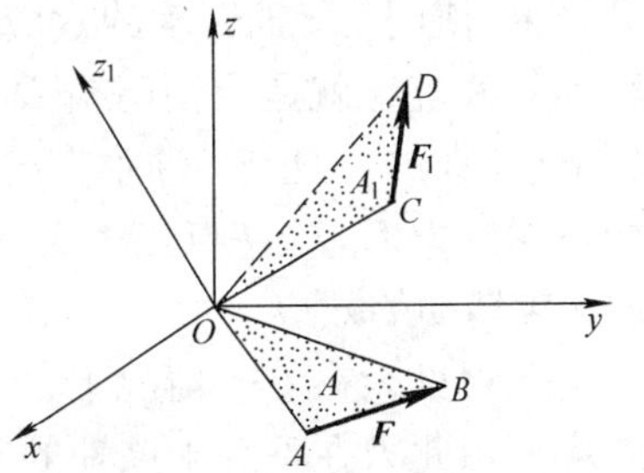

图 4-6　力矩作用平面

在空间力系中,为使力对点之矩兼能反映力矩平面在空间的方位,以便使它能完全代表力使物体绕矩心转动的效应,则应将它作为矢量,并规定该矢量通过矩心且垂直于力矩平面。因此,知道了矢量的方向,也相应知道了力矩的作用平面。至于矢量箭头的指向,是表示力矩的转向,可按右手螺旋法则确定,即:伸直右手大拇指,使它与其他 4 指垂直;然后使其他 4 指屈曲的方向与力矩的转向相同,则此时大拇指的指向即为矢量的指向。如图 4-7 所示,一力 $\boldsymbol{F}$ 作用在某物体上,它对一点 O 的矩可用一个矢量来表示,这个矢量的大小等于 $\boldsymbol{F}h$,其中 h 是力臂;由于力矩位于 OAB 平面内,所以矢量应垂直于 OAB 平面,且通过 O 点;按右手螺旋法则,此例的矢量指向应向上。这样一个表示力矩的矢量称为“力矩矢”,用符号 $\boldsymbol{M}_O(\boldsymbol{F})$ 表示。

$\boldsymbol{M}_O(\boldsymbol{F})$ 的大小为

$$|\dot{\boldsymbol{M}}_O(\dot{\boldsymbol{F}})| = Fh = 2\triangle OAB \text{ 面积} \tag{4-5}$$

不难理解，在空间力系问题中，力偶对物体的转动效应同样与力偶作用面在空间的方位有关。所以，与力对点之矩相似，力偶矩也应以矢量表示。如图 4-8 所示，力偶矩矢量 $\boldsymbol{M}$ 垂直于力偶作用面，且其指向按右手螺旋法则根据力偶使物体转动的转向确定，而此矢量的大小则为力偶中力的大小和力臂长度的乘积。

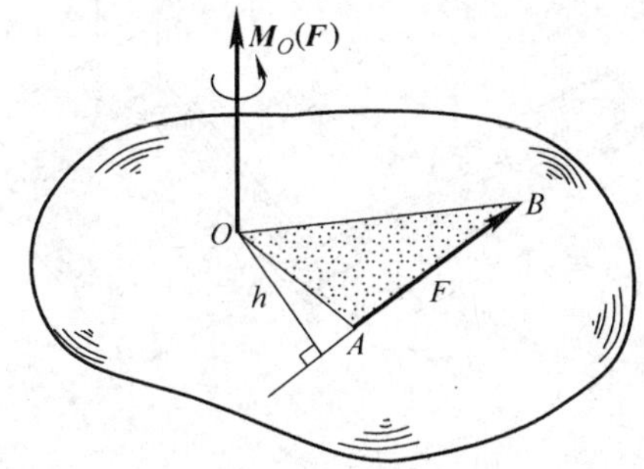

图 4-7　力对点之矩的矢量表示

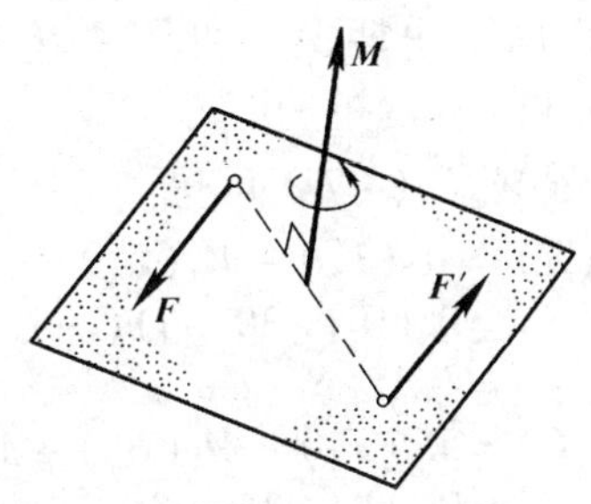

图 4-8　力偶矩的矢量表示

4.4.2 力对轴之矩

力对于轴的矩，是力使物体绕轴转动效应的度量。在生产和实际生活中，经常会遇到物体绕某固定轴转动的情况。现从一个简单的例子来研究力对于轴的矩是如何产生的。图4-9表示一扇门可绕 z 轴转动，设力 $\boldsymbol{F}$ 作用在门上的 A 点，为了研究力 $\boldsymbol{F}$ 使门绕 z 轴转动的效应，可将它分解为与转轴 z 相平行的分力 $\boldsymbol{F}_z$ 和位于通过 A 点且垂直于 z 轴的平面上的分力 $\boldsymbol{F}_{xy}$。由经验可知，无论分力 $\boldsymbol{F}_z$ 的大小如何，均不能使门绕 z 轴转动；能使门转动的只是分力 $\boldsymbol{F}_{xy}$，故力 $\boldsymbol{F}$ 使门绕 z 轴转动的效应等于其分力 $\boldsymbol{F}_{xy}$ 使门绕 z 轴转动的效应。而分力 $\boldsymbol{F}_{xy}$ 使门绕 z 轴转动的效应也就是它使门绕 O 点转动的效应（O 是分力 $\boldsymbol{F}_{xy}$ 所在的，且与 z 轴垂直的平面和 z 轴的交点），因而可用分力 $\boldsymbol{F}_{xy}$ 对 O 点之矩 $\boldsymbol{M}_O(\boldsymbol{F}_{xy})$ 来表示力 $\boldsymbol{F}$ 使门绕 z 轴转动的效应。

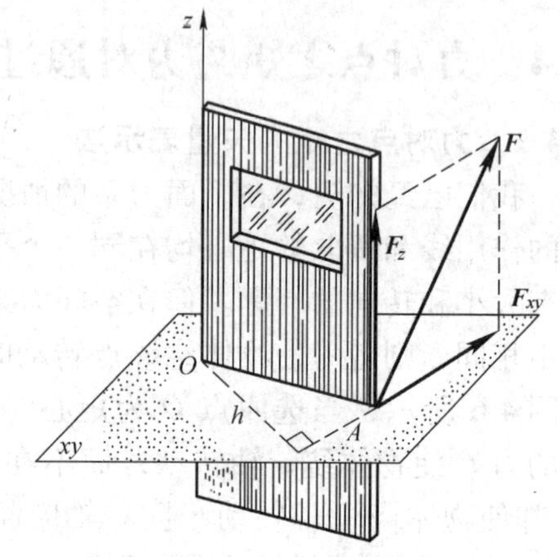

图4-9 力对轴之矩

由此可见，在一般情况下，力使物体绕某轴转动的效应可用此力在垂直于该轴的平面上的分力对此平面与该轴的交点之矩来度量。我们将力在垂直于某轴的平面上的分力对此平面与该轴的交点之矩，称为力对轴之矩。如将力 $\boldsymbol{F}$ 对 z 轴之矩表示为 $M_z(\boldsymbol{F})$，则有

$$M_z(\boldsymbol{F}) = M_O(\boldsymbol{F}_{xy}) = \pm F_{xy} \cdot h \tag{4-6}$$

式中，h 为分力 $\boldsymbol{F}_{xy}$ 所在平面与 z 轴的交点 O 到力 $\boldsymbol{F}_{xy}$ 作用线的垂直距离。而正负号则代表力使物体绕 z 轴转动的转向，且按右手螺旋法则确定：从 z 轴正端看，若力使门绕该轴按逆时针方向转动为正号，反之则为负号。

显然，当力 $\boldsymbol{F}$ 与 z 轴平行（从而 $F_{xy}=0$）或相交（$h=0$）时，力 $\boldsymbol{F}$ 对 z 轴之矩为零。或者说，当力与轴共面时，力对该轴之矩为零。

如果力 $\boldsymbol{F}$ 在 Oxy 平面上的投影 F_{xy} 及其力臂 h 不容易计算时，则可将力 $\boldsymbol{F}$ 沿3个坐标轴分解成 $\boldsymbol{F}_x$、$\boldsymbol{F}_y$ 和 $\boldsymbol{F}_z$，然后利用合力矩定理求解可得

$$\left.\begin{aligned} M_x(\boldsymbol{F}) &= M_x(\boldsymbol{F}_x) + M_x(\boldsymbol{F}_y) + M_x(\boldsymbol{F}_z) \\ M_y(\boldsymbol{F}) &= M_y(\boldsymbol{F}_x) + M_y(\boldsymbol{F}_y) + M_y(\boldsymbol{F}_z) \\ M_z(\boldsymbol{F}) &= M_z(\boldsymbol{F}_x) + M_z(\boldsymbol{F}_y) + M_z(\boldsymbol{F}_z) \end{aligned}\right\} \tag{4-7}$$

例4-2 铅垂力 $\boldsymbol{F}$（沿 z 轴负向）的大小为0.5kN，作用于手柄上（见图4-10），求此力分别对 x、y 和 z 轴之矩。

解： 根据式（4-7）可得

$$\begin{aligned} M_x(\boldsymbol{F}) &= M_x(\boldsymbol{F}_x) + M_x(\boldsymbol{F}_y) + M_x(\boldsymbol{F}_z) \\ &= 0 + 0 + (30+6)(-\boldsymbol{F}) \\ &= -18\text{kN}\cdot\text{cm} \end{aligned}$$

$$\begin{aligned} M_y(\boldsymbol{F}) &= M_y(\boldsymbol{F}_x) + M_y(\boldsymbol{F}_y) + M_y(\boldsymbol{F}_z) \\ &= 0 + 0 + (36\cos 30°)(-\boldsymbol{F}) \\ &= -15.6\text{kN}\cdot\text{cm} \end{aligned}$$

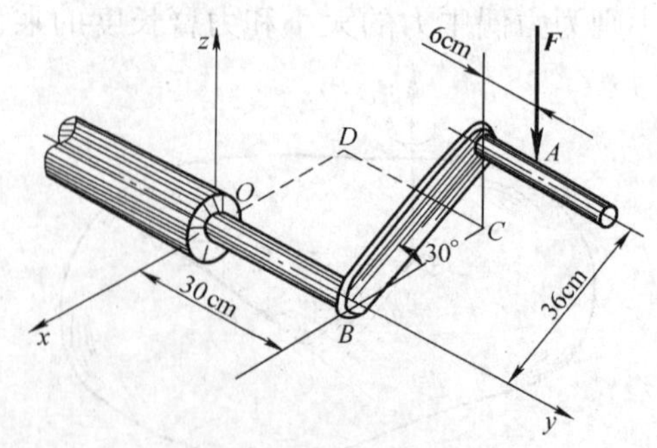

图4-10 例4-2图

$$M_z(\boldsymbol{F}) = M_z(\boldsymbol{F}_x) + M_z(\boldsymbol{F}_y) + M_z(\boldsymbol{F}_z)$$
$$= 0 + 0 + 0$$
$$= 0$$

如根据力对轴之矩的定义式(4-6)同样可以算出以上结果。

4.4.3 力对点之矩与力对通过该点的轴之矩的关系

设空间有一力 $\boldsymbol{F}$ 和任一点 O,如图 4-11 所示。该力对 O 点的矩矢以 $\boldsymbol{M}_O(\boldsymbol{F})$ 表示,它垂直于三角形 OAB 平面,其大小为

$$|\boldsymbol{M}_O(\boldsymbol{F})| = 2\triangle OAB\text{ 面积}$$

过 O 点作任意轴 z,并将力 $\boldsymbol{F}$ 向垂直于 z 轴的 Oxy 平面投影,得力 $\boldsymbol{F}_{xy}$。根据式(4-5)和式(4-6)求得力 $\boldsymbol{F}$ 对 z 轴的矩为

$$M_z(\boldsymbol{F}) = M_O(\boldsymbol{F}_{xy}) = 2\triangle Oab\text{ 面积}$$

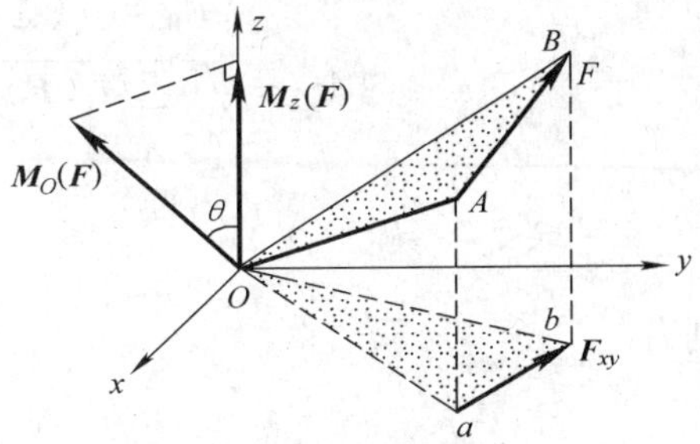

图 4-11 力对点之矩与力对通过该点的轴之矩的关系

其中,$\triangle Oab$ 是 $\triangle OAB$ 在 Oxy 平面上的投影。根据几何学定理,$\triangle Oab$ 的面积等于 $\triangle OAB$ 的面积乘以这两个三角形所在平面之间夹角的余弦。而两平面的夹角等于这两个平面法线之间的夹角 θ,即矢量 $\boldsymbol{M}_O(\boldsymbol{F})$ 与 z 轴之间的夹角 θ,如图 4-11 所示。由此可得

$$\triangle OAB \cdot \cos\theta = \triangle Oab$$

上式两端各乘以 2,得

$$2\triangle OAB\cos\theta = 2\triangle Oab$$

即

$$|\boldsymbol{M}_O(\boldsymbol{F})| \cdot \cos\theta = M_z(\boldsymbol{F}) \tag{4-8}$$

式(4-8)就是力对点之矩与力对通过该点的轴之矩的关系,即:力对某点之矩矢量在通过该点的任一轴上的投影等于力对该轴之矩。

如果力对通过 O 点的直角坐标轴 x、y、z 的矩是已知的,则可求得该力对 O 点的矩矢的大小和方向

$$|\boldsymbol{M}_O(\boldsymbol{F})| = \sqrt{[M_x(\boldsymbol{F})]^2 + [M_y(\boldsymbol{F})]^2 + [M_z(\boldsymbol{F})]^2}$$

$$\cos\alpha = \frac{M_x(\boldsymbol{F})}{|\boldsymbol{M}_O(\boldsymbol{F})|}$$

$$\cos\beta = \frac{M_y(\boldsymbol{F})}{|\boldsymbol{M}_O(\boldsymbol{F})|}$$

$$\cos\gamma = \frac{M_z(\boldsymbol{F})}{|\boldsymbol{M}_O(\boldsymbol{F})|}$$

式中,α、β、γ 分别为力矩矢 $\boldsymbol{M}_O(\boldsymbol{F})$ 与 x、y、z 轴正向间的夹角。

4.5 空间一般力系的平衡方程

按照平面一般力系的简化方法,对空间一般力系向任一点简化。设简化中心为 O,则同样可得主矢 $\boldsymbol{F}_R'$ 和主矩 $\boldsymbol{M}_O$,即

$$F_R' = \sum F_i = \sum F_i'$$
$$M_O = \sum M_O(F_i)$$

其中，主矢 F_R'与简化中心的位置无关，而主矩 M_O 的大小、转向与简化中心的位置有关。当力系平衡时，则简化后得到的主矢 F_R'和主矩 M_O 必分别等于零，即

$$F_R' = 0$$
$$M_O = 0$$

而

$$F_R' = \sqrt{(\sum F_x)^2 + (\sum F_y)^2 + (\sum F_z)^2}$$
$$M_O = \sqrt{[\sum M_x(F)]^2 + [\sum M_y(F)]^2 + [\sum M_z(F)]^2}$$

则有

$$\left.\begin{aligned} &\sum F_x = 0 \\ &\sum F_y = 0 \\ &\sum F_z = 0 \\ &\sum M_x(F) = 0 \\ &\sum M_y(F) = 0 \\ &\sum M_z(F) = 0 \end{aligned}\right\} \tag{4-9}$$

即空间一般力系平衡的解析条件是力系中所有各力在任一轴上投影的代数和为零，且力系中各力对任一轴的力矩的代数和也为零。式（4-9）称为空间一般力系的平衡方程。

应当指出，由空间一般力系平衡的解析条件可知，在实际应用平衡方程时，所选各投影轴不必一定正交，且所选各力矩轴也不必一定与投影轴重合。此外，还可用力矩方程取代投影方程，但独立平衡方程总数仍然是 6 个。

若力系中各力作用线互相平行但不位于同一平面内，则称该力系为空间平行力系。如选 z 轴与各力平行，则力系中各力在 x 轴和 y 轴上的投影以及各力对 z 轴之矩都等于零，所以空间平行力系的独立平衡方程只有 3 个。

各种力系平衡方程见表 4-3。

表 4-3　平衡方程一览表

	力　系	图　示	平衡方程	独立平衡方程数目
空间力系	空间一般力系	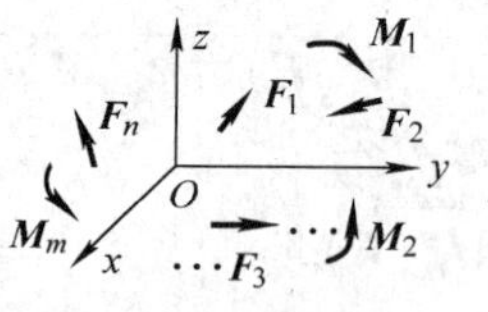	$\sum F_x = 0$，$\sum F_y = 0$，$\sum F_z = 0$ $\sum M_x(F) = 0$ $\sum M_y(F) = 0$ $\sum M_z(F) = 0$	6
	空间平行力系	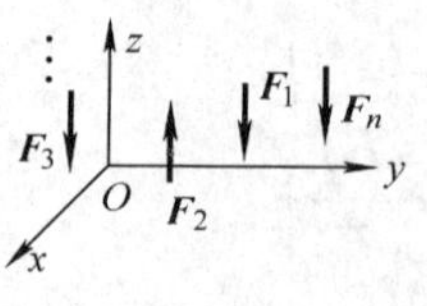	$\sum F_z = 0$ $\sum M_x(F) = 0$ $\sum M_y(F) = 0$	3
	空间汇交力系	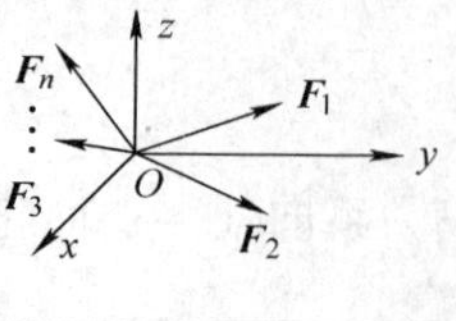	$\sum F_x = 0$ $\sum F_y = 0$ $\sum F_z = 0$	3

（续）

	力　系	图　示	平衡方程	独立平衡方程数目
平面力系	平面一般力系		$\sum F_x=0$ $\sum F_y=0$ $\sum M_O(\boldsymbol{F})=0$	3
	平面平行力系	$\boldsymbol{F}_i // y$	$\sum F_y=0$ $\sum M_O(\boldsymbol{F})=0$	2
	平面汇交力系		$\sum F_x=0$ $\sum F_y=0$	2
	共线力系		$\sum F_x=0$	1

例4-3　如图4-12a所示某起重机简图，机身重$W=100\text{kN}$，重力作用线通过E点；3个轮子A、B、C与地面接触点之间的连线构成一等边三角形；$CD=BD$，$DE=\dfrac{1}{3}AD$；起重臂QGD可绕铅垂轴GD转动。已知$a=5\text{m}$，$l=3.5\text{m}$。当载重$\boldsymbol{W}_1=30\text{kN}$且通过起重臂的铅垂平面与起重机机身的对称铅垂面（即图中的Dyz平面）的夹角$\alpha=30°$时，求3个轮子A、B、C对地面的压力。

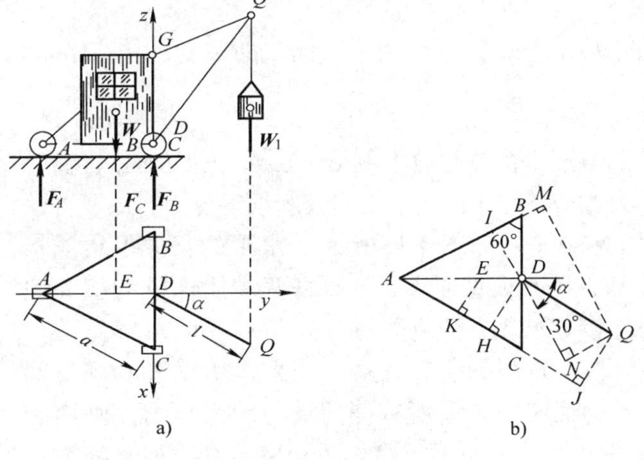

图4-12　例4-3图

解：以起重机连同重物为研究对象，作用于其上的力有起重机所受重力$\boldsymbol{W}$和重物所受重力$\boldsymbol{W}_1$以及地面对3个轮子的约束力$\boldsymbol{F}_A$、$\boldsymbol{F}_B$和$\boldsymbol{F}_C$，这5个力组成一个平衡的空间平行力系。建立图示之坐标系，应用式（4-9）有

$$\sum M_x(\boldsymbol{F})=0,\quad -F_A\cdot AD+W\cdot ED-W_1 l\cos\alpha=0$$

即

$$-F_A a\sin60°+100\text{kN}\times\frac{1}{3}a\sin60°-30\text{kN}\times3.5\text{m}\cos30°=0 \qquad ①$$

所以

$$\boldsymbol{F}_A=12.3\text{kN}$$

$$\sum M_y(\boldsymbol{F})=0,\quad F_B\cdot BD-F_C\cdot CD+W_1 l\sin\alpha=0$$

即 $$F_B \times \frac{a}{2} - F_C \times \frac{a}{2} + 30\text{kN} \times 3.5\text{m}\sin30° = 0 \quad ②$$

$$\sum F_z = 0, \quad F_B + F_C + F_A - W - W_1 = 0$$

即 $$F_B + F_C + 12.3\text{kN} - 100\text{kN} - 30\text{kN} = 0 \quad ③$$

联立式②与式③得

$$F_B = 48.3\text{kN}$$

$$F_C = 69.4\text{kN}$$

轮子对地面的压力与地面对轮子的反力是作用力与反作用力的关系。

本题也可用三力矩平衡方程来解（见图4-12b）：由 $\sum M_{BC}(\boldsymbol{F}) = 0$（即上述方法中的 $\sum M_x(\boldsymbol{F}) = 0$）得

$$F_A = 12.3\text{kN}$$

$$\sum M_{AC}(\boldsymbol{F}) = 0, \quad F_B \cdot a\sin60° - W_1 \cdot QJ - W \cdot EK = 0$$

由图4-12b可知

$$QJ = DH = \frac{1}{2}a \cdot \sin60°, \quad EK = AE\sin30° = \frac{1}{3}a \cdot \sin60°$$

故得 $$F_B = \frac{W_1}{2} + \frac{W}{3} = 15\text{kN} + 33.3\text{kN} = 48.3\text{kN}$$

$$\sum M_{BA}(\boldsymbol{F}) = 0, \quad F_C \cdot a\sin60° - W_1 \cdot QM - W \cdot \frac{1}{3}a\sin60° = 0$$

图4-12b中 $$QM = NI = ND + DI = l\cos30° + \frac{a}{2}\sin60°$$

故得 $$F_C = 69.4\text{kN}$$

用三力矩平衡方程解本例题，虽然一个方程只包含一个未知力，但有些力的力臂（如力 W_1 的力臂 QM）计算起来是比较麻烦的。

例4-4 如图4-13所示，水平的长方形均质板重 $\boldsymbol{W}$，用6根直杆支承。直杆两端用球铰与板和地面连接。求各支杆所受的力。

解：取板为研究对象，它受重力 $\boldsymbol{W}$ 和6根杆的支承力而平衡。设所有杆的受力均为拉力，画出受力图如图4-13所示。建立图示坐标系，列平衡方程并求解。

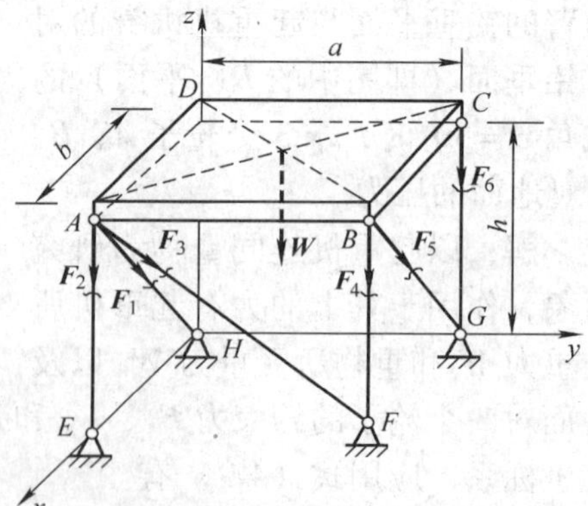

图4-13　例4-4图

$$\sum M_{AB}(\boldsymbol{F}) = 0, \quad -F_6 \cdot b - W \cdot \frac{b}{2} = 0$$

得 $$F_6 = -\frac{W}{2}$$

$$\sum M_{AE}(\boldsymbol{F}) = 0, \quad F_5 = 0$$

$$\sum M_{AC}(\boldsymbol{F}) = 0, \quad F_4 = 0$$

$$\sum M_{BF}(\boldsymbol{F}) = 0, \quad F_1 = 0$$

$$\sum M_{EG}(\boldsymbol{F})=0,\quad F_3=0$$

$$\sum M_{FG}(\boldsymbol{F})=0,\quad -F_2\cdot a-W\cdot\frac{a}{2}=0$$

得
$$F_2=-\frac{W}{2}$$

可见，6 根杆中只有 2，6 杆受力，负号说明是受压杆。

当然，可以在列出 3 个力矩方程求得 3 个未知力以后，再列 3 个投影方程，所得结果是相同的。

由本例还可知道，可以不用坐标轴为矩轴。选矩轴的原则是：尽量使较多未知力与矩轴平行或相交，以减少方程式中未知量的数目。

通过以上例题可以发现，空间力系平衡问题的解题步骤与平面力系一样。在列平衡方程之前，要选取适当的投影轴和取矩轴，尽量使一个方程只含一个未知量，从而避免求解多元一次方程组。

4.6 物体的重心

4.6.1 重心的概念

地球上一切物体都受地心吸引力作用，所谓重力就是地球对物体的吸引力。任何物体都可看作由各微小的体积所组成，地球对物体各微小体积的吸引力应该都汇交于地球的中心。可是人类建造的建筑物不管如何巨大，相对于地球来说，总是很渺小的，所以从工程应用的角度出发，可将物体各微小体积的重力视为互相平行且垂直于地面的空间平行力系。该力系的合力作用点就是物体的重心。

对于形状不变的物体，其重心在该物体中的位置是固定不变的。由几个物体组成的系统，其重心一般将随各物体相对位置的改变而改变。但如组成系统的各物体之间的相对位置不变，则物体系统的重心在该系统中的位置也固定不变。

了解重心，确定重心的位置，对一个工程师来讲是非常重要的。比如，用轮船运输货物时，总是将重的物体放在下边，以降低整个轮船的重心位置，使轮船在海洋的风浪中不致倾覆；古代的宝塔及近代的高层建筑，越往下面积越大，以增加建筑物的稳定性与合理性；塔式起重机的重心位置若超出某一范围，就会发生倾倒事故。由此可见，确定物体的重心位置是很重要的。

4.6.2 求物体重心的一般公式

为了确定物体重心的位置，可将该物体分成 n 个小块，各小块分别重 $\boldsymbol{W}_1$、$\boldsymbol{W}_2$、…、$\boldsymbol{W}_n$。建立直角坐标系 $Oxyz$（见图 4-14a），则各小块重心坐标分别为 C_1（x_1、y_1、z_1），C_2（x_2、y_2、z_2），…，C_n（x_n、y_n、z_n）。显然，各小块所受重力的合力 $\boldsymbol{W}$ 即为整个物体所受的重力，则无论物体怎样放置，重力 $\boldsymbol{W}$ 的作用线均通过其作用点 C（x_C、y_C、z_C），此点即为该物体的重心。应用合力矩定理，对 y 轴取矩有

$$Wx_C=W_1x_1+W_2x_2+\cdots+W_nx_n=\sum W_ix_i$$

所以
$$x_C=\frac{\sum W_ix_i}{\sum W_i}=\frac{\sum W_ix_i}{W}\tag{4-10}$$

对 x 轴取矩有

$$-Wy_C = -W_1y_1 - W_2y_2 - \cdots - W_ny_n = -\sum W_iy_i$$

所以

$$y_C = \frac{\sum W_iy_i}{\sum W_i} = \frac{\sum W_iy_i}{W} \tag{4-11}$$

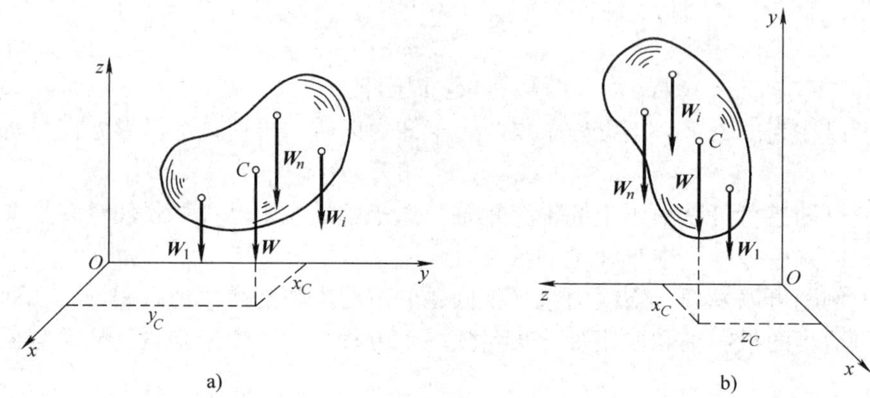

图 4-14　物体的重心

当视物体为刚体时，不论物体放置在空间什么位置，不论物体如何放置，其重心在物体内的位置是确定的。因此，将物体连同坐标绕 x 轴逆时针转动 90°（见图 4-14b），再对 x 轴取矩，可得重心在 z 轴方向的位置

$$z_C = \frac{\sum W_iz_i}{\sum W_i} = \frac{\sum W_iz_i}{W} \tag{4-12}$$

归纳以上 3 式得出求物体重心的一般公式：

$$\left.\begin{aligned} x_C &= \frac{\sum W_ix_i}{\sum W_i} = \frac{\sum W_ix_i}{W} \\ y_C &= \frac{\sum W_iy_i}{\sum W_i} = \frac{\sum W_iy_i}{W} \\ z_C &= \frac{\sum W_iz_i}{\sum W_i} = \frac{\sum W_iz_i}{W} \end{aligned}\right\} \tag{4-13}$$

4.6.3　均质物体的重心

1. 均质体　当物体是均质体（见图 4-15），且以 γ 表示物体每单位容积的重量；以 V_i 表示第 i 小块的体积；以 V 表示整个物体的体积（$V=\sum V_i$），则因 $W_i=\gamma V_i$ 以及 $\boldsymbol{W}=\sum \boldsymbol{W}_i=\gamma\sum V_i=\gamma V$，故上式变为

$$\left.\begin{aligned} x_C &= \frac{\sum V_ix_i}{V} \\ y_C &= \frac{\sum V_iy_i}{V} \\ z_C &= \frac{\sum V_iz_i}{V} \end{aligned}\right\} \tag{4-14}$$

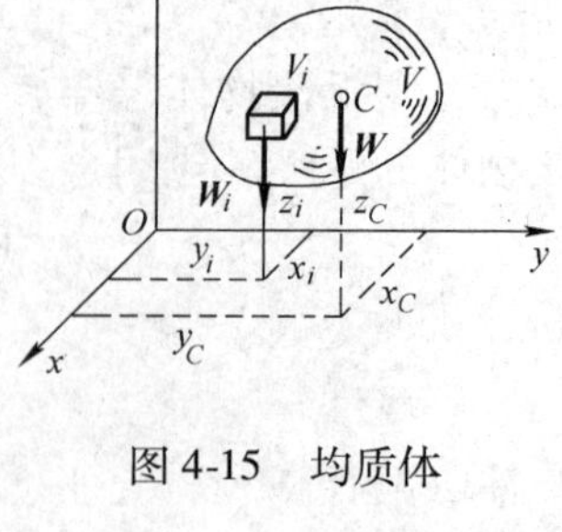

图 4-15　均质体

由此可见，均质体重心的位置仅取决于物体的几何形状，而与物体的重量无关。因此，均质体的重心与其几何形体的中心（简称形心）相重合。

2. 均质等厚板　当物体为均质等厚薄板（见图 4-16)，则重心位于薄板厚度中间平面内。其重心坐标公式为

$$\left.\begin{aligned} x_C &= \frac{\sum A_i x_i}{A} \\ y_C &= \frac{\sum A_i y_i}{A} \\ z_C &= \frac{\sum A_i z_i}{A} \end{aligned}\right\} \tag{4-15}$$

若该板为平板，且取中间平面为 xOy 坐标面，则 $z_C \equiv 0$，此时 x_C 和 y_C 仍由式（4-15）确定。

3. 均质等截面细杆　若物体为均质等截面细杆（见图 4-17)，则其重心坐标公式可简化为

$$\left.\begin{aligned} x_C &= \frac{\sum L_i x_i}{L} \\ y_C &= \frac{\sum L_i y_i}{L} \\ z_C &= \frac{\sum L_i z_i}{L} \end{aligned}\right\} \tag{4-16}$$

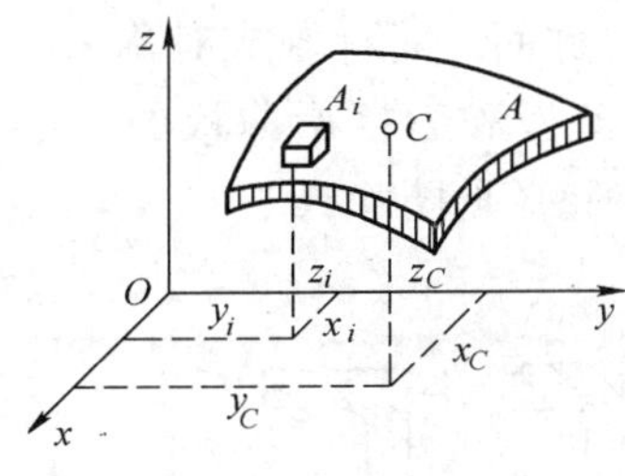

图 4-16　均质等厚板

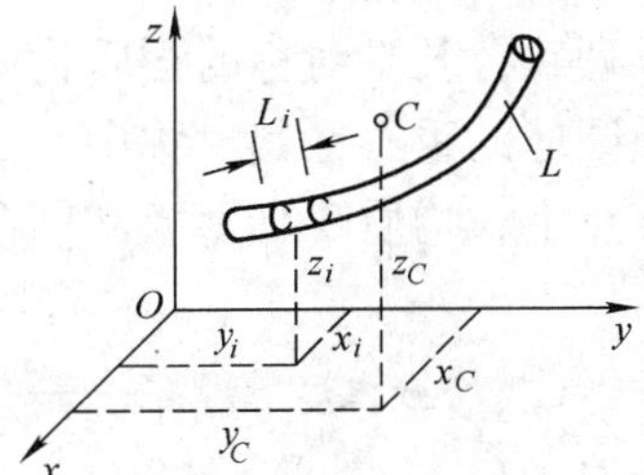

图 4-17　均质等截面细杆

而当该杆为直杆，且取杆轴线为 x 轴，则 $y_C \equiv 0$，$z_C \equiv 0$，此时 x_C 仍由式（4-16）确定。

4. 均质体重心的积分形式　如令物体上各小块的体积（V_i）均趋于零，则有

$$\left.\begin{aligned} x_C &= \frac{\int_V x \mathrm{d}V}{V} \\ y_C &= \frac{\int_V y \mathrm{d}V}{V} \\ z_C &= \frac{\int_V z \mathrm{d}V}{V} \end{aligned}\right\} \tag{4-17}$$

如令物体上各小块的面积（A_i）均趋于零，则有

$$\left.\begin{aligned} x_C &= \frac{\int_A x\mathrm{d}A}{A} \\ y_C &= \frac{\int_A y\mathrm{d}A}{A} \\ z_C &= \frac{\int_A z\mathrm{d}A}{A} \end{aligned}\right\} \tag{4-18}$$

若令物体上各小段的长度（L_i）均趋于零，则有

$$\left.\begin{aligned} x_C &= \frac{\int_L x\mathrm{d}L}{L} \\ y_C &= \frac{\int_L y\mathrm{d}L}{L} \\ z_C &= \frac{\int_L z\mathrm{d}L}{L} \end{aligned}\right\} \tag{4-19}$$

以上 3 式即为均质体重心坐标的积分形式。

4.6.4 对称物体的重心

不难理解，凡是对称的均质物体，其重心必在它们的对称面、对称轴或对称中心上。例如，均质圆球的重心在其对称中心（球心）上；均质矩形薄板和工字形薄板的重心在其对称轴的交点上；均质 T 形薄板和[形薄板的重心在其对称轴上（见图 4-18）。

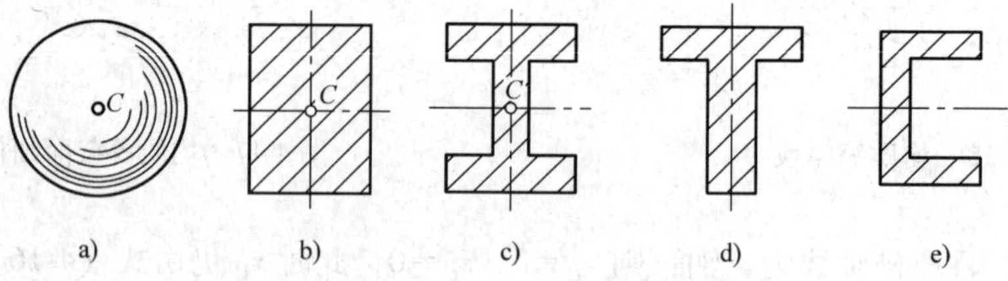

图 4-18 对称物体的重心

4.6.5 组合物体的重心

工程中常见的物体是简单形体的组合，而每个简单形体的重心位置是已知的（或容易求出的），这时可采用下述方法求出组合体的重心位置。

1. 分割法 将组合体分割成若干个简单体，进而求出重心位置的方法即为分割法。

例 4-5 求图 4-19a 所示均质 L 形板的重心位置。

解：取直角坐标系如图所示。将板分割成两个矩形，其中每个矩形的面积和相应的重心坐标如下：

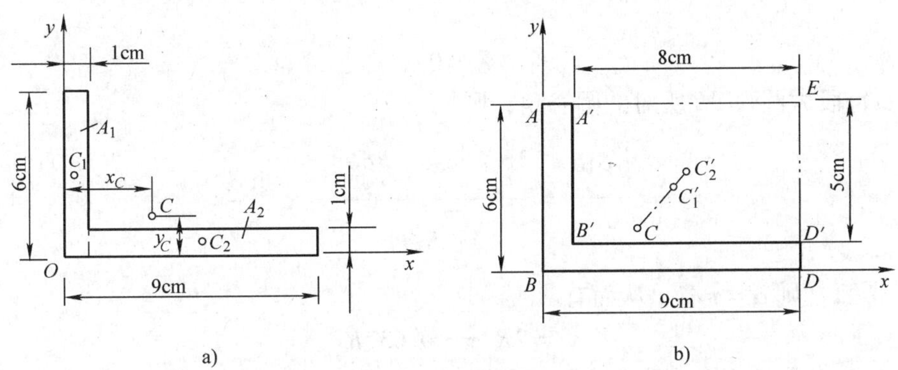

图 4-19　例 4-5 图

$$A_1 = 1\text{cm} \times 6\text{cm} = 6\text{cm}^2,\ x_1 = 0.5\text{cm},\ y_1 = 3\text{cm}$$

$$A_2 = 8\text{cm} \times 1\text{cm} = 8\text{cm}^2,\ x_2 = 5\text{cm},\ y_2 = 0.5\text{cm}$$

利用重心坐标公式（4-15），L 形板重心的坐标为

$$x_C = \frac{A_1 x_1 + A_2 x_2}{A_1 + A_2} = \frac{0.5 \times 6 + 5 \times 8}{6 + 8}\text{cm} = 3.07\text{cm}$$

$$y_C = \frac{A_1 y_1 + A_2 y_2}{A_1 + A_2} = \frac{3 \times 6 + 0.5 \times 8}{6 + 8}\text{cm} = 1.57\text{cm}$$

2. 负面积法　将组合体看成甲形体减去乙形体，由于运算中乙形体取负值故称为负面积法。

显然，利用此法，也可将图 4-19a 中的 L 形板看作是由大矩形板 $ABDE$ 中减去小矩形板 $A'B'D'E$ 而成（见图 4-19b），这时被减去部分的面积就应取负值。

例 4-6　试用负面积法解例 4-5。

解：如图 4-19b 所示，将 L 形板看成为由矩形板 $ABDE$ 中减去矩形板 $A'B'D'E$ 而得，并选图示坐标系，则各部分的面积和相应的重心坐标如下：

$$A_1' = 9\text{cm} \times 6\text{cm} = 54\text{cm}^2,\ x_1' = 4.5\text{cm},\ y_1' = 3\text{cm}$$

$$A_2' = -8\text{cm} \times 5\text{cm} = -40\text{cm}^2,\ x_2' = 5\text{cm},\ y_2' = 3.5\text{cm}$$

于是 L 形板的重心 C 的坐标为

$$x_C = \frac{A_1' x_1' + A_2' x_2'}{A_1 + A_2} = \frac{4.5 \times 54 - 5 \times 40}{54 - 40}\text{cm} = 3.07\text{cm}$$

$$y_C = \frac{A_1' y_1' + A_2' y_2'}{A_1 + A_2} = \frac{3 \times 54 - 3.5 \times 40}{54 - 40}\text{cm} = 1.57\text{cm}$$

所得结果与例 4-5 完全一致。

下面是利用积分公式求物体重心的例子。

例 4-7　试求一段均质圆弧的重心。设圆弧的半径为 R，圆弧所对的圆心角为 2α（见图 4-20）。

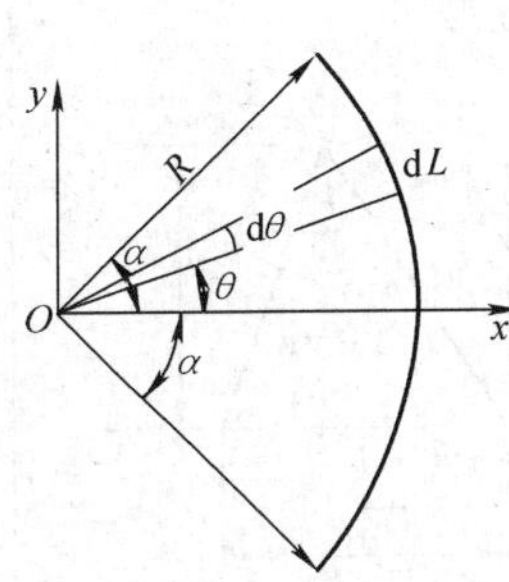

图 4-20　例 4-7 图

解：选圆弧的对称轴为 x 轴并以圆心 O 为原点，则由对称性

知必有

$$y_C=0$$

如以 $\mathrm{d}\theta$ 表示每段微圆弧 $\mathrm{d}L$ 所对的圆心角，则

$$x_C=\frac{\int_L x\mathrm{d}L}{L}=\frac{2\int_o^\alpha R\cos\theta\cdot R\mathrm{d}\theta}{2\int_o^\alpha R\mathrm{d}\theta}=R\frac{\sin\alpha}{\alpha}$$

若为半圆弧，则 $\alpha=\pi/2$，从而有

$$x_C=2R/\pi=0.637R$$

例 4-8 求均质三角板的重心位置（见图 4-21）。

解： 设三角形 ABD 的底边 $BD=b$，高为 h。将它分割成一系列平行于 BD 边的细长条，每一长条的重心均在其中点处。于是，整个三角形板的重心 C 必在它的中线 AE 上，若再求出 y_C（或 x_C）值，则此三角板的重心位置就完全确定了。

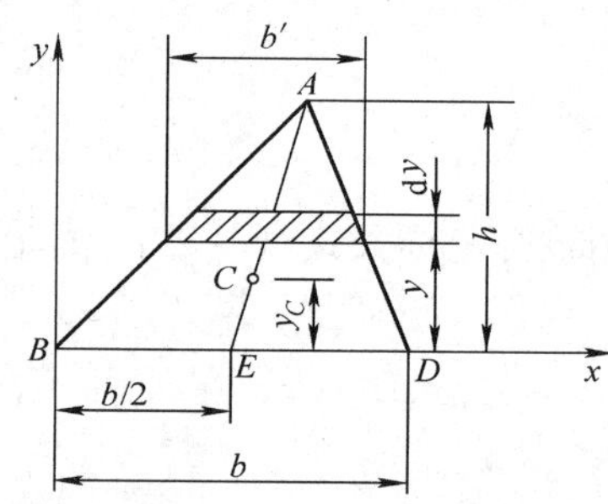

图 4-21 例 4-8 图

建立图示坐标系。取任一与 BD 边平行的细长条（图中阴影部分）为微元面积，则有

$$\mathrm{d}A=b'\mathrm{d}y=\frac{h-y}{h}b\mathrm{d}y$$

而三角板的面积 $A=\frac{1}{2}bh$，所以

$$y_C=\frac{\int_A y\mathrm{d}A}{A}=\frac{\int_0^h\frac{b}{h}(h-y)y\mathrm{d}y}{\frac{1}{2}bh}=\frac{h}{3}$$

显然，$CE=\frac{1}{3}AE$，可见三角板的重心 C 位于它的 3 根中线的交点处。

表 4-4 给出了某些简单均质物体的重心位置以供参考。

表 4-4 简单均质物体重心的位置

图　形	重心位置	图　形	重心位置
三角形	在三中线的交点上 $y_C=\frac{1}{3}h$	梯形	$y_C=\frac{h(a+2b)}{3(a+b)}$

（续）

图　　形	重心位置	图　　形	重心位置
圆弧 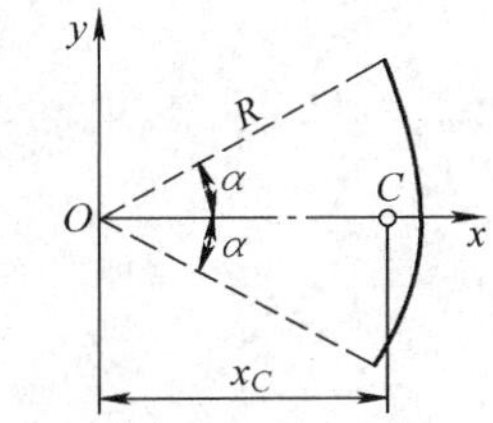	$x_C=\dfrac{R\sin\alpha}{\alpha}$ 当 $\alpha=90°$时， $x_C=\dfrac{2R}{\pi}$	弓形 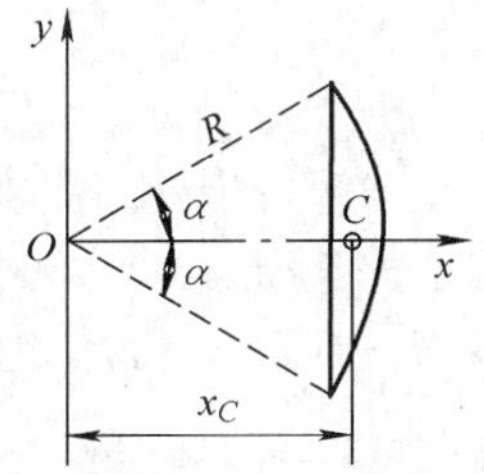	$x_C=\dfrac{2R^3\sin^3\alpha}{3A}$ $\left(面积 A=\dfrac{R^2(2\alpha-\sin2\alpha)}{2}\right)$
扇形 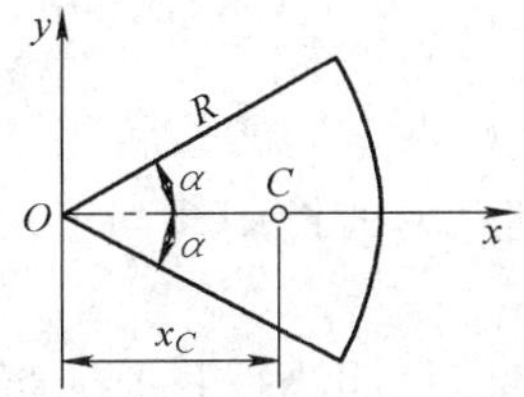	$x_C=\dfrac{2R\sin\alpha}{3\alpha}$ 当 $\alpha=45°$时， $x_C=\dfrac{4\sqrt{2}R}{3\pi}$ 当 $\alpha=90°$时， $x_C=\dfrac{4R}{3\pi}$	部分圆环 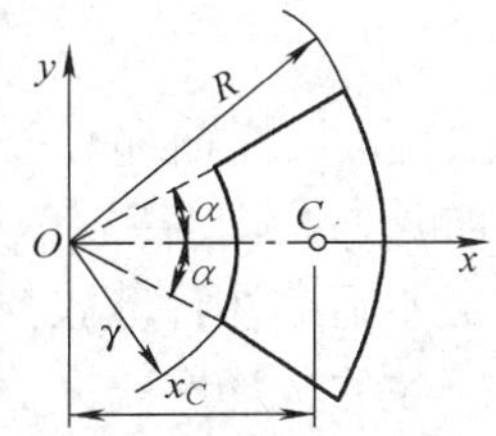	$x_C=\dfrac{2(R^3-r^3)\sin\alpha}{3(R^2-r^2)\alpha}$
抛物线面 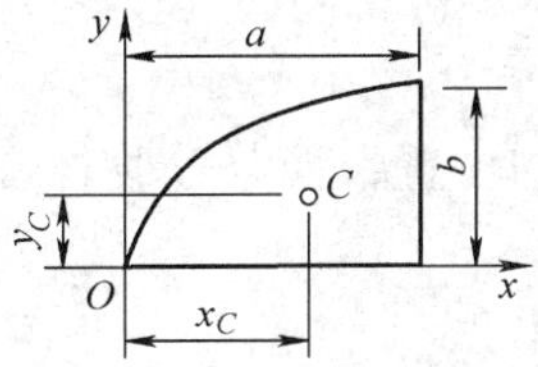	$x_C=\dfrac{3}{5}a$ $y_C=\dfrac{3}{8}b$	半圆球 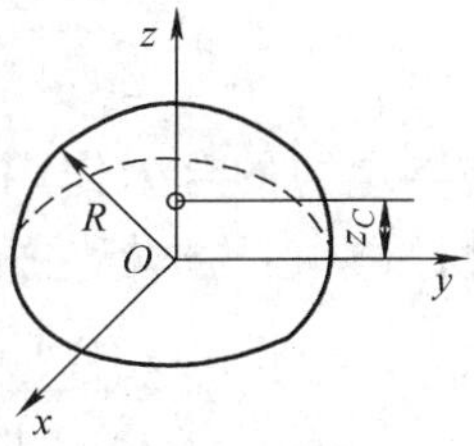	$z_C=\dfrac{3}{8}R$
正圆锥体 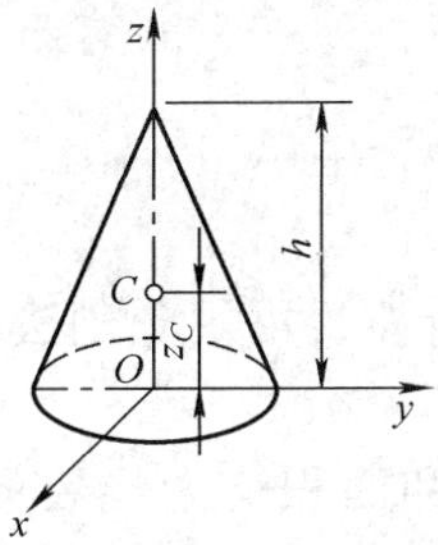	$z_C=\dfrac{1}{4}h$	正角锥体 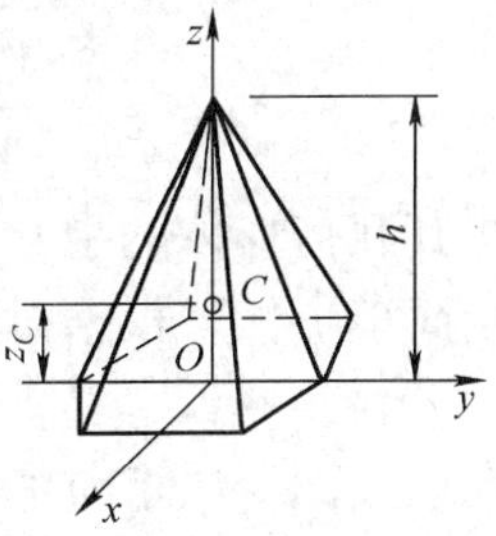	$z_C=\dfrac{1}{4}h$

小　　结

1. 空间约束类型　常见的空间约束类型及其约束反力见表 4-1。

2. 空间力对点之矩与力对轴之矩

1）空间情况下力对点之矩是一个矢量，用 $\boldsymbol{M}_O(\boldsymbol{F})$表示。

2）空间力对轴之矩是一个代数量，其正负号按右手螺旋法则确定，其大小等于力在垂直于某轴的平面上的分力对此平面与该轴的交点之矩，即

$$M_z(\boldsymbol{F}) = M_O(\boldsymbol{F}_{xy})$$

3. 空间力系平衡方程

1）空间汇交力系

$$\sum F_x = 0, \quad \sum F_y = 0, \quad \sum F_z = 0$$

2）空间平行力系（力系平行于 z 轴）

$$\sum F_z = 0, \quad \sum M_z(\boldsymbol{F}) = 0, \quad \sum M_y(\boldsymbol{F}) = 0$$

3）空间一般力系

$$\sum F_x = 0, \quad \sum F_y = 0, \quad \sum F_z = 0$$

$$\sum M_x(\boldsymbol{F}) = 0, \quad \sum M_y(\boldsymbol{F}) = 0, \quad \sum M_z(\boldsymbol{F}) = 0$$

4）解题注意事项

①由于空间力系与 x、y、z 坐标轴都有关，因此有时在纸面上就较难将它们的位置很清楚地表示出来，所以在计算时，我们需要有一个清晰的空间概念，特别是力的作用线与三坐标轴的夹角关系要弄清楚，才不致在计算投影时发生错误。

②坐标轴的选择与力矩轴的选择在空间力系计算问题中显得特别重要，因为选择是否适宜，对计算工作量影响很大。坐标轴选择的原则应是：坐标轴应与力系中多数同向的力平行或垂直，尽量避免坐标轴与力的作用线成任意角度，这样可省略许多力的分解计算工作，平衡方程也就显得较为简单。

4. 物体的重心

1）物体的重心是该物体重力的合力作用点，它相对物体有确切的位置，而与该物体在空间的摆放位置无关。求物体重心的坐标公式为

$$x_C = \frac{\sum W_i x_i}{\sum W_i} = \frac{\sum W_i x_i}{W}$$

$$y_C = \frac{\sum W_i y_i}{\sum W_i} = \frac{\sum W_i y_i}{W}$$

$$z_C = \frac{\sum W_i z_i}{\sum W_i} = \frac{\sum W_i z_i}{W}$$

2）均质物体的重心与其几何形体的中心（简称形心）相重合。

3）求重心方法：对于简单形体，根据对称性或查表确定；对于组合体，可用分割法或负面积法计算。

4）解题注意事项：在用负面积法求重心坐标时，公式中的坐标值和面积均为代数量。其中，实面积为正值，虚面积为负值。

习　　题

4-1　图示力 $\boldsymbol{F}$ 作用于柱顶端，$F = 100\text{kN}$，$\boldsymbol{F}$ 力与 Oxy 平面内投影的夹角 $\alpha = 45°$，该投影与 x 轴夹角 $\beta = 30°$。求力 $\boldsymbol{F}$ 在三坐标轴方向的分力。

4-2　在图示悬臂梁自由端作用 3 个力。$\boldsymbol{F}_1$ 作用线与 y 轴线重合；$\boldsymbol{F}_2$ 在 Oxz 平面内与 z 轴夹角 $\alpha = 30°$；

$\boldsymbol{F}_3$ 在 Oyz 平面内与 z 轴夹角 $\beta=60°$。已知：$F_1=10\text{kN}$，$F_2=20\text{kN}$，$F_3=30\text{kN}$。求 $\boldsymbol{F}_1$、$\boldsymbol{F}_2$、$\boldsymbol{F}_3$ 在三坐标轴投影之代数和。

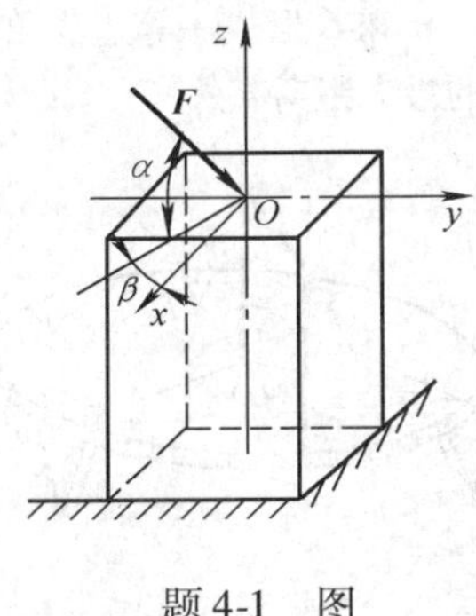

题 4-1　图

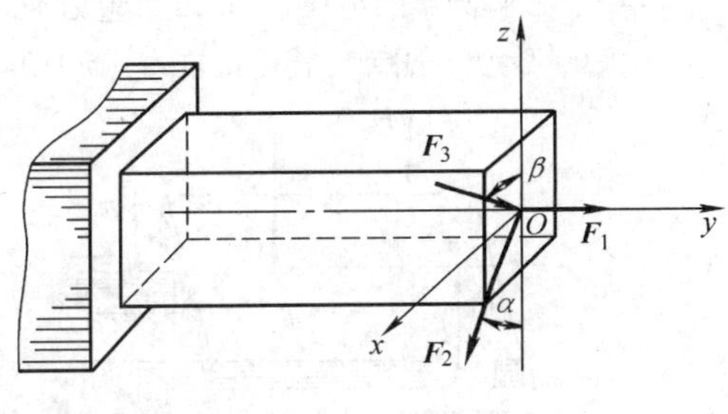

题 4-2　图

4-3　图示重物重 $W=1000\text{N}$，由杆 AO 与两根等长的水平杆 BO 和 CO 所支持。三杆在 O 点用铰链相接，杆 AO 与铅垂面夹角为 45°，$\angle BCO=\angle CBO=45°$。分别求出三杆的内力。

4-4　图示重物重 $W=10\text{kN}$，悬挂在 D 点。若 AD、BD 和 CD 分别在 A、B 和 C 3 点用铰链固定，求支座 A、B 和 C 的反力。

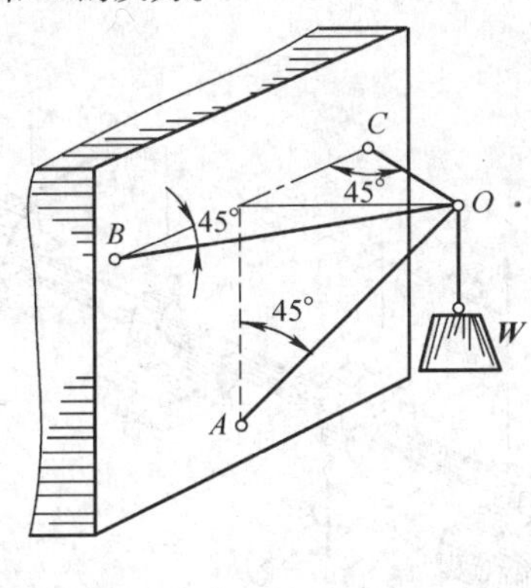

题 4-3　图

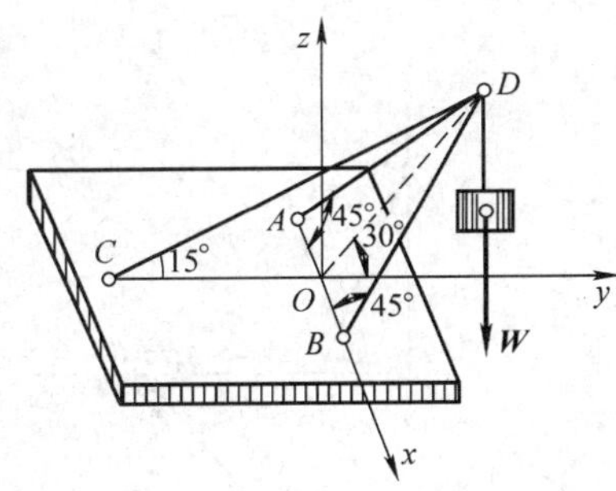

题 4-4　图

4-5　图示力 $\boldsymbol{F}$ 作用左手柄上，$F=1000\text{N}$，分别求出力 $\boldsymbol{F}$ 对于 3 个轴的矩。

4-6　图示空间桁架由 6 根杆构成。在节点 A 上作用一力 $\boldsymbol{F}$，此力在矩形 $ABDC$ 平面内，且与铅垂线成 45°角。$\triangle EAK \cong \triangle GBM$。等腰三角形 EAK、GBM 和 DNB 在顶点 A、B 和 D 处均为直角。若 $F=10\text{kN}$，求各杆的内力。

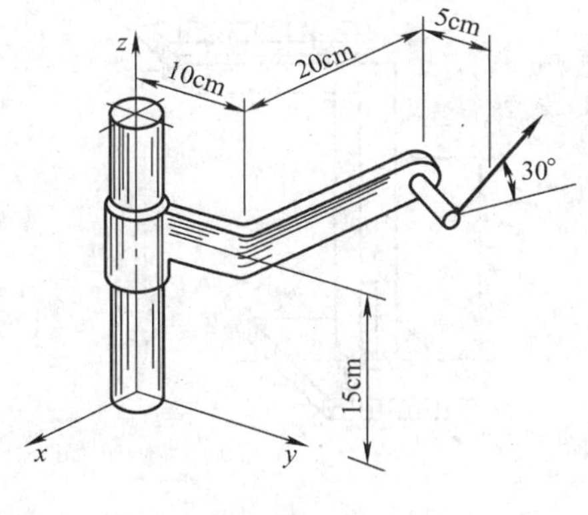

题 4-5　图

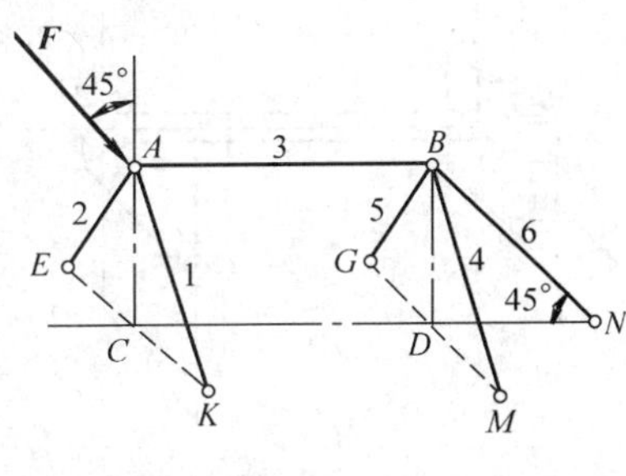

题 4-6　图

4-7　在三轮货车的底板上 M 处放一重 $F=1\text{kN}$ 的货物。M 点的坐标为 $x_m=1.1\text{m}$，$y_m=1.5\text{m}$。略去货车本身的重量不计，求每一轮子对地面的压力。设 $AC=BC=1\text{m}$，$CE=0.2\text{m}$，$CD=2.2\text{m}$。

4-8　三脚圆桌的半径 $r=50\text{cm}$，重为 $W=0.6\text{kN}$。圆桌的三脚 A、B 和 C 形成一等边三角形。若在中线 CD 上距圆心为 a 的点 M 作用铅垂力 $F=1.5\text{kN}$，求使圆桌不致翻倒的最大距离 a。

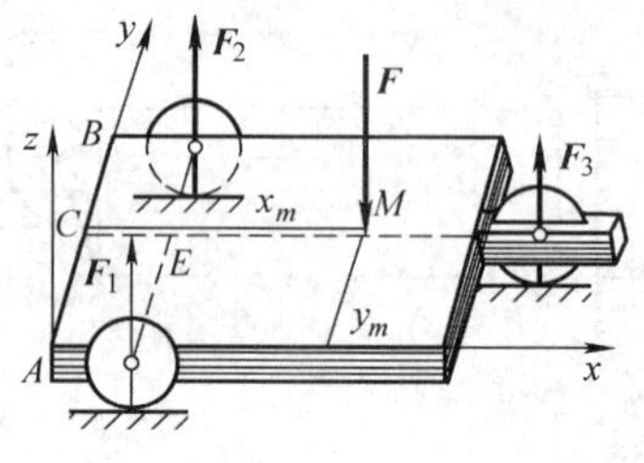

题 4-7　图

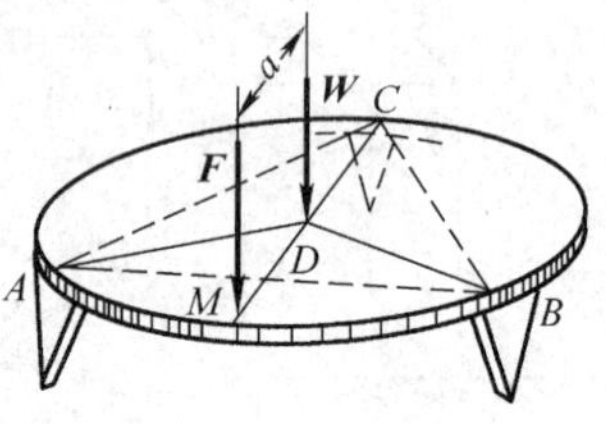

题 4-8　图

4-9　均质长方形薄板重 $W=200\text{N}$，用球铰链 A 和蝶铰链 B 固定在墙上，并用绳子 CE 维持水平位置；E 和 A 点在同一铅垂线上，$\angle ECA=\angle BAC=30°$。求绳子的张力 F 和支座反力。

4-10　水平轴上装有两个凸轮，凸轮上分别作用有已知力 $F_P=0.8\text{kN}$ 和未知力 F。如轴平衡，求力 F 的大小和轴承反力。

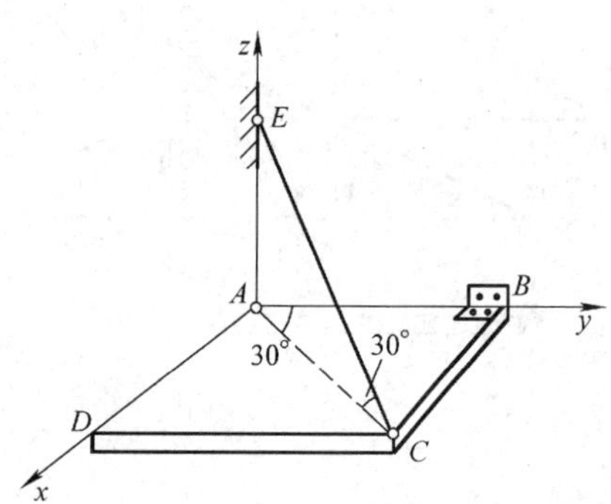

题 4-9　图

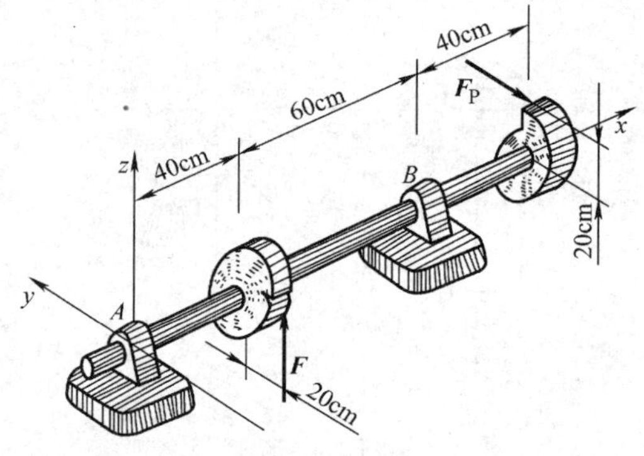

题 4-10　图

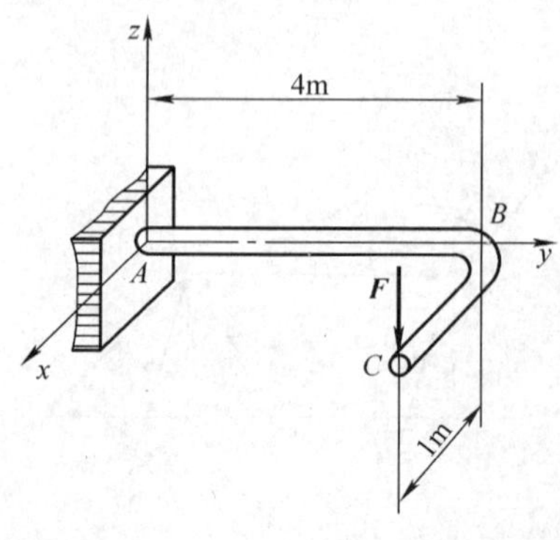

题 4-11　图

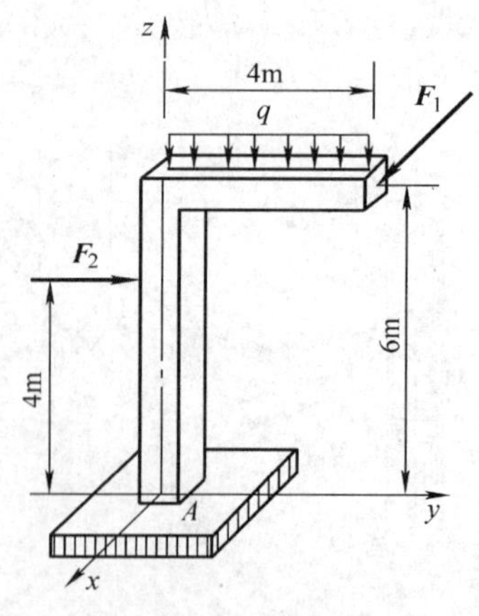

题 4-12　图

4-11　图示一水平放置的直角悬臂折杆，在自由端 C 上作用铅垂荷载 $F=10\text{kN}$。求支座 A 的约束反力。

4-12　图示悬臂刚架上作用着 $q=2\text{kN/m}$ 的均布荷载及作用线分别平行于 x 轴、y 轴的集中力 $\boldsymbol{F}_1$ 和 $\boldsymbol{F}_2$。已知 $F_1=5\text{kN}$，$F_2=4\text{kN}$。求固定端 A 处的约束反力。

4-13　图示曲杆 $ABCD$ 有两个直角，$\angle ABC=\angle BCD=90°$，且平面 ABC 与平面 BCD 垂直。杆的 D 端用球铰链连接于地面上，另一端 A 受轴承支持。三杆上分别作用 3 个力偶，力偶所在平面分别垂直于 AB、BC 和 CD 三杆。若 $AB=a$，$BC=b$，$CD=c$，且三力偶的矩分别为 $\boldsymbol{M}_1$、$\boldsymbol{M}_2$ 和 $\boldsymbol{M}_3$，其中 $\boldsymbol{M}_2$ 和 $\boldsymbol{M}_3$ 为已知。求使曲杆处于平衡的力偶矩 $\boldsymbol{M}_1$ 和支座反力。

4-14　图示公路信号标 S 板承受 700N/m^2 垂直的均匀风压，信号标重量为 200N，重心在其几何中心，其他尺寸如图所示。求固定端 A 处柱基础的约束反力。

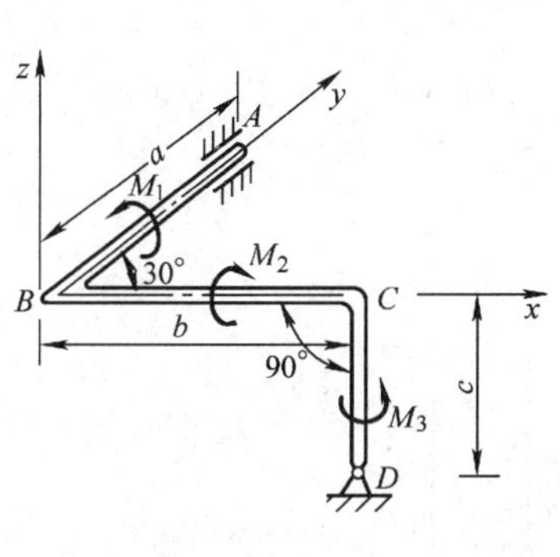

题 4-13　图

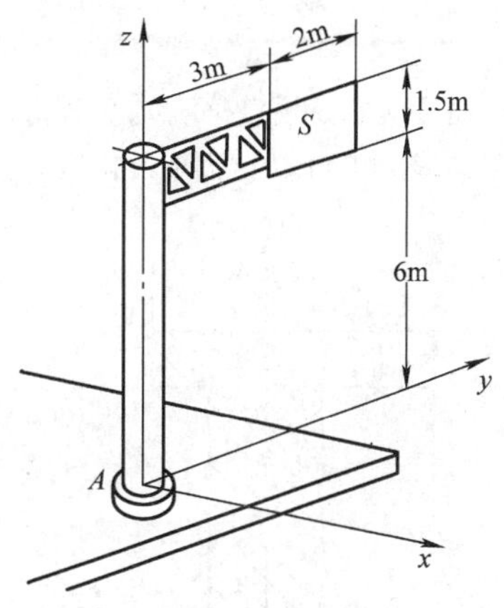

题 4-14　图

4-15　图示用 6 根直杆支撑的水平板，在板角处受铅垂力 $\boldsymbol{F}$ 作用。各杆的上下端均分别用铰链与水平板和水平地面连接，杆重不计。求由于力 $\boldsymbol{F}$ 所引起的各杆的内力。

4-16　边长为 a 的等边三角形板 ABC 用 3 根铅垂杆 1、2、3 和 3 根与水平面成 30°角的斜杆 4、5、6 用球铰支撑在水平位置。在板的平面内作用一力偶，其矩为 M，方向如图示。如板及杆的重量不计，求各杆的内力。

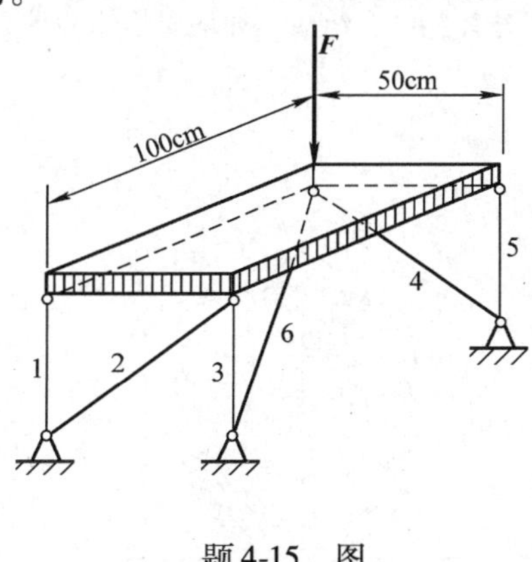

题 4-15　图

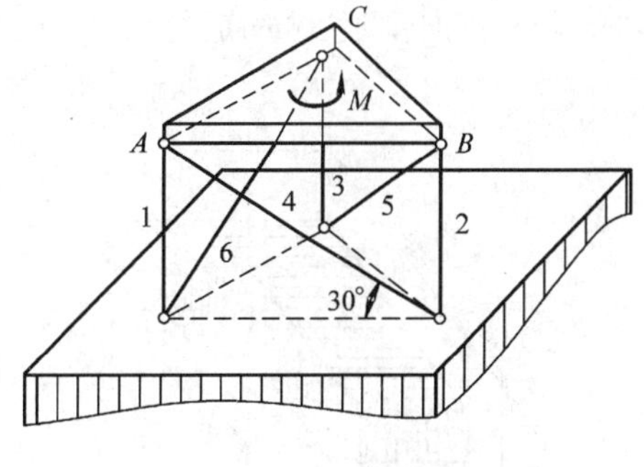

题 4-16　图

4-17　求图示均质工字形板的重心位置。

4-18　在半径为 r_1 的均质圆盘内有一半径为 r_2 的圆孔，两圆的中心相距 $r_1/2$，求图示圆盘重心的位置。

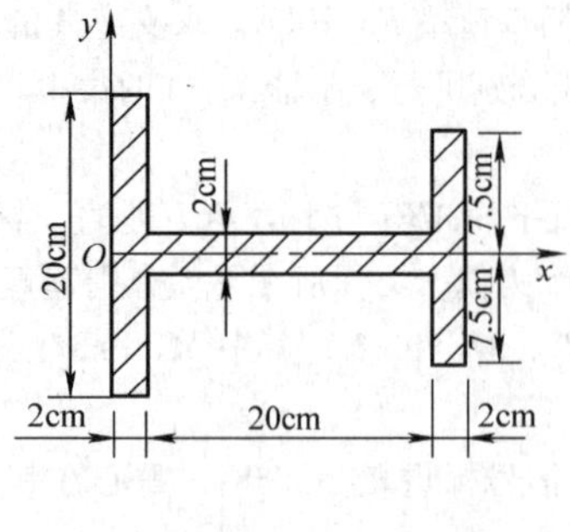

题 4-17　图

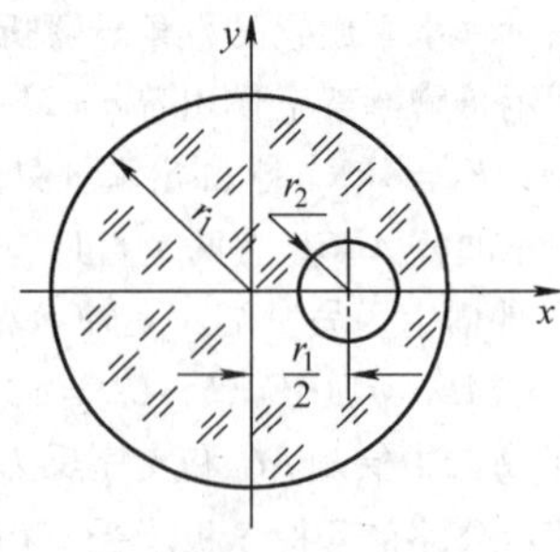

题 4-18　图

4-19　求图示 T 形梁截面形心位置。

4-20　求图示挡土墙截面形心位置。

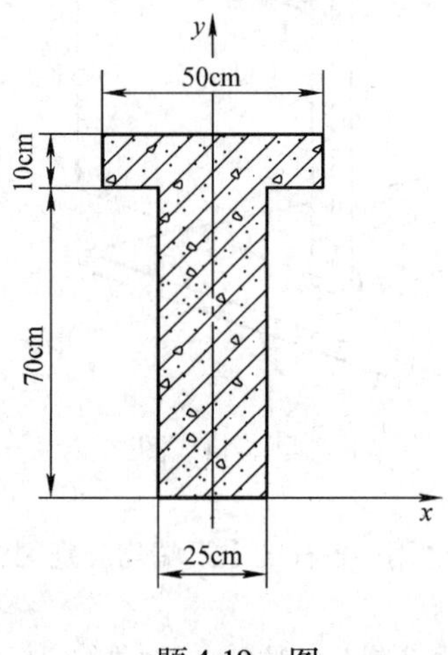

题 4-19　图

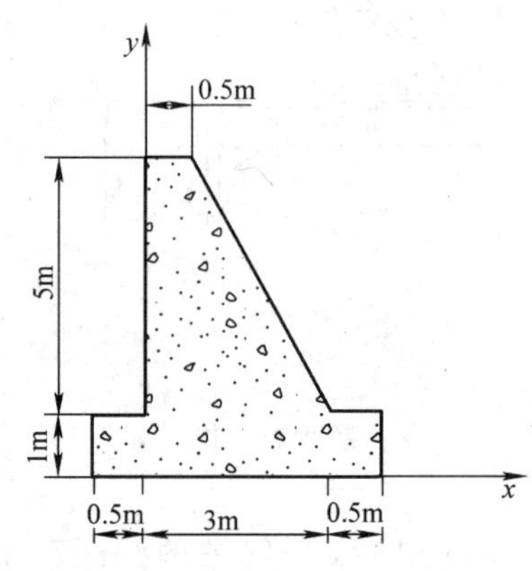

题 4-20　图

4-21　求图示均质混凝土基础重心的位置。

4-22　图示一均质物体由半径为 r 的圆柱体和半径为 r 的半球体相结合组成。如均质物体的重心位于半球体的球心 C 点，求圆柱体的高。

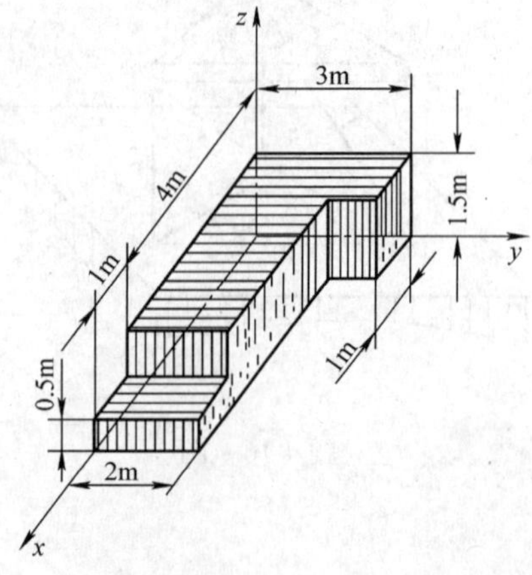

题 4-21　图

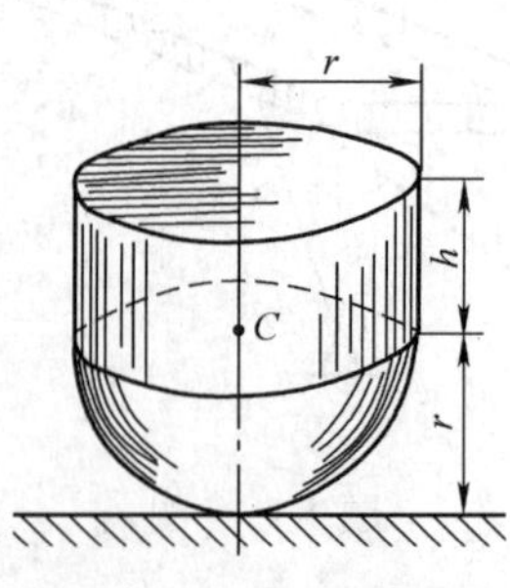

题 4-22　图

第2篇　构件的强度、刚度和稳定性

本篇是研究结构物中各类构件以及构件的材料在外力作用下其本身的力学性质，即研究它们的内力、变形等问题。因此，研究对象不是刚体，而是具有可变形性质的固体，即变形固体。同一构件，在不同形式的外力作用下，就会发生不同性质的内力和变形。为了研究方便起见，一般按变形的特点将构件的变形分为4种基本形式，即轴向拉伸或压缩、剪切、扭转和弯曲。本篇首先研究4种基本变形构件内力的计算方法，解决构件的强度问题。

变形问题则是本篇的第二个重点，即要研究4种基本变形是如何计算的。研究构件变形的大小，不仅对刚度校核问题是必需的，而且以后我们还将知道，当计算超静定结构的内力时，也必需利用构件的变形知识。

工程实际中的问题往往是复杂的，一个构件可能在复杂的外力作用下产生复杂变形。但无论变形如何复杂，一般都可以将它分解成上述的某两三种基本变形进行分别计算，再叠加起来获得最终结果，即组合应力问题。本篇还引出了与此有关的强度理论概念。

结构稳定计算是力学中的另一个课题，在本篇后面还将研究简单的压杆稳定问题，并以此打好稳定计算的基础。

第5章　基本知识与构件变形的基本形式

5.1　基本任务

要保证构件在荷载作用下能正常工作，工程上对所设计的构件，在力学上有如下的要求：

5.1.1　强度要求

强度，是指材料或构件抵抗破坏的能力。任何构件都不允许在正常工作情况下破坏，这就要求构件必须有足够的强度，即满足强度要求。如果构件的强度不足，它在荷载作用下就要破坏。例如，房屋中的楼板梁，当其强度不足时，在楼板荷载作用下就可能断裂。

5.1.2　刚度要求

刚度，是指构件抵抗变形的能力。任何物体在外力作用下，都要或大或小地产生变形。如果变形过大，就会影响其正常使用。因此，在工程中要求某些构件在荷载的作用下产生的变形不能超过工程上允许的范围。这就是要求构件具有一定的刚度，即满足刚度要求。如果刚度不够，同样会影响构件的正常使用。例如，楼板梁在荷载作用下产生的变形过大时，下面的抹灰层就会开裂、脱落；屋面上的檩条变形过大时，就会引起屋面漏水等。

5.1.3 稳定性要求

有些构件在荷载作用下，其原有形式的平衡可能丧失“稳定性”。例如，受压的细长杆（见图5-1），当压力 F 不太大时，杆可以保持原来直线形状的平衡；而当压力增加并超过一定限度时，杆就不能继续保持直线形状，而突然变成弯曲形状，这种现象称为丧失稳定或简称失稳。稳定性要求就是要求这类受压构件不能丧失稳定。

由于构件失稳后将丧失继续承受原设计荷载的能力，所以其后果往往是很严重的。例如，房屋中承重的柱子，如果过细、过高，就可能由于柱子的失稳而导致整个房屋的倒塌。因此，细长的受压构件，必须保证有足够的稳定性。

只有满足了上述要求，才能保证构件安全地正常工作。而构件的强度、刚度和稳定性都与所用的材料及其构件的结构有关，因此，本篇还要研究材料在荷载作用下所表现的力学性能。

综上可知，本篇研究的对象是构件，研究的主要内容是构件的强度、刚度和稳定性以及材料的力学性能。通过研究，将为工程中设计安全可靠的构件提供理论基础，使工程技术人员在设计时能合理地选用材料、选择截面尺寸，使设计的构件既安全可靠又经济合理。

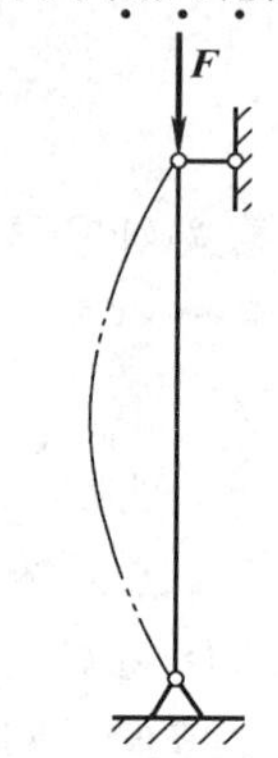

图5-1 受压细长杆

5.2 关于变形固体的概念

自然界中的任何固体在外力作用下，都要或大或小地产生变形，即它的形状和尺寸总会有些改变。由于固体具有可变形性质，所以又称为变形固体。

在第1篇中，讨论力系作用下固体（物体）平衡时，不考虑固体形状和尺寸的改变，视固体为刚体。而本篇是研究构件的强度、刚度、稳定性等方面的问题，此时必须考虑构件的变形，因此，固体的可变形性质成为重要的研究内容。所以，材料力学研究的对象不再是刚体，而是变形固体。

变形固体在外力作用下产生的变形可分为弹性变形和塑性变形。弹性是指变形固体去掉外力后能恢复原来形状和尺寸的性质。弹性变形是指变形固体上的外力去掉后可消失的变形，而变形固体上的外力去掉后变形不能全部消失而残留的部分变形，叫残余变形，也可称为塑性变形。

当外力去掉后能完全恢复原状，即在外力作用下只有弹性变形，这样的变形固体称为完全弹性体；而当外力去掉后不能完全恢复原状，即在外力作用下产生的变形是由弹性变形和塑性变形两部分组成，这种变形固体称为部分弹性体。

实际上，在自然界中并不存在完全弹性体，一般变形固体都是部分弹性体。由于本书讨论问题局限在材料的弹性阶段，所以将研究对象——构件看成为完全弹性体。

工程中大多数构件在荷载作用下产生的变形与构件本身尺寸相比是很微小的，称之为“小变形”，反之称之为“大变形”。本篇研究的内容将限于小变形范围，即在研究构件平衡等问题时可用构件变形前的原始尺寸进行计算。

5.3 基本假设

为简化研究工作，在本篇的研究中，对变形固体作如下基本假设。

1. 连续、均匀假设　假设物体在其整个体积内毫无空隙地充满了物质，且物体的性质各处都一样。实践证明，在工程中将构件抽象为连续、均匀的变形体，所得到的计算结果是符合精度要求的。

2. 各向同性假设　假设材料沿不同方向具有相同的力学性能。这使我们的研究对象局限在各向同性材料上。若材料沿不同方向具有不同的力学性能，则称为各向异性材料。

3. 弹性假设　假设作用于物体上的外力不超过某一限度时，可将物体看成完全弹性体。

由于采用了上述假设，大大简化了理论的研究和计算方法的推导。尽管由此得出的计算方法只具有近似的准确性，但它的精度完全可以满足工程的要求。

总之，本篇把构件视为连续、均匀、各向同性的可变形固体，且只研究弹性阶段的小变形问题。

5.4　构件变形的基本形式

工程中构件的种类很多，如杆、板、壳、块体等，而本篇研究的构件多属于杆件。杆件是指长度远大于横向尺寸的构件。建筑工程中的梁、柱子等均属杆件（简称杆）。

就杆的外形来分，可分为直杆、曲杆、折杆。就杆的横截面（垂直于轴线的截面）来分，又可分为等截面杆和变截面杆。本书着重讨论等截面的直杆（简称等直杆）（见图 5-2）。

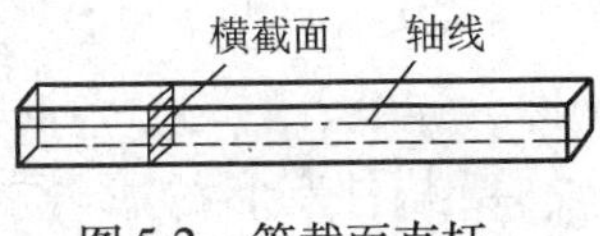

图 5-2　等截面直杆

杆件在外力作用下的变形有以下 4 种基本形式：

1. 轴向拉伸或压缩（见图 5-3a、b）　在一对方向相反、作用线与杆轴线重合的外力作用下，杆件将发生长度的改变（伸长或缩短）。

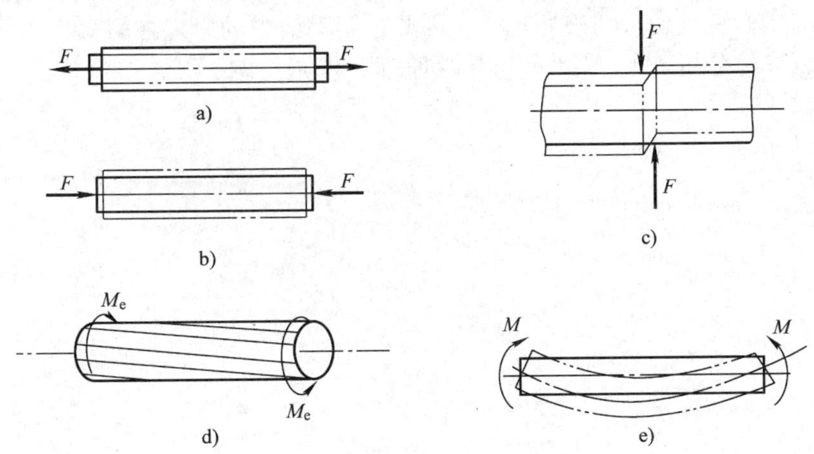

图 5-3　构件变形基本形式

2. 剪切（见图 5-3c）　在一对相距很近、大小相等方向相反的横向外力作用下，杆件的横截面将沿外力方向发生相对错动。

3. 扭转（见图 5-3d）　在一对大小相等方向相反、位于垂直杆轴线的两平面内的力偶作用下，杆的相邻两横截面绕轴线发生相对转动。

4. 弯曲（见图 5-3e）　在一对大小相等方向相反、位于杆的纵向平面内的力偶作用下，杆将在纵向平面内发生弯曲。

杆件的变形是多种多样的，按其变形特点可归纳为以上 4 种基本变形形式。除此之外，还存在着上述几种基本变形形式组合的情形。

本篇首先分别就上述几种基本变形形式进行较详细的分析研究，然后进一步讨论组合变形问题。

小　　结

1. 基本任务　本篇研究的对象是构件，研究的主要内容是构件的强度、刚度和稳定性以及材料的力学性能。

2. 关于变形固体

1）具有可变形性质的固体称为变形固体。

2）变形固体上的外力去掉后可消失的变形叫弹性变形；外力去掉后变形不能全部消失而残留的部分变形叫塑性变形（残余变形）。

3）在外力作用下只有弹性变形的变形固体称为完全弹性体；而在外力作用下产生的变形是由弹性变形和塑性变形两部分组成，这种变形固体称为部分弹性体。

3. 基本假设　本篇对变形固体的基本假设有：连续均匀、各向同性、弹性假设，即视构件为连续、均匀、各向同性的可变形固体，只研究弹性阶段的小变形问题。

4. 构件变形的基本形式　轴向拉伸或压缩、剪切、扭转、弯曲。

5. 应注意的问题　初学第 2 篇时容易将第 1 篇中的一些概念和处理问题的方法照搬过来，造成错误。

第 1 篇中把物体抽象为刚体，研究它们的平衡问题；而第 2 篇中把物体视为完全弹性体，在弹性范围内研究其变形和破坏规律。因此，第 1 篇中的原理在第 2 篇中并不都是适用的，一定要加以具体分析。如："力的可传性原理" 就是一例。

第6章　轴向拉伸和压缩

6.1　轴向拉（压）杆横截面的内力、轴力图

轴向拉伸或压缩变形是杆件最基本的变形，在工程实际中常可见到构件主要受到拉力或压力作用的情况。例如，桁架中的杆件（见图6-1），房屋中的柱子（见图6-2）等。通过分析可以看到，它们的受力情况的共同特点是作用在它们上面的外力的作用线与杆的轴线重合。也就是说作用在构件上的力是轴向力。使杆件伸长的轴向力为轴向拉力，简称拉力（见图6-3a）；使杆件缩短的轴向力为轴向压力，简称压力（见图6-3b）。相应的变形分别叫拉伸变形和压缩变形。

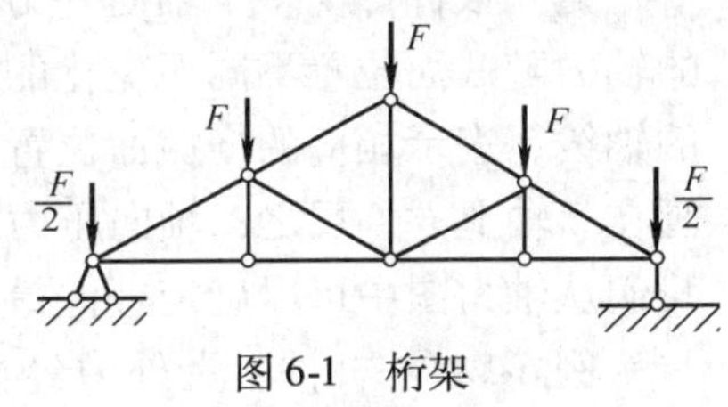

图6-1　桁架

要保证受拉构件或受压构件在轴向外力作用下不致破坏，首先必须分析作用在构件上的外力在构件内部所引起的作用，即先要分析构件的内力情况。

现在来研究图6-4a所示拉杆某一截面C的内力。设想用一平面沿横截面C把杆截断，分成甲、乙两部分。如无内力，则甲在A端轴向外力F作用下将与乙分离而左移。但整个杆件及其任一局部都处于平衡状态，也就是说甲乙两部分并未分离。由此可见，甲乙两部分之间一定有力作用。如图6-4b所示，F_N就是乙对甲的作用力，其反作用力则是甲对乙的作用力，而F_N和F_N'就是C截面的内力。F_N与F构成平衡力系，F_N'与支座反力F_R构成平衡力系，它们的作用线与杆轴线重合，所以称为轴向内力，简称轴力。

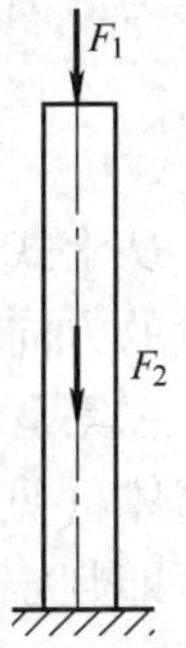

图6-2　柱子

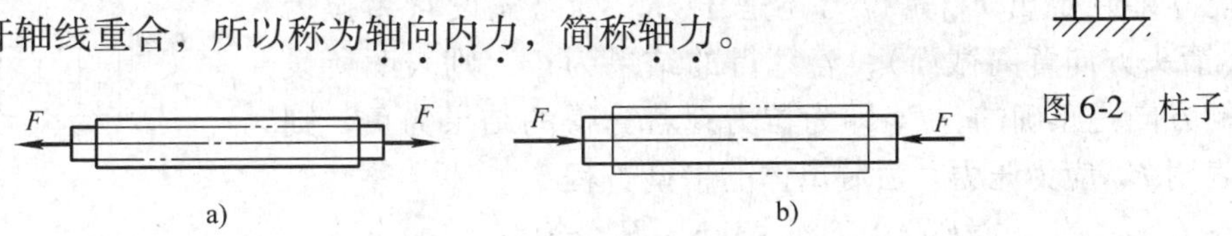

图6-3　轴向拉（压）杆的变形

当轴力的指向背离截面时（见图6-4b），截面附近微段的变形是伸长，这种轴力是拉力；反之，当轴力的指向是向着截面时，截面附近微段的变形是缩短，这种轴力是压力。通常规定拉力为正，压力为负。

我们把构件内部所产生的力，叫做内力；而把构件之外其他物体作用于构件上的力，叫做外力。应该注意的是，内力和外力是相对而言的。当我们取甲部分为研究对象时，对甲部分杆件来说，内力F_N就转化为外力了，由此可见内力和外力是互相

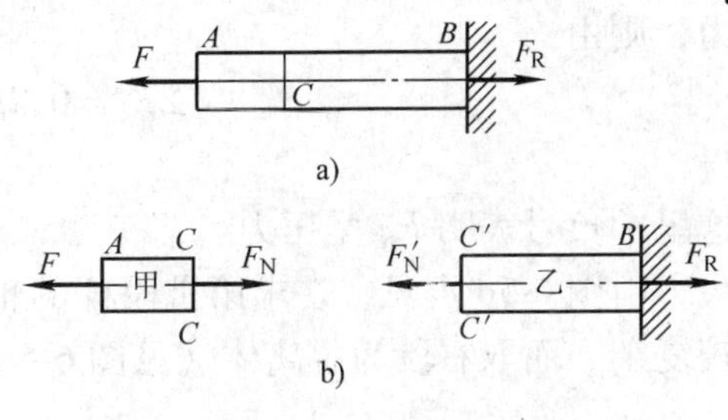

图6-4　轴向拉（压）杆横截面的内力

转化的。

根据力系平衡方程 $\Sigma F_x=0$，可求出杆在 C 截面上的内力值为

$$F_N'=F$$

由上面的讨论可以总结出求杆件任一截面的内力的具体方法，即**截面法**，其步骤如下：

1）用假想的垂直于轴线的截面沿所求内力处切开，将构件分为两部分。

2）取两部分中的任一部分为脱离体，并用相应的内力代替被抛弃部分对脱离体的作用。这时对脱离体来说，内力已转化为外力。

3）对所取的脱离体建立静力平衡方程式，求解未知内力的大小。

当一根杆件受多个轴向外力作用时，其每段轴力是不一样的，为了形象地表明各截面上的轴力随截面位置不同而变化的情况，常采用轴力图表示。轴力图的横坐标轴 x 平行于杆件的轴线，表示相应的横截面位置，纵坐标 y 表示相应截面的轴力值，如内力为轴向拉力，则画在 x 轴上方，反之，轴向压力画在 x 轴下方。轴力图表示了杆件轴力沿轴线变化的规律，我们从轴力图中可以确定杆件最大轴力 F_{Nmax} 的位置及其数值。

例 6-1 一杆件所受外力经简化后，其计算简图如图 6-5a 所示，试求各段截面上的轴力。

解： 在第Ⅰ段范围内的任一截面处将杆截断，并取左段为脱离体（见图 6-5b），以杆轴为 x 轴，由平衡方程

$$\Sigma F_x=0,\ 2\text{kN}+F_{N1}=0$$

得

$$F_{N1}=-2\text{kN}$$

从上式中求得的 F_{N1} 是负号，说明 F_{N1} 的方向与原先假设的方向相反，为轴向压力。

在第Ⅱ段范围内的任一截面处将杆截断，取左段为脱离体（见图 6-5c），以 F_{N2} 代表该截面的轴力。由于不能立即判定出 F_{N2} 是拉力还是压力，所以先设它为拉力（箭头方向背离截面），若算得的结果为正，则表明所设的方向是正确的，F_{N2} 即为拉力；若算得的结果为负，则表明 F_{N2} 应为压力。由脱离体的平衡方程

$$\Sigma F_x=0,2\text{kN}-3\text{kN}+F_{N2}=0$$

得

$$F_{N2}=1\text{kN}$$

结果得正，说明 F_{N2} 是拉力。

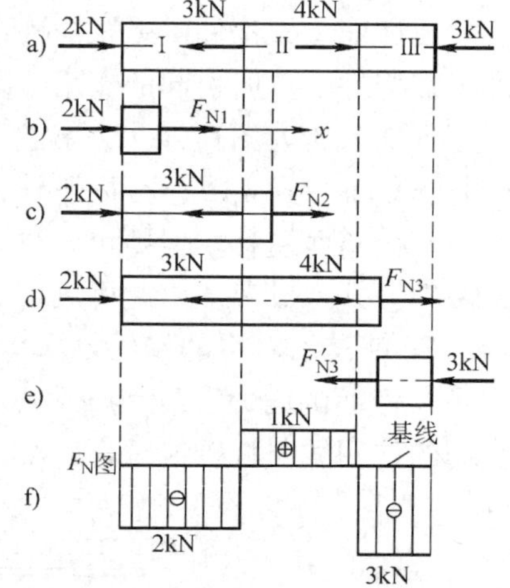

图 6-5 例 6-1 图

在第Ⅲ段范围内的任一截面处将杆截断，取左段为脱离体（见图 6-5d），仍设 F_{N3} 为拉力，则由

$$\Sigma F_x=0,2\text{kN}-3\text{kN}+4\text{kN}+F_{N3}=0$$

得

$$F_{N3}=-3\text{kN}$$

这里的负号表明 F_{N3} 是压力。

由图 6-5d 可见，在求第Ⅲ段杆的轴力时，取左段为脱离体，其上的作用力较多，计算较复杂，而取右段为脱离体（见图 6-5e）时，则受力情况简单，马上便可以得出

$$F_{N3}=-3\text{kN}$$

当全杆的轴力都求出来以后，便可根据各截面上轴力 F_N 的大小及正负号给出轴力图如

图 6-5f 所示。

6.2 应力和应力集中的概念

6.2.1 截面上一点的应力

由上节可知，内力是由外力（或外界因素）引起的，且内力随外力的增加而增加。对一定尺寸的构件来说，从强度角度看，内力越大越危险，当内力达到一定数值时，构件就要破坏。但内力的大小还不能确切地反映一个构件的危险程度，特别是对于不同尺寸的构件，其危险程度更难以通过内力的数值来进行比较。如图 6-6 所示，两个材料相同而截面积不同的杆件，在相同的拉力 F 的作用下，两杆横截面上的内力相同，但两杆的危险程度却不同，细杆比粗杆更危险，易于被拉断。因此，研究构件的强度问题只知道截面上的内力是不够的，还必须知道内力在杆的截面上的分布情况。我们将截面上的内力分布的集度称为应力。

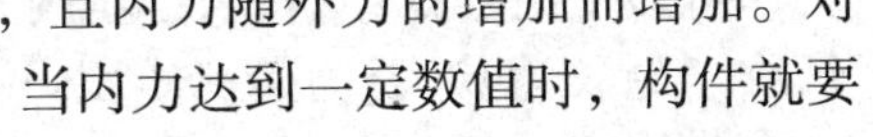

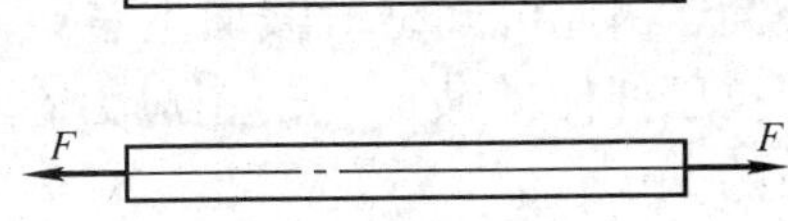

图 6-6 横截面面积不同的受拉杆件

例如，图 6-7a 所示某受力构件，1-1 截面上任一点的应力可以这样定义：包含任一点 C 取一小面积 ΔA，设在 ΔA 上的分布内力的合力为 ΔF，则在 ΔA 面积上内力 ΔF 的平均集度为

$$p_{\mathrm{m}} = \frac{\Delta F}{\Delta A}$$

ΔA 越小，p_{m} 就越能代表 C 点的应力，当 ΔA 趋于零时所得到的 p_{m} 的极限值就是 C 点的应力，即

$$p = \lim_{\Delta A \to 0} \frac{\Delta F}{\Delta A} = \frac{\mathrm{d}F}{\mathrm{d}A} \tag{6-1}$$

式中，p 为 C 点的应力，ΔF 为微面积 ΔA 上的合内力。

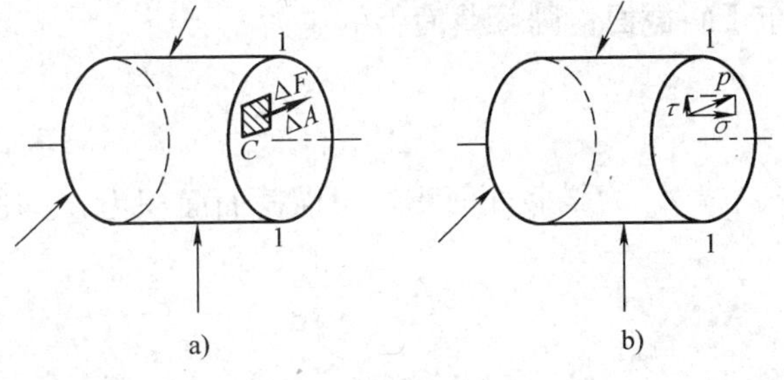

图 6-7 横截面上一点的应力

一点处的应力可以分解成两个应力分量：垂直于截面的分量称为正应力，用符号 σ 表示；与截面相切的分量称为切应力，用符号 τ 表示（见图 6-7b）。

应力的单位为帕斯卡（简称帕），1 帕 = 1 牛顿/米^2（$1\mathrm{Pa} = 1\mathrm{N/m^2}$）。由于 Pa 的单位很小，通常用千帕（kPa）、兆帕（MPa）或吉帕（GPa）表示。

$$1\mathrm{kPa} = 10^3\mathrm{Pa}, 1\mathrm{MPa} = 10^6\mathrm{Pa}, 1\mathrm{GPa} = 10^9\mathrm{Pa}$$

6.2.2 拉（压）杆横截面上的正应力

某一拉杆，设其横截面面积为 A，截面轴力为 F_{N}，则横截面上的正应力为

$$\sigma = \frac{F_{\mathrm{N}}}{A} \tag{6-2}$$

正应力的正负号与轴力一致，即拉应力为正，压应力为负。

式（6-2）是以轴向拉压杆横截面上的正应力均匀分布为前提的。这个前提的存在，可用简单的试验证实，如用弹性材料做一圆截面杆（见图 6-8a）。加荷载前在相距为 l 的两横截面的外表皮上画 A 和 B 两圆圈，作为两横截面的周线。加轴向外力 F 以后，两周线分别

平行移动到 A' 和 B'（见图 6-8b）。根据观察，周线仍为平面圆周线，且圆平面仍与杆件轴线正交。根据上述现象，对杆件内部的变形作如下假设：变形后的横截面仍保持平面，并且仍垂直于杆件轴线，只是每个横截面沿杆轴作相对平移。这就是轴向拉伸情况下的平面假设。所谓平面假设是指变形前原是平面的截面在变形后仍保持为平面。依此假设，AB 间一切平行于轴线的纤维（原长为 l）受力后都伸长同样的长度 Δl（见图 6-8b）。根据材料均匀性假设，变形相同时，受力也相同，由此可知，横截面上各点受力均相等，即轴向拉压杆件横截面上的正应力在横截面上是均匀分布的。

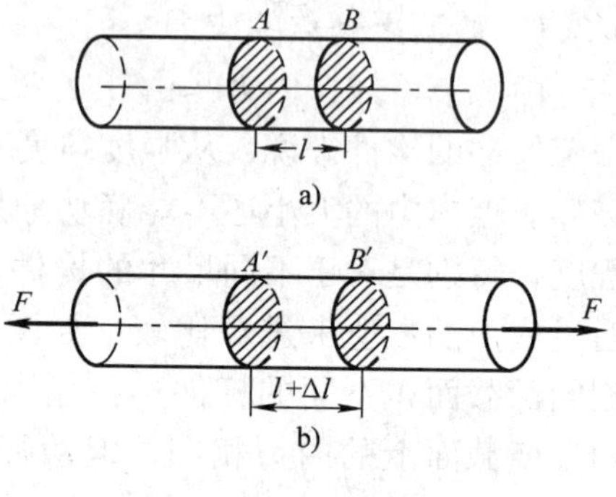

图 6-8 轴向拉伸情况下的平面假设

6.2.3 拉（压）杆斜截面上的应力

前面研究了杆件横截面上的应力。实际上，不仅横截面上有应力，在其他方位的斜截面上也有应力。

如图 6-9a 所示，某杆件受轴向荷载 F 的作用。现用一平面假想沿该杆的斜截面 1-1 截开，它与横截面 2-2 的夹角为 α。取左段为脱离体（见图 6-9b），可求出该截面的轴力：$F_N = F$。与研究横截面应力的情况相同，轴力 F_N 也均布于斜截面，则斜截面上的应力 p_α 为

$$p_\alpha = \frac{F_N}{A_\alpha}$$

式中，A_α 为斜截面面积。设横截面面积为 A，则有

$$A_\alpha = \frac{A}{\cos\alpha}$$

将 $A_\alpha = \dfrac{A}{\cos\alpha}$ 代入上式，得

$$p_\alpha = \frac{F_N}{A}\cos\alpha$$

因为横截面上的正应力 $\sigma = \dfrac{F_N}{A}$，故有

$$p_\alpha = \sigma\cos\alpha \tag{6-3}$$

即斜截面上的应力 p_α 可以通过横截面上的正应力 σ 来表达。

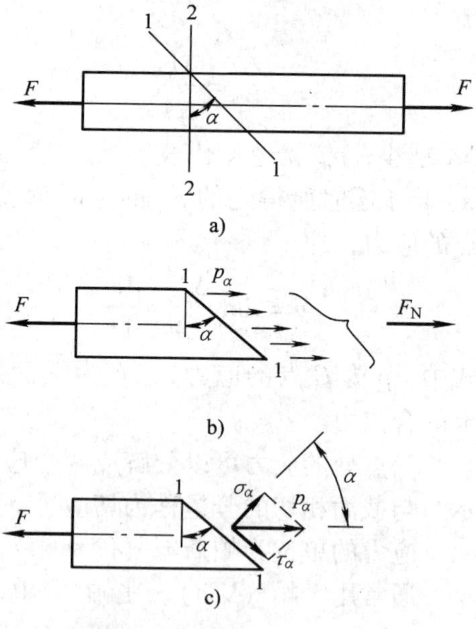

图 6-9 斜截面上的应力

根据研究需要，我们将此应力分解为垂直于斜截面的正应力 σ_α 和相切于斜截面的切应力 τ_α（见图 6-9c），它们分别为

$$\begin{cases}\sigma_\alpha = p_\alpha\cos\alpha \\ \tau_\alpha = p_\alpha\sin\alpha\end{cases}$$

将（6-3）式代入上式，得

$$\begin{cases}\sigma_\alpha = \sigma\cos^2\alpha \\ \tau_\alpha = \sigma\cos\alpha\sin\alpha = \dfrac{\sigma}{2}\sin2\alpha\end{cases} \tag{6-4}$$

以上两式表达了在斜截面上既有垂直于截面的正应力 σ_α，又有与截面相切的切应力 τ_α。其值的大小随斜面的方位角 α 的变化而变化。

由式（6-4）可见，正应力的最大值发生在 $\alpha=0$ 的截面，即横截面上，其值为 $\sigma_{(\alpha=0)}=\sigma_{max}=\sigma$；最大切应力发生在 $\alpha=\pi/4$ 的斜截面上，其值为 $\tau_{\left(\alpha=\frac{\pi}{4}\right)}=\tau_{max}=\sigma/2$。

6.2.4　应力集中的概念

在实际工程中，由于结构和工艺上的要求，构件的截面尺寸可能有突然的变化，这时，应力在截面上的分布就不均匀了，在截面突然变化处，局部应力远大于平均应力。这种应力在局部剧增的现象称为应力集中。

如图 6-10 所示，具有小圆孔和开口的均匀拉伸板，在通过圆心的横截面上的应力不再是均匀的，在孔或开口附近处的应力远大于平均应力，而离孔和开口较远处的应力下降并趋于均匀。图 6-11 也表明圆孔对板拉伸变形的影响。很明显，在孔口周围，变形不再均匀，而远离孔口处，板的变形趋于均匀。

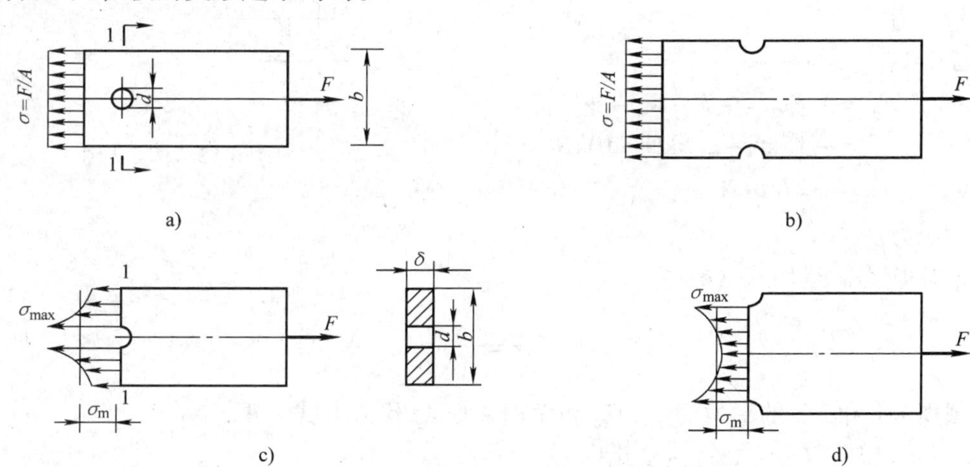

图 6-10　产生应力集中的实例

在应力集中处的最大应力值 σ_{max} 的大小通常是人们所关心的，求解该值要借助于弹性理论、计算力学或实验应力分析的方法求得。实际工程中，应力集中程度用最大局部应力值 σ_{max} 与截面上的平均应力 σ_m 的比值来表示，即

$$K=\frac{\sigma_{max}}{\sigma_m} \tag{6-5}$$

式中，K 称为理论应力集中系数。

应力集中系数并非单纯由截面积减小所引起，通常情况下，杆件外形骤变越剧烈，应力集中的程度就越严重。例如，具有小圆孔的均匀受拉平板，应力集中系数约为 3；而有尖角的孔洞，应力集中系数要更大些。另外，应力集中对构件的影响还与材料的性质、加载方式

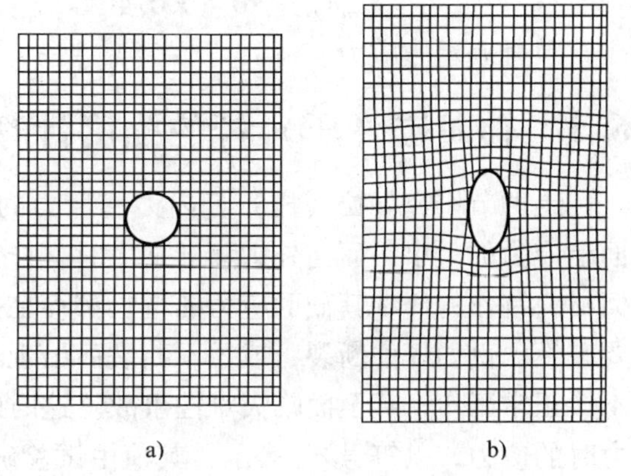

图 6-11　橡皮模型示意图

等因素有关。应力集中系数的确定是要根据实际情况，查阅相关的材料手册。

例 6-2 图 6-12a 为一正方形截面的阶形砖柱，柱顶受轴向压力 F_f 作用。上段柱重为 W_1，下段柱重为 W_2。已知 $F=15\text{kN}$，$W_1=2.5\text{kN}$，$W_2=10\text{kN}$，$l=3\text{m}$。求上、下段柱的底截面 1-1 和 2-2 上的应力。

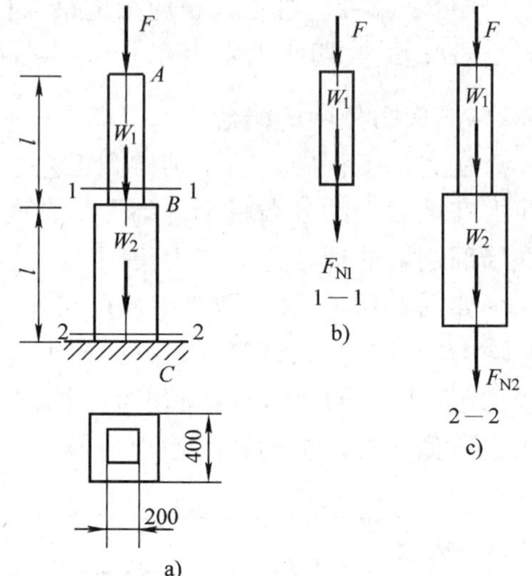

图 6-12 例 6-2 图

解：（1）分别求出截面 1-1 和 2-2 的轴力。首先运用截面法，假想用平面在截面 1-1 和 2-2 处截开，取上部为脱离体（见图 6-12b、c），根据平衡条件可求得

截面 1-1：

$$\Sigma F_y=0, F_{N1}+F+W_1=0$$

$$F_{N1}=-15\text{kN}-2.5\text{kN}=-17.5\text{kN}$$

负号表示压力。

截面 2-2：

$$\begin{aligned}\Sigma F_y&=0, F_{N2}=-F-W_1-W_2\\&=-15\text{kN}-2.5\text{kN}-10\text{kN}\\&=-27.5\text{kN}\end{aligned}$$

负号表示压力。

（2）求应力。运用式（6-2）

$$\sigma=\frac{F_N}{A}$$

分别将截面 1-1 和 2-2 的轴力 F_{N1}、F_{N2}和面积 A_1、A_2 代入上式，得

截面 1-1 $\sigma_1=\dfrac{F_{N1}}{A_1}=\dfrac{-17.5\times10^3}{0.2\times0.2}\text{Pa}=-438000\text{Pa}=-0.438\text{MPa}$

负号表示压应力。

截面 2-2 $\sigma_2=\dfrac{F_{N2}}{A_2}=\dfrac{-27.5\times10^3}{0.4\times0.4}\text{Pa}=-171875\text{Pa}=-0.172\text{MPa}$

负号表示压应力。

6.3 轴向拉（压）杆的强度计算

上两节研究了拉（压）杆内力和应力的计算问题。根据杆件承受力的大小便可算出截面上应力的大小，而当外力逐渐加大时，杆件截面上的正应力也相应加大与外力平衡。但任何材料制作的杆件其截面应力的增长都存在一个材料所固有的极限，超过此极限时，杆件就要破坏。例如杆件断裂，或虽不断裂而出现永不消失的塑性变形，使杆件丧失其承载能力，不能正常工作，甚至面临灾难性事故。这时的应力叫做材料的极限应力，即材料丧失工作能力时的应力，以符号 σ_u 表示，其值由试验确定。

在设计构件时，有很多情况难以估计。所以，为了保证构件有足够的强度，还必须给构件以必要的安全储备，使构件在荷载作用下所引起的最大应力小于其材料的极限应力。有关部门根据大量的调查研究，给各种材料分别规定了一个可以作为设计依据，而且比极限应力小得多的应力，即构件在工作时允许承受的最大工作应力，称之为许用应力，以符号［σ］表示。许用应力等于极限应力除以安全因数 n，即

$$[\sigma]=\frac{\sigma_{u}}{n} \tag{6-6}$$

n 是一个大于 1 的因数，一般来说，确定安全因数时应考虑以下几个方面的因素：

1）实际荷载与设计荷载的出入。在进行强度计算时，我们是根据构件在正常工作条件下或一定使用年限内可能出现的最大荷载进行的。这种荷载通常称为标准荷载或设计荷载，其数值是经过长期调查和统计得出的。但在实际工作中，总难免会遇到意外的情况。例如，房屋使用中出现人群过分拥挤，桥梁使用中行驶超重的车辆，以及少遇的大风、大雪等，从而使构件受到的实际荷载超过设计荷载。

2）材料性质的不均匀性。通常表明的材料各项性能指标是通过试验测定的，其数据只是试验结果的平均值，而实际上材料的各项性能指标是在平均值范围内波动的。材料性质的不均匀性还与材质有关，如铸铁的均匀性不如钢好，而混凝土的均匀性还要更差些。

3）计算结果的近似性。在进行构件的受力分析以及内力、应力等计算时，都对具体情况作了不同程度的简化，有的为了使计算方法简便，还要提出一些近似性的假设。如计算时采用的计算简图只能近似地反映出实际结构的受力情况。又如，计算轴向拉（压）杆的应力时，假设应力沿截面上均匀分布，这仅适合于等截面杆件且该横截面距离两端受力处较远时的情况。如果杆件的截面尺寸沿轴线有突然变化，则这些截面上的应力不再是均匀分布的，这时局部将出现应力集中现象。

4）施工、制造和使用时的条件影响。例如，混凝土制品是现场浇灌还是工厂预制，是人工振捣还是机械振捣，这都将影响构件的强度。再如，构件使用期间的环境是潮湿的还是干燥的，有无腐蚀性气体和差异很大的湿度变化等，也会影响构件的强度。

综上所述，材料的安全因数的数值因涉及到工程上的各个方面，不单纯是力学问题。安全因数低了，构件不安全，定高了则浪费材料。通常，安全因数由国家指定的专门机构制定。表 6-1 中列出了几种常用材料的许用应力值。

表 6-1　几种常用材料的许用应力值

材　　料	许用拉应力/MPa	许用压应力/MPa	材　　料	许用拉应力/MPa	许用压应力/MPa
低碳钢 Q235	170	170	木材(顺纹)	6 ~ 10	8 ~ 16
低合金钢 Q345	230	230	灰铸铁	34 ~ 54	160 ~ 200

轴向拉（压）杆要满足强度要求，就必须保证杆件的最大工作应力不超过材料的许用应力，即

$$\sigma_{max}\leqslant[\sigma] \tag{6-7}$$

对于等截面杆，上式可写成

$$\sigma_{max}=\frac{F_{Nmax}}{A}\leqslant[\sigma] \tag{6-8}$$

式（6-7）和式（6-8）就是拉压杆的强度条件。如果最大应力与许用应力相等，则从力学角

度说，就达到了安全与经济的统一。如果最大应力远小于许用应力，则造成材料的浪费。如果最大应力大于许用应力，说明强度储备不足，安全程度没有达到规定的标准，但超额幅度不超过5%时，也可认为是安全的。

根据强度条件式（6-8），可以解决工程实际中有关强度计算的如下3类问题：

1. 强度校核　已知杆件所受的荷载，杆件尺寸及材料的许用应力，根据式（6-8）校核该杆件是否满足强度要求。这是工程中最常见的一种强度计算。

2. 截面选择　已知杆件所受的荷载及材料的许用应力，确定杆件所需的最小横截面积 A

$$A \geqslant \frac{F_{\mathrm{Nmax}}}{[\sigma]} \tag{6-9}$$

3. 确定许用荷载　已知杆件的横截面面积及材料的许用应力，确定许用荷载。先用式（6-10）确定最大许用轴力，即

$$F_{\mathrm{Nmax}} \leqslant [\sigma]A \tag{6-10}$$

然后可计算出许用荷载。

例 6-3　一钢筋混凝土组合屋架的计算简图如图 6-13a 所示。其中 $F = 13\mathrm{kN}$，屋架的上弦杆 AC 和 BC 由钢筋混凝土制成，下弦杆 AB 为圆截面钢拉杆，直径为 2.2cm。钢的许用拉应力 $[\sigma] = 170\mathrm{MPa}$，试校核该拉杆的强度。

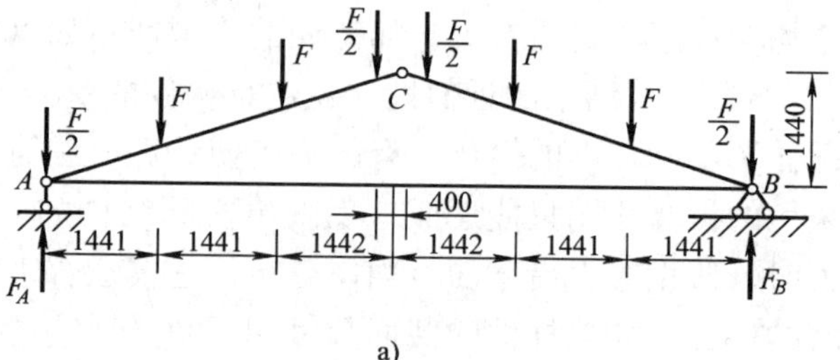

a)

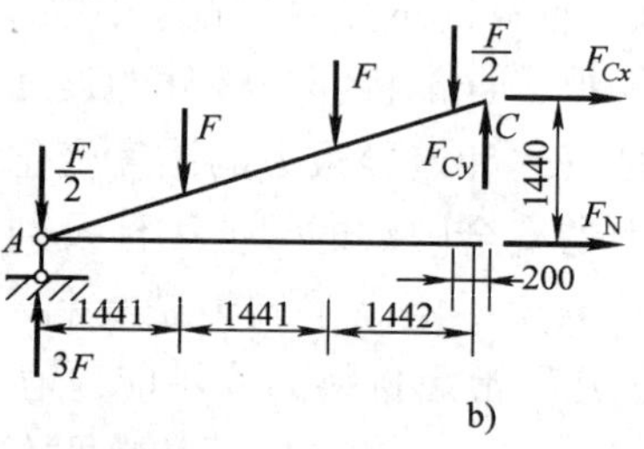

b)

图 6-13　例 6-3 图

解：

（1）求支反力 F_A 和 F_B：因屋架及荷载左右对称，所以

$$F_A = F_B = 3F$$

（2）求拉杆轴力 F_{N}：用截面法，从正中央把屋架分为左右两半，并取左边为脱离体（见图 6-13b）。C 节点是中间铰，故有两个未知力 F_{Cx} 和 F_{Cy}。以两未知力 F_{Cx} 和 F_{Cy} 的交点 C 为矩心，建立平衡方程式 $\Sigma M_C = 0$：

$$1440F_{\mathrm{N}} + 200 \times 0.5F + 1442F + 2883F - 4324(3F - 0.5F) = 0$$

由此得

$$F_{\mathrm{N}} = 4.433F = 4.433 \times 13\mathrm{kN} = 57.63\mathrm{kN}$$

（3）求拉杆横截面上的正应力 σ

$$\sigma = \frac{F_{\mathrm{N}}}{A} = \frac{57.63}{\frac{\pi}{4} \times (2.2 \times 10^{-2})^2}\mathrm{kPa} = 151.6 \times 10^3\mathrm{kPa} = 151.6\mathrm{MPa}$$

代入式（6-8）

$$\sigma = 151.6\mathrm{MPa} < [\sigma] = 170\mathrm{MPa}$$

故拉杆安全。

例 6-4 一空心铸铁短圆筒柱，顶部受压力 $F=500\text{kN}$，筒的外径 $D=25\text{cm}$，如图 6-14 所示。已知铸铁的许用应力 $[\sigma]=30\text{MPa}$，试求筒壁厚度 δ。圆筒自重可略去不计。

解：根据式（6-9），先求出所需横截面面积 A

$$A \geqslant \frac{F_{\text{Nmax}}}{[\sigma]}$$

现已知 $F_{\text{N}}=500\text{kN}$，$[\sigma]=30\text{MPa}$

因此 $$A \geqslant \frac{F_{\text{Nmax}}}{[\sigma]}=\frac{500}{30\times10^3}\text{m}^2=1.67\times10^{-2}\text{m}^2=167\text{cm}^2$$

圆环面积为

$$A=\frac{\pi}{4}(D^2-d^2)$$

则筒的内径值

$$d \leqslant \sqrt{D^2-\frac{4A}{\pi}}=\sqrt{25^2-\frac{4\times167}{\pi}}\text{cm}=20.3\text{cm}$$

由此得筒壁厚度的最小尺寸为

$$\delta \geqslant \frac{D-d}{2}=\frac{25-20.3}{2}\text{cm}=2.35\text{cm}$$

最后选用 $\delta=2.5\text{cm}$，即筒的内径为 20cm。

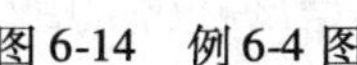

图 6-14 例 6-4 图

例 6-5 如图 6-15a 所示某三角架。钢拉杆 AB 长 2m，其截面积为 $A_1=6\text{cm}^2$，许用应力为 $[\sigma_1]=160\text{MPa}$。BC 为木杆，其截面积为 $A_2=100\text{cm}^2$，许用应力为 $[\sigma_2]=7\text{MPa}$。试确定该结构的许用荷载 $[F]$。

解：

（1）截取节点 B 为脱离体（图 6-15b），求出两杆轴力与力 F 之间的关系：

$$\left.\begin{aligned}\Sigma F_x=0, F_{\text{N1}}\times\cos\frac{\pi}{6}=F_{\text{N2}}\\ \Sigma F_y=0, F_{\text{N1}}\times\sin\frac{\pi}{6}=F\end{aligned}\right\} \qquad ①$$

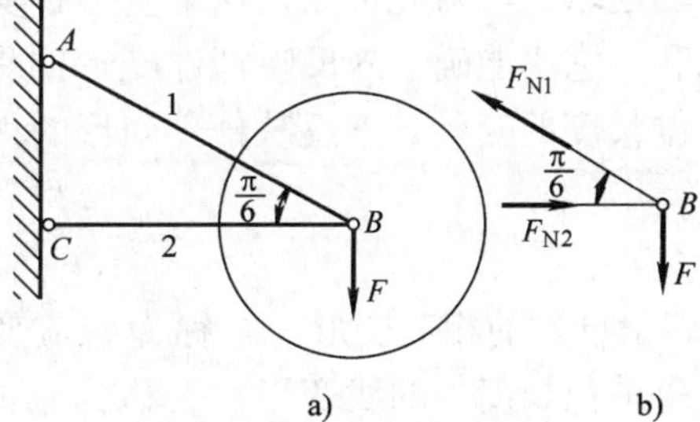

图 6-15 例 6-5 图

联立求解可得

$$F_{\text{N1}}=2F(\text{拉}) \qquad ②$$

$$F_{\text{N2}}=\sqrt{3}F(\text{压}) \qquad ③$$

（2）根据式（6-10）求出杆件的最大轴力，然后代入式②、③求许用荷载。具体做法是：设先让杆 1 充分发挥作用，使其应力达到允许值时相应的最大轴力为

$$[F_{\text{N1}}]=[\sigma_1]\times A_1=160\times10^3\times6\times10^{-4}\text{kN}=96\text{kN} \qquad ④$$

将此值代入②，求得许用荷载为

$$[F_1]=\frac{F_{\text{N1}}}{2}=\frac{1}{2}\times96\text{kN}=48\text{kN} \qquad ⑤$$

再根据此 $[F_1]$ 值求杆 2 的应力，并代入强度条件，有

$$\sigma_2=\frac{F_{N2}}{A_2}=\frac{\sqrt{3}[F_1]}{A_2}=\frac{\sqrt{3}\times 48}{100\times 10^{-4}}\text{kPa}=8.31\times 10^3\text{kPa}=8.31\text{MPa} \quad ⑥$$

而

$$\sigma_2=8.31\text{MPa}>[\sigma_2]=7\text{MPa} \quad ⑦$$

可见，杆 2 的应力已超过许用应力，所以，许用荷载必须降低。为此，若让杆 2 充分发挥作用，有

$$[F_{N2}]=A_2[\sigma_2]=100\times 10^{-4}\times 7\times 10^3\text{kN}=70\text{kN} \quad ⑧$$

将此值代入式③，求得杆 2 的许用荷载为

$$[F_2]=\frac{[F_{N2}]}{\sqrt{3}}=\frac{70}{\sqrt{3}}\text{kN}=40.4\text{kN}$$

故此三角架的许用荷载值由杆 2 确定，其值的大小应取 $[F]=40.4\text{kN}$。

6.4 轴向拉（压）杆的变形计算

杆件在轴向拉力或压力的作用下，变形的主要特征是纵向伸长或缩短，与此同时，其横向尺寸也会随着缩小或增大。本节主要讨论这些变形的计算。

6.4.1 线变形和线应变

设杆件原来长度为 l，拉伸或压缩后长度为 l'（见图 6-16），则杆件的长度改变量为

$$\Delta l=l'-l \quad (6\text{-}11)$$

Δl 就是该杆件的线变形，又叫绝对线变形。当杆件伸长，$l'>l$，则 Δl 是正值（见图 6-16a）；当杆件缩短，$l'<l$，则 Δl 是负值（见图 6-16b）。Δl 的单位为 m 或 mm。

由实践得知，这个纵向变形量随着外部作用力的增大而增大，且如果杆件的原长较长，尽管其他条件不变，线变形 Δl 也会随之增大。由此可见，这个变形量实际上是杆件各部分变形的总和，它不能确切地反映杆件变形的程度。因此，通常引用杆件单位长度的变形 ε 来反映杆件变形的程度，即

$$\varepsilon=\frac{\Delta l}{l} \quad (6\text{-}12)$$

ε 表示杆件的相对变形，常称为**线应变**，简称**应变**，它表示原线段每单位长度内的线变形，又称为**轴向线应变**，是一个量纲为 1 的量，可表示为百分率。

线应变 ε 的正负号与 Δl 一致。因 Δl 伸长为正，缩短为负，所以有：拉应变为正，压应变为负。

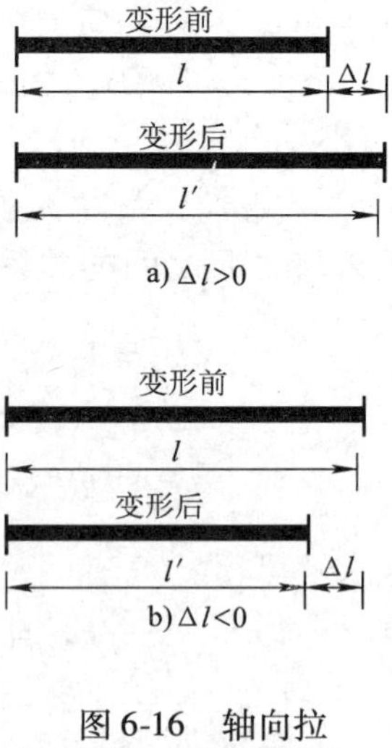

变形前
l Δl
变形后
l'
a) $\Delta l>0$

变形前
l
变形后
l' Δl
b) $\Delta l<0$

图 6-16 轴向拉（压）杆的变形

6.4.2 胡克定律

由试验证明（参见 6.5 节），大多数建筑材料，在变形不超过弹性范围时，其正应力和相应的纵向线应变成正比。材料受力后其应力与应变之间的这种比例关系，叫做“**胡克定律**”，其表达式为

$$\frac{\sigma}{\varepsilon}=E \quad (6\text{-}13)$$

式中的比例常数 E 是反映材料在弹性变形阶段抵抗变形能力的一个量，叫做**弹性模量**，其

值随材料而异，由试验测定。它的单位与应力单位相同，即为 kPa、MPa 或 GPa。

6.4.3　拉（压）杆的轴向变形

根据平面假设，可以认为，在拉（压）杆内，一切平行于轴线的纤维的变形情况完全相同。根据胡克定律，有

$$\varepsilon=\frac{\sigma}{E}$$

由式（6-2）和式（6-12）知

$$\sigma=\frac{F_N}{A}$$

$$\varepsilon=\frac{\Delta l}{l}$$

代入上式，得

$$\Delta l=\frac{F_N l}{EA} \tag{6-14}$$

所以，轴向变形 Δl 与轴力 F_N 和杆长 l 成正比，而与材料的弹性模量 E 和截面积 A 成反比。EA 的乘积越大，轴向变形 Δl 越小，所以，EA 反映了杆件抵抗变形的能力，称为拉（压）杆的抗拉（压）刚度。Δl 的正负号与 F_N 一致。

6.4.4　拉（压）杆的横向变形

由试验知，当杆件受拉（压）而沿轴向伸长（缩短）的同时，其横截面的尺寸必伴随有缩小（增大）。图 6-17 示拉（压）杆，拉（压）前横向尺寸为 d，拉（压）后为 d_1，则横向变形为

$$\Delta d=d_1-d \tag{6-15}$$

横向线变形与横向原始尺寸之比叫做横向线应变，以符号 ε' 表示，即

$$\varepsilon'=\frac{\Delta d}{d} \tag{6-16}$$

显然，杆件拉伸时横向尺寸缩小，故 Δd 和 ε' 皆为负值；反之，当杆件压缩时，则 Δd 及 ε' 皆为正值。

由试验结果还表明，当杆件的变形不超过弹性变形范围时，横向线应变 ε' 与轴向线应变 ε 的比值的绝对值是一个常数。此比值叫做横向变形系数或泊松比，常用 μ 来表示，即

$$\mu=\left|\frac{\varepsilon'}{\varepsilon}\right| \tag{6-17}$$

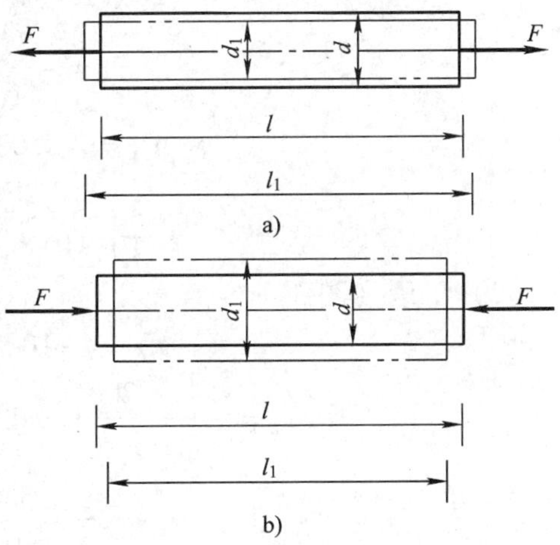

图 6-17　拉（压）杆的横向变形图
a）拉伸变形　b）压缩变形

μ 值也是一个量纲为 1 的量，其值随材料而异。

弹性模量 E 和泊松比 μ 都是表征材料弹性的常量，其值均由试验测定。在一般的设计手册中均可查到。表 6-2 中列出了工程中常用的几种材料的 E、μ 值。

应力和应变是两个重要的力学概念。杆件受外力作用后就同时产生应力和应变。应力描述物体受力状态，应变描述物体变形状态，应力与应变之间的关系对描述材料的力学性能起着非常重要的作用。

表 6-2　几种材料的弹性常数

材料	E/GPa	μ	材料	E/GPa	μ
低碳钢	200 ~ 210	0.24 ~ 0.28	铝	72	0.33
低合金钢	200	0.25 ~ 0.30	混凝土	15.2 ~ 36	0.16 ~ 0.18
灰铸铁	60 ~ 162	0.23 ~ 0.27	木材(顺纹)	9 ~ 12	—

例 6-6　图 6-18a 为一两层的排架，横木搁在立柱上，作用于横木上的荷载全传给立柱。设在由横木传给柱子的荷载作用下，柱子在轴向受力状态下工作，其中一根柱子的计算简图如图 6-18b 所示。柱的截面是 20cm × 20cm 的正方形。求柱子上段及下段的内力、应力、应变及变形，并求柱的总变形。设木材顺纹受压的弹性模量 $E = 10\text{GPa}$。

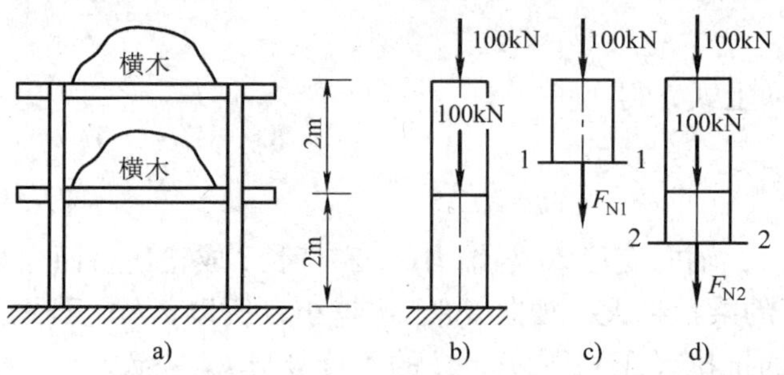

图 6-18　例 6-6 图

解：

（1）上段（图 c）

$$F_{N1} = -100\text{kN}$$

$$\sigma_1 = -\frac{100}{(20\times10^{-2})^2}\text{kPa} = 2.5\times10^3\text{kPa} = -2.5\text{MPa}$$

$$\varepsilon_1 = -\frac{2.5\times10^3}{10\times10^6} = -0.025\%$$

$$\Delta l_1 = -0.025\% \times 2\text{m} = -0.0005\text{m}$$

或

$$\Delta l_1 = -\frac{100\times2}{10\times10^6\times(20\times10^{-2})^2}\text{m} = -0.0005\text{m}$$

（2）下段（图 d）

$$F_{N2} = -100\text{kN} - 100\text{kN} = -200\text{kN}$$

$$\sigma_2 = -\frac{200}{(20\times10^{-2})^2}\text{kPa} = -5.0\times10^3\text{kPa} = -5.0\text{MPa}$$

$$\varepsilon_2 = -\frac{5.0\times10^3}{10\times10^6} = -0.050\%$$

$$\Delta l_2 = -0.050\% \times 2\text{m} = -0.001\text{m}$$

或

$$\Delta l_2 = -\frac{200\times2}{10\times10^6\times(20\times10^{-2})^2}\text{m} = -0.001\text{m}$$

（3）全柱的总变形

$$\Delta l = \Delta l_1 + \Delta l_2 = -0.0005\text{m} - 0.001\text{m} = -0.0015\text{m} = -1.5\text{mm}$$

负号表示柱子的变形为缩短。

例 6-7 某等截面柱高 l，截面积 A，材料重度 γ。求整个杆件由自重引起的线变形 Δl（见图 6-19a）。

解： 以柱顶 O 为坐标原点建立 x 轴，向下为正。取 x 截面上部为脱离体如图 6-19b 所示，得轴力方程为

$$F_{\mathrm{N}} = -\gamma A x$$

应力方程式
$$\sigma = -\frac{F_{\mathrm{N}}}{A} = -\gamma x$$

应变方程式
$$\varepsilon = -\frac{\sigma}{E} = -\frac{\gamma}{E}x$$

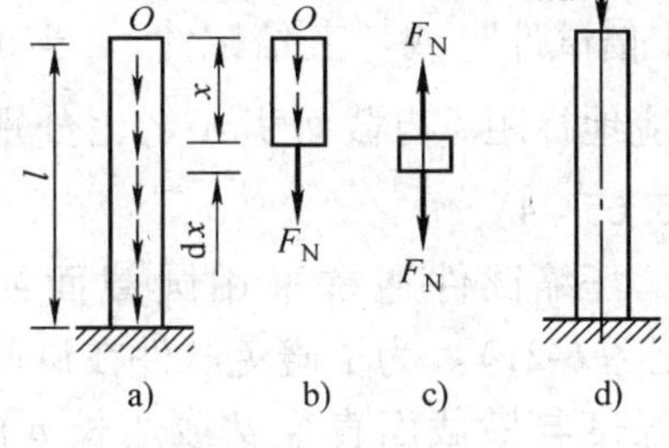

图 6-19 例 6-7 图

在 x 截面邻近取一微段，原长 $\mathrm{d}x$，如图 6-19c 所示，其变形为

$$\Delta(\mathrm{d}x) = \varepsilon \mathrm{d}x = -\frac{\gamma}{E}x\mathrm{d}x$$

全柱的线变形为

$$\Delta l = \int_0^l \left(-\frac{\gamma}{E}x\right)\mathrm{d}x = -\frac{\gamma l^2}{2E}$$

另外，柱的总重是 γAl，假设把柱的总重作为一个集中荷载加于柱顶，如图 6-19d 所示，则全柱的变形为

$$\Delta l' = -\frac{F_{\mathrm{N}} l}{EA} = -\frac{(\gamma A l) l}{EA} = -\frac{\gamma l^2}{E}$$

显见
$$\Delta l = \frac{1}{2}\Delta l'$$

由此可得出结论：对于等截面直杆，由自重引起的变形等于把自重当作集中荷载作用于杆端所引起的变形的一半。

6.5 材料在拉伸、压缩时的力学性能

前面提及的极限应力、弹性模量和泊松比等均属于材料在强度与变形方面的力学性能，对不同的材料是不相同的。这些力学性能可以在材料的拉伸和压缩基本试验中测定。

为了解决构件的强度、刚度与稳定性问题，必须了解并掌握材料的力学性能。本节通过对材料在常温、静载下的拉伸与压缩试验，获取材料的一些力学性能指标。

6.5.1 试件简介

在试验中，为了得出可靠且可以比较的试验结果，试件尺寸必须统一规定。

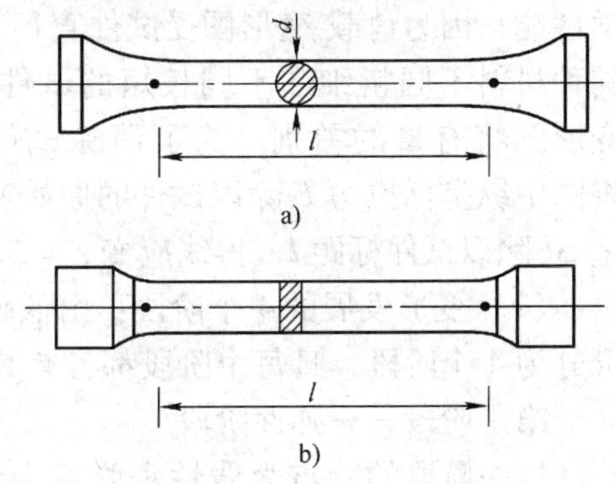

图 6-20 拉伸试件

在作拉伸试验时，对于一般金属材料，标准试件做成两端较粗而中间有一段等直径的部分。在此等直径部分规定一段作为量测变形的标准，其长度 l

称为标距（见图6-20）。当试件受力时标距内任何截面上的应力均相同。端部加粗是为了便于与试验机夹头的连接，以及避免由于其他意外原因引起端部（即标距以外）破坏的可能性。规定测量标距内的变形，是为了避免端部应力不均匀的影响。试件常做成圆形截面和矩形截面两种。为了能比较不同粗细的试件在拉断后工作段的变形程度，规定标距 l 等于截面直径 d 的10倍或5倍，即 $l=10d$ 或 $l=5d$，称之为“十倍试件”或“五倍试件”；当试件为矩形截面时，相应地标距 l 与截面积 A 之比分别为 $l=11.3\sqrt{A}$ 或 $l=5.65\sqrt{A}$。

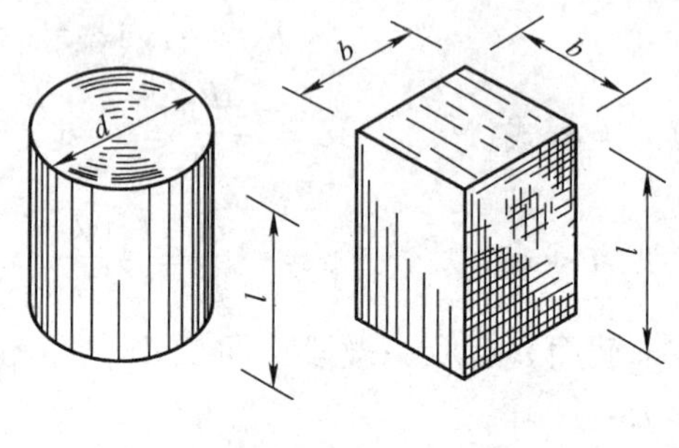

图6-21　压缩试件

压缩试件通常采用圆截面或方截面的短柱体（见图6-21）。为了避免试件在试验过程中丧失稳定，其长度与横截面直径 d 或边长 b 的比值一般规定为1～3。

进行拉伸和压缩试验时，要用到两类主要设备：①万能试验机。其主要作用是对试件施加荷载使其发生变形，并测定出试件所受到的拉（压）力值，即荷载的大小。②量测试件变形的仪器，如应变仪、引伸仪等，其作用主要是将微小变形放大，使人们能在所需的精确度范围内量测试件的变形。

6.5.2　材料在拉伸时的力学性能

1. 低碳钢拉伸时的力学性能　低碳钢的 $w(\mathrm{C})\leqslant 0.25\%$，是建筑工程中应用最广泛的一种主要金属材料。低碳钢在拉伸试验中所表现出的力学性能比较全面和典型，所以下面首先讨论低碳钢为例的拉伸试验。

（1）荷载-变形图、应力-应变图：将标准试件夹在万能试验机上，缓慢加载，直至拉断。在试件拉伸的全过程中，自动绘图仪将每一瞬间的拉力 F 和试件的绝对伸长 Δl 记录下来。以拉力 F 为纵坐标，以 Δl 为横坐标，将 F 与 Δl 的关系按一定比例绘制成曲线，称该曲线为荷载-变形图（见图6-22）。

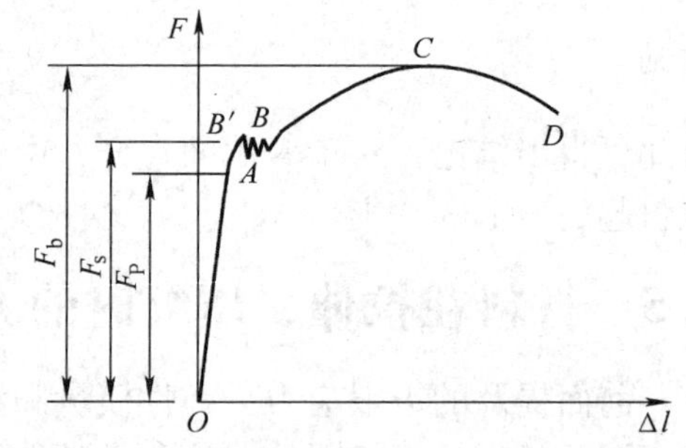

图6-22　低碳钢的拉伸荷载-变形曲线

F_P—非规定比例伸长荷载

F_s—屈服荷载　F_b—最大荷载

荷载变形图反映了试件在拉伸的全过程中，拉力与绝对伸长量的关系。但它还不能说明材料的力学性能，因为荷载-变形图受试件直径、长度的影响，同种材料不同粗细和不同长短的试件，所得的荷载变形图将有量的差别。为了消除试件尺寸的影响，将图中纵坐标拉力 F 除以试件的原始截面积 A，得应力 $\sigma=F/A$；将拉伸图中的横坐标伸长量 Δl 除以试件标距 l，得线应变 $\varepsilon=\Delta l/l$。这样绘成的曲线称为应力-应变图（见图6-23）。

（2）变形发展的4个阶段：由低碳钢的 F-Δl 图和 σ-ε 图可以看出，整个变形发展过程可分为4个阶段，且每个阶段都各有其特点。

第一阶段——弹性阶段

这一阶段的特点为线性和弹性。由图6-23可见，OA 段的应力-应变曲线是一条直线，表明这一阶段的应力和应变成正比，即

$$\sigma = E\varepsilon \tag{6-18}$$

可见，这正是胡克定律的证明。A 点对应的纵坐标 σ_p 叫做规定非比例伸长应力。当 $\sigma > \sigma_p$ 时，应力和应变之间的线性关系将不存在。低碳钢 $\sigma_p = 200\text{MPa}$。

另外，在 AB' 之间的 A 点临近处还有一特殊点，其纵坐标所代表的应力 σ_e，叫做材料的弹性极限。若应力不超过此极限，当卸去荷载时，则变形将全部消失，此范围内材料的变形完全是弹性变形。而当超过此极限，则材料有塑性变形。对于低碳钢，弹性极限和非规定比例伸长应力十分接近。

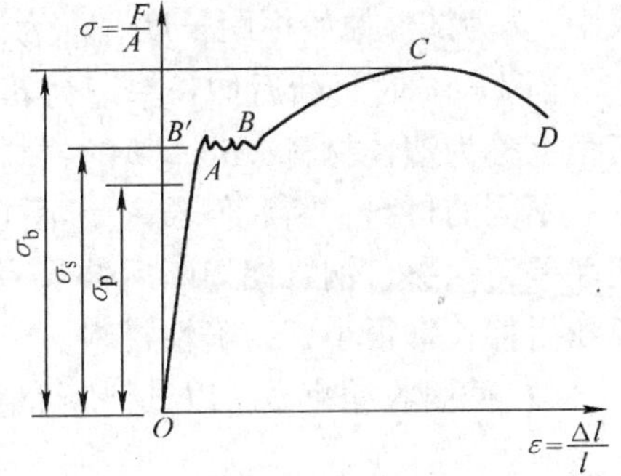

图 6-23　低碳钢的拉伸应力-应变曲线

OA—弹性阶段 $\sigma_p = F_p/A$　$B'B$—屈服阶段 $\sigma_s = F_s/A$　BC—强化阶段 CD—颈缩阶段 $\sigma_b = F_b/A$

第二阶段——屈服阶段

这一段为大致水平的锯齿形线段（见图中 $B'B$ 段）。荷载基本上不增加，在小幅度内波动，而变形却急剧增加，这种现象叫做屈服，它说明材料暂时失去了抵抗变形的能力。锯齿形曲线的最高、最低点的纵坐标所表示的应力分别叫做上、下屈服点。上屈服极点不如下屈服点值稳定，所以称下屈服点为屈服点，用符号 σ_s 表示。低碳钢的 $\sigma_s \approx 240\text{MPa}$。$B'B$ 的长度叫做流幅。材料屈服时，若试件表面磨光，则可见到一些与试件轴线约成 π/4 角的条纹（见图 6-24），称为滑移线。这是材料的晶粒间相互滑移后留下的痕迹，它是由塑性变形造成的。

第三阶段——强化阶段

经过屈服阶段后，材料的内部结构重新得到了调整，抵抗变形的能力又有所恢复，表现为应力应变曲线自 B 点开始又继续上升，直到最高点 C 为止，这一现象称为强化，这一阶段称为强化阶段。

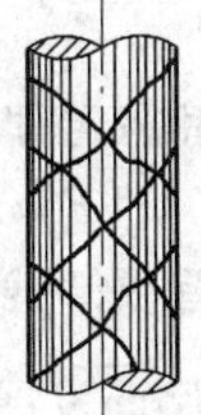

图 6-24　滑移线

第四阶段——颈缩阶段

随着试件不断伸长，其各截面直径不断缩小，到达 C 点以后，试件中某一薄弱截面显著收缩成颈，这一现象称为颈缩现象，如图 6-25 所示。出现颈缩前，整个工作长度内的应变是均匀分布的；而开始颈缩后，变形就只在颈部进行，使颈部急剧变细而伸长，同时荷载急剧下降，并迅速达到 D 点，试件突然断裂。

开始颈缩那一瞬间的截面应力（C 点的应力），叫做材料的强度极限，对拉伸变形情况称抗拉强度，用 σ_b 表示

$$\sigma_b = \frac{F_b}{A} \tag{6-19}$$

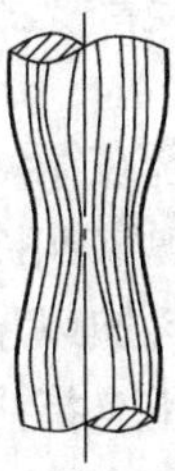

低碳钢的抗拉强度 $\sigma_b \approx 400\text{MPa}$。

图 6-25　颈缩现象

由此可见，在应力-应变图上的 A、B、C 诸特征点所表示的应力值，代表材料在不同阶段的性能。若拉杆内的正应力达到了该材料的屈服点，则该杆件将因发生显著塑性变形而不能正常使用；另外，拉杆内的正应力不允许达到该材料的抗拉强度点，否则材料将发生破坏。

（3）塑性指标：试件断裂后所残留的塑性变形的大小，常用来衡量材料的塑性。塑性

指标一般有以下两种:

1) 断后伸长率 δ。以试件断裂后的相对伸长率来表示，即

$$\delta = \frac{l_1 - l}{l} \times 100\% \tag{6-20}$$

式中，l 为试件原始标距长度，l_1 为试件断裂后的标距长度。

当 $l = 5d$ 时，断后伸长率记为 δ_5；当 $l = 10d$ 时，断后伸长率记为 δ_{10}。δ[⊖] $>5\%$ 的材料，工程上称为塑性材料；$\delta < 5\%$ 的材料，称为脆性材料。

不同的材料，断后伸长率是不同的，断后伸长率大，表明塑性好、断后伸长率小，表明塑性差，钢材、铜、铝等断后伸长率较大，故塑性好，为塑性材料；而铸铁、混凝土、砖石等断后伸长率很小，为脆性材料。

2) 截面收缩率 ψ。以试件断裂后横截面面积的相对收缩率来表示，即

$$\psi = \frac{A - A_1}{A} \times 100\% \tag{6-21}$$

式中，A 为试件原始横截面积，A_1 为断裂后“颈缩”处的横截面积。

(4) 卸载定律：冷作硬化　在低碳钢的拉伸试验中，当首次加载到超过弹性阶段后的某一时刻（见图 6-26 中的 m 点），停止加载，并开始卸载，则应力-应变曲线沿直线$\overline{mn}$变化，$\overline{mn}$基本上与$\overline{OA}$平行，当应力卸完时，应变为$\overline{On}$，在卸载开始时的应变为

$$\overline{Ok} = \overline{nk} + \overline{On}$$

式中，$\overline{nk}$部分是弹性应变，$\overline{On}$部分是塑性应变。

在卸载过程中，卸去的应力和卸去的应变成正比，即

$$\sigma_{卸} = E\varepsilon_{卸} \tag{6-22}$$

这叫做卸载定律。式中的比例常数 E 仍旧是弹性阶段的弹性模量，即 $E = \sigma_{卸}/\varepsilon_{卸} = \sigma/\varepsilon = \tan\alpha$。

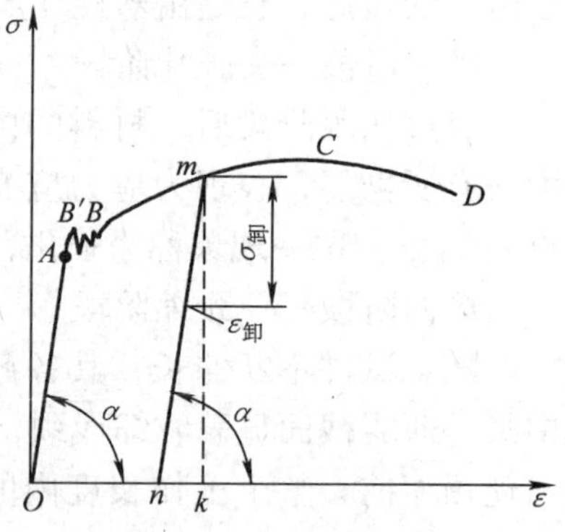

图 6-26　卸载定律

当首次卸载完毕，若立即进行第二次加载，则应力-应变曲线沿$\overline{nm}$发展，到 m 点后即折向$\overset{\frown}{mCD}$发展，如同没经过卸载过程一样。在第二次加载中，弹性极限提高到 σ_m。这种不经热处理，只是冷拉到强化阶段再卸载，以此提高钢材弹性极限的方法，叫做冷作硬化。应该指出，冷作硬化虽然提高了强度指标，但塑性应变减少了 On，即塑性降低了。

若在第一次卸载后让试件“休息”几天，再重新加载，这时将获得更高的强度指标。这种现象叫冷拉时效。在土建工程中对于钢筋的冷拉，就是利用了这种现象。如果在卸载后对材料加以温和的热处理，还可以大大缩短强度提高的时间，而并不需要再“休息”。

还应指出，钢筋冷拉后其抗压的强度指标并未提高，所以在钢筋混凝土构件中，受压钢筋不要冷拉。另外，冷拉后钢筋提高的强度在短时间内是不稳定的，一般要在常温下放置两三周才能使用。还应注意一点，钢筋冷拉后塑性下降，即脆性增加，这对于承受冲击荷载和震动荷载的构件是不利的。因此，对于水泵基础、桥式起重机梁等钢筋混凝土构件，一般不

⊖ 若未加说明，一般均指标距为 10 倍直径的标准圆截面试件。

宜用冷拉钢筋。

2. 其他几种材料拉伸时的力学性能　有些金属材料与低碳钢的σ-ε曲线中的4个阶段基本上相似，但不完全相同。图6-27给出了几种常用的塑性材料在拉伸时的σ-ε曲线，将这些曲线与低碳钢的σ-ε曲线相比较可以看出以下的区别：有些材料例如铝合金没有屈服阶段，而其他三个阶段都很明显；另外一些材料如锰钢，仅有弹性阶段和强化阶段，而没有屈服阶段和颈缩阶段。但这些塑性材料都有一个共同的特点，即断后伸长率δ均较大，而且都没有明显的屈服阶段。

对于没有明显屈服阶段的塑性材料，国家标准（GB/T228—2002）规定，取塑性应变为0.2%时所对应的应力值作为条件屈服极限（屈服点），以$\sigma_{0.2}$表示（见图6-28）。

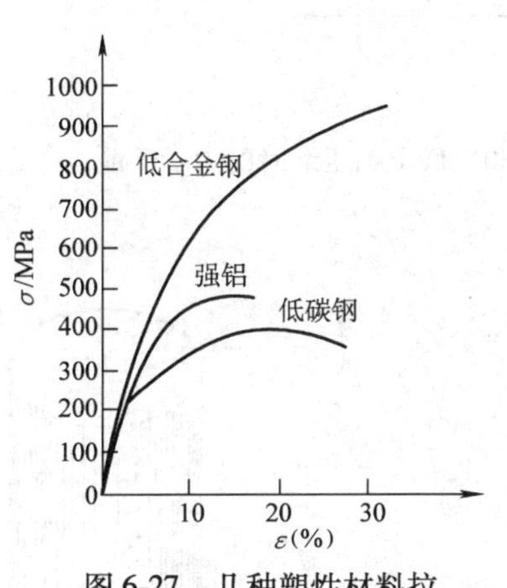

图6-27　几种塑性材料拉伸的应力-应变曲线

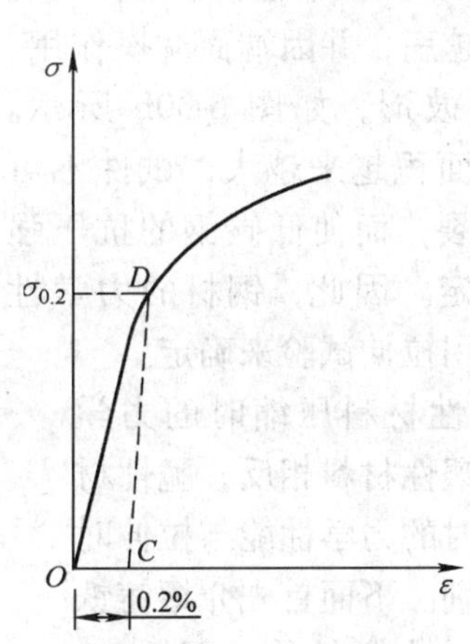

图6-28　名义屈服极限

图6-29给出了一种典型的脆性材料铸铁的σ-ε曲线，与低碳钢的曲线比较，它具有以下的特点：断后伸长率δ很小（$\delta<0.2\%\sim0.5\%$），看不到低碳钢变形的4个阶段，而且几乎从一开始就不是直线。但由于试件变形非常微小，因此，一般可近似地将其σ-ε曲线的绝大部分看成是直线，并认为材料在这一范围内是服从胡克定律的。在工程计算中通常用σ-ε曲线的割线（见图6-29中的虚线）来代替此曲线的开始部分，从而确定其弹性模量。由此确定的弹性模量称为割线弹性模量。对于其他脆性材料，例如混凝土、砖、石等，也是根据这一原则确定其割线弹性模量的。

根据脆性材料的变形特点，衡量脆性材料强度的惟一指标是抗拉强度σ_b。

6.5.3　材料在压缩时的力学性能

许多建筑材料的抗拉和抗压性能有很大程度的不同，因此，材料在压缩时的力学性能必须通过压缩试验来确定。金属材料的压缩试件一般做成短圆柱体（长度l为直径的1.5～3倍），混凝土压缩试件通常做成正方

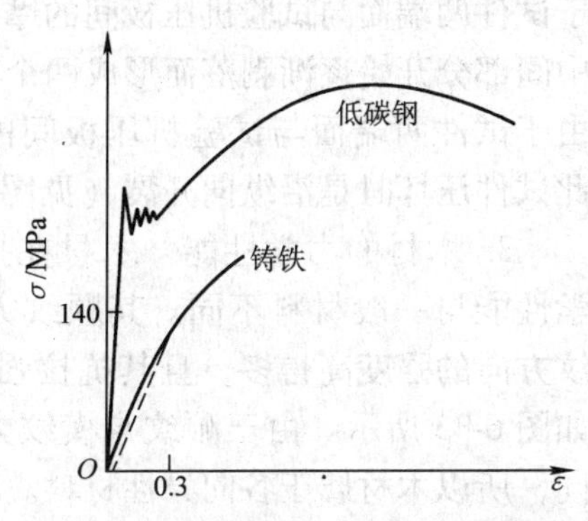

图6-29　铸铁的拉伸应力-应变曲线

体。

1. 塑性材料压缩时的力学性能　把试件放到试验机中受压，记录下荷载及相应的变形值，便可得到压缩时的σ-ε曲线。图6-30a是低碳钢压缩时的σ-ε图，图中双点画线表示拉伸时的σ-ε曲线，实线表示压缩时的σ-ε曲线。比较两条曲线可以看出，在屈服阶段以前，两曲线基本上是重合的，其弹性模量和屈服点在拉伸和压缩时基本相等。但进入强化阶段后，试件压缩时的应力σ随着ε值的增长而越来越大。此时试件越压越扁，并因端面摩擦作用，最后变为鼓形，如图6-30b所示。因为受压面积越来越大，试件不可能发生断裂，而使低碳钢的抗压强度无法测定。因此，钢材的力学性能主要是用拉伸试验来确定。

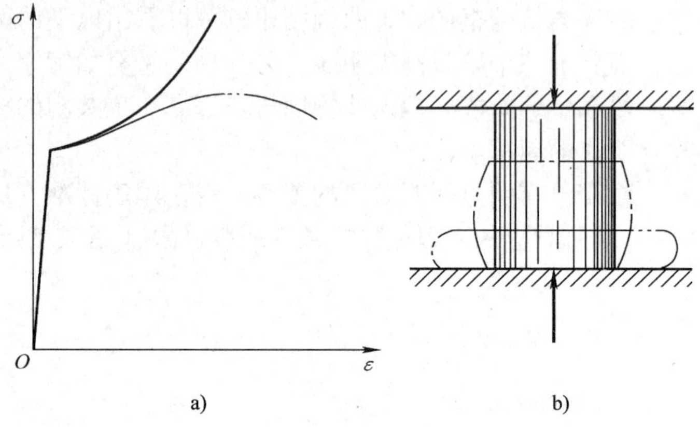

图6-30　低碳钢压缩时的力学性能

2. 脆性材料压缩时的力学性能　与塑性材料相反，脆性材料在压缩时的力学性能与拉伸时有较大区别。下面首先介绍铸铁在压缩时的力学性能。图6-31a给出了铸铁在拉伸（虚线）和压缩（实线）时的σ-ε曲线，比较这两条曲线可以看出，铸铁在压缩时，无论是抗压强度或者是断后伸长率δ都比拉伸时大得多，而且曲线中的直线部分很短。铸铁试件受压破坏的情况如图6-31b所示，大致沿与轴线成45°的斜面上发生剪切错动而破坏，这说明铸铁的抗剪能力比抗压差。

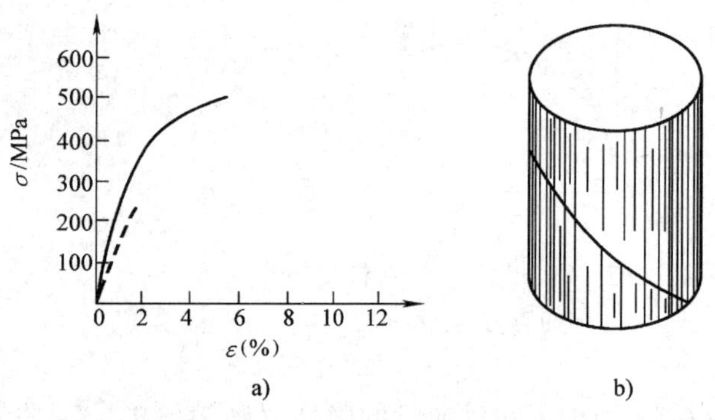

图6-31　铸铁压缩时的力学性能

图6-32a和b是混凝土试件被压坏的两种形式。当压板与试块端面间不加润滑剂时，由于试件两端面与试验机压板间的摩擦阻力阻碍了试件两端材料的变形，所以试件压坏时是自中间部分开始逐渐剥落而形成两个截锥体（见图6-32a）；而当压板和试块间加润滑剂以后，由于试件两端面与试验机压板间的摩擦力较小，因此试件压坏时是沿纵向开裂（见图6-32b）。

3. 木材的力学性能　木材在拉伸与压缩时的力学性能与一般材料不同。其顺纹方向的强度要比横纹方向的强度高得多，且其抗拉强度高于抗压强度，如图6-33所示。由于顺纹与横纹方向的力学性能不同，所以木材属于各向异性材料。

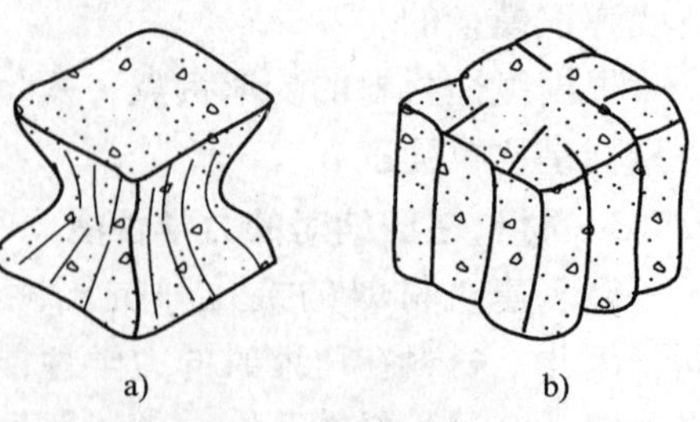

图6-32　混凝土试件被压坏的两种形式

4. 塑性材料和脆性材料的比较　综合上述塑性

材料和脆性材料的力学性能，归纳如下。

1）多数塑性材料在弹性变形范围内，应力与应变成正比关系，符合胡克定律；而多数脆性材料在拉伸或压缩时 σ-ε 图一开始就是一条微弯曲线，即应力与应变不成正比关系，不符合胡克定律，但是由于应力应变曲线的曲率较小，所以在应用上假设成正比关系。

2）塑性材料断裂时伸长率大，塑性好；而脆性材料断裂时伸长率很小，塑性很差。所以塑性材料可压成薄片或抽成细丝，而脆性材料则不能。

3）多数塑性材料在屈服阶段以前，抗拉和抗压的性能基本相同，所以应用范围很广；而多数脆性材料抗压能力远高于抗拉能力，且价格低廉又便于就地取材，所以主要用于制作受压构件。

4）塑性材料承受动荷载的能力强，而脆性材料承受动荷载的能力很差，所以承受动荷载的构件应由塑性材料制作。

5）表征塑性材料力学性能的指标有弹性极限、屈服点、强度极限、弹性模量、断后伸长率和截面收缩率等；而表征脆生材料力学性能的指标只有弹性模量和抗拉强度。

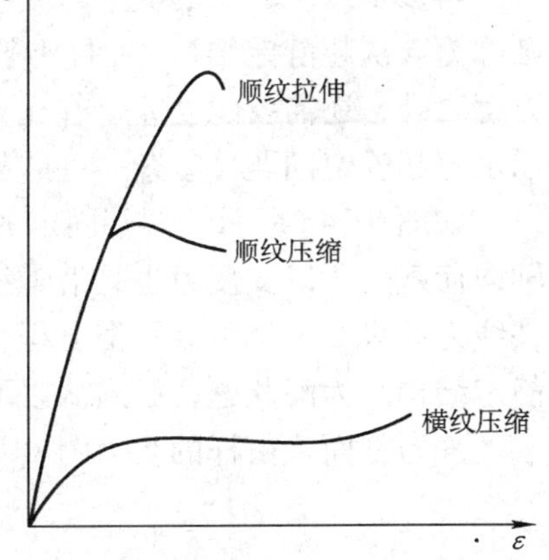

图 6-33　木材的力学性质

6）对于塑性材料，当应力达到屈服点 σ_s 时，将发生较大的塑性变形，此时虽未发生破坏，但因变形过大将影响构件的正常工作，所以把 σ_s 定为极限应力；而对于脆性材料，因塑性变形很小，断裂就是破坏的标志，故以抗压强度作为极限应力。因此，两种材料的许用应力分别是：

对于塑性材料
$$[\sigma]=\sigma_s/n_s \tag{6-23}$$

对于脆性材料
$$[\sigma]=\sigma_b/n_b \tag{6-24}$$

其中，n_s 是塑性材料的安全因数，n_b 是脆性材料的安全因数。

最后需要指出，材料的力学性能受环境温度、变形速度、加载方式的影响较大，应用时还必须注意具体条件。

表 6-3 列出了部分材料在常温、静载下的一些力学性能。

表 6-3　部分材料在拉伸和压缩时的一些力学性能

材料名称	牌号	弹性模量 E/GPa	泊松比 μ	屈服点 σ_s/MPa	抗拉强度 σ_b/MPa	抗压强度 σ_{bc}/MPa	断后伸长率 δ_5(%)	线胀系数 $\alpha/\times10^{-6}K^{-1}$
低碳钢	Q235	200~210	0.24~0.28	240	370~460	—	45	12
低合金钢	Q345	200	0.25~0.30	350	470~510	—	—	12
灰铸铁		60~162	0.23~0.27	—	100~300	640~1100	0.6	12
混凝土		15.2~36	0.16~0.18	—	—	7~50	—	10.8
木材		9~12	—	—	100	32	—	—

6.6　轴向拉压超静定问题

前面介绍的杆或杆系结构，其支反力或内力可利用静力平衡方程求得，这类问题称为静定问题，其结构称为静定结构。在静定结构中，所有的约束或构件都是必须的，缺少任何一个都将使结构不能保持平衡或保持一定的几何形状。

为了提高结构的强度和刚度，工程中有时需增加一些约束或构件。而这些约束或构件对维持结构平衡来说是多余的，习惯上都称为多余约束。由于多余约束的存在，使得单凭静力平衡方程不能够求解其全部反力或全部内力，这类问题称为超静定问题，这种结构称为超静定结构。

与多余约束对应的支反力或内力，称为多余未知力。一个结构如果有 n 个多余未知力，则称为 n 次超静定结构，n 称为超静定次数。求解超静定结构时，除了需要所有的独立平衡方程之外，还需要建立 n 个补充方程。本节以简单超静定结构为例来分析如何建立补充方程以求解超静定问题。复杂一些的超静定结构的解法见第 3 篇。

如图 6-34a 所示，两端固定的等直杆，在 C 截面处受到轴向荷载 F 的作用。由于外力是轴向荷载，所以支反力也是沿轴线的，分别记为 F_A 和 F_B，方向假设如图 6-34b 所示。由于共线力系只有一个独立平衡方程，而未知反力有两个，因此存在一个多余未知力，是一次超静定结构。为解此题，必须从以下三方面来研究：

静力方面，由杆的受力图（见图 6-34b）可写出一个平衡方程

$$\sum F_y = 0 \quad F_A + F_B - F = 0 \qquad ①$$

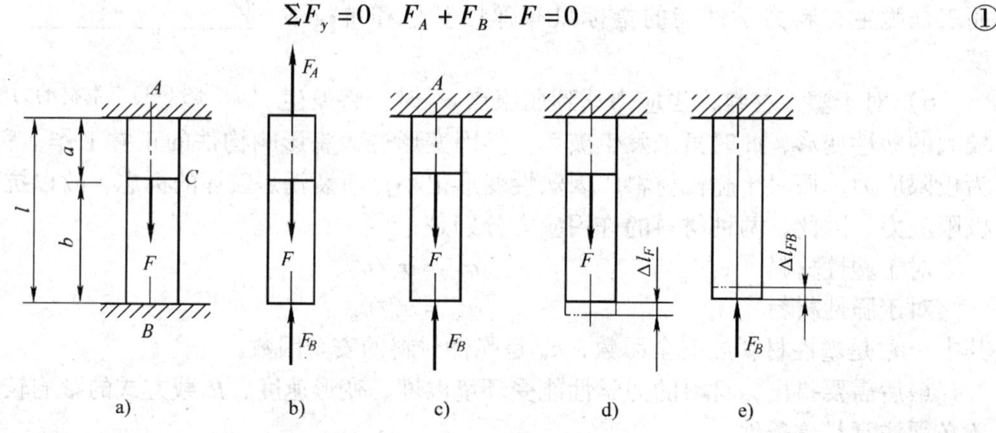

图 6-34　简单的超静定问题

几何方面，由于是一次超静定，所以有一个多余约束，设取固定端 B（也可取固定端 A）为多余约束，暂时将它解除，以未知力 F_B 来代替此约束对杆 AB 的作用，则得一静定杆（见图 6-34c），受已知力 F 和未知力 F_B 作用，并引起变形。设杆由力 F 引起的伸长为 Δl_F（见图 6-34d），由 F_B 引起的缩短为 Δl_{FB}（见图 6-34e）。但由于 B 端原是固定的，不能上下移动，由此应有下列几何关系

$$\Delta l_F = |\Delta l_{FB}| \qquad ②$$

称为变形协调条件，简称变形条件。每个超静定结构都有具体的变形几何关系，正确地找到这些关系是求解超静定问题的关键。

物理方面，材料服从胡克定律时，有

$$\Delta l_F = \frac{Fa}{EA}, \quad \Delta l_{FB} = \frac{F_B l}{EA} \qquad ③$$

称为物理方程，反映各变形和受力之间的关系。在此题中，上述各变形值均取绝对值。

将式③代入式②，化简得

$$Fa = F_B l \quad ④$$

这就是补充方程，表达了多余未知力与已知力之间的关系。

联立解方程式①和式④，得支反力为

$$F_A = \frac{Fb}{l}, \quad F_B = \frac{Fa}{l} \quad ⑤$$

求得约束反力 F_A 和 F_B 后，即可用截面法求出 AC 段和 BC 段的轴力分别为

$$\left.\begin{aligned} F_{NAC} &= F_A = \frac{Fb}{l} \\ F_{NBC} &= -F_B = -\frac{Fa}{l} \end{aligned}\right\} \quad ⑥$$

并可继续进行应力或强度计算，这与静定问题中的计算是相同的。

至此，可以将超静定问题的一般解法综述如下：

1）判断超静定次数 n。

2）根据静力平衡原理列出独立的平衡方程。

3）根据变形与约束情况应互相协调的要求列出变形几何方程。

4）列出应有的物理方程，通常是胡克定律。

5）将物理方程代入几何变形方程并简化得到补充方程。

6）联立解平衡方程和补充方程，即可得出全部未知力。

应当指出，按照静力、几何、物理这三方面来研究问题的方法是变形固体力学所通用的方法，它具有一般性的意义。

例 6-8 图 6-35a 所示结构，由刚性杆 AB 及两弹性杆 EC 及 FD 组成，在 B 端受力 F 作用。两弹性杆的刚度分别为 E_1A_1 和 E_2A_2。试求杆 EC 和 FD 的轴力。

解： 如图 6-35b 所示，该结构共有两个绞索力 F_{Ax} 和 F_{Ay} 及两个轴力 F_{N1} 和 F_{N2}，它们构成了平面一般力系。平面一般力系独立平衡方程式有 3 个，故该结构为一次超静定，需找到一个补充方程。为此，从下列三方面来分析：

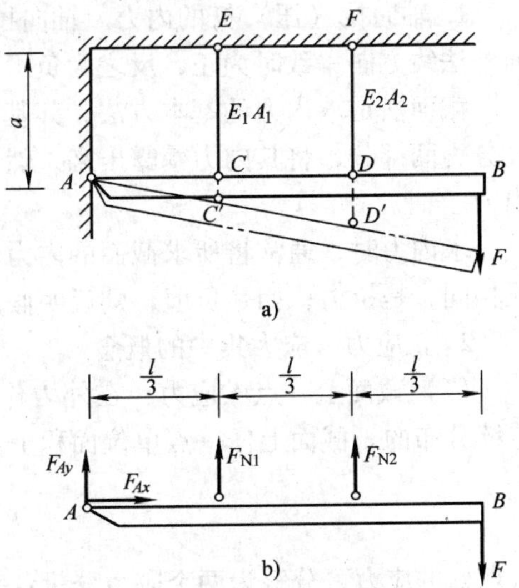

图 6-35　例题 6-8 图

（1）静力方面。取脱离体如图 6-35b 所示，设两杆的轴力分别为 F_{N1} 和 F_{N2}。欲求这两个未知力，有效的平衡方程只有一个，即

$$\Sigma M_A = 0, F_{N1} \times \frac{l}{3} + F_{N2} \times \frac{2l}{3} - Fl = 0 \quad ①$$

（2）几何方面。刚性杆 AB 在力 F 作用下，将绕 A 点顺时针转动，由此，杆 EC 和 FD 产生伸长。由于是小变形，可认为 C、D 两点沿铅垂向下移动到 C' 和 D' 点。设杆 EC 的伸长为 $CC' = \Delta_1$，FD 的伸长为 $DD' = \Delta_2$，由图 6-35 可知，它们有

下列几何关系：

$$\frac{\Delta_1}{\Delta_2}=\frac{1}{2} \qquad ②$$

这就是变形协调方程或变形条件。

（3）物理方面。根据胡克定律，有

$$\Delta_1=\frac{F_{N1}a}{E_1A_1},\quad \Delta_2=\frac{F_{N2}a}{E_2A_2} \qquad ③$$

这就是物理方程。

将式③代入式②得

$$2\frac{F_{N1}a}{E_1A_1}=\frac{F_{N2}a}{E_2A_2} \qquad ④$$

这就是所需的补充方程，它表达了未知力 F_{N1} 与 F_{N2} 之间的关系。

将此补充方程④同平衡方程①联立求解，即得

$$\left.\begin{aligned}F_{N1}&=\frac{3E_1A_1F}{E_1A_1+4E_2A_2}\\ F_{N2}&=\frac{6E_2A_2F}{E_1A_1+4E_2A_2}\end{aligned}\right\}$$

结果表明，对于超静定结构，各杆内力的大小与各杆的刚度有关。

小　结

本章研究拉压杆件的受力情况，同时引出了内力、应力、变形以及强度条件、材料的力学性能等一系列主要概念，这些概念不仅与本章所研究的问题有关，也是以后各章研究构件发生其他变形的基础。

1. 轴向拉（压）杆的内力　轴向拉（压）杆的轴向内力称为轴力。当轴力的方向与截面外法线方向一致时为正，反之为负。求轴力采用截面法。

截面法是求内力的基本方法，其基本思路是：在欲求内力的截面处，假想用一截面把构件分为两部分，将其内力暴露出来，然后对截取的脱离体列平衡方程，并求解出相应截面的内力。

求内力时，通常将所求截面的内力假设为正值，如计算结果为正，则说明假设与实际情况相同，是拉力；如是负值，则说明假设与实际情况不同，是压力。

2. 正应力、应力集中的概念

（1）截面上一点的应力：在外力作用下，根据连续性假设，构件上任一截面的内力是连续分布的。截面上任一点单位面积上分布的内力（内力集度）称为该点的应力，即

$$p=\lim_{\Delta A\to 0}\frac{\Delta F}{\Delta A}=\frac{dF}{dA}$$

一点处的应力可分解为两个应力分量：垂直于截面的分量为正应力 σ；与截面相切的分量为切应力 τ。

（2）正应力：根据平面假设，轴向拉压杆任意两横截面间的纵向纤维变形均相同，受

力也相同，由材料的连续均匀假设可知，轴向拉压杆横截面上各点的正应力均相等。

$$\sigma = \frac{F_N}{A}$$

（3）斜截面上的应力：与横截面夹角为 α 的斜截面上的应力为 $p_\alpha = \sigma\cos\alpha$，$p_\alpha$ 可分解为垂直于斜截面的正应力 σ_α 和斜截面相切的切应力 τ_α。其值为

$$\begin{cases} \sigma_\alpha = \sigma\cos^2\alpha \\ \tau_\alpha = \dfrac{\sigma}{2}\sin2\alpha \end{cases}$$

（4）应力集中的概念：当构件截面尺寸有突然的变化时，应力在截面上的分布不再均匀，而在局部引起剧增，这种现象称为应力集中。

3. 轴向拉（压）杆的强度计算　等截面直杆轴向拉压时的强度条件为

$$\sigma_{max} = \frac{F_{Nmax}}{A} \leqslant [\sigma]$$

其中

$$[\sigma] = \frac{\sigma_u}{n}$$

式中，σ_{max}为最大工作应力；σ_u 为材料的极限应力，塑性材料取材料的屈服极限 $\sigma_u = \sigma_s$，脆性材料取强度极限 $\sigma_u = \sigma_b$；n 为安全因数，取大于 1 的值。强度计算一般有三类问题。

（1）强度校核：已知外力 F，杆件横截面面积 A，材料许用应力［σ］，校核该杆件是否安全。

（2）设计截面：已知外力 F，材料许用应力［σ］，设计杆件截面：$A \geqslant F_{Nmax}/[\sigma]$。

（3）确定许用荷载：已知杆件横截面面积 A，材料许用应力［σ］，求所能承受的最大荷载。一般先求出许用轴力，再确定许用荷载：$F_{Nmax} \leqslant A[\sigma]$。

4. 轴向拉（压）杆的变形计算

轴向拉（压）杆的轴向线应变 $\varepsilon = \Delta l/l$

轴向拉（压）杆的横向线应变 $\varepsilon' = \Delta d/d$

泊松比 $\mu = \left|\dfrac{\varepsilon'}{\varepsilon}\right|$

胡克定律　在弹性范围内应力和应变成正比，比例常数为弹性模量 E，即 $E = \sigma/\varepsilon$。

轴向拉（压）杆的变形可利用胡克定律求得 $\Delta l = F_N l/EA$。变形与轴力 F_N 和杆长 l 成正比，与拉（压）杆的抗拉（压）刚度 EA 成反比。

5. 材料在拉伸、压缩时的力学性能　低碳钢在常温静载拉伸试验中所表现出的力学性能比较全面和典型，应重点掌握。在常温静载条件下低碳钢拉伸时，以 $\sigma = F/A$ 为纵坐标，以 $\varepsilon = \Delta l/l$ 为横坐标，可得到 σ-ε 曲线（见图 6-23）。

（1）变形分 4 个阶段：弹性阶段，屈服阶段，强化阶段，颈缩阶段。

（2）3 个强度指标：规定非比例伸长应力 σ_p，屈服点 σ_s，抗拉强度 σ_b。其中，屈服点表示材料将出现显著的塑性变形，抗拉强度表示材料将发生破坏。

（3）一个弹性指标是材料的弹性模量 $E = \sigma/\varepsilon$。

（4）两个塑性指标

断后伸长率 $\delta = \frac{l_1 - l}{l} \times 100\%$

断面收缩率 $\psi = \frac{A - A_1}{A} \times 100\%$

（5）卸载定律、冷作硬化、冷拉时效。

6. 轴向拉（压）超静定问题　当未知力的数目大于静力平衡方程式的数目，即根据平衡条件不能求出全部未知力，这类问题称为超静定问题。

超静定结构的特点是结构内部或外部存在多余约束。多余约束的数目称为超静定次数。多余约束对保证结构的平衡和几何不变性并不是必不可少的，但对满足结构强度和刚度的要求却是必需的。

解超静定问题的一般步骤：

1）根据约束性质，正确分析约束反力，确定超静定次数。

2）根据静力平衡原理列出全部独立的平衡方程。

3）根据变形几何关系，列出变形协调方程。

4）将物理关系式代入变形谐调方程，得到补充方程。

5）将平衡方程与补充方程联立，求出全部未知力。

习　题

6-1　试求图示各杆1-1、2-2、3-3截面上的轴力，并作轴力图。

6-2　图示钢筋混凝土柱长 $l=4\text{m}$，正方形截面边长 $a=400\text{mm}$，重度 $\gamma=24\text{kN/m}^3$，外荷载 $F=20\text{kN}$ 考虑自重。求1-1、2-2截面的轴力并作轴力图。

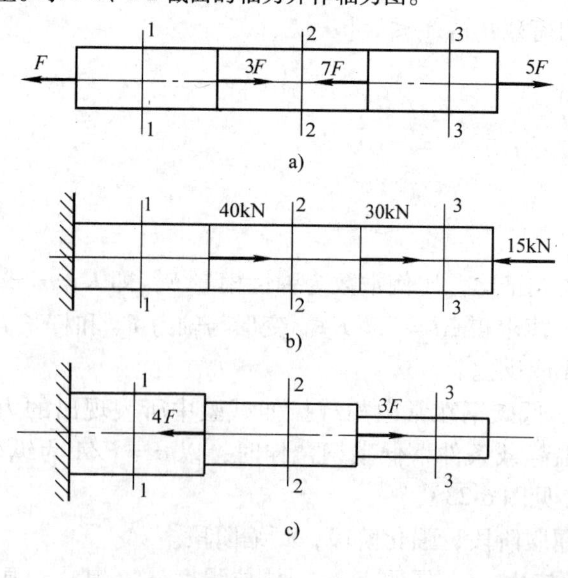

题6-1　图

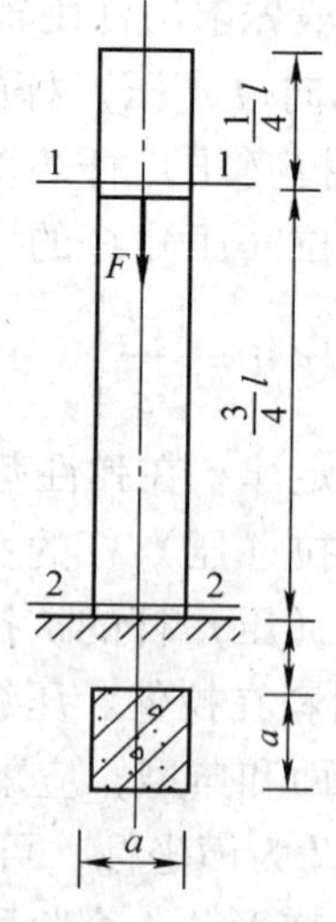

题6-2　图

6-3　图示钢板受14kN的纵向力而拉伸，板上有3个铆钉圆孔，孔的直径为20mm，板厚10mm，宽

200mm。试求危险截面上的平均应力 σ_a。

6-4　在图示结构中，所有各杆都是钢制的，横截面面积均等于 $3\times10^{-3}\text{m}^2$，力 F 的大小等于 100kN。试求各杆横截面的应力。

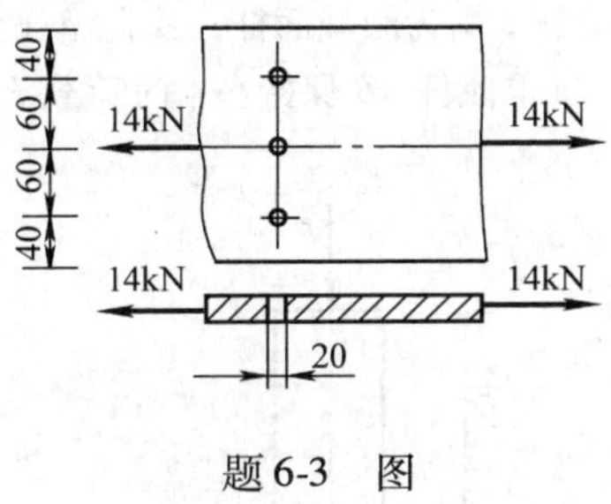

题 6-3　图

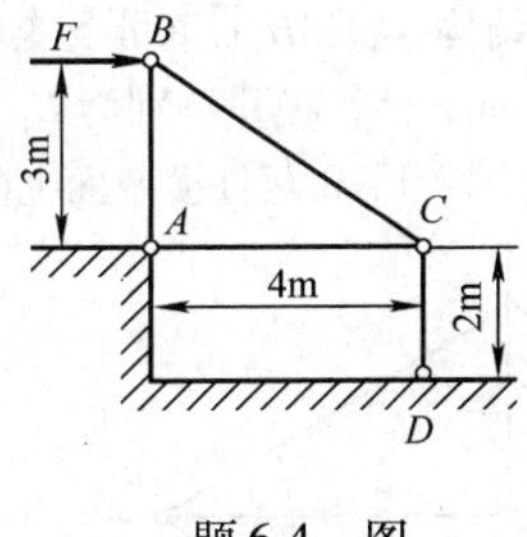

题 6-4　图

6-5　石砌承重柱高 $h=8\text{m}$，横截面为矩形，面积 $A=3\text{m}\times4\text{m}$，荷载 $W=1000\text{kN}$，材料的体积重度 $\gamma=23\text{kN/m}^3$。试求石柱底部横截面上的应力。

6-6　图示两根截面为 100mm × 100mm 的木柱，分别受到由横梁传来的外力作用。试求两柱上、中、下 3 段内横截面的应力。

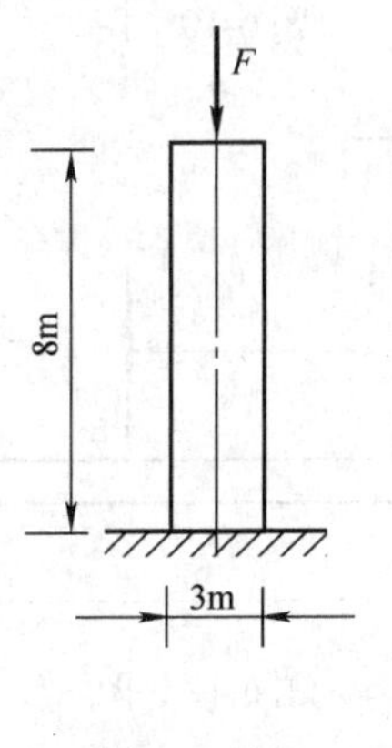

题 6-5　图

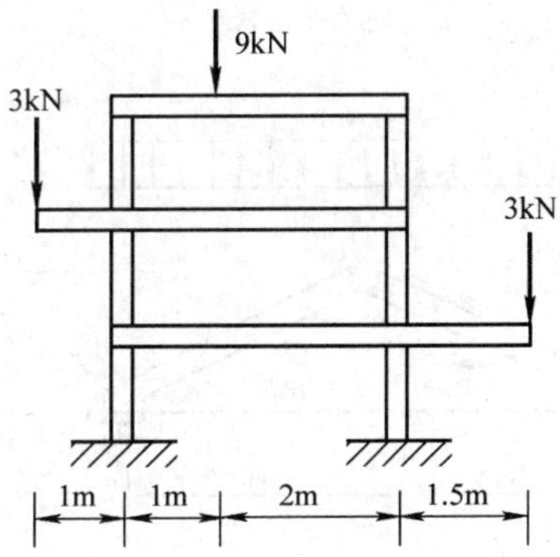

题 6-6　图

6-7　图示等截面圆杆直径 $d=10\text{mm}$，材料的弹性模量 $E=200\text{GPa}$。试求杆端 A 的水平位移。

6-8　某阶梯状钢杆如图所示。材料的弹性模量 $E=200\text{GPa}$。试求杆横截面上的最大正应力和杆的总伸长。

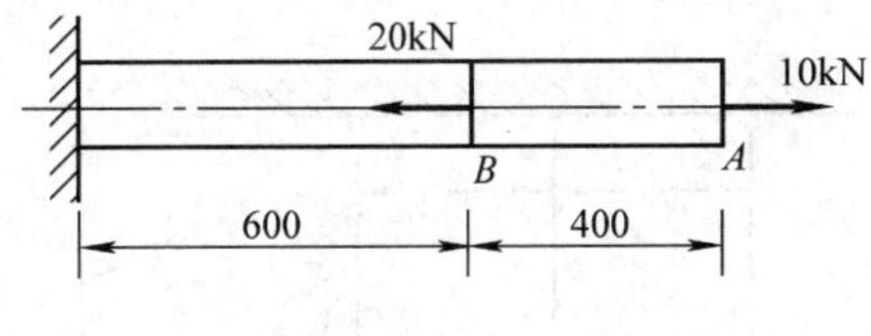

题 6-7　图

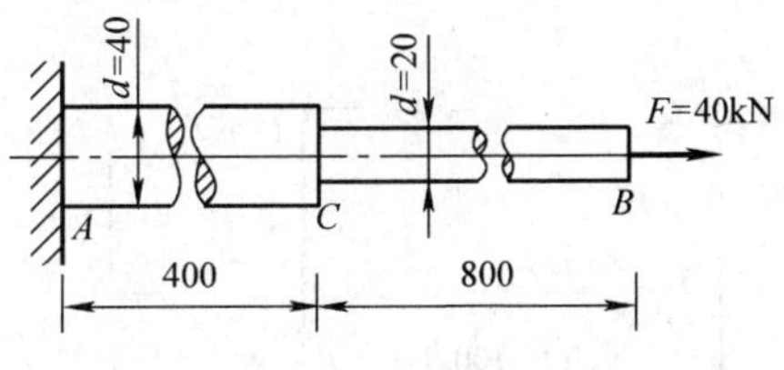

题 6-8　图

6-9　图示三角架 ABC 由 AC 和 BC 二杆组成。杆 AC 由两根 [12.6 的槽钢组成，许用应力为 $[\sigma]=160\text{MPa}$；杆 BC 为一根 I 22a 的工字钢，许用应力为 $[\sigma]=100\text{MPa}$。求荷载 F 的许可值 $[F]$。

6-10　已知阶梯形混凝土柱由上下二段组成。已知混凝土堆积重度 $\sigma=22\text{kN/m}^3$，上段柱许用应力 $[\sigma_1]=10\text{MPa}$，下段柱许用应力 $[\sigma_2]=2\text{MPa}$，混凝土的弹性横量 $E=2\times10^4\text{MPa}$。当柱顶作用一集中力

$F=200\text{kN}$ 时，试确定上下各段混凝土柱所需的横截面面积，并求柱顶 A 的位移。

6-11 图示屋架 AB 拉杆采用 Q345 低合金钢。已知材料的许用应力 $[\sigma]=200\text{MPa}$，试选择 AB 钢杆的直径 d。

6-12 图示结构。杆 AB 的重量及变形可忽略不计。钢杆 1 和铜杆 2 均为圆截面杆，其直径分别为 $d_1=20\text{mm}$ 和 $d_2=25\text{mm}$，弹性模量分别为 $E_1=200\text{GPa}$ 和 $E_2=100\text{GPa}$。试求使杆 AB 保持水平时荷载 F 的位置。若此时 $F=30\text{kN}$，求 1、2 两杆横截面上的正应力。

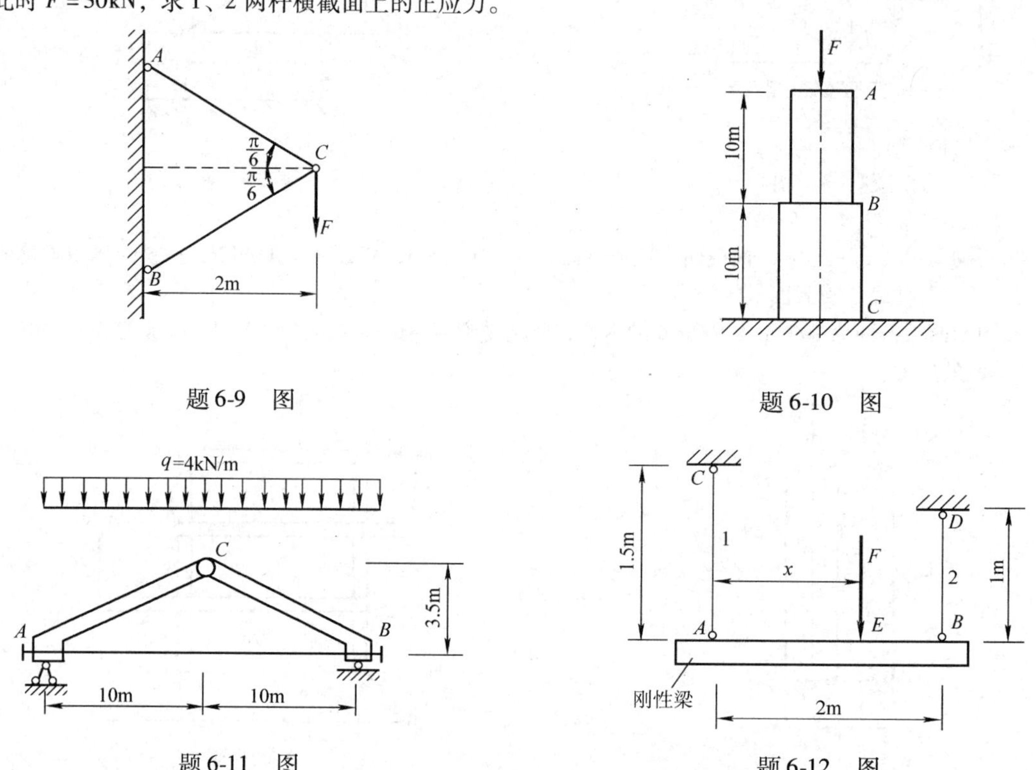

题 6-9 图

题 6-10 图

题 6-11 图

题 6-12 图

6-13 图示结构。杆 AB 的重量和变形可忽略不计。钢杆 1 和 2 均为圆截面杆，其许用应力 $[\sigma]=170\text{MPa}$，弹性模量 $E=210\text{GPa}$。二杆的直径分别为 $d_1=25\text{mm}$，$d_2=18\text{mm}$。试校核两杆的强度，并求刚性杆上 G 点的铅垂位移。

6-14 某刚性梁 AB，由 3 根同材料、同截面、等长的弹性杆悬吊，受力如图所示。已知 F、a、l、E、A。试求三杆的轴力。

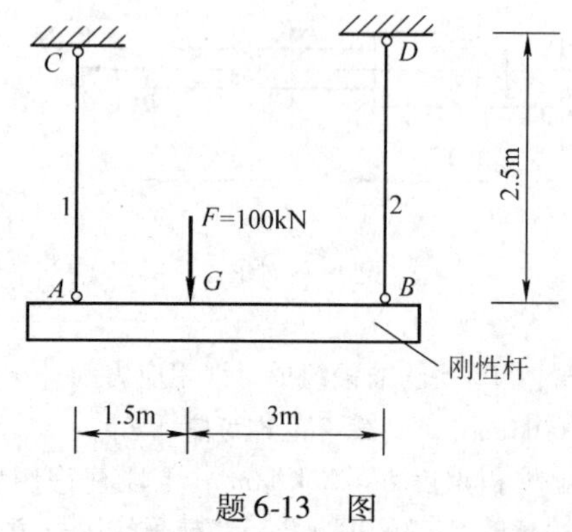

题 6-13 图

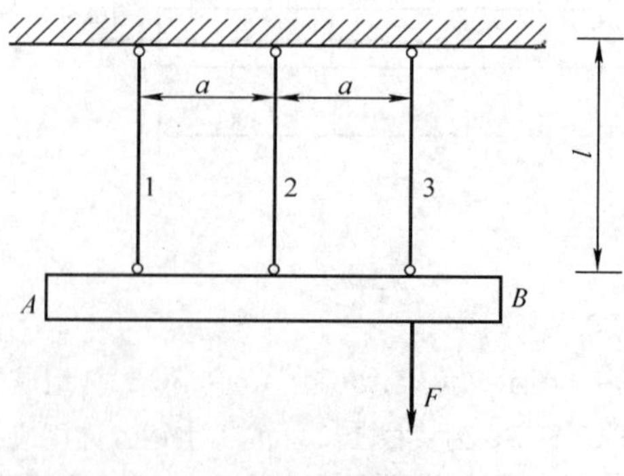

题 6-14 图

第 7 章　剪切与挤压

7.1　剪切与挤压的概念及工程实例

剪切变形是杆件的基本变形形式之一。如图 7-1a 所示，当杆件受到大小相等、方向相反、作用线与轴线垂直且相距很近的两个外力作用时，杆件发生剪切变形，其特点是 2 个力作用线之间的横截面 ab 和 cd 发生相对错动（见图 7-1b），这些横截面称为剪切面。若在 ab 和 cd 之间取一小矩形观察变形前后的情况（见图 7-1c），可以看到 3-4 面相对于 1-2 面有微小的错动，1-3 面和 2-4 面均转动了一个剪切角 γ。γ 是度量剪切变形的一个量，称为切应变。

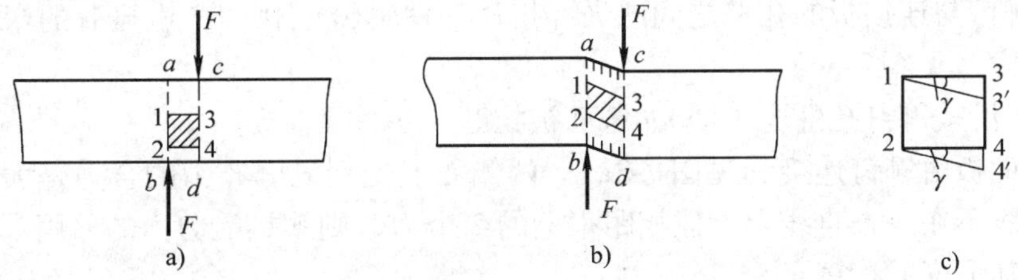

图 7-1　剪切变形示意图

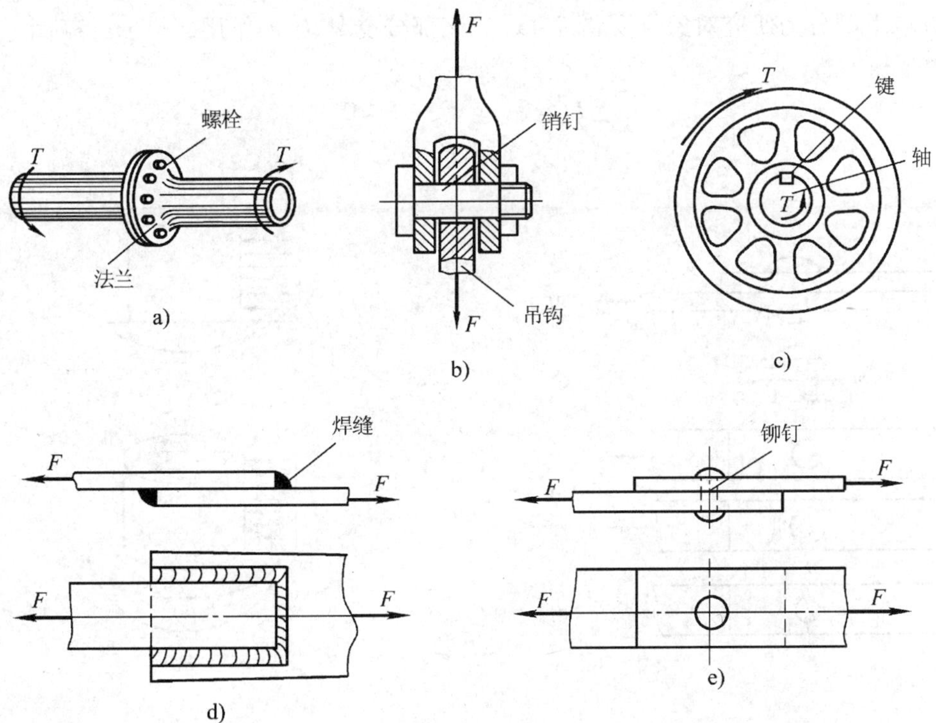

图 7-2　剪切变形工程实例

工程中主要承受剪切而且最后破坏也是以剪断为特征的构件有很多。剪切变形主要发生在连接构件中。如螺栓联接（见图 7-2a)、销钉连接（见图 7-2b)、榫连接（见图 7-2c)、焊缝连接（见图 7-2d)、铆钉连接（见图 7-2e）等都是主要承受剪切的构件。在工程中这些构件对整个结构的安全往往起着关键的作用。

一般情况下，受剪切的构件在外力作用下，除发生剪切变形外，还伴有其他形式的变形，其内部的应力也很复杂。因此，为了便于计算，借用试验的结果，提出了以下近似的假设，简化了计算方法。这些方法被称为实用计算法。

7.2 剪切的实用计算

螺栓连接和铆钉连接是两种较为典型的连接方式，在工程上应用十分广泛。如对图 7-3a 所示的铆钉连接，存在下述 3 种破坏形式：

1）铆钉沿剪切面 mm 被剪断（见图 7-3b)。

2）由于铆钉与连接板的孔壁之间的局部挤压，使铆钉或孔壁产生显著的塑性变形，使构件失去承载力（见图 7-3c)。

3）连接板沿被铆钉孔削弱了的 nn 截面被拉断（见图 7-3d)。

如果 2 块钢板由铆钉连接（见图 7-3a)。两侧面上受到的分布力的合力是大小相等、方向相反，作用线不在一条直线上，但相距很近的 2 个力，则铆钉受剪力的作用。

下面讨论其强度的计算。

1. 剪切面的剪力和切应力实用计算　为了研究铆钉在受剪处的应力，首先要从已知的外力求出剪切面上的内力。用一个假想的截面沿剪切面 mm 将铆钉截为上、下两部分（见图 7-3b)，并取下部分为研究对象（见图 7-4a)。该部分受外力 F 作用，设 mm 截面上的内力为 F_S。由平衡方程

$$\sum F_x = 0 \qquad F_S - F = 0$$

得

$$F_S = F$$

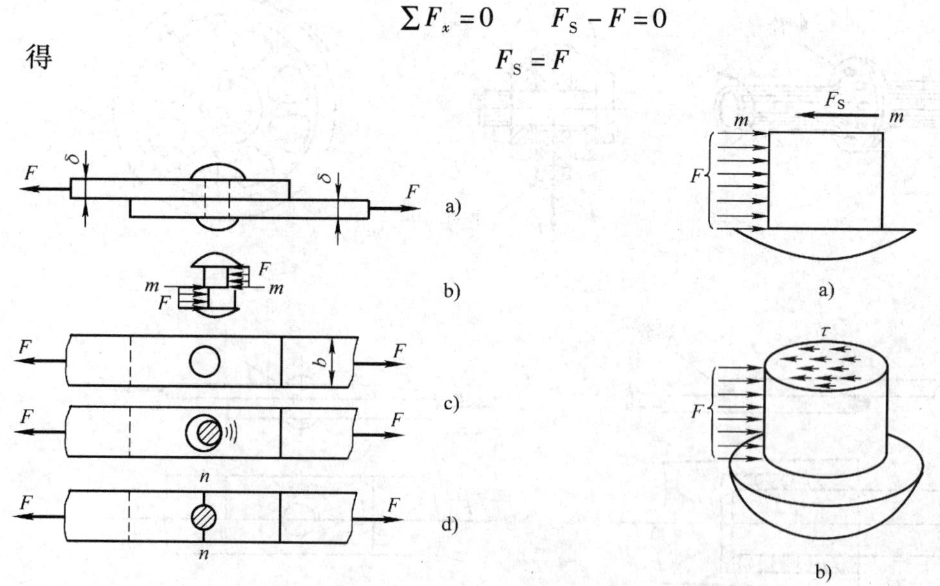

图 7-3　铆钉连接 3 种破坏形式

图 7-4　铆钉受力图

在剪切面上有位于该截面的内力 F_S,其大小等于 F,方向相反。内力 F_S 称为剪力。剪力 F_S 以切应力的形式分布在截面上(见图7-4b)。要准确研究这些切应力在各点的大小及在截面上的分布规律是很困难的。因为铆钉所受的力不但有剪力,会引起剪切变形,而且由于 F 和 F_S 之间有一定距离,所以还形成力偶而引起弯曲变形。另外,铆钉连接或拧紧螺母时,铆钉或螺母紧压钢板,使钉杆受拉;钉孔与钉杆的接触面还将互相挤压。总之,这一构件尺寸虽小,但变形情况却复杂。在设计时,通常采用实用的计算方法,即忽略弯曲及拉伸等次要因素,只考虑剪切,并假定切应力在剪切面上是均匀分布的。铆钉剪切面上的计算切应力为

$$\tau = \frac{F_S}{A} \tag{7-1}$$

式中 F_S——剪切面上的剪力;

A——剪切面面积。

切应力 τ 的方向与剪力 F_S 的方向相同。这样得到的平均切应力称为名义切应力。式(7-1)也适用于其他连接构件切应力的计算。

2. 剪切强度条件 为保证连接件在工作时不被剪断,受剪面上的切应力不得超过连接材料的许用切应力 $[\tau]$,即要求

$$\tau = F_S/A \leqslant [\tau] \tag{7-2}$$

式(7-2)称为切应力强度条件。许用切应力 $[\tau]$ 等于连接件的极限切应力 τ_b 除以安全因数 n。在设计规范中,对许用切应力的数值,根据具体情况作了规定。对于钢材,根据试验结果,取

$$[\tau] = (0.6 \sim 0.8)[\sigma] \tag{7-3}$$

式中 $[\sigma]$——许用拉应力。

上面提到的 τ_b 可通过剪切试验得到。剪切试验装置如图7-5a所示。

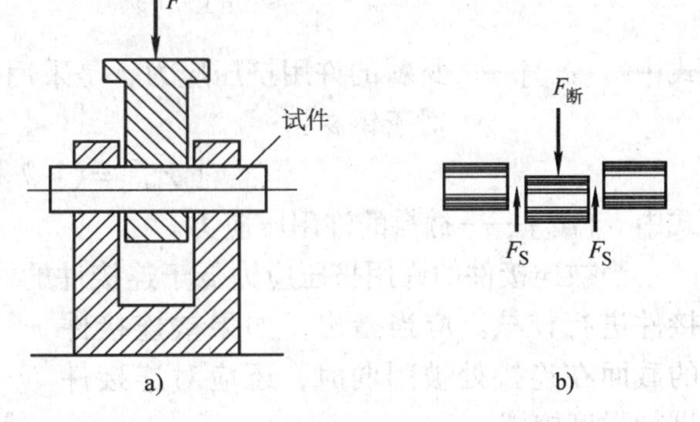

图7-5 剪切试验

由于受剪截面有2个,所以称双剪试验。施加力 $F_{断}$ 将试件剪断(见图7-5b),以剪切面面积 A 除剪断时的单侧受力 F_S,得切应力的抗剪强度 τ_b 的平均值。

$$\tau_b = \frac{F_S}{A}$$

7.3 挤压的实用计算

连接构件在受剪的同时往往受到挤压,即剪切变形通常伴随有挤压变形。挤压变形是指连接件与被连接构件之间传递压力时,两构件接触面的变形。

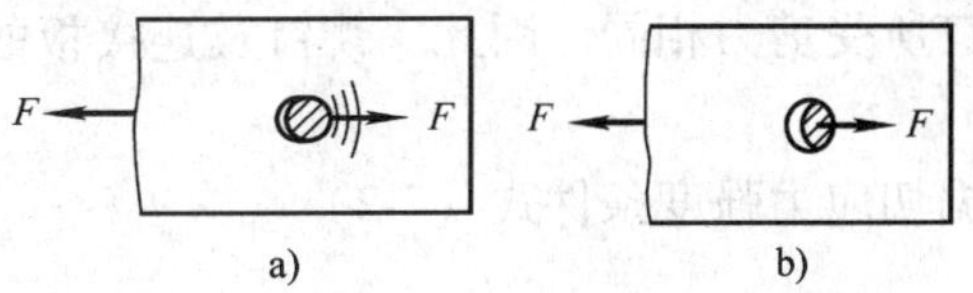

图7-6 挤压破坏

如图7-6所示为铆钉连接中的一块板与铆钉的挤压情况,板在孔边被挤压后可能出现褶皱(见图7-6a),而铆钉被挤压后可能变扁(见图7-6b),使连接件松动,影响正常使用,即所谓挤压

破坏。

在铆钉与连接板相互接触的表面上，因挤压而产生的压力称为挤压力，用 F_{bs} 表示。接触面称为挤压面，用 A_{bs} 表示。这种挤压面上因挤压而产生的应力称为挤压应力，用 σ_{bs} 表示。挤压应力的分布比较复杂。铆钉与铆钉孔壁之间的接触面为圆柱形曲面，挤压应力 σ_{bs} 的分布如图 7-7a 所示，在直径两端 B、C 处的挤压应力为零。在工程计算中，通常假设挤压应力是作用在挤压面的正投影面上，且是均匀分布的。用挤压面的正投影面积 A_{bs} 去除挤压力 F_{bs} 得到挤压应力（见图 7-7b）：

$$\sigma_{bs}=\frac{F_{bs}}{A_{bs}} \tag{7-4}$$

式中　$A_{bs}=d\delta$——钉孔直径 d 和板厚 δ 的乘积。

所得到的平均挤压应力称为名义挤压应力。它与理论分析所得的圆柱上的最大挤压应力值相近。在式（7-4）的基础上，结合许用应力，即可建立连接件的挤压强度条件为

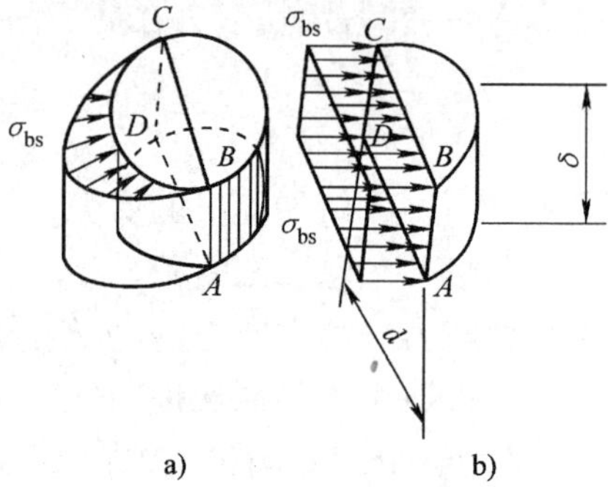

$$\sigma_{bs}=\frac{F_{bs}}{A_{bs}}\leqslant[\sigma_{bs}] \tag{7-5}$$

图 7-7　铆钉应力分布

式中　$[\sigma_{bs}]$——材料的许用挤压应力，是采用与确定许用切应力 $[\tau]$ 类似的方法确定的。
对于钢材：

$$[\sigma_{bs}]=(1.7\sim2.0)[\sigma_c]$$

式中　$[\sigma_c]$——材料的许用压应力。

当被连接件的许用挤压应力低于连接件的许用挤压应力时，则必须用式（7-5）对被连接件进行校核。应当指出，如果被连接件的截面在连接处被削弱时，还应对连接件进行强度校核。

例 7-1　两块钢板用 3 个直径相同的铆钉连接，如图 7-8a 所示。已知钢板宽度 $b=100\text{mm}$，厚度 $\delta=10\text{mm}$，铆钉直径 $d=20\text{mm}$，铆钉许用切应力 $[\tau]=100\text{MPa}$，铆钉许用挤压应力 $[\sigma_{bs}]=300\text{MPa}$，钢板许用拉应力 $[\sigma]=160\text{MPa}$。试求许用荷载 $[F]$。

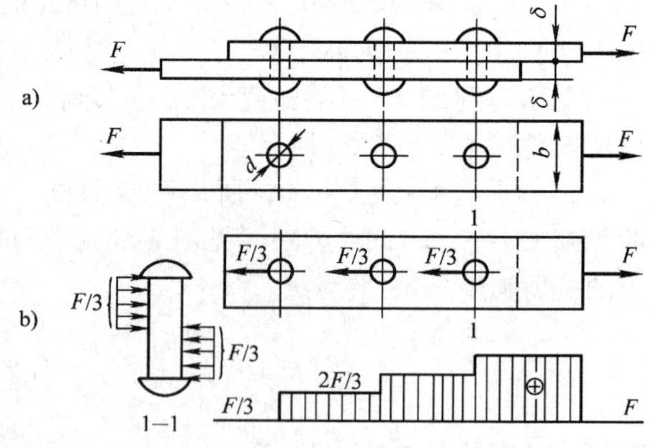

图 7-8　例 7-1 图

解：（1）按剪切强度条件求 F。由于各铆钉的材料和直径均相同，且外力作用线通过铆钉群受剪面的形心，可假定各铆钉所受剪力相同。因此，铆钉及连接板的受力情况如图 7-8b 所示。每个铆钉所受剪力为

$$F_S=F/3$$

据切应力强度条件式（7-2）

$$\tau=\frac{F_S}{A}\leqslant[\tau]$$

由此可得许用剪力

$$F_S \leqslant [\tau]A$$

即
$$F \leqslant 3[\tau]\frac{\pi d^2}{4} = 3 \times 100 \times 10^6 \times \frac{3.14}{4} \times 20^2 \times 10^{-6}\text{N} = 94.2\text{kN}$$

（2）按挤压强度条件求 F。由上述分析可知，每个铆钉承受的挤压力为

$$F_{bs} = \frac{F}{3}$$

据挤压强度条件式（7-5）

$$\sigma_{bs} = \frac{F_{bs}}{A_{bs}} \leqslant [\sigma_{bs}]$$

由此可得许用挤压力

$$F_{bs} \leqslant [\sigma_{bs}]A_{bs}$$

即

$$F \leqslant 3[\sigma_{bs}]A_{bs} = 3[\sigma_{bs}]d\delta = 3 \times 300 \times 10^6 \times 20 \times 10 \times 10^{-6}\text{N} = 180\text{kN}$$

（3）按连接板拉伸强度条件求 F。由于上下盖板的厚度及受力是一样的，所以分析其中一个即可。如图 7-8b 所示的是上盖板受力情况及轴力图。1-1 截面内力最大而截面积最小，为危险截面。

有
$$\sigma = \frac{F_{N1\text{-}1}}{A_{1\text{-}1}} \leqslant [\sigma]$$

由此可得

$$F_{N1\text{-}1} \leqslant [\sigma]A_{1\text{-}1}$$

式中，$A_{1\text{-}1}$是被切开板的横截面的净面积，$A_{1\text{-}1} = \delta(b-d)$。

即

$$F \leqslant [\sigma](b-d)\delta = 160 \times 10^6 \times (100-20) \times 10 \times 10^{-6}\text{N} = 128\text{kN}$$

根据以上计算结果，应选取最小的荷载值作为此连接结构的许用荷载，故取

$$[F] = 94.2\text{kN}$$

例 7-2 如图 7-9a、b 所示为一普通螺栓联接接头，受拉力 F 作用。已知：$F = 100\text{kN}$。钢板厚 $\delta = 8\text{mm}$，宽 $b = 100\text{mm}$，螺栓直径 $d = 16\text{mm}$。螺栓许用应力 $[\tau] = 145\text{MPa}$，$[\sigma_{bs}] = 340\text{MPa}$；钢板许用拉应力 $[\sigma] = 170\text{MPa}$。试校核该接头的强度。

解：（1）螺栓的剪切强度校核。用截面在两板之间沿螺杆的剪切面切开，取下部分为脱离体（见图 7-9c），该部分受拉力 F 和 4 个螺栓剪切面上的剪力作用，假定每个螺栓所受的力相同，故每个剪切面上的剪力为

$$F_S = F/4$$

由于
$$\tau = \frac{F_S}{A} \leqslant [\tau]$$

将有关数据代入，得

$$\tau = \frac{F_S}{A} = \frac{F}{4 \times \frac{\pi \times d^2}{4}} = \frac{100 \times 10^3}{4 \times \frac{3.14 \times 16^2}{4}}\text{MPa} \approx 124\text{MPa} < [\tau]$$

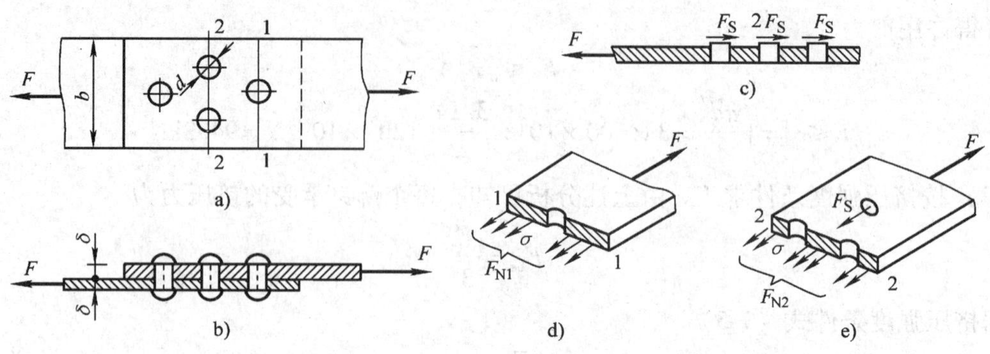

图 7-9 例 7-2 图

所以满足强度要求。

（2）螺杆同板 i 间的挤压强度校核。由公式

$$\sigma_{bs}=\frac{F_{bs}}{A_{bs}}\leqslant[\sigma_{bs}]$$

式中 F_{bs}——每个螺栓所受到的挤压力，它等于 $F/4$。

将有关数据代入，得到

$$\sigma_{bs}=\frac{F_{bs}}{A_{bs}}=\frac{F/4}{d\delta}=\frac{100\times10^3}{4\times16\times8}\text{MPa}\approx195\text{MPa}<[\sigma_{bs}]$$

所以，安全。

（3）板的拉伸强度校核。由于板的圆孔对板的截面面积的削弱，所以对板需进行拉断校核。为此，先沿第 1 排孔的中心线稍偏右将板截开（见图 7-9a 截面 1-1），取右部为脱离体（见图 7-9d），在截开的截面上有拉应力 σ，假定它是均匀分布的，其合力为 F_{N1}，由平衡条件知

$$F_{N1}=F$$

根据轴向拉伸强度的校核公式

$$\sigma=\frac{F_{N1}}{A}\leqslant[\sigma]$$

式中 A——被切开板的横截面的净面积，$A=\delta(b-d)$。

将有关数据代入，得到

$$\sigma=\frac{F_{N1}}{A}=\frac{F}{\delta(b-d)}=\frac{100\times10^3}{8\times(100-16)}\text{MPa}\approx149\text{MPa}<[\sigma]$$

也满足强度要求。

但是仅校核第 1 排孔处的截面还不够，因为在第 2 排有两个孔，截面被削弱得较多。为此用截面在第 2 排孔的中心线偏右截开（见图 7-9a 截面 2-2），取脱离体如图 7-9e 所示，该脱离体上作用有外力 F，第 1 排螺栓的剪切力 F_S 及截开截面上的拉应力 σ，其合力为 F_{N2}，据平衡条件，有

$$F_S+F_{N2}-F=0$$

而 $F_S=F/4$，所以

$$F_{N2}=F-F_S=F-\frac{F}{4}=\frac{3}{4}F$$

于是

$$\sigma=\frac{F_{N2}}{A}=\frac{3F/4}{\delta(b-2d)}=\frac{3\times100\times10^3}{4\times8\times(100-2\times16)}\text{MPa}\approx138\text{MPa}<[\sigma]$$

所以，安全。

第3排孔的截面积受到的内力比第2排孔处的要小，而截面的净面积比第2排孔处的要大，所以更安全。

小　结

1）剪切变形是杆件的基本变形之一。等值、反向且相距很近的二力垂直作用在杆件上，二力之间各截面发生剪切变形。

①剪切时的内力的方向总是作用于横截面内。

②与剪力对应的切应力 τ 作用在横截面内。

2）以两个作用力间的横截面为分界面，构件两部分沿该面（剪切面）发生相对错动。

3）要了解铆接和螺栓联接构件的实用计算。为保证其正常工作，要满足3个条件：

①铆钉的剪切强度条件：　$\tau=\frac{F_S}{A}\leqslant[\tau]$。

②铆钉或连接板钉孔壁的挤压强度条件：$\sigma_{bs}=\frac{F_{bs}}{A_{bs}}\leqslant[\sigma_{bs}]$。

③连接板的拉伸强度条件：$\sigma=\frac{F_N}{A}\leqslant[\sigma]$。

4）在求解此类问题的过程中，关键在于确定剪切面和挤压面。挤压面即构件相互挤压的接触面，它与挤压外力相垂直。当挤压面为平面时，该平面的面积就是计算挤压面面积；当挤压面为圆柱面时，取圆柱面在直径平面上的投影面积作为计算挤压面面积。

习　题

7-1　图示两块钢板，由一个螺栓联接。已知螺栓直径 $d=24\text{mm}$，每块板的厚度 $\delta=12\text{mm}$，拉力 $F=27\text{kN}$。螺栓许用应力 $[\tau]=60\text{MPa}$，许用挤压应力 $[\sigma_{bs}]=120\text{MPa}$，试对螺栓进行强度校核。

7-2　图示一混凝土柱，横截面为正方形，边长 $a=200\text{mm}$，竖立在边长为 $l=1000\text{mm}$ 的正方形混凝土基础板上，在柱顶施加轴向压力 $F=100\text{kN}$。假设地基对混凝土板的支撑反力是均匀分布，混凝土的许用切应力为 $[\tau]=1.5\text{MPa}$，试计算混凝土板的最小厚度。

7-3　图示一带肩杆件。已知：$D=200\text{mm}$，$d=100\text{mm}$，$\delta=35\text{mm}$。若杆件材料的 $[\sigma]=160\text{MPa}$，$[\tau]=100\text{MPa}$，$[\sigma_{bs}]=320\text{MPa}$，试求许用荷载 $[F]$。

7-4　图示铆接接头，受轴向荷载 $F=80\text{kN}$ 作用。已知 $b=80\text{mm}$，$\delta=10\text{mm}$，铆钉直径 $d=16\text{mm}$，铆钉的许用切应力为 $[\tau]=120\text{MPa}$，许用挤压应力 $[\sigma_{bs}]=340\text{MPa}$，连接板的拉伸许用应力 $[\sigma]=160\text{MPa}$。试校核其强度。

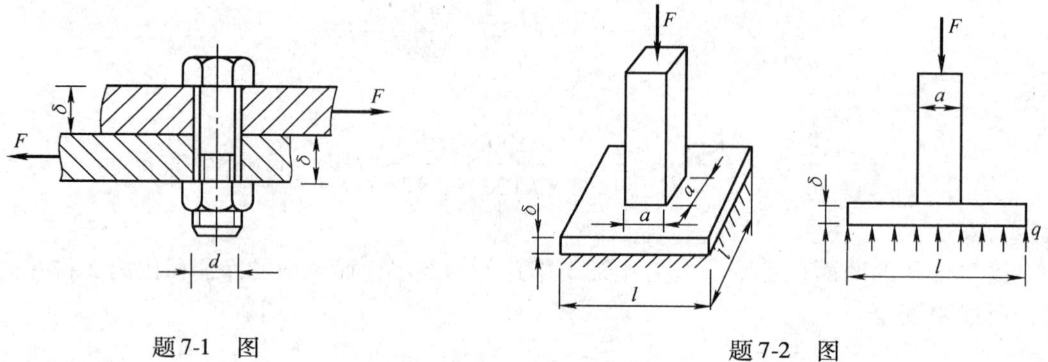

题 7-1　图

题 7-2　图

7-5　图示螺栓接头。已知：钢板宽 $b=200\text{mm}$，板厚 $\delta=18\text{mm}$，螺栓直径 $d=18\text{mm}$，钢板的许用拉应力 $[\sigma]=160\text{MPa}$。许用挤压应力 $[\sigma_{bs}]=240\text{MPa}$，许用切应力为 $[\tau]=100\text{MPa}$。试求最大许用拉力 $[F]$。

7-6　图示铆接接头。已知钢板宽 $b=200\text{mm}$，主板厚 $\delta_1=20\text{mm}$，盖板厚 $\delta_2=12\text{mm}$，铆钉直径 $d=30\text{mm}$，接头受拉力 $F=400\text{kN}$ 作用，试计算：（1）铆钉切应力 τ 值；（2）铆钉与板之间的挤压应力 σ_{bs} 值；（3）板的最大拉应力 σ_{max} 值。

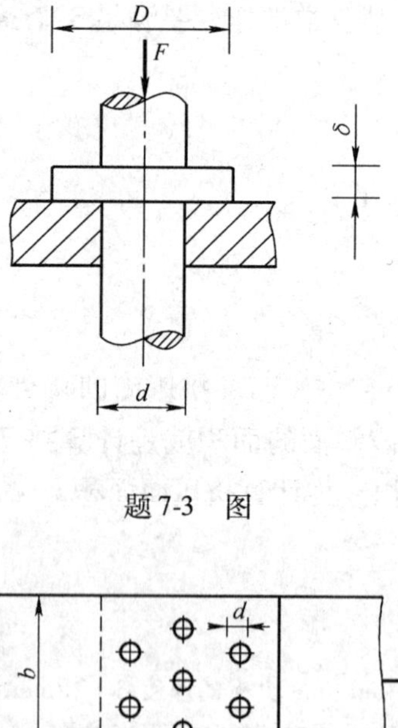

题 7-3　图

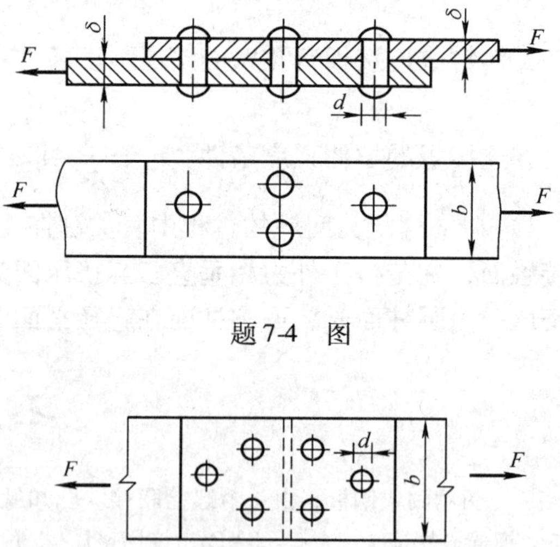

题 7-4　图

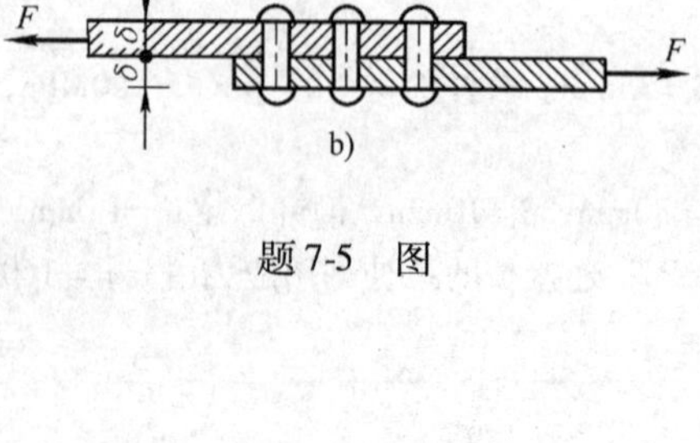

a)

b)

题 7-5　图

a)

b)

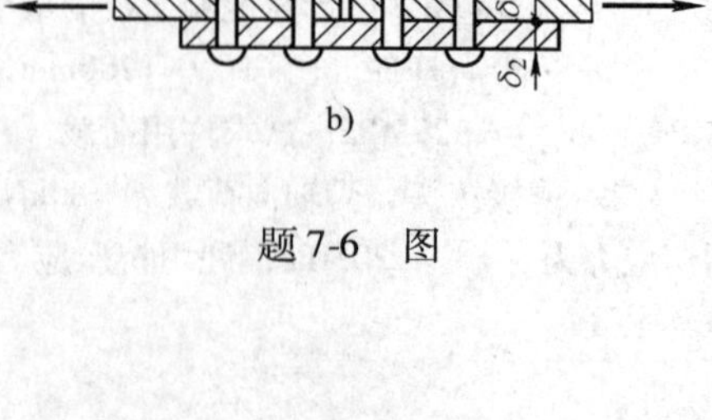

题 7-6　图

第 8 章　扭　　转

8.1　概述

扭转变形是杆件的基本变形之一。当杆件受到作用面垂直于杆件轴线、等值、反向的 2 个力偶作用时，杆件发生扭转变形（见图 8-1）。其特点是各截面绕轴线发生相对转动。如图 8-1 中杆端截面 A 和 B 的相对转角记为 φ，称为相对扭转角。大多数扭转变形的杆件其横截面为圆形，因此受扭的圆截面杆称为圆轴。

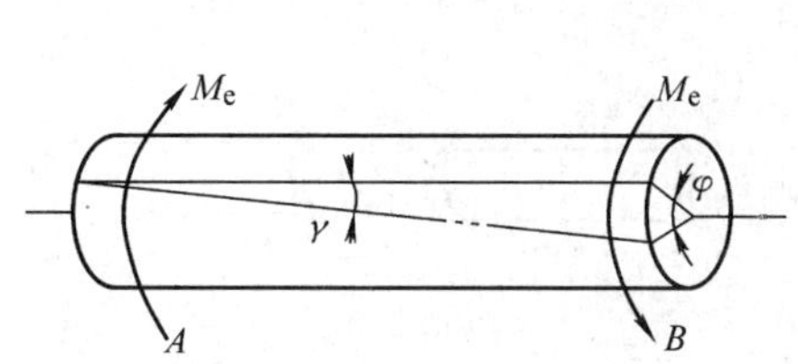

图 8-1　扭转变形模型

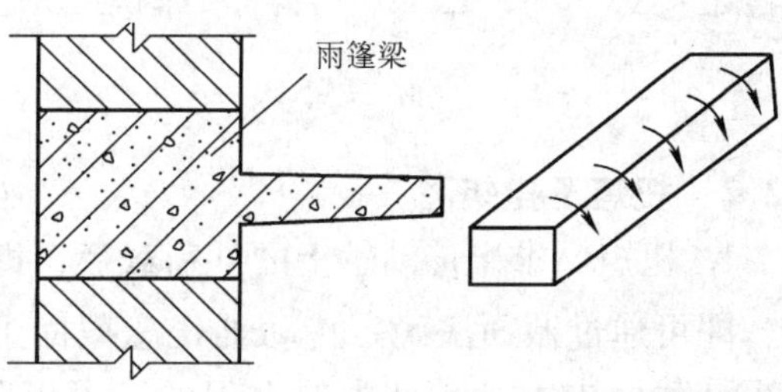

图 8-2　门过梁

在实际工程中单纯产生扭转变形的例子并不多，但有些杆件是以扭转变形为主的，比如房屋建筑中带雨篷的门过梁（见图 8-2）。其他扭转变形的实例如图 8-3 所示：汽车转向盘的

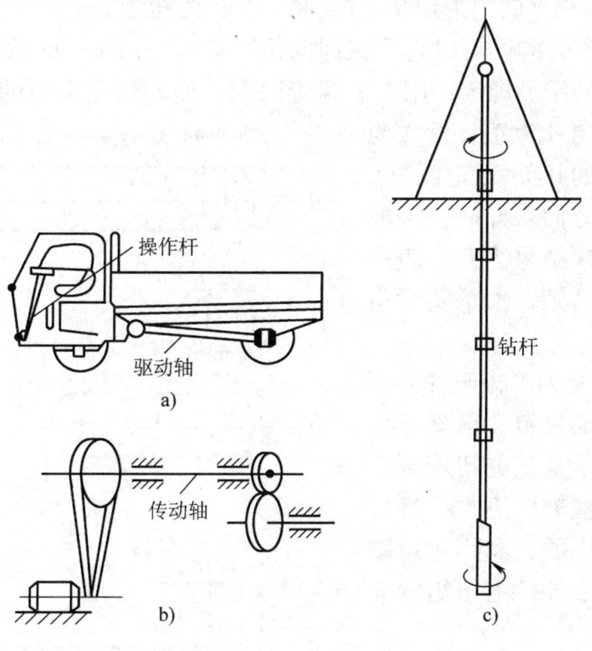

图 8-3　工程实例

操纵杆和驱动轴（见图 8-3a），机器中的传动轴（见图 8-3b）以及钻机的钻杆（见图 8-3c）等。应该注意的是，只有等直圆杆的扭转问题才能在第 2 篇中求解；至于非圆截面杆的扭转变形问题，由于其复杂性，需要用弹性力学的方法予以解决。

等直圆杆扭转时的强度及刚度问题是本章要讨论的主要问题。

8.2 扭矩的计算及扭矩图

8.2.1 外力偶矩的计算

使杆件产生扭转变形的力偶矩称为外力偶矩，记为 M_e。在研究传动轴的扭转变形之前，要分析传动轴的受力情况。一般情况下，电动机的输出功率及传动轴的转速是已知的，即传动轴的功率 P(kW) 和转速 n（r/min）已知，可得外力偶矩（N · m）为

$$M_e = 9549\frac{P}{n} \tag{8-1}$$

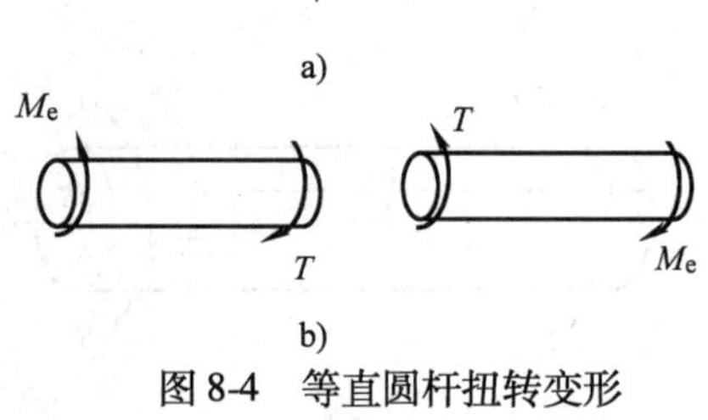

图 8-4 等直圆杆扭转变形

8.2.2 扭矩及扭矩图

1. 扭矩　求出传动轴上的外荷载后，即外力偶 M_e 后，即可通过截面法确定传动轴任意截面上的扭矩 T。扭矩是截面内力，是外力偶引起的，可以利用截面法求出。

一等直圆杆如图 8-4a 所示。杆件在 2 个外力偶 M_e 作用下保持平衡状态。现在计算 1-1 截面上的内力。假想在该截面处将圆杆截成两段，取左段为研究对象（见图 8-4b），由于整个圆杆处于平衡状态，则左段也平衡，由平衡方程 $\Sigma M_x = 0$，得到截面 1-1 上也有一个与外力偶 M_e 大小相等、方向相反的内力偶 T：$T = M_e$，T 称为扭矩。

若取右段为研究对象，同样可以得到截面的扭矩 $T = M_e$，同一截面的扭矩大小相等，转向相反。对扭矩的正负号作出规定：用右手螺旋法则，使四指沿扭矩的转向方向握着圆杆，若拇指的指向离开截面向外为正，反之为负。如图 8-4b 中所示的扭矩为正扭矩。当横截面上扭矩的实际方向未知时，一般先假设扭矩为正，若所求结果为正，表示实际扭矩与假设相同，否则，表示实际扭矩与假设相反。

2. 扭矩图　用横坐标轴平行于杆件的轴线，表示相应的横截面位置，纵坐标表示相应截面的扭矩值，若是正的扭矩画在横轴的上方，负值画在横轴的下方；杆件上各截面上的扭矩是不同的，利用扭矩图可以形象直观地表示各段杆件上扭矩的大小和转向。

例 8-1　试作出如图8-5a 所示圆轴的扭矩图。

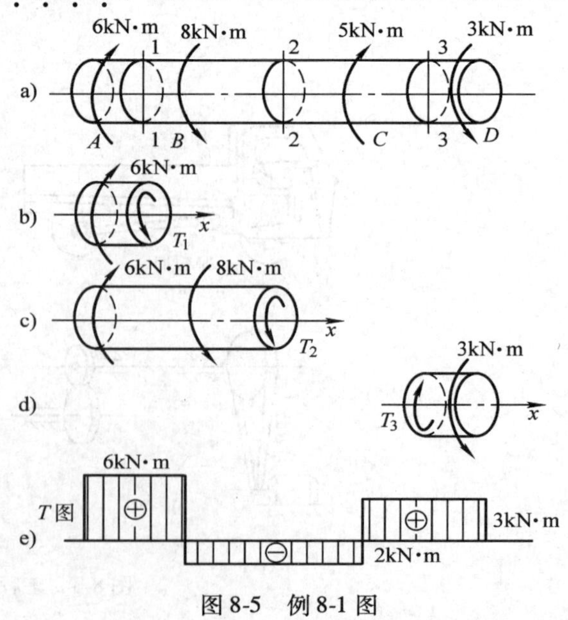

图 8-5 例 8-1 图

解：（1）用截面法分别求出各段上的扭矩。假想在截面 1-1 处将轴切开，取左段为分离体，截面上的扭矩按正向给出（见图 8-5b），根据平衡方程

$$\Sigma M_x = 0,\quad T_1 - 6\text{kN}\cdot\text{m} = 0$$

求得

$$T_1 = 6\text{kN}\cdot\text{m}$$

假想在截面 2-2 处将轴切开，仍取左段为分离体（见图 8-5c）。根据

$$\Sigma M_x = 0,\quad T_2 + (8-6)\text{kN}\cdot\text{m} = 0$$

求得

$$T_2 = -2\text{kN}\cdot\text{m}$$

假想在截面 3-3 处将轴切开，取右段为分离体（见图 8-5d）。根据

$$\Sigma M_x = 0,\quad T_3 - 3\text{kN}\cdot\text{m} = 0$$

求得

$$T_3 = 3\text{kN}\cdot\text{m}$$

（2）根据求出的各段扭矩值，绘出扭矩图如图 8-5e 所示。

例 8-2　如图8-6a 所示传动轴，A 轮为主动轮，输入功率 $P_A = 40\text{kW}$，从动轮 B、C 的输出功率为 $P_B = P_C = 10\text{kW}$，从动轮 D 的输出功率为 $P_D = 20\text{kW}$，传动轴的转速为 $n = 300\text{r/min}$。试画出此轴的扭矩图。

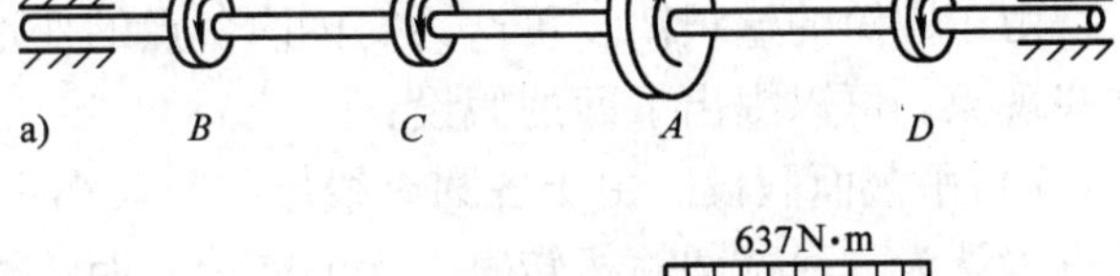

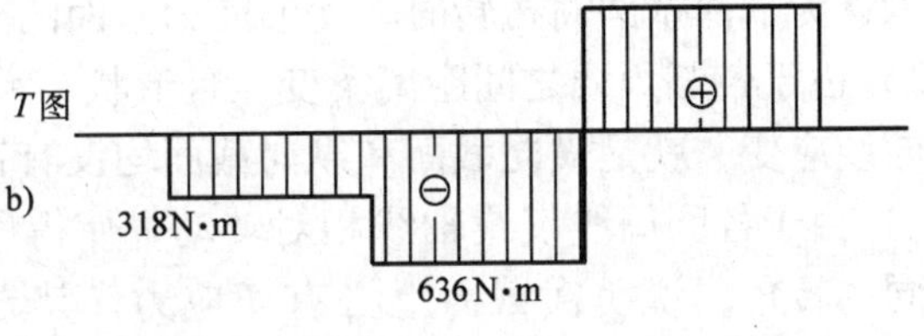

图 8-6　例 8-2 图

解：（1）计算外力偶矩

$$M_A = 9549\frac{P_A}{n} = 9549\times\frac{40}{300}\text{N}\cdot\text{m} \approx 1270\text{N}\cdot\text{m}$$

$$M_B = M_C = 9549\frac{P_B}{n} = 9549\times\frac{10}{300}\text{N}\cdot\text{m} \approx 318\text{N}\cdot\text{m}$$

$$M_D = 9549\frac{P_D}{n} = 9549\times\frac{20}{300}\text{N}\cdot\text{m} \approx 637\text{N}\cdot\text{m}$$

（2）计算各段的扭矩

BC 段：$T_{BC} = -M_B = -318\text{N}\cdot\text{m}$

CA 段：$T_{CA} = -(M_B + M_C) = -(318+318)\text{N}\cdot\text{m} = -636\text{N}\cdot\text{m}$

AD 段：$T_{AD} = M_D = M_A - (M_B + M_C) = 637\text{N}\cdot\text{m}$

（3）画扭矩图

扭矩图如图 8-6b 所示。从图中可以看出 $T_{\max} = 637\text{N}\cdot\text{m}$。

8.3　薄壁圆筒扭转时横截面上的切应力

壁厚远小于其平均半径的圆筒称为薄壁圆筒。假设一薄壁圆筒的壁厚 δ 远小于其平均半径 $r_0(\delta \leqslant r_0/10)$，圆筒两端承受外力偶矩 M_e（见图 8-7），则薄壁圆筒任意横截面上的扭矩

$T = M_e$。

如果在圆筒表面等间距地画上一些圆周线和纵向线，形成矩形网格（见图8-7a）。在弹性小变形范围内，通过试验可以看到如下现象：

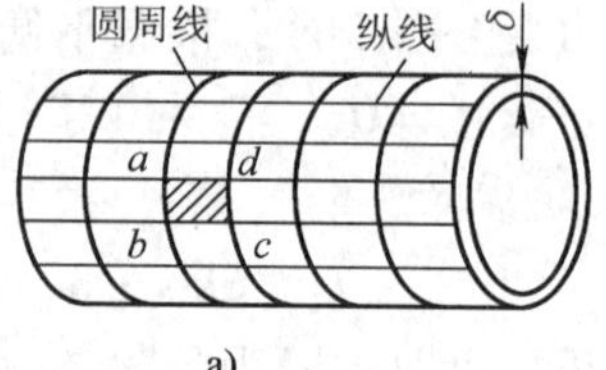

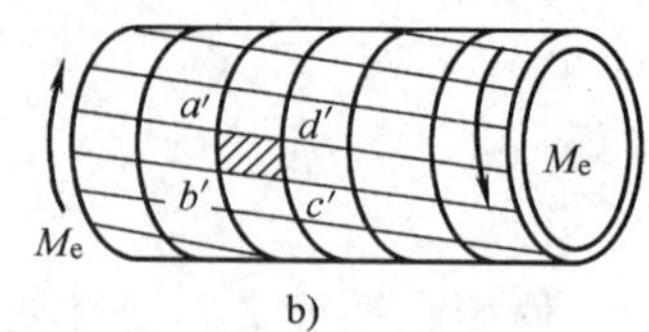

图 8-7　薄壁圆筒切应力计算

1）各圆周线的形状、大小及它们相互之间的距离都没有变化，只是绕轴线作相对转动（见图 8-7b）。

2）各纵向线都倾斜了相同的角度，原来的矩形网格变成了平行四边形，即直角发生了改变，但各边的长度没有改变。

由于圆筒的壁很薄，可认为筒体内各点的变形与圆筒外表面上点的变形完全相同。根据这些现象，可以提出下面的假设：

1）平截面假设。由于各圆周线形状、大小不变，说明横截面上的圆周线仍为平面，因此可以认为，薄壁圆筒扭转时，变形前为平面的横截面，变形后仍保持平面。

2）由于各圆周线之间距离不变，且形状、大小不变，说明圆筒既没有纵向线应变也没有横向线应变，就是横向截面和纵向截面均没有正应力。

3）由于各圆周线仅绕轴线相对转动，使得所有纵向线均有相同的转角，说明横截面上必有切应力，其方向垂直于半径，大小沿圆周不变。

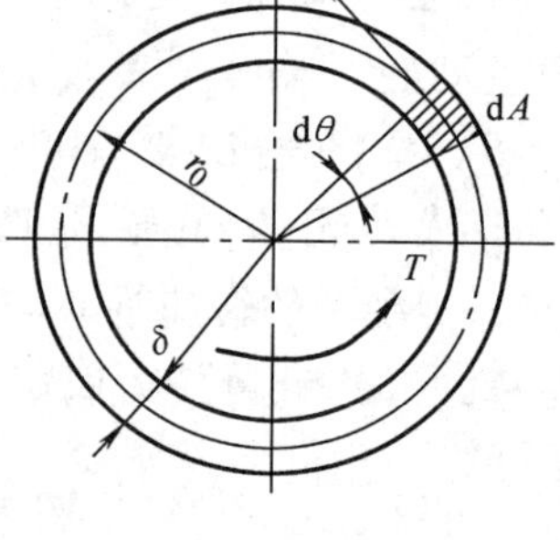

图 8-8　薄壁圆筒截面切应力

并且由于筒壁很薄，可以认为切应力沿壁厚是均匀分布的。

取如图 8-8 所示为圆筒内任一截面，设圆筒的平均半径为 r_0，壁厚为 δ，该截面上的扭矩为 T。

可得切应力 τ 的计算公式

$$\tau = \frac{T}{2\pi r_0^2 \delta} \tag{8-2}$$

式（8-2）就是薄壁圆筒扭转时横截面上的切应力计算公式。

8.4　切应力互等定理和剪切胡克定律

8.4.1　切应力互等定理

从薄壁圆筒中截取一单元体，如图 8-9 所示。单元体的边长分别为 dx、dy、δ。由前面分析可知，单元体上左、右侧面上均无正应力，只有切应力，即在侧面上都只存在剪力，其大小都等于 $\tau\delta dy$，方向相反。这两个剪力形成一力偶，其力偶矩为 $\tau\delta dydx$。由于单元体的前、后面为自由面，无应力存在，而单元体是平衡体，故在单元体上、下侧面上必定存在方向相反的切应力 τ'，组成力偶矩为 $\tau'\delta dydx$，并与另一个力偶相平衡。由力偶的平衡方程得

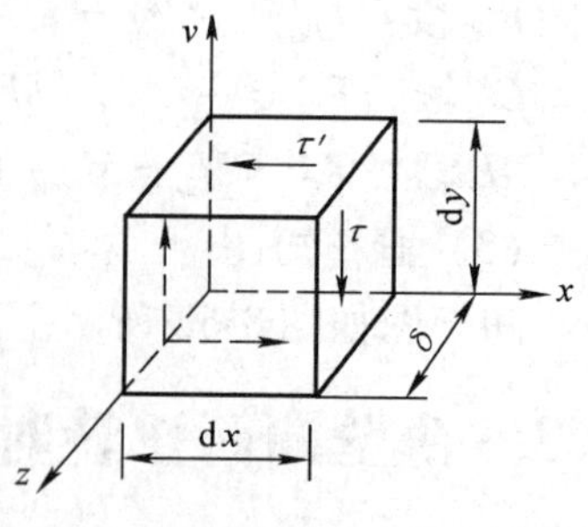

图 8-9　单元体

$$\tau\delta \mathrm{d}y\mathrm{d}x = \tau'\delta \mathrm{d}x\mathrm{d}y$$

即

$$\tau = \tau' \tag{8-3}$$

式（8-3）表明，在互相垂直的两个平面上的切应力必然成对存在，而且大小相等，其方向或共同指向两平面的交线，或共同背离两平面的交线，这种关系称为切应力互等定理。这个定理是材料力学中的一个重要定理。

8.4.2 剪切胡克定律

上述的单元体侧面上只有切应力而无正应力，这种应力状态叫做纯切应力状态。单元体在 τ 和 τ' 作用下，两个侧面将发生相对错动，使长方六面体变成平行六面体，单元体的直角发生微小的改变，这个直角的改变量 γ 称为切应变，如图 8-10 所示。γ 角是纵向线变形后的倾角，其单位是弧度（rad）。当切应力 τ 小于一定值时，切应力 τ 与切应变 γ 成正比，即

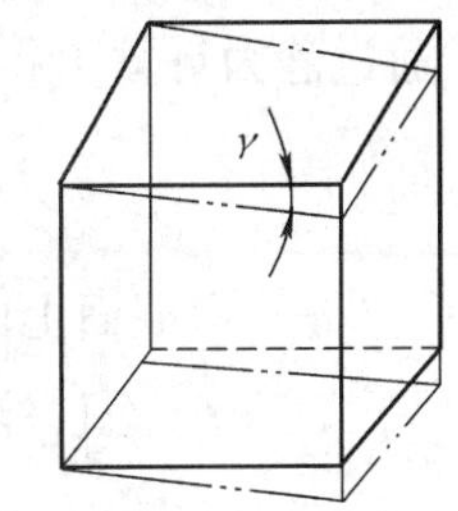

图 8-10 切应变

$$\tau = G\gamma \tag{8-4}$$

式中 G——材料的切变模量，它反映材料抵抗剪切变形的能力，其数值可由试验测得。

式（8-4）就是剪切胡克定律。对于各向同性材料，在弹性变形范围内，切变模量 G、弹性模量 E 和泊松比 μ 之间存在如下关系：

$$G = \frac{E}{2(1+\mu)} \tag{8-5}$$

8.5 实心圆轴扭转时的应力和强度条件

8.5.1 应力计算

实心圆轴扭转时横截面的应力计算公式的推导与拉（压）杆正应力推导类似。

1. 试验现象的观察与分析　如图 8-11a 所示实心圆杆，在圆杆的表面画上一些与杆轴线平行的纵向线和与杆轴线垂直的圆周线，将杆表面划分为许多小矩形（见图 8-11a）。然后在杆的两端施加外扭矩 M_e，使杆发生扭转变形如图 8-11b 所示。

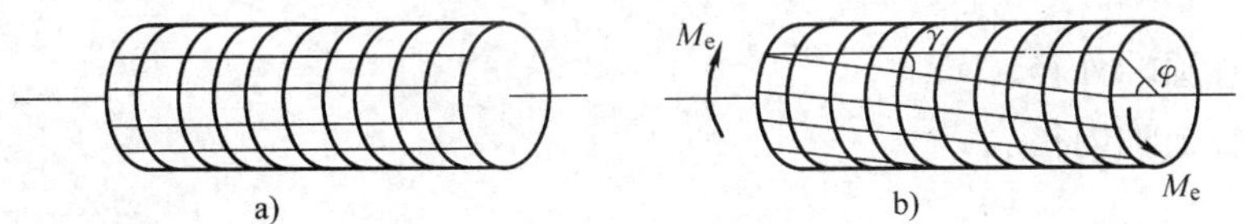

图 8-11 实心圆杆扭转变形

通过试验，可以观测到下列现象：

1）各圆周线都不同程度地绕杆轴转了一个角度，且大小、形状均没有改变，间距也没有变。仍满足平截面假定。

2）所有纵向线都倾斜同一个角度 γ，所有圆杆表面上的小矩形都发生了歪斜，由矩形变成平行四边形（见图 8-11b）。

由上述试验现象表明：圆杆扭转过程中其横截面像刚性圆盘一样绕杆轴发生转动，相邻横截面间发生错动，并由此认定横截面间无正应力而只有切应力，仍处于纯切应力状态。

根据对上述试验的观察和分析，就可以综合考虑变形的几何关系和物理关系，从而得到横截面上的切应力分布规律。然后，再结合静力学关系来建立圆轴扭转时的应力和变形的计算公式。

2. 圆轴扭转时横截面内的切应力计算　如图 8-12 所示，在与圆心相距为 ρ 的微面积 $\mathrm{d}A$ 上，作用有微剪力 $\tau\mathrm{d}A$，它对圆心 O 的微力矩为 $\rho\tau_\rho\mathrm{d}A$。在整个横截面上，所有这些微力矩之和应等于该截面的扭矩 T。

通过静力计算可得

$$\tau = \frac{T}{I_p}\rho \tag{8-6}$$

式中　T——横截面上的扭矩；

I_p——$I_p = \int_A \rho^2 \mathrm{d}A$，只与圆截面形状、尺寸有关的一个几何量，称为横截面的极惯性矩；

ρ——所求应力点至圆心的距离。

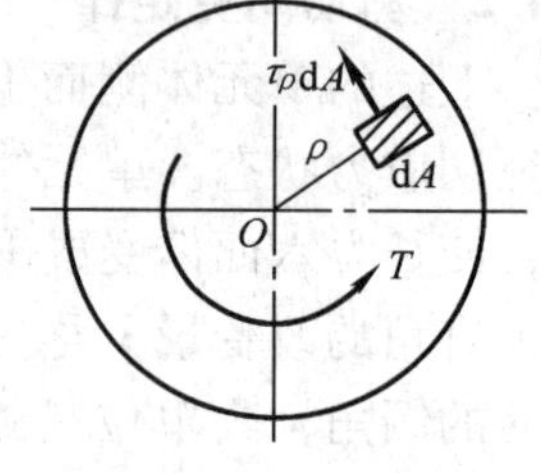

图 8-12　横截面切应力计算

这就是圆轴扭转时横截面上的切应力计算公式。由式（8-6）可以看出切应力 τ 与 ρ 成正比，即切应力沿半径方向按直线规律变化（见图 8-13）。在与圆心等距离的各点处，切应力值均相等。

实践证明，以上就实心圆轴扭转得到的应力计算公式对空心圆轴也适用。只是空心圆轴的极惯性矩 I_p 与实心圆轴的不同。

实心圆轴和空心圆轴（见图 8-14）的极惯性矩分别为

实心圆轴

$$I_p = \frac{\pi d^4}{32}$$

式中　d——圆截面直径。

空心圆轴

$$I_p = \frac{\pi}{32}(D^4 - d^4)$$

式中　D——空心圆轴外径；

d——空心圆轴内径。

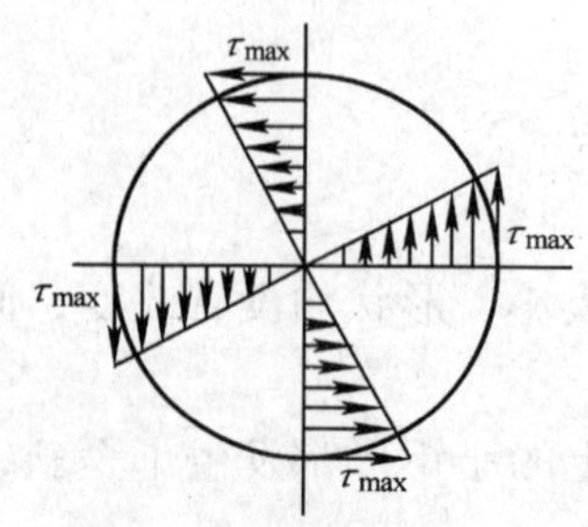

图 8-13　横截面切应力分布

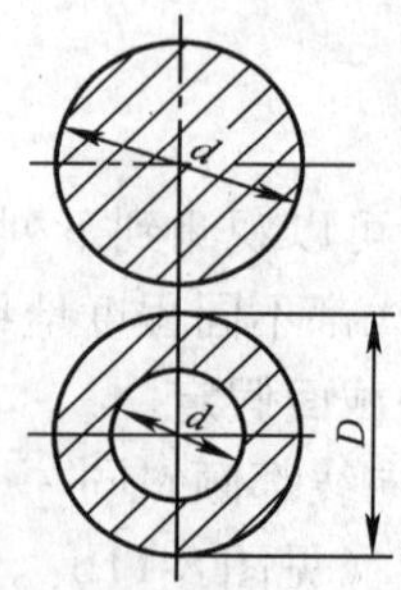

图 8-14　圆截面和空心圆截面

8.5.2 强度条件

进行圆轴扭转时的强度，必须先通过扭转试验确定其极限应力。扭转试验在扭转试验机上进行。

试验结果表明，塑性材料（如Q235钢）试件受扭时，当最大切应力达到一定数值时，也会发生类似拉伸时的屈服现象，这时的切应力值称为屈服应力，用 τ_s 表示。屈服阶段后，也有强化阶段，直到横截面上的最大切应力达到材料的抗剪强度 τ_b，试件就沿横截面被剪断，断口较光滑，如图8-15a所示。这主要是Q235钢抗剪强度低于抗拉强度，所以，试件因抗剪不足而首先沿横截面发生剪断破坏。

脆性材料（如铸铁）试件受扭时，当变形很小时便发生裂断，且没有屈服点，断口与轴线成45°螺旋面，如图8-15b所示。由于铸铁等脆性材料的抗拉能力低于抗剪能力，于是便沿最大拉应力作用的斜截面发生拉断破坏。这时的最大切应力称为抗剪强度，用 τ_b 表示。

对于脆性材料，取抗剪强度 τ_b 作为极限应力，即 $\tau^0=\tau_b$；对于塑性材料，取屈服应力 τ_s 作为极限应力，$\tau^0=\tau_s$。

许用切应力 $[\tau]$：

$$[\tau]=\frac{\tau^0}{n}$$

n 是大于1的安全因数。各种材料的许用切应力可以从有关手册中查出。

在常温静载下，材料的许用切应力和拉伸许用应力有如下关系：

脆性材料　$[\tau]=[\sigma]$

塑性材料　$[\tau]=(0.5\sim0.577)[\sigma]$

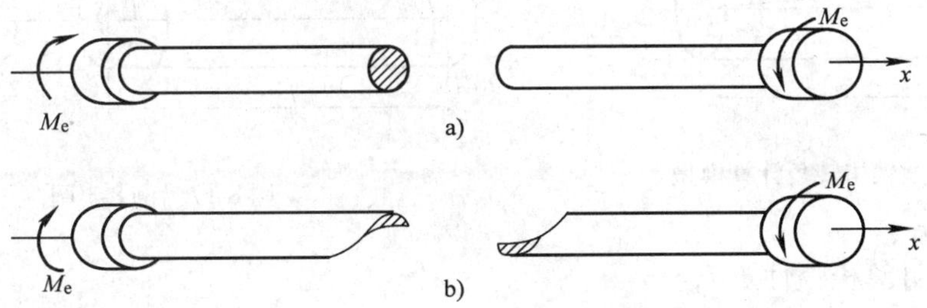

图8-15　材料扭转试验断裂形状

a）塑性材料　b）脆性材料

为了保证圆轴受扭时不致因强度不够而破坏，必须使危险截面上的最大切应力不超过材料的许用切应力。根据切应力的分布规律可知，最大切应力发生在距轴心最远处，即

$$\tau_{max}=\frac{T_{max}}{I_p}\rho_{max}=\frac{T_{max}}{I_p/\rho_{max}}=\frac{T_{max}}{W_{max}}$$

要保证不破坏应有

$$\tau_{max}=\frac{T_{max}}{W_p}\leqslant[\tau] \tag{8-7}$$

式中　W_p——抗扭截面系数；

T_{max}——截面上最大扭矩。

这就是圆轴扭转时的强度条件。

如图 8-14 所示的实心圆轴和空心圆轴的抗扭截面系数 W_p 分别为

实心圆轴 $$W_p = \frac{I_p}{\rho_{max}} = \frac{\pi d^4/32}{d/2} = \frac{\pi d^3}{16}$$

空心圆轴 $$W_p = \frac{I_p}{\rho_{max}} = \frac{\pi(D^4 - d^4)/32}{D/2} = \frac{\pi}{16D}(D^4 - d^4)$$

8.6 等直圆杆的扭转变形、刚度条件和扭转超静定问题

8.6.1 等直圆杆的扭转变形计算

计算扭转变形，就是求扭转角 φ（见图 8-16）。在杆长 l 范围内 M_e 不变，则有 $T = M_e$，可以得到

$$\varphi = \frac{Tl}{GI_p} \tag{8-8}$$

式中 GI_p——扭转刚度，为常量。式（8-8）就是计算扭转角的公式。扭转角 φ 的单位为弧度（rad）。

例 8-3 如图8-17 所示空心圆轴，外径 $D = 40\text{mm}$，内径 $d = 20\text{mm}$，杆长 $l = 1\text{m}$，外力偶 $M_e = 1\text{kN}\cdot\text{m}$，材料的切变模量 $G = 80\text{GPa}$。试求：（1）$\rho = 15\text{mm}$ 的 K 点处的切应力 τ_K。（2）横截面上的最大和最小切应力。（3）A 截面相对 B 截面的扭转角 φ_{AB}。

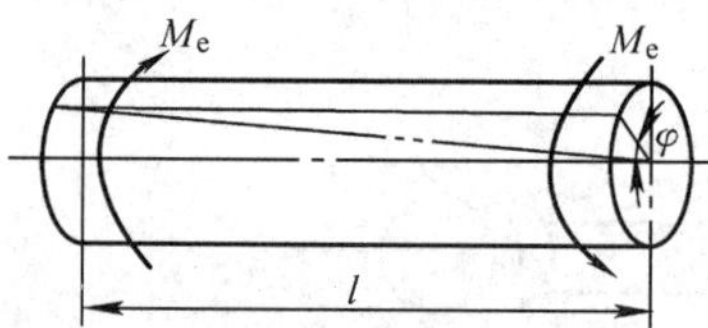

图 8-16 圆轴扭转角计算模型

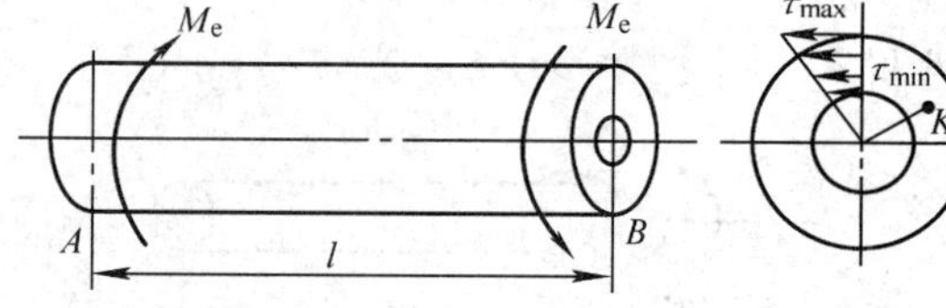

图 8-17 例 8-3 图

解:（1）计算极惯性矩 I_p

$$I_p = \frac{\pi}{32}(D^4 - d^4) = \frac{\pi}{32}(40^4 - 20^4)\text{mm}^4 \approx 235600\text{mm}^4$$

（2）用截面法求出梁上的扭矩 $T = M_e = 1\text{kN}\cdot\text{m}$，根据圆轴扭转时的切应力计算公式，分别计算各点切应力为

$$\tau_K = \frac{T}{I_p}\rho_K = \frac{1\times10^6}{0.2356\times10^6}\times15\text{MPa} = 63.67\text{MPa}$$

$$\tau_{max} = \frac{T}{I_p}\times\frac{D}{2} = \frac{1\times10^6}{0.2356\times10^6}\times20\text{MPa} = 84.89\text{MPa}$$

$$\tau_{min} = \frac{T}{I_p}\times\frac{d}{2} = \frac{1\times10^6}{0.2356\times10^6}\times10\text{MPa} = 42.44\text{MPa}$$

（3）根据式（8-8）计算 φ_{AB} 为

$$\varphi_{AB}=\frac{Tl}{GI_{\mathrm{p}}}=\frac{1\times10^{3}\times1}{80\times10^{9}\times0.2356\times10^{-6}}\mathrm{rad}=0.053\mathrm{rad}$$

8.6.2 圆轴扭转时的刚度条件

在研究圆轴扭转问题时除考虑强度条件外，有时还需对扭转变形加以限制，使最大单位长度扭转角不超过许用的范围，即

$$\theta_{\max}=\frac{T_{\max}}{GI_{\mathrm{p}}}\leqslant[\theta] \tag{8-9}$$

式中 $\theta_{\max}$——最大单位长度扭转角，$\theta_{\max}=\varphi/l$；

$T_{\max}$——最大扭矩；

G——切变模量；

I_{p}——极惯性矩；

$[\theta]$——单位长度的许用扭转角，其单位为 rad/m，具体数值可从有关设计手册中查到。

式（8-9）就是圆轴扭转时的刚度条件。

例 8-4 一钢轴的转速 $n=250\mathrm{r/min}$。传递功率 $P=60\mathrm{kW}$，许用切应力 $[\tau]=40\mathrm{MPa}$，单位长度的许用扭转角 $[\theta]=0.014\mathrm{rad/m}$，材料的切变模量 $G=80\mathrm{GPa}$，试设计轴径。

解：（1）计算轴的扭矩

$$T=9.55\times\frac{60}{250}\mathrm{kN\cdot m}=2.3\mathrm{kN\cdot m}$$

（2）根据圆轴扭转时的强度条件，求轴径。

由

$$W_{\mathrm{p}}\geqslant\frac{T}{[\tau]}$$

得

$$d\geqslant\sqrt[3]{\frac{16T}{\pi[\tau]}}=\sqrt[3]{\frac{16\times2.3\times10^{3}}{3.14\times40}}\mathrm{m}=0.0664\mathrm{m}$$

（3）根据圆轴扭转时的刚度条件，求轴径。

由

$$I_{\mathrm{p}}\geqslant\frac{T}{G[\theta]}$$

得

$$d\geqslant\sqrt[4]{\frac{32T}{\pi G[\theta]}}=\sqrt[4]{\frac{32\times2.3\times10^{3}}{3.14\times80\times10^{9}\times0.014}}\mathrm{m}=0.0676\mathrm{m}$$

所以，应按刚度条件设计轴径，取 $d=68\mathrm{mm}$。

8.6.3 扭转超静定问题

求解扭转超静定问题必须从 3 个方面考虑。一是从几何方面考虑，杆的扭转变形应满足变形协调条件和边界条件，二是物理方程，三是静力平衡方程。先把变形协调条件和边界条件代入物理方程，与静力平衡方程联立求解约束反力，进而求解内力、强度和刚度等问题。

下面举例说明扭转超静定问题的解法。

例 8-5　如图8-18a 所示受扭圆截面轴，已知 $T_1=T_2=T$，$l_1=l_2=l_3=l$，抗扭刚度为 GI_p，试求支座 A、B 的反力偶矩。

解： 本例题中杆两端固定，故有 2 个约束力偶，而静力平衡方程只有 1 个，所以是 1 次超静定问题。

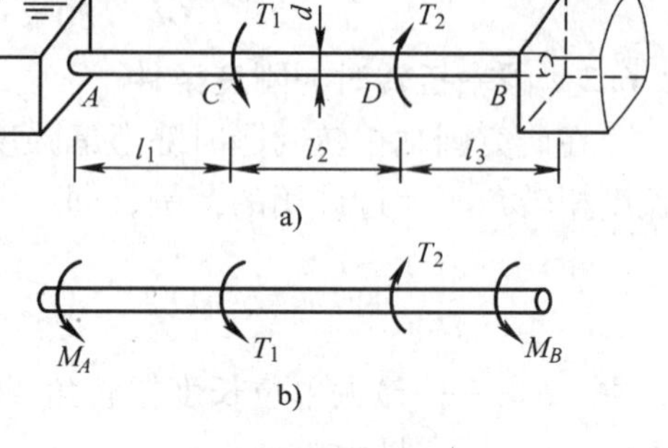

图 8-18　例 8-5 图

要求解这个问题，就需要从几何方面补充 1 个方程。实际上，杆在变形过程中始终满足 $\varphi_{AB}=0$，即 A 截面和 B 截面的相对扭转角为零。这就是杆变形的几何方程。

由叠加法得

$$\varphi_{AB}=\frac{T_1l_1}{GI_p}-\frac{T_2(l_1+l_2)}{GI_p}+\frac{M_B(l_1+l_2+l_3)}{GI_p}=\frac{1}{GI_p}(Tl-2Tl+3M_Bl)=0$$

解得

$$M_B=\frac{T}{3}$$

由静力学方程 $\sum M_x=0$

$$M_A+M_B+T_1-T_2=0$$

解得

$$M_A=-\frac{T}{3}$$

约束力偶 M_A 与图 8-18b 所示方向相反。

例 8-6　有一空心圆管 A 套在实心圆杆 B 的一端，如图 8-19 所示。两杆在同一横截面处各有一直径相同的贯穿孔，但两孔的中心线构成一个 β 角。在杆 B 上施加外力偶使杆 B 扭转，以使两孔对准，并穿孔装上销钉。在装上销钉后卸除施加在杆 B 上的外力偶。试问两杆内的扭矩分别为多少？已知杆 A 和杆 B 的极惯性矩分别为 I_{pA} 和 I_{pB}；两杆材料相同，切变模量为 G。

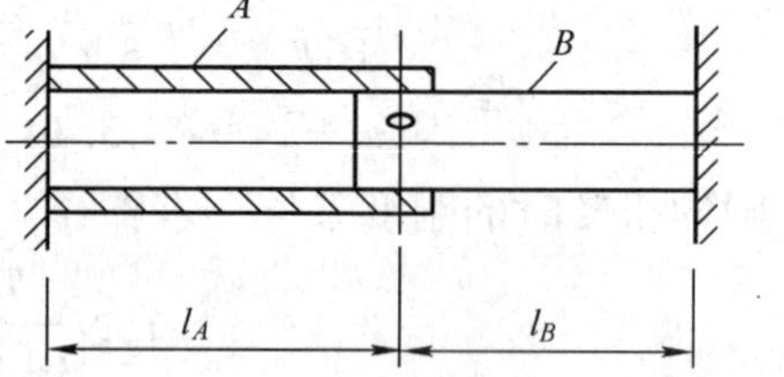

图 8-19　例 8-6 图

解： 套管 A 和圆杆安装后在联接处有一相互作用力偶矩 T，在此力偶作用下，A 管转过一个角度 φ_A，B 杆转过的角度为 φ_B，由 A、B 杆连接处的几何协调条件得

$$\varphi_A+\varphi_B=\beta$$

又由物理关系知

$$\varphi_A=\frac{Tl_A}{GI_{pA}}$$

$$\varphi_B=\frac{Tl_B}{GI_{pB}}$$

上面三式联立，解得

$$\frac{Tl_A}{GI_{pA}}+\frac{Tl_B}{GI_{pB}}=\beta$$

$$T=\frac{\beta}{\dfrac{l_A}{GI_{pA}}+\dfrac{l_B}{GI_{pB}}}=\frac{\beta GI_{pA}I_{pB}}{l_AI_{pB}+l_BI_{pA}}$$

扭矩 T 为 B 杆对 A 管的作用力，也是 A 管对 B 杆的反作用力，所以 A、B 杆的扭矩相同，大小均为 T。

小　结

扭转变形是杆件的基本变形之一。本章研究薄壁圆筒和圆轴扭转时的应力和变形计算及强度和刚度计算，介绍了切应力互等定理和剪切胡克定律。

1）扭转时的内力是扭矩 T；应力是切应力 τ；变形是扭转角 φ。

2）圆轴扭转时的切应力计算公式、强度条件、扭转角计算公式、刚度条件。

①任一横截面上，任一点的切应力：$\tau=\dfrac{T}{I_p}\rho$。

②强度条件：$\tau_{max}=\dfrac{T_{max}}{W_p}\leqslant[\tau]$。

③某一截面相对另一截面的扭转角：$\varphi=\dfrac{Tl}{GI_p}$。

④刚度条件：$\theta_{max}=\dfrac{T_{max}}{GI_p}\leqslant[\theta]$。

3）极惯性矩 I_p 和抗扭截面系数 W_p 是两个十分重要的截面几何性质。常用的实心圆截面和空心圆截面的 I_p 和 W_p 的计算公式分别是

①实心圆截面：$I_p=\dfrac{\pi d^4}{32}$，$W_p=\dfrac{\pi d^3}{16}$

②空心圆轴：$I_p=\dfrac{\pi}{32}(D^4-d^4)$，$W_p=\dfrac{\pi}{16D}(D^4-d^4)$

4）求解扭转超静定问题必须把变形协调条件和边界条件代入物理方程，与静力平衡方程联立求解约束反力，进而求解内力、强度和刚度等问题。

习　题

8-1　试绘出图示轴的扭矩图。

8-2　图示实心圆轴，两端受外力偶 $M_e=14\text{kN}\cdot\text{m}$ 作用，已知圆轴直径 $d=100\text{mm}$，长 $l=1\text{m}$，材料的切变模量 $G=8\times10^4\text{MPa}$，试求（1）图示截面上 A、B、C 3 点处的切应力数值及方向；（2）两端截面之间的相对扭转角。

8-3　若将题 8-2 图的轴制成空心圆轴，其外径 $D=100\text{mm}$，内径 $d=80\text{mm}$，试求最大切应力。

8-4　图示实心圆轴，直径 $d=75\text{mm}$，其上作用外力偶，$M_{e1}=2\text{kN}\cdot\text{m}$，$M_{e2}=1.2\text{kN}\cdot\text{m}$，$M_{e3}=0.4\text{kN}\cdot\text{m}$，$M_{e4}=0.4\text{kN}\cdot\text{m}$。已知轴的许用切应力$[\tau]=30\text{MPa}$，单位长度的最大许用扭转角$[\theta]=0.5°/\text{m}$，

材料的切变模量 $G=8\times10^4$MPa。试进行强度和刚度校核。

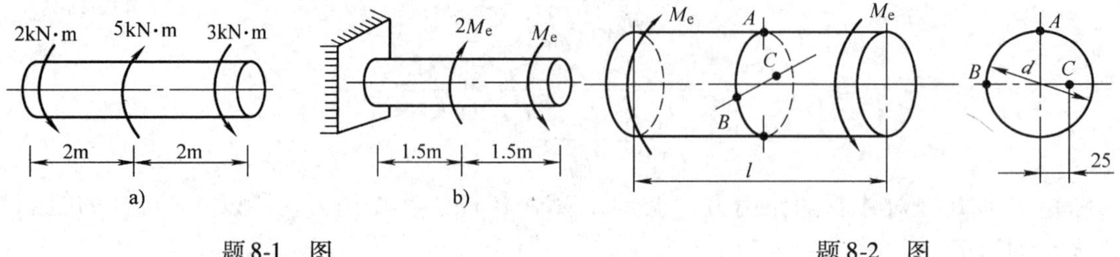

题 8-1　图　　　　题 8-2　图

8-5　图示空心圆轴，外径 $D=50$mm，内径 $d=20$mm，两端受外力偶 $M_e=1$kN · m 作用，材料的切变模量 $G=80$GPa。试求（1）横截面上距圆心 15mm 处 A 点的切应力和切应变。（2）截面切应力最大值和最小值。

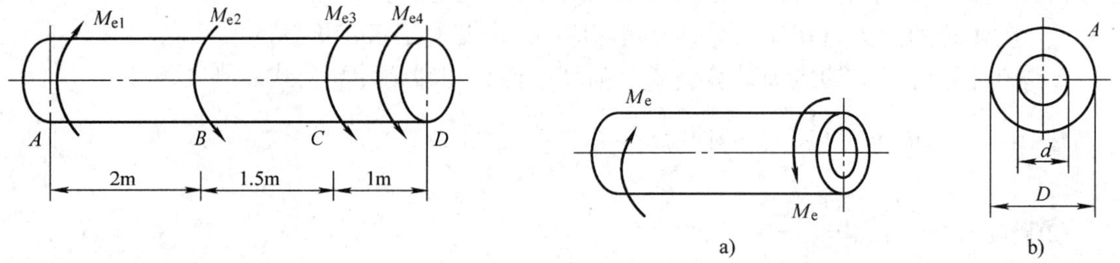

题 8-4　图　　　　题 8-5　图

8-6　变截面圆轴受外力偶 $M_{eA}=3$kN · m，$M_{eB}=1$kN · m，$M_{eC}=2$kN · m 的作用，试求（1）轴 AD 段截面上离圆心 20mm 各点的切应力，并标出图中 a、b 两点切应力的方向。（2）截面 1-1 上的最大切应力 $\tau_{1\max}$。（3）AB 轴上的最大切应力 $\tau_{\max}$。

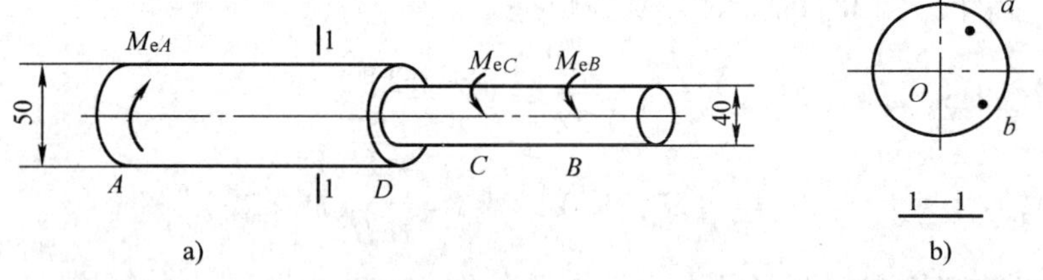

题 8-6　图

第9章　梁 的 内 力

9.1　工程实际中的弯曲问题

在房屋建筑结构中，经常会遇到很多发生弯曲变形的杆件。例如，图9-1所示结构中的屋面大梁、桥式起重机梁、基础梁等。这类杆件的受力特点是：在轴线平面内受到外力偶或垂直于轴线方向的外力；其变形特点是：杆件的轴线弯曲成曲线（见图9-2）。这种形式的变形称为**弯曲**。凡以弯曲为主要变形的杆件通常称为**梁**。

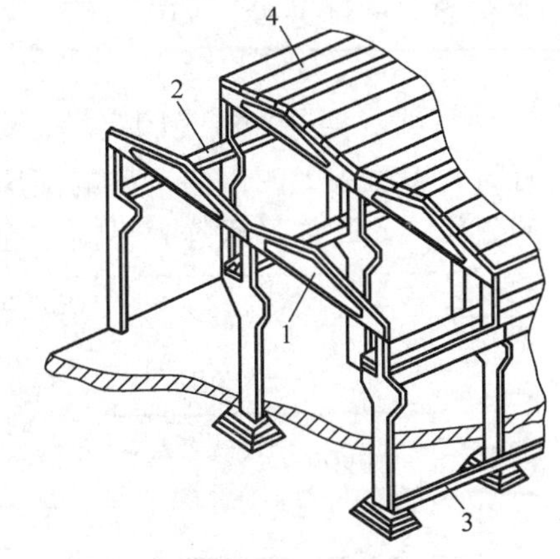

图9-1　厂房主要构件
1—屋面大梁　2—桥式起重机梁　3—基础梁　4—屋面板

实际工程中梁的横截面一般都具有一个对称轴，即梁具有纵向对称平面，如图9-3所示。若所有的外力都作用在同一对称平面内，梁在变形时，其轴线也将在此对称平面内弯曲成一条光滑的平面曲线。这种弯曲称为**平面弯曲**。而有纵向对称面的平面弯曲，又称为**对称弯曲**。它是弯曲问题中最基本和最常见的情况。本章主要讨论梁的平面弯曲问题。

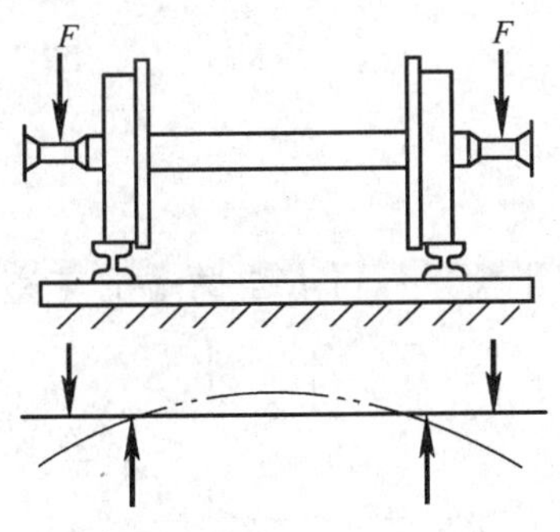

图9-2　弯曲实例

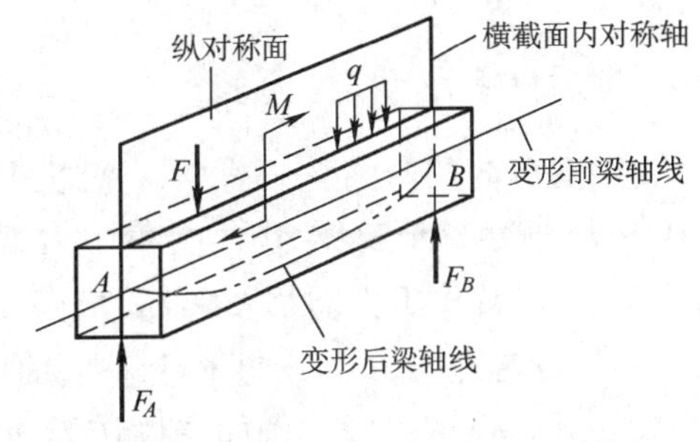

图9-3　平面弯曲

9.2　梁的计算简图

工程中梁的受力和支承情况比较复杂，需要进行合理的简化以得到定量分析的力学模型，称为**计算简图**。简化的原则是：①要反映梁的主要受力特征；②要便于进行力学分析。梁的简化包括梁本身的简化；作用在梁上荷载的简化；以及梁支座的简化。计算简图中一律将梁简化为一条线（用轴线代替梁）；把荷载简化为集中力、集中力偶、分布力；把支座简化为最接近的约束（如活动铰支座、固定铰支座、固定端等）。例如，两端搁置在墙上的梁，如图9-4a所示，两端支承外形像固定端，由于墙宽较小，不能完全限制梁墙内部分的转动，所以只能简化为铰支座；水平荷载一般不大，墙与梁之间的摩擦力能阻止水平位移发生，因此一端可简化为固定铰支座，另一端则简化为可动铰支座，如图 9-4b 所示的静定梁。

工程上根据支承条件的不同把简单静定梁分成 3 种：

1. 简支梁　梁的两端分别为固定铰支座和可动铰支座，如图 9-5a 所示。

2. 外伸梁　支承如同简支梁，但至少有一个铰支座不在梁的端部，而在梁的中部某处，如图 9-5b 所示。

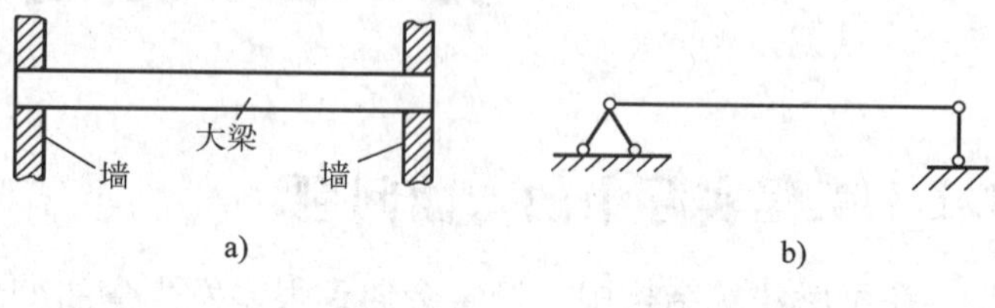

图 9-4　实际支座的简化

3. 悬臂梁　梁的一端是固定端，另一端是自由的，如图 9-5c 所示。

有时为了工程上的需要，梁的支座较多（见图 9-6）。梁的支反力数目多于静力平衡方程式的数目，此时如只用静力平衡方程式，将无法确定其支反力。这种梁称为**超静定梁**。

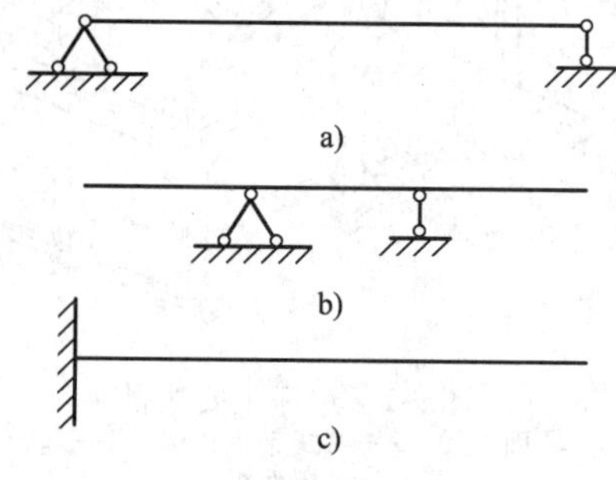

图 9-5　简单静定梁

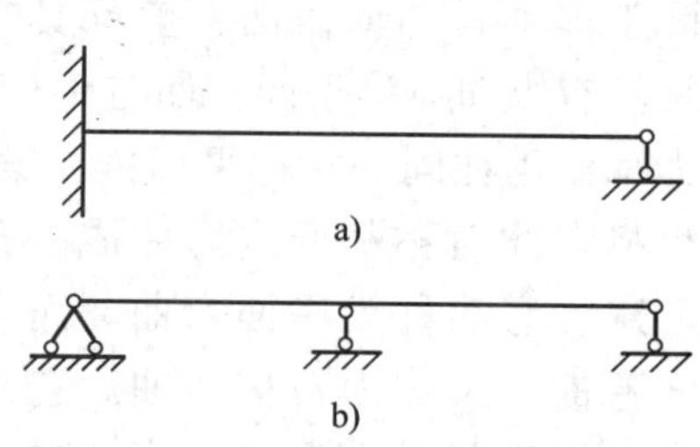

图 9-6　超静定梁

9.3　梁的内力及内力图

9.3.1　梁弯曲时的内力——剪力、弯矩及其正负号规定

图 9-7a 所示的简支梁 AB，受集中力 F 作用，首先由平衡条件可求出两端的支座反力分别为 F_A、F_B，其作用方向如图 9-7a 所示。当研究任一横截面 1-1 上的内力时，可假想地用一平面沿任一横截面 1-1 将梁切开，任选一段，例如左段作为研究对象，如图 9-7b 所示。要满足平面平行力系的两个平衡方程式 $\sum F_y=0$ 和 $\sum M_0=0$ 则横截面上应该有一个其作用线与外力 F 作用线平行的力 F_S 和一个在外力及梁的轴线所在的平面内的力偶 M。F_S 和 M 分别称为**剪力**和**弯矩**（见图 9-7b）。

由平衡方程　　$\sum F_y=0$，　　得 $F_S=F_A$

$\sum M_C=0$，　　得 $M=F_Ax$

这里的矩心 C 是横截面的形心。所以，当梁弯曲时，横截面上一般将同时存在着剪力和弯矩两个内力分量。

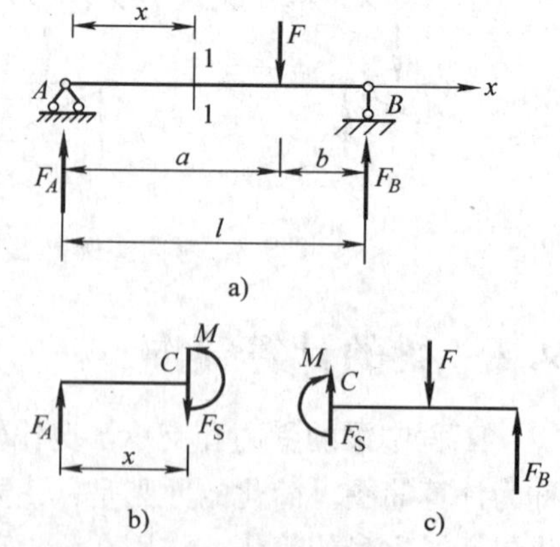

图 9-7　用截面法求梁的内力
a）原梁受力图　b）左段梁受力图
c）右段梁受力图

同样，若取右段梁为研究对象（见图 9-7c），则由右

段梁上的外力所算得的该截面上的剪力和弯矩，在数值上与上述结果相等，但其方向则相反。

为了使以上算法所得到的同一截面 1-1 上的剪力和弯矩的正负号相同，对剪力和弯矩的符号作如下规定：

使所取梁段（左段或右段）发生顺时针转动的剪力为正，反之为负；使所取梁段（左段或右段）产生上凹下凸变形的弯矩为正，反之为负。图 9-8 表示剪力 F_S 和弯矩 M 的正负号规定。

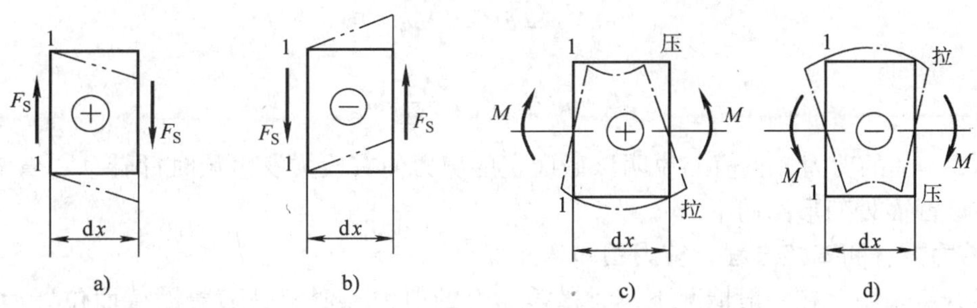

图 9-8　剪力弯矩的正负号规定

a）剪力为正　b）剪力为负　c）弯矩为正　d）弯矩为负

按此规定，图 9-7b、c 截面上的剪力和弯矩均为正值。

根据同样的方法，可再求得左段梁 2-2 截面上的内力（见图 9-9）为

剪力：　　$F_{S2}=F_A-F$

弯矩：　　$M_2=F_Ax-F(x-a)$

综合上述计算结果，不难得出实际计算梁某一截面内力的计算方法：某截面上的剪力等于所取左段梁或右段梁上各外力的代数和；取左段梁研究时，向上外力取正，向下外力取负。取右段梁研究时，向下外力取正，向上外力取负；某截面上的弯矩等于所取梁段（左或右段）各外力、外力偶对该截面形心力矩的代数和；引起该梁段上凹下凸变形的力矩、力偶矩取正，反之取负。

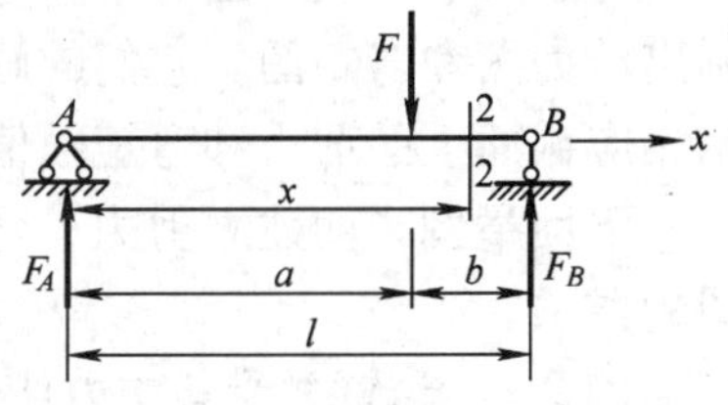

图 9-9　直接求梁的内力

例 9-1　一外伸梁如图 9-10 所示，试求 1-1、2-2、3-3 截面上的内力。

解：(1) 按平衡条件可求出支座反力

$$\sum M_B=0 \qquad F_C=\frac{3}{4}qa$$

$$\sum F_y=0 \qquad F_B=\frac{7}{4}qa$$

其方向如图 9-10 所示。

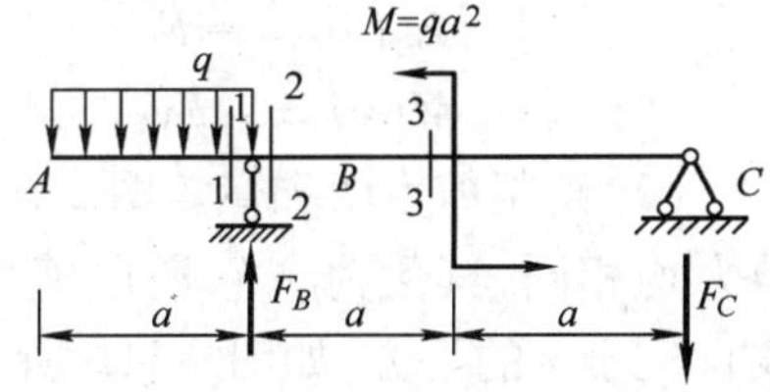

图 9-10　例 9-1 图

(2) 求 1-1 截面上的剪力和弯矩。取该截面左段梁上的外力来计算，依据上述计算方法，得

$$F_{S1}=-qa,\qquad M_1=-\frac{1}{2}qa^2$$

截面 1-1 上的剪力为负值，说明该截面上的剪力使左段梁发生逆时针转动，弯矩为负值

说明梁在该截面处变形凸向上。

（3）求2-2，3-3截面上的剪力和弯矩。取右段梁计算较为简便，依据上述计算方法，得

$$F_{S2}=F_C=\frac{3}{4}qa$$

$$M_2=M-F_C2a=-\frac{1}{2}qa^2$$

$$F_{S3}=F_C=\frac{3}{4}qa$$

$$M_3=qa^2-F_Ca=\frac{1}{4}qa^2$$

截面3-3上的剪力为正值，说明该截面上的剪力使右段梁发生顺时针转动，弯矩为正值说明梁在该截面处变形凸向下。

9.3.2 剪力方程和弯矩方程，剪力图和弯矩图

上述分析表明，在一般情况下，梁横截面上的剪力和弯矩是随着横截面位置而变化的。设横截面沿梁轴线的位置用坐标 x 表示，则梁各个横截面上的剪力和弯矩可以表示为坐标 x 的函数，即

$$F_S=F_S(x)\qquad\qquad M=M(x)$$

上述的关系式分别称为剪力方程和弯矩方程。

为了形象地表示出剪力和弯矩沿梁轴的变化规律，可以根据剪力方程和弯矩方程分别绘制出剪力图和弯矩图。它们的画法是：以沿梁轴的横坐标 x 表示梁横截面位置，以纵坐标表示相应截面上的剪力和弯矩数值。按照一定的比例画出函数图线。

下面举例说明建立剪力、弯矩方程和绘制剪力图和弯矩图的方法。

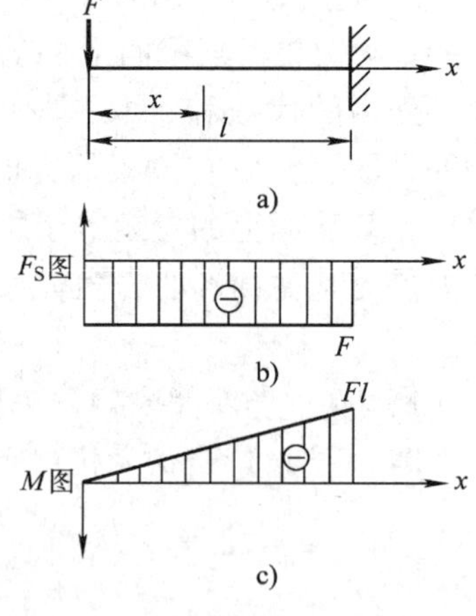

图9-11　例9-2图

例9-2　悬臂梁受集中力作用，如图9-11a所示，试列出该梁的剪力方程、弯矩方程并作剪力图和弯矩图。

解：（1）列剪力方程和弯矩方程。设 x 轴沿梁的轴线，以 A 点为坐标原点，取距原点为 x 的截面左侧的梁段研究，根据剪力和弯矩的计算方法，求得 x 截面上的剪力和弯矩分别为

$$F_S(x)=-F\qquad(0<x<l)\qquad①$$

$$M(x)=-Fx\qquad(0\leqslant x<l)\qquad②$$

（2）绘制剪力图和弯矩图。由式①表明，梁各横截面上的剪力均相同，其值为 $-F$，所以剪力图是一条平行于 x 轴的直线且位于 x 的下方，如图9-11b所示。

弯矩方程式②表明，$M(x)$ 是 x 的线性函数，因而弯矩图是一斜直线，只需确定其上两点：例如 $x=0$ 处，$M=0$　$x=l$ 处，$M=-Fl$　由此，便可绘出弯矩图（见图9-11c）。

由图9-11c、b可见，在固定端处横截面上的弯矩为最大值 $|M_{max}|=Fl$，各截面上的剪力均相同。

例9-3　简支梁受集中力 F 作用，如图9-12a所示。试列出该梁的剪力方程、弯矩方程并作剪力图和弯矩图。

解：（1）求支反力。由平衡方程

$\sum M_B=0$　　和　　$\sum M_A=0$　　分别算得支反力为

$$F_A=\frac{Fb}{l}\qquad\qquad F_B=\frac{Fa}{l}$$

支反力的方向如图 9-12a 所示。

（2）列剪力方程和弯矩方程。以梁的左端 A 为坐标原点，x 轴沿梁的轴线，如图 9-12a 所示。集中力 F 作用于 C 点，梁在 AC 和 CB 两段内受力情况不同，所以要分两段列出剪力方程和弯矩方程。

AC 段：取距原点相距为 x_1 的任意截面（见图 9-12a），在该截面左侧梁段上只有向上外力 F_A，根据剪力和弯矩的计算方法，可求得该梁段各截面上的剪力和弯矩分别为

$$F_S(x_1)=F_A=\frac{Fb}{l}\qquad(0<x_1<a)\qquad ①$$

$$M(x_1)=F_Ax_1=\frac{Fb}{l}x_1\qquad(0\leqslant x_1\leqslant a)\qquad ②$$

CB 段：仍以 A 为坐标原点，在 CB 段内取距原点相距为 x_2 的任意截面（见图 9-12a），在该截面左侧梁段上有向上的外力 F_A 和向下的力 F，所以 CB 段任意截面上的剪力、弯矩方程分别为

$$F_S(x_2)=F_A-F=-\frac{Fa}{l}\qquad(a<x_2<l)\qquad ③$$

$$M(x_2)=F_Ax_2-F(x_2-a)=\frac{Fb}{l}x_2-F(x_2-a)\qquad(a\leqslant x_2\leqslant l)\qquad ④$$

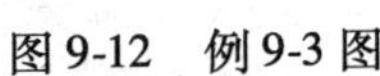
图 9-12　例 9-3 图

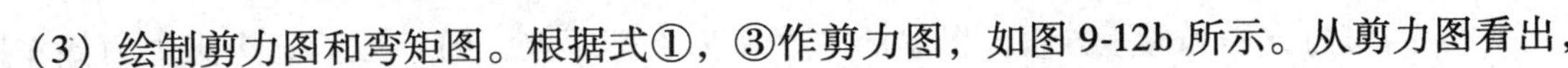
（3）绘制剪力图和弯矩图。根据式①，③作剪力图，如图 9-12b 所示。从剪力图看出，当 $a>b$，则 $|F_S|_{max}=\frac{a}{l}F$。

根据式②，式④作弯矩图，如图 9-12c 所示。从弯矩图看出，$M_{max}=Fab/l$（在集中力 F 作用的 C 截面处）。当 $a=b=l/2$ 时，则最大弯矩发生在梁中点截面处，其值为 $M_{max}=Fl/4$。

从剪力图和弯矩图中可以看到，在集中力作用处（C 截面），其左右两侧横截面上的弯矩相同，而剪力则发生突变，突变值等于该集中力之值。

例 9-4　图 9-13a 所示简支梁，在全梁上受均布荷载 q 的作用，试列出剪力方程、弯矩方程并作剪力图和弯矩图。

解：（1）求支反力。由对称关系，可得

$$F_A=F_B=\frac{1}{2}ql$$

（2）列剪力方程和弯矩方程。取距左端为 x 的任

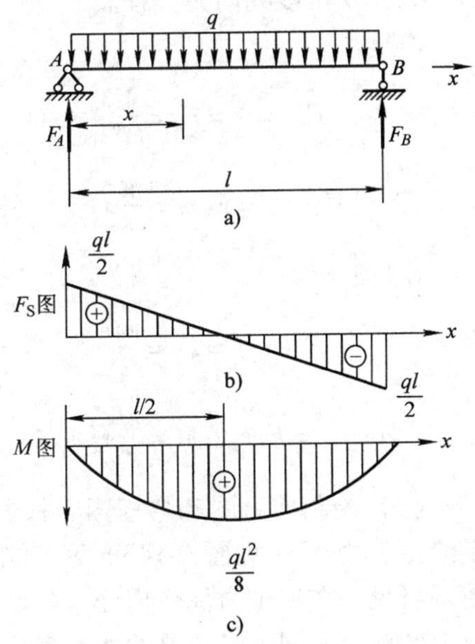

图 9-13　例 9-4 图

意横截面（见图 9-13a），此截面上的剪力和弯矩分别为

$$F_S(x)=F_A-qx=\frac{1}{2}ql-qx \qquad (0<x<l) \qquad ①$$

$$M(x)=F_Ax-qx\frac{1}{2}x=\frac{1}{2}qlx-\frac{1}{2}qx^2 \qquad (0\leqslant x\leqslant l) \qquad ②$$

式①表示剪力图是一条斜直线，只要确定其上两点$\left(当\ x=0\ 时，F_S=\frac{1}{2}ql；当\ x=l\ 时，F_S=-\frac{1}{2}ql\right)$，便可将其绘出（见图 9-13b）。

式②表示弯矩图为一抛物线，由解析几何知识可确定几点，如

当 $x=0$ 时 $\qquad M_A=0$

当 $x=\frac{l}{2}$ 时 $\qquad M_C=\frac{1}{8}ql^2$

当 $x=l$ 时 $\qquad M_B=0$ 等，便能绘出该抛物线（见图 9-13c）。

由图可见，受均布荷载的简支梁，两端面处的剪力值最大 $|F_S|_{max}=\frac{1}{2}ql$，$M_{max}$发生在剪力为零的跨中截面处，$|M|_{max}=\frac{1}{8}ql^2$。

例 9-5 简支梁受集中力偶作用，如图 9-14a 所示，试列出剪力方程、弯矩方程并作剪力图和弯矩图。

解：(1) 求支反力。由力偶的平衡条件 $\sum M=0$ 可求得支反力分别为

$$F_A=\frac{M}{l}, \qquad F_B=\frac{M}{l}$$

(2) 列剪力方程和弯矩方程。以梁的左端 A 为坐标原点，因 C 截面处有集中力偶作用，分 AC、CB 两段列内力方程。

AC 段：

$$F_S(x_1)=F_A=\frac{M}{l} \qquad (0<x_1\leqslant a) \qquad ①$$

$$M(x_1)=F_Ax_1=\frac{M}{l}x_1 \qquad (0\leqslant x_1<a) \qquad ②$$

CB 段：

$$F_S(x_2)=F_A=\frac{M}{l} \qquad (a\leqslant x_2\leqslant l) \qquad ③$$

$$M(x_2)=F_Ax_2-M=\frac{M}{l}x_2-M \qquad (a<x_2\leqslant l) \qquad ④$$

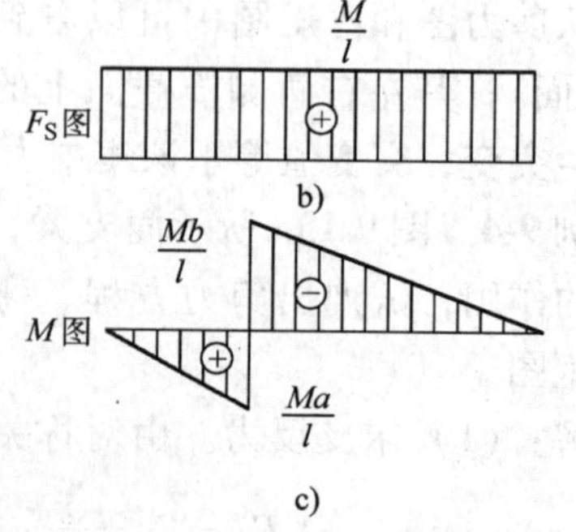

图 9-14 例 9-5 图

(3) 绘制剪力图和弯矩图。根据以上方程式，可分别绘出剪力图（见图 9-14b）和弯矩图（见图 9-14c）。由图可见，在集中力偶作用处（C 点），其左、右两侧截面上的剪力相同，且全梁的剪力都相等，$F_{Smax}=M/l$；弯矩发生突变，突变值等于该集中力偶之值，在集中力偶

作用左侧（$a<b$），$|M|_{\max}=\frac{M}{l}a$。

9.4 弯矩、剪力与荷载集度间的关系

在例9-4中，对弯矩$M(x)$、剪力$F_S(x)$和荷载集度q作进一步探讨，可以发现，它们之间存在着一定的内在联系。若对该例中弯矩方程②求导，得$dM(x)/dx=ql/2-qx$这恰是剪力方程①，即$dM(x)/dx=F_S(x)$若对剪力方程①求导，得$dF_S(x)/dx=-q$又恰是均布荷载q。上式中的负号表示均布荷载向下。

上述各函数间的微分关系，反映着一种普遍的规律。现从一般情况加以论证。

设梁上有任意分布的荷载$q(x)$(见图9-15a)，规定向上为正。x轴坐标原点取在梁的左端，在距x截面处取一微段梁dx，则dx梁段上的荷载如图9-15b所示。因dx为微量，可认为其上的分布荷载是均布的。

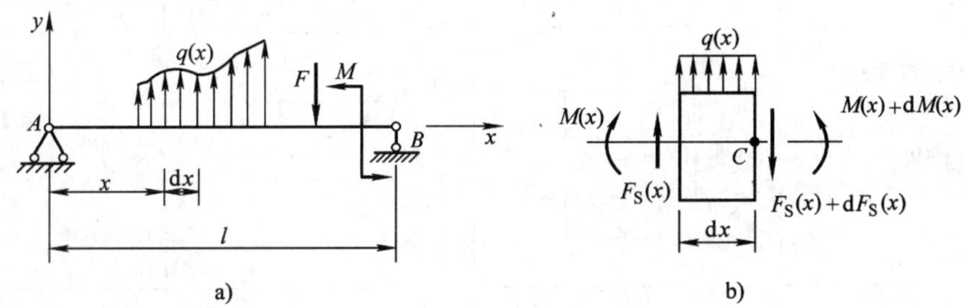

图9-15 q、F_S、M的微分关系

由于梁整体处于平衡状态，则微段梁在所有力作用下也必然处于平衡状态。

由平衡方程 $\sum F_y=0$，

得
$$F_S(x)-[F_S(x)+dF_S(x)]+q dx=0$$

即
$$\frac{dF_S(x)}{dx}=q \tag{9-1}$$

由 $\sum M_C=0$，

得
$$[M(x)+dM(x)]-M(x)-F_S(x)dx-q dx\frac{dx}{2}=0$$

略去二阶微量$q\frac{1}{2}dx^2$，得

$$\frac{dM(x)}{dx}=F_S(x) \tag{9-2}$$

将式(9-2)两端再求导，得

$$\frac{d^2M(x)}{dx^2}=q \tag{9-3}$$

利用这些关系并综合上节各例题，可以得出以下一些推论，应用这些推论对正确绘制或校核剪力图和弯矩图有很大的帮助。

1）梁上无均布荷载时，即$q=0$，由式(9-1)，式(9-2)知$F_S=$常数，$M(x)$为x一次函数。故此时的剪力图为一水平线，弯矩图为一斜直线，倾斜方向由剪力值的正负号决定。

2）梁上有均布荷载作用时，即 $q=$常数，由式(9-1)知 $F_S(x)$是 x 的一次函数，剪力图为一斜直线，斜直线的倾斜方向(斜率)由 q 的正负号决定。而由式(9-3)知，$M(x)$是 x 的二次函数，当 $q>0$ 时，弯矩图为上凸的二次抛物线，当 $q<0$ 时，为下凸的二次抛物线。

3）若梁上一截面的剪力为零，由式（9-2）知，该截面的弯矩是一个极值，但就全梁来说，这个极值不一定就是全梁的最大值或最小值。

4）梁上有集中力作用处，剪力图有突变，突变值等于该集中力的数值。剪力的变化引起弯矩图斜率的变化，故弯矩图有尖角。

5）集中力偶作用处，剪力图无变化，弯矩图有突变，突变值等于该集中力偶的数值。

上述规律汇总整理见表 9-1，以供参考。

表 9-1　梁的荷载、剪力图、弯矩图之间的关系

	梁上荷载情况	剪　力　图	弯　矩　图	M_{max} 可能位置
1	无均布荷载作用  $q=0$	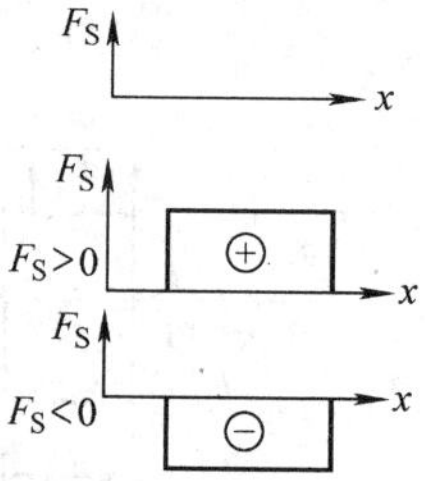 F_S / x；$F_S>0$ ⊕；$F_S<0$ ⊖	M 图为斜直线 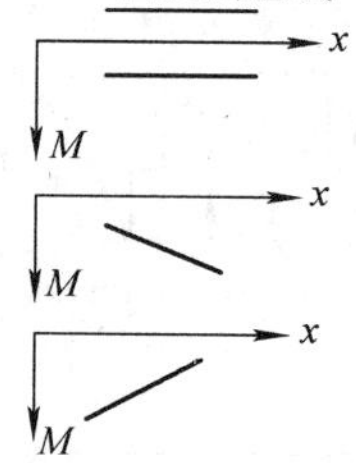	端点截面
2	均布荷载向上作用 $q>0$ 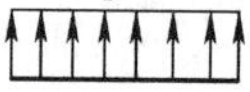	上斜直线 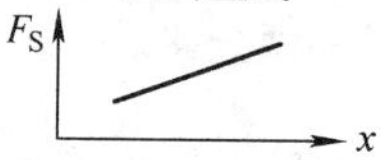	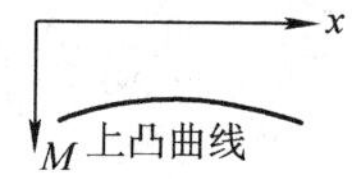 上凸曲线	在 $F_S=0$ 的截面
3	均布荷载向下作用 $q<0$	下斜直线 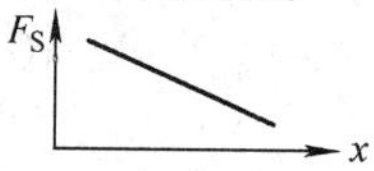	 下凸曲线	在 $F_S=0$ 的截面
4	集中力作用 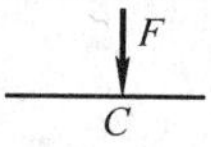 F C	C 截面有突变 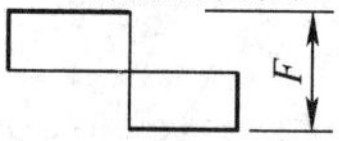 F	C 截面有转折 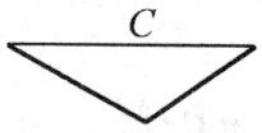 C	在剪力变号的截面
5	集中力偶作用 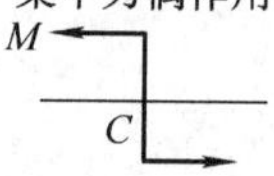 M C	C 截面无突变	C 截面有突变 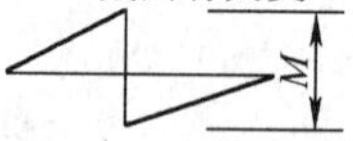 M	$C_{左}$ 或 $C_{右}$ 截面

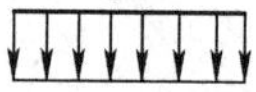

例 9-6　试绘图 9-16a 所示梁的剪力图和弯矩图。

解：（1）求支反力

由　$\sum M_A=0 \quad F_C\times 4\text{m}-2\text{kN/m}\times 4\text{m}\times 2\text{m}-4\text{kN}\cdot\text{m}=0$

得　$F_C=5\text{kN}$

由　$\sum F_y=0 \quad F_A+5\text{kN}-2\times 4\text{kN}=0$

得　$F_A=3\text{kN}$

根据梁的外力作用，将全梁分为 AC、CB 两段。

（2）画剪力图。AC 段，q = 常量且小于零，所以 AC 段剪力图为一向下倾斜的斜直线 $F_{SA右} = F_A = 3kN$，$F_{SC左} = -F_C = -5kN$，由此可画出 AC 段的剪力图，如图 9-16b 所示。CB 段 $q = 0$ 且无集中力作用，$F_{SC右} = 0$ 为一水平线。在 C 截面处有集中力 F_C 作用，剪力图向上突变 5kN 与集中力 F_C 值相同。

（3）画弯矩图。AC 段，q 等于常量且小于零，弯矩图为二次抛物线，且抛物线凸向下，$M_A = 0$，$M_C = M = -4kN \cdot m$。此外，再算出 $F_S = 0$ 截面上的弯矩。设该截面距 A 端为 x，则 $F_A - 2x = 0$，所以 $x = 1.5m$。$M_{x=1.5m} = 2.25kN \cdot m$ 该弯矩值为抛物线的顶点。由此可画出 AC 段的弯矩图。BC 段，$M_{B左} = -4kN \cdot m$ = 常量，弯矩图为一水平线。且在 B 截面处有集中力偶，弯矩图发生突变，突变值等于该集中力偶矩的值。全梁的弯矩图如图 9-16c 所示。

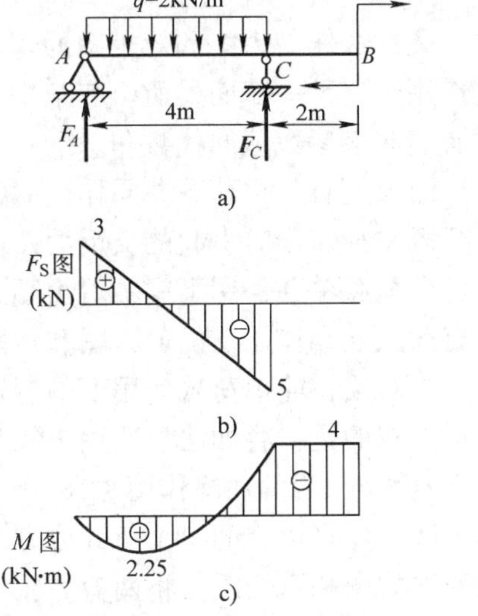

图 9-16　例 9-6 图

例 9-7　外伸梁如图 9-17a 所示。$q = 20kN/m$，$F = 20kN$，$M = 160kN \cdot m$，绘制此梁的剪力图和弯矩图。

解：（1）求支反力

由　$\sum M_A = 0$　　$F_B \times 10m + 160kN \cdot m - 20kN/m \times 10m \times 7m - 20kN \times 12m = 0$

得　$F_B = 148kN$

由　$\sum M_B = 0$　　$160kN \cdot m - F_A \times 10m + 20kN/m \times 10m \times 3m - 20kN \times 2m = 0$

得　$F_A = 72kN$

由　$F_y = 0$ 校核　$F_A + F_B - q \times 10m - F = 0$

F_A，F_B 计算结果正确。

根据梁上的外力作用情况，全梁分为 AC、CB 和 BD 3 段画内力图。

（2）画剪力图。AC 段，因该段梁上无均布荷载，剪力图为一水平直线，取 $F_{SA右} = F_A = 72kN$。CB 段，q = 常量且小于零，所以 CB 段的剪力图为一向下倾斜的斜直线，$F_{SC} = F_A = 72kN$，$F_{SB左} = -88kN$。C 截面集中力偶 M 对该段剪力图无影响。BD 段，同 CB 段类似，为一向下倾斜的直线，B 截面有集中力作用，剪力图向上突变，突变值为 $F_B = 148kN$，$F_{SB右} = 60kN$，$F_{SD左} = 20kN$，全梁的剪力图如图 9-17b 所示。

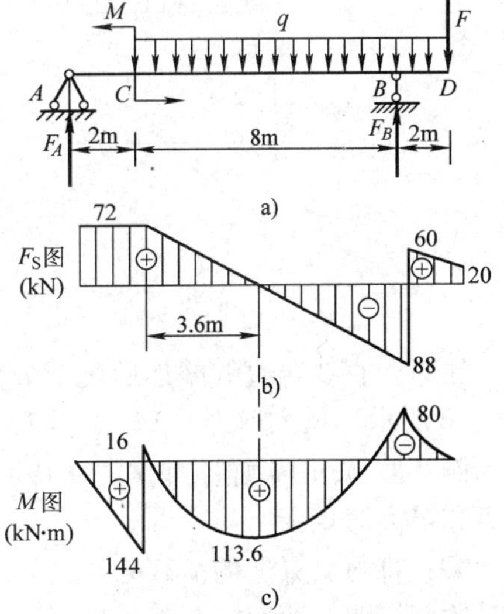

图 9-17　例 9-7 图

（3）画弯矩图。AC 段剪力图为水平线，弯矩图为斜直线，由 $M_A = 0$，$M_{C左} = 144kN \cdot m$ 可绘出该段弯矩图。因 C 截面有逆时针的集中力偶，故弯矩图有向上的突变，突变值为 $160kN \cdot m$。CB 段弯矩图为二次抛物线。在 $F_S = 0$ 处为抛物线的顶点，按上例方法同样可求得该截面的弯矩值为 $113.6kN \cdot m$。由此可绘出 CB 段的弯矩图。同样，BD 段的弯矩图也是一条抛物线，由 $M_B = 80kN \cdot m$，$M_D = 0$ 可绘出该段梁的弯矩图。全梁的弯矩图如图 9-17c 所示。

9.5 叠加法作剪力图和弯矩图

叠加法作剪力图和弯矩图的理论依据是叠加原理。所谓叠加原理，指的是由几个外力共同作用时，某一截面处所引起某一参数（如内力，应力或变形等），等于每个外力单独作用时所引起该参数值的代数和。

当梁上有几个荷载共同作用时，在线弹性、小变形情况下，梁的支反力及内力等于每一个荷载单独作用时引起的支反力及内力的代数和。由此在作剪力图和弯矩图时，可先分别作出各个荷载单独作用下梁的剪力图、弯矩图，然后将横坐标对齐，纵坐标叠加，即得到梁在所有荷载共同作用下的剪力图和弯矩图。

当对梁在简单荷载作用下的弯矩图比较熟悉时，用叠加法作内力图是很方便的。另外，值得注意的是：叠加法只适用于线弹性范围。

例 9-8 用叠加法作图 9-18a 所试悬臂梁的内力图。

解：先将梁上的每个荷载分开（如图 9-18a），分别作只有集中力和只有均布荷载作用下的剪力图和弯矩图。将两剪力图和两弯矩图分别叠加，正负号不同的纵坐标相互抵消一部分，最终的图形为叠加后的剪力图和弯矩图。

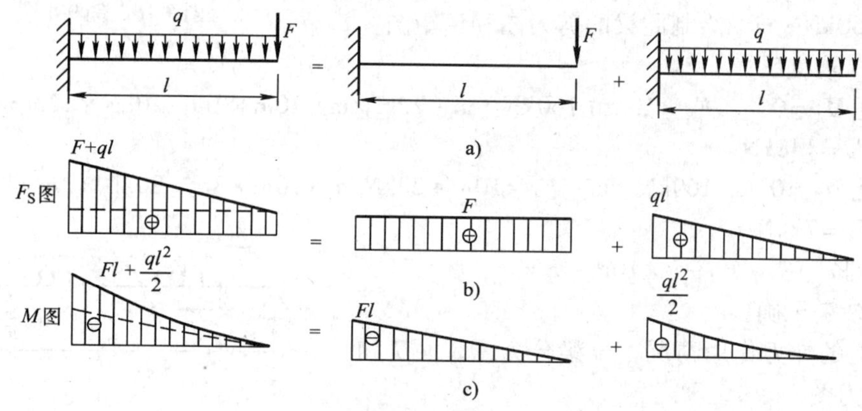

图 9-18 例 9-8 图

注意，直线与直线叠加后仍为直线，直线与曲线或曲线与曲线叠加后为曲线。如图 9-18b、c 所示。最大剪力 $|F|_{Smax}=F+ql$，最大弯矩 $|M|_{max}=Fl+ql^2/2$。

例 9-9 试用叠加原理作图 9-19a 所示简支梁的弯矩图，并令 $M=ql^2/8$，计算梁的极值弯矩和最大弯矩。

解：将简支梁上的荷载分开，如图 9-19a 所示，分别作只有集中力偶和只有均布荷载作用时的弯矩图，两弯矩图正负号不同，叠加结果如图 9-19b。

当 $M=ql^2/8$ 时，计算极值弯矩。首先确定支座 A 的反力，由 $\sum M_B=0$，得

$$F_A=\frac{M}{l}+\frac{ql}{2}=\frac{5}{8}ql$$

极值弯矩所在的截面剪力为零，因此

$$F_S(x)=F_A-qx=\frac{5}{8}ql-qx=0$$

$$x = \frac{5}{8}l$$

此截面的极值弯矩

$$M = F_A x - M - \frac{qx^2}{2} = \frac{9}{128}ql^2$$

如图 9-19b 所示，全梁的最大弯矩在 $x = 0$ 截面上，$|M|_{max} = ql^2/8$。

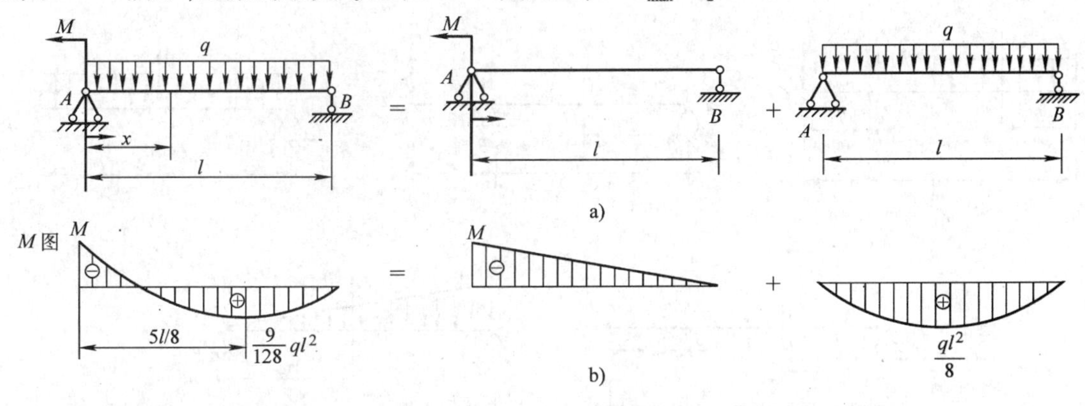

图 9-19　例 9-9 图

小　　结

1. 本章应首先掌握平面弯曲的基本概念及梁结构的简化原则。

2. 熟记剪力、弯矩的定义及正负号规定。

3. 学会用截面法计算梁指定截面上的内力值；熟练掌握求指定截面上内力值的计算法则。

4. 剪力方程、弯矩方程的建立，特别是剪力图、弯矩图的绘制是本章的重点和难点。

5. 在建立剪力方程、弯矩方程时，通常以梁的左端为坐标原点，x 轴沿梁的轴线方向。

6. 在绘制剪力图、弯矩图时应掌握均布荷载 q、剪力 F_S、弯矩 M 之间的微分关系，即 $\frac{dF_S}{dx} = q$，$\frac{dM}{dx} = F_S$，$\frac{d^2M}{dx^2} = q$。从而分析各种荷载作用下梁上各段内力图的形状特征。

7. 根据各段内力图的形状特征绘制内力图时应特别注意的是：在集中力作用处，剪力图要突变，突变的大小等于该处集中力的值；在集中力偶作用处弯矩图要发生突变，突变的大小等于该处集中力偶的值。

8. 用叠加法绘制比较简单的弯矩图方便，而对于梁上有多种荷载或受力比较复杂的情况下，叠加法不一定方便。

习　　题

9-1　求图示中各梁指定截面上的剪力和弯矩。

9-2　写出图中各梁的剪力方程和弯矩方程，并作出剪力图和弯矩图。

9-3　用简易法作图中各梁的剪力图和弯矩图。

9-4　试比较图中三组梁的最大弯矩值（指绝对值），从比较中你可以得出什么结论。

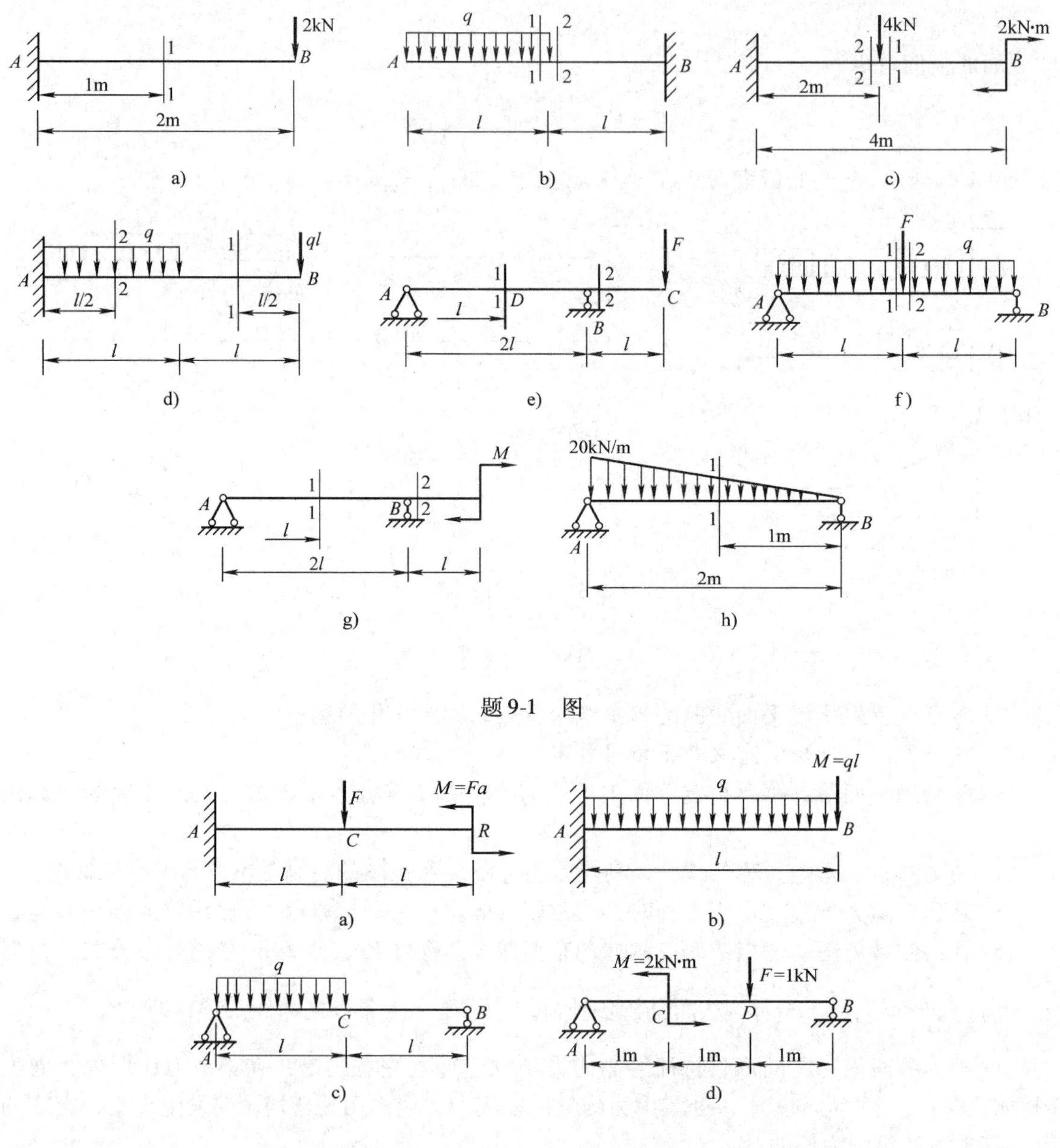

题 9-1　图

题 9-2　图

9-5　试判断图示中各题的 F_S 图、M 图是否有错，如有错请加以改正。

9-6　试用叠加法作图示各梁的弯矩图。

9-7　试推导图中梁受均布弯曲力偶 M 作用时的荷载与剪力、弯矩之间的微分关系。

9-8　如图所示，一悬臂梁承受沿梁全长作用的均布荷载，梁的弯矩方程为 $M(x)=ax^3+bx^2+c$，其中 a、b 和 c 为有量纲的常数，x 的坐标原点取在梁的自由端，试求均布荷载的集度，并说明常数 c 的力学含义。

9-9　如欲使图示外伸梁的跨度中点处的正弯矩值等于支点处的负弯矩值，则支座到端点的距离 l_0 与梁长 l 的比应为多少？

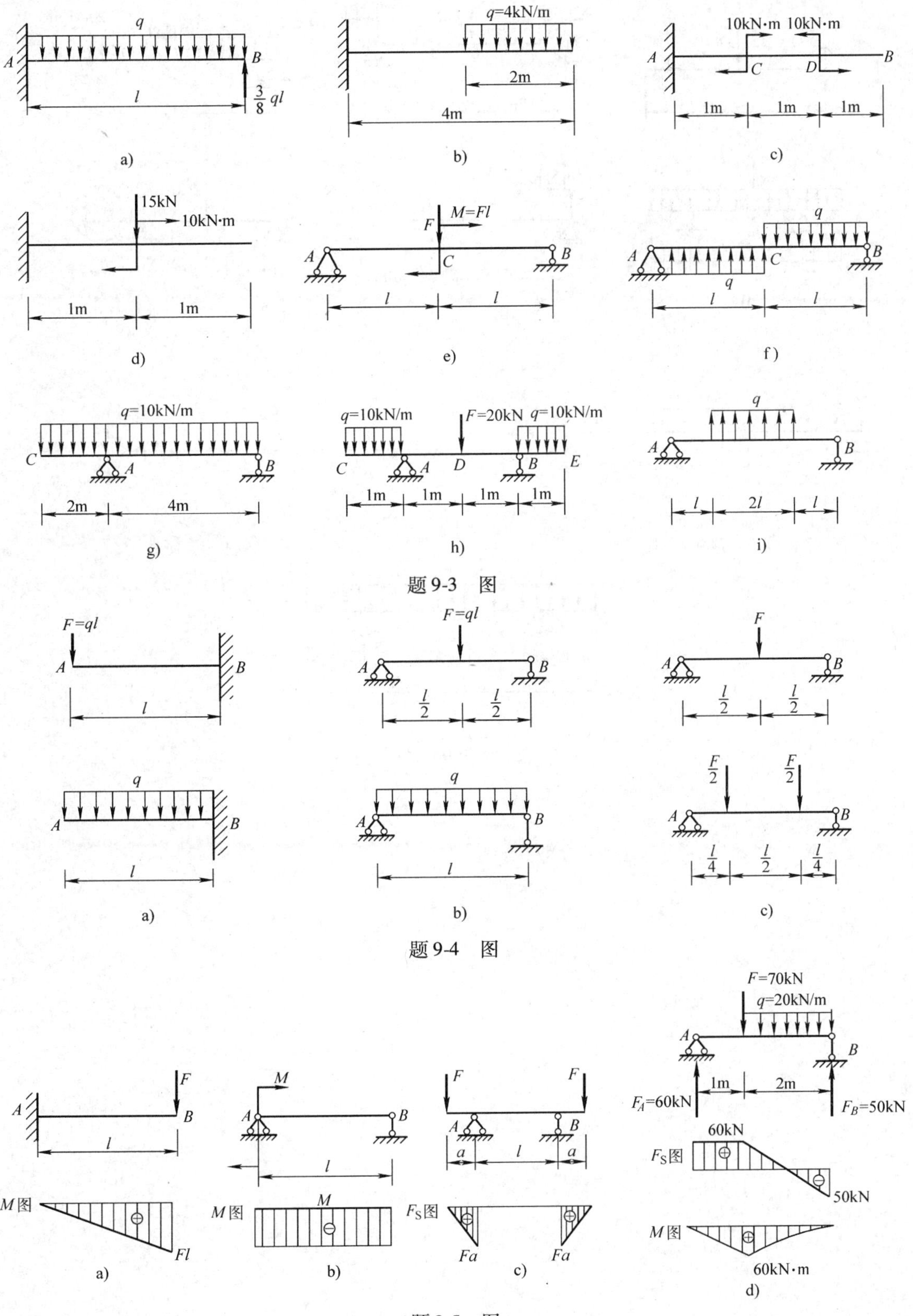

题 9-3 图

题 9-4 图

题 9-5 图

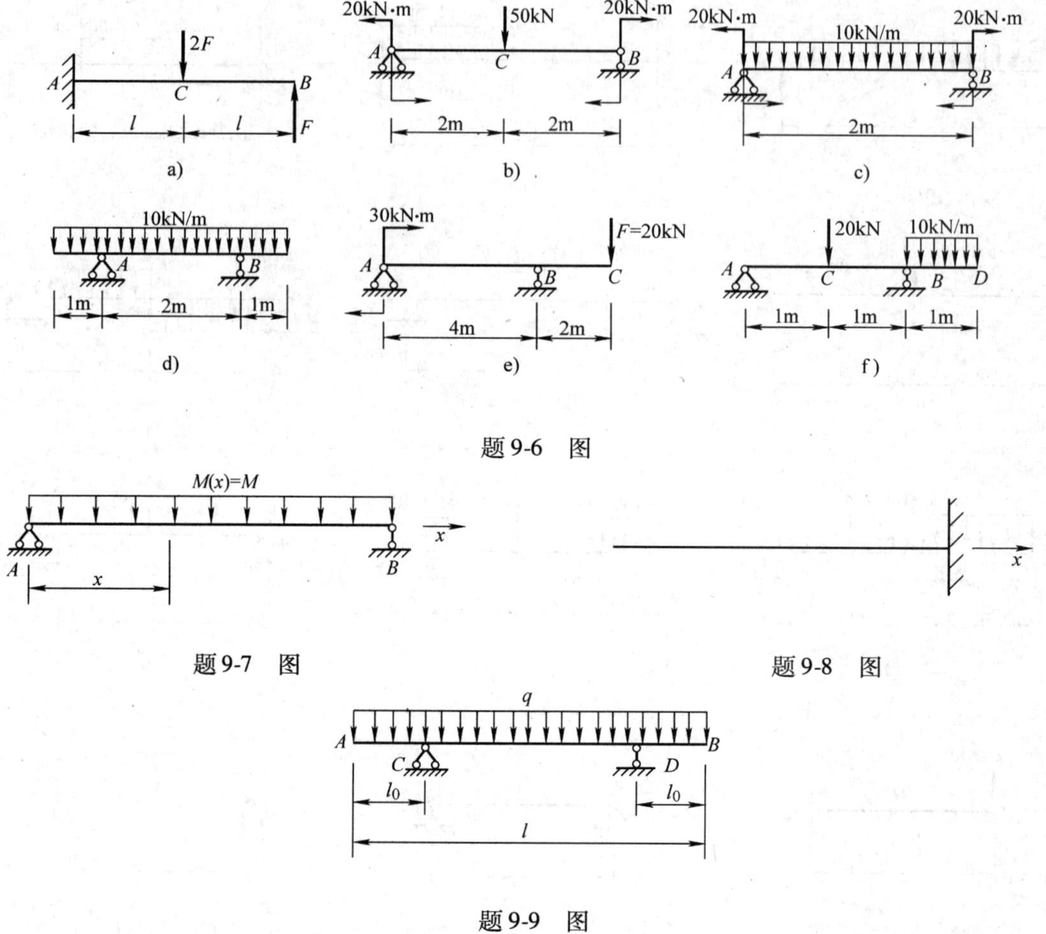

题 9-6　图

题 9-7　图

题 9-8　图

题 9-9　图

第 10 章　截面几何性质

构件在外力作用下产生的应力和变形，都与截面的形状和尺寸有关。与平面图形几何形状和尺寸有关的几何量，如杆件截面的横截面积 A（与拉、压杆件计算有关）、极惯性矩 I_p（与扭转轴计算有关）、抗扭截面系数 W_p 等统称为平面图形的几何性质。平面图形的几何性质是纯粹的几何问题，与研究对象的力学性质无关，但它是杆件强度、刚度计算中不可缺少的几何参数。本章着重讨论其他一些平面图形几何性质如静矩、惯性矩、惯性积等几何量的概念和计算方法。

10.1　静矩和形心

10.1.1　静矩

如图 10-1 所示为一任意形状的平面图形，其面积为 A，在平面图形内选取坐标系 zOy。在坐标(z,y)处取微面积 dA，则微面积 dA 与坐标 y(或坐标 z)的乘积称为微面积 dA 对轴 z(或 y 轴)的静矩，记作 dS_z(或 dS_y)，即

$$dS_z = y dA, \qquad dS_y = z dA$$

平面图形上所有微面积对 z 轴（或 y 轴）的静矩之和，称为该平面图形对 z 轴（或 y 轴）的静矩，用 S_z（或 S_y）表示，即

$$\left.\begin{aligned} S_z &= \int_A dS_z = \int_A y dA \\ S_y &= \int_A dS_y = \int_A z dA \end{aligned}\right\} \tag{10-1}$$

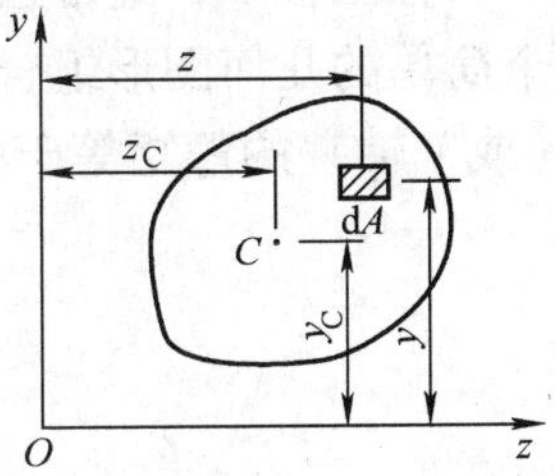

图 10-1　静矩计算的平面图形

式（10-1）积分遍及整个面积 A，故静矩也称作面积的一次矩或面积矩。从上述定义可以看出，平面图形的静矩是对指定的坐标轴而言的。同一平面图形对不同的坐标，其静矩显然不同。静矩的数值可能为正、负，也可能为零。静矩的单位是 m^3 或 mm^3。

10.1.2　形心

现设平面图形的形心 C 的坐标为 z_C、y_C。由于均质平面的重心与形心重合，可得到求平面图形形心的坐标的公式为

$$\left.\begin{aligned} z_C &= \frac{\sum \Delta A z}{A} \\ y_C &= \frac{\sum \Delta A y}{A} \end{aligned}\right\}$$

在上式中，面积 ΔA 取得越小，形心坐标就越精确。故在 $\Delta A \to 0$ 的极限情况下，图形形心坐标的精确公式可写成积分形式，即

$$\left.\begin{aligned} z_C &= \frac{\int_A z dA}{A} \\ y_C &= \frac{\int_A y dA}{A} \end{aligned}\right\}$$

将式（10-1）代入上式，得

$$\left.\begin{aligned} z_C &= \frac{S_y}{A} \\ y_C &= \frac{S_z}{A} \end{aligned}\right\} \tag{10-2}$$

可将上式改写为

$$\left.\begin{aligned} S_z &= Ay_C \\ S_y &= Ay_C \end{aligned}\right\} \tag{10-3}$$

由式（10-3）可见，平面图形对 z 轴（或 y 轴）的静矩，等于该图形面积 A 与其形心坐标 y_C（或 z_C）的乘积。对于形心位置已知的截面图形，如矩形、圆形及三角形等截面，可直接用式（10-3）来计算静矩。当坐标轴通过平面图形的形心时，其静矩为零；反之，若平面图形对某轴的静矩为零，则该轴必通过平面图形的形心。

如果平面图形具有对称轴，对称轴必然是平面图形的形心轴；故平面图形对其对称轴的静矩必等于零。

10.1.3 组合图形的静矩

在工程中，经常遇到工字形、T 形、环形等横截面的构件，这些构件的截面图形是由几个简单的几何图形组合而成的，称为组合图形。根据平面图形静矩的定义，组合图形对 z 轴（或 y 轴）的静矩等于各简单图形对同一轴静矩的代数和，即

$$\left.\begin{aligned} S_z &= \sum_{i=1}^{n} A_i y_{Ci} \\ S_y &= \sum_{i=1}^{n} A_i z_{Ci} \end{aligned}\right\} \tag{10-4}$$

式中　y_{Ci}、z_{Ci}及 A_i——各简单图形的形心坐标和面积；

n——组成组合图形的简单图形的个数。

将式（10-4）代入式（10-2），可得组合图形形心的坐标计算公式，即

$$z_C = \frac{\sum_{i=1}^{n} A_i z_{Ci}}{\sum_{i=1}^{n} A_i} \tag{10-5a}$$

$$y_C = \frac{\sum_{i=1}^{n} A_i y_{Ci}}{\sum_{i=1}^{n} A_i} \tag{10-5b}$$

例 10-1　矩形截面尺寸如图 10-2 所示。试求该矩形对 z_1 轴的静矩 S_{z1}和对形心轴 z 的静矩 S_z。

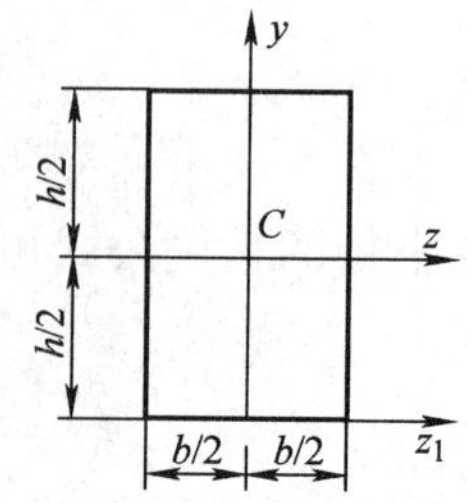

图 10-2　例 10-1 图

解：（1）计算矩形截面对 z_1 轴的静矩。由式（10-3）可得

$$S_{z1} = Ay_C = bh\frac{h}{2} = \frac{bh^2}{2}$$

（2）计算矩形截面对形心轴的静矩。由于 z 轴为矩形截面的对称轴，通过截面形心，所以矩形截面对 z 轴的静矩为

$$S_z = 0$$

例 10-2 试计算如图 10-3 所示的平面图形对 z_1 和 y_1 的静矩，并求该图形的形心位置。

解： 将平面图形看作由两个矩形 1 和 2 组成，其面积分别为

$$A_1 = 10\text{mm} \times 120\text{mm} = 1200\text{mm}^2$$

$$A_2 = 70\text{mm} \times 10\text{mm} = 700\text{mm}^2$$

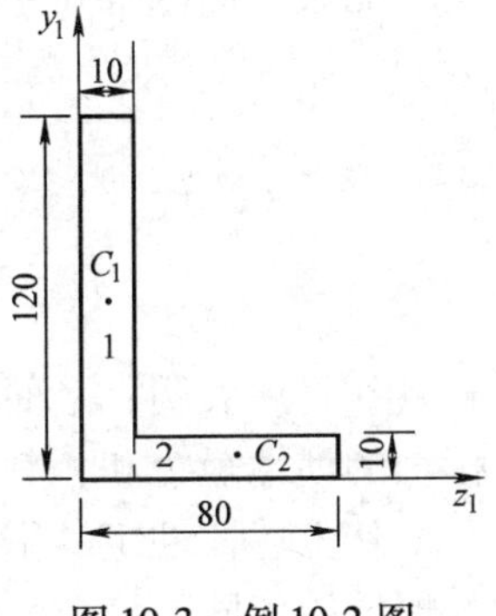

图 10-3 例 10-2 图

两个矩形的形心坐标分别为

矩形 1： $z_{C1} = \frac{10}{2}\text{mm} = 5\text{mm}$

$$y_{C1} = \frac{120}{2}\text{mm} = 60\text{mm}$$

矩形 2： $z_{C2} = \left(10 + \frac{70}{2}\right)\text{mm} = 45\text{mm}$

$$y_{C2} = \frac{10}{2}\text{mm} = 5\text{mm}$$

由式（10-4）可得该平面图形对 z_1 轴和 y_1 轴的静矩分别为

$$S_{z1} = \sum_{i=1}^{n} A_i y_{Ci} = A_1 y_{C1} + A_2 y_{C2} = 1200 \times 60\text{mm}^3 + 700 \times 5\text{mm}^3 = 7.55 \times 10^4\text{mm}^3$$

$$S_{y1} = \sum_{i=1}^{n} A_i z_{Ci} = A_1 z_{C1} + A_2 z_{C2} = 1200 \times 5\text{mm}^3 + 700 \times 45\text{mm}^3 = 3.75 \times 10^4\text{mm}^3$$

由式（10-5a）和式（10-5b）可求得该平面图形的形心坐标为

$$z_C = \frac{\sum_{i=1}^{n} A_i z_{Ci}}{\sum_{i=1}^{n} A_i} = \frac{3.75 \times 10^4}{1200 + 700}\text{mm} = 19.74\text{mm}$$

$$y_C = \frac{\sum_{i=1}^{n} A_i y_{Ci}}{\sum_{i=1}^{n} A_i} = \frac{7.55 \times 10^4}{1200 + 700}\text{mm} = 39.74\text{mm}$$

10.2 惯性矩和惯性积

10.2.1 惯性矩

设任意平面图形如图 10-4 所示，面积为 A，zOy 为平面图形所在平面内的坐标系。在平面图形内任取一微面积 dA，其坐标为（z，y），将乘积 $y^2 dA$（或 $z^2 dA$）称为微面积 dA 对 z 轴（或 y 轴）的惯性矩。整个平面图形上各微面积对 z 轴（或 y 轴）惯性矩的总和称为该平面图形对 z 轴（或 y 轴）的惯性矩，用 I_z（或 I_y）表示。惯性矩也称为**截面对轴的二次矩**。

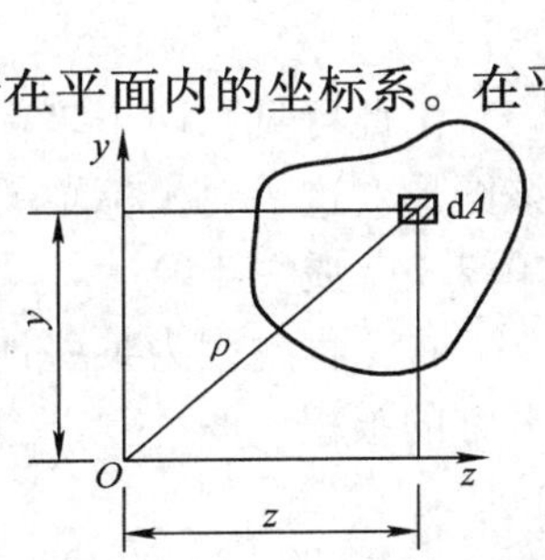

$$\left.\begin{aligned} I_z &= \int_A y^2 dA \\ I_y &= \int_A z^2 dA \end{aligned}\right\} \tag{10-6}$$

图 10-4 任意平面图形的惯性矩

由图 10-4 可以看出

$$\rho^2 = y^2 + z^2$$

而求平面图形对极点的极惯性矩的计算公式为

$$I_p = \int_A \rho^2 \mathrm{d}A$$

将 $\rho^2 = y^2 + z^2$ 代入上式，得

$$I_p = \int_A \rho^2 \mathrm{d}A = \int_A (y^2 + z^2)\mathrm{d}A = \int_A y^2 \mathrm{d}A + \int_A z^2 \mathrm{d}A = I_z + I_y \tag{10-7}$$

式（10-7）表明，平面图形对任一点的极惯性矩，等于图形对以该点为原点的任意两正交坐标轴的惯性矩之和，其值恒为正值。极惯性矩也称为截面对点的二次矩。

从上述惯性矩的定义可以看出，惯性矩也是对坐标轴而言的。同一图形对不同的坐标轴的惯性矩不同。极惯性矩是对点来说的，同一图形对不同点的极惯性矩也不相同。式（10-6）中，y^2、z^2 恒为正值，故惯性矩也恒为正值，常用单位为 m^4 或 mm^4。

简单平面图形的惯性矩可直接由式（10-6）求得。常用的一些简单图形的惯性矩可在计算手册中查到，型钢截面的惯性矩可在附录 B 型钢表中查到。

10.2.2 惯性积

在如图 10-4 所示的平面图形中，微面积 $\mathrm{d}A$ 与它的两个坐标 z、y 的乘积 $zy\mathrm{d}A$ 称为微面积 $\mathrm{d}A$ 对 z、y 两轴的惯性积。整个图形上所有微面积对 z、y 两轴惯性积的总和称为该图形对 z、y 两轴的惯性积，用 I_{zy} 表示，即

$$I_{zy} = \int_A zy\mathrm{d}A \tag{10-8}$$

惯性积是平面图形对某两个正交坐标轴而言，同一图形对不同的正交坐标轴，其惯性积不同。由于坐标值 z、y 有正负，因此惯性积可能为正或负，也可能为零。惯性积的单位为 m^4 或 mm^4。

如果坐标轴 z 或 y 中有一根是图形的对称轴，如图 10-5 中的 y 轴，在 y 轴两侧的对称位置处，各取一相同的微面积 $\mathrm{d}A$，显然，两者 y 坐标相同，而 z 坐标互为相反数。所以两个微面积的惯性积也互为相反数，它们之和为零。对于整个图形来说，它的惯性积必然为零，即

$$I_{zy} = \int_A zy\mathrm{d}A = 0$$

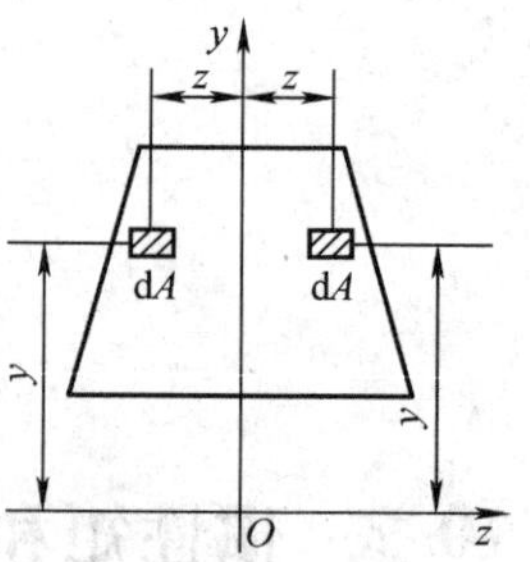

图 10-5　对称平面图形的惯性积

由此可见，两个坐标轴中只要有一根轴为平面图形的对称轴，则该图形对这一对坐标轴的惯性积一定等于零。

10.2.3 惯性半径

在工程中因为某些计算的特殊需要，常将图形的惯性矩表示为图形面积 A 与某一长度平方的乘积，即

$$\left.\begin{aligned} I_z &= i_z^2 A \\ I_y &= i_y^2 A \\ I_p &= i_p^2 A \end{aligned}\right\} \tag{10-9}$$

或改写成

$$\left.\begin{aligned} i_z &= \sqrt{\frac{I_z}{A}} \\ i_y &= \sqrt{\frac{I_y}{A}} \\ i_p &= \sqrt{\frac{I_p}{A}} \end{aligned}\right\} \qquad (10\text{-}10)$$

式中　i_z、i_y、i_p——平面图形对 z 轴、y 轴和极点的惯性半径，也叫回转半径，单位为 m 或 mm。

例 10-3　矩形截面的尺寸如图 10-6 所示。试计算矩形截面对其形心轴 z、y 的惯性距，惯性半径及惯性积。

解：（1）计算矩形截面对 z 轴和 y 轴的惯性距。取平行于 z 轴的微面积 dA，如图 10-6 所示，dA 到 z 轴的距离为 y，则

$$\mathrm{d}A = b\mathrm{d}y$$

由式（10-6），可得矩形截面对 y 轴的惯性矩为

$$I_z = \int_A y^2 \mathrm{d}A = \int_{-\frac{h}{2}}^{\frac{h}{2}} y^2 b \mathrm{d}y = \frac{bh^3}{12}$$

同理可得，矩形截面对 y 轴的惯性矩为

$$I_y = \int_A z^2 \mathrm{d}A = \int_{-\frac{b}{2}}^{\frac{b}{2}} z^2 h \mathrm{d}z = \frac{hb^3}{12}$$

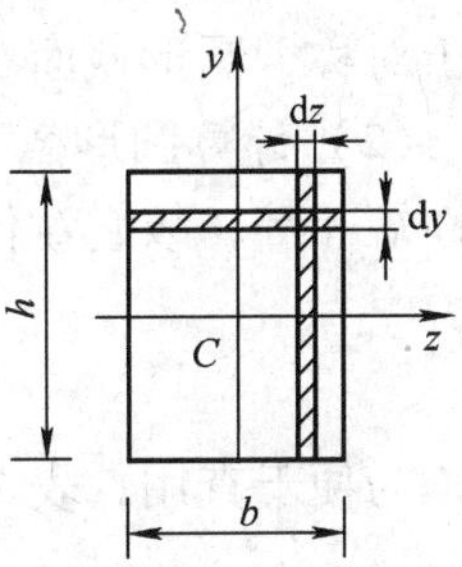

图 10-6　例 10-3 图

（2）计算矩形截面对 z 轴、y 轴的惯性半径。由式（10-10），可得矩形截面对 z 轴和 y 轴的惯性半径分别为

$$i_z = \sqrt{\frac{I_z}{A}} = \sqrt{\frac{bh^3/12}{bh}} = \frac{h}{\sqrt{12}}$$

$$i_y = \sqrt{\frac{I_y}{A}} = \sqrt{\frac{hb^3/12}{bh}} = \frac{b}{\sqrt{12}}$$

（3）计算矩形截面对 z 轴、y 轴的惯性积。因为 z 轴、y 轴为矩形截面的两根对称轴，故

$$I_{zy} = \int_A zy \mathrm{d}A = 0$$

例 10-4　直径为 D 的圆形截面如图 10-7 所示。试计算圆形对形心轴 z 轴、y 轴的惯性矩和惯性半径。

解：（1）计算圆形截面对形心轴 z 轴、y 轴的惯性矩。圆形截面对 O 点的极惯性矩为

$$I_p = \int_A \rho^2 \mathrm{d}A = \frac{\pi D^4}{32}$$

由对称性可知

$$I_y = I_z$$

由式（10-7）得

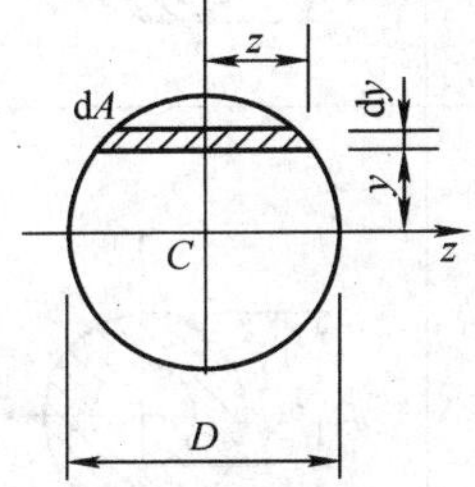

图 10-7　例 10-4 图

$$I_y = I_z = \frac{I_p}{2} = \frac{\pi D^4}{64}$$

这一结果也可直接根据式（10-6）求得。取平行于 z 轴的微小长条为微面积 dA，如图 10-7 所示，则

$$dA = 2z dy$$

而

$$z = \sqrt{\left(\frac{D}{2}\right)^2 - y^2}$$

代入式(10-6)得

$$I_z = \int_A y^2 dA = 2\int_{-\frac{D}{2}}^{\frac{D}{2}} y^2 \sqrt{\left(\frac{D}{2}\right)^2 - y^2} dy = \frac{\pi D^4}{64}$$

由于对称，圆形截面对任一根形心轴的惯性矩都等于 $\pi D^4/64$。

（2）计算圆形截面对其形心轴 z 轴、y 轴的惯性半径。由于圆形截面对任一根形心轴的惯性矩相等，故它对任一根形心轴的惯性半径也都相等，即

$$i_y = i_z = i = \sqrt{\frac{I}{A}} = \sqrt{\frac{\pi D^4/64}{\pi D^2/4}} = \frac{D}{4}$$

为便于查用，表 10-1 列出了几种常见平面图形的面积、形心和惯性矩。

表 10-1　几种常见截面图形的面积、形心和惯性矩

序号	图　形	面积 A	形心到边缘（或顶点）距离	惯性矩 I
1	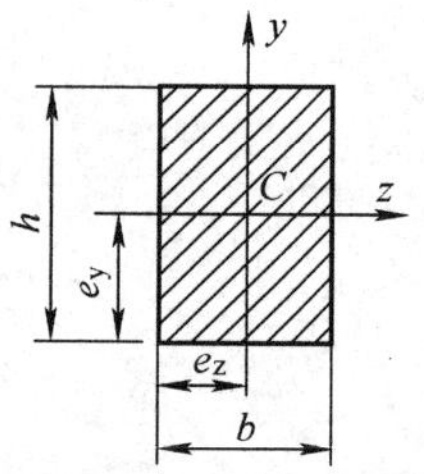 y, C, z, h, e_y, e_z, b	bh	$e_z = \frac{b}{2}$ $e_y = \frac{h}{2}$	$I_z = \frac{bh^3}{12}$ $I_y = \frac{hb^3}{12}$
2	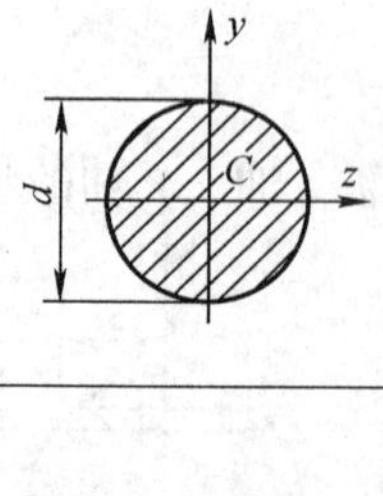 y, C, z, d	$\frac{\pi}{4}d^2$	$e = \frac{d}{2}$	$I = \frac{\pi}{64}d^4$
3	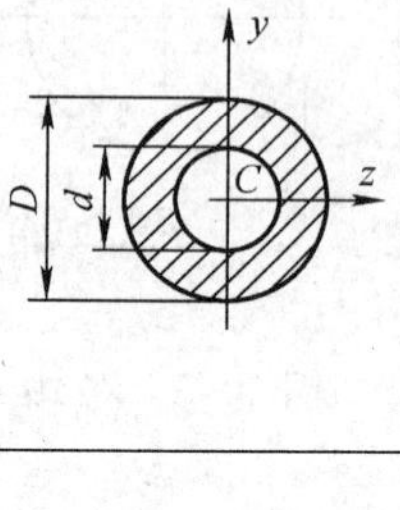 y, C, z, D, d	$\frac{\pi}{4}(D^2 - d^2)$	$e = \frac{D}{2}$	$I = \frac{\pi D^4}{64}(1 - \alpha^4)$ $\alpha = d/D$

（续）

序号	图 形	面积 A	形心到边缘（或顶点）距离	惯性矩 I
4	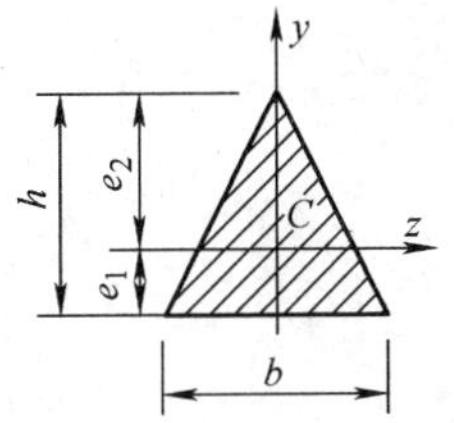	$\frac{bh}{2}$	$e_1=\frac{h}{3}$ $e_2=\frac{2h}{3}$	$I_z=\frac{bh^3}{36}$
5	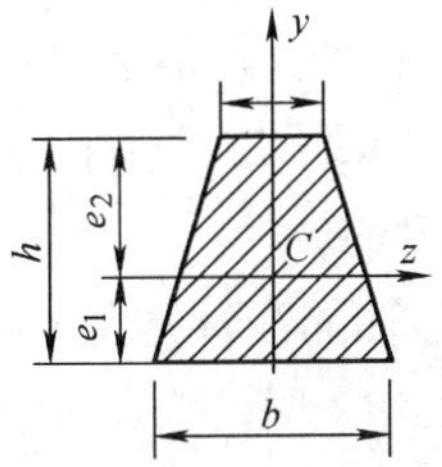	$\frac{h(a+b)}{2}$	$e_1=\frac{h(2a+b)}{3(a+b)}$ $e_2=\frac{h(a+2b)}{3(a+b)}$	$I_z=\frac{h^3(a^2+4ab+b^2)}{36(a+b)}$
6	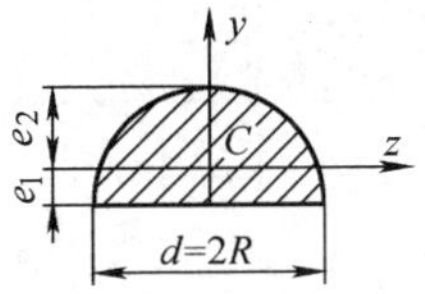	$\frac{\pi R^2}{2}$	$e_1=\frac{4R}{3\pi}$	$I_z=\left(\frac{1}{8}-\frac{8}{9\pi^2}\right)\pi R^4$ $I_y=\frac{\pi R^4}{8}$

10.3 惯性矩和惯性积的平行移轴和转轴公式

10.3.1 平行移轴公式

如前所述，同一平面图形对互相平行的两对坐标轴，其惯性矩、惯性积并不相同，但它们之间存在着一定的关系。利用这一关系可求出复杂平面图形惯性矩和惯性积。

如图 10-8 所示为一任意平面图形，图形面积为 A，设形心为 C，z 轴、y 轴是通过图形形心的一对正交坐标轴，z_1、y_1 轴是分别与 z 轴、y 轴平行的另一对正交坐标轴，且距离分别为 a 和 b，若已知图形对形心轴 z 轴、y 轴的惯性矩和惯性积分别为 I_z、I_y 及 I_{zy}。下面求该图形对 z_1、y_1 轴的惯性矩和惯性积。

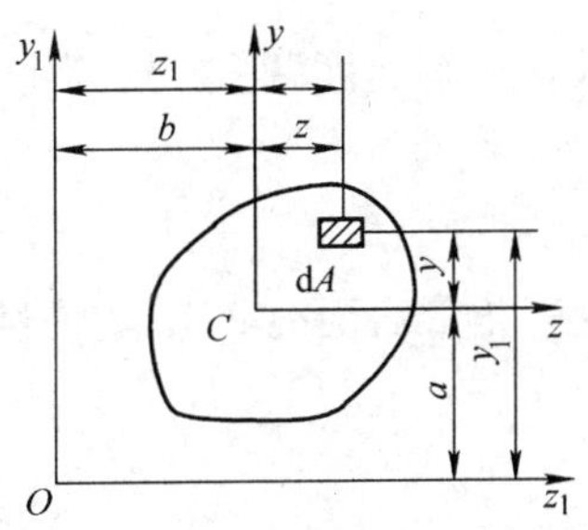

图 10-8 平行移轴公式计算

在平面图形上取微面积 dA，微面积 dA 在 z、y 和 z_1、y_1 坐标系中的坐标分别为（z，y）和（z_1，y_1），由图可见，微面积 dA 在两个坐标系中的坐标有如下关系：

$$z_1=z+b$$

$$y_1=y+a$$

根据惯性矩定义，图形对 z_1 轴的惯性矩为

$$I_{z1} = \int_A y_1^2 \mathrm{d}A = \int_A (y + a)^2 \mathrm{d}A = \int_A y^2 \mathrm{d}A + 2a\int_A y \mathrm{d}A + a^2\int_A \mathrm{d}A$$

其中

$$\int_A y^2 \mathrm{d}A = I_z$$

$$\int_A y \mathrm{d}A = S_z = 0$$

$$\int_A \mathrm{d}A = A$$

于是得到

$$\left.\begin{aligned} I_{z1} &= I_z + a^2 A \\ I_{y1} &= I_y + b^2 A \end{aligned}\right\} \tag{10-11}$$

同理可得

$$I_{z1y1} = I_{zy} + abA \tag{10-12}$$

式（10-11）、式（10-12）分别称为惯性矩、惯性积的平行移轴公式。式中 I_z、I_y 必须是平面图形形心轴的惯性矩。式（10-11）表明：图形对任一轴的惯性矩，等于图形对与该轴平行的形心轴的惯性矩，再加上图形面积与两平行轴间距离平方的乘积。

由于 a^2（或 b^2）恒为正值，故在所有平行轴中，平面图形对形心轴的惯性矩最小。

例 10-5　计算如图 10-9 所示的矩形截面对 z_1 轴和 y_1 轴的惯性矩。

解： z 轴、y 轴是矩形截面的形心轴，它们分别对 z_1 轴和 y_1 轴平行，则由平行移轴公式（10-11）可得矩形截面对 z_1 轴和 y_1 轴的惯性矩分别为

$$I_{z1} = I_z + \left(\frac{h}{2}\right)^2 A = \frac{bh^3}{12} + \left(\frac{h}{2}\right)^2 bh = \frac{bh^3}{3}$$

$$I_{y1} = I_y + \left(\frac{b}{2}\right)^2 A = \frac{hb^3}{12} + \left(\frac{b}{2}\right)^2 bh = \frac{hb^3}{3}$$

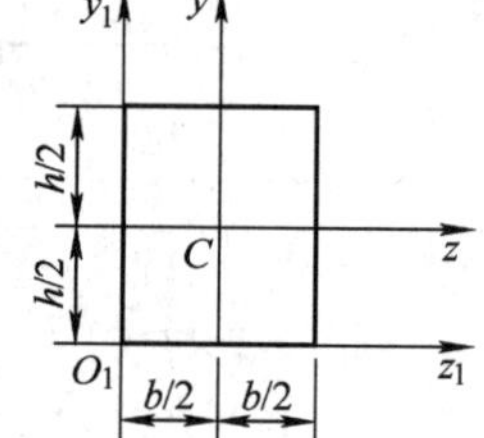

图 10-9　例 10-5 图

例 10-6　三角形截面图形如图 10-10 所示。已知 $I_{z0} = bh^3/12$，z_1 轴与 z_0 轴平行。试求该图形对 z_1 轴的惯性矩。

解： 已知该图形形心到 z 轴的距离为 $h/3$，根据平行移轴公式（10-11）可得

$$I_{z0} = I_z + \left(\frac{h}{3}\right)^2 A$$

$$I_{z1} = I_z + \left(\frac{2h}{3}\right)^2 A$$

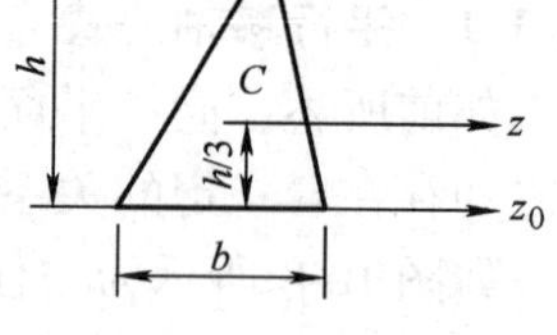

图 10-10　例 10-6 图

联立求解上面两式，可得

$$I_{z1} - I_{z0} = \left[\left(\frac{2h}{3}\right)^2 - \left(\frac{h}{3}\right)^2\right] A$$

故三角形截面时 z_1 轴的惯性矩为

$$I_{z1} = \frac{bh^3}{12} + \frac{h^2}{3} \times \frac{bh}{2} = \frac{bh^3}{4}$$

再次强调，在应用平行移轴公式时，z 轴、y 轴必须是形心轴，z_1、y_1 轴必须分别与 z 轴、y 轴平行。

10.3.2 组合图形惯性矩的计算

在工程中，常会遇到构件的截面是由矩形、圆形和三角形等几个简单图形组成的组合图形。由惯性矩定义可知，组合图形对任一轴的惯性矩，等于组成组合图形的各简单图形对同一轴惯性矩之和，即

$$\left.\begin{aligned} I_z &= \sum I_{iz} \\ I_y &= \sum I_{iy} \end{aligned}\right\} \tag{10-13}$$

在计算组合图形的惯性矩时，首先应确定组合图形的形心位置，然后通过积分或查表求得各简单图形对自身形心轴的惯性矩，再利用平行移轴公式，就可计算出组合图形对其形心轴的惯性矩。

例 10-7 试计算如图 10-11a 所示的 T 形截面对其形心轴 z 轴、y 轴的惯性矩。

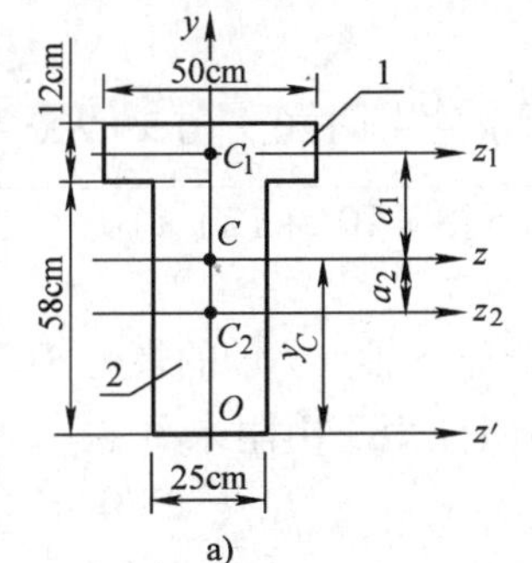

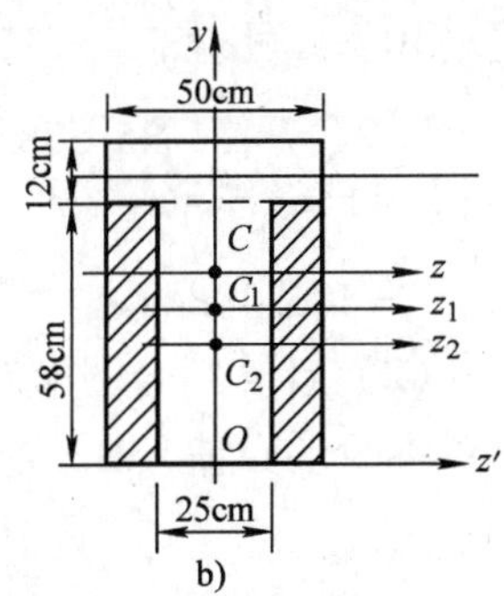

图 10-11 例 10-7 图

解: (1) 计算截面的形心位置。由于 T 形截面有一根对称轴，形心必在此轴上，即

$$z_C = 0$$

选坐标系 yOz'（见例题 10-7a），以确定截面形心的位置 y_C。将 T 形分成如例题 10-7a 图所示的两个矩形 1、2，这两个矩形的面积和形心坐标分别为

$$A_1 = 50\text{cm} \times 12\text{cm} = 600\text{cm}^2 \qquad y_{C1} = (58+6)\,\text{cm} = 64\text{cm}$$

$$A_2 = 25\text{cm} \times 58\text{cm} = 1450\text{cm}^2 \qquad y_{C2} = \frac{58}{2}\text{cm} = 29\text{cm}$$

由式(10-5)可得，T 形截面的形心坐标为

$$y_C = \frac{\sum A_i y_{Ci}}{\sum A_i} = \frac{600 \times 64 + 1450 \times 29}{600 + 1450}\text{cm} = 39.2\text{cm}$$

(2) 计算组合图形对形心轴的惯性矩 I_z、I_y。首先，分别求出矩形 1、2 对形心轴 z 轴、y 轴的惯性矩。由平行移轴公式可得

$$I_{1z} = I_{1z_1} + a_1^2 A_1 = \left(\frac{50 \times 12^3}{12} + 24.8^2 \times 600\right)\text{cm}^4 = 3.76 \times 10^5\text{cm}^4$$

$$I_{2z} = I_{2z_2} + a_2^2 A_2 = \left(\frac{25 \times 58^3}{12} + 10.2^2 \times 1450\right)\text{cm}^4 = 5.57 \times 10^5\text{cm}^4$$

整个图形对 z 轴、y 轴的惯性矩分别为

$$I_z = I_{1z} + I_{2z} = (3.76 + 5.57) \times 10^5\text{cm}^4 = 9.33 \times 10^5\text{cm}^4$$

$$I_y = I_{1y} + I_{2y} = \left(\frac{12 \times 50^3}{12} + \frac{58 \times 25^3}{12}\right)\text{cm}^4 = 2.01 \times 10^5\text{cm}^4$$

本题也可采用“负面积法”计算。T 形截面可看成是由如图 10-11b 中面积为 50cm × 70cm 的矩形减去两个面积均为 25cm/2 × 58cm 的小矩形（图中的阴影部分）而得到的。两种计算方法所得结果相同。这表明：当把组合图形视为几个简单图形之和时，其惯性矩等于简单图形对同一轴惯性矩之和；当把组合图形视为几个简单图形之差时，其惯性矩等于简单

图形对同一轴惯性矩之差。

例 10-8 试计算如图 10-12 所示的由方钢和Ⅰ20a 工字钢组成的组合图形对形心轴 z 轴、y 轴的惯性矩。

解：(1) 计算组合图形的形心位置。取 z' 轴作为参考轴，y 轴为组合图形的对称轴，组合图形的形心必在 y 轴上，故 $z_C=0$。现只需计算组合图形的形心坐标 y_C。由附录的型钢表查得Ⅰ20a 工字钢 $b=100\text{mm}$，$h=200\text{mm}$，其截面面积 $A_1=35.578\text{cm}^2$。由式 (10-5) 可得

$$y_C=\frac{\sum A_i y_{Ci}}{\sum A_i}=\frac{35.578\times10^2\times\dfrac{200}{2}+120\times10\times\left(200+\dfrac{10}{2}\right)}{35.578\times10^2+120\times10}\text{mm}$$
$$=126.48\text{mm}$$

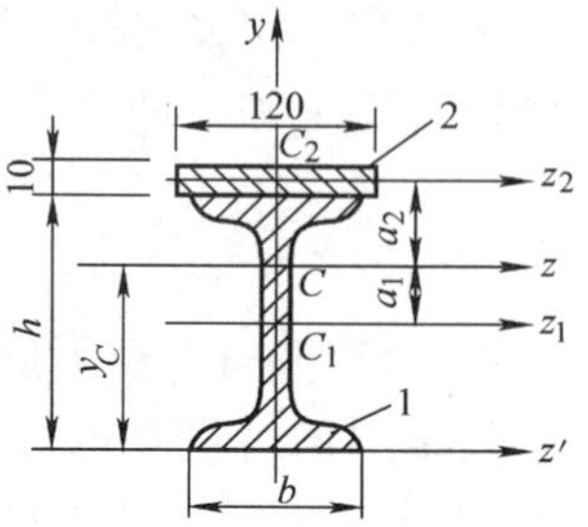

图 10-12 例 10-8 图

(2) 计算组合图形对形心轴 z 轴、y 轴的惯性矩。首先计算Ⅰ20a 工字钢和方钢截面各自对本身形心轴 z 轴、y 轴的惯性矩。由附录 B 得

$$I_{1z_1}=2370\text{cm}^4$$
$$I_{1y}=158\text{cm}^4$$
$$I_{2z_2}=\frac{bh^3}{12}=\frac{120\times10^3}{12}\text{mm}^4=1.0\times10^4\text{mm}^4$$
$$I_{2y}=\frac{hb^3}{12}=\frac{10\times120^3}{12}\text{mm}^4=144\times10^4\text{mm}^4$$

由平行移轴公式 (10-11) 可得工字钢和方钢截面分别对形心轴 z 轴、y 轴的惯性矩为

$$I_{1z}=I_{1z_1}+a_1^2A_1=(2370\times10^4+(126.48-100)^2\times35.578\times10^2)\text{mm}^4=26.19\times10^6\text{mm}^4$$
$$I_{2z}=I_{2z_2}+a_2^2A_2=(1.0\times10^4+(205-126.48)^2\times120\times10)\text{mm}^4=7.41\times10^6\text{mm}^4$$

整个组合图形对形心轴的惯性矩应等于工字钢和方钢截面对形心轴的惯性矩之和，故得

$$I_z=I_{1z}+I_{2z}=(26.19+7.41)\times10^6\text{mm}^4=3.36\times10^7\text{mm}^4$$
$$I_y=I_{1y}+I_{2y}=(158+144)\times10^4\text{mm}^4=3.02\times10^6\text{mm}^4$$

10.3.3 转轴公式

前面讨论了坐标轴与形心轴平行时，平面图形对坐标轴的惯性矩和惯性积的计算公式，本节研究一对互相垂直的坐标轴绕原点在平面图形内旋转时，平面图形对坐标轴的惯性矩和惯性积的变化规律。

如图 10-13 所示为任意形状的平面图形，z 轴、y 轴是过图形任一点 O 的一对正交坐标轴，z_1、y_1 轴为过 O 点的另一对正交坐标轴，它与 z 轴、y 轴的夹角为 α（以 z 轴转到 z_1 逆时针方向为正，反之为负）。图形对 z 轴、y 轴的惯性矩 I_z、I_y 和惯性积 I_{zy} 均为已知，现求图形对 z_1、y_1 轴的惯性矩 I_{z_1}、I_{y_1} 及惯性积 $I_{z_1y_1}$ 与原坐标轴的惯性矩 I_z、I_y 和惯性积 I_{zy} 之间的关系。

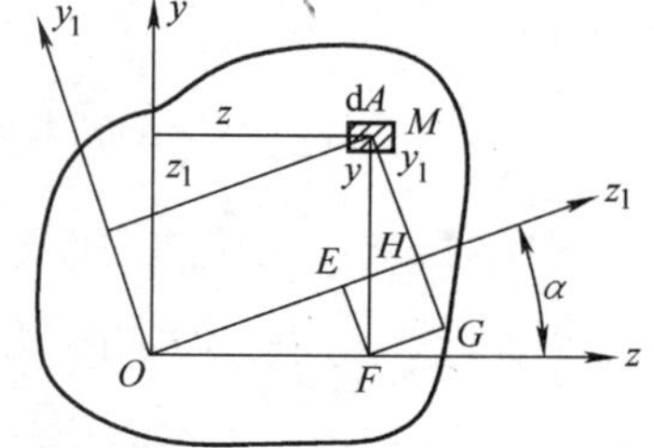

图 10-13 转轴公式平面图形

由图 10-13 可见，平面图形内任一微面积 dA 在两个坐标系中的坐标 (z_1, y_1) 和 (z, y) 之间的关系为

$$z_1=\overline{OE}+\overline{FG}=z\cos\alpha+y\sin\alpha$$

$$y_1 = \overline{MG} - \overline{EF} = y\cos\alpha - z\sin\alpha$$

根据惯性矩定义，图形对 z_1 轴的惯性矩为

$$\begin{aligned} I_{z_1} &= \int_A y_1^2 \mathrm{d}A = \int_A (y\cos\alpha - z\sin\alpha)^2 \mathrm{d}A \\ &= \cos^2\alpha \int_A y^2 \mathrm{d}A - 2\sin\alpha\cos\alpha \int_A yz\mathrm{d}A + \sin^2\alpha \int_A z^2 \mathrm{d}A \\ &= I_z \cos^2\alpha - I_{zy}\sin 2\alpha + I_y \sin^2\alpha \end{aligned}$$

再利用三角形的倍角公式，有

$$\cos^2\alpha = \frac{1+\cos 2\alpha}{2} \qquad \sin^2\alpha = \frac{1-\cos 2\alpha}{2}$$

代入上式并整理，可得

$$\left.\begin{aligned} I_{z_1} &= \frac{I_z + I_y}{2} + \frac{I_z - I_y}{2}\cos 2\alpha - I_{zy}\sin 2\alpha \\ I_{y_1} &= \frac{I_z + I_y}{2} - \frac{I_z - I_y}{2}\cos 2\alpha + I_{zy}\sin 2\alpha \end{aligned}\right\} \tag{10-14}$$

同理可得

$$I_{z_1 y_1} = \frac{I_z - I_y}{2}\sin 2\alpha + I_{zy}\cos 2\alpha \tag{10-15}$$

式（10-14）、式（10-15）分别称为惯性矩和惯性积的转轴公式。

将式（10-14）中的两式左右两边分别相加，可得

$$I_{z_1} + I_{y_1} = I_z + I_y$$

上式表明，平面图形对于通过同一点的任意一对正交坐标轴的惯性矩之和为一常数，并等于该图形对该坐标原点的极惯性矩。

10.4 主惯性轴和主惯性矩

由式（10-15）可知，当坐标轴旋转时，惯性积将随 α 角作周期性的变化，其值可能为正或负，也可能为零。但总可以找到一对坐标轴 z_0、y_0 轴，使平面图形对这对坐标轴的惯性积为零。通常我们把这一对坐标轴称为平面图形的主惯性轴，简称主轴。平面图形对主轴的惯性矩称为主惯性矩。

下面讨论如何确定主轴的方位和主惯性矩的大小。

设 α_0 为主轴与原坐标轴的夹角，此时 $I_{z_1 y_1} = 0$ 由式（10-15）得

$$\tan 2\alpha_0 = -\frac{2I_{zy}}{I_z - I_y} \tag{10-16}$$

由式（10-16）可求出相差90°的两个角度 α_0，这表明平面图形有两个互相垂直的主轴。平面图形对两根主轴的惯性矩分别为平面图形对过原点的所有轴的惯性矩中的极大值和极小值。把利用式（10-16）求得的 α_0 代入式（10-14），即可得到平面图形的主惯性矩的计算公式，即

$$\left.\begin{aligned} I_{z0} &= \frac{I_z + I_y}{2} + \frac{1}{2}\sqrt{(I_z - I_y)^2 + 4I_{zy}^2} \\ I_{y0} &= \frac{I_z + I_y}{2} - \frac{1}{2}\sqrt{(I_z - I_y)^2 + 4I_{zy}^2} \end{aligned}\right\} \tag{10-17}$$

通过平面图形形心 C 的主惯性轴称为形心主惯性轴，简称形心主轴。平面图形对形心主轴的惯性矩称为形心主惯性矩。确定形心主轴和形心主惯性矩时同样可用式（10-16）和式（10-17），但此时式中的 I_z、I_y 和 I_{zy} 应为平面图形对一对形心轴的值。

确定形心主轴的位置是十分重要的。对于具有对称轴的平面图形，其形心主轴的位置可按如下方法确定：

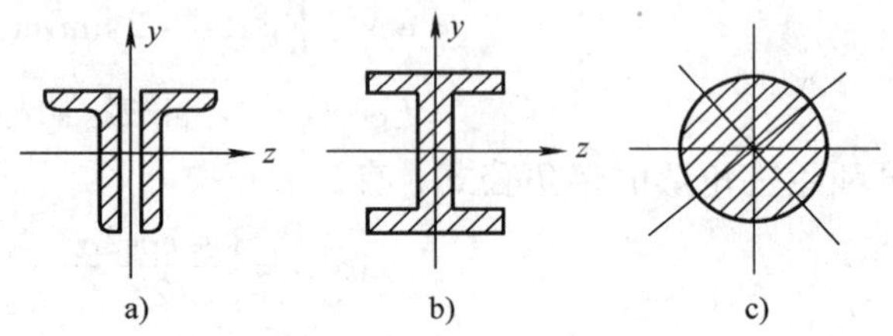

图 10-14　不同根对称轴的平面图形

1）如果图形有一根对称轴，则该轴必是形心主轴，而另一根形心主轴通过图形的形心且与该轴垂直（见图 10-14a)

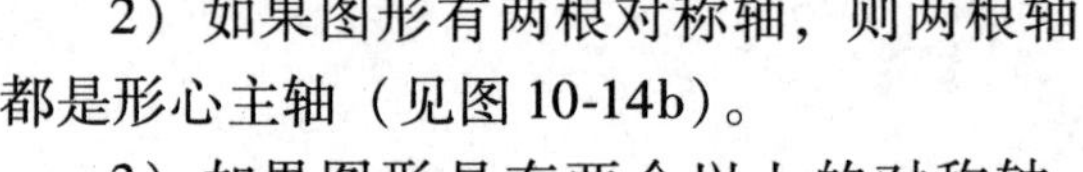

2）如果图形有两根对称轴，则两根轴都是形心主轴（见图 10-14b）。

3）如果图形具有两个以上的对称轴，则任一根对称轴都是形心主轴，且对任一形心主轴的惯性矩都相等（见图 10-14c）。

在一般情况下，计算非对称组合图形的形心主惯性矩时，应首先确定形心位置，然后通过形心建立一对便于计算惯性矩和惯性积的坐标轴，并求出图形对这一对坐标轴的惯性矩和惯性积再利用式（10-16）和式（10-17）确定形心主轴的位置和形心主惯性矩的数值。

小　结

本章主要研究与杆件的平面图形形状和尺寸有关的一些几何量（如静矩、惯性矩、惯性积、主轴及主惯性矩等）的定义和计算方法。这些几何量统称为平面图形的几何性质。它们对杆件的强度、刚度有着极为重要的影响，需清楚地理解它们的意义并熟练掌握其计算方法。

1. 主要计算公式

（1）静矩
$$\left.\begin{aligned} S_z &= \int_A y\mathrm{d}A = Ay_C \\ S_y &= \int_A z\mathrm{d}A = Az_C \end{aligned}\right\}$$

（2）惯性矩
$$\left.\begin{aligned} I_z &= \int_A y^2\mathrm{d}A = Ai_z^2 \\ I_y &= \int_A z^2\mathrm{d}A = Ai_y^2 \end{aligned}\right\}$$

（3）惯性积
$$I_{zy} = \int_A zy\mathrm{d}A$$

（4）惯性半径
$$\left.\begin{aligned} i_z &= \sqrt{\frac{I_z}{A}} \\ i_y &= \sqrt{\frac{I_y}{A}} \end{aligned}\right\}$$

（5）平行移轴公式
$$\left.\begin{aligned} I_{z1} &= I_z + a^2A \\ I_{y1} &= I_y + b^2A \end{aligned}\right\} \qquad I_{z1y1} = I_{zy} + abA$$

平行移轴公式要求 z_1 与 z、y_1 与 y 两轴平行，并且 z、y 轴通过平面图形形心。

（6）主惯性轴方位 $\tan 2\alpha_0 = -\dfrac{2I_{zy}}{I_z - I_y}$

（7）主惯性矩
$$\left.\begin{aligned} I_{z0} &= \frac{I_z + I_y}{2} + \frac{1}{2}\sqrt{(I_z - I_y)^2 + 4I_{zy}^2} \\ I_{y0} &= \frac{I_z + I_y}{2} - \frac{1}{2}\sqrt{(I_z - I_y)^2 + 4I_{zy}^2} \end{aligned}\right\}$$

平面图形的几何性质都是对确定的坐标轴而言的。静矩、惯性矩和惯性半径是对一个坐标轴而言的；惯性积是对一对正交坐标轴而言的。对于不同的坐标系，它们的数值是不同的。惯性矩、惯性半径恒为正；静矩和惯性积可为正或负，也可为零。

2. 组合图形

组合图形对某轴的静矩等于各简单图形对同一轴静矩的代数和；组合图形对某轴的惯性矩等于其各组成部分对于同一轴的惯性矩之和。

3. 平面图形的形心主轴

形心主轴是一对通过形心且惯性积为零的轴。任何图形必定存在且至少有一对形心主轴，形心主轴有下列特性：

（1）整个图形对形心主轴的静矩恒为零。

（2）整个图形对形心主轴的惯性积恒为零。

（3）在通过形心的所有轴中，图形对一对正交形心主轴的惯性矩，分别为最大值和最小值。

（4）图形若有一根对称轴，此轴必是形心主轴。

图形对形心主轴的惯性矩为形心主惯性矩。

习　题

10-1　试求图示各图形对 z_1 轴的静矩。

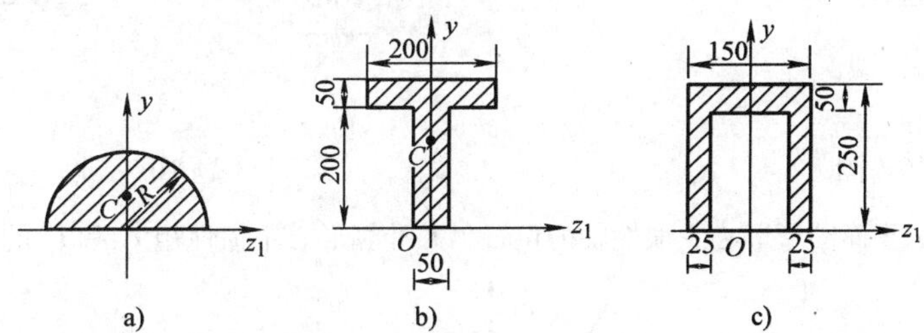

题 10-1　图

10-2　试求图示平面图形的（1）形心 C 的位置。（2）图中阴影部分对 z 轴的静矩。

10-3　试计算图示矩形截面对其形心轴的惯性矩。如按图中双点画线所示，将矩形截面的中间部分移至两边缘变成工字形截面，试计算此工字形截面对 z 轴的惯性矩，并求工字形截面的惯性矩较矩形截面的惯性矩增大的百分比。

10-4　试计算图示各图形对形心轴 z、y 轴的惯性矩和惯性半径。

10-5　试计算题 10-1 图中各平面图形对形心轴的惯性矩和惯性积。

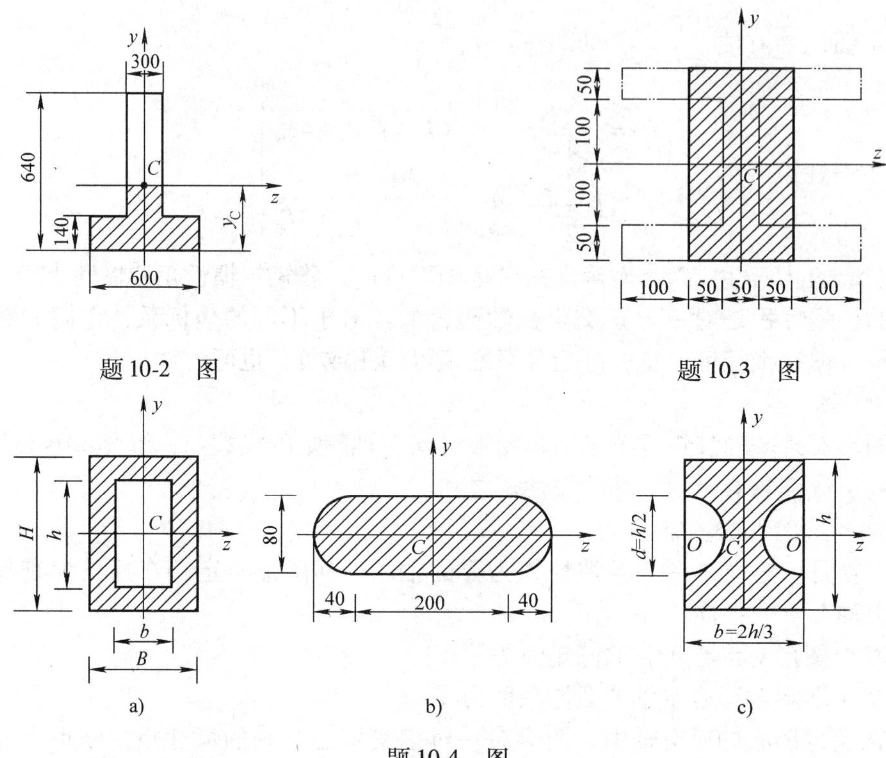

题 10-2 图

题 10-3 图

题 10-4 图

10-6 图示由两个[20a 槽钢组成的平面图形，若要使式 $I_z = I_y$。试求间距 a 的大小。

10-7 计算图示各平面图形对形心轴 z 的惯性矩。

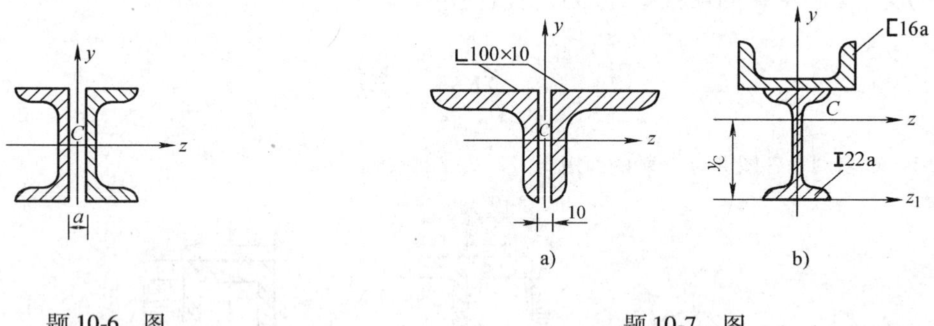

题 10-6 图

题 10-7 图

10-8 试确定图示平面图形形心主惯性轴的位置，并计算形心主惯性矩 I_{z0} 和 I_{y0} 的数值。

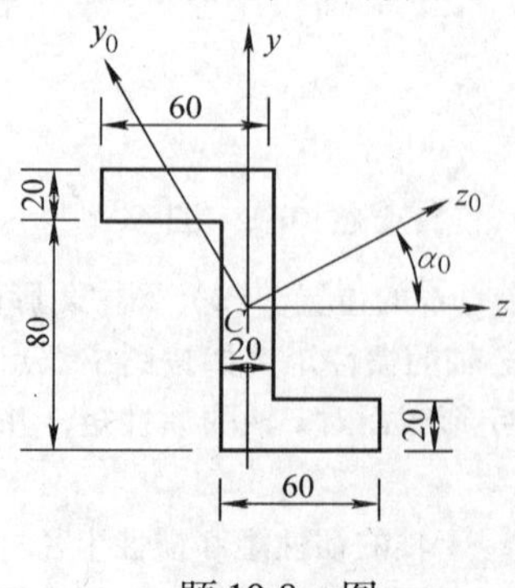

题 10-8 图

第 11 章　梁的应力及强度计算

11.1　梁纯弯曲时横截面上的正应力

现以图 11-1a 所示的简支梁 AB 为例来分析梁的弯曲应力。当简支梁在纵向对称面内的两个对称位置上作用着集中力 F 时，梁的计算简图、剪力图和弯矩图分别如图 11-1b ~ d 所示。在梁的 AC 和 DB 段内的各截面上有剪力 F_S 和弯矩 M，这种弯曲称为横力弯曲。在梁的 CD 段内的各横截面上，剪力 F_S 为零，弯矩 M 是一个常数，这种弯曲称为纯弯曲。下面讨论梁在纯弯曲时的正应力。

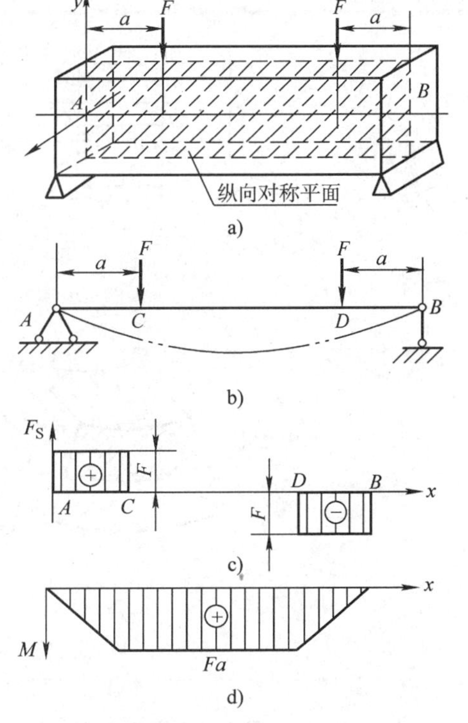

图 11-1　梁的纯弯曲

如图 11-2a，梁两端有正值弯矩 M 作用，首先观察在弯矩 M 作用下梁的变形。

1. 几何方面　欲研究横截面上的正应力，应首先找出纵向线应变的变化规律，为此在梁上画两条相邻的横向线 mm 和 nn 代表梁的任意两横截面，在两横截面间，轴线的两侧分别画两条纵向线 aa 和 bb 代表梁的纵向纤维。加外力偶矩 M，观察梁变形后的现象（见图 11-2b）。

1）纵向线 aa 和 bb 变成了互相平行的圆弧线，梁凹边的纵向线$\overset{\frown}{aa}$缩短，凸边的纵向线$\overset{\frown}{bb}$伸长。

2）横向线 mm 和 nn 仍为直线，在相对旋转了一个角度后与$\overset{\frown}{aa}$和$\overset{\frown}{bb}$两弧线保持正交。根据上述观察到的现象，对梁在纯弯曲下的变形作如下假设：梁弯曲后原来的横截面仍为平面，在旋转一定角度后与轴线保持垂直，该假设称为弯曲问题的平面假设，根据此假设得到的应力，变形计算公式已得到试验结果证实，并且在弹性力学理论上也得到了证明。

根据平面假设，可通过几何关系找出横截面各点纵向纤维的变化规律。梁在变形后凹边纤维（aa）缩短，凸边的纤维（bb）伸长，根据梁的连续性，由缩短到伸长，必然有一层纵向纤维的长度不变，即纤维既不伸长也不缩短，称这一层纤维为中性层，中性层与横截面的交线称为中性轴（见图 11-2c）。

如图 11-2d 梁变形后取出 dx 微段，设$\overset{\frown}{O_1O_2}$为中性层上的纤维，其长度在变形后不变，仍为 dx，距离中性轴为 y 处的纵向纤维由$\overset{\frown}{bb_1}$变形到$\overset{\frown}{bb_2}$，则该段纤维的伸长量为$\overset{\frown}{b_1b_2}=\overset{\frown}{bb_2}-\overset{\frown}{bb_1}$ 从而可得该点处的纵向线应变为

$$\varepsilon = \frac{\widehat{b_1 b_2}}{\widehat{bb_1}} = \frac{y\mathrm{d}\theta}{\mathrm{d}x}$$

令中性轴的曲率半径为ρ，由

$$\frac{1}{\rho} = \left|\frac{\mathrm{d}\theta}{\mathrm{d}x}\right|$$

得

$$\varepsilon = \frac{y}{\rho} \tag{11-1a}$$

a)

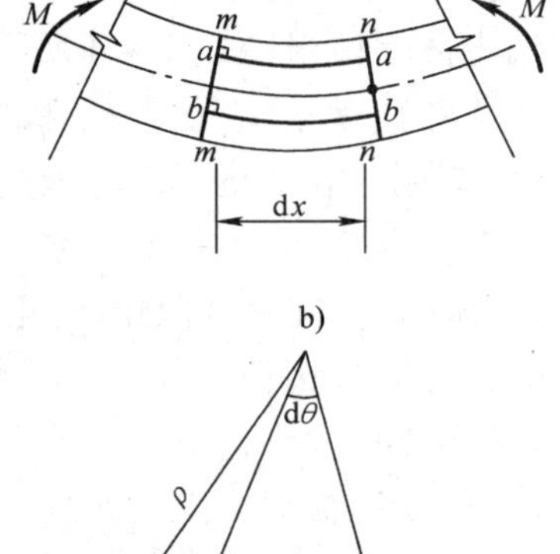

b)

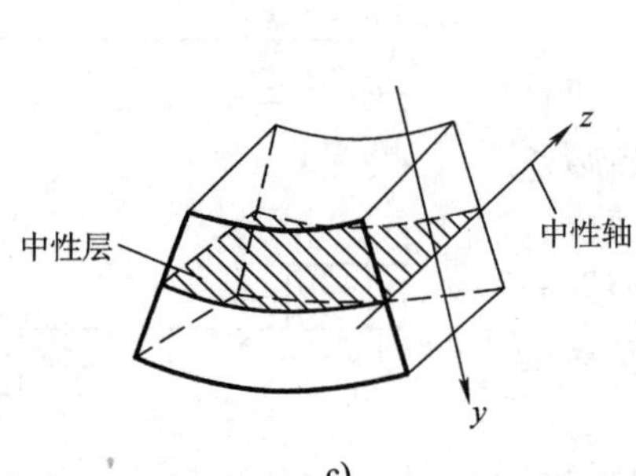

c)

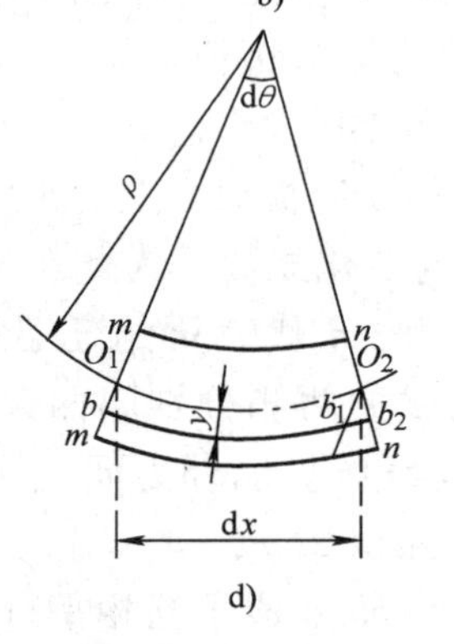

d)

图 11-2　纯弯曲梁变形分析

式（11-1a）说明了截面上任意一点的线应变随该点在横截面位置上的变化，对一个指定截面来说，$1/\rho$ 是一个常量，线应变 ε 与坐标 y 成正比，与 z 坐标无关，这与平面假设横截面变形后仍为平面是一致的。所以，在距中性轴等远处各纵向线段的伸长或缩短是相等的。

2. 物理方面　假设梁在纯弯曲时纵向纤维之间无挤压作用，即各条纵向纤维仅发生简单的拉伸或压缩，梁内各点均处于单向应力状态。材料在线弹性范围内有

$$\sigma = E\varepsilon = E\frac{y}{\rho} \tag{11-1b}$$

式（11-1b）表明了横截面上各点正应力的变化规律。对指定截面，E、ρ 为常数，所以横截面上任意一点的正应力与该点到中性轴的距离 y 成正比，且距中性轴同一距离上各点的正应力均相等。该变化规律如图 11-3a 所示。

3. 静力方面　横截面上的法向内力元素 $\sigma\mathrm{d}A$（见图 11-3b）构成了空间平行力系，由空间平行力系的平衡方程，得

$$\sum F_x = 0 \qquad F_N = \int_A \sigma \mathrm{d}A = \int_A \frac{Ey}{\rho}\mathrm{d}A = \frac{E}{\rho}S_Z = 0 \qquad ①$$

$$\sum M_y = 0 \qquad M_y = \int_A z(\sigma \mathrm{d}A) = \int_A z\frac{Ey}{\rho}\mathrm{d}A = \frac{E}{\rho}\int_A zy\mathrm{d}A = \frac{E}{\rho}I_{yz} = 0 \qquad ②$$

$$\sum M_z = 0 \qquad M_z = \int_A y(\sigma \mathrm{d}A) = M$$

$$\int_A y\frac{Ey}{\rho}\mathrm{d}A = M$$

$$\frac{E}{\rho}\int_A y^2\mathrm{d}A = M$$

$$\frac{EI_z}{\rho} = M \qquad ③$$

由式①可知，若 $F_N = 0$，E/ρ 不可能等于零，则必须满足 $S_z = 0$。从第 10 章可知，若 $S_z = 0$，z 轴必通过截面的形心，即中性轴为截面的形心轴。式②中，$M_y = 0$，则 I_{yz}必为零。由于 y 轴为对称轴，所以该截面对 y 轴和 z 轴的惯性积必为零。由此可知，y 轴两侧对称位置上的内力元素 $\sigma\mathrm{d}A$ 对 y 轴的矩相等。最后由式③得

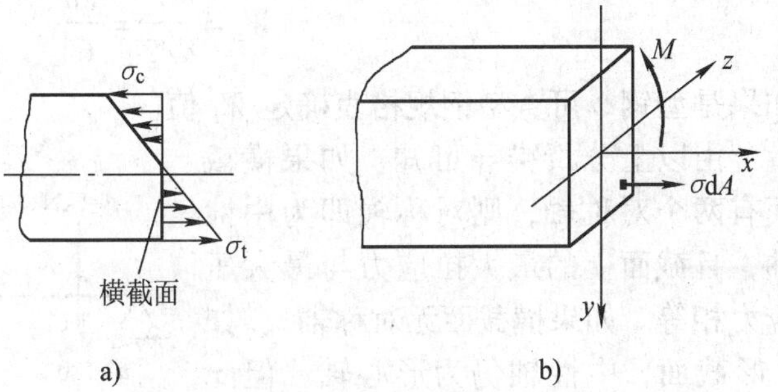

图 11-3　梁横截面正应力计算简图

σ_t—拉应力　σ_c—压应力

$$M = \frac{EI_z}{\rho}$$

即

$$\frac{1}{\rho} = \frac{M}{EI_z} \qquad (11\text{-}2)$$

这是描述弯曲变形的最基本公式，其中 EI_z 为抗弯刚度，抗弯刚度越大，梁变形的曲率 ρ 越小，表明梁越不易变形。反之 $1/EI_z$ 越大，即柔度越大，梁越易变形。

由式（11-1b）及式（11-2）可得

$$\sigma = \frac{My}{I_z} \qquad (11\text{-}3)$$

式（11-3）为计算梁在纯弯曲时横截面上任意一点的正应力公式。其中 M 为横截面上的弯矩，y 为所求点离中性轴的距离，I_z 为整个截面对中性轴的惯性矩。正应力的正负号，可根据变形来判定，判定的方法是：以中性层为界，变形后凸边的纤维受拉，正应力为正值（拉应力）；凹边的纤维受压，正应力为负值（压应力）。对一指定截面而言，弯矩 M，惯性矩 I_z 为常量，y 值越大，则正应力越大，所以最大正应力发生在横截面的上、下边缘处，其值为

$$\sigma_{max} = \frac{My_{max}}{I_z}$$

若令
$$W_z=\frac{I_z}{y_{\max}}$$
则
$$\sigma_{\max}=\frac{M}{W_z} \tag{11-4}$$

上式为计算横截面最大正应力公式，W_z 为抗弯截面系数。是截面的几何特性之一，单位为 m^3。

常见的截面，如矩形截面或圆形截面的抗弯截面系数分别为

矩形截面
$$W_z=\frac{I_z}{h/2}=\frac{bh^3}{12}\times\frac{2}{h}=\frac{bh^2}{6}$$

圆形截面
$$W_z=\frac{I_z}{d/2}=\frac{\pi d^4}{64}\times\frac{2}{d}=\frac{\pi d^3}{32}$$
如果是型钢，可查型钢规格表确定 W_z 值。

由以上分析推导可知，如果横截面有两个对称轴，则对称轴即为中性轴，且截面上的最大拉应力与最大压应力相等。如果横截面无对称轴 z，如T形截面，中性轴仍为形心轴，但此时最大拉应力与最大压应力不等，要根据弯矩的转向，分别计算最大拉应力和最大压应力。

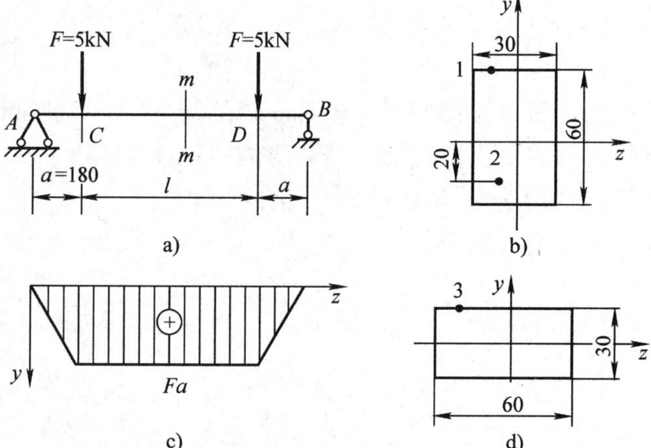

图 11-4　例 11-1 图

例 11-1　一简支梁受力如图 11-4a 所示。已知：$F=5\text{kN}$。求 mm 截面上的点 1、2 的正应力。

解：作梁的弯矩图（见图 11-4c）。在 CD 段 mm 截面上的弯矩为
$$M=Fa=5\times10^3\times180\times10^{-3}\text{N}\cdot\text{m}=900\text{N}\cdot\text{m}$$
对于图 11-4b 所示的矩形截面，对 z 轴的惯性矩为
$$I_z=\frac{bh^3}{12}=\frac{30\times60^3}{12}\text{mm}^4=540\times10^3\text{mm}^4$$
对于点 1，$y=y_1=30\text{mm}$，该点的正应力为
$$\sigma_1=\frac{My_1}{I_z}=\frac{900\times30\times10^{-3}}{540\times10^3\times(10^{-3})^4}\text{N/m}^2=50\times10^6\text{N/m}^2=50\text{MPa}$$
对于点 2，$y=y_2=20\text{mm}$，该点的正应力为
$$\sigma_2=\frac{My_2}{I_z}=\frac{900\times20\times10^{-3}}{540\times10^3\times(10^{-3})^4}\text{N/m}^2=33.3\times10^6\text{N/m}^2=33.3\text{MPa}$$
根据弯曲变形可以判明应力的正负号：由图 11-4 可知，mm 截面上的弯矩为正值，即梁在该

处的变形为凸向下。因此，σ_1 为压应力；σ_2 为拉应力，即可写为

$$\sigma_1 = -50\text{MPa}, \sigma_2 = 33.3\text{MPa}$$

如果梁安放如图 11-4d 所示，问最大正应力为多少？若将其计算结果与图 11-4b 作一比较，可从中得到什么启示？请读者自行解答。

11.2 纯弯曲理论在横力弯曲中的推广及梁的正应力强度条件

11.2.1 纯弯曲理论的推广

上节中正应力的计算公式（11-3）是在纯弯曲的条件下推导出的，但一般情况下，梁上的荷载不单有集中力偶作用，还可能有横向的集中力或均布荷载等作用，这时梁的弯曲变形称为横力弯曲。横力弯曲变形时，梁横截面上不但有正应力，还有切应力。由于有切应力，梁变形后横截面不再是平面，将发生翘曲。另外，梁的各纵向纤维间还存在挤压应力。所以梁在纯弯曲时作的平面假设在横力弯曲中已不再成立。经试验结果证明，对于跨度 l 与横截面高度 h 之比大于 5 的梁，横截面上的最大正应力可按纯弯曲时的式（11-3）来计算，误差很小，精度能够满足工程要求。所以，当梁的跨高比 $l/h>5$ 时，纯弯曲理论可以推广应用到横力弯曲中，跨高比越大，计算结果越精确。

横力弯曲情况下，梁各横截面的弯矩是截面位置 x 的函数，任意截面上任意一点的应力值为

$$\sigma = \frac{M(x)y}{I_z} \tag{11-5a}$$

全梁最大正应力则为

$$\sigma_{\max} = \frac{M_{\max}y_{\max}}{I_z} \tag{11-5b}$$

或

$$\sigma_{\max} = \frac{M_{\max}}{W_z} \tag{11-5c}$$

例 11-2 图 11-5a 所示的简支梁由 Ⅰ56a 工字钢组成，$F=150\text{kN}$，试求此梁危险截面上的最大正应力，及同一截面上翼缘与腹板交界处 a 点的正应力 σ_a。

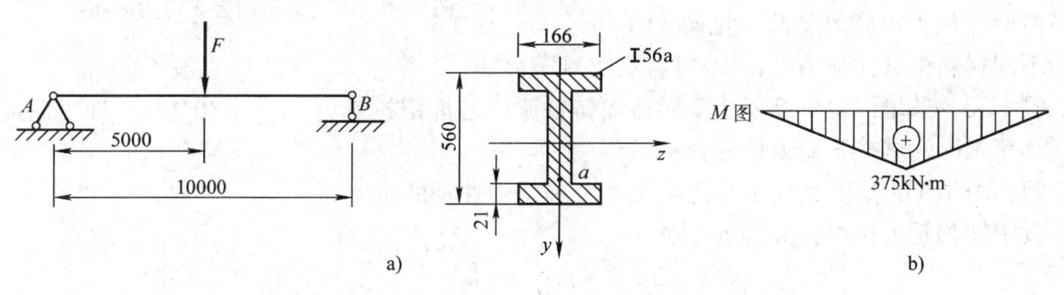

图 11-5 例 11-2 图

解： 利用型钢规格表查得，Ⅰ56a 工字钢截面的 $W_z=2340\text{cm}^3$，$I_z=65600\text{cm}^4$

作弯矩图如图 11-5b，$M_{\max}=375\text{kN}\cdot\text{m}$

该截面的最大正应力

$$\sigma_{max}=\frac{M_{max}}{W_z}=\frac{375\times10^3}{2340\times10^{-6}}\text{Pa}\approx160\text{MPa}$$

危险截面处 a 点的正应力

$$\sigma_a=\frac{M_{max}y_a}{I_z}=\frac{375\times10^3\times\left(\frac{560}{2}-21\right)\times10^{-3}}{65600\times10^{-8}}\text{Pa}\approx148\text{MPa}$$

a 点处的正应力也可利用正应力的线性变化规律计算，即

$$\sigma_a=\frac{y_a}{y_{max}}\sigma_{max}=\frac{\left(\frac{560}{2}-21\right)}{560/2}\times160\text{Pa}\approx148\text{MPa}$$

结果相同。

11.2.2 梁的正应力强度条件

梁在发生弯曲变形时，纵向纤维之间的挤压应力与横截面上的最大正应力相比很小，故忽略不计。梁内弯矩最大的截面距中性轴最远的点正应力最大，由于该点为单向应力状态，可仿照杆件轴向拉（压）杆的强度条件形式建立梁的正应力强度条件，即

$$\sigma_{max}=\frac{M_{max}}{I_z}y_{max}\leqslant[\sigma] \tag{11-6a}$$

或

$$\sigma_{max}=\frac{M_{max}}{W_z}\leqslant[\sigma] \tag{11-6b}$$

由以上强度条件可知，当梁上危险截面危险点处的最大正应力超过材料的极限应力时，梁将会破坏。因此，根据强度条件可校核梁的强度，选择截面或计算许用荷载。值得注意的是，若由脆性材料（如铸铁等）制成的梁，由于脆性材料的许用拉应力远远小于许用压应力，故横截面通常制成不对称的，使横截面上最大拉应力降低（见图 11-6）。

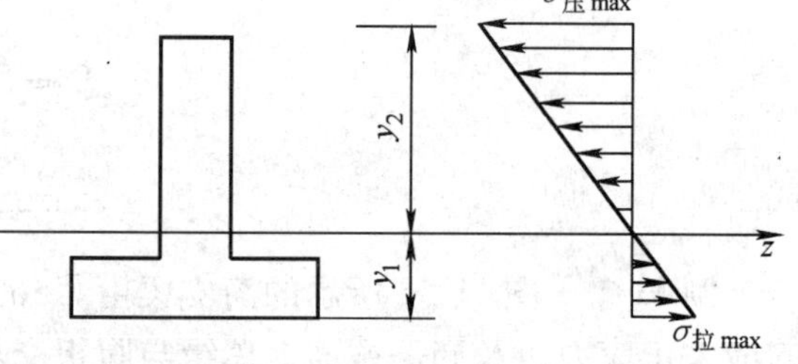

图 11-6　不对称截面上正应力分布图

不同材料的许用应力 $[\sigma]$，可查有关规范确定。

例 11-3　如图 11-7a 所示，T 形截面铸铁梁，若许用拉应力 $[\sigma_t]=30\text{MPa}$，许用压应力 $[\sigma_c]=60\text{MPa}$，试按正应力校核该梁的强度。

解： 由图 11-7b 所示截面的几何尺寸可确定中性轴的位置。

设中性轴距上边缘距离为 h，则

$$h=\frac{8\times2\times1+12\times2\times8}{8\times2+12\times2}\text{cm}=5.2\text{cm}$$

截面对中性轴的惯性矩

$$I_z=\left[\frac{8\times2^3}{12}\text{cm}^4+2\times8\times(5.2-1)^2\text{cm}^4\right]+\left[\frac{2\times12^3}{12}\text{cm}^4+2\times12\times(8-5.2)^2\text{cm}^4\right]=763\text{cm}^4$$

由图 11-7c 可知最大弯矩发生在 B 截面，该截面的最大拉应力和最大压应力分别为

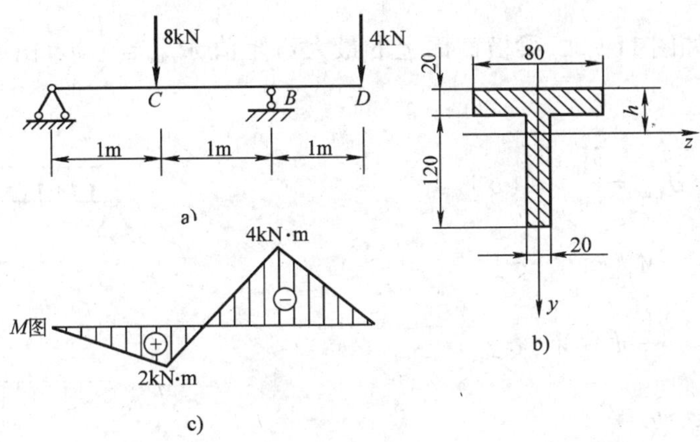

图 11-7 例 11-3 图

$$\sigma_{t\max}=\frac{M_{\max}y_t}{I_z}=\frac{4\times10^3\times5.2\times10^{-2}}{763\times10^{-8}}\text{Pa}=27.3\text{MPa}<[\sigma_t]$$

$$\sigma_{c\max}=\frac{M_{\max}y_c}{I_z}=\frac{4\times10^3\times8.8\times10^{-2}}{763\times10^{-8}}\text{Pa}=46.1\text{MPa}<[\sigma_t]$$

B 截面最大拉应力和最大压应力都小于许用应力，但还不能说该梁是安全的。因为 C 截面弯矩值虽小，但下边缘受拉，下边缘各点距中性轴的距离比上边缘各点距中性轴的距离大，产生的拉应力有可能大于 B 截面的拉应力值，所以也要校核。

$$\sigma_{t\max}'=\frac{My_{t\max}}{I_z}=\frac{2\times10^3\times8.8\times10^{-2}}{763\times10^{-8}}\text{Pa}=23.1\text{MPa}<[\sigma_t]$$

该截面的压应力不需再校核。由以上计算结果知，该梁是安全的。

例 11-4 如图 11-8a 所示的工字型截面外伸梁，梁上作用均布荷载 $q=20\text{kN/m}$，许用应力$[\sigma]=140\text{MPa}$，试选择工字钢型号。

解：作弯矩图如图 11-8b，梁横截面上的最大弯矩值 $M_{\max}=10\text{kN}\cdot\text{m}$ 根据强度条件计算截面的抗弯截面系数

$$W_z=\frac{M_{\max}}{[\sigma]}=\frac{10\times10^3}{140\times10^6}\text{cm}^3=71.43\text{cm}^3$$

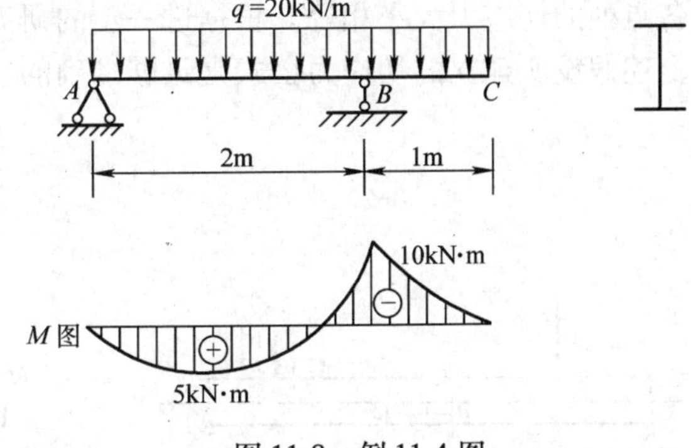

图 11-8 例 11-4 图

由 W_z 值在型钢表上查得型号为 I 12.6 工字钢的 $W_z=77.5\text{cm}^3$ 与之相近，故选工字钢型号为 I 12.6。根据选择的型号计算 σ 值，$\sigma_{\max}$不超过［σ］的5%即可。

例 11-5 图 11-9a 所示为一受均布荷载的梁，其跨度 $l=2\text{m}$，梁截面的直径 $d=10\text{cm}$，许用应力$[\sigma]=160\text{MPa}$，试确定梁能承受的最大荷载集度 q 值为多少？

解：作弯矩图如图 11-9b，梁横截面上的最大弯矩值 $M_{\max}=\dfrac{1}{8}ql^2$ 由梁的正应力强度条件

$$\sigma_{\max}=\frac{M_{\max}}{W_z}\leqslant[\sigma]$$

$$M_{\max}\leqslant W_z[\sigma]$$

即
$$\frac{1}{8}ql^2\leqslant W_z[\sigma]$$

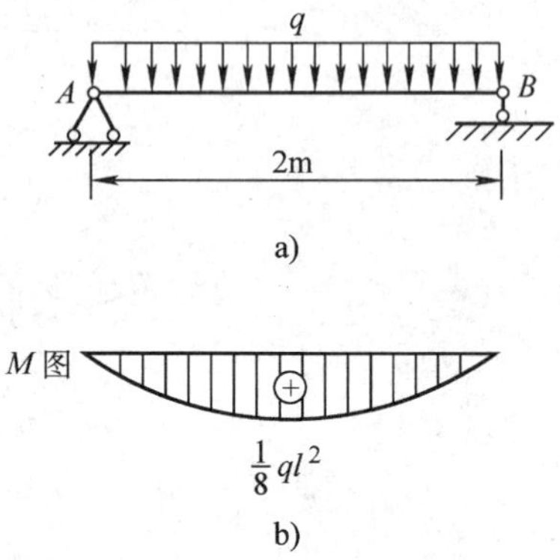

圆截面的抗弯截面系数

$$W_z=\frac{\pi d^3}{32}=\frac{\pi\times10^3}{32}\text{cm}^3=100\text{cm}^3$$

a)

b)

图 11-9　例 11-5 图

故该梁能承受的最大均布荷载集度为

$$q\leqslant100\times160\times2\text{N/m}=32\times10^3\text{N/m}=32\text{kN/m}$$

11.3　弯曲时的切应力和强度计算

11.3.1　弯曲时的切应力

梁在横力弯曲时，梁的横截面上既有弯矩又有剪力，因而相应地引起了正应力和切应力。对于截面为矩形、圆形，且跨度 l 比其截面高度 h 大得多的梁，因其弯曲正应力往往比切应力大得多，这时切应力可以忽略不计。反之，对于跨度短而截面高的梁，以及一些薄壁梁，例如，腹板较薄的一些工字梁，则切应力不能忽略。

1. 矩形截面梁的切应力　设在任意荷载作用下的矩形截面梁如图 11-10a 所示，其任意横截面上的剪力 F_S 与弯矩 M 分别引起该截面上的切应力和正应力。剪力 F_S 与截面对称轴 y 重合（见图 11-10b）。在求切应力时，对切应力的分布作如下的假设：①横截面上各点的切应力方向均与两侧边平行。②切应力沿矩形截面宽度均匀分布，即在横截面上距中性轴等距的各点处的切应力大小相等。根据进一步的研究指出，当横截面的高度 h 大于其宽度 b 时，由上述假设所建立的切应力公式是足够准确的。

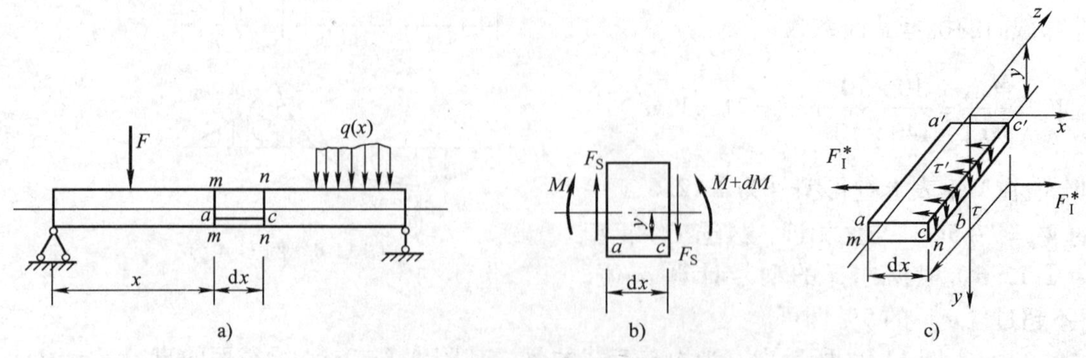

图 11-10　矩形截面梁横截面上的切应力

取一微段梁，长 dx，横截面上有 F_S、M 作用（见图 11-10b）。由于横截面上正应力分布已知，所以把微段在欲求切应力处（高度 y），沿纵向水平面“截开”，如图 11-10c 所示。在纵向水平面上有切应力 $\tau'(y)$，它等于截面上高度为 y 处的切应力 $\tau(y)$，建立微段下部脱离体的轴向力平衡方程，设脱离体两侧截面面积为 A^*，列平衡方程

$$\sum F_x = 0 \qquad \int_{A^*} \sigma \mathrm{d}A + \tau'(y) b \mathrm{d}x - \int_{A^*} (\sigma + \mathrm{d}\sigma) \mathrm{d}A = 0$$

将式（11-3）代入上式，

得

$$\int_{A^*} \frac{M}{I_z} y \mathrm{d}A + \tau'(y) b \mathrm{d}x - \int_{A^*} \frac{(M + \mathrm{d}M) y}{I_z} \mathrm{d}A = 0$$

$$\tau'(y) b \mathrm{d}x = \int_{A^*} \frac{\mathrm{d}M}{I_z} y \mathrm{d}A = \frac{\mathrm{d}M}{I_z} \int_{A^*} y \mathrm{d}A = \frac{\mathrm{d}M}{I_z} S_z^*$$

由 $\frac{\mathrm{d}M}{\mathrm{d}x} = F_S$ 代入，

得

$$\tau'(y) = \frac{\mathrm{d}M}{\mathrm{d}x} \times \frac{S_z^*}{bI_z} = \frac{F_S S_z^*}{bI_z}$$

由切应力互等定理知

$$\tau(y) = \frac{F_S S_z^*}{bI_z} \tag{11-7}$$

式（11-7）为矩形截面梁一点处切应力计算公式。式中 F_S 为横截面上的剪力，b 为所求点处截面宽度，I_z 为横截面对中性轴的惯性矩，S_z^* 为所求点处以外部分的横截面对中性轴的静矩。切应力方向与剪力方向一致。对指定截面而言，式（11-7）中 F_S，b，I_z 为常量，切应力沿截面高度的变化规律由静矩 S_z^* 来决定。

$$S_z^* = \int_{A^*} y \mathrm{d}A = \int_y^{\frac{h}{2}} y b \mathrm{d}y = \frac{b}{2}\left(\frac{h^2}{4} - y^2\right)$$

从而可得横截面上切应力沿高度的分布规律

$$\tau = \frac{F_S}{2I_z}\left(\frac{h^2}{4} - y^2\right) \tag{11-8}$$

由式（11-8）可见，矩形截面高度上切应力按抛物线规律变化（见图 11-11）。当 $y = \pm h/2$ 时，$\tau = 0$，即截面上，下边缘处无切应力。当 $y = 0$ 时，切应力有极大值，这表明最大切应力发生在中性轴上，其值为 $\tau_{\max} = \frac{F_S h^2}{8I_z}$

将 $I_z = \frac{bh^3}{12}$ 代入上式，

得

$$\tau_{\max} = \frac{3F_S}{2bh} = \frac{3F_S}{2A} \tag{11-9}$$

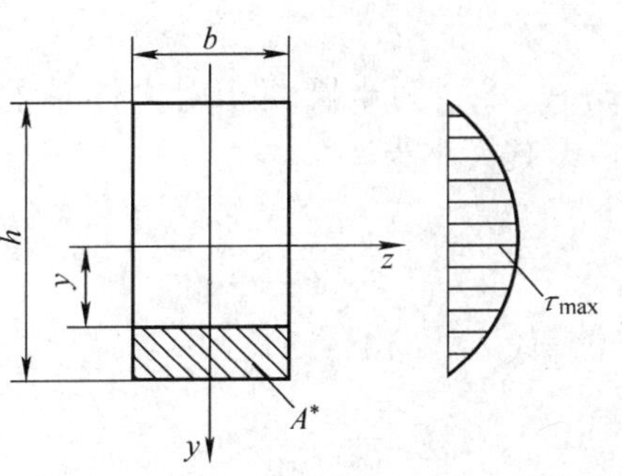

图 11-11　矩形截面梁横截面上切应力分布图

式中，A 为矩形截面面积，F_S/A 为平均切应力。

式（11-9）说明矩形截面梁横截面上的最大切应力值比平均切应力值大 50%。

2. Ⅰ字形截面梁及圆形截面梁的切应力

1）工字形截面梁（见图 11-12a），由于腹板是窄长矩形，可以完全采用矩形截面切应力的计算公式

$$\tau = \frac{F_S S_z^*}{dI_z} \quad (11\text{-}10)$$

切应力沿高度方向按二次曲线规律变化，在中性轴上切应力为最大，这也是整个截面的最大切应力（见图 11-12b）

$$\tau_{max} = \frac{F_S S_{zmax}^*}{dI_z} \quad (11\text{-}11)$$

其中，S_{zmax}^* 为中性轴一边半个截面面积对中性轴的静矩。d 为腹板的宽度，I_z 为整个截面对中性轴的惯性矩。对于轧制的标准型钢，可通过查型钢规格表确定 I_z 及 S_{zmax}^* 的值。

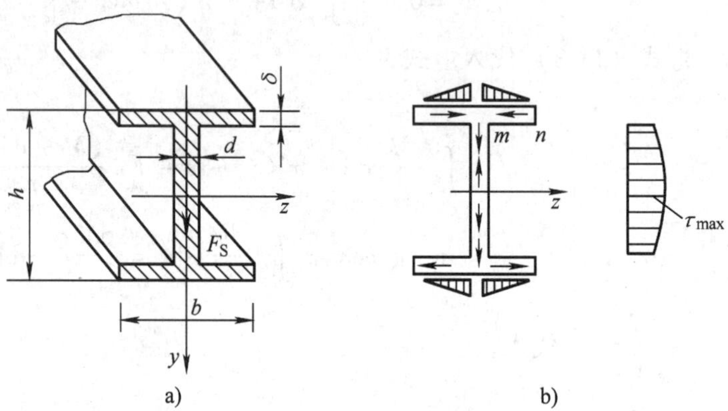

图 11-12　工字形截面梁的切应力

工字钢翼缘部分的切应力比较复杂，其值与腹板相比较小，通常忽略不计。

2）圆形截面梁的切应力。由切应力互等定理可知，圆形截面梁的切应力必与周边相切（见图 11-13a），由于图形的对称性，在 y 轴上各点的切应力方向必沿着 y 轴方向，由此可假设切应力在截面上的分布为：距 y 轴等距离各点处切应力在宽度方向上沿 y 轴分量相等，且切应力汇交于一点（见图 11-13b），仿照矩形截面梁切应力计算公式

得

$$\tau_y = \frac{F_S S_z^*}{bI_z} \quad (11\text{-}12)$$

其中，b 为弦的长度，S_z^* 为部分面积 A^* 对中性轴的静矩。由式（11-12）可知，圆形截面梁的最大切应力发生在中性轴上，中性轴上各点切应力分量与总切应力大小相等，方向相同，因此

$$\tau_{max} = \frac{F_S S_{zmax}^*}{bI_z} \quad (11\text{-}13)$$

式中，S_{zmax}^* 为半圆面积对中性轴的静矩，其大小为

$$S_{zmax}^* = \frac{\pi d^2}{8} \times \frac{2d}{3\pi} = \frac{d^3}{12}$$

代入式（11-13）中

$$\tau_{max} = \frac{F_S \dfrac{d^3}{12}}{d\dfrac{\pi d^4}{64}} = \frac{4}{3} \times \frac{F_S}{A} \quad (11\text{-}14)$$

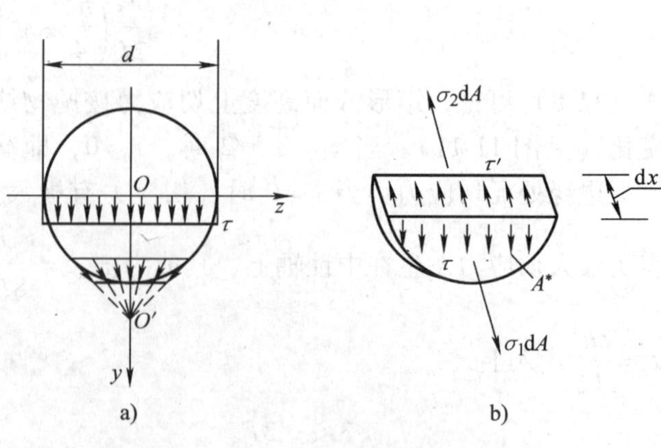

图 11-13　圆形截面梁的切应力

式中，$A=\pi d^2/4$。式（11-14）表明，圆截面梁横截面上的最大切应力 τ_{max} 比平均切应力 F_S/A 大 33%。

3. 薄壁环形截面梁的切应力　图 11-14 所示圆环形截面梁，设壁厚为 δ，平均半径为 r_0，由 $\delta \ll r_0$，故可假设环形截面上切应力的分布为：圆环内外周边上的切应力与圆周相切，且切应力沿圆环厚度方向均匀分布。仿照矩形截面的研究方法，经分析知，圆环形截面的最大切应力同样发生在中性轴处。

$$\tau_{max}=2\frac{F_S}{A} \tag{11-15}$$

A 为圆环的面积　$A=2\pi r_0\delta$，由此可见，环形截面梁的最大切应力 τ_{max} 为其平均切应力 F_S/A 的 2 倍。

例 11-6　T 形截面梁如图 11-15 所示。已知 $F_S=100\text{kN}$，$I_z=11.34\times10^3\text{cm}^4$，试求中性轴及翼缘与腹板交界处的切应力。

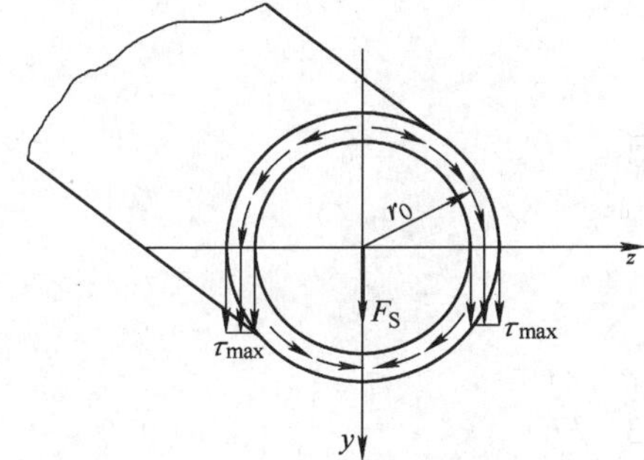

图 11-14　薄壁环形截面上的切应力

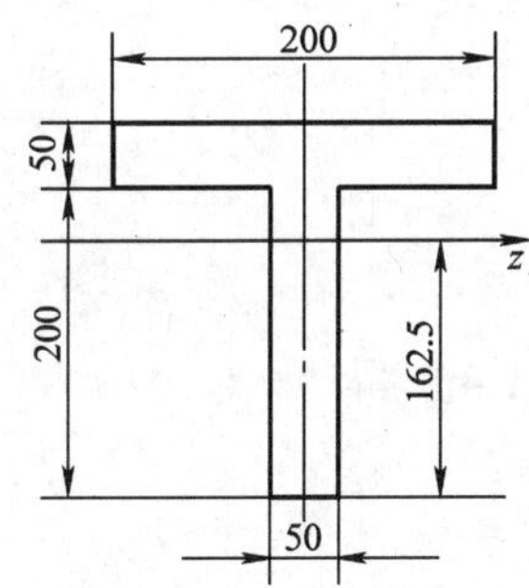

图 11-15　例 11-6 图

解： T 形截面梁，横截面可分解为两个矩形，由矩形截面切应力的计算公式得中性轴上的切应力为

$$\tau_{max}=\frac{F_S S_{zmax}^*}{bI_z}=\frac{100\times10^3\times50\times162.5\times\dfrac{162.5}{2}\times10^{-9}}{50\times10^{-3}\times11.34\times10^{-5}}\text{Pa}=11.64\text{MPa}$$

翼缘与腹板交界处的切应力

$$\tau'=\frac{F_S S_z^*}{bI_z}=\frac{100\times10^3\times50\times200\times(200-162.5+25)\times10^{-9}}{50\times10^{-3}\times11.34\times10^{-5}}\text{Pa}=11.02\text{MPa}$$

例 11-7　一矩形截面简支梁，中点处承受集中力 F，如图 11-16a 所示。试求最大切应力 τ_{max} 和最大弯曲正应力 σ_{max} 的比值。

解： 在荷载与各支座之间的剪力为常值 $F/2$（见图 11-16b）。在梁高度中点处（即中性层处），切应力值最大（见图 11-16e），由式（11-9），可得

$$\tau_{max}=\frac{3}{2}\times\frac{\dfrac{F}{2}}{bh}=\frac{3}{4}\times\frac{F}{bh} \tag{①}$$

梁跨度中点 C 处的弯矩有最大值 $M_{max}=Fl/4$（见图 11-16c），截面 C 的顶部和底部的弯曲正应力值是相等的（顶部受压，底部受拉），如图 11-16d 所示。

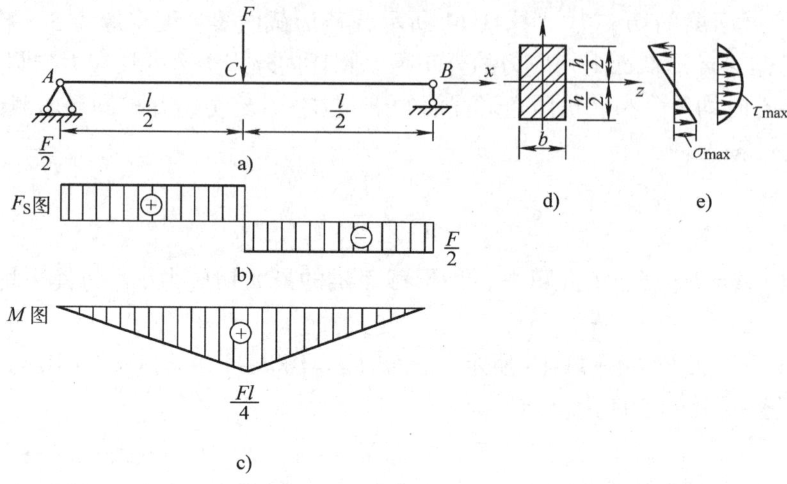

图 11-16 例 11-7 图

由式（11-4）得

$$\sigma_{max}=\frac{|M|_{max}}{W_z}=\frac{\dfrac{Fl}{4}}{\dfrac{bh^2}{6}}=\frac{3}{2}\frac{Fl}{bh^2} \qquad ②$$

解联立式①和式②，可得梁内最大切应力和最大正应力的比值

$$\frac{\tau_{max}}{\sigma_{max}}=\frac{h}{2l} \qquad ③$$

由式③可以看出，只有当 h 和 l 为同一量值时，切应力和弯曲正应力的数量比较才有意义，但由于大多数梁中，l 要比 h 大得多（譬如说 $l>5h$），切应力 将比弯曲正应力 小一个数量级。所以，在一般细长的，非薄壁截面杆中，弯曲正应力是主要的。

11.3.2 梁的切应力强度条件

梁在横力弯曲情况下，横截面上的最大切应力一般在中性轴上，而中性轴上的正应力为零，所以该点为纯切应力状态，由此，可建立梁的切应力强度条件。在最大剪力所在的截面上，中性轴上的各点切应力值最大，即

$$\tau_{max}=\frac{F_{Smax}S_{zmax}^{*}}{bI_z}\leqslant[\tau] \qquad (11\text{-}16)$$

式中，$[\tau]$ 为材料的许用切应力，由规范中查出。式（11-16）即为切应力强度条件。

一般情况下，梁的设计是由正应力强度条件决定的，而利用切应力强度条件进行校核。实际上梁的截面根据正应力强度条件选择后，通常不再需要进行切应力强度校核，只有以下

几种特殊情况，需要校核梁的切应力：①梁的跨度较小或支座附近作用有较大的集中荷载时，可能出现弯矩较小而剪力较大的情况。②由于木材顺纹方向的许用切应力比许用正应力小得多，因此，木质梁有可能在中性层上发生剪切破坏。③在焊接或铆接的组合截面（例如工字型）钢梁中，当腹板的厚度与梁高之比小于型钢截面的相应比值时，需要校核切应力强度。

例 11-8　某工字钢简支梁，受荷载如图 11-17a 所示。已知 $l=2\text{m}$，$a=0.2\text{m}$，$q=10\text{kN/m}$，$F=200\text{kN}$，材料的许用应力 $[\sigma]=160\text{MPa}$，$[\tau]=100\text{MPa}$，若选择工字钢型号为 I 25b，问此梁是否安全？

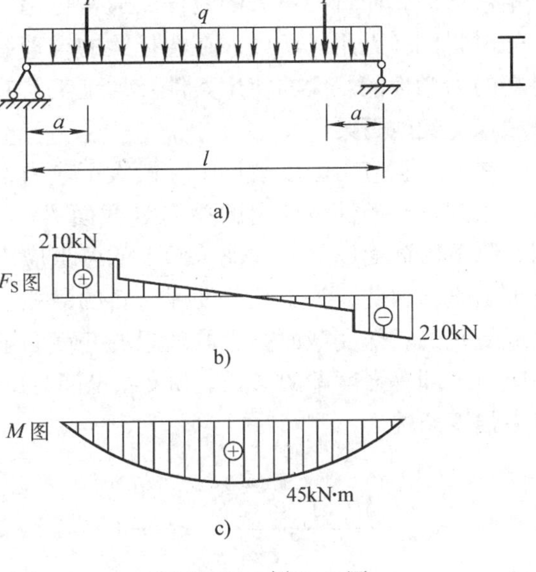

图 11-17　例 11-8 图

解： 如图 11-17b、c 所示，梁的最大弯矩在跨中，$M_{\max}=45\text{kN}\cdot\text{m}$，最大剪力在支座处，$F_{\text{Smax}}=210\text{kN}$

（1）校核正应力强度

查型钢表知：I 25b 工字钢抗弯截面系数

$$W_z=423\text{cm}^3,\frac{I_z}{S_{z\max}^*}=21.3\text{cm},d=1\text{cm}$$

$$\sigma_{\max}=\frac{M_{\max}}{W_z}=\frac{45\times10^3}{423\times10^{-6}}\text{Pa}=107\text{MPa}<[\sigma]$$

正应力满足强度要求。

（2）校核切应力强度

$$\tau_{\max}=\frac{F_{\text{Smax}}S_{z\max}^*}{dI_z}=\frac{F_{\text{Smax}}}{d\dfrac{I_z}{S_{z\max}^*}}=\frac{210\times10^3}{21.3\times10^{-2}\times10^{-2}}\text{Pa}=98.6\text{MPa}<[\tau]$$

故梁满足切应力强度条件，此梁是安全的。

11.4　梁的合理截面形状及变截面梁

11.4.1　合理截面

一般情况下，梁的强度是由正应力强度条件控制的，梁的正应力强度条件为 $\sigma_{\max}=M_{\max}/W_z\leqslant[\sigma]$。在外荷载一定的情况下，要降低梁横截面上的 $\sigma_{\max}$，就必须增大 W_z，因此，在材料用量（截面面积 A）一定的情况下，应使其抗弯截面系数 W_z 与其面积 A 之比尽可能地大。通常 W_z 与截面高度的平方成正比，所以，应尽可能地使截面面积分布在距中性轴较远的地方，使得 W_z/A 的值尽可能的大，从而降低截面上的最大正应力。例如，工字形截面比矩形截面合理，矩形截面竖放要比横放合理，空心圆截面要比实心圆截面合理。

梁横截面上的正应力围绕中性轴成线性分布，距离中性轴最远的各点处有最大拉应力和最大压应力。为了充分发挥材料的潜力，要根据横截面形式将截面设计成使最大拉压应力同时达到材料的许用应力。例如，由于钢材的许用拉应力与许用压应力相等，所以，选用的横截面形式应以中性轴为对称轴的截面，如矩形、工字形截面等。对于铸铁等脆性材料制成的梁，由于材料的抗压强度比抗拉强度高很多，则应设计成不对称截面，如T形截面等，应将翼缘部分置于受拉侧。

工程中梁截面形式的选择，要根据实际情况而定。比如，木制的梁通常用圆截面或加工成矩形截面，而直径不大的钢杆，通常也用实心的，因为空心圆杆不仅加工困难，而且杆中心的材料同样无用。所以，在选择梁的合理截面形状时，应综合考虑横截面上的应力情况、材料的力学性能、梁的使用条件及加工工艺等多方面因素。

11.4.2 变截面梁

在梁的正应力强度条件中，最大正应力发生在弯矩最大的横截面上距中性轴最远的各点处，根据这一条件设计出的梁为等截面梁。这种梁只在危险截面各点处材料得到了充分利用，除危险截面以外的其他截面上的各点应力都小于材料的许用应力，材料的性能没有充分发挥出来。因此，为了充分发挥材料的潜能，节省材料并减轻梁的自重，可将梁的横截面设计成变化的，即**变截面梁**。最理想的变截面梁是使梁各个截面的最大正应力均达到材料的许用应力，即**等强度梁**的形式。例如，图11-18a所示的简支梁，若设计成等强度梁，根据正应力强度条件

$$\sigma_{\max}=\frac{M(x)}{W_z}=\frac{\frac{F}{2}x}{\frac{bh^2(x)}{6}}\leqslant[\sigma]$$

得梁高的变化为 $h(x)\geqslant\sqrt{\dfrac{3Fx}{b[\sigma]}}$

在 $x=0$ 处，由切应力强度确定 h 值。由上式确定的梁（见图11-18b）即为建筑工程中常用的鱼腹梁。工程中为了制造方便，往往不做成曲线形状的等强度梁，而是做成阶梯状的（见图11-19）。图11-19b的屋面T形大梁，做成沿长度直线变化的形式。为了减轻梁的重量，在T形截面腹板上开一些圆孔。

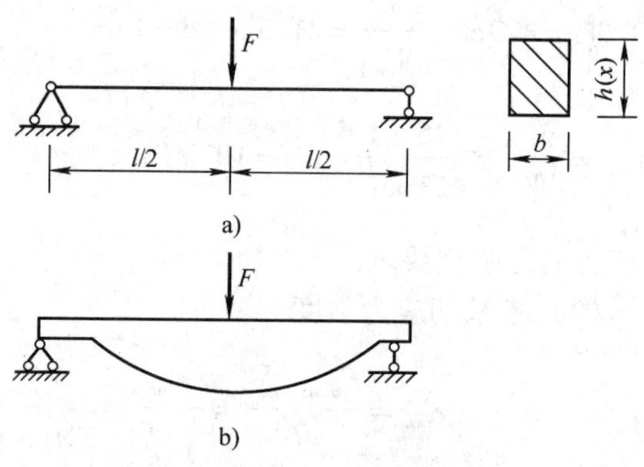

图11-18 鱼腹梁

近些年来，随着城市建设的迅速发展，在各个城市建设中等强度的构件得到了广泛的应用，如道路两旁的灯杆（见图11-20），各道路交叉口的红、绿灯支架等（见图11-21）结构，既节省了材料，又美化了城市环境。

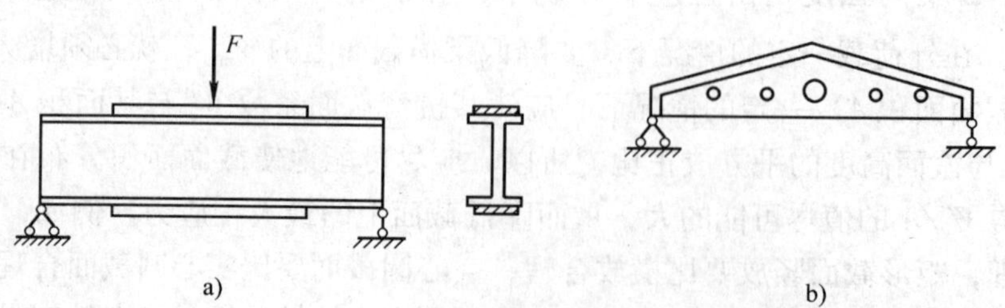

图11-19 变截面梁

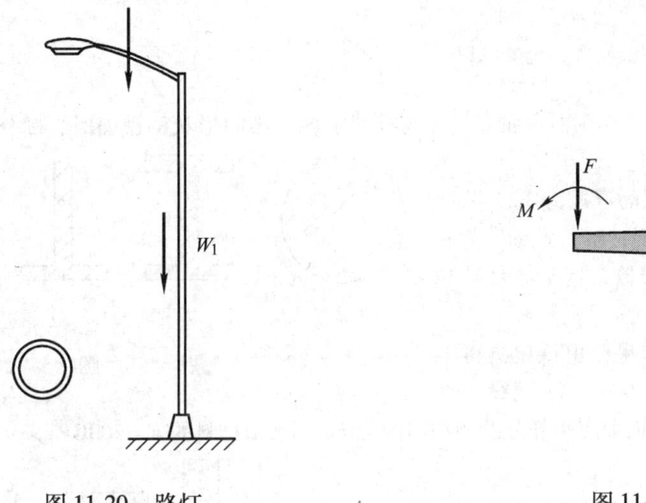

图 11-20　路灯　　　　图 11-21　红绿灯支架

小　　结

1）纯弯曲，横力弯曲，中性层，中性轴，梁横截面上的正应力、切应力及其分布规律等的主要概念。

2）根据平面假设，纯弯曲时梁横截面上的正应力计算公式为 $\sigma = My/I_z$；对于跨高比较大的梁（$l/h>5$），可将纯弯曲时正应力的计算公式推广到横力弯曲情况下使用。此时，正应力的计算公式为 $\sigma = M(x)y/I_z$。

3）梁弯曲时的正应力强度条件 $\sigma_{max} = M_{max}y_{max}/I_z = M_{max}/W_z \leqslant [\sigma]$，即计算出最大弯矩所在截面距中性轴最远点处的正应力，其值应小于或等于许用正应力。应用上述条件通常可解决工程实际中的 3 种基本问题：

①进行强度校核。

②由 $W_z \geqslant M_{max}/[\sigma]$ 设计截面尺寸。

③由 $M_{max} \leqslant W_z[\sigma]$ 求许用荷载。

4）横力弯曲情况下，梁横截面上除有正应力外还有切应力。本章主要讨论了矩形截面梁横截面上各点的切应力分布及计算公式 $\tau = F_S S_z^*/bI_z$ 及最大切应力计算公式 $\tau_{max} = 3F_S/2A$。

此外，还分别给出了工字形截面，圆形截面和圆环形截面的最大切应力计算公式，它们分别为 $\tau_{max} = \dfrac{F_S S_{zmax}^*}{dI_z}$，$\tau_{max} = \dfrac{4}{3} \times \dfrac{F_S}{A}$ 和 $\tau_{max} = 2\dfrac{F_S}{A}$。

5）梁弯曲时的切应力强度条件 $\tau_{max} = \dfrac{F_{Smax} S_{zmax}^*}{bI_z} \leqslant [\tau]$，即在剪力最大的截面上，中性轴上的切应力最大，其值小于或等于许用切应力。

6）由正应力强度条件设计梁的合理截面形式，同时要满足切应力的强度要求。

7）根据正应力强度条件、切应力强度条件校核强度，设计合理的截面尺寸及求许用荷载等。

习　题

11-1　梁在纵对称面内受外力作用而弯曲。当梁具有图示各种不同形状的截面时，试分别绘出各横截面上的正应力沿其高度变化的图。

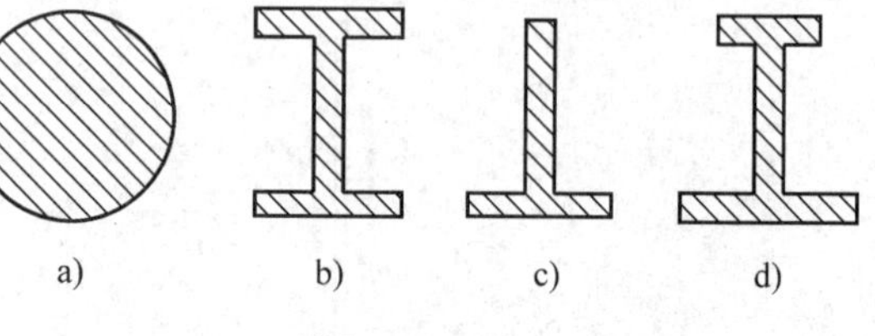

题 11-1　图

11-2　图示纯弯曲梁，作用的弯矩为 M_z，截面为矩形，宽为 b，高为 $h=2b$。问：(1) 截面竖放和平放时的应力比。(2) 如截面竖放，且 h 增大到 $4h$ 时，应力是原来的多少倍？

11-3　图示梁的横截面，如果已由试验测得上端纵向纤维的压缩应变 $\varepsilon=-0.0003$，下端纵向纤维拉伸应变 $\varepsilon=0.0006$。试求截面上阴影部分总的法向内力 F_N^*。已知材料的 $E=200\text{GPa}$。

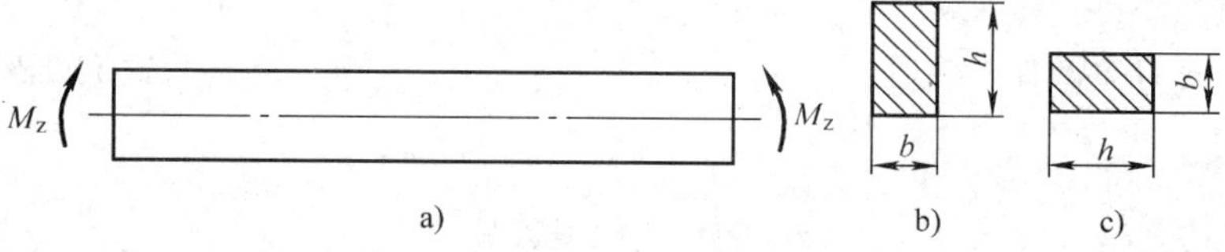

题 11-2　图

11-4　矩形截面悬臂梁，受力如图所示。求 1-1 截面及 2-2 截面上 A、B、C 点的正应力。

11-5　图示宽为 30mm，厚为 4mm 的钢带，绕装在一个半径为 R 的圆筒上。已知钢带的弹性模量 $E=200\text{GPa}$，规定非比例伸长应力 $\sigma_p=400\text{MPa}$，若要求钢带在绕装过程中应力不超过 σ_p，试问圆筒的最小半径 R 应为多少？

11-6　若要从直径为 d 的圆形截面木材中切割出一根矩形截面梁，并使抗弯截面系数 W_z 为最大，试计算矩形应有的高宽比 h/b。

11-7　图示由两根 [28a 号槽钢组成的简支梁受 3 个集中力作用。已知该梁材料为 Q235 钢，其许用弯曲正应力 $[\sigma]=170\text{MPa}$。试求该梁的许用荷载 $[F]$。

11-8　图示圆形截面悬臂梁，受均布荷载 q 作用，试计算梁横截面上最大切应力、最大正应力及两者的比值。

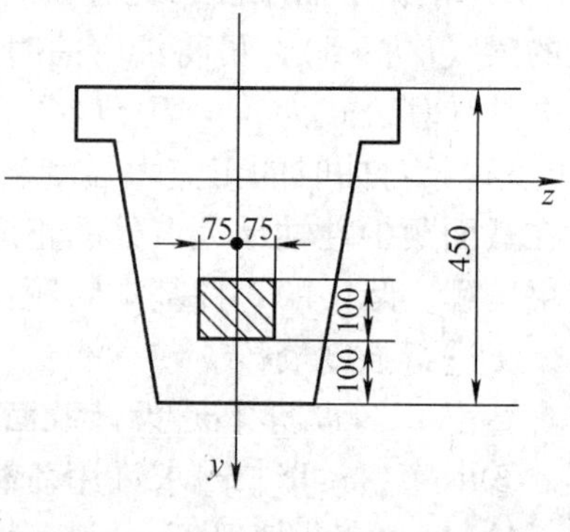

题 11-3　图

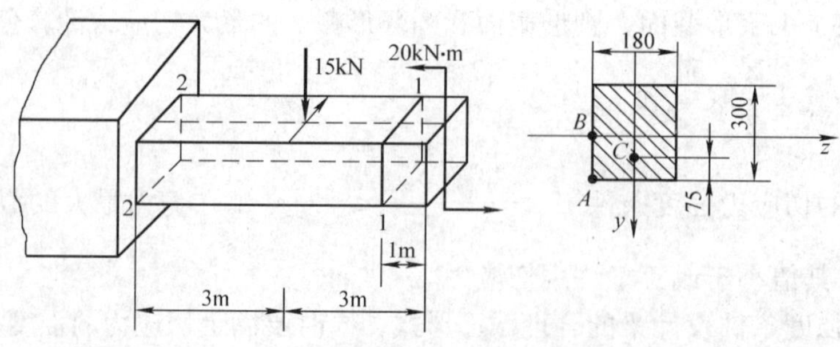

题 11-4　图

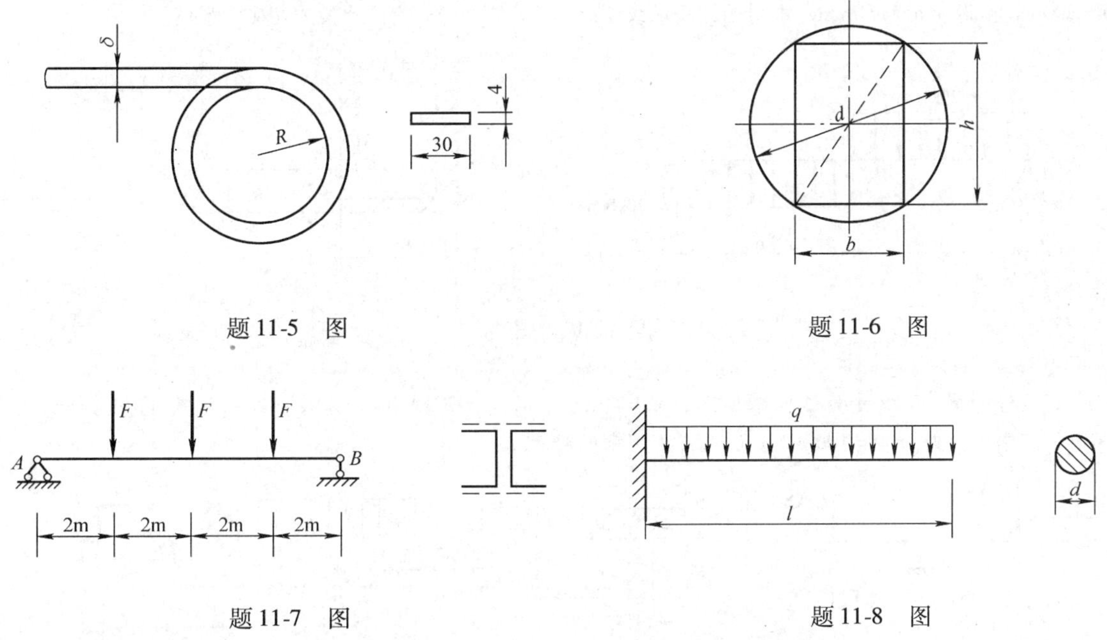

题 11-5 图

题 11-6 图

题 11-7 图

题 11-8 图

11-9 木制悬臂梁受载如图所示。试求中性层上的最大切应力及此层水平方向的总剪力。

11-10 开口薄壁圆环截面如图所示。已知横截面上剪力 F_S 的作用线平行于截面的 y 轴，试推导此截面上弯曲切应力的计算公式（参看圆环形截面切应力公式的推导）。

11-11 矩形截面梁的截面尺寸如图所示。已知梁横截面上作用有正弯矩 $M=16\text{kN}\cdot\text{m}$ 及剪力 $F_S=6\text{kN}$，试求图中阴影面积 1 及 2 上的法向内力及切向内力。

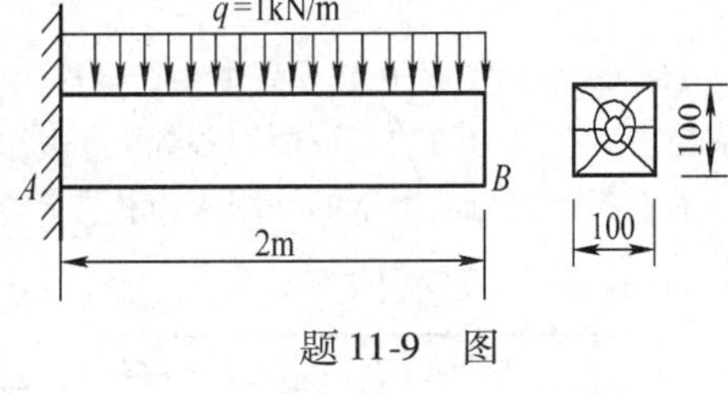

题 11-9 图

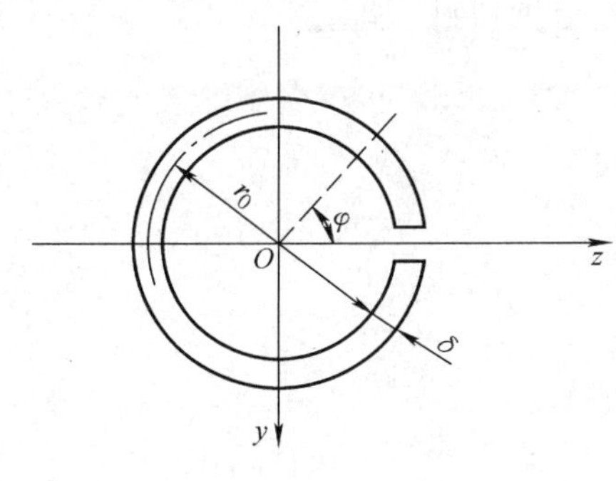

题 11-10 图

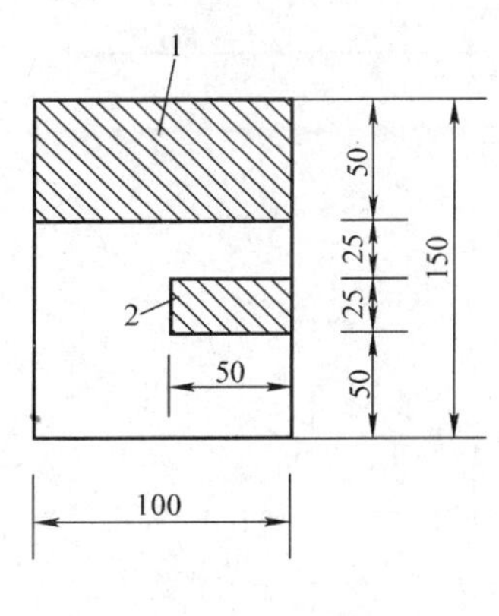

题 11-11 图

11-12 试求图示梁横截面上的最大正应力和最大切应力，并绘出危险截面上正应力和切应力的分布图。

11-13 图示铸铁 T 形截面梁，已知 $I_z=7.65\times10^{-6}\text{m}^4$，材料的许用拉应力 $[\sigma]_t=40\text{MPa}$，许用压应力 $[\sigma]_c=60\text{MPa}$，试校核此梁的正应力强度。

11-14 一根木制简支梁，在全梁长度上受 $q=5\text{kN/m}$ 的均布荷载作用。已知跨长 $l=7.5\text{m}$ 截面尺寸宽

度 $b=300$mm 和高度 $h=180$mm，木材的许用顺纹切应力为 1MPa。试校核此梁的切应力强度。

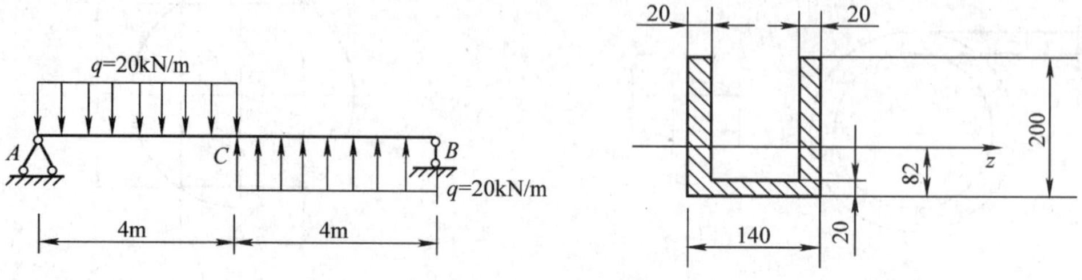

题 11-12　图

11-15　外伸梁 AC 承受荷载如图所示，$M=40$kN·m，$q=20$kN/m。材料的许用弯曲正应力 $[\sigma]=170$MPa，许用切应力 $[\tau]=100$MPa。试选择工字钢型号。

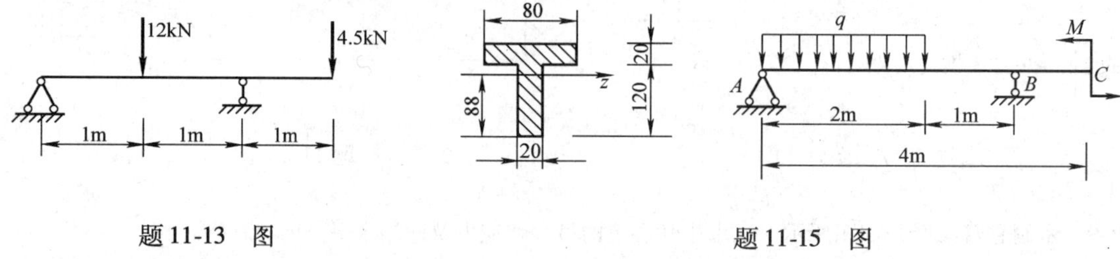

题 11-13　图　　　　题 11-15　图

11-16　图示简支梁中点 C 受集中荷载作用，该梁原用 I 20a 号工字钢制造，跨度长 $l=6$m。现欲提高其承载能力，在梁中间的上下两面各焊上一块长度为 $l'=2$m，宽为 $b=120$mm，厚为 $\delta=10$mm 的钢板，如图 b 所示。若钢板与工字钢的许用应力相同，试问梁的抗弯截面系数提高了多少？

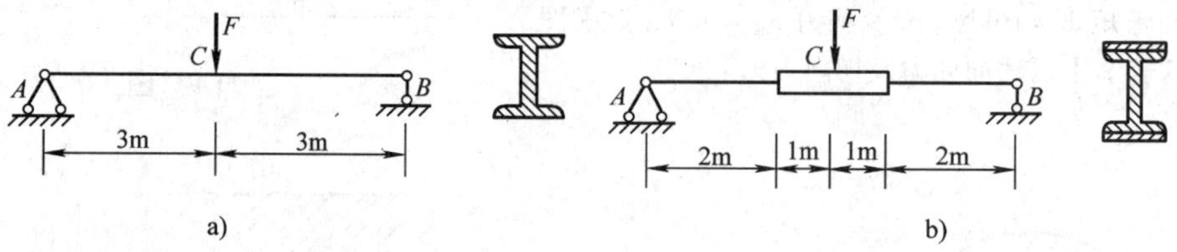

题 11-16　图

第12章 梁的变形

12.1 梁截面的挠度和转角

前面讨论了梁的强度计算，对于受弯构件，除了满足强度要求外，通常还要满足刚度要求。本章将讨论等直梁在平面弯曲时的变形计算。现以悬臂梁为例，说明梁变形的一些基本概念。

图 12-1 所示悬臂梁，在自由端受外荷载作用，在 xy 平面内产生平面弯曲，轴线由直线弯曲成一条连续而光滑的平面曲线，这条曲线称为挠曲线。

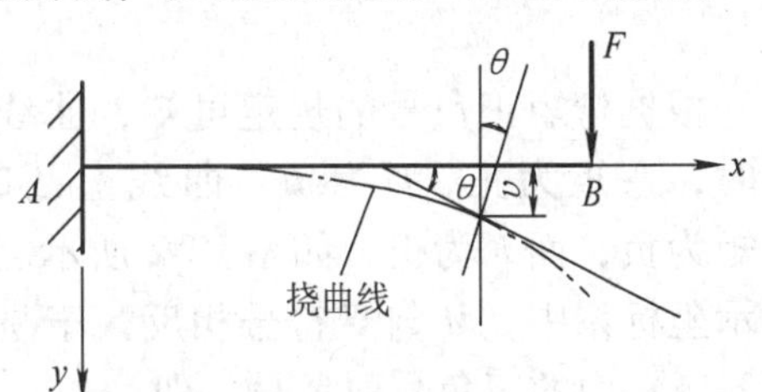

图 12-1 挠度和转角

梁的弯曲变形可用以下两个基本量来度量。

1. 挠度 梁上任一截面的形心沿垂直于梁轴线方向的线位移 v，称为梁在该截面的挠度。

2. 转角 梁的横截面绕中性轴相对其原来位置所旋转的角度，即角位移 θ，称为梁在该截面的转角。

梁在变形后，横截面仍与挠曲线保持垂直，因此，横截面的转角 θ 即为挠曲线在该点处的切线与 x 轴的夹角。

应当指出，梁在变形后，x 轴方向也有线位移，但由于该线位移远远小于跨长，故忽略不计。

为了说明挠度 v 沿 x 轴的变化规律，可用函数 $v=f(x)$ 来表达，称为梁的挠曲线方程。

在小变形情况下 $\tan\theta\approx\theta$，故

$$\theta\approx\tan\theta=\frac{\mathrm{d}y}{\mathrm{d}x}=v'=f'(x)$$

即挠曲线上任一点处切线的斜率 v' 都可以足够精确地代表该点处截面的转角 θ。$\theta(x)$ 为转角方程。

由此可知，只要知道梁的挠曲线方程，任意截面的位移、转角都可计算。在图 12-1 坐标系中，规定挠度向下为正，向上为负；顺时针转角为正，逆时针转角为负。

12.2 梁的挠曲线近似微分方程

在梁的纯弯曲变形中，其曲率 ρ 可由式（11-2）决定，即

$$\frac{1}{\rho}=\frac{M}{EI_z} \qquad ①$$

对于横力弯曲的情况，如果梁的跨度远大于截面高度，则剪力 F_S 对于梁的变形影响很小，可以忽略不计，故式①仍可应用。但应注意，这时的 M 和 ρ 都不再是常量了，它们均随截面位置而变，为 x 的函数，即

$$\frac{1}{\rho(x)}=\frac{M(x)}{EI_z} \qquad ②$$

在数学上，平面曲线的曲率公式为

$$\frac{1}{\rho(x)}=\left|\frac{\mathrm{d}\theta}{\mathrm{d}x}\right|=\frac{|v''|}{(1+v'^2)^{3/2}} \tag{③}$$

由于梁的变形很小，其挠曲线为一平坦曲线，v'^2 是二阶小量，远小于1，可忽略不计，式③可写为

$$\frac{1}{\rho(x)}=\pm v'' \tag{④}$$

将式②代入式④中，得

$$v''=\pm\frac{M(x)}{EI_z} \tag{12-1a}$$

根据弯矩正负号的规定可知，曲线下凸时，弯矩为正，v''为负；曲线上凸时，弯矩为负，而v''为正，如图12-2所示。在图示坐标系中，M 与 v''符号相反，于是式（12-1a）中的正负号取负号，即

$$v''=-\frac{M(x)}{EI_z} \tag{12-1b}$$

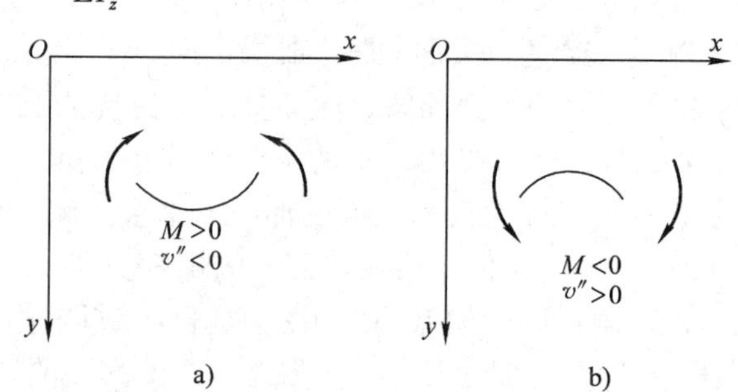

图12-2　M、v''的正负号规定

上式即为梁的挠曲线近似微分方程式。该方程中略去了剪力的影响和 v'^2 二阶项。

若为等截面的直梁，其抗弯刚度 EI 为一常量，式（12-1b）还可改写为

$$EIv''=-M(x) \tag{12-1c}$$

将上式两端积分一次，可得转角方程，积分两次可得挠曲线方程。积分常数由梁变形的连续条件和边界条件确定。

12.3　用积分法求梁的变形

对式（12-1c）两端一次积分，得

$$EIv'=-\int M(x)\mathrm{d}x+C_1 \tag{12-2a}$$

再积分一次，即得

$$EIv=-\int\left[\int M(x)\mathrm{d}x\right]\mathrm{d}x+C_1x+C_2 \tag{12-2b}$$

式中积分常数 C_1、C_2 由边界条件或梁的连续光滑条件确定。积分常数 C_1、C_2 确定后，分别代入式（12-2a）和式（12-2b）中，即得转角方程和挠曲线方程。现举例说明。

例12-1　图示悬臂梁，在自由端受一集中荷载 F 作用，梁的抗弯刚度为 EI_z，求梁的挠曲线方程和转角方程、自由端的挠度 f_B 和转角 θ_B。

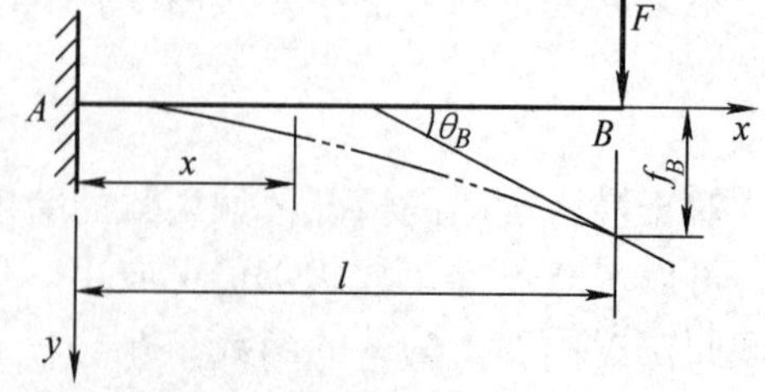

图12-3　例12-1图

解：把坐标原点放在 A 点，距 A 为 x 处截面的弯矩为

$$M(x) = -F(l-x) \tag{1}$$

由挠曲线近似微分方程

$$EIv'' = -M(x) = Fl - Fx \tag{2}$$

对式②两边积分得

$$EIv' = Flx - \frac{F}{2}x^2 + C_1 \tag{3}$$

对式③两边积分得

$$EIv = \frac{Fl}{2}x^2 - \frac{F}{6}x^3 + C_1x + C_2 \tag{4}$$

悬臂梁的边界条件为：在固定端处挠度、转角都等于零，即

$$x=0 \text{ 处} \quad v=0 \quad v'=0$$

代入式③、式④中，得

$$C_1=0, \quad C_2=0$$

所以，梁的转角方程为

$$\theta = v' = \frac{Fl}{EI}x - \frac{Fx^2}{2EI} \tag{5}$$

梁的挠曲线方程为

$$v = \frac{Flx^2}{2EI} - \frac{Fx^3}{6EI} \tag{6}$$

将 $x=l$ 代入式⑤、式⑥，可求出自由端的转角及挠度分别为

$$\theta_B = \frac{1}{EI}\left(Fl^2 - \frac{1}{2}Fl^2\right) = \frac{Fl^2}{2EI}$$

$$f_B = \frac{1}{EI}\left(\frac{Fl^3}{2} - \frac{Fl^3}{6}\right) = \frac{Fl^3}{3EI}$$

从梁的挠曲线大致形状可知，B 截面处的挠度和转角为全梁的最大值 f_{max} 和 θ_{max}。

例 12-2 图 12-4 所示跨长为 l 的简支梁 AB，承受满跨的均布荷载 q，梁的抗弯刚度为 EI，求梁的最大挠度及最大转角。

解：设图示坐标系。由对称性可知支座反力为

$$F_A = F_B = \frac{ql}{2}$$

距 A 处为 x 截面上的弯矩为

$$M(x) = \frac{q}{2}lx - \frac{1}{2}qx^2 = \frac{q}{2}(lx - x^2) \tag{1}$$

由挠曲线近似微分方程

$$EIv'' = -M(x) = \frac{q}{2}(x^2 - lx) \tag{2}$$

积分一次得

$$EIv' = \frac{q}{2}\left(\frac{x^3}{3} - \frac{l}{2}x^2\right) + C_1 \tag{3}$$

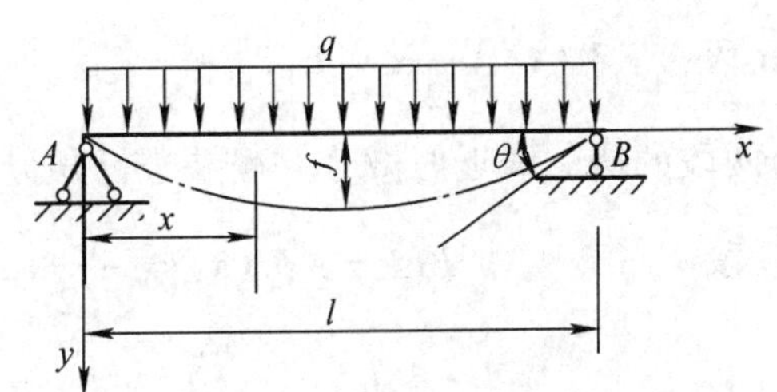

图 12-4 例 12-2 图

再积分一次得

$$EIv=\frac{q}{2}\left(\frac{x^4}{12}-\frac{l}{6}x^3\right)+C_1x+C_2 \tag{④}$$

由边界条件：

$x=0, v_A=0$ 代入式④得 $C_2=0$

$x=l, v_B=0$ 代入式④得

$$\frac{q}{2}\left(\frac{l^4}{12}-\frac{l^4}{6}\right)+C_1l=0$$

$$C_1=\frac{ql^3}{24}$$

将常数 C_1、C_2 代入式③、式④中，得转角方程和挠曲线方程分别为

$$\theta=v'=\frac{q}{24EI}(4x^3-6lx^2+l^3) \tag{⑤}$$

$$v=\frac{qx}{24EI}(x^3-2lx^2+l^3) \tag{⑥}$$

由于梁及梁上的荷载是对称的，则挠曲线也应对称，由图中挠曲线的大致形状可知，最大挠度发生在跨中，最大转角在两支座处，即

$$x=\frac{l}{2}, f_{\max}=\frac{5ql^4}{384EI}$$

$$x=0,\ \theta_{\max}=\frac{ql^3}{24EI}$$

从上面两个例题中可以看出，积分常数 C_1、C_2 的几何意义为：C_1 是 $x=0$ 处梁横截面的转角，而 C_2 是 $x=0$ 处梁横截面的挠度。

例 12-3　图 12-5 所示简支梁抗弯刚度为 EI，在梁的中点作用有集中荷载 F。试求此梁的转角方程及挠曲线方程，并求梁的最大挠度和最大转角。

解：梁的支座反力为

$$F_A=F_B=\frac{F}{2}$$

弯矩方程为

AC 段　　$M(x)=\frac{F}{2}x_1$　　　$0\leqslant x_1\leqslant\frac{l}{2}$

CB 段　　$M(x)=\frac{F}{2}x_2-F\left(x_2-\frac{l}{2}\right)$　　　$\frac{l}{2}\leqslant x_2\leqslant l$

由两段的挠曲线近似微分方程并进行积分得

AC 段

$$EIv''=-M(x)=-\frac{F}{2}x_1$$

$$EIv'=-\frac{F}{4}x_1^2+C_1 \tag{①}$$

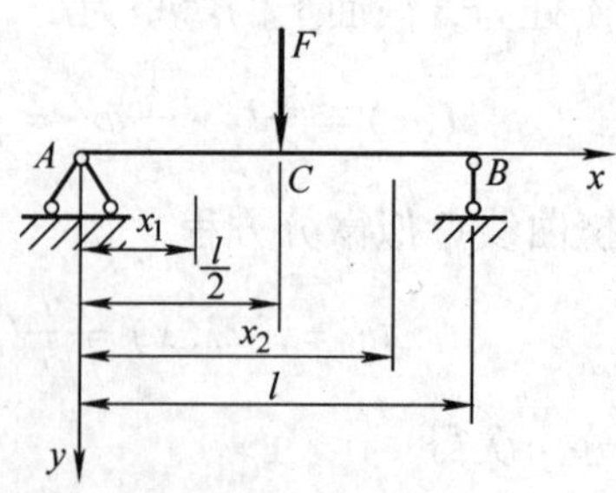

图 12-5　例 12-3 图

$$EIv = -\frac{F}{12}x_1^3 + C_1x_1 + C_2 \quad ②$$

CB 段
$$EIv'' = -M(x) = -\frac{F}{2}x_2 + F\left(x_2 - \frac{l}{2}\right)$$

$$EIv' = -\frac{F}{4}x_2^2 + \frac{F}{2}\left(x_2 - \frac{l}{2}\right)^2 + D_1 \quad ③$$

$$EIv = -\frac{F}{12}x_2^3 + \frac{F}{6}\left(x_2 - \frac{l}{2}\right)^3 + D_1x_2 + D_2 \quad ④$$

确定积分常数 C_1、C_2、D_1、D_2。

由边界条件知：

$x=0$，$v_A=0$ 代入式②得 $C_2=0$

$x=l$，$v_B=0$ 代入式④得

$$-\frac{F}{12}l^3 + \frac{F}{6}\left(l - \frac{l}{2}\right)^3 + D_1l + D_2 = 0 \quad ⑤$$

由梁在 C 截面的连续光滑条件知

$x=\frac{l}{2}$，$v_{C左}=v_{C右}$，代入式①、式③得

$$C_1 = D_1$$

$x=\frac{l}{2}$，$v_{C左}=v_{C右}$，代入式②、式④得

$$C_2 = D_2$$

由于 $C_2=0$，则 $D_2=0$ 代入式⑤可得

$$D_1 = C_1 = \frac{Fl^2}{16}$$

将 C_1、D_1 代入式①、式②、式③、式④得 AC、CB 段转角方程及挠曲线方程式分别为

AC 段
$$\theta = v' = -\frac{F}{16EI}(4x_1^2 - l^2) \qquad \left(0 \leqslant x_1 \leqslant \frac{l}{2}\right) \quad ⑥$$

$$v = -\frac{F}{48EI}(4x_1^3 - 3l^2x_1) \qquad \left(0 \leqslant x_1 \leqslant \frac{l}{2}\right) \quad ⑦$$

CB 段
$$\theta = v' = \frac{1}{EI}\left[-\frac{F}{4}x_2^2 + \frac{F}{2}\left(x_2 - \frac{l}{2}\right)^2 + \frac{Fl^2}{16}\right] \qquad \left(\frac{l}{2} \leqslant x_2 \leqslant l\right) \quad ⑧$$

$$v = \frac{1}{EI}\left[-\frac{F}{12}x_2^3 + \frac{F}{6}\left(x_2 - \frac{l}{2}\right)^3 + \frac{Fl^2}{16}x_2\right] \qquad \left(\frac{l}{2} \leqslant x \leqslant l\right) \quad ⑨$$

将 $x=0$，$x=l$ 分别代入式⑥、式⑧可得左、右两支座处截面的转角分别为

$$\theta_A = \frac{Fl^2}{16EI}, \qquad \theta_B = -\frac{Fl^2}{16EI}$$

将 $x=l/2$ 代入式⑦或式⑨，得中间截面处的挠度为

$$f_C = f_{\max} = \frac{Fl^3}{48EI}$$

通过上述例题计算，不难看出：悬臂梁的最大转角及最大挠度总是发生在自由端的截面处，而简支梁的最大转角总是发生在左、右支座截面处，最大挠度一般发生在梁的中点处。应当指出的是，工程中通常采用近视计算，即不管简支梁受哪种荷载，只要挠曲线上无拐点，其最大挠度都可用梁跨中点处的挠度值来代替，其精度可以满足工程上的要求。

12.4 用叠加法求梁的变形

直接积分法是求梁变形的基本方法。但在荷载复杂的情况下，运算繁杂。由于梁的变形微小和材料服从胡克定律。转角和挠度都与荷载成线性关系，因此，在求解变形时，也可采用**叠加法**，即当梁上有几个荷载共同作用时，梁横截面的转角和挠度，等于每个荷载单独作用时引起该截面的转角和挠度的代数和。这也就是前面介绍过的叠加原理。

在工程中，可通过查表确定每项荷载单独作用时引起该截面的转角和挠度，再按叠加原理计算最大转角和最大挠度。

简单荷载作用下梁的转角和挠度见表 12-1。

表 12-1 简单荷载作用下梁的转角和挠度

支承和荷载情况	梁端转角 θ	最大挠度 $f_{\max}$	挠曲线方程式 v
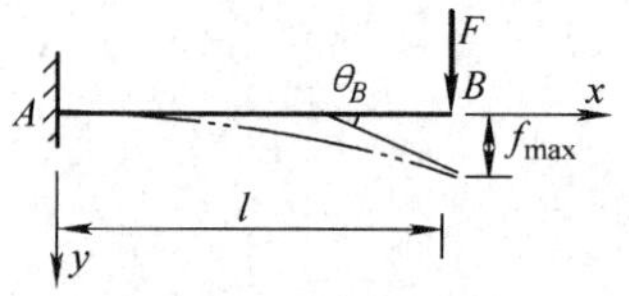 A F θ_B B x $f_{\max}$ l y	$\theta_B=\frac{Fl^2}{2EI_z}$	$f_{\max}=\frac{Fl^3}{3EI_z}$	$v=\frac{Fx^2}{6EI_z}(3l-x)$
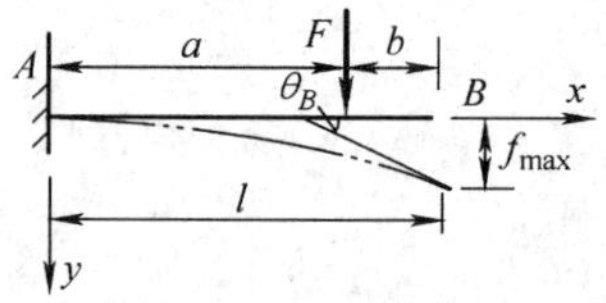 A a F b θ_B B x $f_{\max}$ l y	$\theta_B=\frac{Fa^2}{2EI_z}$	$f_{\max}=\frac{Fa^2}{6EI_z}(3l-a)$	$v=\frac{Fx^2}{6EI_z}(3a-x),0\leqslant x\leqslant a$ $v=\frac{Fa^2}{6EI_z}(3x-a),a\leqslant x\leqslant l$
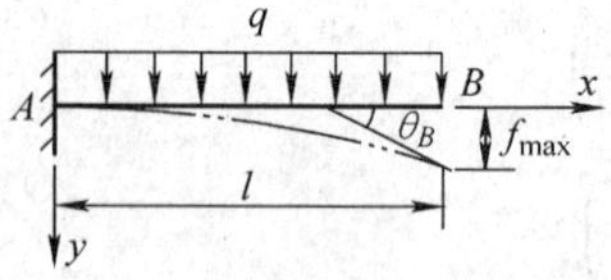 q A B x θ_B $f_{\max}$ l y	$\theta_B=\frac{ql^3}{6EI_z}$	$f_{\max}=\frac{ql^4}{8EI_z}$	$v=\frac{qx^2}{24EI_z}(x^2+6l^2-4lx)$
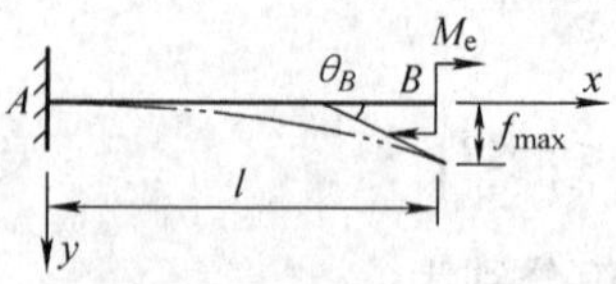 M_e A θ_B B x $f_{\max}$ l y	$\theta_B=\frac{M_el}{EI_z}$	$f_{\max}=\frac{M_el^2}{2EI_z}$	$v=\frac{M_ex^2}{2EI_z}$
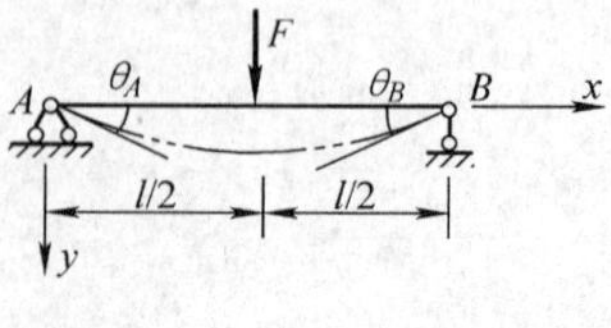 F A θ_A θ_B B x l/2 l/2 y	$\theta_A=-\theta_B=\frac{Fl^2}{16EI_z}$	$f_{\max}=\frac{Fl^3}{48EI_z}$	$v=\frac{Fx}{48EI_z}(3l^2-4x^2),0\leqslant x\leqslant\frac{l}{2}$

（续）

支承和荷载情况	梁端转角 θ	最大挠度 $f_{\max}$	挠曲线方程式 v
	$\theta_A=-\theta_B=\dfrac{ql^3}{24EI_z}$	$f_{\max}=\dfrac{5ql^4}{384EI_z}$	$v=\dfrac{qx}{24EI_z}(l^3-2lx^2+x^3)$
	$\theta_A=\dfrac{Fab(l+b)}{6lEI_z}$ $\theta_B=\dfrac{-Fab(l+a)}{6lEI_z}$	$f_{\max}=\dfrac{Fb}{9\sqrt{3}lEI_z}(l^2-b^2)^{3/2}$ 在 $x=\dfrac{\sqrt{l^2-b^2}}{3}$ 处	$v=\dfrac{Fbx}{6lEI_z}(l^2-b^2-x^2),0\leqslant x\leqslant a$ $v=\dfrac{F}{EI_z}\left[\dfrac{b}{6l}(l^2-b^2-x^2)+\dfrac{1}{6}(x-a)^3\right],a\leqslant x\leqslant l$
	$\theta_A=\dfrac{M_e l}{6EI_z}$ $\theta_B=-\dfrac{M_e l}{3EI_z}$	$f_{\max}=\dfrac{M_e l^2}{9\sqrt{3}EI_z}$ 在 $x=\dfrac{l}{\sqrt{3}}$ 处	$v=\dfrac{M_e x}{6lEI_z}(l^2-x^2)$

例 12-4 图 12-6 示简支梁 AB，受集中荷载 F 及均布荷载 q 作用。已知抗弯刚度为 EI，$F=ql/4$。试用叠加法求梁的最大挠度。

解： 查表 12-1 可知，简支梁在均布荷载 q 作用下跨中的最大挠度为

$$f_q=\frac{5ql^4}{384EI}$$

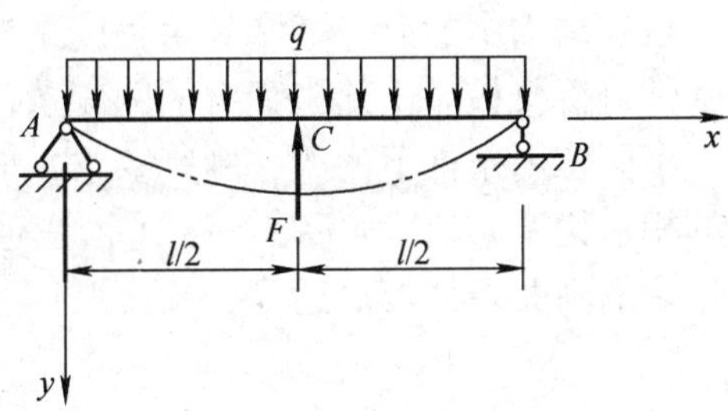

图 12-6 例 12-4 图

在集中力 F 作用下，梁跨中的挠度为

$$f_F=-\frac{Fl^3}{48EI}$$

应用叠加法计算梁在 q 和 F 共同作用下梁中点的挠度为

$$f_{\max}=f_q+f_F=\frac{5ql^4}{384EI}-\frac{Fl^3}{48EI}=-\frac{ql^4}{128EI}$$

例 12-5 用叠加法求图示悬臂梁 C 截面的挠度 f_C，已知抗弯刚度为 EI。

解： 图 12-7a 自由端 C 截面的最大挠度不能直接从表 12-1 中查到。将梁上的荷载分为如图 12-7b 和图 12-7c 两种情况。全梁受均布荷载 q 作用下，查表 12-1 可知，自由端的挠度为

$$f_{C1}=\frac{ql^4}{8EI}$$

梁在图 12-7c 受载的情况，同样查表 12-1 可知，B 截面的转角和最大挠度分别为

$$\theta_B = \frac{q\left(\frac{l}{2}\right)^3}{6EI} = -\frac{ql^3}{48EI}$$

$$f_B = -\frac{q\left(\frac{l}{2}\right)^4}{8EI} = -\frac{ql^4}{128EI}$$

由于 B 截面的转角引起 C 截面的挠度为

$$f_{BC} = \theta_B \frac{l}{2} = -\frac{ql^4}{96EI}$$

该受载情况下，C 截面的挠度为

$$f_{C2} = f_B + f_{BC} = -\frac{ql^4}{128EI} - \frac{ql^4}{96EI} = -\frac{7ql^4}{384EI}$$

应用叠加法计算 C 截面的挠度为

$$f_C = f_{C1} + f_{C2} = \frac{ql^4}{8EI} - \frac{7ql^4}{384EI} = \frac{41ql^4}{384EI}$$

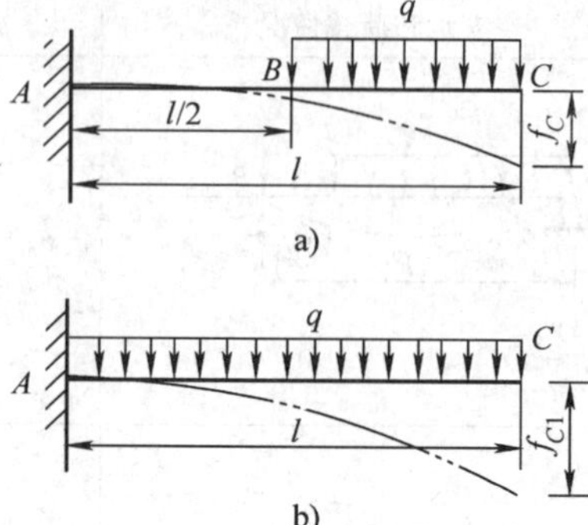

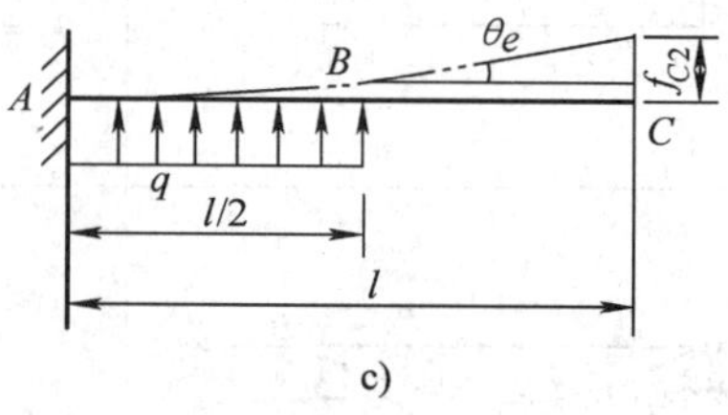

图 12-7　例 12-5 图

12.5　梁的刚度校核和提高梁刚度的措施

12.5.1　梁的刚度校核

建筑结构中的梁，通常是由强度条件控制的，即按强度条件进行设计和选材，然后由刚度条件进行校核。土建工程中的刚度条件主要是限制梁的挠度，对转角一般没有要求。

不同使用条件下的梁，刚度要求一般也不相同，土建工程中，以挠度和跨长的比值，即梁的相对挠度 f/l 作为标准。将 $[f/l]$ 值限制在 1/250 ~ 1/1000 范围内。

梁的刚度条件可表达为

$$\frac{f_{\max}}{l} \leqslant \left[\frac{f}{l}\right] \tag{12-3}$$

$[f/l]$ 为梁的相对许用挠度。根据结构设计规范或设计手册中可查出此许用值。

例 12-6　起重量为 50kN 的单根桥式起重机梁，由型号为Ⅰ45a 工字钢制成。已知电葫芦重 5kN，桥式起重机梁跨度为 $l = 10\text{m}$，计算简图如图 12-8a 所示。材料的许用应力 $[\sigma] = 170\text{MPa}$，许用挠度 $[f/l] = 1/500$，材料的弹性模量 $E = 210\text{GPa}$，试校核桥式起重机梁的强度和刚度。

解： 梁的自重简化为均布荷载 q，电葫芦及起重量可简化为集中荷载。当集中荷载作用在跨中时，梁的弯矩最大。弯矩图如 12-8b 所示。

集中荷载　$F = 50\text{kN} + 5\text{kN} = 55\text{kN}$

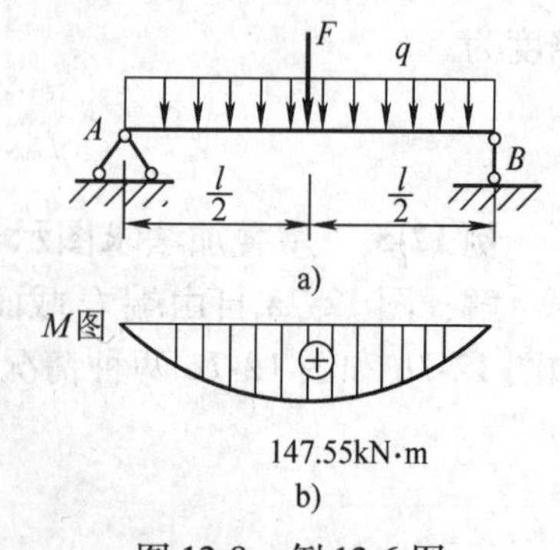

图 12-8　例 12-6 图

查附录 B，Ⅰ45a 工字钢的自重 $q=804\mathrm{N/m}$，惯性矩 $I_z=32200\mathrm{cm}^4$，抗弯截面系数 $W_z=1430\mathrm{cm}^3$，梁的最大弯矩

$$M_{\max}=\frac{Fl}{4}+\frac{ql^2}{8}=\frac{55\times10}{4}\mathrm{kN\cdot m}+\frac{804\times10^{-3}\times10^2}{8}\mathrm{kN\cdot m}=147.55\mathrm{kN\cdot m}$$

最大正应力 $\sigma_{\max}=\dfrac{M_{\max}}{W_z}=\dfrac{147.55\times10^3}{1430\times10^{-6}}\mathrm{Pa}=103.18\mathrm{MPa}<[\sigma]$

故桥式起重机梁满足强度要求。

由叠加法计算梁跨中的挠度为

$$f_C=f_F+f_q=\frac{Fl^3}{48EI}+\frac{5ql^4}{384EI}=\frac{10^3}{210\times10^9\times32200\times10^{-8}}\times\left(\frac{55\times10^3}{48}+\frac{5\times804\times10}{384}\right)\mathrm{m}=0.0185\mathrm{m}$$

$$\frac{f_C}{l}=0.00185<\left[\frac{f}{l}\right]=\frac{1}{500}$$

所以，桥式起重机梁也满足刚度要求。此梁安全。

例 12-7 图示悬臂梁，已知 $q=10\mathrm{kN/m}$，$l=3\mathrm{m}$。若 $[f/l]=1/250$，$[\sigma]=120\mathrm{MPa}$，$E=200\mathrm{GPa}$，$h=2b$。试选择截面尺寸。

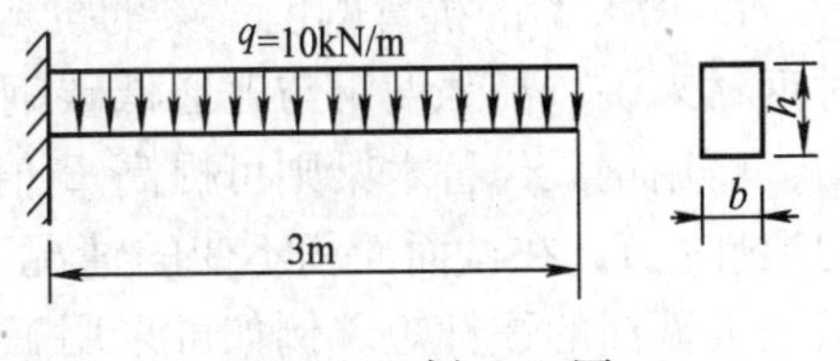

图 12-9 例 12-7 图

解：（1）由强度条件选择截面尺寸

梁上的最大弯矩在悬臂梁的固定端，其值为

$$M_{\max}=\frac{1}{2}ql^2=\frac{1}{2}\times10\times3^2\mathrm{kN\cdot m}=45\mathrm{kN\cdot m}$$

由强度条件

$$\frac{M_{\max}}{W_z}\leqslant[\sigma]$$

得
$$W_z\geqslant\frac{M_{\max}}{[\sigma]}=\frac{45\times10^3}{120\times10^6}\mathrm{m}^3=0.375\times10^{-3}\mathrm{m}^3$$

而
$$W_z=\frac{bh^2}{6}=\frac{4b^3}{6}\geqslant0.375\times10^{-3}\mathrm{m}^3$$

所以
$$b\geqslant0.0825\mathrm{m}$$
$$h\geqslant0.165\mathrm{cm}$$

（2）校核刚度。取 $b=0.0825\mathrm{m}$，$h=0.165\mathrm{m}$，则自由端截面的挠度

$$f=\frac{ql^4}{8EI}=\frac{10\times10^3\times3^4}{8\times200\times10^9\times\dfrac{0.0825\times0.165^3}{12}}\mathrm{m}=0.0164\mathrm{m}$$

由刚度条件

$$\frac{f}{l}=\frac{0.0164}{3}=0.0055>\left[\frac{f}{l}\right]=0.004$$

可知，上述截面尺寸虽满足了强度条件，但不满足刚度条件，需重新按刚度条件选取截面。由

$$\frac{f}{l}=\frac{ql^3}{8EI}\leqslant\left[\frac{f}{l}\right]=0.004$$

得

$$I \geqslant \frac{ql^3}{8E \times 0.004}$$

即

$$\frac{bh^3}{12} \geqslant \frac{10 \times 10^3 \times 3^3}{8 \times 200 \times 10^9 \times 0.004}$$

所以

$$b \geqslant 8.92\text{cm}$$

$$h \geqslant 17.84\text{cm}$$

由此可知，取梁高 $h = 18\text{cm}$，梁宽 $b = 9\text{cm}$ 的截面既可满足强度要求，又可满足刚度要求，梁是安全的。

12.5.2 提高梁刚度的措施

欲提高梁的刚度，应从影响梁的刚度的各个因素来考虑。从挠度和转角方程中可知，梁的挠度和转角与外荷载、跨度、支座及梁的抗弯刚度有关，所以，要降低梁的挠度，可采用以下措施：

1. 增大梁的抗弯刚度　梁的抗弯刚度为 EI，增大弹性模量 E，可提高刚度。但要注意，对钢材来讲，高强度钢与普通低碳钢的 E 值很接近，因此靠用高强度钢来提高刚度是无用的，而用钢梁代替木梁则可提高 E 值，从而提高刚度。提高梁的抗弯刚度主要是增大截面的惯性矩 I，在截面面积不变的情况下，采用的截面应使面积尽量分布在距中性轴较远处，以增大截面的惯性矩。例如可采用工字形、槽形或箱形截面等。

2. 减小梁的跨度或改变梁的支撑情况　梁的挠度与跨长 n 次幂成正比，因此，跨长对挠度影响很大。要降低挠度，则要设法减小跨长，而通常采用减小跨长的方法是增加支座或支撑，即改变结构形式。例如，简支梁要降低跨中的挠度，可将其结构改为外伸梁，或加中间支座（见图 12-10a），而悬臂梁要降低自由端的挠度，也可增加一支座（见图 12-10b）。此时梁由静定结构形式变为超静定结构形式。这种措施必须在结构允许的条件下进行。

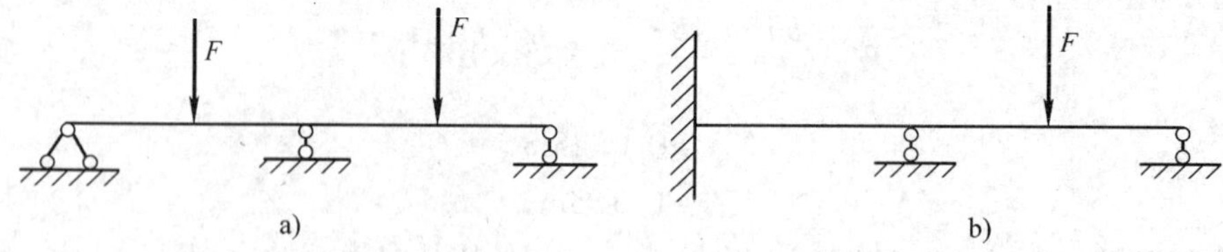

图 12-10　超静定梁

12.6 简单超静定梁

梁的超静定问题，求解思路与拉压扭转超静定问题求解思路是一致的，需要根据超静定梁的变形协调条件写出变形的几何方程，通过力与位移间的物理关系（胡克定律），建立补充方程。由补充方程和静力平衡方程联立求解，得出全部的支反力。这就是前文所述从几何方面，物理方面及静力平衡方面求解超静定问题的方法。下面举例加以说明。

图 12-11a 中的简支梁，为一次超静定梁，求解支反力时，可设想将 C 处的支座作为多

余约束，解除多余约束加相应的支座反力 F_C，方向假设向上，此时的梁为静定的简支梁(见图 12-11b)，称为原超静定梁的基本静定体系。根据原超静定梁的约束条件可知，支座 C 处的挠度应为零，即 $f_C=0$，为原超静定梁的变形协调条件。设简支梁在 q 及 F_C 作用下 C 点的挠度分别为 f_{Cq} 及 f_{CF}，则

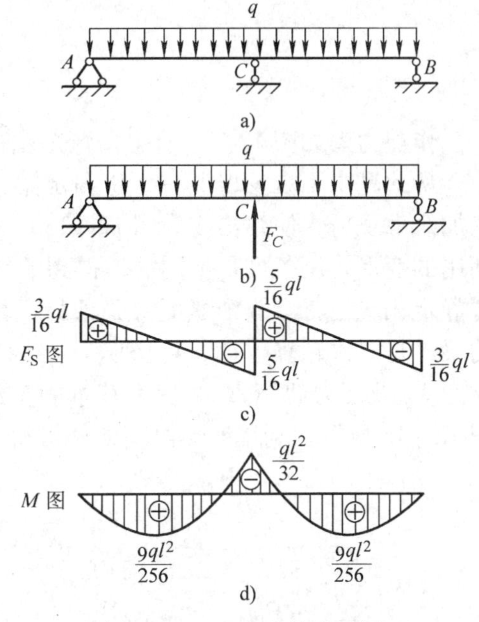

图 12-11　变形比较法图例

$$f_C=f_{Cq}+f_{CF}=0$$

由物理关系可知

$$f_{Cq}=-\frac{5ql^4}{384EI},\quad f_{CF}=\frac{F_Cl^3}{48EI}$$

q 与 F_C 方向相反，所以

$$f_C=\frac{5ql^4}{384EI}-\frac{F_Cl^3}{48EI}=0$$

上式即为补充方程，由该补充方程可计算出 C 支座的支座反力　$F_C=\dfrac{5}{8}ql$

F_C 为正，说明方向向上。

由静力平衡方程，可求出 A，B 支座反力为

$$F_A=F_B=\frac{3ql}{16}$$

解出支座反力后，梁的内力（见图 12-11c、d），应力及变形均可求解。

例 12-8　如图 12-12a 所示悬臂梁抗弯刚度为 EI，受均布荷载 q 作用，试作梁的剪力图及弯矩图。

解：此悬臂梁为一次超静定结构。如图 12-12b，去掉一个约束，加约束反力偶矩 M_A，使梁变成基本静定结构形式。由原超静定梁的支座条件可知，支座 A 处的转角为零，故几何方程为

$$\theta_A=0$$

由叠加原理可知

$$\theta_A=\theta_{AM}+\theta_{Aq}=0$$

利用力与位移间的物理关系，可得补充方程

$$\frac{-M_Al}{3EI}+\frac{ql^3}{24EI}=0$$

解得

$$M_A=\frac{ql^2}{8}$$

由静力平衡方程可解得

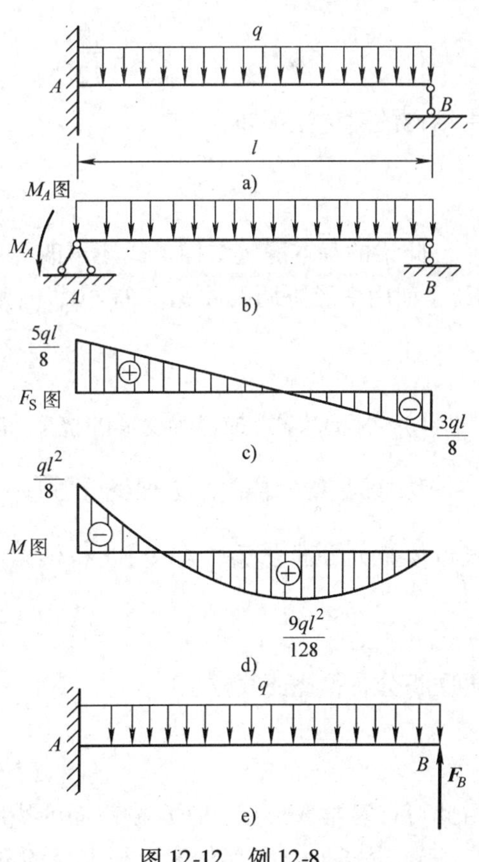

图 12-12　例 12-8

$$F_A = \left(\frac{ql^2}{8} + \frac{ql^2}{2}\right)/l = \frac{5}{8}ql$$

$$F_B = ql - \frac{5}{8}ql = \frac{3}{8}ql$$

作剪力图如图 12-12c 所示，弯矩图如图 12-12d 所示。

从此题中不难发现，一个超静定梁不只有一个基本静定结构。上例中，还可去掉 B 支座加约束反力，使结构成为图 12-12e 中的基本静定结构。但应注意，解除的多余约束不同，利用的变形协调条件是不同的，得到的补充方程也不同，但计算支反力的结果相同。有 n 次超静定相应地就有 n 个变形协调条件，可建立同等数量的补充方程。图 12-13a 为两端固定的梁，是二次超静定梁，可解除一端约束，加反力 F_B 及反力偶矩 M_B，变为基本静定结构如图 12-13b 所示。利用变形协调条件可得

$$f_B = 0, \theta_B = 0$$

$$f_B = \frac{-F_B l^3}{3EI} + \frac{M_B l^2}{2EI} + \frac{ql^4}{8EI} = 0 \qquad ①$$

$$\theta_B = \frac{-F_B l^2}{2EI} + \frac{M_B l}{EI} + \frac{ql^3}{6EI} = 0 \qquad ②$$

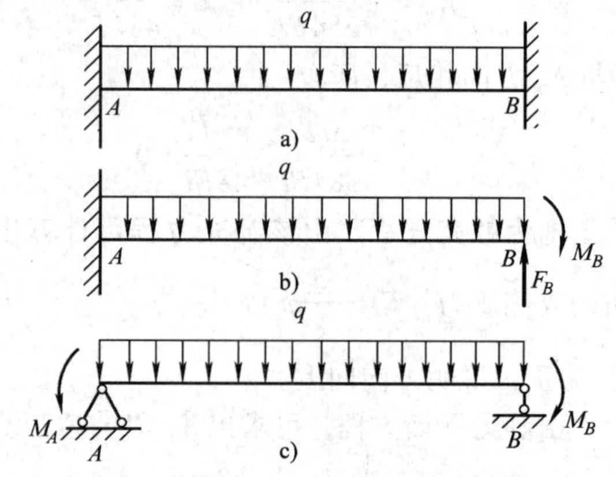

图 12-13　二次超静定梁

由式①、式②解得

$$F_B = \frac{ql}{2} \quad , \quad M_B = \frac{ql^2}{12}$$

由结构的对称性可知

$$F_A = \frac{ql}{2}, \qquad M_A = \frac{ql^2}{12}$$

此梁的基本静定结构形式还可改为图 12-13c 的形式，由对称结构可知，$F_A = F_B$，$M_A = M_B$，利用变形协调条件 $\theta_A = \theta_B = 0$，可解 M_A 或 M_B 的大小。结果与上述计算结果相同。

小　结

1）本章应掌握描述梁变形的挠度和转角的两个基本概念。学会画出梁挠曲线的大致形状。

2）熟记梁的挠曲线近似微分方程 $v'' = \dfrac{-M(x)}{EI}$。掌握用逐次积分法求梁的变形。对挠曲线近似微分方程进行一次积分，得转角方程

$$v' = -\frac{1}{EI}\int M(x)\,\mathrm{d}x + C_1$$

再次积分，得挠曲线方程

$$v = -\frac{1}{EI}\iint M(x)\,\mathrm{d}x\mathrm{d}x + C_1 x + C_2$$

由此可计算梁变形后，任意横截面的挠度和转角。

3）用叠加法求梁的变形是本章的重点。复杂荷载作用的梁，都可分解为简单荷载（例

如集中荷载、均布荷载、集中力偶）作用下梁变形的叠加。简支梁、悬臂梁等的挠曲线方程、支座处的转角和最大挠度可通过查表 12-1 得出，从而计算出最终结果。

4）梁在满足强度条件的基础上，还要满足刚度条件

$$\frac{f}{l} \leqslant \left[\frac{f}{l}\right]$$

梁在设计时，一般由强度条件选择截面，再由刚度校核，当刚度条件不能满足时，再按刚度条件选择截面尺寸。

5）简单超静定梁的计算要从几何、物理和静力 3 个方面考虑求解支座反力。应首先解除多余约束，将超静定梁变成基本静定结构，再由多余约束处的变形协调条件建立补充方程，与静力平衡方程联立求解，可求出所有的约束反力。

习　题

12-1　试用积分法求如图所示悬臂梁 B 截面的挠度和转角。

12-2　试用积分法求图示简支梁 A、B 截面的转角。

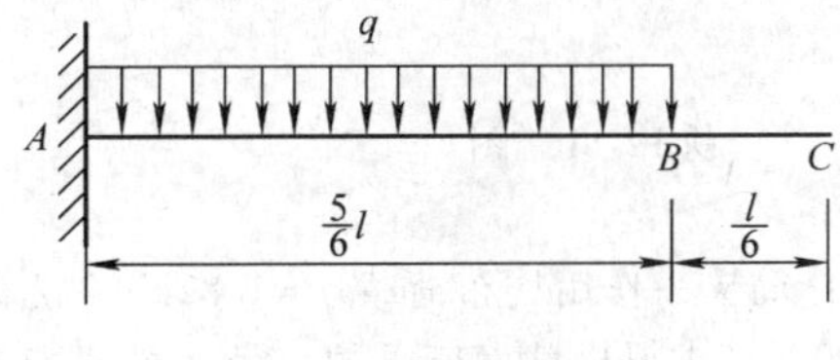

题 12-1　图

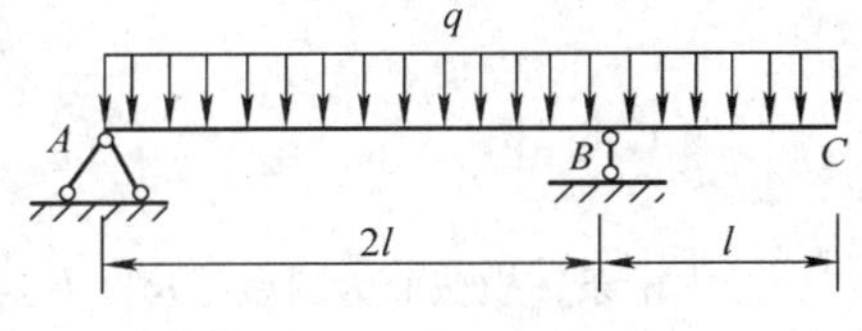

题 12-2　图

12-3　试用积分法求图示外伸梁的 θ_A 及 f_D。

12-4　试用积分法求图示悬臂梁的 θ_B 和 f_B。

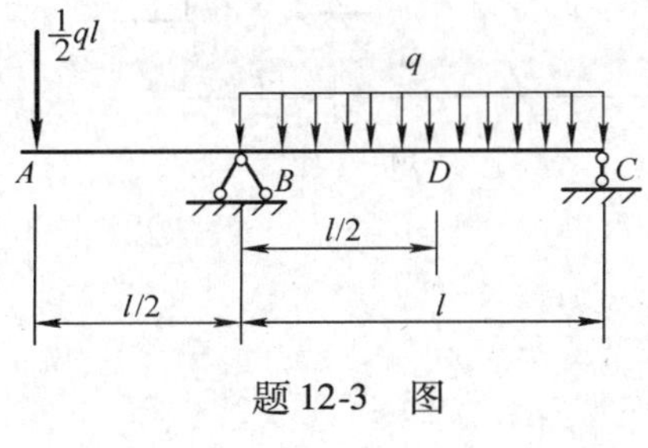

题 12-3　图

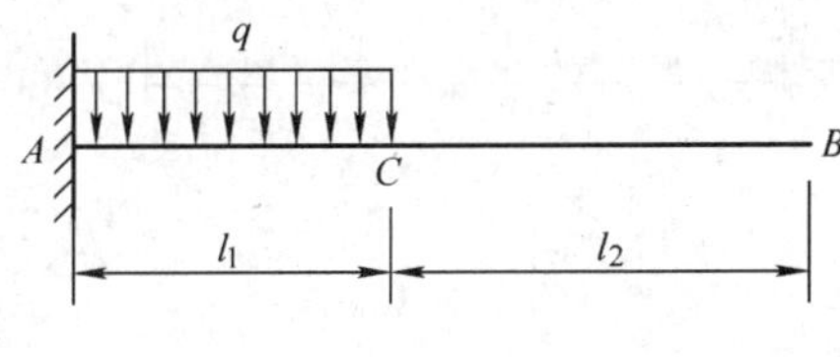

题 12-4　图

12-5　已知长度为 $4l$ 的静定梁的挠曲线方程为 $EIv=-\dfrac{16ql^3}{3}x+ql^2x^2+\dfrac{ql}{4}x^3-\dfrac{qx^4}{24}$，试用图表示此梁所受荷载及梁的支座，并求梁内最大弯矩。

12-6　试用叠加法求图示简支梁的最大挠度。

12-7　试用叠加法求图示外伸梁的 θ_C 和 f_C。

12-8　试用叠加法求图示变截面梁 B 端的挠度 f_B，梁的截面惯性矩分别为 I 和 $2I$。

12-9　试用叠加法计算题 12-3 中 θ_A 及 f_D。

12-10　试用叠加法计算题 12-4 中 B 端的挠度 f_B。

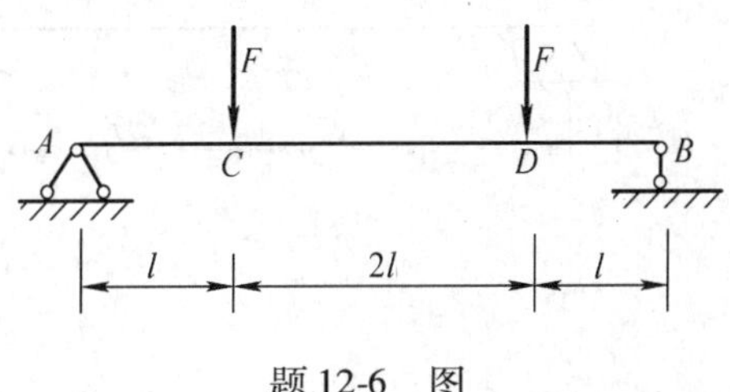

题 12-6　图

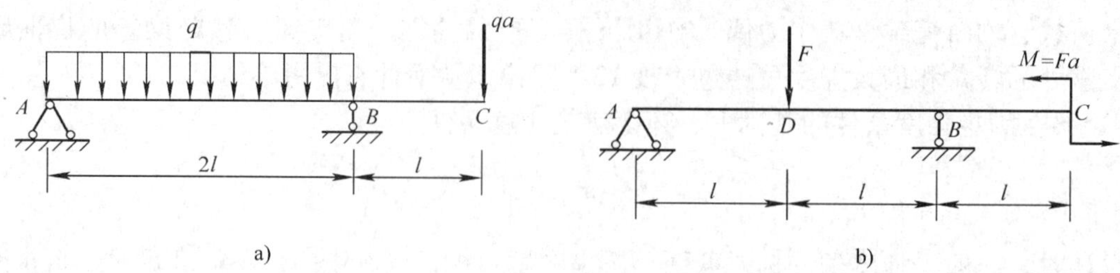

题 12-7　图

12-11　图示简支梁，已知 $F=22\mathrm{kN}$，$l=4\mathrm{m}$，$[\sigma]=160\mathrm{MPa}$，$E=200\mathrm{GPa}$，$[f/l]=1/400$，试验算此梁是否满足强度和刚度条件。

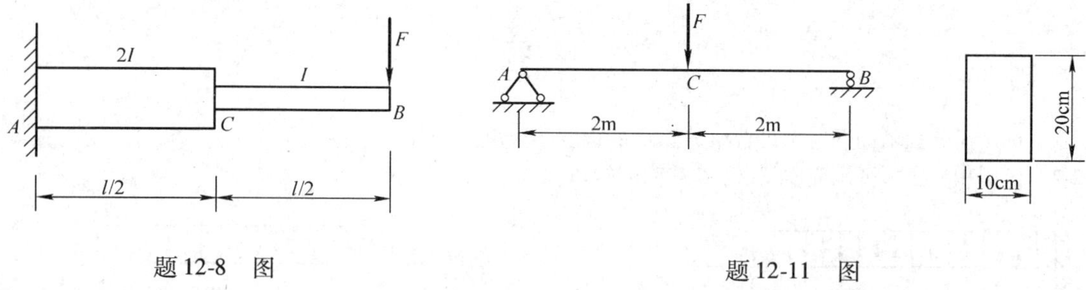

题 12-8　图

题 12-11　图

12-12　松木桁条，横截面为圆形，跨度 $l=4\mathrm{m}$，两端可视作简支，作用均布荷载 $q=1.82\mathrm{kN}$，松木的许用应力 $[\sigma]=10\mathrm{MPa}$，$E=10^4\mathrm{MPa}$，相对许用挠度 $[f/l]=1/200$。试求梁横截面所需的直径（松木桁条可视作圆截面等直径杆）。

12-13　试求图示超静定梁的支座反力。

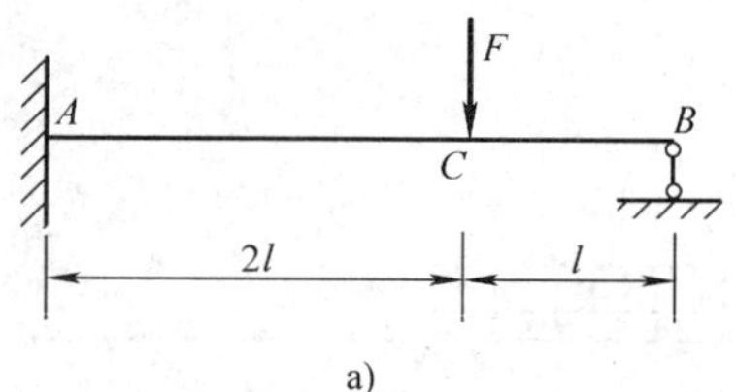

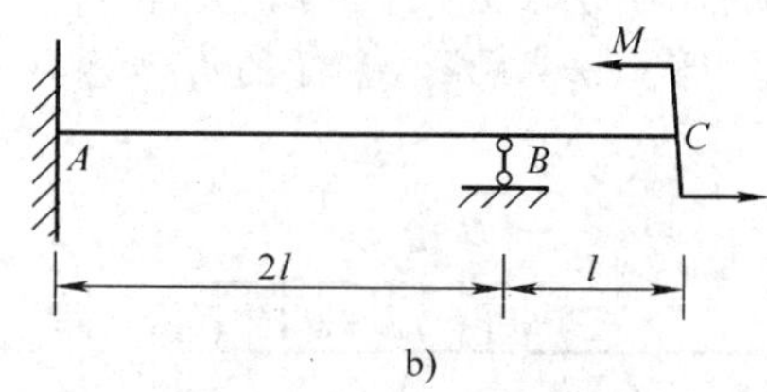

题 12-13　图

12-14　试求图示超静定梁的支座反力。

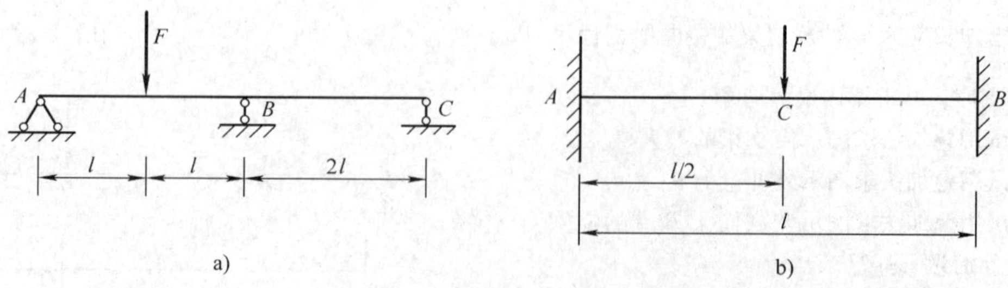

题 12-14　图

12-15　图示木梁的右端由钢拉杆支承，已知木梁为正方形截面，边长 $a=0.2\text{m}$，$E=10^4\text{MPa}$，拉杆横截面面积 $A_2=250\text{mm}^2$，$E_2=2.1\times10^5\text{MPa}$。试求钢拉杆的伸长 Δl_2 和梁中点的挠度 f_D。

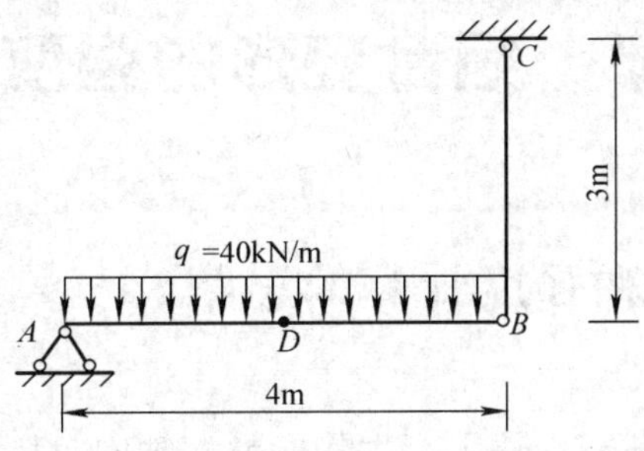

题 12-15　图

第 13 章　组合变形的强度计算

13.1　组合变形的概念和强度计算的思路

13.1.1　组合变形的概念

如前面各章所述，杆件在荷载作用下产生的变形有轴向拉压、剪切、扭转和弯曲 4 种基本变形形式。但是，在实际工程结构中，有些构件的受力情况是很复杂的，受力后的变形常常不只是某一种单一的基本变形，而是同时发生两种或两种以上的基本变形，这类变形情况称为组合变形。

例如，图 13-1a 所示的烟囱，除因自重引起的轴向压缩变形外，还有因水平方向的风荷载引起的弯曲变形；图 13-1b 所示的挡土墙，也同时受自重引起的压缩变形和土壤侧压力产生的弯曲变形；图 13-1c 所示的厂房柱，由于多种偏心压力和水平力的共同作用下，也产生了压缩与弯曲变形的联合作用；图 13-1d 所示的屋架上的檩条，由于屋面传来的荷载不是作用在檩条的纵向对称平面内，因而将由两个平面内的弯曲变形组合成斜弯曲。

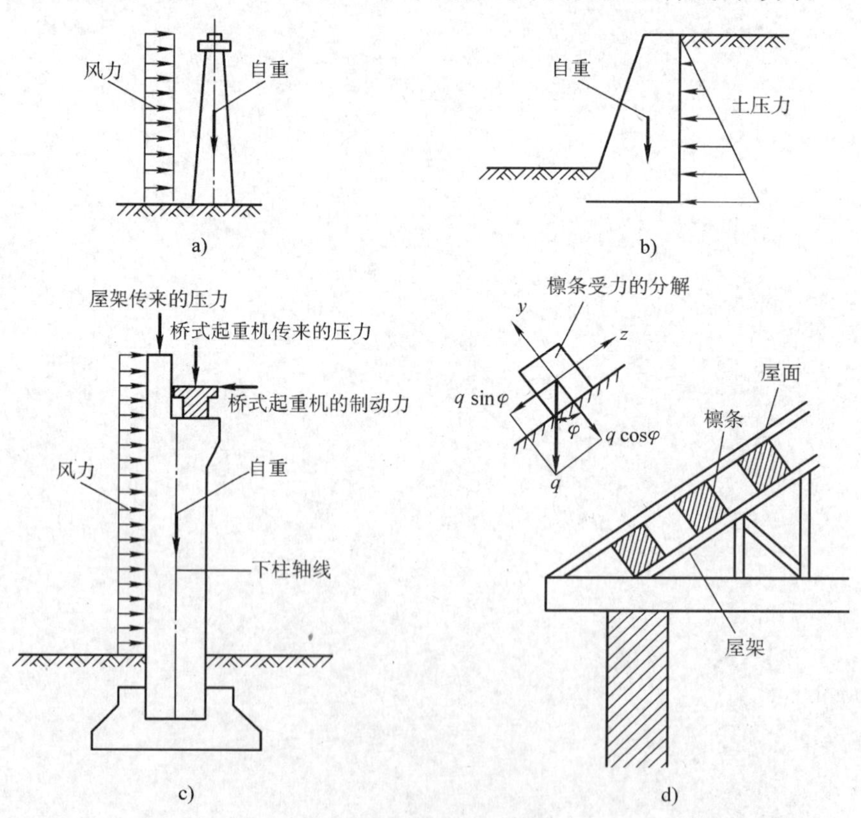

图 13-1　组合变形构件示例

13.1.2 组合变形的强度计算思路

前面我们已经分别讨论了杆件在各种基本变形情况下的强度计算，对于组合变形时的强度分析问题，主要是应力计算。只要构件的变形很小，材料服从胡克定律，即在线弹性范围内，力的独立作用原理是成立的，即每一种荷载引起的变形和内力不受其他荷载的影响，因此可以应用叠加法来解决组合变形问题。叠加法的要点是将杆上复杂荷载分解为几种简单荷载，然后分别计算每种基本变形下的应力，最后叠加起来求出组合变形下的截面应力。按照上述思路，我们把解决组合变形时强度分析问题的方法归结如下：

1. 外力分析　首先将作用在杆件上的实际外力进行简化。横向力向弯曲中心简化，并沿截面的形心主轴方向分解；纵向力向截面形心简化。简化后的各外力分别对应着一种基本变形。

2. 内力分析　根据杆上作用的外力，进行内力分析，必要时绘出内力图，从而确定危险截面，并求出危险截面上的内力值。

3. 应力分析　按危险截面上的内力值，分析危险截面上的应力分布，确定危险点所在位置，并求出危险截面上危险点的应力值。

4. 强度分析　根据危险点的应力状态和杆件的材料按强度理论进行强度计算。

13.2 斜弯曲

在前面第 9 章和 11 章曾讨论了至少具有一个对称轴的梁，当横向外力作用在梁的纵向对称平面内时，梁变形后的轴线所在平面与外力作用平面相重合，这种弯曲称为平面弯曲。在一些情况下，梁所承受的横向荷载通过形心，但并不在纵向对称平面内，在梁变形后其轴线所在平面与外力作用平面不重合，这种弯曲称为斜弯曲。斜弯曲是两个平面弯曲的组合变形，下面将按照组合变形的强度计算思路分别来讨论斜弯曲的应力和强度计算。

13.2.1 外力分析

现以图 13-2 所示的具有两个对称轴的悬臂梁为例来说明斜弯曲计算的一般步骤。

设矩形截面的悬臂梁在自由端处作用一个垂直于梁轴并通过截面形心的集中荷载 F，它与截面的形心主轴 y 轴成 φ 角（见图 13-2a）。

由于外荷载 F 的作用平面虽然通过截面的弯曲中心，但它并不通过也不平行于杆件的任一形心主轴，则梁不发生平面弯曲。此时，我们可将荷载 F 沿两个形心主轴 y、z 方向分解，得到两个分力

$$F_y = F\cos\varphi；\ F_z = F\sin\varphi$$

在 F_y 作用下，梁将在 Oxy 平面内弯曲；在 F_z 作用下，梁将在 Oxz 平面内弯曲，两者均属平面弯曲情况。因此，梁在倾斜力作用下，相当于受到两个方向的平面弯曲，梁的挠曲线不在外力作用的平面内，通常把这种弯曲称为斜弯曲。

13.2.2 内力分析

与平面弯曲情况一样，在斜弯曲梁的横截面上也有剪力和弯矩两种内力。但由于剪力在一般情况下影响较小，因此在进行内力分析时，主要计算弯矩影响。

在分力 F_y 和 F_z 分别作用下，梁上距自由端为 x 的任一截面 mm 的弯矩为

$$M_z = F_y x = F\cos\varphi \cdot x$$

$$M_y = F_z x = F\sin\varphi \cdot x$$

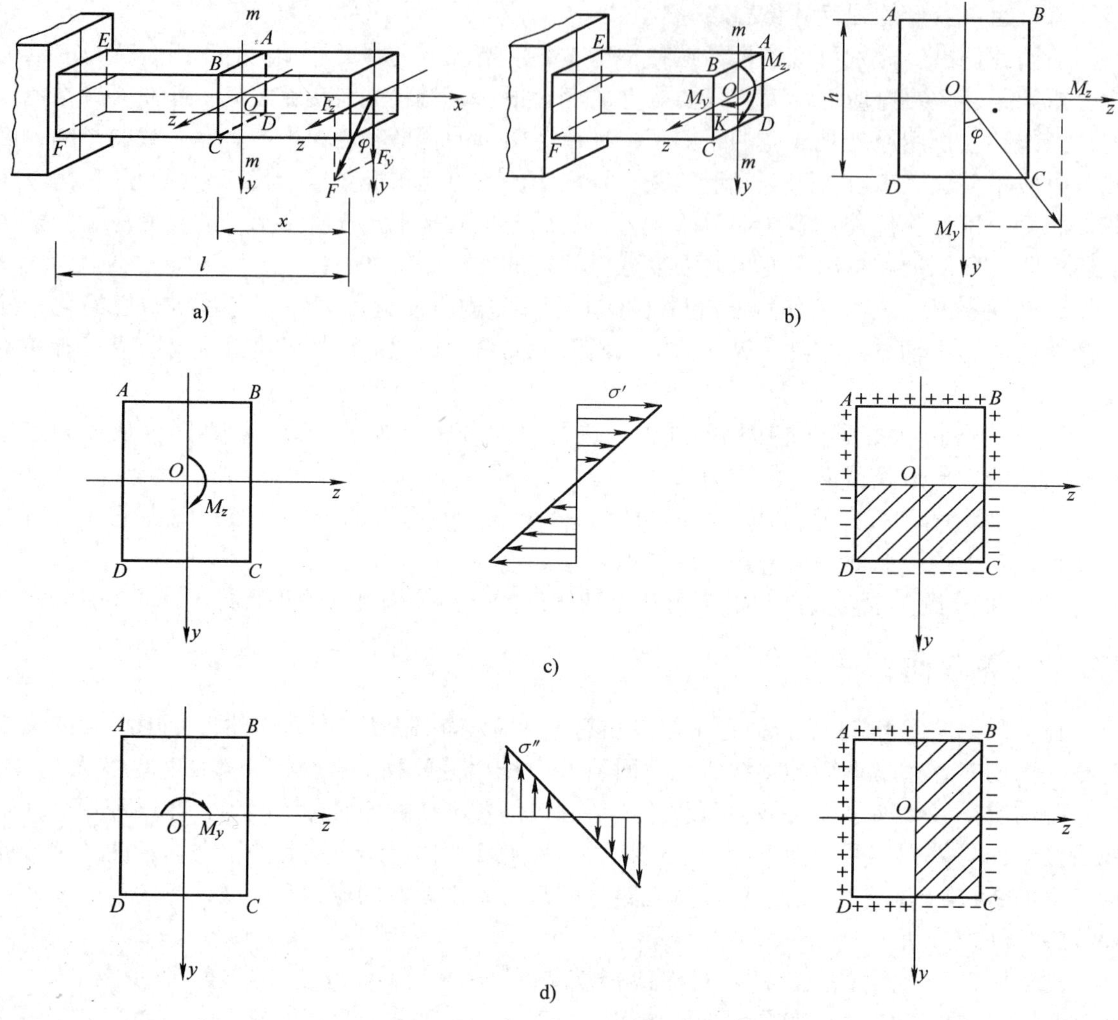

图 13-2　斜弯曲悬臂梁

令 $M = Fx$，它表示力 F 对截面 mm 引起的总弯矩。如图 13-2b 所示，总弯矩 M 与作用在纵向对称平面内的弯矩 M_y 和 M_z 有如下关系

$$M_z = M\cos\varphi;\ M_y = M\sin\varphi$$

$$M = \sqrt{M_z^2 + M_y^2}$$

M_z 和 M_y 将分别使梁在 Oxy 和 Oxz 两个形心主惯性平面内发生平面弯曲。因此，斜弯曲即为两个平面内的平面弯曲变形的组合。

13.2.3　应力分析

应用平面弯曲时的正应力计算公式，即可求得截面 mm 上任意一点 K（y，z）处由 M_z 和 M_y 所引起的弯曲正应力，它们分别是

$$\sigma' = \frac{M_z y}{I_z} = \frac{M\cos\varphi \cdot y}{I_z}$$

$$\sigma'' = \frac{M_y z}{I_y} = \frac{M\sin\varphi \cdot z}{I_y}$$

根据叠加原理，梁的横截面上的任意点 K（y，z）处总的弯曲正应力为这两个正应力的代数和，即

$$\sigma = \sigma' + \sigma'' = \pm\frac{M_z y}{I_z} \pm \frac{M_y z}{I_y} = \pm\frac{M\cos\varphi \cdot y}{I_z} \pm \frac{M\sin\varphi \cdot z}{I_y} \tag{13-1}$$

上式中的 I_z 和 I_y 分别为梁的横截面对形心主轴 z 和 y 的形心主惯性矩。至于正应力的正负号，可以直接观察由弯矩 M_z 和 M_y 分别引起的正应力是拉应力还是压应力来决定。以正号表示拉应力，负号表示压应力。

13.2.4 强度计算

显然，对图 13-2a 所示的悬臂梁来说，危险截面就在固定端截面处，其上 M_z 和 M_y 同时达到最大值。计算最大正应力 σ_{max} 时，应该先确定危险点的位置。对于工程中常用的工字形、矩形等对称截面梁，斜弯曲时梁内的最大正应力都发生在危险截面的角点处，当将斜弯曲分解为两个平面弯曲后，很容易找到最大正应力 σ_{max} 的所在位置。如图 13-2 所示的矩形截面悬臂梁，当 $x = l$ 时，E、F 两点与 A、C 两点重合，而危险点就是 E、F 两点，其中 E 点有最大拉应力，F 点有最大压应力，其两点的应力分布与图 13-2c、d 所示 A、C 两点相同。叠加由 M_{zmax} 和 M_{ymax} 引起的正应力，得最大正应力 σ_{max} 为

$$\sigma_{max} = \sigma'_{max} + \sigma''_{max} = \frac{M_{zmax} y_{max}}{I_z} + \frac{M_{ymax} z_{max}}{I_y} = \frac{M_{zmax}}{W_z} + \frac{M_{ymax}}{W_y}$$

若材料的抗拉和抗压强度相等，斜弯曲梁的强度条件可表示为

$$\sigma_{max} = M_{max}\left(\frac{\cos\varphi}{W_z} + \frac{\sin\varphi}{W_y}\right) = \frac{M_{max}}{W_z}\left(\cos\varphi + \frac{W_z}{W_y}\sin\varphi\right) \leqslant [\sigma] \tag{13-2}$$

式中，M_{max} 是构件危险截面上的最大总弯矩。与平面弯曲相同，由式（13-2）所示的强度条件，可以解决工程中常见的三类典型问题，即强度校核、选择截面和确定许用荷载。在选择截面时，需要先确定一个 W_z/W_y 的比值，然后根据强度条件式（13-2）计算出杆件所需的 W_z 值，再确定截面尺寸。对于矩形截面 $W_z/W_y = h/b$，故在截面设计时，总是先假设高宽比；对于工字钢截面，从附录 B 型钢表可知其 W_z/W_y 比值在 5 ~ 15 之间，因而设计截面时可在此范围内假设（一般可先假设为 8 ~ 10）。

例 13-1 如图 13-3 所示，一屋架上的木檩条采用的矩形截面为 100mm × 150mm，跨度 $l = 4$m，简支在屋架上，承受屋面均布荷载 $q = 1$kN/m（包括檩条自重），q 与 y 轴夹角 $\varphi = 30°$。设木材许用应力 $[\sigma] = 10$MPa，试验算檩条的强度。

解：（1）内力计算。把檩条看作简支梁，在均布荷载作用下，跨中截面为危险截面，最大弯矩为

$$M_{max} = \frac{1}{8}ql^2 = \frac{1}{8} \times 1 \times 4^2 \text{kN} \cdot \text{m} = 2\text{kN} \cdot \text{m}$$

（2）截面几何性质的计算。由已知截面尺寸可算得

$$W_z = \frac{1}{6} \times 100 \times 150^2 \text{mm}^3 = 375 \times 10^3 \text{mm}^3$$

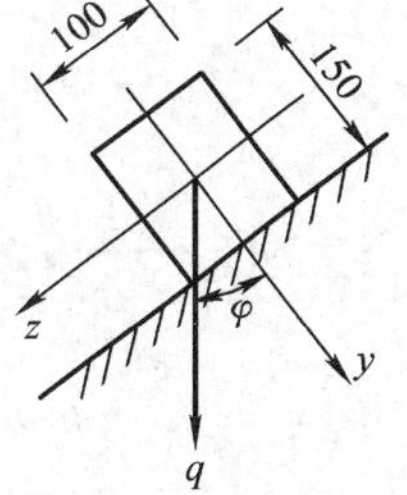

图 13-3 例 13-1 图

$$W_y = \frac{1}{6} \times 150 \times 100^2 \text{mm}^3 = 250 \times 10^3 \text{mm}^3$$

（3）强度校核。根据强度条件式（13-2），可算得檩条的最大正应力

$$\sigma_{\max} = M_{\max}\left(\frac{\cos\varphi}{W_z} + \frac{\sin\varphi}{W_y}\right)$$

$$= 2 \times 10^6 \times \left(\frac{\cos30°}{375 \times 10^3} + \frac{\sin30°}{250 \times 10^3}\right)\text{MPa} = 8.62\text{MPa} < [\sigma] = 10\text{MPa}$$

故认为檩条的强度条件满足要求。

例 13-2 如图 13-4 所示，一悬臂钢梁横截面为矩形，跨度 $l = 3$mm，承受的荷载如图，$q = 5$kN/m，$F = 2$kN，与 y 轴的夹角为 $\varphi = 30°$。已知钢材许用应力 $[\sigma] = 170$MPa，矩形截面 $h/b = 3/2$。试确定梁的截面尺寸。

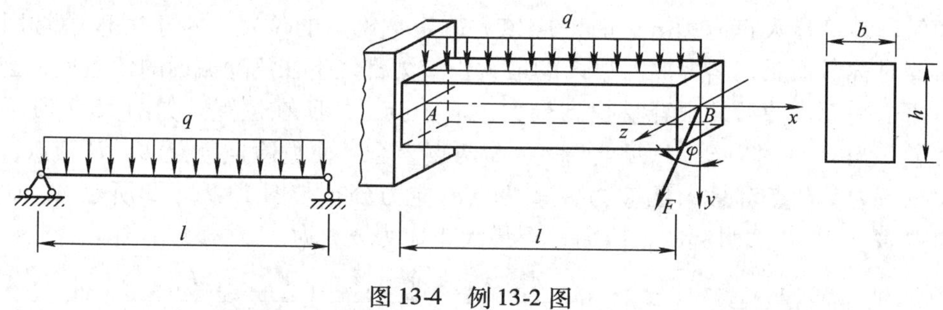

图 13-4 例 13-2 图

解：（1）外力分析。该悬臂梁除在纵向主惯性平面内有均布荷载 q 作用外，在自由端还有集中荷载 $F = 2$kN（$\varphi = 30°$）作用，因此首先要将 F 分解为梁的两个主惯性平面内的两个分力

$$F_y = F\cos\varphi = 2 \times \cos30°\text{kN} = 1.73\text{kN}$$

$$F_z = F\sin\varphi = 2 \times \sin30°\text{kN} = 1\text{kN}$$

（2）内力分析。显然，该梁在固定端截面上将有最大弯矩，其值分别为

在 q 和 F_y 作用下有弯矩

$$M_z = F_y l + \frac{1}{2}ql^2 = 1.73 \times 3\text{kN} \cdot \text{m} + \frac{1}{2} \times 5 \times 3^2\text{kN} \cdot \text{m} = 27.69\text{kN} \cdot \text{m}$$

在 F_z 的作用下有弯矩

$$M_y = F_z l = 1 \times 3\text{kN} \cdot \text{m} = 3\text{kN} \cdot \text{m}$$

（3）确定截面尺寸。由强度条件式（13-2）

$$\sigma_{\max} = \left(\frac{M_z}{W_z} + \frac{M_y}{W_y}\right) = \frac{1}{W_z}\left(M_z + \frac{W_z}{W_y}M_y\right) \leqslant [\sigma]$$

得
$$W_z \geqslant \frac{1}{[\sigma]}\left(M_z + \frac{h}{b}M_y\right) = \frac{1}{170 \times 10^6}\left(27.69 + \frac{3}{2} \times 3\right) \times 10^3\text{m}^3 = 189.4 \times 10^{-6}\text{m}^3$$

又 $W_z = \frac{1}{6}bh^2$，$h/b = 3/2$，得

$$b = 7.96 \times 10^{-2}\text{m} = 7.96\text{cm} \approx 8\text{cm}, \qquad h = \frac{3}{2}b = 11.94\text{cm} \approx 12\text{cm}$$

13.3 偏心受压

轴向压缩时外力作用线与杆件轴线重合，如果压力的作用线只平行于杆件的轴线，但不通过截面的形心，则将引起偏心受压。偏心受压实际上是弯曲与压缩的组合变形问题，为了说明这类问题的具体计算方法，先分别介绍单向偏心压缩和双向偏心压缩的应力计算。

13.3.1 单向偏心压缩的应力计算

1. 外力分析　图 13-5a 表示一偏心压缩的杆件。外力 F 作用点在截面的一根形心主轴上，其作用点到截面形心的距离 e 称为偏心距。由于外力作用在一根形心主轴上而产生的偏心压缩，称为单向偏心压缩。

为了分析图 13-5a 所示杆件的内力，可将偏心力 F 向截面形心简化，其结果形成如图 13-5b 所示的两种荷载的共同作用，即一个通过杆轴线的压力 F 和一个作用在纵向对称面内的力偶矩 $M=Fe$。用截面法可求得该杆件任意截面上的内力，如图 13-5c 所示，有轴力 $F_N=-F$，弯矩 $M_z=Fe$。

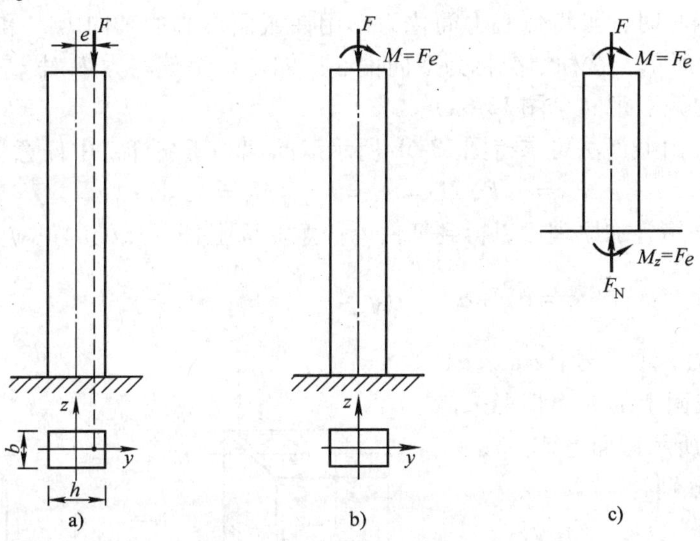

图 13-5　单向偏心受压构件

2. 应力计算　根据叠加原理，将轴力 F_N 引起的正应力 $\sigma_N=-F_N/A$（受压）和弯矩 M_z 引起的正应力 $\sigma_M=\pm M_z y/I_z$ 相加，就可以得到这种单向偏心压缩时杆件中任意横截面上任一点的正应力计算公式

$$\sigma=\sigma_N+\sigma_M=-\frac{F_N}{A}\pm\frac{M_z}{I_z}y$$

考虑到 $F_N=F$，$M_z=Fe$，故有

$$\sigma=-\frac{F}{A}\pm\frac{Fe}{I_z}y \tag{13-3}$$

显然，最大正应力和最小正应力分别发生在横截面的左、右两条边缘线上，其计算式分别为

$$\left.\begin{aligned}\sigma_{max}&=-\frac{F}{A}+\frac{Fe}{W_z}\\ \sigma_{min}&=-\frac{F}{A}-\frac{Fe}{W_z}\end{aligned}\right\} \tag{13-4}$$

由图 13-5a 可以看出：单向偏心压缩时，距偏心力 F 较近的一侧边缘总是产生压应力，其值为 $\sigma_{\min} = -F/A - Fe/W_z$；而最大正应力 $\sigma_{\max} = -F/A + Fe/W_z$ 总发生在距偏心力较远的那侧边缘处，其值可能是压应力，也可能是拉应力或等于零。对于矩形截面杆件，若将面积 $A = bh$ 和抗弯截面系数 $W_z = \frac{1}{6}bh^2$ 代入式（13-4）即得

$$\left.\begin{aligned}\sigma_{\max} &= -\frac{F}{bh} + \frac{Fe}{\frac{1}{6}bh^2} = -\frac{F}{bh}\left(1 - \frac{6e}{h}\right)\\ \sigma_{\min} &= -\frac{F}{bh} - \frac{Fe}{\frac{1}{6}bh^2} = -\frac{F}{bh}\left(1 + \frac{6e}{h}\right)\end{aligned}\right\} \tag{13-5}$$

13.3.2 双向偏心压缩的应力计算

1. 外力分析　当偏心压力 F 的作用点不在横截面的形心主轴上时，即偏心压力 F 对两个形心主轴均有偏心时，可将偏心力简化为作用在截面形心的轴向力 F 和力偶矩 $m_y = Fe_z$，$m_z = Fe_y$ 如图 13-6 所示，这种情况称为双向偏心压缩。e_y 是偏心力 F 对 z 轴的偏心距，e_z 是偏心力 F 对 y 轴的偏心距（见图 13-6a）。

2. 内力分析　由截面法可求得图 13-6b 所示双向偏心压缩杆件中任意横截面上的内力为

$$F_N = -F,\ M_y = m_y = Fe_z,\ M_z = m_z = Fe_y$$

3. 应力计算　用叠加原理可以得到杆件内任意截面上任一点处的正应力为

$$\sigma = \sigma_N + \sigma_{M_y} + \sigma_{M_z} = -\frac{F_N}{A} \pm \frac{M_y}{I_y}z \pm \frac{M_z}{I_z}y \tag{13-6}$$

式中，σ_N 为压应力，取负号；σ_{M_y}、σ_{M_z} 的正负号要根据截面上的内力情况来确定。例如图 13-6a 所示截面上 A、B、C、D4 点处的正应力分别为

$$\sigma_A = -\frac{F}{A} + \frac{Fe_z}{W_y} + \frac{Fe_y}{W_z}$$

$$\sigma_B = -\frac{F}{A} + \frac{Fe_z}{W_y} - \frac{Fe_y}{W_z}$$

$$\sigma_C = -\frac{F}{A} - \frac{Fe_z}{W_y} - \frac{Fe_y}{W_z}$$

$$\sigma_D = -\frac{F}{A} - \frac{Fe_z}{W_y} + \frac{Fe_y}{W_z}$$

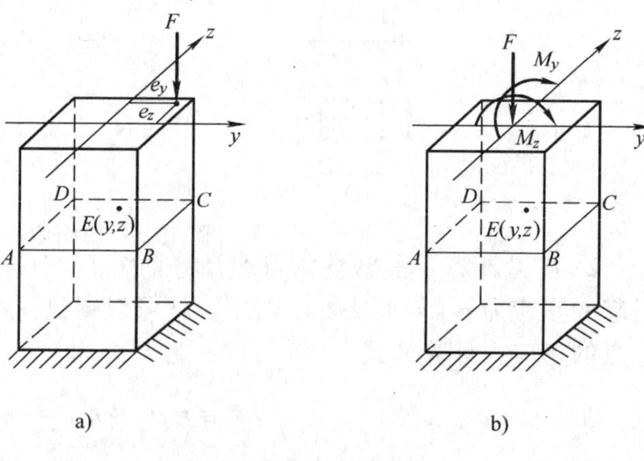

图 13-6　双向偏心受压构件

可见，对于截面内任意点 E（y，z）处的正应力计算式为

$$\begin{aligned}\sigma &= -\frac{F}{A} \pm \frac{M_y}{I_y}z \pm \frac{M_z}{I_z}y = -\frac{F}{A} \pm \frac{Fe_z}{I_y}z \pm \frac{Fe_y}{I_z}y\\ &= -\frac{F}{A}\left(1 \mp \frac{Ae_z}{I_y}z \mp \frac{Ae_y}{I_z}y\right)\end{aligned}$$

若引进惯性半径

$$i_y = \sqrt{\frac{I_y}{A}},\ i_z = \sqrt{\frac{I_z}{A}}$$

则

$$\sigma = -\frac{F}{A}\left(1 \mp \frac{e_z z}{i_y^2} \mp \frac{e_y y}{i_z^2}\right)$$

4. 强度计算　偏心受压杆件，危险点仍为单向应力状态，求得最大正应力后，可根据材料的许用应力建立强度条件。由以上双向偏心受压的应力计算可知，其最大压应力

$$\sigma_{\min} = -\frac{F}{A} - \frac{Fe_z}{W_y} - \frac{Fe_y}{W_z}$$

强度条件为

$$|\sigma_{\min}| \leqslant [\sigma_c] \tag{13-7}$$

若存在最大拉应力，则其强度条件为

$$\sigma_{\max} = -\frac{F}{A} + \frac{Fe_z}{W_y} + \frac{Fe_y}{W_z} \leqslant [\sigma_t] \tag{13-8}$$

如材料的许用拉、压应力 $[\sigma_t]$ 和 $[\sigma_c]$ 不相等，则同一截面上这两种最大应力均需验算。对于单向偏心受压，其应力计算只需考虑一个方向的偏心弯矩即可，强度条件与双向偏心受压雷同。

例 13-3　如图 13-7 所示单向偏心受压矩形截面柱，$F = 120\text{kN}$，$e = 50\text{mm}$，$b = 200\text{mm}$。试问 h 为多大时，截面上将不产生拉应力？并计算取所选的截面尺寸时，截面的最大压应力。

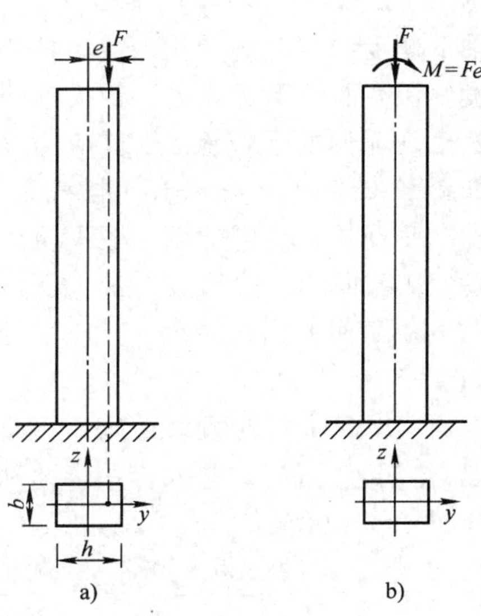

图 13-7　例 13-3 图

解：（1）内力计算。将 F 力移到截面的形心处并附加一力偶矩 $M = Fe$，得任一横截面的内力为

$F_N = F = 120\text{kN}$　　$M_z = Fe = 120\text{kN} \times 0.05\text{m} = 6\text{kN} \cdot \text{m}$

（2）应力计算。F_N 作用下横截面上各点均产生压应力，M_z 作用下横截面上 z 轴左侧受拉，最大拉应力发生在截面的左边缘处。欲使截面不产生拉应力，应使 F_N 和 M_z 共同作用下横截面左边缘处的正应力小于或等于零，即

$$\sigma_{\max} = -\frac{F_N}{A} + \frac{M_z}{W_z} \leqslant 0$$

即

$$-\frac{120 \times 10^3\text{N}}{0.2\text{m} \times h} + \frac{6 \times 10^3\text{N} \cdot \text{m}}{\frac{1}{6} \times 0.2\text{m} \times h^2} \leqslant 0$$

解得　$h \geqslant 0.3\text{m}$

取截面尺寸为 $h = 0.3\text{m}$，$b = 0.2\text{m}$，最大压应力发生在横截面的右边缘处，其值为

$$\sigma_{\min}=-\frac{F_N}{A}-\frac{M_z}{W_z}=-\frac{120\times10^3}{0.2\times0.3}\text{Pa}-\frac{6\times10^3}{\frac{1}{6}\times0.2\times0.3^2}\text{Pa}=-4\text{MPa}$$

例 13-4 如图 13-8 所示一松木矩形短柱，截面尺寸 $b\times h=120\text{mm}\times200\text{mm}$，受一偏心压力 $F=50\text{kN}$ 作用，对两轴的偏心距分别为 $e_y=80\text{mm}$，$e_z=40\text{mm}$。松木的许用应力 $[\sigma_t]=10\text{MPa}$，$[\sigma_c]=12\text{MPa}$。试校核该柱的强度。

解：（1）内力计算。如图 13-8a 所示的荷载作用下，要将 F 力移到截面的形心处并附加产生两个力偶矩 M_z 和 M_y，得任一横截面的内力为

$F_N=F=50\text{kN}$

$M_z=Fe_y=50\text{kN}\times0.08\text{m}=4\text{kN}\cdot\text{m}$

$M_y=Fe_z=50\text{kN}\times0.04\text{m}=2\text{kN}\cdot\text{m}$

（2）应力计算。F_N 作用下横截面上各点均产生压应力，其应力分布如图 13-8b 所示；M_y 作用下横截面上 y 轴下侧受拉，上侧受压，最大拉应力发生在截面的下边缘处，最大压应力发生在截面的上边缘处，其应力分布如图 13-8c 所示；M_z 作用下横截面上 z 轴左侧受拉，右侧受压，最大拉应力发生在截面的左边缘处，最大压应力发生在截面的右边缘处，其应力分布如图 13-8d 所示。

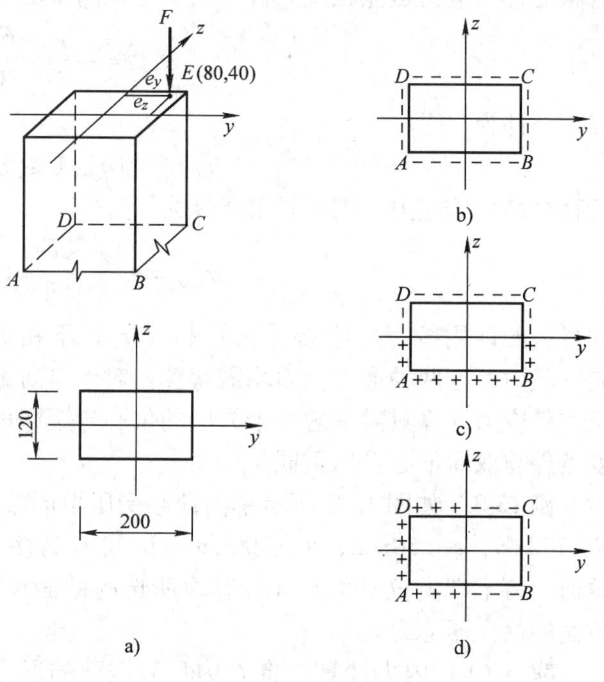

图 13-8 例 13-4 图

欲求截面上的最大正应力，要考虑 F_N 和 M_z、M_y 的共同作用，即利用叠加有最大压应力

$$\sigma_{\min}=-\frac{F}{A}-\frac{M_y}{W_y}-\frac{M_z}{W_z}=-\frac{50\times10^3}{120\times200}\text{MPa}-\frac{2\times10^6}{\frac{1}{6}\times200\times120^2}\text{MPa}-\frac{4\times10^6}{\frac{1}{6}\times120\times200^2}\text{MPa}$$

$$=-11.25\text{MPa}$$

最大拉应力为

$$\sigma_{\max}=-\frac{F}{A}+\frac{M_y}{W_y}+\frac{M_z}{W_z}$$

$$=-\frac{50\times10^3}{120\times200}\text{MPa}+\frac{2\times10^6}{\frac{1}{6}\times200\times120^2}\text{MPa}+\frac{4\times10^6}{\frac{1}{6}\times120\times200^2}\text{MPa}=7.08\text{MPa}$$

（3）强度计算。由于材料的许用拉、压应力不同，故应分别验算

最大压应力 $|\sigma_{\min}|=11.25\text{MPa}<[\sigma_c]=12\text{MPa}$

最大拉应力 $\sigma_{\max}=7.08\text{MPa}<[\sigma_t]=10\text{MPa}$

均满足强度条件。

13.4 截面核心的概念

如果横截面没有外棱角，例如图 13-9 所示的截面，y、z 轴为形心主轴，这时危险点难以由观察确定，需先找到中性轴的位置，即 $\sigma=0$ 所对应的应力线。以 y_0、z_0 表示中性轴上任一点的坐标。将 y_0、z_0 代入式（13-6）于是得到中性轴的方程式为

$$1+\frac{e_z z_0}{i_y^2}+\frac{e_y y_0}{i_z^2}=0 \tag{13-9}$$

可见中性轴是一条不通过横截面形心的直线。只要求出它在 y、z 轴上的截距就可确定中性轴的位置。在式（13-9）中分别令 $z_0=0$ 和 $y_0=0$，得中性轴在 y 轴和 z 轴上的截距分别为

$$\left.a_y=y_0\right|_{z_0=0}=-\frac{i_z^2}{e_y}$$

$$\left.a_z=z_0\right|_{y_0=0}=-\frac{i_y^2}{e_z} \tag{13-10}$$

然后作两条与中性轴平行而与截面四周边相切的直线，其切点就是危险点，如图 13-9 所示。将两个切点的坐标分别代入式（13-6），就可求得横截面上的最大拉应力和最大压应力。

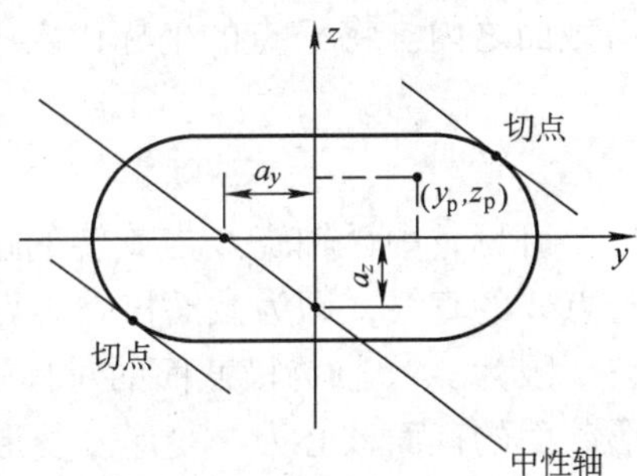

图 13-9　截面核心示例

由式(13-10)可知,中性轴在 y、z 轴上的截距(a_y,a_z)与偏心力作用点的坐标(e_y,e_z)符号相反,所以中性轴与偏心力的作用点总是位于形心的相对两侧。同时,a_y 与 e_y 及 a_z 与 e_z 的绝对值分别成反比,表明偏心力作用点离形心越近,中性轴就离形心越远。作为极端情况,当偏心距为零时,中性轴就位于无穷远处。因而当偏心力的作用点位于形心附近的一个限界上时,可以使得中性轴恰与截面的周边相切,这时横截面上只出现压应力。截面形心附近的这样一个限界所围的区域就称为**截面核心**。

对于砖、石或混凝土等材料，由于它们的抗拉强度较低，在设计这类材料的偏心受压杆时，最好使横截面上不出现拉应力。因此，确定截面核心是很有实际工程意义的。

利用式（13-10），只要作一系列与截面周边相切的直线作为中性轴，由每一条中性轴在 y、z 轴上的截距，即可求得其对应的偏心力作用点的坐标。有了一系列这样的点以后，便能描出截面核心的边界。下面通过两个例子来具体说明。

例 13-5　如图 13-10 所示确定边长为 $b\times h$ 的矩形截面的截面核心。图中的 y、z 轴均为对称轴。

解：（1）先作矩形 BC 的切线①，将它看作是中性轴，它在 y、z 轴上的截距分别为

$$a_{y1}=\frac{h}{2},\ a_{z1}=\infty$$

该矩形截面的

$$i_y^2=\frac{I_y}{A}=\frac{b^3h/12}{bh}=\frac{b^2}{12},\qquad i_z^2=\frac{h^2}{12}$$

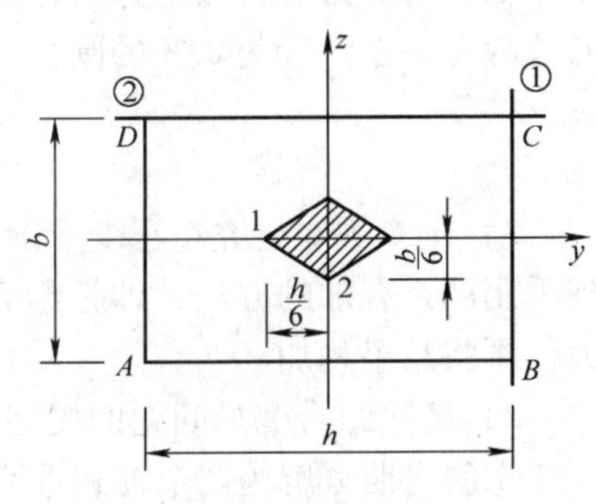

图 13-10　例 13-5 图

将这些值代入式（13-10），即得核心边界上点 1 的坐标为

$$y_1 = -\frac{i_z^2}{a_{y1}} = -\frac{h^2/12}{h/2} = -\frac{h}{6}, \qquad z_1 = -\frac{i_y^2}{a_{z1}} = 0$$

（2）再作 CD 边的切线②，它在 y、z 轴上的截距分别为

$$a_{y2} = \infty, \qquad a_{z2} = \frac{b}{2}$$

由此可得核心边界上点 2 的坐标为

$$y_2 = 0, \ z_2 = -\frac{b^2/12}{b/2} = -\frac{b}{6}$$

当中性轴①按逆时针方向绕 C 点旋转到②时，有无数多中性轴通过 C 点，但均未进入横截面之内。将 C 点的坐标代入中性轴的方程式（13-9）得

$$1 + \frac{z_C}{i_y^2}e_z + \frac{y_C}{i_z^2}e_y = 0$$

可见，中性轴绕 C 点旋转的过程中，偏心力作用点移动的轨迹为直线。因此，连接点 1 与点 2 的直线，即为截面核心边界的一部分。

因为 y、z 轴为横截面的对称轴，所以核心边界对 y 轴和 z 轴应分别对称。于是，得到矩形截面的截面核心为一菱形。菱形的对角线长度分别为 $h/3$ 和 $b/3$。

例 13-6 求直径为 d 的圆截面的截面核心。

解： 如图 13-11 过 B 点作圆周的切线①，将它看作是中性轴，它在 y、z 轴上的截距分别为

$$a_{y1} = \frac{d}{2}, \qquad a_{z1} = \infty$$

该圆截面的

$$i_y^2 = i_z^2 = \frac{I_y}{A} = \frac{\pi d^4/64}{\pi d^2/4} = \frac{d^2}{16}$$

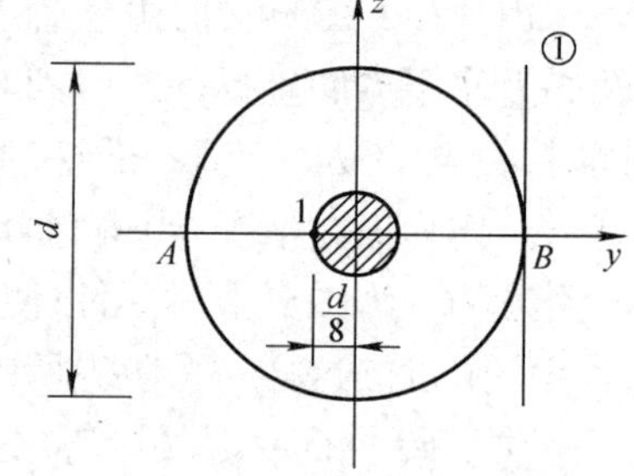

图 13-11 例 13-6 图

将这些值代入式（13-10），即得核心边界上点 1 的坐标为

$$y_1 = -\frac{i_z^2}{a_{y1}} = -\frac{d^2/16}{d/2} = -\frac{d}{8}, \ z_1 = -\frac{i_y^2}{a_{z1}} = 0$$

由于截面对于圆心是极对称的，因而核心边界对于圆心也应该是极对称的，所以圆截面的核心边界是一个半径为 $d/8$ 的圆。

小　结

1）本章主要研究在小变形前提下线弹性杆件在组合变形下的应力与强度计算，计算原理采用的是叠加的方法，即把组合变形分解为基本变形，然后分别计算各基本变形下的应力，再将结果相加。

2）解决组合变形问题的关键在于将组合变形分解为有关的基本变形，应明确：

①斜弯曲分解为两个互相垂直的平面弯曲，其任意截面上任一点的应力计算为

$$\sigma = \sigma' + \sigma'' = \pm\frac{M_z y}{I_z} \pm \frac{M_y z}{I_y} = \pm\frac{M\cos\varphi \cdot y}{I_z} \pm \frac{M\sin\varphi \cdot z}{I_y}$$

其强度条件为

$$\sigma_{\max} = M_{\max}\left(\frac{\cos\varphi}{W_z} + \frac{\sin\varphi}{W_y}\right) = \frac{M_{\max}}{W_z}\left(\cos\varphi + \frac{W_z}{W_y}\sin\varphi\right) \leqslant [\sigma]$$

②偏心受压

a. 单向偏心受压分解为轴向压缩与一个平面弯曲，其任意横截面上任一点的应力计算为

$$\sigma = -\frac{F}{A} \pm \frac{Fe}{I_z}y$$

b. 双向偏心受压分解为轴向压缩与两个平面弯曲，其任意横截面上任一点的应力计算为

$$\sigma = \sigma_{\mathrm{N}} + \sigma_{\mathrm{M}_y} + \sigma_{\mathrm{M}_z} = -\frac{F_{\mathrm{N}}}{A} \pm \frac{M_y}{I_y}z \pm \frac{M_z}{I_z}y$$

其最大压应力强度条件为

$$|\sigma_{\min}| = \left|-\frac{F}{A} - \frac{Fe_z}{W_y} - \frac{Fe_y}{W_z}\right| \leqslant [\sigma_{\mathrm{c}}]$$

若存在最大拉应力，则其强度条件为

$$\sigma_{\max} = -\frac{F}{A} + \frac{Fe_z}{W_y} + \frac{Fe_y}{W_z} \leqslant [\sigma_{\mathrm{t}}]$$

单向偏心受压的强度条件只需考虑一个方向的偏心弯矩即可。

3)为了保证某些脆性材料构件(如混凝土、砖砌体)不产生拉应力,对于偏心受压变形还要确定截面核心。截面核心的边界是利用中性轴与截面周边相切的特定位置,由下式确定

$$y_1 = -\frac{i_z^2}{a_{y1}},\quad z_1 = -\frac{i_y^2}{a_{z1}}$$

习　　题

13-1　图示工 14 号工字钢悬臂梁，承受的荷载 $F_1 = 2.5\mathrm{kN}$，$F_2 = 1.0\mathrm{kN}$，$l = 1\mathrm{m}$。试求危险截面的最大正应力。

13-2　图示一矩形截面悬臂木梁，在自由端平面内作用一通过形心的集中力 F，F 与 y 轴的夹角 $\varphi = 30°$，试求固定端截面上 A、B、C、D 4 点的正应力，并进行强度校核。已知木材许用应力 $[\sigma] = 10\mathrm{MPa}$，矩形截面尺寸 $b \times h = 120\mathrm{mm} \times 200\mathrm{mm}$，$F = 2\mathrm{kN}$，$l = 2\mathrm{m}$。

13-3　图示悬臂钢梁承受的均布荷载 $q = 20\mathrm{kN/m}$，$F = 10\mathrm{kN}$，$l = 2\mathrm{m}$。已知钢材许用应力 $[\sigma] = 160\mathrm{MPa}$，试按下列两种情况确定梁的截面尺寸。

a）截面为矩形，$h = 2b$。

b）截面为圆形。

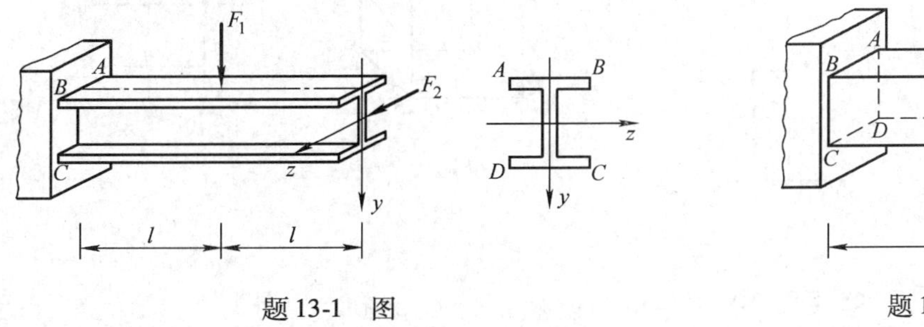

题 13-1　图　　　　题 13-2　图

13-4　图示承受均布荷载作用的矩形截面简支梁，已知 $b \times h = 100\text{mm} \times 150\text{mm}$，$l = 4\text{m}$，材料的许用应力$[\sigma] = 10\text{MPa}$，均布荷载 q 与 y 轴夹角 $\varphi = 15°$，求梁所能承受的最大均布荷载 $q_{\max}$。

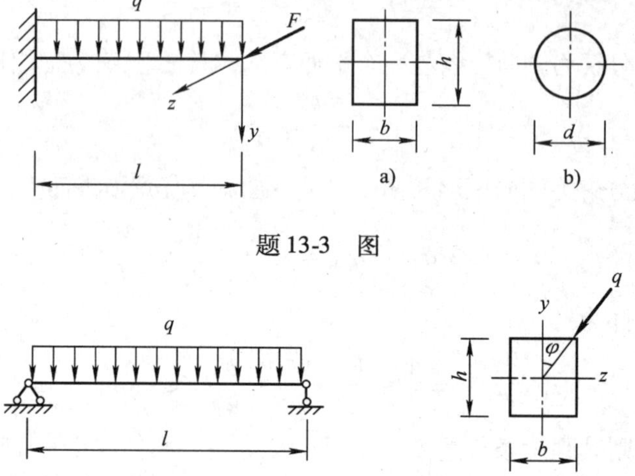

题 13-3　图

题 13-4　图

13-5　图示一矩形截面柱，受压力 $F_1 = 100\text{kN}$，$F_2 = 45\text{kN}$。F_1 作用线与柱轴线重合，F_2 与柱轴线的偏心距 $e = 200\text{mm}$，$b = 180\text{mm}$，$h = 300\text{mm}$。

1. 试求横截面上最大和最小正应力。

2. 如柱截面内不出现拉应力，试问截面高度应为多少？

13-6　图示一木质压杆，截面原为边长 a 的正方形，压力 F 与杆轴线重合。后因使用上的需要，在杆长的某段范围内开一宽 $a/2$ 的切口。试求 mm 截面上的最大拉应力和最大压应力，并问此最大压应力是截面削弱前的几倍？

13-7　图示矩形截面偏心受压杆受偏心压力 $F = 100\text{kN}$ 的作用，其截面尺寸 $b \times h = 100\text{mm} \times 150\text{mm}$，试求固定端截面上角点 A、B、C、D 的正应力。

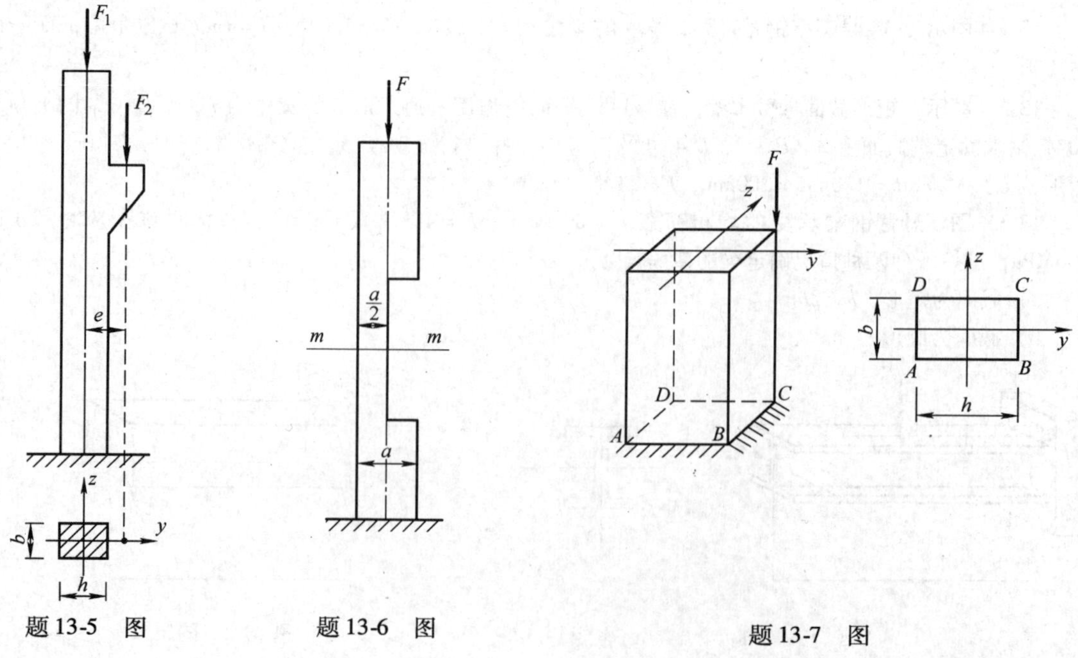

题 13-5　图　　题 13-6　图　　题 13-7　图

第14章 压 杆 稳 定

14.1 压杆稳定的概念

14.1.1 稳定性问题的提出

受轴向压力的杆件工程上称为“压杆”，如桁架中的受压上弦杆，厂房的柱子等。在第6章中曾介绍过轴心受压粗短杆的最大承载能力是根据强度条件

$$\sigma_{max}=\frac{N}{A}\leqslant [\sigma]$$

来进行计算的，并由此还可确定许用荷载。但是，对于细长的压杆来说，其破坏都是在满足了上述强度条件的情况下发生的，故其承载能力不能由强度条件来确定，而必须由本章所要介绍的稳定性条件确定。

为了便于说明问题，我们制作一个简单的试验装置（见图14-1）。取一个 $l=400\text{mm}$ 的薄钢锯条1夹在上下加载头之间，锯条横截面为宽度 $b=11.0\text{mm}$，厚度 $\delta=0.6\text{mm}$。通过杠杆系统，在吊盘2中缓慢地增加砝码3重量，则势必在上下压头之间施加了轴向压力。当锯条两端简化为铰支座来考虑时，在逐步加载过程中可以观察到如下现象：

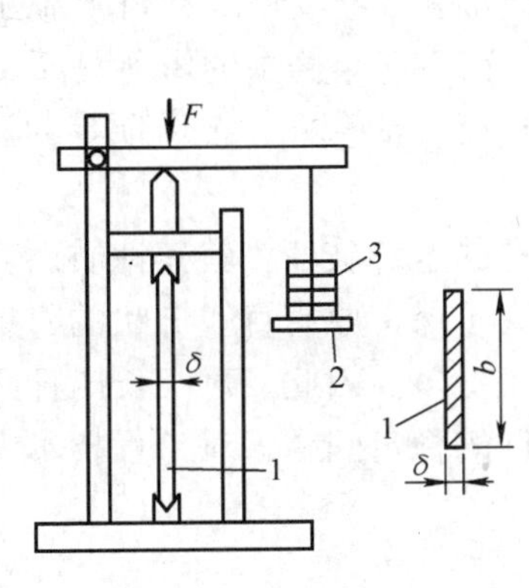

图14-1 试验装置

1—锯条 2—吊盘 3—砝码

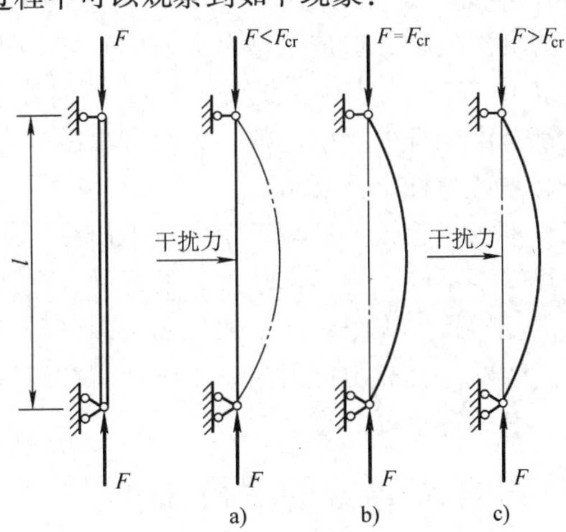

图14-2 平衡状态

a）稳定平衡状态 b）临界状态 c）不稳定平衡状态

1）当压力 F 较小，且小于某个特定值时，锯条处于竖直直线平衡状态。即使施加一个侧向干扰力，使其产生弯曲，但解除干扰力以后，锯条又依然恢复到原来的直线平衡状态。我们称原有直线平衡状态为“稳定平衡状态”（见图14-2a）。

2）当压力 F 较大，达到或超过某个特定值时，锯条可能立即发生侧向弯曲，也可能短暂地维持直线平衡状态，但若施加某个侧向干扰力，则立即发生侧向弯曲。值得注意的是，这时即使解除干扰力，锯条仍然继续停留在弯曲的平衡状态，并随横向干扰力的加大，直至

弯曲折断（见图 14-2c）。于是，我们把原有的短暂的直线平衡状态称为“不稳定平衡状态”。

3）从稳定平衡状态过渡到不稳定的平衡状态，中间必有一个特定的状态，称此为“临界状态”（见图 14-2b）。临界状态时的压力称为“临界力”（或临界荷载），记为 F_{cr}。在试验装置上若细心地逐渐加载，会发现该锯条只需受到约 2.6N 压力时，即处于该状态，所以 $F_{cr}=2.6\text{N}$。当压力达到临界力值 F_{cr}时，压杆可能依然保持原直线平衡状态，也可能经受干扰后在微弯状态下保持平衡，但是解除干扰力后，不会继续弯曲至破坏。F_{cr}力就是中心压杆的承载能力。

假若按我们在第 6 章中所学过的压杆的强度条件，来计算锯条的极限承压能力，暂不考虑稳定性的影响，$F_{max}=N=A[\sigma]=11\times0.6\times235\text{N}\approx1.55\text{kN}$。显然，此值几乎是 $F=2.6\text{N}$ 的 600 倍，是不符合实际的，但就一般工程实践中压杆而言，稳定临界力总是比强度承载力低许多，尤其是薄壁型钢压杆更为明显。

由上述可见，所谓压杆的稳定性就是在轴向压力作用下保持其原有直线平衡状态的能力或性能。研究压杆稳定性，关键就在于确定其临界力 F_{cr}。

14.1.2 稳定性计算的工程意义

压杆的这种并非由于强度条件不足而突然发生弯曲导致折断的现象就是压杆的丧失稳定性现象，简称失稳。

历史上曾发生过多次由于压杆失稳而导致的整个结构彻底破坏的重大人身伤亡事故。例如：1907 年加拿大魁北克省圣劳伦斯河上的钢结构大桥，在施工中，由于桁架中的一根受压弦杆的突然失稳，造成了整个大桥的倒塌，9000t 钢结构变成了一堆废铁，在桥上施工的 86 名工人中有 75 人丧生。此外，1925 年前苏联的莫兹尔桥及 1940 年美国的塔科马桥的毁坏，也都是由压杆失稳引起的重大工程事故。在机械工程中连杆、活塞杆、千斤顶等的设计中，都必须考虑稳定性要求。

工程事故引起了人们进行了大量地研究，最终认识到压杆的这种破坏，就其性质而言与强度破坏完全不同，它是由于细长的杆件在受压力作用时丧失了保持原有直线形状的稳定性而造成的。导致丧失稳定的压力比发生强度破坏时的压力要小得多。因此，对细长压杆必须进行稳定性的计算。由此可见，正确认识和解决工程中受压杆的稳定问题，对工程技术人员来说，具有何等重要的意义。

14.2 压杆临界力的欧拉公式

14.2.1 两端铰接压杆的临界力

欧拉于 18 世纪，曾对理想中心压杆的弹性稳定性进行广泛的研究。由上所述，当轴心压力达到其临界值时，压杆可能在微弯状态下保持平衡（见图 14-3a），我们可通过建立近似挠曲微分方程来推导临界力 F_{cr}的计算公式。设压杆两端为铰接，中间挠度为 f，任意截面 x 处挠度为 y（x）。在小变形条件下，取脱离体（见图 14-3b）研究，按第 12 章所讲内容其近似挠曲微分方程为

$$\frac{d^2y}{dx^2}=-\frac{M(x)}{EI} \qquad ①$$

其中任意截面 x 处的弯矩为

$$M(x)=F_{cr}y \quad ②$$

令

$$k^2=\frac{F_{cr}}{EI} \quad ③$$

将式②、式③代入式①得二阶常系数线性齐次微分方程

$$\frac{d^2y}{dx^2}+k^2y=0 \quad ④$$

其通解由高等数学可知为

$$y=A\sin kx+B\cos kx \quad ⑤$$

积分常数 A、B 可由边界条件确定。由图 14-3 可知：$x=0$，$y=0$ 时，由式⑤可得 $B=0$，于是

$$y=A\sin kx \quad ⑥$$

利用 $x=l/2$，$y=f$ 的条件，代入式⑥可得

$$A=\frac{f}{\sin\frac{kl}{2}}$$

最后，由常数 A、B 及 $x=l$，$y=0$ 的边界条件。可得

$$y=\frac{f}{\sin\frac{kl}{2}}\sin kl=2f\cos\frac{kl}{2}=0 \quad ⑦$$

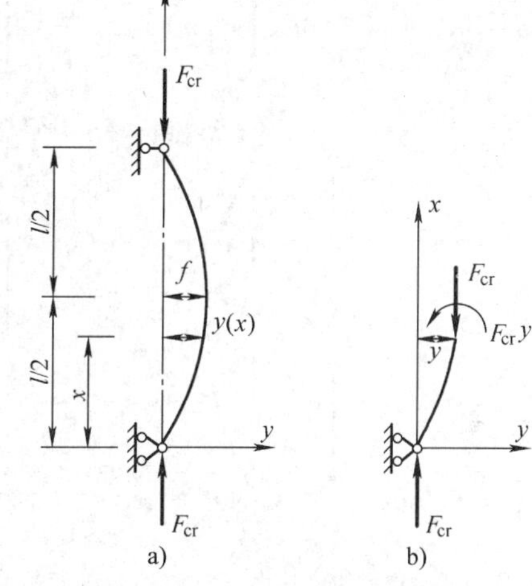

图 14-3　两端铰接压杆

这个式子只有在 $f=0$ 或 $\cos(kl/2)=0$ 时才能成立。显然，若 $f=0$，则压杆的轴线不可能维持微弯的挠曲线，因而不是要研究的情况。由此可见，要使压杆有可能在微弯状态下维持平衡，必须有

$$\cos\frac{kl}{2}=0 \quad ⑧$$

这要求

$$\frac{kl}{2}=\frac{n\pi}{2}\ (n=1,3,5,\cdots)$$

其最小解为 $n=1$ 时的解，于是

$$kl=\sqrt{\frac{F_{cr}}{EI}}l=\pi \quad ⑨$$

由此解得

$$F_{cr}=\frac{\pi^2EI}{l^2} \quad (14\text{-}1)$$

式（14-1）就是两端铰接压杆临界力的计算公式，称为欧拉公式。欧拉公式表明，临界力 F_{cr} 与杆件的抗弯刚度 EI 成正比，与杆长 l 的平方成反比。

将式⑨的 k 值代入式 ⑥，可得挠曲线方程为

$$y=f\sin\frac{n\pi}{l}x \quad ⑩$$

即挠曲线为半波正弦曲线。

14.2.2 其他支承条件下的压杆临界力

在其他支承边界条件下压杆临界力也可以像上面一样，通过建立挠曲线近似微分方程来推导。但是，在此我们采用一种简便办法，即对比失稳形态曲线（失稳后的挠曲线）的方法来确定各种支承条件下 F_{cr}的计算式。

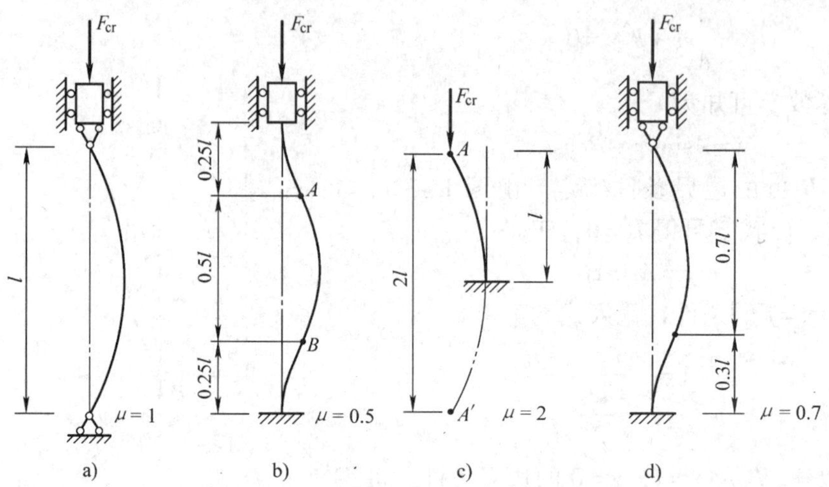

图 14-4 不同支承条件下压杆的长度系数

a）两端铰接 b）两端固定 c）一端固定、一端自由 d）一端固定、一端铰接

1. 两端固定压杆的临界力 图 14-4b 两端固定支座的压杆，在临界力作用下，其失稳形态曲线在上下端 $l/4$ 处形成两个拐点 A 和 B，A、B 点之间长度为 $0.5l$，其间形成半波正弦曲线。在拐点处曲率为零，且此处弯矩也等于零，相当于铰链。所以仿照两端铰接压杆临界力的基本式（14-1)，用 $0.5l$ 替换 l 即可，得

$$F_{cr}=\frac{\pi^2EI}{(0.5l)^2} \tag{14-2}$$

2. 一端固定、一端自由压杆的临界力（见图 14-4c） 在临界力 F_{cr}作用下，将其失稳形态曲线向下对称延伸（图 14-4c 中用双点画线画出的曲线)，可见在 $2l$ 范围内形成半波正弦曲线。在 A 和 A'点为自由端 $M=0$，与两端铰接情况相当，故可以认为一端固定、另一端自由压杆的临界力，相当于长度为 $2l$ 的两端铰接压杆的临界力，由式（14-1)，用 $2l$ 替换 l 即可，得

$$F_{cr}=\frac{\pi^2EI}{(2l)^2} \tag{14-3}$$

3. 一端固定、一端铰接压杆的临界力（见图 14-4d） 在临界力 F_{cr}作用下，其失稳形态曲线在距上端 $0.7l$ 处有一拐点，力学上相当于铰链。A、B 点之间长度为 $0.7l$，其间形成半波正弦曲线。只需在式（14-1)，用 $0.7l$ 替换 l 即可，得

$$F_{cr}=\frac{\pi^2EI}{(0.7l)^2} \tag{14-4}$$

图 14-4 中 4 种不同支承条件下临界力公式，可以归纳为统一的表达式

$$F_{cr}=\frac{\pi^2EI}{(\mu l)^2}=\frac{\pi^2EI}{l_0^2} \tag{14-5}$$

式中　μ——压杆的长度系数（各种情况的长度系数见图 14-4）；

l_0——$l_0=\mu l$（l 为压杆的实际几何长度）表示将压杆折算成两端铰接压杆的长度，称为相当长度或计算长度。

应该指出：实际工程中，压杆两端连接是难以找出完全符合上述 4 种理想约束支承情况的。在实际计算时，应根据实际压杆的约束情况与哪种理想约束接近，或介于哪两种约束之间，定出其相当长度。在一般设计规范中都对相当长度作了具体规定。

例 14-1　一根两端铰接的Ⅰ20a 号工字钢压杆，长 $l=3\text{m}$，弹性模量 $E=200\text{GPa}$，$[\sigma]=170\text{MPa}$。试确定其临界力，并与强度条件求得的许用压力比较。

解：在式（14-5）中，惯性矩 I 应以最小惯性矩 I_{min} 代入，由附录 B 型钢表查得最小惯性矩及截面面积为

$$I_{min}=158\text{cm}^4 \qquad A=35.5\text{cm}^2$$

两端铰接时的长度系数为

$$\mu=1$$

由欧拉公式可得

$$F_{cr}=\frac{\pi^2EI}{(\mu l)^2}=\frac{\pi^2\times200\times10^9\times158\times10^{-8}}{(1\times3)^2}\text{N}=346.5\text{kN}$$

由强度条件可得许用压力为

$$[F]=A[\sigma]=35.5\times10^{-4}\times170\times10^6\text{N}=603.5\text{kN}$$

临界力小于许用压力，表明压杆未达到强度允许的承压力之前已经发生失稳破坏。

14.3　欧拉公式的适用范围、临界应力总图

14.3.1　弹性范围内中心压杆的临界应力

1. 临界应力和柔度　上节我们从细长压杆的近似挠曲微分方程出发，推导出了压杆丧失原有直线平衡状态的临界力 F_{cr}，即式（14-5）。将临界力除以压杆的横截面积，所得的应力称为临界应力，用 σ_{cr} 表示，即

$$\sigma_{cr}=\frac{F_{cr}}{A}=\frac{\pi^2EI}{(\mu l)^2A} \qquad ①$$

引入惯性半径 $i=\sqrt{\frac{I}{A}}$，则式①可以写成

$$\sigma_{cr}=\frac{\pi^2E}{\left(\frac{\mu l}{i}\right)^2} \qquad ②$$

令

$$\lambda=\frac{\mu l}{i} \tag{14-6}$$

则有

$$\sigma_{cr}=\frac{\pi^2E}{\lambda^2} \tag{14-7}$$

在上式中，λ 称为压杆的柔度或长细比，是一个量纲为 1 的量。它综合反映了压杆的几何长度、支承条件以及截面几何性质对临界力的影响，是压杆稳定计算中的一个重要参数。由临界应力 σ_{cr}的计算公式可见，针对一定材料而言，$\pi^2 E$ 为常数，故 σ_{cr}与柔度 λ 成双曲线关系，λ 越大（即压杆越细长），则 F_{cr}和 σ_{cr}越小，抗失稳能力越弱，越容易发生失稳破坏。反之，可得相反结论。我们把 F_{cr}和 σ_{cr}的计算公式均称为欧拉公式，仅表达形式不同而已。

2. 欧拉公式的适用范围　我们推导临界力 F_{cr}时应用了近似挠曲线微分方程关系式，该方程的前提必须是材料在弹性范围内工作，且符合小变形条件，即 F_{cr}所对应的临界应力 σ_{cr}不得超过材料的规定非比例伸长应力 σ_p，故有

$$\sigma_{cr} = \frac{\pi^2 E}{\lambda^2} \leqslant \sigma_p \tag{14-8}$$

于是

$$\lambda \geqslant \pi \sqrt{\frac{E}{\sigma_p}} \tag{14-9}$$

令

$$\lambda_p = \pi \sqrt{\frac{E}{\sigma_p}} \tag{14-10}$$

显然，λ_p 是判断欧拉公式能否应用的柔度，称为判断柔度。

则欧拉公式的适用范围，用柔度可表达为

$$\lambda \geqslant \lambda_p \tag{14-11}$$

即当 $\lambda \geqslant \lambda_p$ 时，才能满足 $\sigma_{cr} \leqslant \sigma_p$，欧拉公式才适用，这种杆常称为大柔度压杆（或称细长压杆）。而当压杆的柔度 $\lambda < \lambda_p$ 时，就不能应用欧拉公式。λ_p 的大小完全取决于压杆材料的力学性质，与杆件的几何尺寸无关。以 Q235 钢为例，取 $E = 206\text{GPa}$，$\sigma_p = 200\text{MPa}$，代入式（14-10）得

$$\lambda_p = \pi \sqrt{\frac{E}{\sigma_p}} = \pi \sqrt{\frac{206 \times 10^3}{200}} \approx 100$$

即由 Q235 钢制成的压杆，只有当其柔度 $\lambda \geqslant 100$ 时，才能应用欧拉公式求临界应力 σ_{cr}或临界力 F_{cr}，这就是式（14-5）和式（14-7）的应用条件。

14.3.2　非弹性范围内中心压杆的临界应力

对于柔度 $\lambda < \lambda_p$，即临界应力 $\sigma_{cr} > \sigma_p$，则属于非弹性范围内丧失稳定的问题。在这个领域压杆失稳临界应力不能使用欧拉公式计算。人们曾做了大量的研究工作，提出多种经验公式或理论公式。此处着重介绍由试验得出的直线公式及抛物线公式。

1. 直线公式　在直线公式中，把临界应力表示成柔度的线性关系式，即

$$\sigma_{cr} = a - b\lambda \tag{14-12}$$

式中，a 和 b 是与材料性质有关常数，由试验整理得出不同材料对应值见表 14-1，其中 λ_p 和 λ_s 分别是临界应力达到材料规定非比例伸长应力 σ_p、屈服点 σ_s 时对应柔度值。

表 14-1　直线经验公式中常见材料的 a、b、λ_p、λ_s 值

材料名称	a/MPa	b/MPa	λ_p	λ_s
Q235 钢（$\sigma_s = 235\text{MPa}$，$\sigma_b \geqslant 372\text{MPa}$）	304	1.12	100	61.6
硅钢（$\sigma_s = 353\text{MPa}$，$\sigma_b \geqslant 510\text{MPa}$）	577	3.74	100	60
铸铁	332	1.45	—	—
硬铝	372	2.14	50	0
松木	28.7	0.19	110	0

现在讨论一下直线公式（14-12）的适用范围。假设压杆由 Q235 钢制作。已知该钢种的规定非比例伸长应力 $\sigma_p = 200\text{MPa}$，屈服点 $\sigma_s = 235\text{MPa}$。由表 14-1 可知：$a = 304\text{MPa}$，$b = 1.12\text{MPa}$，将其代入式（14-12），得

$$\sigma_{cr} = a - b\lambda_p = \sigma_p$$

$$\sigma_{cr} = a - b\lambda_s = \sigma_s$$

则

$$\lambda_p = \frac{304 - 200}{1.12} \approx 100$$

$$\lambda_s = \frac{304 - 235}{1.12} \approx 61.6$$

因此，由试验归纳的直线公式的应用范围为

$$\lambda_s \leqslant \lambda < \lambda_p \tag{14-13}$$

工程中称此类压杆为中柔度压杆。

2. 抛物线公式　对于中柔度杆，除直线公式外，还有按试验数据归纳整理的抛物线型的经验公式，即

$$\sigma_{cr} = a_1 - b_1\lambda^2 \tag{14-14}$$

上式中 a_1 和 b_1 是与材料性质有关常数，该公式的应用范围是 $0 < \lambda < \lambda_p$。例如：对于一般碳素结构钢 Q235 及低合金钢 Q345（16Mn）分别为

$$\sigma_{cr} = (235 - 0.06\lambda^2)\ \text{MPa}$$

$$\sigma_{cr} = (345 - 0.0161\lambda^2)\ \text{MPa}$$

总之，中柔度压杆工作失稳时，临界应力大于材料的规定非比例伸长应力，属于弹塑性阶段稳定问题，是较为复杂的。

14.3.3　临界应力总图

前面介绍了 3 种柔度范围压杆临界应力的计算方法。在此概括地总结说，$\lambda \geqslant \lambda_p$ 时，称为大柔度杆，可用欧拉公式计算；$\lambda_s \leqslant \lambda < \lambda_p$ 的压杆则称为中柔度杆，可用直线、抛物线等经验公式计算；$\lambda < \lambda_s$ 的压杆称为小柔度杆，严格说这时已不是稳定破坏，而由强度条件控制，为讨论方便汇集到一起。我们把大、中、小 3 类压杆的 σ_{cr}—λ 图表示在图 14-5 中，并称此为理想中心压杆的临界应力总图。它形象明确地显示出 3 类压杆所处的柔度范围以及适用临界应力公式。

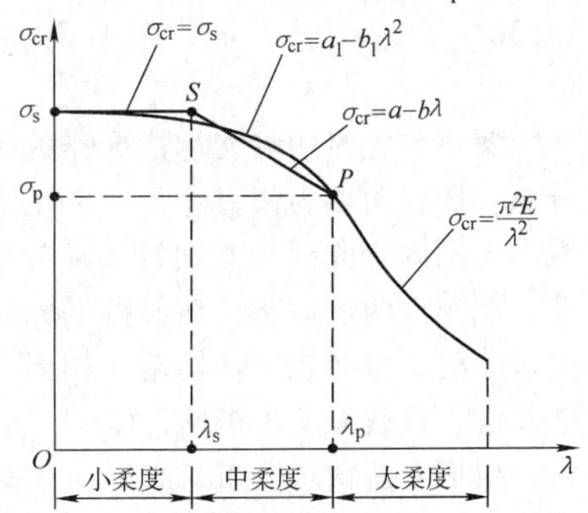

图 14-5　理想中心压杆的临界应力总图

需要指出的是：受压杆件两端承压，工程中用其作为柱子的时候居多，因此图 14-5 中 σ_{cr}—λ 曲线也常称为柱子曲线。从上面我们采用理想中心压杆这个模型所导出结论来看，临界应力 σ_{cr} 仅为柔度 λ 的函数，即仅以 λ 为变量，不论压杆采用何种材质、何种截面形状、何种加工方法，仅有一条 σ_{cr}—λ 图线，所以也常称此为单一柱子曲线。

例 14-2　设 3 根圆截面压杆的直径均为 $d = 20\text{cm}$，材料均为 Q235 钢，弹性模量 $E = 200\text{GPa}$，屈服点 $\sigma_s = 235\text{MPa}$。两端均为铰支支承，长度分别为 $l_1 = 6\text{m}$、$l_2 = 4\text{m}$、$l_3 = 2\text{m}$，试求各杆临界荷载值。

解：（1）计算各杆截面几何性质。

$$A=\frac{\pi d^2}{4}=\frac{\pi\times20^2}{4}\text{cm}^2=314\text{cm}^2,\ i=\frac{d}{4}=\frac{20}{4}\text{cm}=5\text{cm}$$

$$I=\frac{\pi d^4}{64}=\frac{\pi\times20^4}{64}\text{cm}^4=7854\text{cm}^4$$

（2）计算临界荷载。

l_1 杆：$\lambda_1=\frac{\mu l_1}{i}=\frac{1\times600}{5}=120\geqslant\lambda_p=100$，它属于大柔度杆，故可用欧拉公式计算临界荷载

$$F_{cr,1}=\frac{\pi^2EI}{(\mu l_1)^2}=\frac{\pi^2\times200\times10^9\times7854\times10^{-8}}{(1\times6)^2}\text{N}=4306\text{kN}$$

l_2 杆：$\lambda_2=\frac{\mu l_2}{i}=\frac{1\times400}{5}=80$，显然 $\lambda_s\leqslant\lambda<\lambda_p$，它属于中柔度杆，故可用直线公式计算，查表 14-1 得

$$\sigma_{cr,2}=a-b\lambda=304\text{MPa}-1.12\times80\text{MPa}=214.4\text{MPa}$$

故
$$F_{cr,2}=\sigma_{cr,2}A=214.4\times10^6\times314\times10^{-4}\text{N}=6732\text{kN}$$

l_3 杆：$\lambda_3=\frac{\mu l_3}{i}=\frac{1\times200}{5}=40<\lambda_s=61.6$，它属于小柔度杆，该杆实际发生强度屈服破坏，取值

$$\sigma_{cr,3}=\sigma_s=235\text{MPa}$$

故
$$F_{cr,3}=\sigma_{cr,3}A=235\times10^6\times314\times10^{-4}\text{N}=7379\text{kN}$$

例 14-3 设如图 14-6 所示压杆材料为 Q235 钢，弹性模量 $E=200\text{GPa}$，屈服点 $\sigma_s=235\text{MPa}$。长度为 $l=2\text{m}$，横截面为矩形 $b\times h=40\text{mm}\times60\text{mm}$，试求该杆受压临界荷载值。

解：首先对两端支承情况作些分析。压杆两端为销钉连接，在正视图平面内弯曲时，截面绕 z 轴转动，相当于两端铰接；在俯视平面内弯曲时，截面绕 y 轴转动，相当于固定。且截面又为矩形，$I_y\neq I_z$。

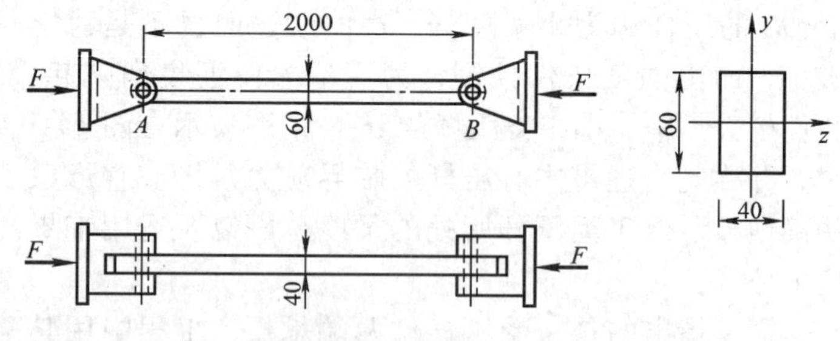

图 14-6 例 14-3 图

根据上面初步分析，难以一下判定出该压杆受压处于临界状态时截面会绕哪一个主轴转动。因此，应先算出在两个平面内的柔度，判定可能会在哪个平面内失稳，然后再选用相应的公式来计算临界力值。

（1）计算两个平面内的柔度 λ 值。

在正视平面内

$$I_z=\frac{bh^3}{12},\ A=bh,\ \mu_z=1.0,\ i_z=\sqrt{\frac{I_z}{A}}=\frac{h}{2\sqrt{3}}$$

$$\lambda_z = \frac{\mu_z l}{i_z} = \frac{1 \times 2 \times 10^3 \times 2\sqrt{3}}{60} = 115.5$$

在俯视平面内

$$I_y = \frac{hb^3}{12},\ A = bh,\ \mu_y = 0.5,\ i_y = \sqrt{\frac{I_y}{A}} = \frac{b}{2\sqrt{3}}$$

$$\lambda_y = \frac{\mu_y l}{i_y} = \frac{0.5 \times 2 \times 10^3 \times 2\sqrt{3}}{40} = 86.6$$

因 $\lambda_z > \lambda_y$，所以该压杆在正视平面内（xy）失稳。

（2）计算相应临界荷载。

因 $\lambda_z = 115.5 > \lambda_p = 100$，可以应用欧拉公式。先计算以下各值

$$I_z = \frac{bh^3}{12} = \frac{40 \times 60^3}{12}\text{mm}^4 = 7.2 \times 10^5\text{mm}^4,\ A = bh = 40\text{mm} \times 60\text{mm} = 2400\text{mm}^2$$

$$i_z = \sqrt{\frac{I_z}{A}} = \sqrt{\frac{7.2 \times 10^5}{2400}}\text{mm} = 17.3\text{mm},\ \lambda_z = \frac{\mu_z l}{i_z} = \frac{1 \times 2 \times 10^3}{17.3} = 115.6$$

代入欧拉公式计算临界荷载，可得

$$F_{\text{cr},z} = \frac{\pi^2 E I_z}{(\mu_z l)^2} = \frac{\pi^2 \times 200 \times 10^9 \times 7.2 \times 10^{-7}}{(1 \times 2)^2}\text{N} = 355.3\text{kN}$$

14.4 压杆的稳定计算

14.4.1 实际压杆的稳定系数

一般说来，杆件的强度校核首先要找出危险截面（内力最大截面），然后再找出截面上远离中性轴的危险点，计算出该点工作应力后与材料的许用应力相比较，来完成全部校核过程。简言之，压杆的稳定校核与强度条件不同，它不是从某一点而是从全压杆的整体抗失稳的承载能力出发来考虑问题的，所以不必寻找危险截面和危险点，只须将工作压力与稳定许用荷载相比较，即完成全部校核过程。下面先简单介绍稳定计算中的稳定系数，从而引出压杆的稳定条件。

前面研究的理想中心压杆临界荷载的有关知识，并不能完全反映实际工程受压杆件受力后的变形情况。因为实际压杆的轴线不可能是理想的直线；压力的作用线也不可能与压杆的轴线完全重合；杆件由于轧制、切割、焊接等原因，截面上也将产生残余应力等。这些不利因素的存在，都将降低压杆的临界力。为此，应按照实际可能出现的情况——杆件的弯曲度、压力的偏心度、横截面上的残余应力的大小及其变化规律等，来计算压杆的承载能力，从而得到符合实际的制造工艺和受力状态的极限应力。由于这种处理方法考虑因素较多，计算复杂，因此必须使用计算机，才能得到压杆的极限应力（临界应力）随柔度 λ 而改变的数据。然而，不论采用哪种方法，压杆所能承受的极限应力总是随压杆的柔度而改变的，柔度越大，临界应力越低。因此，设计压杆时所用的许用应力也应该随压杆柔度的增大而减小。在压杆设计中常用的方法是，将压杆的稳定许用应力 $[\sigma]_{st}$写作材料的强度许用应力 $[\sigma]$ 乘以一个随压杆柔度而改变的稳定系数 $\varphi = \varphi(\lambda)$，即

$$[\sigma]_{st} = \varphi[\sigma] \tag{14-15}$$

式中　φ——压杆稳定系数，随压杆柔度 λ 的改变而变化；

$[\sigma]$——材料强度的许用应力，在钢结构规范中，$[\sigma]$ 实际为材料的抗压强度设计值 f。

稳定系数 φ 与构件所使用的材料及杆件的截面类型有关。而杆件的截面类型是根据截面上的残余应力的大小和分布情况、杆件的加工工艺等因素来划分的，其中 a 类的残余应力影响较小，稳定性较好；c、d 类的残余应力影响较大，其稳定性较差；多数情况可归为 b 类。

在表 14-2 及表 14-3 中，根据 φ 与 λ 的关系，只给出了钢制圆管、工字形和 T 形截面的分类，其他截面分类见《钢结构设计规范》（GB50017—2003）及《木结构设计规范》（GB50005—2003）。

表 14-4 ~ 表 14-7 分别给出 Q235 钢 a、b、c、d 四类截面的稳定系数 φ 值。

表 14-2　轴心受压构件的截面分类（板厚 $t<40$mm）

截面形式	对 z 轴	对 y 轴
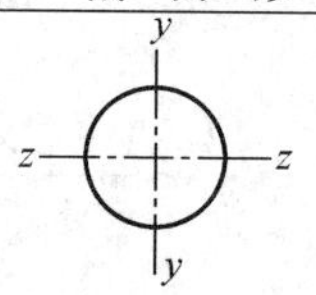 轧制	a类	a类
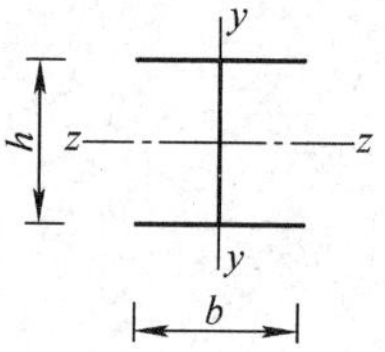 轧制，$b/h\leqslant 0.8$	a类	b类
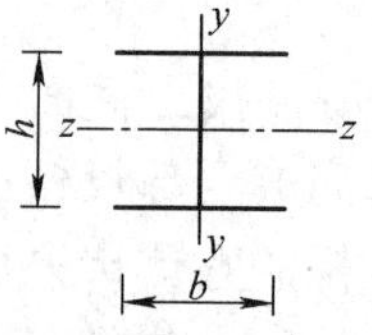 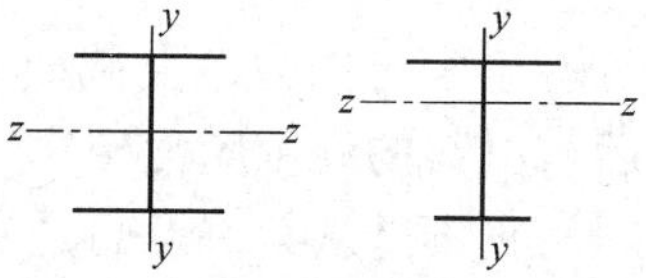 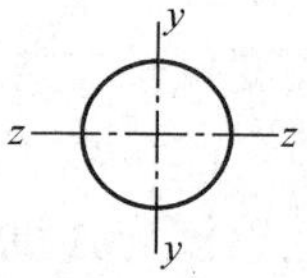 轧制，$b/h>0.8$；焊接，翼缘为焰切边；焊接	b类	b类
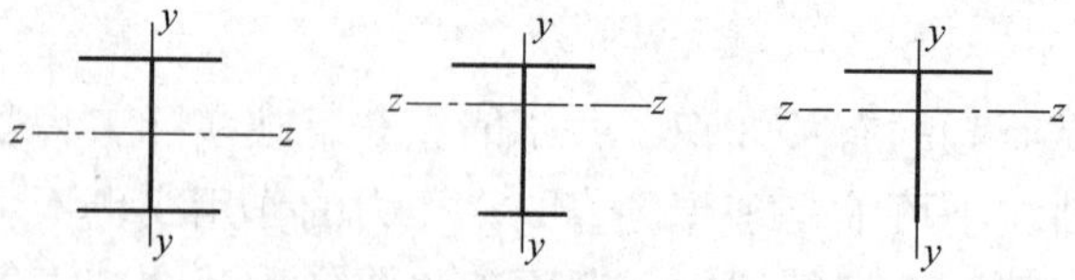 焊接，翼缘为轧制或剪切边	b类	c类

表 14-3　轴心受压构件的截面分类（板厚 $t\geqslant 40$mm）

截面形式		对 z 轴	对 y 轴
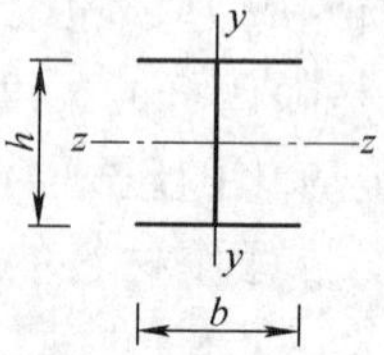 轧制工字形或 H 形截面	$t<80$mm	b类	c类
	$t\geqslant 80$mm	c类	d类

（续）

截面形式		对 z 轴	对 y 轴
焊接工字形截面	翼缘为焰切边	b类	b类
	翼缘为轧制或剪切边	c类	d类

表 14-4　Q235 钢 a 类截面轴心受压杆构件的稳定系数 φ

$\lambda\sqrt{\frac{f_y}{235}}$	0	1	2	3	4	5	6	7	8	9
0	1.000	1.000	1.000	1.000	0.999	0.999	0.998	0.998	0.997	0.996
10	0.995	0.994	0.993	0.992	0.991	0.989	0.988	0.986	0.985	0.983
20	0.981	0.979	0.977	0.976	0.974	0.972	0.970	0.968	0.966	0.964
30	0.963	0.961	0.959	0.957	0.955	0.952	0.950	0.948	0.946	0.944
40	0.941	0.939	0.937	0.934	0.932	0.929	0.927	0.924	0.921	0.919
50	0.916	0.913	0.910	0.907	0.904	0.900	0.897	0.894	0.890	0.886
60	0.883	0.879	0.875	0.871	0.867	0.863	0.858	0.851	0.849	0.844
70	0.839	0.834	0.829	0.824	0.818	0.813	0.807	0.801	0.795	0.789
80	0.783	0.776	0.770	0.763	0.757	0.750	0.743	0.736	0.728	0.721
90	0.714	0.706	0.699	0.691	0.684	0.676	0.668	0.661	0.653	0.645
100	0.638	0.630	0.622	0.615	0.607	0.600	0.592	0.585	0.577	0.570
110	0.563	0.555	0.548	0.541	0.534	0.527	0.520	0.514	0.507	0.500
120	0.494	0.488	0.481	0.475	0.469	0.463	0.457	0.451	0.445	0.440
130	0.434	0.429	0.423	0.418	0.412	0.407	0.402	0.397	0.392	0.387
140	0.383	0.378	0.373	0.369	0.364	0.360	0.356	0.351	0.347	0.343
150	0.339	0.335	0.331	0.327	0.323	0.320	0.316	0.312	0.309	0.305
160	0.302	0.298	0.295	0.292	0.289	0.285	0.282	0.279	0.276	0.273
170	0.270	0.267	0.264	0.262	0.259	0.256	0.253	0.251	0.248	0.246
180	0.243	0.241	0.238	0.236	0.233	0.231	0.229	0.226	0.224	0.222
190	0.220	0.218	0.215	0.213	0.211	0.209	0.207	0.205	0.203	0.201
200	0.199	0.198	0.196	0.194	0.192	0.190	0.189	0.187	0.185	0.183
210	0.182	0.180	0.179	0.177	0.175	0.174	0.172	0.171	0.169	0.168
220	0.166	0.165	0.164	0.162	0.161	0.159	0.158	0.157	0.155	0.154
230	0.153	0.152	0.150	0.149	0.148	0.147	0.146	0.144	0.143	0.142
240	0.141	0.140	0.139	0.138	0.136	0.135	0.134	0.133	0.132	0.131
250	0.130	—	—	—	—	—	—	—	—	—

表 14-5　Q235 钢 b 类截面轴心受压杆构件的稳定系数 φ

$\lambda\sqrt{\frac{f_y}{235}}$	0	1	2	3	4	5	6	7	8	9
0	1.000	1.000	1.000	0.999	0.999	0.998	0.997	0.996	0.995	0.994
10	0.992	0.991	0.989	0.987	0.985	0.983	0.981	0.978	0.976	0.973
20	0.970	0.967	0.963	0.960	0.957	0.953	0.950	0.946	0.943	0.939
30	0.936	0.932	0.929	0.925	0.922	0.918	0.914	0.910	0.906	0.903
40	0.899	0.895	0.891	0.887	0.882	0.878	0.874	0.870	0.865	0.861
50	0.856	0.852	0.847	0.842	0.838	0.833	0.828	0.823	0.818	0.813
60	0.807	0.802	0.797	0.791	0.786	0.780	0.774	0.769	0.763	0.757
70	0.751	0.745	0.739	0.732	0.726	0.720	0.714	0.707	0.701	0.694
80	0.688	0.681	0.675	0.668	0.661	0.655	0.648	0.641	0.635	0.628
90	0.621	0.614	0.608	0.601	0.594	0.588	0.581	0.575	0.568	0.561
100	0.555	0.549	0.542	0.536	0.529	0.523	0.517	0.511	0.505	0.499
110	0.493	0.487	0.481	0.475	0.470	0.464	0.458	0.453	0.447	0.442
120	0.437	0.432	0.426	0.421	0.416	0.411	0.406	0.402	0.397	0.392
130	0.387	0.383	0.378	0.374	0.370	0.365	0.361	0.357	0.353	0.349
140	0.345	0.341	0.337	0.333	0.329	0.326	0.322	0.318	0.315	0.311
150	0.308	0.304	0.301	0.298	0.295	0.291	0.288	0.285	0.282	0.279
160	0.276	0.273	0.270	0.267	0.265	0.262	0.259	0.256	0.254	0.251
170	0.249	0.246	0.244	0.241	0.239	0.236	0.234	0.232	0.229	0.227
180	0.225	0.223	0.220	0.218	0.216	0.214	0.212	0.210	0.208	0.206
190	0.204	0.202	0.200	0.198	0.197	0.195	0.193	0.191	0.190	0.188
200	0.186	0.184	0.183	0.181	0.180	0.178	0.176	0.175	0.173	0.172
210	0.170	0.169	0.167	0.166	0.165	0.163	0.162	0.160	0.159	0.158
220	0.156	0.155	0.154	0.153	0.151	0.150	0.149	0.148	0.146	0.145
230	0.144	0.143	0.142	0.141	0.140	0.138	0.137	0.136	0.135	0.134
240	0.133	0.132	0.131	0.130	0.129	0.128	0.127	0.126	0.125	0.124
250	0.123	—	—	—	—	—	—	—	—	—

表 14-6　Q235 钢 c 类截面轴心受压杆构件的稳定系数 φ

$\lambda\sqrt{\frac{f_y}{235}}$	0	1	2	3	4	5	6	7	8	9
0	1.000	1.000	1.000	0.999	0.999	0.998	0.997	0.996	0.995	0.993
10	0.992	0.990	0.988	0.986	0.983	0.981	0.978	0.976	0.973	0.970
20	0.966	0.959	0.953	0.947	0.940	0.934	0.928	0.921	0.915	0.909
30	0.902	0.896	0.890	0.884	0.877	0.871	0.865	0.858	0.852	0.846
40	0.839	0.833	0.826	0.820	0.814	0.807	0.801	0.794	0.788	0.781
50	0.775	0.768	0.762	0.755	0.748	0.742	0.735	0.729	0.722	0.715
60	0.709	0.702	0.695	0.689	0.682	0.676	0.669	0.662	0.656	0.649
70	0.643	0.636	0.629	0.623	0.616	0.610	0.604	0.597	0.591	0.584
80	0.578	0.572	0.566	0.559	0.553	0.547	0.541	0.535	0.529	0.523
90	0.517	0.511	0.505	0.500	0.494	0.488	0.483	0.477	0.472	0.467
100	0.463	0.458	0.454	0.449	0.445	0.441	0.436	0.432	0.428	0.423

（续）

$\lambda\sqrt{\frac{f_y}{235}}$	0	1	2	3	4	5	6	7	8	9
110	0.419	0.415	0.411	0.407	0.403	0.399	0.395	0.391	0.387	0.383
120	0.379	0.375	0.371	0.367	0.364	0.360	0.356	0.353	0.349	0.346
130	0.342	0.339	0.335	0.332	0.328	0.325	0.322	0.319	0.315	0.312
140	0.309	0.306	0.303	0.300	0.297	0.294	0.291	0.288	0.285	0.282
150	0.280	0.277	0.274	0.271	0.269	0.266	0.264	0.261	0.258	0.256
160	0.254	0.251	0.249	0.246	0.244	0.242	0.239	0.237	0.235	0.233
170	0.230	0.228	0.226	0.224	0.222	0.220	0.218	0.216	0.214	0.212
180	0.210	0.208	0.206	0.205	0.203	0.201	0.199	0.197	0.196	0.194
190	0.192	0.190	0.189	0.187	0.186	0.184	0.182	0.181	0.179	0.178
200	0.176	0.175	0.173	0.172	0.170	0.169	0.168	0.166	0.165	0.163
210	0.162	0.161	0.159	0.158	0.157	0.156	0.154	0.153	0.152	0.151
220	0.150	0.148	0.147	0.146	0.145	0.144	0.143	0.142	0.140	0.139
230	0.138	0.137	0.136	0.135	0.134	0.133	0.132	0.131	0.130	0.129
240	0.128	0.127	0.126	0.125	0.124	0.124	0.123	0.122	0.121	0.120
250	0.119	—	—	—	—	—	—	—	—	—

表 14-7　Q235 钢 d 类截面轴心受压构件的稳定系数 φ

$\lambda\sqrt{\frac{f_y}{235}}$	0	1	2	3	4	5	6	7	8	9
0	1.000	1.000	0.999	0.999	0.998	0.996	0.994	0.992	0.990	0.987
10	0.984	0.981	0.978	0.974	0.969	0.965	0.960	0.955	0.949	0.944
20	0.937	0.927	0.918	0.909	0.900	0.891	0.883	0.874	0.865	0.857
30	0.848	0.840	0.831	0.823	0.815	0.807	0.799	0.790	0.782	0.774
40	0.766	0.759	0.751	0.743	0.735	0.728	0.720	0.712	0.705	0.697
50	0.690	0.683	0.675	0.668	0.661	0.654	0.646	0.639	0.632	0.625
60	0.618	0.612	0.605	0.598	0.591	0.585	0.578	0.572	0.565	0.559
70	0.552	0.546	0.540	0.534	0.528	0.522	0.516	0.510	0.504	0.498
80	0.493	0.487	0.481	0.476	0.470	0.465	0.460	0.454	0.449	0.444
90	0.439	0.434	0.429	0.424	0.419	0.414	0.410	0.405	0.401	0.397
100	0.394	0.390	0.387	0.383	0.380	0.376	0.373	0.370	0.366	0.363
110	0.359	0.356	0.353	0.350	0.346	0.343	0.340	0.337	0.334	0.331
120	0.328	0.325	0.322	0.319	0.316	0.313	0.310	0.307	0.304	0.301
130	0.299	0.296	0.293	0.290	0.288	0.285	0.282	0.280	0.277	0.275
140	0.272	0.270	0.267	0.265	0.262	0.260	0.258	0.255	0.253	0.251
150	0.248	0.246	0.244	0.242	0.240	0.237	0.235	0.233	0.231	0.229
160	0.227	0.225	0.223	0.221	0.219	0.217	0.215	0.213	0.212	0.210
170	0.208	0.206	0.204	0.203	0.201	0.199	0.197	0.196	0.194	0.192
180	0.191	0.189	0.188	0.186	0.184	0.183	1.181	0.180	0.178	0.177
190	0.176	0.174	0.173	0.171	0.170	0.168	0.167	0.166	0.164	0.163
200	0.162	—	—	—	—	—	—	—	—	—

14.4.2 压杆的稳定计算

设压杆在外荷载作用下，其轴向压力为 F，$\sigma = F/A$ 是压杆的工作应力，压杆的稳定许用应力为 $[\sigma]_{st}$，则压杆的稳定条件可表示为

$$\sigma = \frac{F}{A} \leqslant [\sigma]_{st} \quad ①$$

由式（14-15）知

$$[\sigma]_{st} = \varphi[\sigma] \quad ②$$

把式②代入式①得压杆的稳定计算公式为

$$\sigma = \frac{F}{A} \leqslant \varphi[\sigma] \quad (14\text{-}16)$$

通常改写为

$$\sigma = \frac{F}{\varphi A} \leqslant [\sigma] \quad (14\text{-}17)$$

式中 A——压杆的横截面面积，以毛面积进行计算；

$[\sigma]$——材料的强度许用应力，在本章均按材料的抗压强度设计值取值。

稳定计算主要解决以下 3 类问题：

（1）稳定校核：已知压杆的材料、杆长、截面尺寸、杆端约束条件及所受的轴向压力，先根据 $\lambda = \mu l/i$ 计算柔度 λ，再根据表 14-4 ~ 表 14-7 查得 φ，代入式（14-16）进行稳定性校核。

（2）截面选择：已知压杆的材料、杆长、杆端约束条件及所受的轴向压力，需要进行压杆的截面尺寸设计。由于柔度 λ 或稳定系数 φ 与截面尺寸都有关系，故通常采用试算法。

（3）确定许用荷载：已知压杆的材料、杆长、截面尺寸及杆端约束条件，求压杆所能承受的许用压力值，即已知 φ、$[\sigma]$、A，代入式（14-16）很容易求得压杆所能承受的最大压力值。

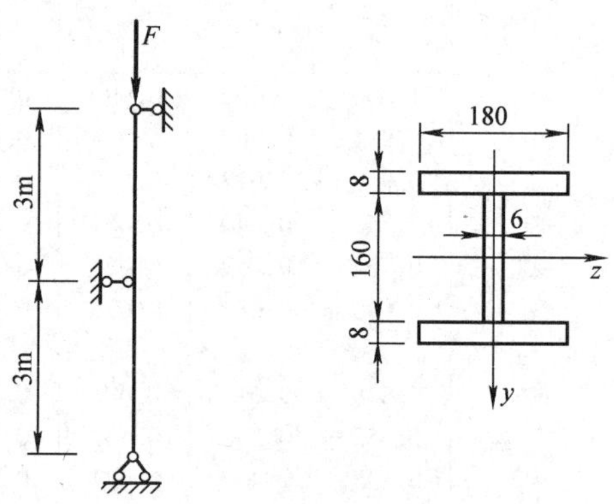

图 14-7 例 14-4 图

例 14-4 如图 14-7 所示压杆，在压杆中间沿截面 z 轴方向有横向支撑。压杆截面为焊接工字形截面，翼缘为轧制边，材料为 Q235 钢，许用应力 $[\sigma]=215\text{MPa}$，轴向压力 $F=500\text{kN}$。试校核该杆稳定性。

解：（1）计算该杆截面几何性质。

$$A = 2 \times 0.8 \times 18\text{cm}^2 + 0.6 \times 16\text{cm}^2 = 38.4\text{cm}^2$$

$$I_z = \frac{1}{12} \times 0.6 \times 16^3\text{cm}^4 + 2 \times \left(\frac{1}{12} \times 18 \times 0.8^3 + 0.8 \times 18 \times 8.4^2\right)\text{cm}^4 = 2238.5\text{cm}^4$$

$$I_y = \frac{1}{12} \times 16 \times 0.6^3\text{cm}^4 + 2 \times \frac{1}{12} \times 0.8 \times 18^3\text{cm}^4 = 777.9\text{cm}^4$$

$$i_z = \sqrt{\frac{I_z}{A}} = \sqrt{\frac{2238.5}{38.4}}\text{cm} = 7.64\text{cm}，\ i_y = \sqrt{\frac{I_y}{A}} = \sqrt{\frac{777.9}{38.4}}\text{cm} = 4.5\text{cm}$$

（2）计算柔度，查稳定系数。

$$\mu l_z = 1\times 6\text{m} = 6\text{m}，\mu l_y = 1\times 3\text{m} = 3\text{m}$$

$$\lambda_z = \frac{\mu l_z}{i_z} = \frac{6\times 10^3}{7.64\times 10} = 78.53$$

$$\lambda_y = \frac{\mu l_y}{i_y} = \frac{3\times 10^3}{4.5\times 10} = 66.67$$

压杆截面的加工条件为焊接和翼缘轧制边，由表14-2可知，对 z 轴属b类，对 y 轴属c类。查表14-5及表14-6，经内插后得

$$\varphi_z = 0.697，\varphi_y = 0.665$$

取较小者 $\varphi_{\min} = \varphi_y = 0.665$

（3）进行稳定计算。

由式（14-17），则

$$\sigma = \frac{F}{\varphi A} = \frac{500\times 10^3}{0.665\times 38.4\times 10^2}\text{MPa} = 195.8\text{MPa} < [\sigma] = 215\text{MPa}$$

压杆满足稳定性要求。

例14-5 如图14-8所示工字形截面型钢压杆，在压杆中间沿截面 z 轴方向有横向支撑。压杆材料为Q235钢，许用应力 $[\sigma] = 215\text{MPa}$，轴向压力 $F = 900\text{kN}$。试选择型钢号。

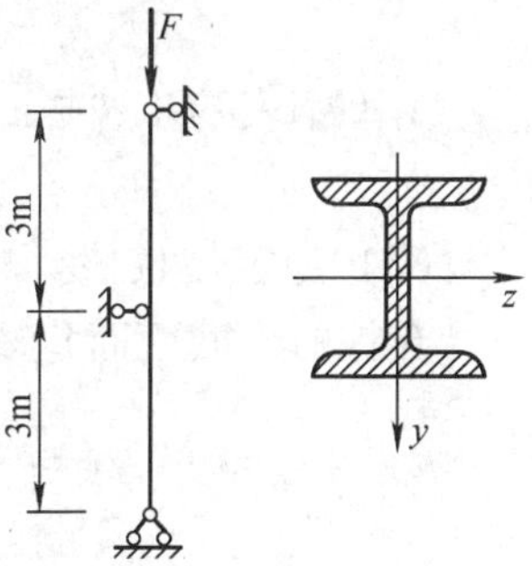

图14-8 例14-5图

解： 本例为截面选择问题，应采用试算法。

（1）试选工字钢型号。先按稳定条件选择工字钢型号。在选择截面时，由于 $\lambda = \mu l / i$ 无法计算，相应的稳定系数 φ 无法确定，故只能先假设一个 φ 值进行计算。

先设 $\varphi = 0.5$，则由式（14-16）可得

$$A \geqslant \frac{F}{\varphi[\sigma]} = \frac{900\times 10^3}{0.5\times 215\times 10^6}\text{m}^2 = 8.37\times 10^{-3}\text{m}^2 = 83.7\text{cm}^2$$

由型钢表选择Ⅰ36c号工字钢，其几何性质为

$A = 90.880\text{cm}^2$，$i_z = 13.8\text{cm}$，$i_y = 2.60\text{cm}$，$b = 140\text{mm}$，$h = 360\text{mm}$

（2）稳定性校核。

$$\mu l_z = 1\times 6\text{m} = 6\text{m}，\mu l_y = 1\times 3\text{m} = 3\text{m}$$

$$\lambda_z = \frac{\mu l_z}{i_z} = \frac{6\times 10^3}{13.8\times 10} = 43.5，\lambda_y = \frac{\mu l_y}{i_y} = \frac{3\times 10^3}{2.60\times 10} = 115.4$$

因 $\dfrac{b}{h} = \dfrac{140}{360} = 0.389 < 0.8$，故由表14-2可知，对 z 轴属a类，对 y 轴属b类。查表14-4及表14-5，经内插后得

$$\varphi_z = 0.933，\varphi_y = 0.462$$

取较小者 $\varphi_{\min} = \varphi_y = 0.462$

校核压杆稳定性

由式（14-17），得

$$\sigma=\frac{F}{\varphi A}=\frac{900\times10^3}{0.462\times90.880\times10^2}\text{MPa}=214.4\text{MPa}<[\sigma]=215\text{MPa}$$

稳定性满足要求。

例 14-6 如图 14-9 所示某重型起重机的支柱为 4 个截面相同的等边角钢组成的 4 肢格构式压杆，其截面如图所示。支柱高度 $l=8\text{m}$，两端按实际情况简化为球形铰。压杆材料为 Q235 钢，许用应力$[\sigma]=215\text{MPa}$，承受的轴向最大压力 $F_{max}=200\text{kN}$。设计中截面宽度保证 $a=40\text{cm}$，试选择角钢型号。

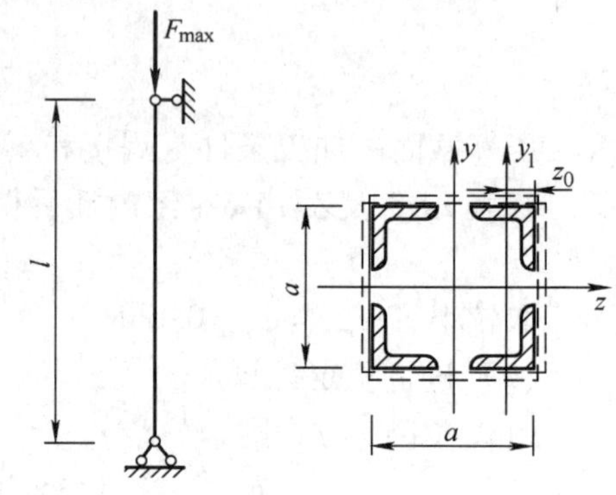

图 14-9 例 14-6 图

解：本例为截面选择问题，应采用试算法。

（1）试选角钢型号。

先设 $\varphi=0.7$，则由式（14-16）可得

$$A\geqslant\frac{F_{max}}{\varphi[\sigma]}=\frac{200\times10^3}{0.7\times215\times10^6}\text{m}^2=1.329\times10^{-3}\text{m}^2$$

单肢角钢的截面面积：

$$A_1=\frac{1}{4}A=\frac{1}{4}\times1.329\times10^{-3}\text{m}^2=3.32\text{cm}^2$$

由型钢表初步选择∟45×45×4（4 个等边角钢），其几何性质为

$$A_1=3.486\text{cm}^2,\ I_{y1}=6.65\text{cm}^4,\ z_0=1.26\text{cm}$$

（2）稳定性校核。

支柱的横截面面积 $A=4A_1=4\times3.486\text{cm}^2=13.944\text{cm}^2$

$$I_z=I_y=4(I_y)_1=4\times\left[6.65+3.486\times\left(\frac{40}{2}-1.26\right)^2\right]\text{cm}^4=4\times(1230.89\times10^{-8})\text{m}^4$$

故

$$i_z=i_y=\sqrt{\frac{I_y}{A}}=\sqrt{\frac{4(I_y)_1}{4A_1}}=\sqrt{\frac{1230.89\times10^{-8}}{3.486\times10^{-4}}}\text{m}=18.79\times10^{-2}\text{m}=18.79\text{cm}$$

$$\lambda_z=\lambda_y=\frac{\mu l_z}{i_z}=\frac{1\times8\times10^2}{18.79}=42.58$$

由 GB50017—2003 中截面分类表可知：格构式组合柱对 z 轴、y 轴均属 b 类。查表 14-5，经内插后得 $\varphi=0.889$

校核压杆稳定性，由式（14-17），得

$$\sigma=\frac{F}{\varphi A}=\frac{200\times10^3}{0.889\times13.944\times10^2}\text{MPa}=161.3\text{MPa}<[\sigma]=215\text{MPa}$$

稳定性满足，但显得过于富裕。

（3）重选角钢，再进行稳定性校核。

再设 $\varphi=0.889$，则按式（14-16）可得

$$A\geqslant\frac{F_{max}}{\varphi[\sigma]}=\frac{200\times10^3}{0.889\times215\times10^6}\text{m}^2=1.046\times10^{-3}\text{m}^2$$

单肢角钢的截面面积：

$$A_1=\frac{1}{4}A=\frac{1}{4}\times 1.046\times 10^{-3}\text{m}^2=2.616\text{cm}^2$$

由型钢表初步选择L 45×45×3（4个等边角钢），其几何性质为

$$A_1=2.659\text{cm}^2, I_{y1}=5.17\text{cm}^4, z_0=1.22\text{cm}$$

$$(I_y)_1=\left[5.17+2.659\times\left(\frac{40}{2}-1.22\right)^2\right]\text{cm}^4=(942.97\times 10^{-8})\text{m}^4$$

$$i_z=i_y=\sqrt{\frac{(I_y)_1}{A_1}}=\sqrt{\frac{942.97\times 10^{-8}}{2.659\times 10^{-4}}}\text{m}=18.83\times 10^{-2}\text{m}=18.83\text{cm}$$

$$\lambda_z=\lambda_y=\frac{\mu l_z}{i_z}=\frac{1\times 8\times 10^2}{18.83}=42.5$$

查表14-5，经内插后得　$\varphi=0.889$

校核压杆稳定性

$$\sigma=\frac{F}{\varphi A}=\frac{200\times 10^3}{0.889\times 4\times 2.659\times 10^2}\text{MPa}=211.5\text{MPa}<[\sigma]=215\text{MPa}$$

稳定性满足，故用L 45×45×3 截面比选择L 45×45×4 截面更经济、更合适。

14.5 提高压杆稳定性措施

由本章内容可知，对于具有大、中柔度压杆，在轴心压力达到某一极限值时，破坏的标志是“丧失稳定”（简称失稳）。因此，可以把压杆的临界力理解为“稳定破坏荷载”。所以提高稳定性的问题，不外乎就是如何设法提高压杆的临界力或临界应力值。

从压杆的临界力和临界应力计算公式可知，影响压杆临界力的因素可归纳为两个方面：一是压杆材料的特征值（如E、a、b、σ_s等）；二是压杆的柔度λ，影响λ的因素有压杆的自身几何尺寸（如A、I、l等）以及两端支承约束方式。下面分别讨论根据这些因素提高压杆的稳定性应采取的一些措施。

14.5.1 合理地选用材料

对大柔度压杆，由F_{cr}、σ_{cr}的计算公式可以看出，临界力或临界应力与材料的弹性模量E值有关。选用E值较高的材料，是可以达到提高细长压杆临界力的目的。但是，就钢材而言，各种碳素结构钢和高强低合金钢的弹性模量E值相差不大，约为200～210MPa。所以即使选用高强度钢，因E值变化不大，对细长压杆来说，也无助稳定性的明显改善，反而增加了造价，实属浪费。

对中等柔度压杆，由于当采用直线公式计算临界应力时，a和b是与材料性质有关的常数。优质钢材的a值较高，因此强度越高的材料其相应的临界应力σ_{cr}也越高，考虑面积因素后，临界力也越高。可见对中等柔度压杆，选用高强钢材，将有助于提高压杆的稳定性。

对于粗短的小柔度压杆，本质就是强度问题，不存在失稳破坏，自然选用高强钢材可提高承载力。

14.5.2 适当降低柔度

由σ_{cr}的计算公式可知，柔度λ越小，临界应力σ_{cr}越高，压杆的稳定性越好。降低柔度可以从以下几个方面考虑：

1. 选择合理的截面形状　由λ的计算公式可知，惯性半径i越大，λ越小，而i在截面

面积 A 一定的情况下，惯性矩 I 越大越能使惯性半径 i 增大。又因为压杆的临界力 F_{cr} 与惯性矩 I 成正比，所以在一定的截面面积下，应该选择使材料分布在尽量远离中性轴的位置，以取得较大惯性矩 I 值。

基于这种考虑，工程中许多受压杆件都采用空心环形截面或箱形截面（见图 14-10b）。显然，它们在截面积相同的条件下，比实心圆或矩形截面优越（见图 14-10a）。当采用型钢截面时，由于型钢尺寸的限制，在所受的压力荷载较大时，常采用型钢组合截面。如图使用 4 个角钢拼接成十字形截面方案（见图 14-10c），显然就不如用 4 个角钢拼接成箱形方案（见图 14-10d）。

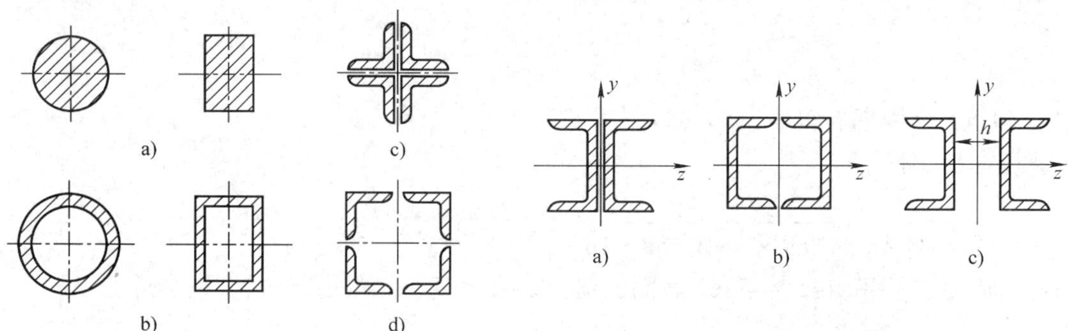

图 14-10　不同截面的受压杆

图 14-11　两个槽钢组合的不同截面受压柱

此外，当压杆两端在两个相互垂直的主轴平面内有相同的约束条件时，应尽可能使得截面在两个方向的惯性矩相等，即 $I_z=I_y$，使压杆在两个方向有相同的抗失稳能力，即所谓“等稳定度”要求。基于这种考虑，工程中压杆多采用圆形或正方形截面。在组合截面中也应采取措施使得 $I_z=I_y$。例如，当用两个槽钢组合成受压柱时（见图 14-11），一般都采用图 14-11b、图 14-11c 方案。因图 14-11a 方案两槽钢通过垫板焊接成工字截面，I_z 和 I_y 相差悬殊，对 z 和 y 轴的抗失稳能力也因此相差过大，压杆首先在 $I_{min}=I_y$ 的主平面内失稳。图 14-11b、图 14-11c 方案将肢背之间拉开一段适当距离，然后在上下两肢处用横向的缀件连接，形成“格构柱”，这种形式较优越。

2. 减小压杆的长度　临界力 F_{cr} 与杆长 l 的平方成反比，柔度 λ 与杆长 l 成正比，因此在不影响使用功能的条件下，尽可能减小压杆的长度，可以明显提高其临界力，从而有效地提高压杆的稳定性。若在使用上不允许减小其长度，则可以应用增加中间侧向支撑的方法来达到提高压杆稳定性的目的。

3. 增强杆端支承情况　从压杆的临界力 F_{cr} 的计算公式可知，F_{cr} 与长度系数 μ 的平方成反比。而杆端的约束类型又决定着长度系数 μ 值。约束的刚性越强，则相应的 μ 值越小，随之 F_{cr} 值也越大。所以，在实际工程中可以用增加约束的刚性，来达到提高稳定性的目的。

小　　结

1）本章主要研究杆件在轴向压力作用下的稳定问题及稳定条件的计算，要准确地理解压杆稳定的概念，正确地使用不同柔度压杆的临界应力的计算公式。

2）解决压杆稳定问题的关键在于确定压杆的临界力及临界应力。对于不同柔度压杆，其计算公式分别为：

①大柔度压杆（$\lambda \geqslant \lambda_{p}$），用欧拉公式计算压杆的临界力及临界应力，其公式为

$$F_{cr} = \frac{\pi^2 EI}{(\mu l)^2} = \frac{\pi^2 EI}{l_0^2}$$

$$\sigma_{cr} = \frac{\pi^2 E}{\lambda^2}$$

式中　λ——压杆的柔度（或长细比），$\lambda = \frac{\mu l}{i}$。

②中柔度压杆（$\lambda_{s} \leqslant \lambda < \lambda_{p}$），用直线、抛物线等经验公式计算压杆的临界应力，其公式为

$$\sigma_{cr} = a - b\lambda$$

$$\sigma_{cr} = a_1 - b_1\lambda^2$$

③小柔度杆（$\lambda < \lambda_{s}$），这时已不是稳定破坏，而由强度条件控制，其临界应力为

$$\sigma_{cr} = \sigma_{s}$$

3）压杆的稳定条件和强度条件一样，都是保证构件安全工作的基本条件。利用稳定条件可以解决以下3类问题：

①稳定校核　　$\sigma = \frac{F}{A} \leqslant \varphi\ [\sigma]$

②选择截面　　$A \geqslant \frac{F}{\varphi\ [\sigma]}$

③确定许用荷载　　$F \leqslant \varphi A\ [\sigma]$

习　　题

14-1　试用欧拉公式计算一根直径 $d = 200$mm 的轴向受压圆截面木柱的临界力及临界应力。已知柱高 $l = 3.5$m，弹性模量 $E = 10$GPa。

1. 两端铰接。

2. 一端固定，一端自由。

14-2　两端铰接的工32a号工字钢（Q235钢）压杆，已知杆长 $l = 6$m，材料的弹性模量 $E = 200$GPa。试用欧拉公式求此压杆的临界力。

14-3　设图示压杆材料为Q235钢，弹性模量 $E = 200$GPa，屈服极限 $\sigma_{s} = 235$MPa，判断柔度 $\lambda_{p} = 100$，$\lambda_{s} = 61.6$。压杆长度为 $l = 2$m，横截面为矩形 $b \times h = 60\text{mm} \times 80\text{mm}$，杆端约束示意图为：在正视图a的平面内相当于铰接；在俯视图b的平面内为弹性固定，采用 $\mu = 0.8$。试判断压杆类型并求该杆临界力。

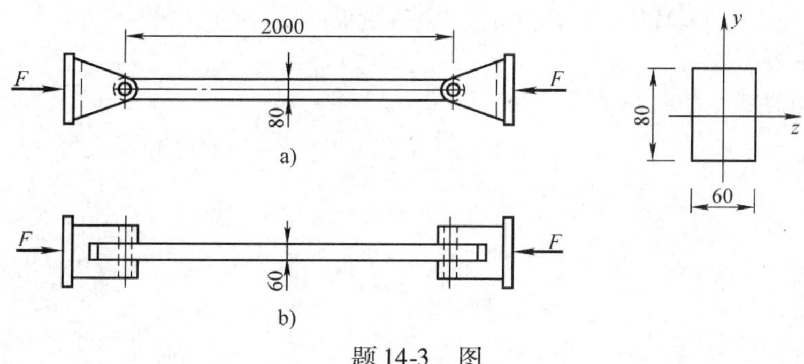

题14-3　图

14-4 一根用工 28a 号工字钢（Q235 钢）制成的立柱，上端自由，下端固定，柱高 $l=2\text{m}$，轴向压力 $F=300\text{kN}$，材料的许用应力 $[\sigma]=215\text{MPa}$，试校核立柱的稳定性。

14-5 图示结构中，横梁 AB 由工 14 号工字钢制成，材料的许用应力 $[\sigma]=160\text{MPa}$，B 端承受的荷载 $F=12\text{kN}$；CD 杆为 Q235 轧制钢管，其许用应力值 $[\sigma]=215\text{MPa}$，管内径 $d=26\text{mm}$，管外径 $D=36\text{mm}$。试对结构进行强度与稳定校核。

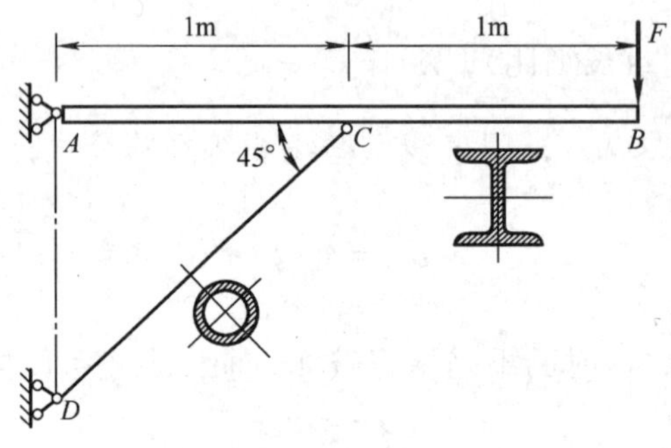

题 14-5 图

14-6 一根用工 25a 号工字钢（Q235 钢）制成的立柱，两端铰接，柱高 $l=4\text{m}$，材料的许用应力 $[\sigma]=215\text{MPa}$，试求立柱所能承担的最大压力 F_{max}。

14-7 图示两端铰接薄壁轧制钢管柱，材料为 Q235 钢，许用应力 $[\sigma]=215\text{MPa}$，压力 $F=160\text{kN}$，柱高 $l=3\text{m}$，平均半径 $R=50\text{mm}$。试求钢管壁厚 δ。

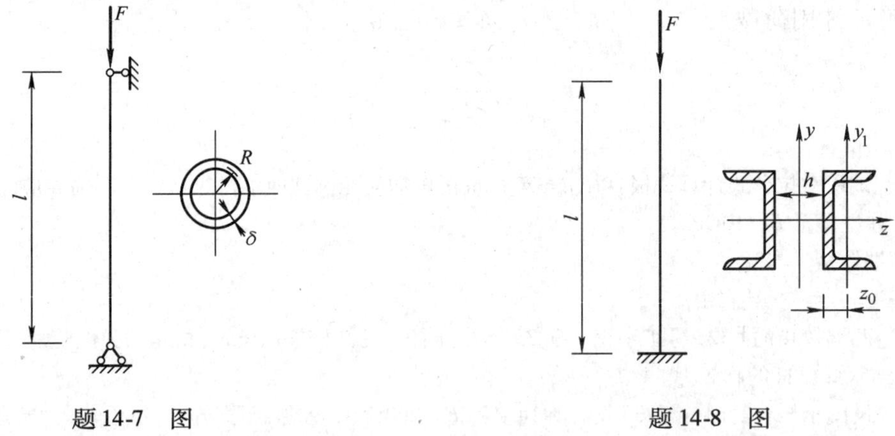

题 14-7 图　　题 14-8 图

14-8 图示压杆一端固定，一端自由，杆长 $l=1.5\text{m}$，有两根[14a 号槽钢组成，材料为 Q235 钢，按 b 类截面考虑，许用应力$[\sigma]=215\text{MPa}$。现使 $I_{max}=I_{min}$，试求：

1. 槽钢间距 h 的最小值。
2. 压杆所能承担的最大荷载。

第3篇　结构的内力分析与计算

本篇研究结构的简化、结构的几何组成规律、结构内力和位移的计算原理与计算方法。

实际结构的组成、支承情况及作用其上的荷载都是很复杂的，往往不能考虑所有因素去进行严格地计算，而需要忽略次要因素将其简化为计算简图。这种科学的抽象方法，一方面简化了计算，另一方面也深刻地揭示了问题的本质。

结构是承受荷载而起骨架作用的。不论何种结构，都要经过正确地计算，才能达到安全、经济和符合使用的要求。

结构计算包括强度计算、刚度计算和稳定性计算。结构的强度和刚度计算有多种方法。不论采用何种方法，内力和位移都应满足静力平衡、物理条件和变形的几何条件。本篇通过对静定结构的内力分析，并运用虚功原理导出了静定结构位移计算的单位荷载法，进而导出了超静定结构内力计算的几种基本的方法——力法、位移法和力矩分配法。这些方法可以解决大量工程实际问题，也为进一步学习其他方法奠定了基础。限于篇幅，本篇对结构的稳定性计算未作介绍。

结构和机构是两个不同的概念，机构中的构件是可以运动的，而作为结构中的构件，其在空间的位置是确定的，是不允许运动的。因此，研究结构的几何组成规律，也是本篇的一个重要内容。

通过本篇的学习，将为后续专业课程如钢结构、钢筋混凝土结构等打下良好的理论基础，并为今后解决实际工程技术问题提供必要的基础知识，因此在学习过程中要注意理论联系实际。

第15章　结构的计算简图

15.1　基本任务

土木工程中，由建筑材料按照一定方式组成的满足建筑功能要求的承重骨架，称为工程结构（简称结构）。如房屋中的屋架、柱、基础等结构，它们起着支承和传递荷载的骨架作用。从几何尺寸角度来看，结构可以分为3种类型。

（1）杆系结构：这类结构由杆件组成。杆件的几何特征是其长度远大于截面的宽度和高度。如简支梁两端搁于墙上（见图15-1），梁截面尺寸远小于其长度。

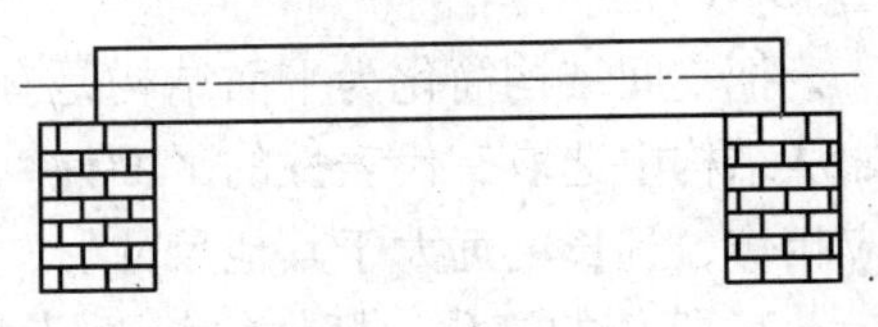

图15-1　简支梁

（2）板壳结构：也称为薄壁结构，它的几何特征是其厚度远小于它的长度和宽度，如薄壳屋盖（见图15-2）。

（3）实体结构：它的几何特征是长、宽、厚 3 个方向尺寸约为同一数量级，如挡土墙（见图 15-3）。

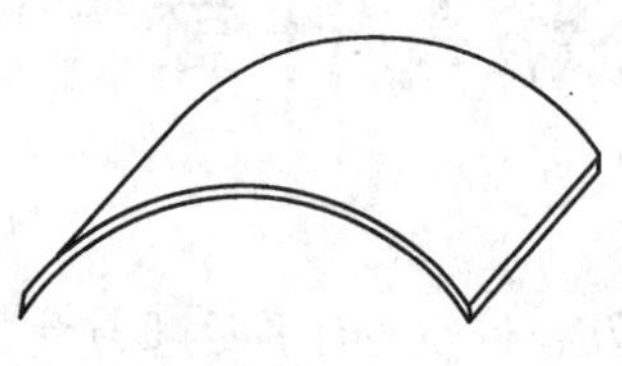

图 15-2　薄壳屋盖

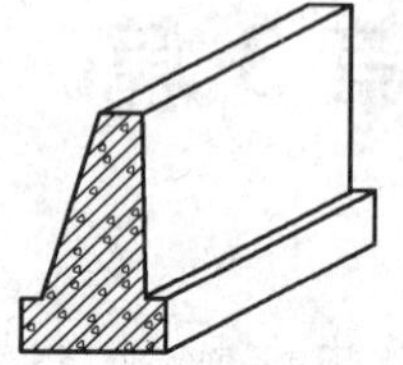

图 15-3　挡土墙

狭义结构一般指的是杆系结构，通常所说的结构力学指的就是杆系结构力学。

15.2　杆系结构的计算简图

15.2.1　计算简图

实际结构是多种多样的，相当复杂，要想完全严格地考虑每一结构的全部特点及其各部分之间的相互作用来进行力学分析与计算，是不可能的，也是不必要的。因此，为了便于计算，在对实际结构进行力学分析计算之前，必须作出某些合理的简化和假设，略去次要因素，把复杂的实际结构抽象化为一个简单的图形。这种在进行结构计算时用以代表实际结构的经过简化的图形，就叫做结构的计算简图。

同一种结构由于所考虑的各种因素以及采用的计算工具不同，所选取的计算简图自然有所差别。选取计算简图的原则为：

1）从实际出发，尽可能反映实际结构的主要受力特征，揭示问题的本质。

2）略去次要因素，便于分析和计算。

15.2.2　杆件结构的简化

在选取结构的计算简图时，可按下列几个方面进行简化。

1. 结构体系的简化　一般的工程结构实际上都是空间结构，但在大多数情况下，根据受力状况的特点，忽略一些次要结构的空间约束而将实际结构分解为几个平面结构，以简化计算。

空间结构分解为平面结构有两种方法：

1）从结构中选取一个有代表性的平面计算单元。

2）沿纵向和横向分别按平面结构计算。

图 15-4a 所示为常见的简单空间刚架，考虑纵向力 F_1 和横向力 F_2 的作用，当力 F_1 单独作用时，横梁 AB 和 CD 等基本不受力，此时可取纵向刚架作为计算简图（见图 15-4b）。同样，当力 F_2 单独作用时，纵梁 AI、BJ 基本不受力，此时可取平面刚架作为计算简图（见图 15-4c）。

把空间结构简化为平面结构是有条件的，并不是所有空间结构都可以简化为平面结构。如从结构中选取有代表性的平面计算单元时，就应注意该结构物沿长度方向横截面几何尺寸应相仿，且长度远大于其他尺寸。

2. 杆件的简化　杆件的截面尺寸比杆件长度小得多，因此在计算简图中，杆件通常用其轴线表示。如梁、柱等构件的轴线为直线，就用相应的直线表示；曲杆、拱等构件的轴线为曲线，则用相应的曲线表示；对于曲率不大的微曲杆件可以用直的轴线或折线表示；在刚架中倾角很小的梁、柱，可以用水平线或竖线表示。杆件间的连接区用节点表示，杆长用节点间的距离表示，而荷载的作用点也移到轴线上。

3. 节点的简化　结构中杆件互相连接的地方称为节点。节点的实际构造方式很多，在选取计算简图时，常将其归纳为铰节点和刚节点两种。

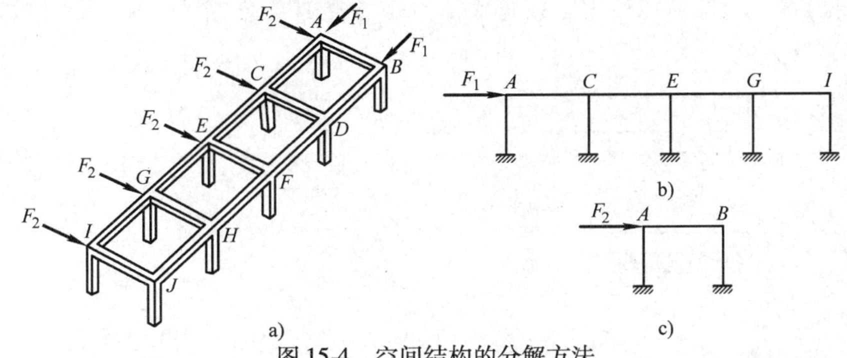

图 15-4　空间结构的分解方法

（1）铰节点：铰节点的特点是它所连接的各个杆件在节点处不能相对移动，但可以绕节点自由转动，即在节点处各个杆件之间的夹角可以改变。在铰节点的杆端不存在转动约束作用，不引起杆端弯矩，只能产生杆端轴力和剪力。理想的铰节点用一个小圆圈表示（见图 15-5a ~ 图 15-5f，其中图 a ~ c 为原图，图 d ~ f 为简图）。

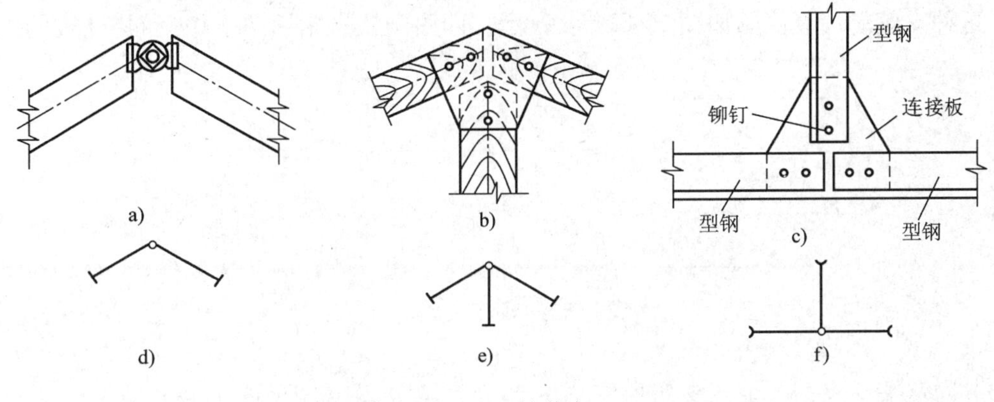

图 15-5　铰节点

（2）刚节点　刚节点的特点是它所连接的各杆件在节点处既不能相对移动也不能相对转动，在此点各杆端结为整体，即在节点处各杆件之间的夹角保持不变。节点对杆端有防止相对转动的约束力矩存在，即除产生杆端轴力和剪力外，还产生杆端弯矩。

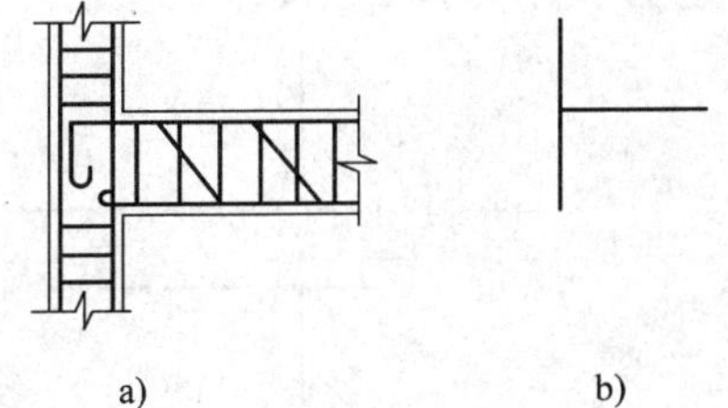

图 15-6　现浇钢筋混凝土刚节点

实际工程中，现浇钢筋混凝土刚架中的节点常属于这类情况（见图 15-6）。

4. 支座的简化　联系结构与基础或支承部分的装置称为支座。它的作用是将结构的位置固定，并将作用于结构上的荷载传递到基础或支承部分上去。支座对结构的反作用力称为支座反力。

支座按其受力特征，可以简化为以下 4 种：

（1）可动铰支座：可动铰支座也叫辊轴支座（见图 15-7a）。可动铰支座既允许结构绕着铰轴转动，又允许结构沿着支承面移动。它对结构的约束作用只是能阻止结构的 A 端沿垂直于支承面方向的移动。因此，当不考虑摩擦阻力时，其支座反力 F 将通过铰 A 的中心并与支承平面垂直。根据上述特点，这种支座的计算简图（见图 15-7b）也可只用一根链杆表示（见图 15-7c）。

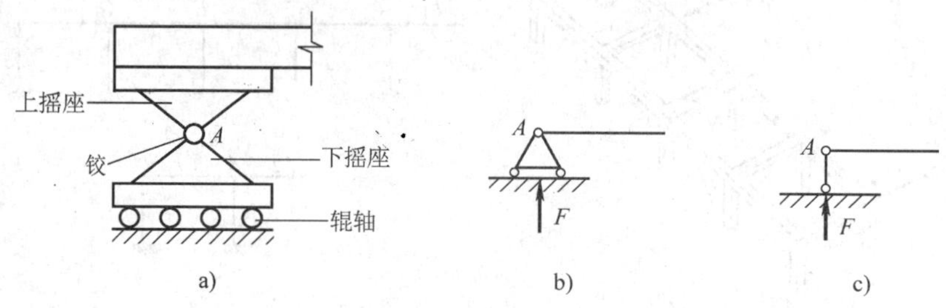

图 15-7　可动铰支座

（2）固定铰支座：固定铰支座也叫铰支座（见图 15-8a）。固定铰支座只允许结构绕着铰轴转动，而不允许结构沿着支承面方向及垂直方向移动。因此，它可以产生通过铰节点 A 的任意方向的支座约束力，一般将其分解为相互垂直的两个方向的分力 F_y 和 F_x。根据上述特点，这种支座的计算简图如图 15-8b、c 所示，即固定铰支座用两根相交的链杆表示。

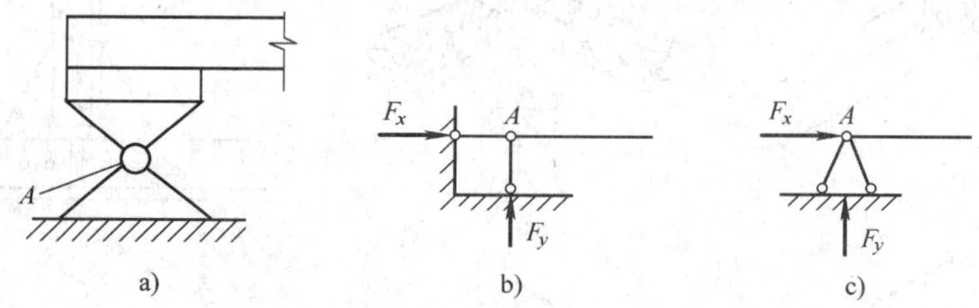

图 15-8　固定铰支座

（3）固定端支座：固定端支座所支承的部分完全被固定（见图 15-9a）。它既不允许结构发生转动，也不允许结构发生任何方向的位移。因此，它可以产生 3 个约束反力，即水平和竖向分力 F_x、F_y 和反力矩 M_A。固定端支座的计算简图（见图 15-9b），也可以用 3 根不完全平行又不完全交于一点的链杆表示（见图 15-9c）。

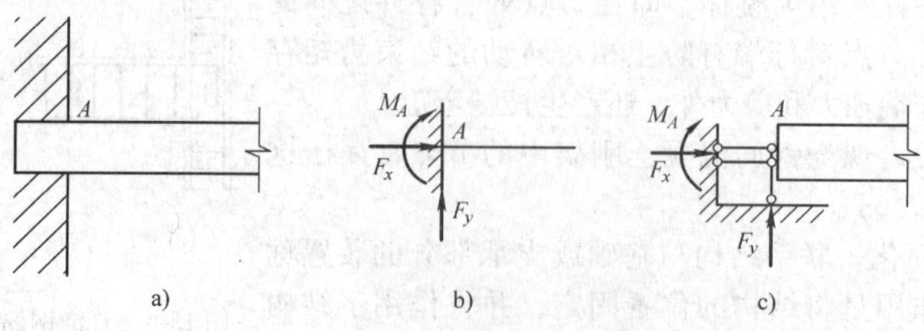

图 15-9　固定端支座

(4) 定向支座：定向支座又称为滑动支座（见图 15-10a），定向支座允许结构沿着一个方向即支承面方向平行滑动，但不允许结构转动，也不允许结构沿垂直于支承面方向移动。因此，它可以产生竖向反力 F_y 和反力偶矩 M_A。定向支座的计算简图（见图 15-10b），即用两根平行的链杆表示。

15.2.3 计算简图示例

下面以钢筋混凝土单层工业厂房结构示意图为例（见图 15-11a），说明选取计算简图的方法和原则。

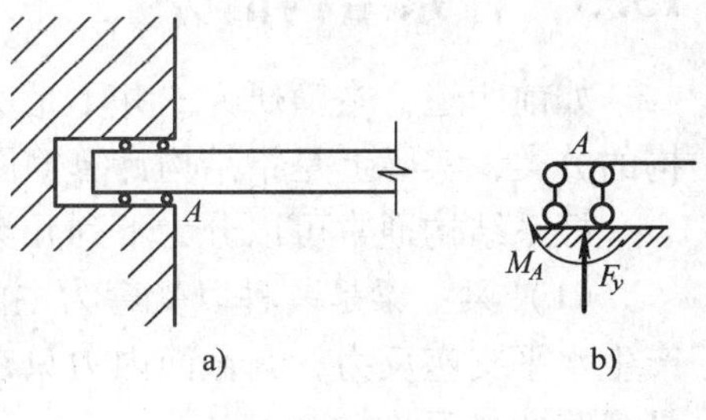

图 15-10 定向支座

1. 结构体系的简化 如图 15-11a 所示，由多个横向排架借助于屋面板、桥式起重机梁、柱间支承等纵向构件连接成的空间结构，从荷载传递来看，屋面荷载和桥式起重机轮压力等主要通过屋面板和桥式起重机梁等构件传递到一个个横向排架上，且各横向排架几何尺寸相同。因此，在选取计算简图时，可以略去各排架之间的纵向联系，而将其简化为平面排架来分析（见图 15-11b）。

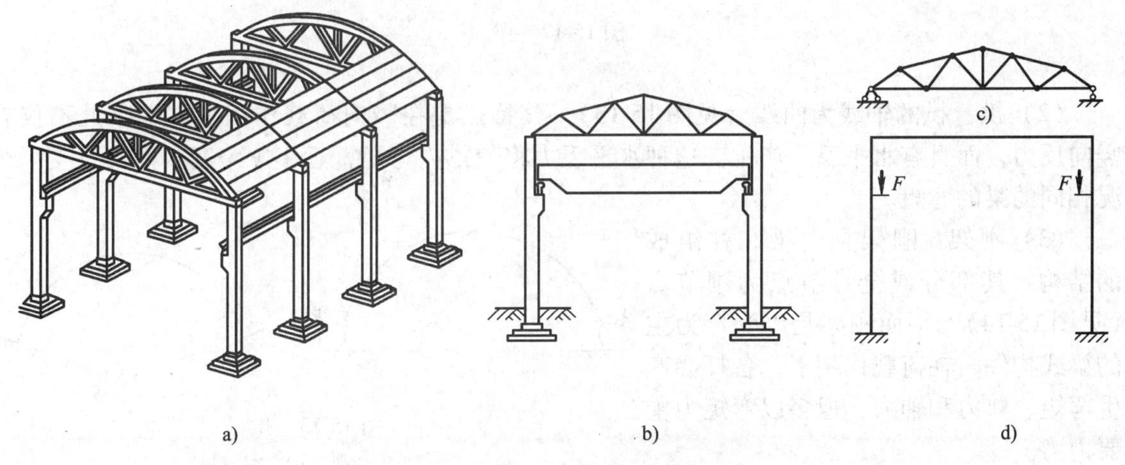

图 15-11 单层工业厂房结构体系简化

2. 平面排架的简化 对于平面排架内的屋架，是否可以单独取出计算，取决于它与竖柱的连接构造方式。如果钢筋混凝土柱顶与屋架端部的连接构造，系用预埋钢板，在吊装就位后，再焊接在一起，则屋架端部与柱顶不能发生相对线位移，但仍有微小转动的可能。这时，可把柱与屋架的连接看作铰节点，在计算屋架各杆的内力时，可以单独取出并用固定铰支座和辊轴支座代替柱顶的支承作用。对于组成屋架的各个杆件，可用其轴线表示，这些轴线的交点即可代替实际的节点。根据力学分析和实测验证，当荷载只作用于节点时，屋架各杆的内力主要是轴力，剪力和弯矩都很小，因此可把屋架的各节点均假定为铰节点，屋架的计算简图如图 15-11c 所示。

对于平面排架内的立柱，在计算其内力时，为简化计算屋架部分可用抗拉刚度为无限大的杆件来代替，立柱也用轴线表示。牛腿上由桥式起重机梁传来的荷载相对立柱轴线的偏心，可用在牛腿处的悬挑短杆表示。立柱与基础之间的连接以固定端支座代替，计算简图如图 15-11d 所示。

用计算简图代替实际结构进行计算，具有一定的近似性，但这是一种科学的抽象。如何选取合适的计算简图，是结构设计中十分重要而又比较复杂的问题，不仅要掌握选取的原则，而且要有较多的设计实践经验。

15.3　杆系结构的分类

如前所述，本篇研究的并不是实际的结构物，而是代表实际结构的计算简图。因此，结构的分类，实际上是指结构计算简图的分类。

杆系结构通常可以分为下列几类：

（1）梁：梁是一种以受弯为主的杆件，其轴线常为直线。水平梁在竖向荷载作用下不产生水平支座反力，其截面内力只有弯矩和剪力。梁可以是单跨的（见图 15-12a），也可以是多跨的（见图 15-12b）。

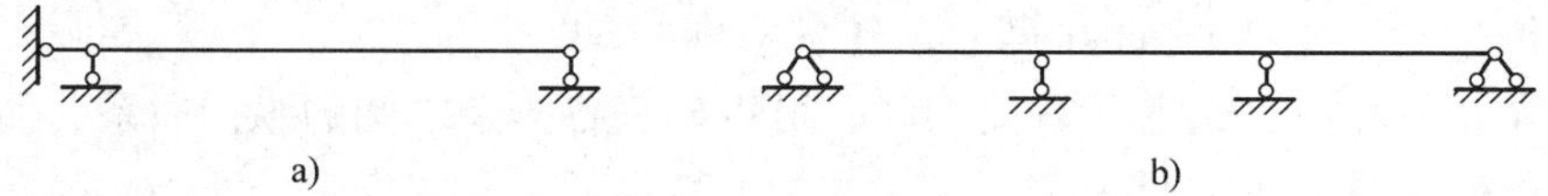

图 15-12　梁

（2）拱：拱的轴线为曲线（见图 15-13）。其特点是在竖向荷载作用下，支座处不仅有竖向反力，而且有水平反力产生。这种水平反力将使拱内弯矩，远小于跨度、荷载及支承情况相同的梁的弯矩。

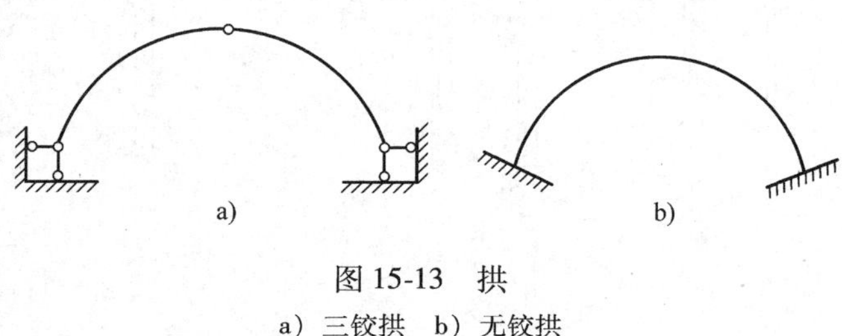

图 15-13　拱
a）三铰拱　b）无铰拱

（3）刚架：刚架是由梁和柱组成的结构，其部分或全部节点为刚节点（见图 15-14）。平面刚架是以受弯为主的梁式构件，在荷载作用下，各杆会产生弯矩、剪力和轴力，但多以弯矩为主要内力。

（4）桁架：桁架由直杆组成，各杆相连接处全部为铰节点（见图 15-15）。桁架仅承受节点荷载时，各杆只产生轴向变形和轴向内力，都是二力直杆。

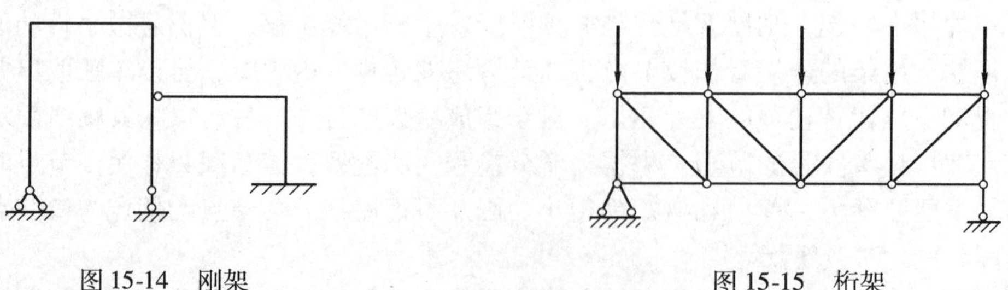

图 15-14　刚架　　　　图 15-15　桁架

（5）组合结构：组合结构是由二力直杆和梁式构件组成的结构。图 15-16 所示为两种组合结构图。其中有些杆件只承受轴力，而另一些杆件还同时承受弯矩和剪力。

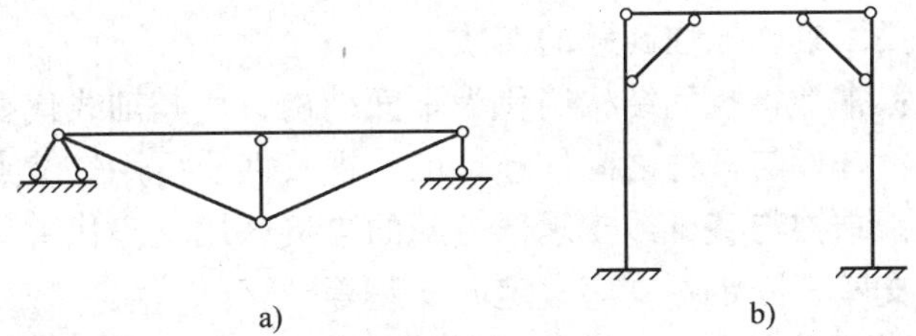

图 15-16　组合结构

15.4　荷载的分类

荷载可以分为狭义荷载和广义荷载。狭义荷载指的是主动作用于结构上的外力，如结构的自重，风、雪的压力等；广义荷载指的是使结构发生内力与变形的任何外部因素，如温度变化、材料收缩等。通常讲的荷载是狭义荷载。

实际工程中，根据荷载的不同特征，可以分为以下几类：

1）根据荷载作用范围，分为分布荷载和集中荷载。均布荷载是分布荷载特例，如结构自重，风、雪的压力等；集中荷载是指作用微小面积上的荷载，抽象地认为作用于一点，如起重机吊钩上的物重等。

2）根据荷载作用时间，分为恒载和活载。恒载是指长期作用于结构上的不变荷载，这种荷载的大小、方向、作用位置不随时间发生变化，如结构的自重；活载是指暂时作用于结构上的荷载，它的大小、分布形式、作用位置等随时间发生变化，如结构上的人群、货物的重量，风、雪的压力等。

3）根据荷载作用性质，分为静力荷载和动力荷载。静力荷载是指逐渐增加的不引起结构显著振动的荷载，如恒载及大部分活载；动力荷载是指引起结构显著振动的荷载，如爆破时的爆炸冲击，动力机械的振动等。

小　结

本章重点介绍了结构的计算简图及其简化要点和荷载的分类。

1. 研究对象　工程中的构件按其几何特征分为杆系结构、板壳结构、实体结构。杆系结构又分为梁、拱、刚架、桁架、组合结构等类型。

2. 研究任务

1）研究杆系结构的组成规律以保证结构各部分间不发生相对运动，从而可以承受荷载并维持平衡。

2）研究杆系结构的合理形式以充分有效地利用构件，使其性能资源得到最大限度的发挥。

3）研究杆系结构在荷载等因素作用下的内力和变形的计算，以便进行结构强度和刚度的验算。

4）研究杆系结构的移动荷载作用下的内力等量值的变化规律，为后续专业课程学习打下良好的理论基础。

3. 结构的计算简图　计算简图指进行结构计算时用以代表实际结构的经过简化的图形。

简化的原则是忽略次要因素，抓住问题的实质。

（1）杆件的简化：常常将空间结构简化为平面结构，用其轴线代替平面杆件。

（2）节点的简化：杆件与杆件之间的连接区，视其性质可用铰节点或刚节点代替。

（3）支座的简化：结构与基础或支承部分间的连接区用支座代替。支座视其性质可分为可动铰支座、固定铰支座、固定端支座、定向支座等。

4. 荷载的分类　荷载指的是主动作用于结构上的外力，如结构自重，风、雪的压力等。根据荷载的各种特征，又分为集中荷载、分布荷载、恒载、活载、静力荷载和动力荷载等。

习　题

15-1　图示为房屋建筑中楼面的梁板结构，梁的两端支承在砖墙上，梁上的板用以支承楼面上的人群，设备重量等。试画出梁的计算简图。

15-2　图示为钢筋混凝土预制阳台挑梁，试画出梁的计算简图。

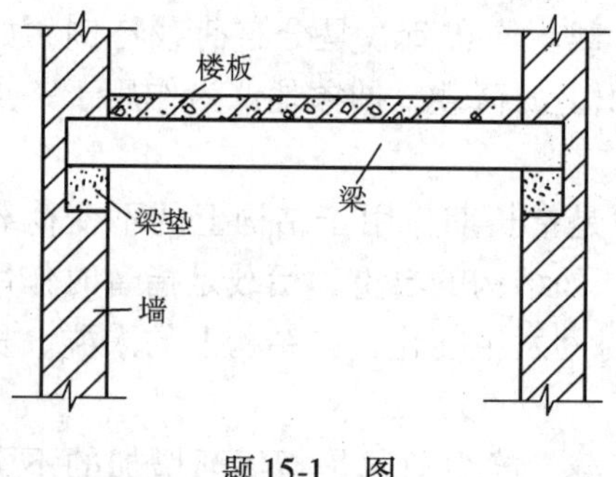

题 15-1　图

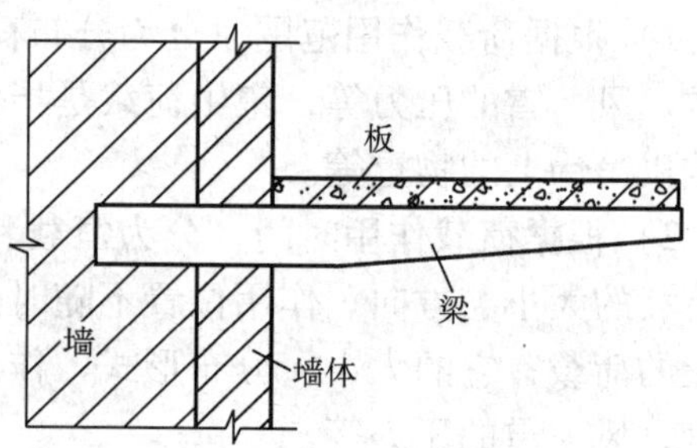

题 15-2　图

15-3　图示桥式起重机梁上弦为钢筋混凝土 T 形梁，下部杆件由角钢焊接制成，桥式起重机梁两端与钢筋混凝土立柱牛腿上的预埋钢板焊接，试画出桥式起重机梁的计算简图。

15-4　已知图示楼梯沿长度作用有竖向均布荷载（自重），试画出该楼梯的计算简图。

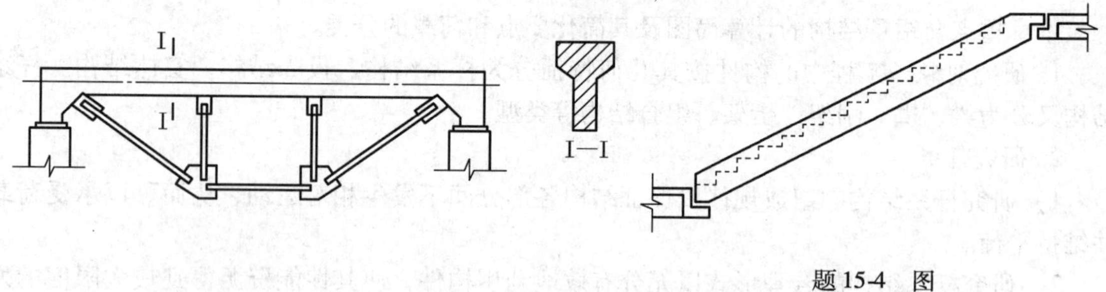

题 15-3　图

题 15-4　图

第 16 章　平面体系的几何组成分析

16.1　几何组成分析的目的

杆系是由杆件按一定的连接方式组成的体系。但并不是无论杆系怎样组成都能承受荷载而作为结构。例如，图 16-1 所示的杆系是不能承受荷载的，即使在非常微小的荷载作用下也会发生倾倒（图中双点画线所示）。这种即使在不考虑材料应变的条件下，形状和位置可以改变的体系称为几何可变体系。造成可变体系的原因是缺少约束或约束不当，如图 16-1a、b 所示体系属于缺少约束，如图 16-1c 所示体系属于约束不当。将它们改为如图 16-2 所示的体系，几何形状就不能改变了。

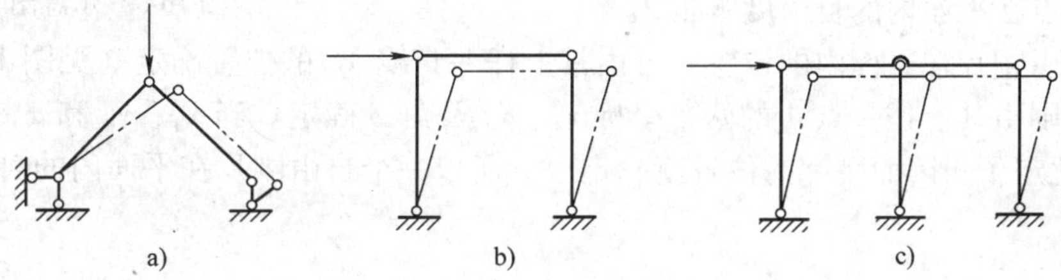

图 16-1　几何可变体系

在不考虑材料应变的条件下，几何形状和位置不能改变的体系称为几何不变体系。只有几何不变体系才能作为结构使用。

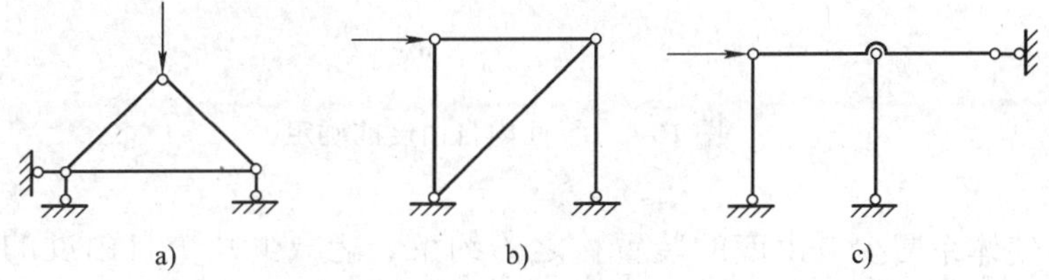

图 16-2　几何不变体系

a）、b）补充了约束　c）改变约束方向

判断体系几何组成性质，叫做对体系进行几何组成分析。对体系进行几何组成分析的目的是：

1）判定体系是否几何不变，从而确定其能否作为结构。

2）研究几何不变体系的组成规律，从而设计出各种合理结构。

3）判定结构是静定的还是超静定的，以便选择合适的计算方法。

16.2　平面体系自由度的概念

一个体系如果是几何不变的，则组成该体系的各构件在空间必处于确定的位置。我们知道，一个物体在空间的位置完全可用它的坐标来表示。本节引进刚片、自由度、约束的概念，来讨论平面体系几何不变性的实质。

1. 刚片　由于在几何组成分析中不考虑材料的应变，所以将体系中任何杆件视为一个刚体；又由于所讨论的体系只限于各杆件位于同一平面内的情况，故又进一步将每个刚体视为一个刚片。例如，一个梁、一个柱、一根链杆都可看作一个刚片。在分析过程中，已肯定为几何不变的部分也可视为一个刚片。此外，与结构相连的基础通常也视为一个刚片。例如，图 16-3a 所示体系为一刚片，而图 16-3b 所示体系则不是刚片（几何形状可变）。通常以如图 16-3c 所示图形代表刚片。

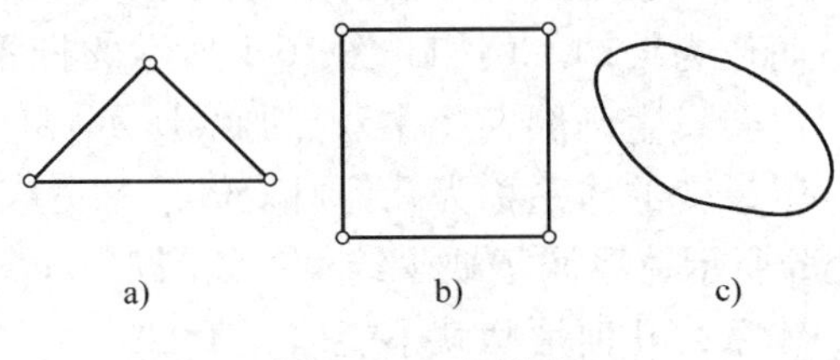

图 16-3　示意图

2. 自由度　确定物体或体系在平面内的位置所需要的独立参变量（坐标）的数目称为自由度。

一个自由点在平面内的位置需要两个独立参变量来确定，例如 M 点在平面内的位置由 x_M 和 y_M 来确定（见图 16-4a），而 x_M 和 y_M 是各自独立的，所以一个自由点在平面内的自由度等于 2。

一个自由刚片在平面内的位置，可由其上任一直线 AB 的位置确定（见图 16-4b），而这直线的位置则由其上任一点 A 的两个坐标 x_A、y_A 及角 φ 确定。当 x_A、y_A 和 φ 一定时，直线 AB 的位置就定了，因而刚片的位置就确定了。所以一个自由刚片在平面内的自由度等于 3。

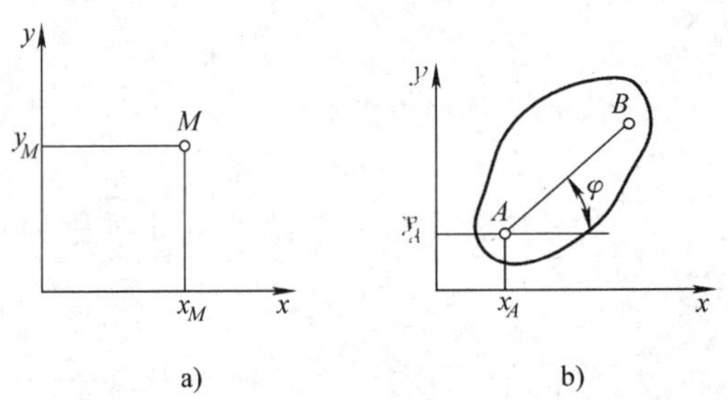

图 16-4　平面内自由度的确定

3. 约束　使体系减少自由度的装置称之为约束。能减少几个自由度的装置就为几个约束。

1）链杆（见图 16-5a）只阻止刚片沿链杆方向移动，可动铰支座（见图 16-5b），也只阻止刚片沿上下移动，可见它们都使刚片减少一个自由度，所以为一个约束。

2）固定铰支座（见图 16-5c）能阻止刚片上下和左右移动，使刚片减少两个自由度，是两个约束，相当于两根链杆的作用。图 16-6 所示的 3 种画法意义相同。

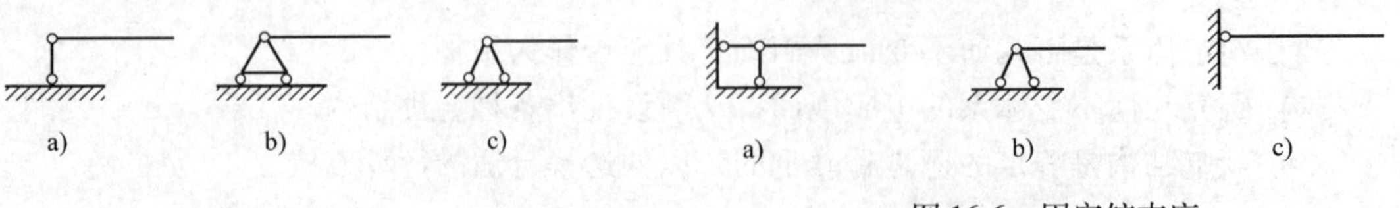

图 16-5　约束形式

图 16-6　固定铰支座
a)、b）两种基本形式　c）变化形式

3）单铰是连接两个刚片的铰链（见图16-7a），两刚片用铰相连之前在平面内各有3个自由度，共6个自由度，用铰连接在一起后，要确定它们在平面内的位置需先用3个独立坐标确定第一个刚片 AB 的位置，这时第二个刚片只能绕 A 点转动，再需确定一个相对于 AB 的转角，便可确定它们的位置。这样，独立坐标数目为4，即自由度减少了2个。可见，一个单铰减少2个自由度，是两个约束，相当于两根链杆的作用。

反之，两根链杆也相当于一个单铰的作用，两根链杆的实际交点称为实铰（见图16-7b）；两根链杆延长后的交点称为虚铰（见图16-7c），无论是实铰还是虚铰都是被连接的两个刚片发生相对转动的中心，所不同的是虚铰为瞬时转动的中心。两根平行链杆的虚铰在链杆方向的无穷远处（见图16-7d），瞬时转动中心也在该方向的无穷远处，相当于被两根平行链杆连接的两个刚片瞬时发生相对平动。

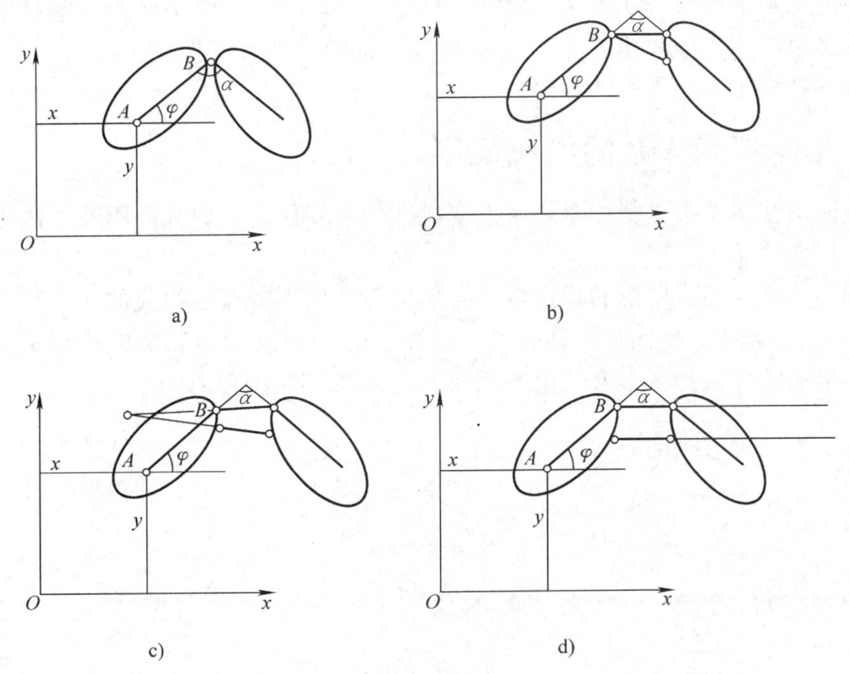

图16-7　两刚片的约束形式

固定铰支座（见图16-6a、b）又可以看成是连接基础与刚片的一个单铰（见图16-6c）。

4）复铰为连接多于两个刚片的铰（见图16-8a）。连接 n 个刚片的复铰，可以看作 $n-1$ 个单铰，因而相当于 $2(n-1)$ 个约束。

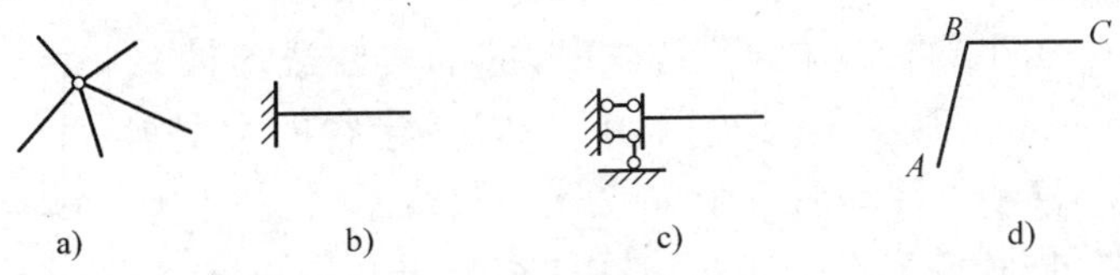

图16-8　几种连接方式

5）固定端支座阻止刚片在平面内的上下、左右移动和转动（见图16-8b）。所以相当于

3 个约束。一个固定端支座相当于 3 个链杆支座（见图 16-8c）。

6）刚节点是建筑工程中常见的节点类型。*AB* 和 *BC* 两根独立杆在平面内原有 6 个自由度（见图 16-8d），用刚节点连接后，二者成为一个整体。刚片 *ABC* 的自由度为 3，比 *AB* 和 *BC* 各自独立时减少 3 个自由度。因此，二杆间的刚节点相当 3 个约束。

7）多余约束是指不能改变体系几何组成性质的约束。如图 16-9a 所示，若只有其中两根链杆，两刚片之间还有 1 个自由度，两刚片之间为可变的，但加了第 3 根链杆后，并未改变它们之间的几何性质，所以，3 根链杆中有一根为多余约束。如图 16-9b 所示，若无链杆，刚片本身为几何不变的，但增加链杆后仍然为几何不变的，所以，此时的链杆为一个多余约束。

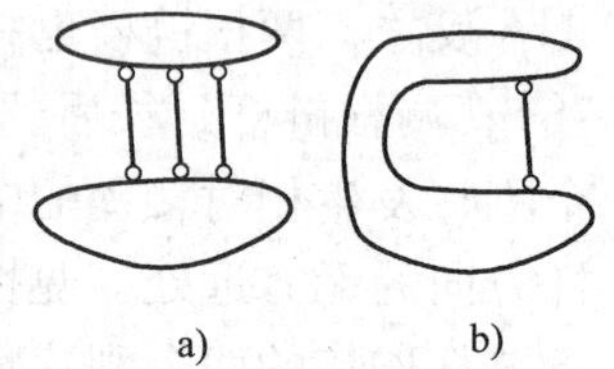

图 16-9　多余约束

多余约束在改变体系几何组成性质中是多余的，但几何不变体系中的多余约束不但要承受力，且能改善结构受力状况。所以，多余约束在结构中不是无用的约束。

16.3　几何不变体系的组成规则

在几何不变体系中去掉一个约束就变成几何可变体系，原几何不变体系称之为无多余约束的几何不变体系。

根据平面几何中三角形的稳定性，导出以下几何不变体系组成的 3 个基本规则：

1. 三刚片规则　3 个刚片用不在一直线上的 3 个铰（包括两链杆形成的实铰或虚铰）两两相连组成的体系是无多余约束的几何不变体系（见图 16-10）。

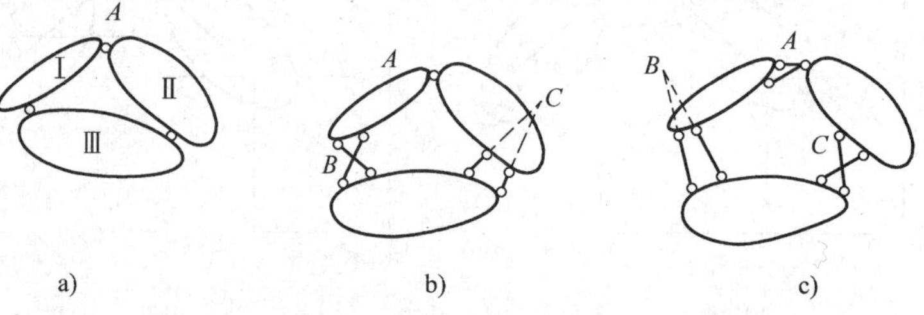

图 16-10　三刚片规则

a）三刚片通过三个单铰相连　b）三刚片通过一个单铰、一个实铰、一个虚铰相连　c）三刚片通过两个实铰和一个虚铰相连

符合三刚片规则的部分称为铰接三角形。铰接三角形在几何组成上必须符合三刚片规则，而不是从几何外形上看，如图 16-11a 所示的体系为铰接三角形，而如图 16-11b 所示的体系不是铰接三角形。

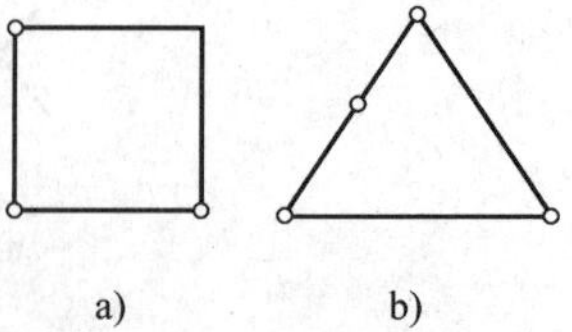

图 16-11　铰结三角形实例

三刚片规则中的 3 个单铰（包括两链杆形成的实铰或虚铰），如果共线（见图 16-12a），则 *C* 点将沿以 *AC*，*BC* 为半径的两个圆弧的正切方向作微小移动，移动后 3 个单铰就不共线了（见图 16-12b），又符合三刚片规则成为不变体系。这种本来是几何可变的，经微小位移后又成为几何不变的体系称为瞬变体系。瞬变体系是不能作为结构使用的。不仅如此，对于接近于瞬变体系的几何构造在实际结构布置时也不允许出现。因为瞬变体系和接近瞬变体系的几何构造在荷载作用下

会产生很大的内力，极易使体系发生强度破坏。

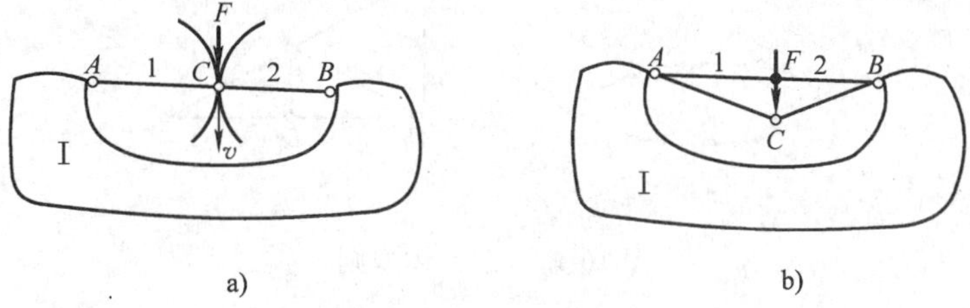

图 16-12　瞬变体系

2. 二刚片规则　两个刚片用一个单铰和一根不通过此铰的链杆连接，所组成的体系是几何不变的，且无多余约束（见图 16-13b）。

将铰接三角形（见图 16-13a）中任一刚片视为链杆，就得到二刚片规则。

由于一个单铰相当两个约束，可用两根链杆来代换单铰（见图 16-13c）。二刚片规则也可表述为：两个刚片用 3 根不交于一点且不完全平行的链杆连接，所组成的体系是几何不变的，且无多余约束。

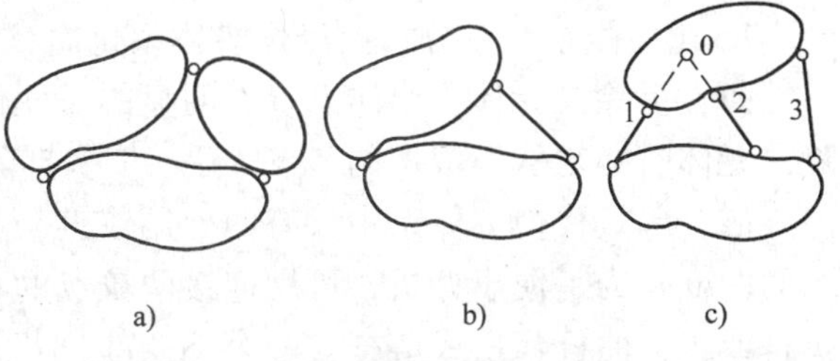

图 16-13　二刚片规则

若三链杆延长后交于一点 O（见图 16-14a）或不等长的三链杆互相平行（见图 16-14b），体系在此时是几何可变的，但经过微小位移后，由于三链杆不等长，各链杆的转角不相等，彼此就不再相交或不再平行了，体系成为几何不变的，可见它们是瞬变体系。

若三链杆直接交于一点（见图 16-14c）或三链杆等长且互相平行（见图 16-14d），体系是几何可变的，且为常变体系。

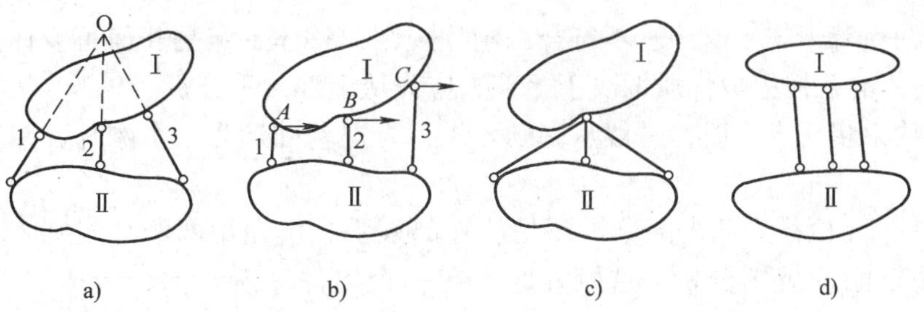

图 16-14　不符合二刚片规则的连接方式

3. 二元体规则　一个铰节点以及被铰接在一起的两根不共线链杆称为二元体。在体系中增加或拆除二元体，不影响原体系的几何组成性质，称为二元体规则。如图 16-15a 所示体系中 C 节点连同被铰接在一起的 AC、BC 两根链杆的整体 ACB 就是二元体，体系本身是铰接三角形，它又可以看成是在刚片上增加二元体得到的体系；反之，若在铰接三角形上拆除二元体，则得到一个刚片。如图 16-15b 所示的体系，看成是在基础大刚片上增加二元体 ACB，再加二元体 BDC，最后加二元体 DEC，所以它是无多余约束的几何不变体系。

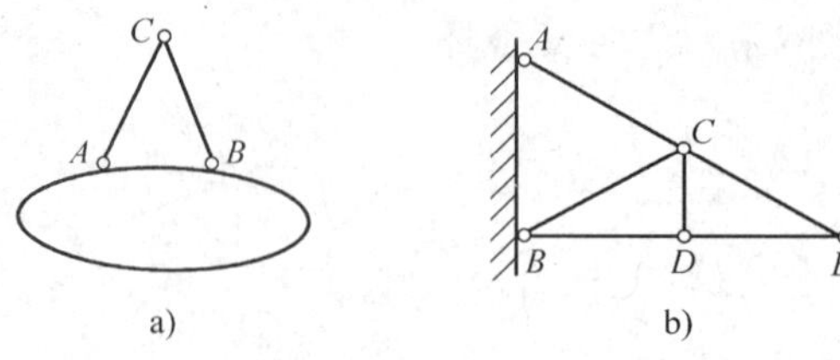

图 16-15　二元体规则

16.4　几何组成分析的步骤和举例

在应用规则分析体系几何组成性质时，体系中的每一根杆都要分析到，每一根杆或每一个不变部分可看作刚片也可作为约束，但不能重复使用。

16.4.1　几何组成分析的一般方法

1. 化简体系　在分析前尽量将体系化简，常用化简体系的方法有以下两种：

（1）拆除二元体：当体系上有明显的二元体时，尽量拆除掉，以使体系简化。注意：拆除二元体时必须从两根杆的节点入手，依次拆除直至不能拆除为止，再分析剩下的体系。

（2）等效代换：体系中只有两处用铰链与其他构件相连的折杆或曲杆，称为二力折杆或二力曲杆。为了便于分析，可用连接两铰点的直线来替代原二力折杆或二力曲杆，即把二力折杆或二力曲杆代换成链杆。一个不变部分若只有两处用铰链与其他构件相连，也可以用连接两铰点的直线来替代。

在分析体系的过程中，可交替使用拆除二元体和等效代换两种方法，而使体系进一步简化。

2. 观察约束　体系上部之间的约束关系称为内部组成，与基础的约束关系称为外部组成。在分析几何组成时，首先观察体系与外部的约束数，一般分 3 种情况：

1）外部约束少于 3 个时，上部与基础之间缺少必要的约束数，整体一定是几何可变体系。

2）外部约束等于 3 个时，若不符合二刚片规则，整体一定是几何可变体系；若符合二刚片规则，整体的几何组成性质取决于上部，应先从上部入手分析。

3）外部约束多于 3 个时，一般从基础入手，先把基础选为一个刚片，与上部体系一起进行分析。

3. 选刚片　无论是先从内部分析还是从外部入手，优先用两刚片规则，若不符合两刚片规则，再用三刚片规则分析。选刚片时，在一个构件上或一个铰接三角形上，尽量利用二元体规则，在其上依次增加二元体后为扩大的刚片。注意，增加二元体时的另外两个铰点，一定要落在同一个几何不变体系上。

16.4.2　几何组成分析举例

例 16-1　分析如图 16-16a 所示体系的几何组成。

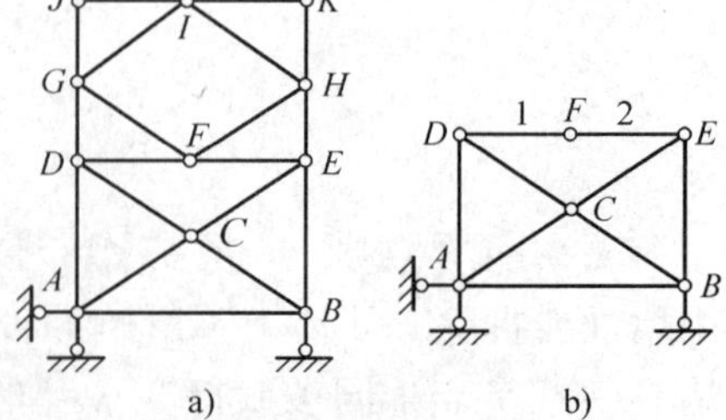

图 16-16　例 16-1 图

解：（1）先依次拆除二元体，得简化后体系（见图 16-16b）。

（2）外部约束正好等于 3 个，且符合两刚片规则，所以从内部入手。铰接三角形上依

次增加二元体 ADC 和 CEB 为大刚片。

（3）大刚片、刚片 1、刚片 2（见图 16-16b）彼此两两相连接的 3 个铰 D、F、E 在同一直线上了。

所以原体系为几何可变体系。

例 16-2 分析如图 16-17a 所示体系的几何组成。

解：（1）用连接 A、C 的直线代替折杆 AC，简化后的体系如图 16-17b 所示。

（2）$CDBE$ 视为刚片 1，基础视为刚片 2，1 与 2 用 AC、B、E 既不相交于一点又不完全平行的 3 根链杆相连，符合二刚片规则。

所以原体系是无多余约束的几何不变体系。

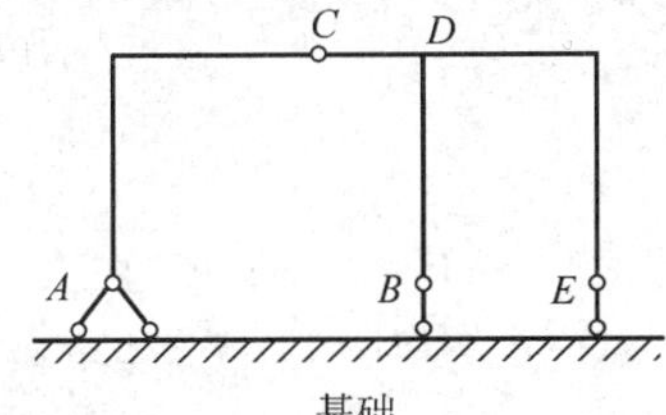

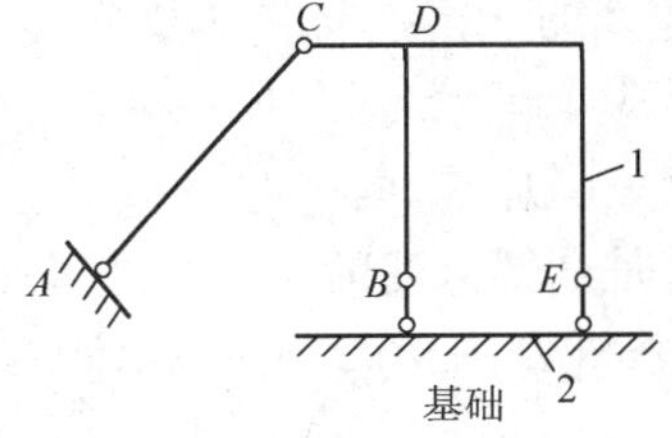

图 16-17　例 16-2 图

例 16-3 对如图 16-18 所示体系作几何组成分析。

解：（1）用连接 G、H 的直线代替折杆 GH，即把折杆 GH 看成链杆。

（2）外部约束为 4 个，从基础入手分析。AB，DC 和基础分别为刚片 1、2、3。

（3）刚片 1、2 用 BC 与 EF 链杆形成的虚铰 K 相连；刚片 1、3 用 A 铰相连；刚片 2、3 由 DI 与 GH 链杆形成的虚铰 G 相连，三铰不共线，符合三刚片规则。

所以体系为无多余约束的几何不变体系。

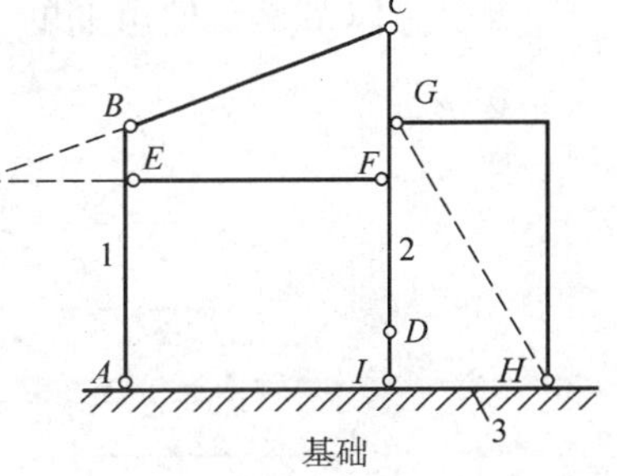

图 16-18　例 16-3 图

例 16-4 对如图 16-19a 所示体系作几何组成分析。

解：（1）由于外部约束正好为 3 个，且符合二刚片规则。所以，整体的性质取决于上部。应从上部入手分析。

（2）铰接三角形 ABD，逐次增加 7 个二元体（ACB、CEB、BGE、DFG、EHG、GJH、FIJ），视为一个大刚片 1；用同样的方法再将右边部分视为一个大刚片 2（见图 16-19b）。1 与 2 用一个单铰 J 和不过该铰的链杆 a，组成的体系是几何不变的。

所以原体系是几何不变的，且无多余约束。

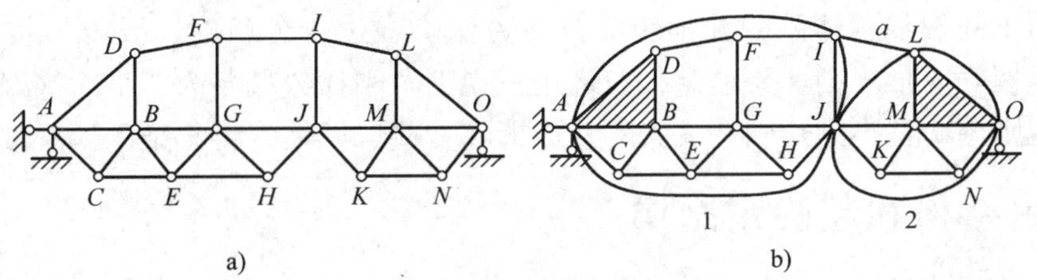

图 16-19　例 16-4 图

a）原图　b）分析示意图

例 16-5　分析如图 16-20a 所示体系的几何组成。

解：（1）由于外部约束正好为 3 个，且符合二刚片规则。所以，整体的性质取决于上部，应从上部入手分析。

（2）将左右两个基本三角形和 DG 杆分别视为刚片 1、2、3（见图 16-20b）。

（3）刚片 1、2 用两根水平链杆（BE 和 CF）相连，相当于在水平方向的无穷远处一个虚铰 J_{12}；刚片 2、3 用两根平行链杆（DF 和 GH）相连，相当于在链杆方向的无穷远一个虚铰 J_{23}；同理 1、3 之间用两根平行链杆（AD 和 CG）相连，相当于在链杆方向的无穷远一个虚铰 J_{13}，由于原体系是对称的，无穷远处的 J_{23} 与 J_{13} 的连线应是水平的，所以 3 个虚铰处于同一条水平线上。不符合三刚片规则。

所以原体系是几何可变的。

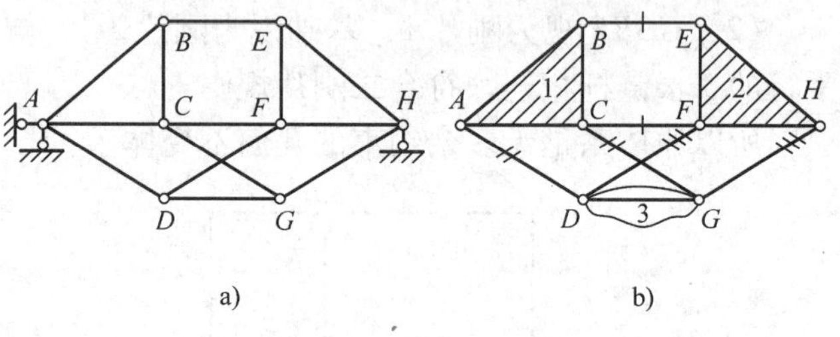

图 16-20　例 16-5 图

a）原图　b）分析示意图

例 16-6　分析如图 16-21a 所示体系的几何组成。

解：（1）由于外部约束正好为 3 个，且符合二刚片规则。所以，整体的性质取决于上部，应从上部入手分析。

（2）仅对如图 16-21b 所示体系分析。由上而下和由下而上分别逐步去掉二元体，最后留下 ABC 部分。AB 和 BC 两刚片如图 16-21c 所示，只有一铰 B 相连为常变体系。

所以原体系是几何可变的。

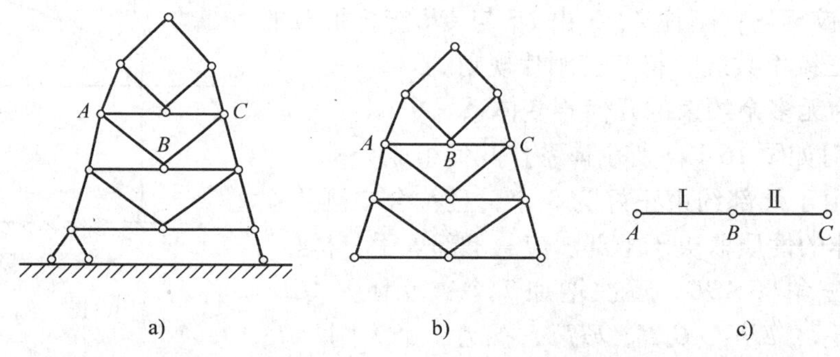

图 16-21　例 16-6 图

a）基本体系　b）上部体系　c）最终简化体系

上面介绍了几种常用体系的几何组成分析方法。在进行分析时，要融汇贯通、综合运用。要特别掌握好 3 个规则。要注意，在运用三规则时刚片数最多为 3 个。这就需要在分析过程中用三规则逐次将小刚片归并成大刚片或拆除一些二元体，将复杂的体系进行简化。

16.5　静定结构和超静定结构

几何不变体系才是结构，结构又可分为静定和超静定两种。体系的几何组成分析可以判别体系能否作为工程结构，同时还能判断结构是静定还是超静定，从而选择计算方法。

1. 静定结构　由静力学知，凡可以用静力平衡方程确定全部反力和内力的结构都是静定结构。静定结构的未知量数目与独立平衡方程数目相等，且解答是惟一确定的，这是静定结构的静力性质。从几何组成性质上，静定结构是无多余约束的几何不变体系。如图 16-22a 所示简支梁是静定结构的例子，它的 3 个反力可由平面力系的 3 个平衡方程 $\sum F_z=0$、$\sum F_y=0$、$\sum M=0$ 惟一求出，并进而可用截面法求梁的内力。

2. 超静定结构　超静定结构的未知量数目多于平衡方程数目，其反力和内力是不能仅由静力平衡条件求解的，几何不变且有多余约束的体系一定是超静定的。如图 16-22b 所示连续梁是超静定结构的例子，它的 5 个反力不能全由平衡方程 $\sum F_z=0$、$\sum F_y=0$、$\sum M=0$ 求出。从几何组成也能看出 AD 与基础用 3 个约束相连就能符合二刚片规则，但现在采用了 5 个约束。

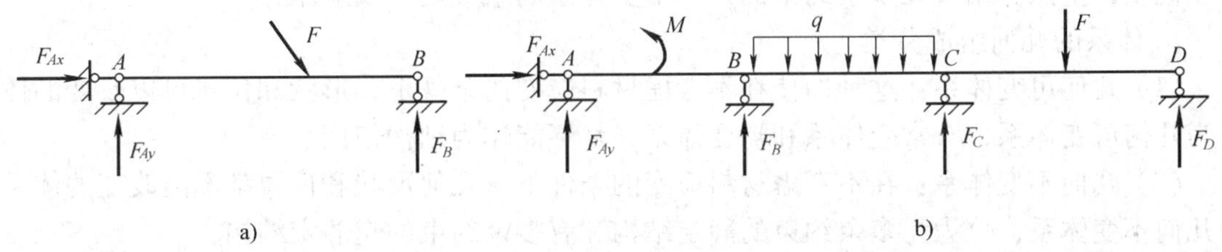

图 16-22　几何不变体系

3. 超静定次数　超静定结构中未知量数目与独立平衡方程数目的差叫做超静定次数，从几何组成性质上，超静定次数等于多余约束的数目。显然如图 16-20b 所示的结构为二次超静定结构。计算超静定结构时，不但要考虑结构的平衡条件，还必须考虑结构的变形条件而列出补充方程，超静定次数应是要列出的补充方程数目。

从第 2 篇的知识中可知，增加约束可以提高结构的强度、刚度和稳定性，所以，工程中大量采用超静定结构。

几何可变体系和几何瞬变体系没有静力解答，或者产生无穷大的反力和内力，因而不能承受荷载，不能作为工程结构。

例 16-7　分析如图 16-23a 所示结构的几何组成，如果是超静定的，判定其超静定次数。

解： 将基础和刚架视为刚片 1、2（见图 16-23b），它们之间若用一个单铰和一根不通过此铰的链杆连接就是无多余约束的几何不变体系。但本例中刚片 1、2 由 4 根链杆连接，多 1 个约束，故为 1 次超静定的。

例 16-8　分析如图 16-24a 所示结构的几何组成，如果是超静定的，判定其超静定次数。

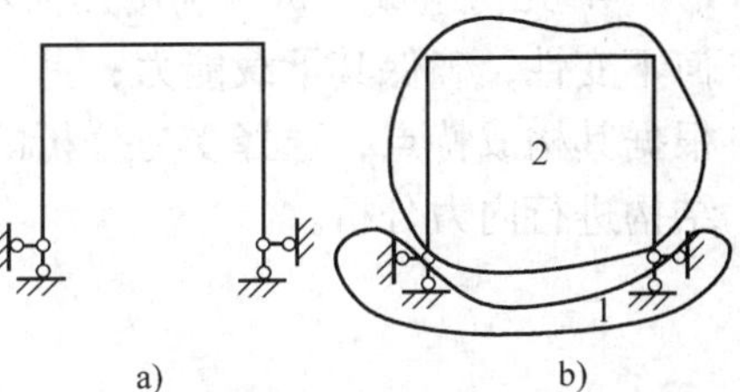

图 16-23　例 16-7 图

解：（1）由于上部体系用 3 根链杆与基础连接，且符合二刚片规则，只需对上部体系进行分析（见图 16-24b）。

（2）左边铰接三角形为刚片 1，右边铰接三角形为刚片 2。

（3）1 与 2 用上方一个铰及下方不通过此铰的一根水平链杆相连接，符合二刚片规则，但左右各多余了一根链杆。

所以此结构有 2 个多余约束，是 2 次超静定的。

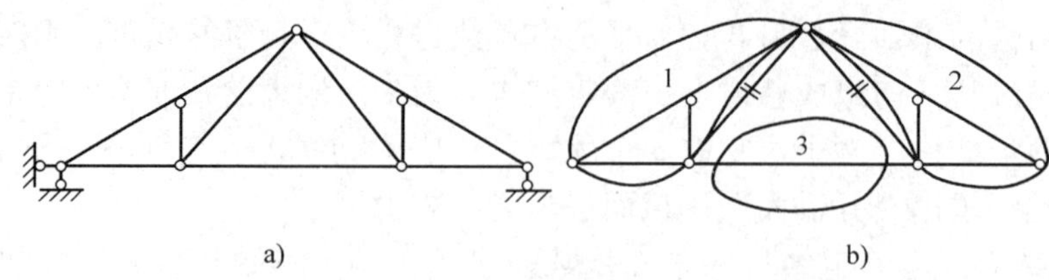

图 16-24 例 16-8 图

小 结

本章介绍了杆系体系的几何组成的分类；详细讲解了体系内部各杆件之间联系的约束类型和性质，重点介绍了无多余约束的几何不变体系的组成规则及应用。

1. 体系的几何组成分类

（1）几何可变体系：这种即使在不考虑材料应变的条件下，形状和位置可以改变的体系称为几何可变体系，有常变体系和瞬变体系，都不能作为结构使用。

（2）几何不变体系：在不考虑材料应变的条件下，几何形状和位置都不能改变的体系称为几何不变体系，分为无多余约束的静定结构和有多余约束的超静定结构。

2. 约束

1）一个链杆或者可动铰支座为一个约束。

2）一个单铰或者固定铰支座为两个约束，相当于两个链杆的作用；两个链杆的作用，视其实际相交或延长后相交，又分别称为实铰或虚铰。

3）一个刚节点或固定端支座相当于 3 个约束。

4）连接 n 个刚片的复铰，相当于 $n-1$ 个单铰，等于 2（$n-1$）个约束。

5）不能改变体系几何组成性质的约束称为多余约束。

3. 无多余的约束的几何不变体系的组成规则

（1）三刚片规则：用不在一直线上的 3 个铰（单铰或实铰或虚铰）将 3 个刚片两两相连组成的体系是无多余约束的几何不变体系。符合三刚片规则的部分称为铰接三角形。

（2）二刚片规则：2 个刚片用 3 个约束相连（一个单铰和一根不通过此铰的链杆或 3 根不交于一点且不完全平行的链杆），组成的体系是无多余约束的几何不变体系。

（3）二元体规则：在体系中增加或拆除二元体，不影响原体系的几何组成性质。

4. 几何组成分析　利用几何不变体系的组成规则对体系进行分析，是要保证结构的几何不变性，确保其承载能力；另一方面是要确定结构是静定的还是超静定的，静定的结构可根据其构成特点，选择受力分析的顺序；超静定的结构可判定其超静定次数，以便对超静定结构进行内力分析。

习 题

16-1　试对图示体系作几何分析。如果是具有多余约束的体系，则需指出多余约束的数目。

16-2　分析图示各体系的几何组成。

16-3　用增减约束的方法，将图示各体系改为几何不变而无多余约束的体系，并讨论各有几种增减约束的方法。

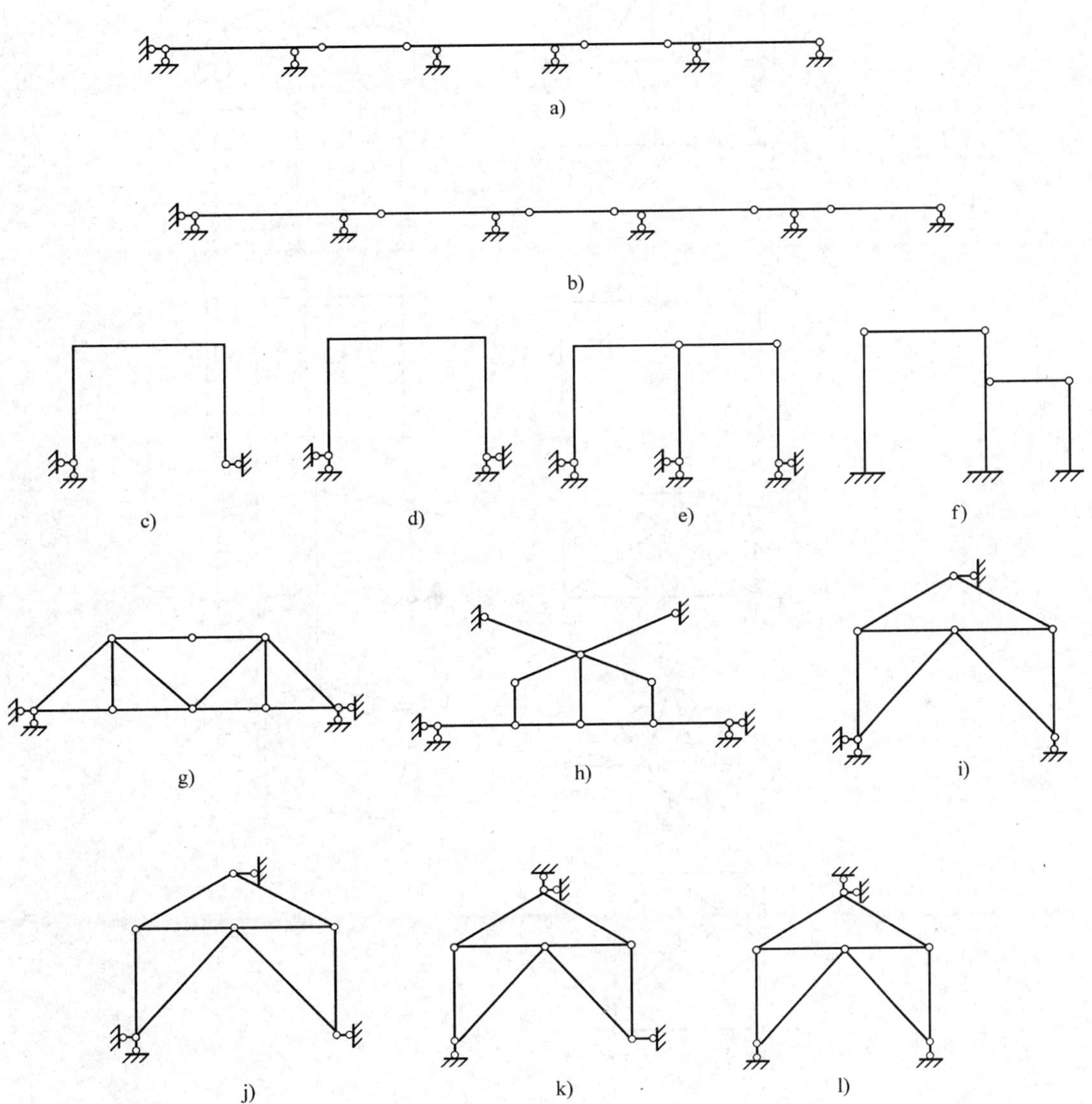

题 16-1　图

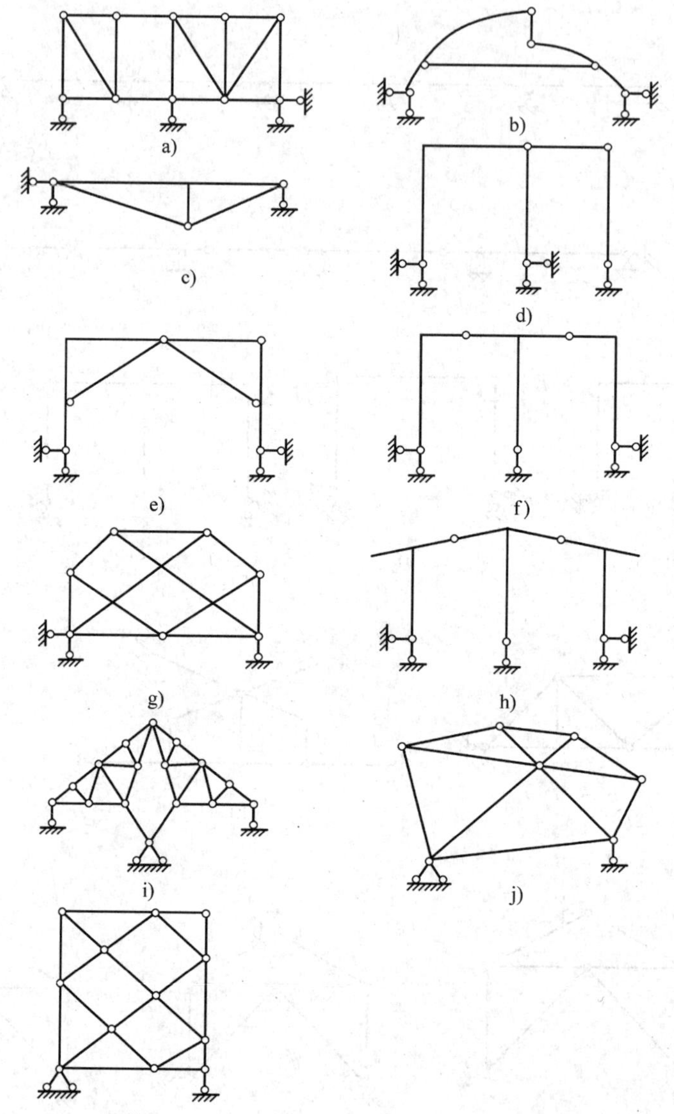

题 16-2 图

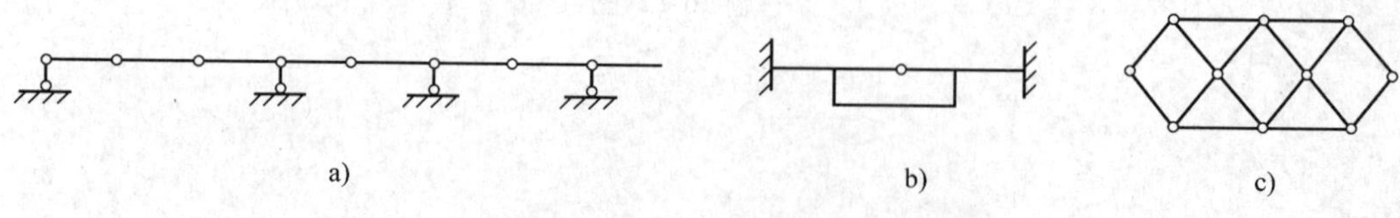

题 16-3 图

16-4　在图示体系中，设变动等长杆 AB，AC 的长度，使 A 点在竖直线上移动，而其余节点位置不变。若要保持体系几何不变，则 h 不能等于哪些数？

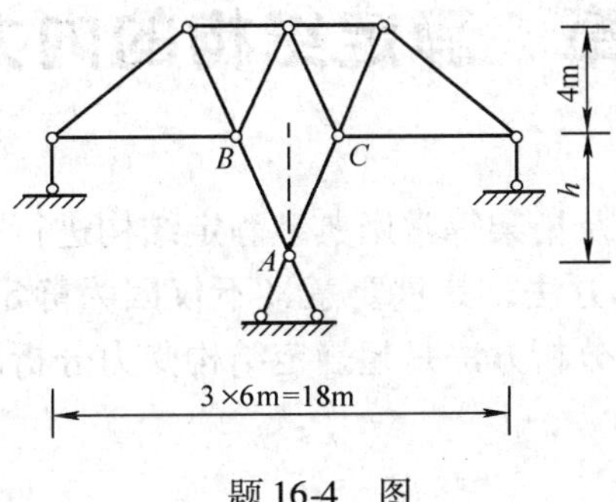

题 16-4　图

第 17 章　静定结构的内力分析

本章将对梁、刚架、拱以及桁架等常用典型静定结构进行受力分析。

掌握静定结构的受力分析方法，其重要意义不仅因为静定结构在建筑工程中被广泛应用，而且因为静定结构的受力分析方法是超静定结构受力分析的基础。

17.1　静定梁

17.1.1　单跨静定梁

单跨静定梁是建筑工程中常用的简单结构，其受力分析方法是其他结构受力分析的基础。单跨静定梁的类型有简支梁、外伸梁和悬臂梁 3 种。它们的支座反力都只有 3 个，可由平面一般力系的 3 个平衡方程解出。任一横截面上的内力，可由截面法解出。

1. 内力　如图 17-1 所示，求任一截面的内力时，可用一假想截面将梁截开，取截面任一侧的隔离体为研究对象，另一侧对隔离体的作用为该截面内力。梁的内力一般有 3 个分量，即轴力 F_N、剪力 F_S 和弯矩 M。

内力的符号规定如下：轴力以拉力为正；剪力以绕隔离体顺时针转向为正；弯矩以使杆的下侧受拉力为正。在画隔离体的受力图时，内力均应按正方向画出，然后由平衡方程求得。

2. 内力图　内力图是表示杆件上各截面内力变化规律的图形，是结构设计的依据。轴力图和剪力图可以画在杆轴线的任一侧，但必须注明正负号；弯矩图必须画在杆件受拉纤维一侧，不需标正负号。

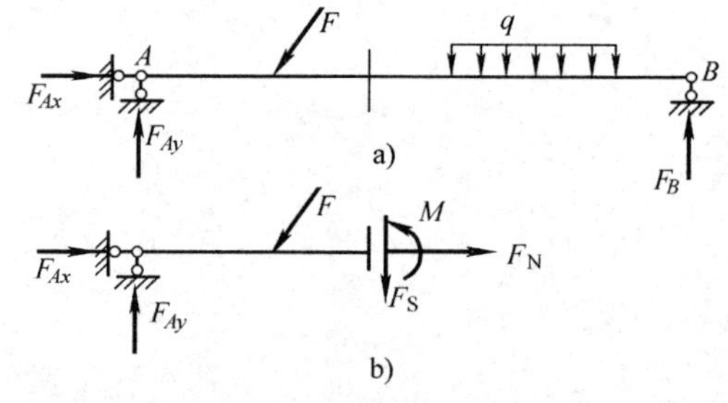

图 17-1　梁截面上的内力

a）简支梁　b）截面以左为研究对象

绘制内力图的基本方法是先写出内力方程，再根据方程作图。但工程设计中常采用内力图的简捷画法或区段叠加法作弯矩图。

（1）内力图的简捷画法：即利用弯矩、剪力和荷载集度之间的关系，用控制截面法来作内力图。

1）集中力、集中力偶、均布荷载的起点和止点作为内力图的分段点。表 17-1 给出了在分段点处各内力图的连续与否情况。

表 17-1　内力图在分段点上的情况

内力图	集中力作用点	集中力偶作用点	均布荷载的起止点
剪力 F_S 图	突变	不受影响	连续但发生折点
弯矩 M 图	连续但发生折点	突变	连续且光滑
轴力 F_N 图	突变	不受影响	连续

2）根据杆段上荷载的情况，确定内力图的形状。常见的有两种情况：无均布荷载（q

=0）和有均布荷载（q = 常数），对内力图的影响见表 17-2。

表 17-2　杆段上荷载情况对内力图形状的影响

内力图	$q=0$		q = 常数	
	形状	控制点	形状	控制点
剪力 F_S 图	水平线	任意一个	斜直线	两端点
弯矩 M 图	斜直线	两端点	二次抛物线凸向同 q 的指向	两端点和极值点(剪力为 0 点)
轴力 F_N 图	水平线	任意一个	斜直线	两端点

3）用截面法求出各控制截面的值并连线。

①剪力等于截面一侧所有外力沿截面切线（截面）方向投影的代数和。

②弯矩等于截面一侧所有外力对截面形心之矩的代数和。

③轴力等于截面一侧所有外力沿截面法线（轴线）方向投影的代数和。

例 17-1　作如图17-2a 所示梁的内力图。

解：如图 17-2a 所示中的简支梁，通过 A 端的固定铰支座和 B 端的可动铰支座与基础相联。

（1）求得支座反力为

$$F_A = 16\text{kN}, F_B = 24\text{kN}$$

（2）分段：均布荷载的止点、集中力偶作用点、集中荷载作用点，将梁分为 AC，CD，DE，EB 4 段。

（3）作剪力图：

1）AC 段受均布荷载作用，剪力图为斜直线。可求两端点截面的剪力值并作图（上标 R—A 点右截面）：

$$F_{SC} = F_{SA}^{R} - 10\text{kN/m} \times 2\text{m} = -4\text{kN}$$

并由

$$F_{SA}^{R} - (10\text{kN/m})x = 16\text{kN} - (10\text{kN/m})x = 0$$

求得剪力为零的截面 G 的位置 $x = 1.6\text{m}$。

2）CD 段和 DE 段上无荷载作用，剪力图在截面 C 上连续，又由于截面 D 上受集中力偶的作用，不影响剪力图，所以 CE 段为一条水平直线，其值等于

$$F_{SC} = -4\text{kN}$$

3）EB 段上无荷载作用，剪力图为水平线。截面 E 上受集中荷载作用，剪力图有突变，突变值等于集中荷载的大小 20kN。截面 B 上的剪力为

$$F_{SB} = -F_B = -24\text{kN}$$

全梁的剪力图如图 17-2b 所示。

（4）作弯矩图：

1）AC 段剪力图为斜直线，弯矩图为上

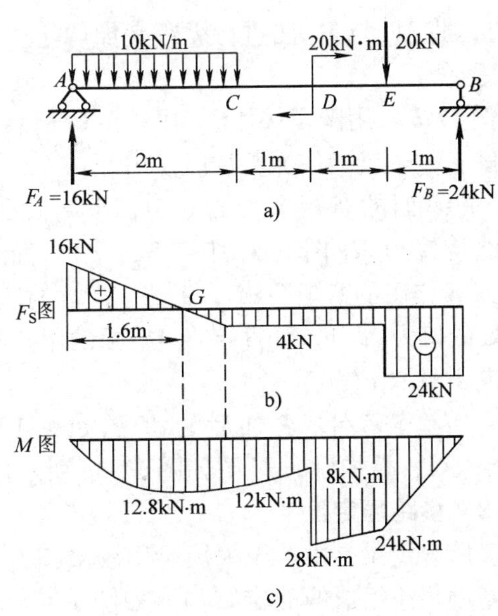

图 17-2　例 17-1 图

凹二次抛物线。用两端点和剪力图上为 0 的截面弯矩值作图，有

$$M_A = 0$$

$$M_G = \frac{1}{2} \times 16\text{kN} \times 1.6\text{m} = 12.8\text{kN} \cdot \text{m}$$

$$M_C = \frac{1}{2} \times 16\text{kN} \times 1.6\text{m} - \frac{1}{2} \times 4\text{kN} \times 0.4\text{m} = 12\text{kN} \cdot \text{m}$$

2）CD 段上剪力图为水平直线，故弯矩图为斜直线，用两端点截面的弯矩值作图。左端点（C 点）弯矩图连续，右端点（D 点稍左截面，用上标 L 表示）上的弯矩为

$$M_D^{\text{L}} = M_C - 4\text{kN} \times 1\text{m} = 8\text{kN} \cdot \text{m}$$

3）DE 段剪力图为水平线，故弯矩图为斜直线，用两端点截面的弯矩值作图。左端点（D 点稍右截面，用上标 R 表示）的弯矩为

$$M_D^{\text{R}} = M_D^{\text{L}} + 20\text{kN} \cdot \text{m} = 28\text{kN} \cdot \text{m}$$

右端点（E 点）的弯矩为

$$M_E = M_D^{\text{R}} - 4\text{kN} \times 1\text{m} = 24\text{kN} \cdot \text{m}$$

4）EB 段上剪力图为水平线，故弯矩图为斜直线，用两端点截面的弯矩值作图。左端点（E 点）弯矩图连续，右端点（B 点）上的弯矩为零。

全梁的弯矩图如图 17-2c 所示。

（2）区段叠加法作弯矩图：在对结构中的直杆作弯矩图时，可采用区段叠加的方法。

1）区段叠加法的关键是确定叠加的区段。区段的选择应满足两个条件：

①区段两端点的弯矩值能够确定（方法不限）。

②若将区段间外力作为荷载，作用在以区段长为跨长的简支梁的弯矩图能够确定，并作为 M_1 图。

2）根据以上两条选择好叠加的区段后，用虚直线连接区段两端点的弯矩值，作为 M_2 图。

3）将 M_1 与 M_2 图进行纵距叠加。注意并非是图形叠加，一般就可在 M_2 上直接量取 M_1 的纵距。

例 17-2　用区段叠加法作图 17-3a 所示梁的弯矩图。

解： 整个梁段作为叠加段。

A 端截面的弯矩突变为 $-M$，B 端截面的弯矩为 0，以虚线连接为 M_1 图（见图 17-3b、c）。简支梁在跨中受集中力 F 作用的弯矩图 M_2，A 端、B 端的值无均为 0，在 C 点处的值为 $Fl/4$。可直接在 M_1 图的中点处 $-M/2$ 的基础上向下量取 $Fl/4$。

若 $M/2 > Fl/4$，叠加后的 M 图如图 17-3b 所示。若 $Fl/4 > M/2$，叠加后的 M 图如图 17-3c 所示。

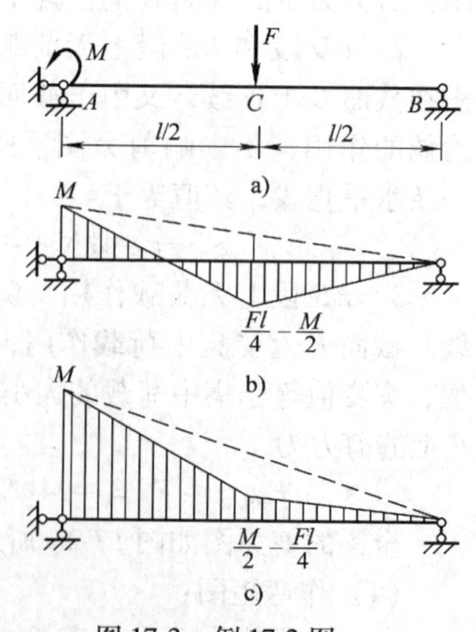

图 17-3　例 17-2 图

17.1.2　多跨静定梁

多跨静定梁是由若干根短梁用铰接相连，并用若干支座与基础相连组成的静定结构。如图 17-4a 所示为房屋建筑中的檩条，檩条接头处采用斜口搭接，并用螺栓紧固。

这种接头可视为铰节点，其计算简图如图 17-4b 所示。

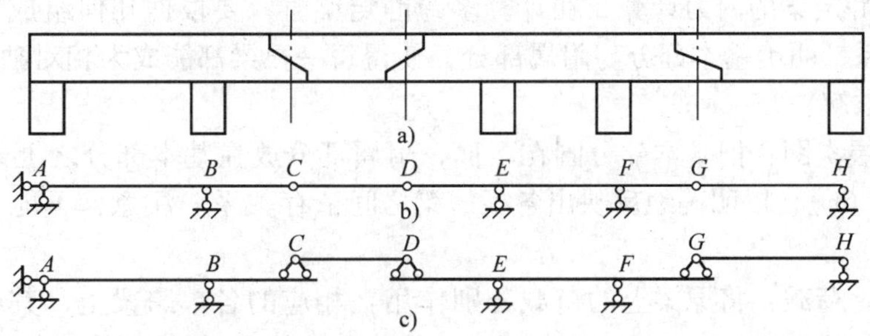

图 17-4　多跨静定梁（房屋檩条）

a）房建中的檩条　b）计算简图　c）层次图

公路桥的钢筋混凝土梁（见图 17-5a），其计算简图如图 17-5b 所示。

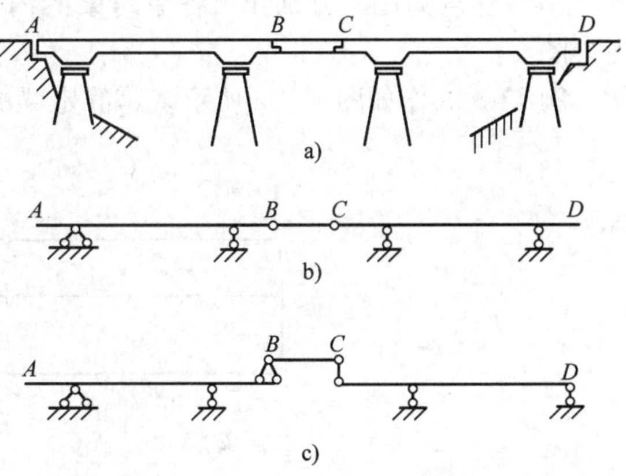

图 17-5　多跨静定梁（公路桥）

a）公路桥梁　b）计算简图　c）层次图

1. 基本部分与附属部分　从几何组成来看，多跨静定梁可分为基本部分与附属部分。以如图 17-4b 所示为例，梁 *AC* 直接用支座固定于基础，是几何不变的，称为基本部分。梁 *DG* 在竖向荷载作用下仍能独立地维持平衡，故在竖向荷载作用下，也作为基本部分。而梁 *CD* 和 *GH* 则必须依赖于基本部分方能保持其几何不变性，故称为附属部分。

再如图 17-6a 所示的多跨静定梁中，梁 *AEB* 直接用支座固定于基础，称为基本部分。而梁 *BFC* 必须依赖于 *AEB* 方能承受竖向荷载作用，它是 *AEB* 的附属部分；梁 *CD* 则又依赖于 *BFC* 而保持平衡，它又是 *BFC* 的附属部分。

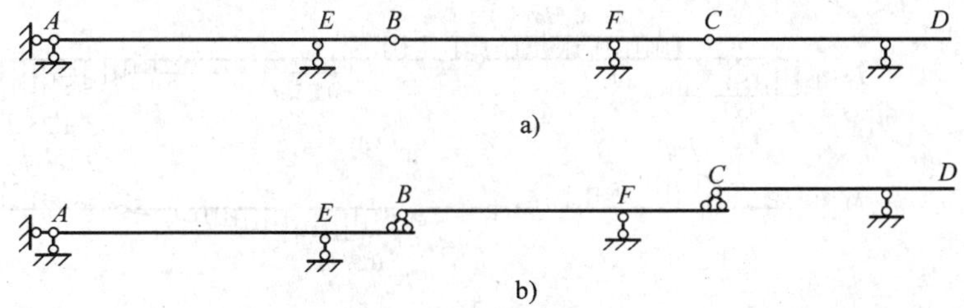

图 17-6　多跨静定梁

a）计算简图　b）层次图

2. 力的传递关系　从受力分析来看，由于基本部分直接与基础组成几何不变体系，能独立地承受竖向荷载而维持平衡。当荷载作用于基本部分时，只有基本部分受力而附属部分不受力。当荷载作用于附属部分时，不仅附属部分受力，而且由于附属部分是支承在基本部分上的，其荷载将通过铰链传给基本部分，因而使基本部分同时受力。

3. 多跨静定梁的内力计算　在计算多跨静定梁时，要根据几何组成，从依存关系以及力的传递关系，明确基本部分与附属部分，使得每一根梁都能成为相对独立的单跨梁。按以下步骤进行求解：

（1）画层次图：把基本部分画在下面，附属部分放在基本部分之上，（见图 17-4c、图 17-5c、图 17-6b），以明确地反映出各根短梁之间依存关系。注意，不能将附属部分吊在基本部分之下。

（2）画上荷载：将原梁上的荷载分别作用在相应的各单跨梁上，其中铰节点上的集中力可任意放在哪一部分，而铰节点附近的集中力偶作用位置不能随意改变，必须作用在原来的部分上。

（3）逐层求解：从附属的最高层向下逐层求解反力，并注意上下层之间传递的力是作用与反作用的关系，即上层反作用到下层的支座反力，要成为下层的荷载。

（4）作内力图：分别作出各单跨梁的内力图后，将它们连成一体，便为多跨静定梁的内力图。

例 17-3　作如图 17-7a 所示多跨静定梁的内力图。

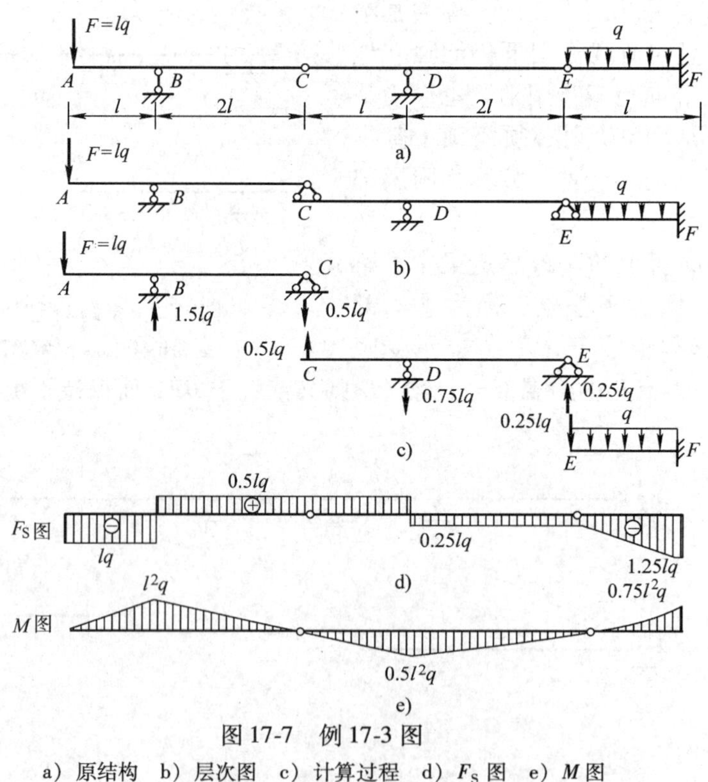

图 17-7　例 17-3 图

a）原结构　b）层次图　c）计算过程　d）F_S 图　e）M 图

解：（1）画层次图：此梁的基本部分为 EF，其余都为附属部分，层次图如图 17-7b 所示。并将原荷载作用在相应各梁上。

（2）逐层求反力：因梁上只承受竖向荷载，可知水平支座反力以及各铰节点处的水平约束反力均为零，整根梁没有轴力。附属部分的最上层为 AC，应先计算 AC，再计算 CE，最后计算 EF。支座反力已标在图 17-7c 上。

（3）作内力图：逐段作剪力图和弯矩图，分别连起来为如图 17-7d、e 所示，其计算过程从略。

17.2 静定刚架

17.2.1 刚架的基本概念

刚架是由若干直杆（梁和柱）组成的具有刚节点的结构（见图 17-8）。

1. 刚架的特点　从变形的角度看，在刚节点处，各杆端不仅不能发生相对移动，而且不能发生相对转动。例如，图 17-9 所示刚架，刚节点 B 处所连接的杆端，在受力变形时，仍保持与变形前相同的夹角（见图 17-9 中双点画线），但铰节点 C 处则不然。

由于刚节点具有约束杆端相对转动的作用，所以从受力的角度来看，刚节点能承受和传递弯矩，从图 17-9 中可以看出，由于刚节点传递了弯矩而使得结构的受力比较均匀。所以，刚架是建筑工程中应用极为广泛的结构，它分为静定刚架和超静定刚架两种。

2. 静定刚架的分类　静定刚架的常见类型有悬臂刚架（见图 17-8a）、简支刚架（见图 17-8b）、三铰刚架（见图 17-8c）及组合刚架等。

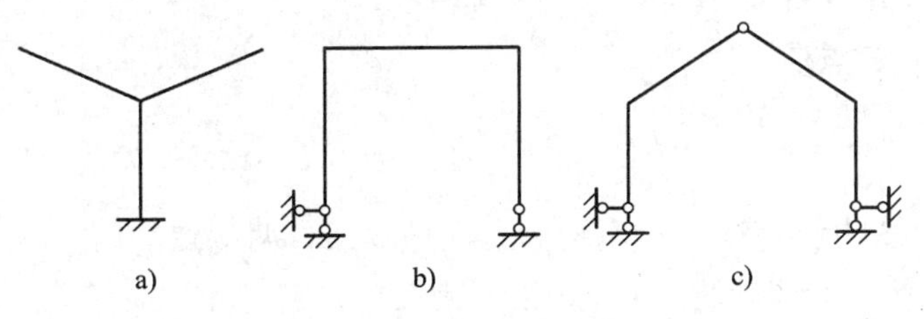

图 17-8　常见的刚架

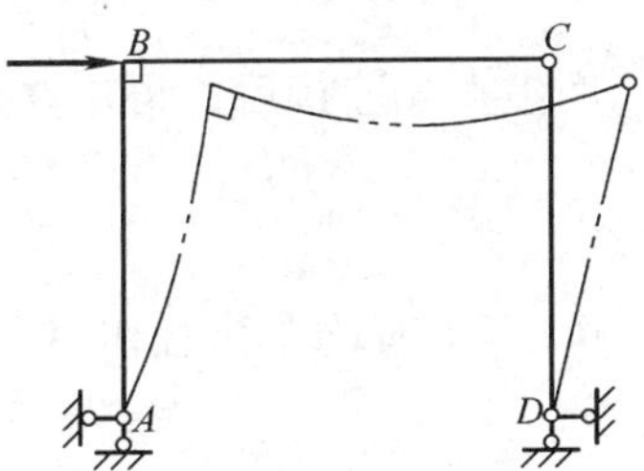

图 17-9　刚架受力变形图

17.2.2 静定刚架的内力

平面静定刚架的计算方法与静定梁的类似。一般先由平衡条件求出各支座反力及铰链处的约束力，然后逐杆绘制内力图，即将每一根杆按梁的作法，逐一完成内力图。

在刚架中，剪力与轴力的正负号规定与前面相同。剪力图和轴力图可画在杆件的任一侧，但必须标明正负号。弯矩图规定画在杆件的受拉纤维一侧，图中不标正负号。刚架的内力图的排列顺序通常是弯矩图、剪力图、轴力图，但若利用荷载、剪力、弯矩之间的关系作图，按习惯也可先绘剪力图，后绘制弯矩图、轴力图。

在计算控制截面内力时，为了区分汇交于同一节点处的各杆杆端内力，内力符号常用两个下标：第一个下标表示内力所属截面，第二个下标表示该截面所属杆件的另一端。例如，M_{AB}表示 AB 杆的 A 端的弯矩，M_{BA}表示 AB 杆的 B 端的弯矩，F_{SBC}表示 BC 杆的 B 端的剪力等。

下面以图 17-10a 所示简支刚架为例来说明刚架内力图的作法。

（1）计算支座反力：由刚架的整体平衡条件，可解得

$$F_A = 5\text{kN}(\uparrow)$$

$$F_{Dx}=12\text{kN}(\leftarrow)$$
$$F_{Dy}=13\text{kN}(\uparrow)$$

（2）剪力图：杆端剪力是利用截面一侧外力在杆端截面切线上投影的代数和计算。

BC 杆上有均布荷载作用，剪力图为斜直线，用两端点控制，有

$$F_{SBC}=5\text{kN}$$
$$F_{SCB}=5\text{kN}-3\times6\text{kN}=-13\text{kN}$$

AB 杆在 *E* 点有集中荷载，在 *E* 点发生突变，两段分别是常数，有

$$F_{SEA}=0\text{kN}$$
$$F_{SEB}=-12\text{kN}$$

CD 上无均布荷载作用，整个杆是常数，有

$$F_{SCD}=12\text{kN}$$

作出剪力图，如图 17-10e 所示。

（3）弯矩图：控制弯矩等于截面一边所有外力，该截面形心力矩的代数和。如图 17-10b 所示绘出了计算所用的单元及其受力。

AB 杆，两端点的值为

$$M_{AB}=0$$
$$M_{BA}=12\times2\text{kN}\cdot\text{m}=24\text{kN}\cdot\text{m}\text{（外侧受拉）}$$

用虚直线连接后，再用叠加法，*E* 点值

$$\frac{24}{2}-\frac{12\times4}{4}=0$$

BC 杆上有均布荷载作用，剪力图为斜直线，弯矩图为二次抛物线，两端点的值

$$M_{BC}=12\times2\text{kN}\cdot\text{m}=24\text{kN}\cdot\text{m}\quad\text{（上侧受拉）}$$
$$M_{CB}=12\times4\text{kN}\cdot\text{m}=48\text{kN}\cdot\text{m}\quad\text{（上侧受拉）}$$

后用区段叠加法，*BC* 段中点的弯矩值为

$$\frac{48+24}{2}\text{kN}\cdot\text{m}-\frac{3\times6^2}{8}\text{kN}\cdot\text{m}=22.5\text{kN}\cdot\text{m}\quad\text{（上侧受拉）}$$

CD 杆上无均布荷载作用，弯矩图为斜直线，两端点的值

$$M_{CD}=-12\times4\text{kN}\cdot\text{m}=-48\text{kN}\cdot\text{m}\text{（外侧受拉）}$$
$$M_{DC}=0$$

弯矩的纵标画在受拉纤维一侧，不必标明正负号。作弯矩图如图 17-10c 所示。

（4）轴力图：可以利用截面一侧的外力计算轴力（见图 17-10f）。例如立柱 *AB* 的杆端轴力为

$$F_{NAB}=-5\text{kN},F_{NBA}=-5\text{kN}$$

因立柱 *AB* 除支座反力外，无其他沿轴向的荷载，故轴力沿杆长不变而轴力图为平行于杆轴线的直线。

求杆端轴力也可以利用剪力图和刚节点的投影平衡条件。如图 17-10g 所示绘出了刚节点 *B* 的受力图（未画节点的杆端弯矩），由

$$\sum F_x=0,\ \sum F_y=0,\text{很容易求出}$$
$$F_{NAB}=-5\text{kN},F_{NBC}=-12\text{kN}$$

（5）内力图的校核：刚架的内力必须满足静力平衡条件，为了校核内力图，可以截取刚架的任一部分，检查是否满足静力平衡条件。

如图 17-10h 所示是取横梁 BC 连同刚节点 C 为隔离体的受力图，不难验证，它满足一般力系的平衡条件

$$\sum F_x = 0,\ \sum F_y = 0,\ \sum M = 0$$

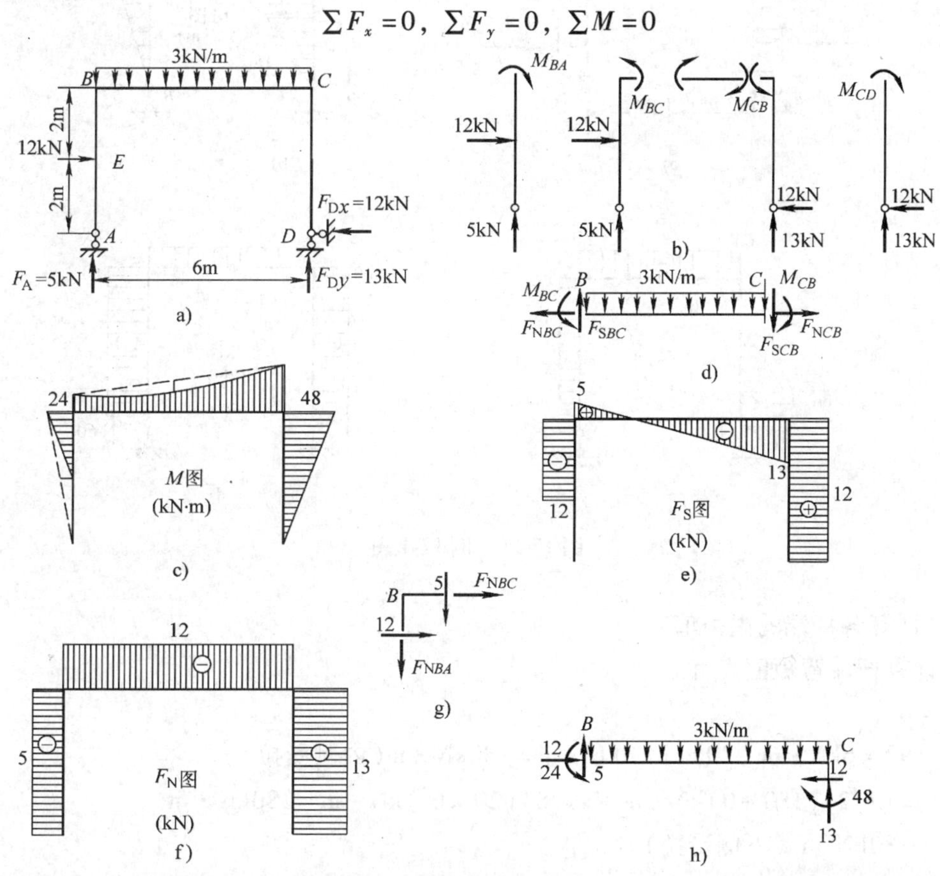

图 17-10　作刚架的内力图

例 17-4　作如图 17-11a 所示三铰刚架的内力图。

解：（1）求反力：先以整体为研究对象，

由 $\sum M_A = 0$　即　$F_{By} \times 6\text{m} - 20\text{kN/m} \times 6\text{m} \times 3\text{m} = 0$　　得

$$F_{By} = 60\text{kN}\ (\uparrow)$$

由 $\sum M_B = 0$　即　$-F_{Ay} \times 6\text{m} - 20\text{kN/m} \times 6\text{m} \times 3\text{m} = 0$　　得

$$F_{Ay} = -60\text{kN}\ (\downarrow)$$

由 $\sum F_x = 0$　即　$F_{Ax} + 20\text{kN/m} \times 6\text{m} - F_{Bx} = 0$　　(1)

再从中间铰将刚架分成两部分，取右侧研究，

由 $\sum M_C^{\text{R}} = 0$　即　$60\text{kN} \times 3\text{m} - F_{Bx} \times 6\text{m} = 0$ 得

$$F_{Bx} = 30\text{kN}\ (\leftarrow)$$

并由式（1）得

$$F_{Ax} = -90\text{kN}\ (\leftarrow)$$

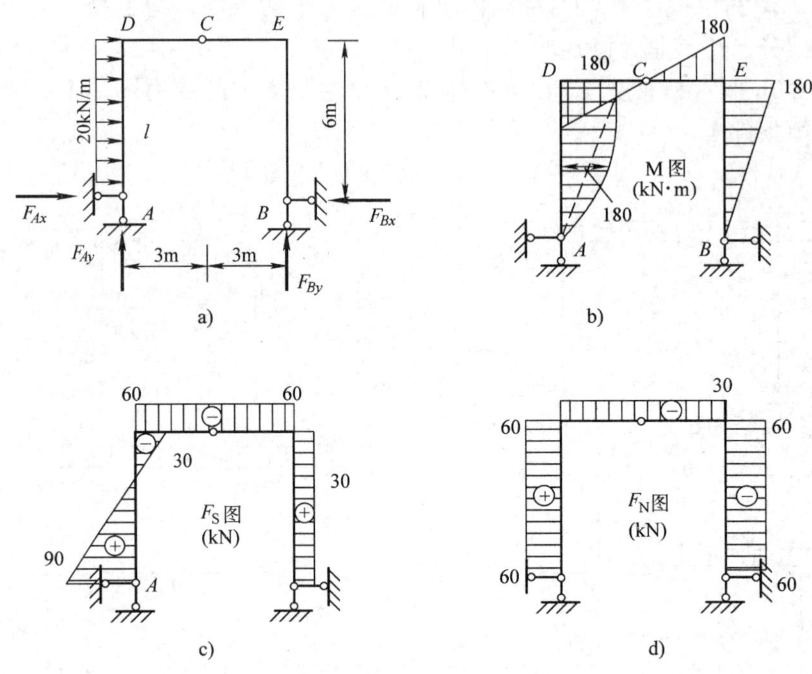

图 17-11　例 17-4 图

（2）计算各杆端的内力值：

1）计算杆端弯矩值，有

$M_{AD}=0$

$M_{DA}=90\times 6\text{kN}\cdot\text{m}-20\times 6\times 3\text{kN}\cdot\text{m}=180\text{kN}\cdot\text{m}$（内侧受拉）

$M_{AD中}=(1/2)(180+0)\text{kN}\cdot\text{m}+(1/8)(20\times 6^2)\text{kN}\cdot\text{m}=180\text{kN}\cdot\text{m}$

$M_{DC}=180\text{kN}\cdot\text{m}$（下侧受拉）

$M_{CD}=0$

$M_{EC}=M_{EB}=180\text{kN}\cdot\text{m}$（外侧受拉）

$M_{BE}=0$

2）计算杆端剪力值，有

$F_{SAD}=90\text{kN}$，$F_{SDA}=90\text{kN}-20\times 6\text{kN}=-30\text{kN}$

$F_{SDC}=F_{SCD}=-60\text{kN}$

$F_{SBE}=F_{SEB}=30\text{kN}$

3）计算轴力值，有

$F_{NAD}=F_{NDA}=60\text{kN}$（拉）

$F_{NDC}=F_{NCD}=-30\text{kN}$（压）

$F_{NEC}=-30\text{kN}$（压）

$F_{NEB}=-60\text{kN}$（压）

（3）作弯矩图：*DE* 和 *EB* 杆上无均布荷载作用，直接将杆端弯矩画于受拉一侧并连以斜直线。*AD* 杆上有均布荷载作用，先按杆端弯矩画于受拉一侧并连以虚直线，再叠加对应

简支梁的弯矩图，用二次曲线相连（见图 17-11b）。中点的弯矩值为

$$\frac{1}{2}\text{kN} \cdot \text{m} \times 180\text{kN} \cdot \text{m} + \frac{20 \times 6^2}{8}\text{kN} \cdot \text{m} = 180\text{kN} \cdot \text{m}(\text{右侧受拉})$$

（4）作剪力图：*DE* 和 *EB* 杆上无均布荷载作用，直接将杆端剪力连以直线（常数）。*AD* 杆上有均布荷载作用，其剪力图为连接杆端剪力的斜直线（见图 17-11c）。

（5）作轴力图：如图 17-11d 所示。

（6）校核：可以截取刚架的任何部分校核是否满足平衡条件。

17.3 三铰拱

17.3.1 拱式结构的特征

拱式结构在房屋、桥梁及水利工程中均被广泛采用。拱式结构是指杆轴为曲线，且在竖向荷载作用下会产生水平反力的结构。这种水平反力又称为推力。如图 17-12a 所示结构其杆轴虽为曲线，但在竖向荷载作用下不产生水平推力，故属于曲梁而不属于拱。如图 17-12b 所示结构，在竖向荷载作用下有水平推力产生，属于拱式结构。

拱的各部分名称如图 17-13 所示，拱身各横截面形心的连线叫拱轴线；拱身的外边缘线叫外缘；内边缘线叫内缘；拱的两端支座叫拱趾；两拱趾间的水平距离叫拱跨；拱轴的最高处叫拱顶；拱顶到两拱趾连线的竖直距离称为拱高或矢高；拱高 h 与拱跨 l 之比 h/l 称为高跨比，它是影响拱的受力性能的最重要的几何参数，一般 $h/l = 1/2 \sim 1/8$。

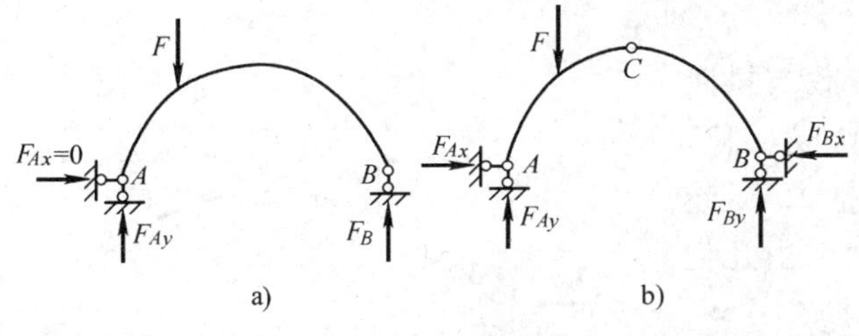

图 17-12 曲梁与拱的区别

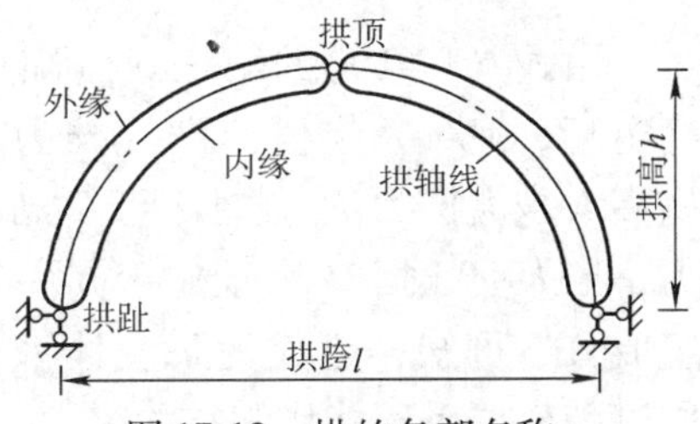

图 17-13 拱的各部名称

拱的常用形式有无铰拱、两铰拱和三铰拱等。拱的轴线形状常用的有抛物线、圆弧线和悬链线等。如图 17-14a、b 所示为无铰拱和两铰拱，属于超静定拱式结构。如图 17-14c 和如图 17-14d 所示为三铰拱，是静定的。其中如图 17-14d 所示的三铰拱是带拉杆的，它的水平推力由拉杆承受，带拉杆的三铰拱多用于屋盖承重结构。

17.3.2 三铰拱的内力

在计算三铰拱时，常将其与同跨、同荷载的简支梁相比较，这一简支梁被称为相应简支梁。下面以图 17-15a 所示三铰拱为例，导出其支座反力和内力的计算公式，其相应简支梁如图 17-15b 所示。

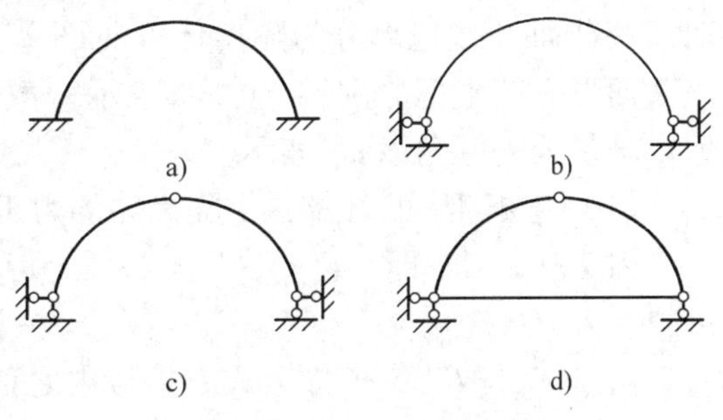

图 17-14 常见的拱式结构

1. 支座反力的计算　三铰拱是由两根曲杆与基础之间按三刚片规则组成的静定结构，共

4 个未知支座反力，需列出 4 个平衡方程进行计算。

首先，由整体的平衡条件$\sum M_B=0$及$\sum M_A=0$，可求得两个支座的竖向反力

由 $$F_{Ay}=\frac{\sum F_i b_i}{l} \quad ①$$

$$F_{By}=\frac{\sum F_i a_i}{l} \quad ②$$

$$\sum F_x=0,\text{可得} \quad F_{Ax}=F_{Bx}=F_x$$

再取左半拱（即铰 C 以左部分）为隔离体，列出方程，为

$$\sum M_C=0 \qquad -F_{Ay}l_1+F_1(l_1-a_1)+F_{Ax}h=0$$

求得

$$F_x=F_{Ax}=\frac{F_{Ay}l_1-F_1(l_1-a_1)}{h} \quad ③$$

考察式①、式②的右边可知，它们与相应简支梁的竖向反力 F_{Ay}°、F_{By}° 相等。而式③右边的分子为相应简支梁与拱的中间铰处对应的截面 C 的弯矩 M_C°。因而拱的支座反力可用相应简支梁计算

$$\left.\begin{aligned}F_{Ay}&=F_{Ay}^{\circ}\\F_{By}&=F_{By}^{\circ}\\F_x&=\frac{M_C^{\circ}}{h}\end{aligned}\right\} \quad (17\text{-}1)$$

由式（17-1）的第三式可知，当荷载与拱跨确定后，M_C° 为定值，拱的推力与拱高成反比。拱高 h 越大推力 F_x 越小，反之 h 越小推力 F_x 越大，当 $h\to0$ 时，3 个铰位于同一直线上，由几何组成分析可知，已成为瞬变体系，此时 $F_x\to\infty$，所以瞬变体系不能作为结构。

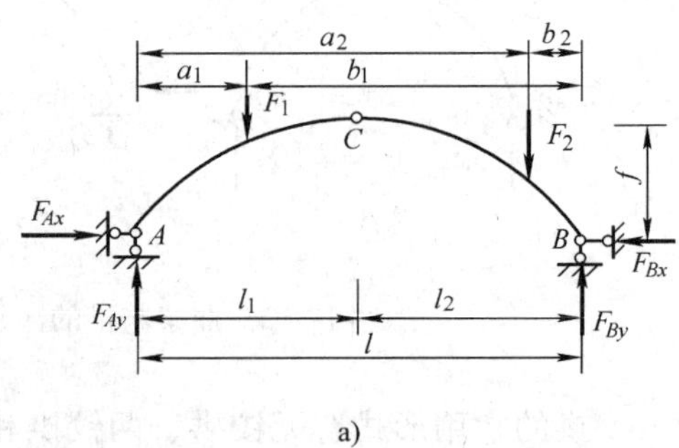

a)

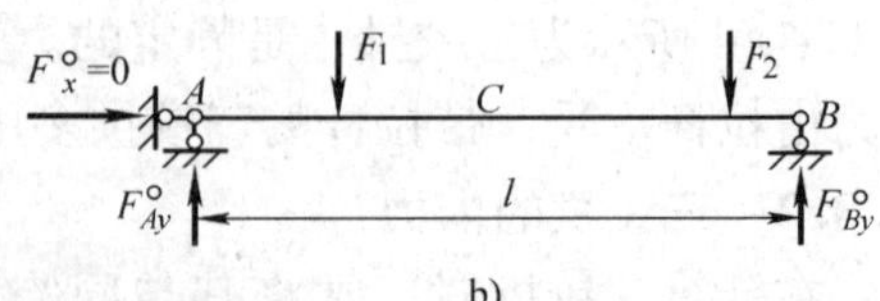

b)

图 17-15　三铰拱的反力计算

2. 内力的计算　截面上剪力的正负号规定与前面的规定相同；轴力的正负号规定与前面相反，压为正、拉为负；弯矩以内缘纤维受拉为正。利用式（17-1）求得支座反力后，用截面法就可求出任一截面的内力。以如图 17-16a 所示拱为例，取任一截面 K 左边部分为隔离体（见图 17-16b）。该截面形心的坐标分别用 x_K、y_K 表示；截面形心处拱轴切线的倾角以 φ_K 表示。

（1）弯矩 M_K 的计算：由隔离体的力矩平衡条件，

由$\sum M_K=0$　即　$F_xy_K-F_{Ay}x_K+\sum F_i\ (x_K-a)\ +M_K=0$

可得 $$M_K=(F_{Ay}x_K-\sum F_i(x_K-a_i))-F_xy_K$$

由于 $F_{Ay}=F_{Ay}^{\circ}$，可知上式方括号内之值等于相应简支梁（见图 17-16c）截面 K 的弯矩 M_K°，故上式可写为

$$M_K = M_K^{\circ} - F_x y_K \tag{17-2}$$

可见拱的任一截面的弯矩 M_K，等于相应简支梁对应截面的弯矩 M_K° 减去推力所引起的弯矩。由此可知，由于水平推力的存在，使拱的弯矩比相应梁式结构的弯矩要小得多。

（2）剪力 F_{SK} 的计算：任一截面 K 的剪力等于该截面一侧所有外力在该截面方向上投影的代数和，即

$$F_{SK} = (F_{Ay} - \sum F_i)\cos\varphi_K - F_x \sin\varphi_K$$

由于 $F_{Ay} = F_{Ay}^{\circ}$，可知上式括号内的值等于相应简支梁在截面 K 的剪力 F_{SK}°，故上式可以写成

$$F_{SK} = F_{SK}^{\circ}\cos\varphi_K - F_x \sin\varphi_K \tag{17-3}$$

（3）轴力 F_{NK} 的计算：任一截面 K 的轴力等于该截面一侧所有外力在该截面轴线方向上投影的代数和（压为正，拉为负），即

$$F_{NK} = (F_{Ay} - \sum F_i)\sin\varphi_K + F_x \cos\varphi_K$$

同理，上式可以写成

$$F_{NK} = F_{SK}^{\circ}\sin\varphi_K + F_x \cos\varphi_K \tag{17-4}$$

3. 内力图的绘制　以例 17-5 说明三铰拱内力图的作图步骤。

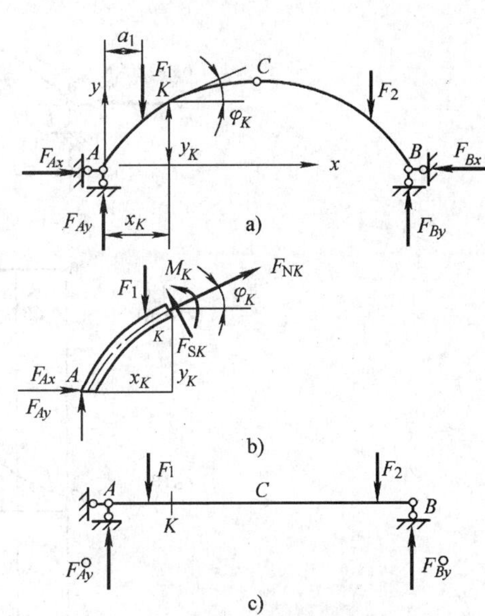

图 17-16　三铰拱内力分析

例 17-5　试作如图 17-17a 所示三铰拱的内力图。拱轴为二次抛物线，当坐标原点选在左支座 A 时，拱轴方程为

$$y = \frac{4h}{l^2}(l - x)x$$

解：（1）求支座反力：由式（17-1），可得

$$F_{Ay} = F_{Ay}^{\circ} = \frac{1}{16} \times (20 \times 8 \times 4 + 200 \times 12)\ \text{kN} = 190\text{kN}$$

$$F_{By} = F_{By}^{\circ} = \frac{1}{16} \times (20 \times 8 \times 12 + 200 \times 4)\ \text{kN} = 170\text{kN}$$

$$F_x = \frac{M_C^{\circ}}{h} = \frac{1}{4} \times (170 \times 8 - 20 \times 8 \times 4)\ \text{kN} = 180\text{kN}$$

（2）确定控制截面：将拱沿水平（跨度）方向分成 8 等份，各等分点所对应的拱截面作为控制截面，如图 17-17a 所示 0、1、2、3、4、5、6、7、8 各截面。

（3）计算控制截面的各具体数据：现以 1 截面为例，将计算数据代入表 17-3 中。

1）各截面的 x 坐标已知，分别代入拱轴方程，可得控制截面的纵坐标 y（见表 17-3）。当 $l = 16\text{m}$，$h = 4\text{m}$ 时，拱轴方程为

$$y = \frac{4h}{l^2}(l - x)x = \frac{4 \times 4}{16^2} \times (16 - x)x = \frac{1}{16} \times (16 - x)x$$

对于截面 1，当 $x = 2\text{m}$ 时

$$y = \frac{1}{16} \times (16 - 2) \times 2\text{m} = 1.75\text{m}$$

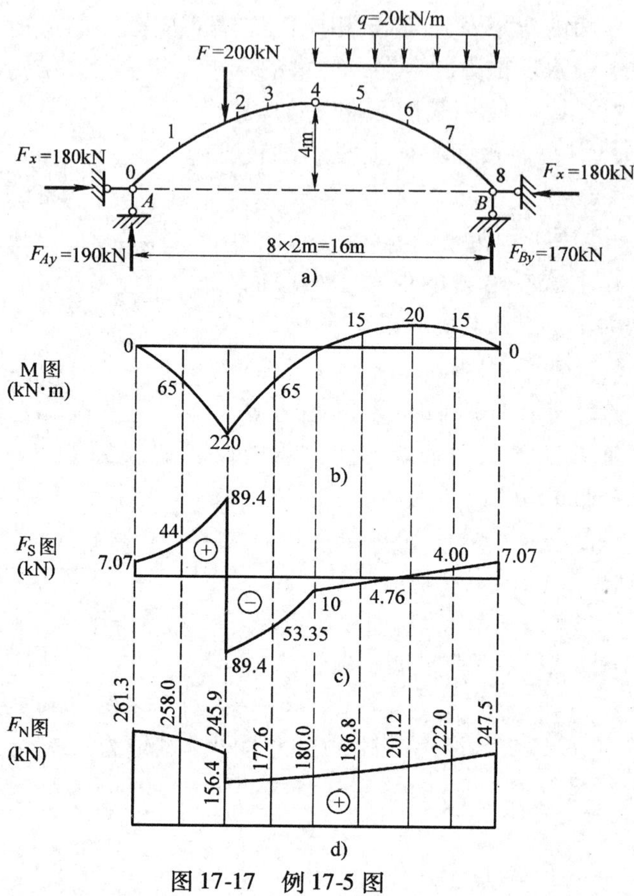

图 17-17　例 17-5 图

2）各截面的切线斜率 $\tan\varphi$，列入表 17-3 中。

由
$$\tan\varphi=\frac{dy}{dx}=\frac{4h}{l^2}(l-2x)=\frac{1}{16}\times(16-2x)$$

对于截面 1，当 $x=2\text{m}$ 时

$$\tan\varphi=\frac{1}{16}\times(16-2\times2)=\frac{12}{16}=0,75$$

3）由各截面的切线斜率 $\tan\varphi$，求 φ，从而计算 $\sin\varphi$、$\cos\varphi$，列入表 17-3 中。

对于截面 1，有

$$\varphi=36.87^\circ,\sin\varphi=0.600,\cos\varphi=0.800$$

（4）计算控制截面的内力：由式（17-2）~式（17-4）分别求出内力，列入表 17-3 中。

对于截面 1，有

$$M_1=M_1^\circ-F_x y=190\times2\text{kN}\cdot\text{m}-180\times1.75\text{kN}\cdot\text{m}=65\text{kN}\cdot\text{m}$$

$$F_{S1}=F_{S1}^\circ\cos\varphi-F_x\sin\varphi=190\times0.8\text{kN}-180\times0.6\text{kN}=44\text{kN}$$

$$F_{N1}=F_{S1}^\circ\sin\varphi+F_x\cos\varphi=190\times0.6\text{kN}+180\times0.8\text{kN}=258\text{kN}$$

（5）画内力图：根据表 17-3 中数据，分别作出 M、F_S、F_N 图（见图 17-17b、c、d）。

比较表 17-3 中相应简支梁的弯矩 M° 和拱的弯矩 M 可知，由于推力的存在，使三铰拱的弯矩要小很多，并使拱主要承受压力。因此，拱可以用抗压性强而抗拉性差的材料，如砖、石、混凝土等来建造，但它要求比梁具有更为坚固的基础或支承结构，以对拱产生推力。

表 17-3　三铰拱的内力计算表

截面	几何参数						F_S°/kN	弯矩计算			剪力计算			轴力计算		
	x	y	$\tan\varphi$	φ	$\sin\varphi$	$\cos\varphi$		M_0/kN·m	$F_x y$/kN	M/kN·m	$F_S^{\circ}\cos\varphi$/kN	$-F_x\sin\varphi$/kN	F_S/kN	$F_S^{\circ}\sin\varphi$/kN	$F_x\cos\varphi$/kN	F_N/kN
0	0	0	1	45°	0.707	0.707	190	0	0	0	134.33	-127.26	7.07	134.33	127.26	261.6
1	2	1.75	0.75	36.87°	-0.600	0.800	190	380	-315	65	152	-108	44	114.0	144.0	258.0
2左	4	3.00	0.50	26.57°	0.447	0.894	190	760	-540	220	169.9	-80.5	89.4	85.0	160.9	245.9
2右	4	3.00	0.50	26.57°	0.447	0.894	-10	760	-540	220	-8.94	-80.5	-89.4	-4.47	160.9	156.4
3	6	3.75	0.25	14.04°	0.243	0.970	-10	740	-675	65	-9.70	-43.74	-53.35	-2.43	174.6	172.2
4	8	4.00	0	0	0	1.00	-10	720	-720	0	-10.00	0	-10.00	0	180.0	180.0
5	10	3.75	-0.25	-14.04°	-0.243	0.970	-50	660	-675	-15	-48.5	43.74	-4.76	12.15	174.6	186.8
6	12	3.00	-0.50	-26.57°	-0.447	0.894	-90	520	-540	-20	-80.46	80.46	0	40.23	160.92	201.2
7	14	1.75	-0.75	-36.87°	-0.600	0.800	-130	300	-315	-15	-104.0	108.0	4.00	78.00	144.00	222.0
8	16	0	-1	45°	-0.707	0.707	-170	0	0	0	-120.19	127.26	7.07	120.19	127.26	247.5

17.3.3　三铰拱的压力线和合理拱轴

1. 压力线的概念　如果取三铰拱任一截面 K 左边（或右边）部分为隔离体，如图 17-18b 所示。将其上所有外力向截面形心简化，简化的结果必然得到一个主矢 F' 与主矩 M_K'。如果将主矢与主矩进一步简化，由第 1 篇知，可得一合力 F，并存在一个新作用点。如果将截面形心选择在此点，且使横截面垂直于合力 F 作用线，则截面上的内力只有轴力。将所有各截面的这些作用点连接起来，便成为一条折线或曲线，习惯上把此折线或曲线称为**拱的压力线**（见图 17-18a）。荷载一旦改变，压力线必将随之改变。

2. 三铰拱的合理拱轴　在已知荷载作用下，如所选择的三铰拱轴线**能使所有截面上的弯矩均等于零**，则此拱轴称为**合理拱轴**，可见合理拱轴与压力线重合。如果拱轴线为合理拱轴，则各截面均处于均匀受压状态，材料能得到充分利用，相应的拱截面尺寸是最小的，即是最经济的。现介绍用解析法求合理拱轴线的方程。

根据式（17-2），任意截面的弯矩

$$M = M^{\circ} - F_x y$$

当拱轴线为合理拱轴线时，应有

$$M = M^{\circ} - F_x y = 0$$

即

$$y = \frac{M^{\circ}}{F_x} \tag{17-5}$$

由式（17-5）可知：合理拱轴线的纵坐标 y 与相应简支梁的弯矩图成比例。当拱上作用的荷载已知时，仅需求出相应简支梁的弯矩方程，再除以推力 F_x，便得到合理拱轴线方程。

作为一个例子，现以如图 17-19a 所示三铰拱，来求其在均布荷载 q 作用下的合理拱轴线。其相应简支梁（见图 17-19b）的弯矩方程为

$$M^{\circ}(x)=\frac{1}{2}qlx-\frac{1}{2}qx^{2}=\frac{1}{2}qx(l-x)$$

再由式（17-1）求得推力为

$$F_x=\frac{M_C^{\circ}}{h}=\frac{\frac{1}{8}ql^2}{h}=\frac{ql^2}{8h}$$

以 M° 与 F_x 代入式（17-5）后，即得合理拱轴线方程为

$$y=\frac{4h}{l^2}(l-x)x$$

从而可见，在竖向均布荷载作用下，三铰拱的合理拱轴线是抛物线。必须再次指出，合理拱轴线只是适应于某一种荷载的情况。当荷载的布置及其性质有变化时，将相应地得到另一形式的合理拱轴线。

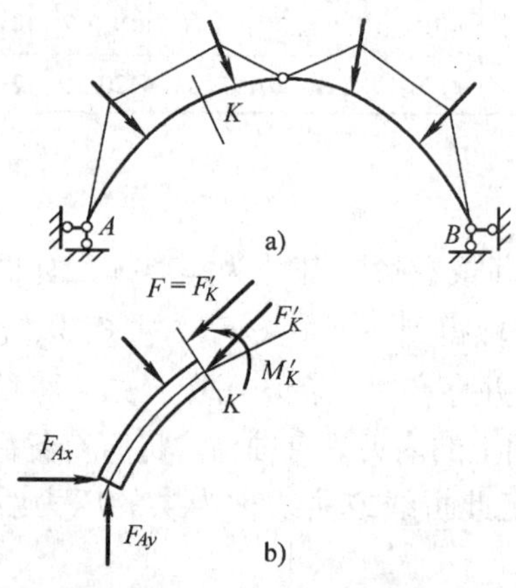

图 17-18 压力线的概念

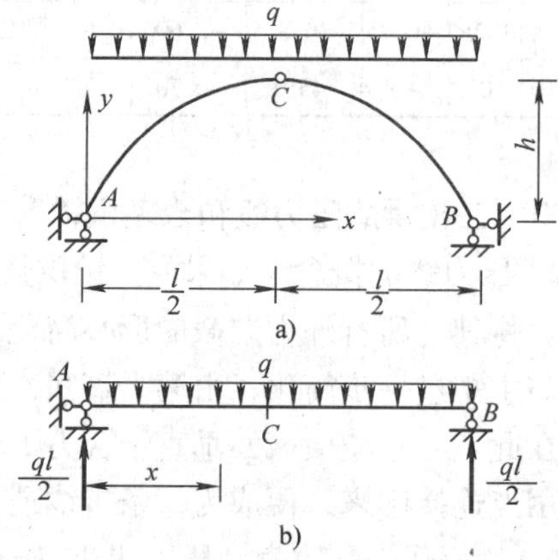

图 17-19 求合理拱轴线

17.4 平面静定桁架

17.4.1 桁架的基本概念

工程中在建造桥梁、房屋、输电塔、起重机架以及其他建筑物时，常利用一种特殊的大跨度杆系结构，这种杆系结构是由若干直杆彼此以端部铆接或焊接而成的几何形状不变的体系。当杆件之间的连接能近似地看作圆柱铰约束时，这种杆系结构称为桁架。图 17-20a 所示为武汉长江大桥所采用的桁架形式，图 17-20b 所示为钢筋混凝土组合屋架。组成桁架的各直杆的中心线在同一平面内且荷载作用线也在此平面内的桁架称为平面桁架，否则称为空间桁架。本节只讨论平面静定桁架内力的基本分析方法。

1. 桁架特征　桁架的受力情况比较复杂，在分析桁架时必须选取既能反映桁架的本质，

又便于计算的简图。通过假设将实际桁架简化为理想桁架，这些假设是：

1）各杆在两端用光滑铰链彼此连接，即其节点均为铰节点。

2）各杆轴线都是直线，而且在同一平面内并通过铰链的几何中心。

3）荷载作用在铰链的几何中心，即桁架的节点上。

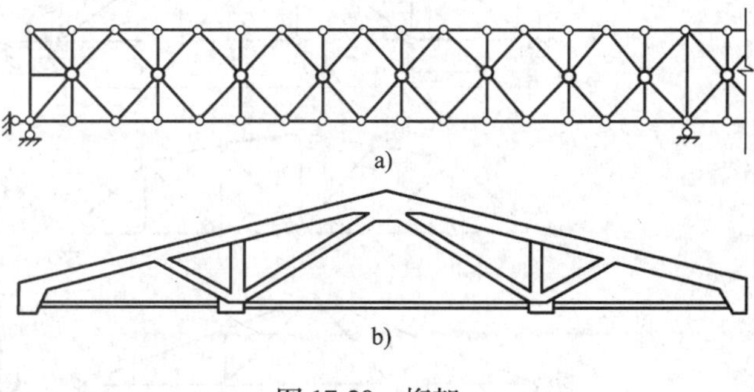

图 17-20　桁架

根据这些假设，桁架的各杆都为只在两端受力的二力直杆，称为二力杆，所以各杆只承受轴力，轴力以杆件受拉为正，受压为负。

实际上，上述假定与桁架的实际情况有许多差别。例如，钢桁架的节点是铆接或焊接的，钢筋混凝土桁架各杆是浇注在一起的；桁架各杆轴线不可能绝对平直，也不一定完全相交于一点；实际的荷载也常常不只是作用在节点上；等等。试验表明，这些因素对桁架内力的影响是次要的，称为次内力。按上述假设计算出的内力称为主内力。本节只讨论主内力的计算。

图 17-21a、b 所示为一矩形桁架和三角形桁架的计算简图。桁架的杆件依其位置不同，可分为弦杆与腹杆两类；弦杆又分为上弦杆和下弦杆，腹杆分为竖杆和斜杆。弦杆上两相邻节点的区间叫节间；两支座的水平距称为跨度；支座连线至桁架的最高点的距离称为桁高。

2. 平面桁架的分类　平面桁架可分为静定的和超静定的，还可有以下几种分类：

1）按桁架的外形，可分为平桁弦桁架（见图 17-21a）、三角形桁架（见图 17-21b）以及折线弦桁架（见图 17-21c）等。

2）按照竖向荷载作用下所引起的支座反力，分为无推力桁架（或称梁式桁架）（见图 17-21a、b、c）和有推力桁架（或称拱式桁架）（见图 17-21d）。

3）按桁架的几何组成方式，可分为简单桁架、联合桁架和复杂桁架。

①简单桁架是在一个铰接三角形上，依次增加二元体而得到的无多余约束的几何不变体系（见图 17-21a、b、c）。

②联合桁架是由几个简单桁架组成的无多余约束的几何不变体系（见图 17-21d、e）。

③复杂桁架，是不属于上述两类桁架的静定桁架（见图 17-21f）。

17.4.2　平面静定桁架的内力计算

1. 用节点法计算桁架内力　节点法是以节点为隔离体，逐次考虑每个节点的平衡，从而算出各杆轴力的方法。采用节点法可以求出简单桁架所有杆的内力。

因为杆件的轴线汇交于一点，故作用于每一节点的力系为平面汇交力系，只可列两个独立的平衡方程，能求解两根杆件的内力。所以，利用节点法计算桁架内力时，应从未知内力不超过两个的节点开始，逐一选取节点时，应按几何组成增加二元体的反顺序进行，直到将全部未知力解出。

在建立节点平衡方程时，可通过两个投影方程，往往需要把轴力 F 分解为水平分力 F_x 和竖向分力 F_y。设杆长为 l，其水平投影为 l_x 竖向投影为 l_y。轴力与杆长的投影分别如图 17-22 所示，则有如下相似关系

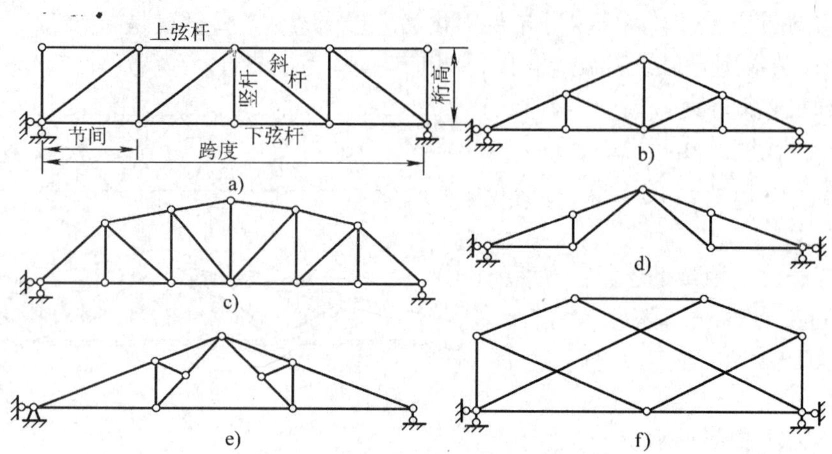

图 17-21 常见的桁架

$$\frac{F}{l}=\frac{F_x}{l_x}=\frac{F_y}{l_y}$$

因为桁架杆件的杆长与方位是确定的，即 l_x、l_y 已知，故利用上式很容易导出 F、F_x、F_y，而无需利用三角函数。

桁架中有时会出现轴力为零的杆件，称为零力杆，有时会出现两根或两根以上杆轴力相等，称为等力杆。为在计算桁架时，如首先找出所有零力杆或等力杆可减少计算工作量。用节点的平衡条件很容易判别零力杆或等力杆。

1）不共线两杆铰节点，不受荷载作用，两杆均为零力杆（见图 17-23a）。

2）不共线两杆铰节点，荷载与一杆共线，则另一杆为零力杆（见图 17-23b）。

3）三杆的铰节点，如两杆共线且节点无荷载作用，则另一杆为零力杆（见图 17-23c）。而在同一直线上的两杆轴力必大小相等，且同为拉力或同为压力，互为等力杆。

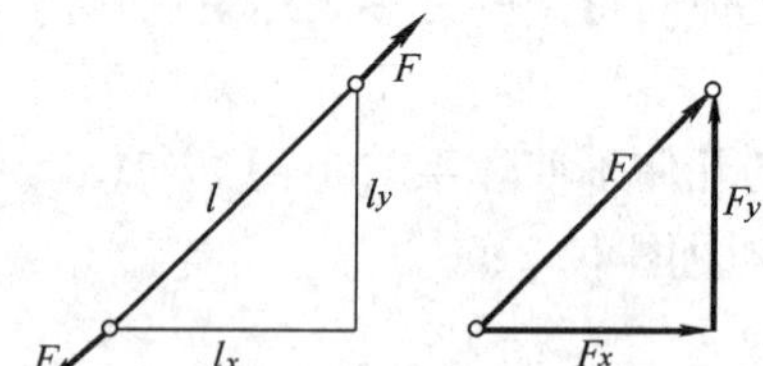

图 17-22 轴力投影与杆长尺寸的关系

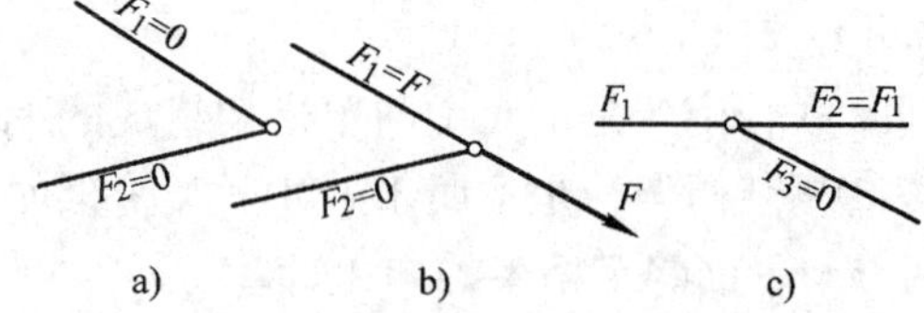

图 17-23 特殊情况下判断零杆与等力杆

例 17-6 求如图 17-24a 所示桁架各杆的轴力。图中斜杆旁括号中的数字为斜杆长度。

解：（1）求支座反力：由桁架整体平衡条件，

由 $\sum M_A=0$ 即 $-10\text{kN}\times1.5\text{m}-6\text{kN}\times3\text{m}+F_B\times4.5\text{m}=0$

由 $\sum M_B=0$ $10\text{kN}\times3\text{m}+6\text{kN}\times1.5\text{m}-F_{Ay}\times4.5\text{m}=0$

由 $\sum F_x=0$ 即 $F_{Ax}=0$

解得

$$F_{Ax}=0$$

$$F_{Ay}=8.67\text{kN}$$
$$F_B=7.33\text{kN}$$

（2）求各杆轴力：首先由零力杆判断规则，可知

$$F_{CF}=F_{EG}=0$$
$$F_{AF}=F_{FD}$$
$$F_{DG}=F_{GB}$$

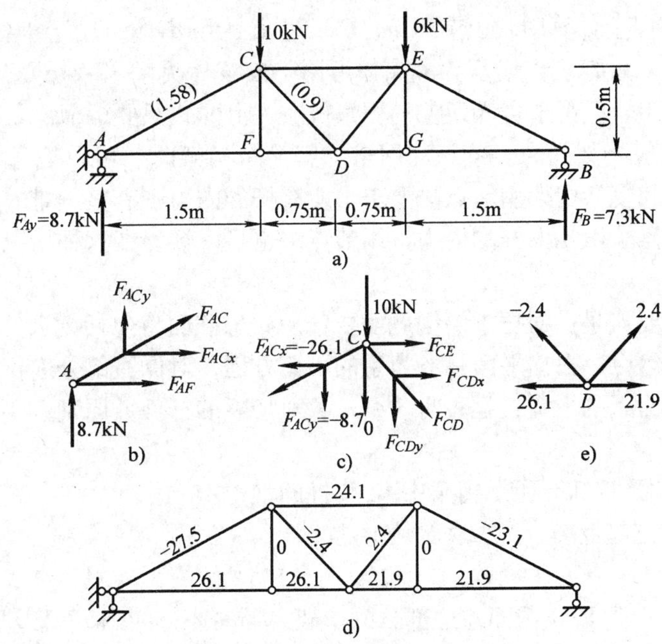

图 17-24　例 17-6 图

注：图中数字未注明的单位为 kN

a）原结构　b）*A* 节点受力图　c）*C* 节点受力图　d）各杆受力图　e）*D* 节点受力图

1）画节点 *A* 的受力图，如图 17-24b 所示，轴力 F_{AC}用 F_{ACx}和 F_{ACy}代替。

由　　$\sum F_y=0 \quad 8.67\text{kN}+F_{ACy}=0$　得

$$F_{ACy}=-8.67\text{kN}$$

由　　$\dfrac{F_{ACy}}{0.5}=\dfrac{F_{ACx}}{1.5}=\dfrac{F_{AC}}{1.58}$

$$F_{ACx}=-26.1\text{kN}$$
$$F_{AC}=-27.4\text{kN}$$

由　　$\sum F_x=0$　　即　　$F_{ACx}+F_{AF}=0$　　得

$$F_{AF}=-F_{ACx}=26.1\text{kN}$$

2）画节点 *C* 的受力图，如图 17-24c 所示。

由　$\sum F_y=0$　　即　$-10\text{kN}-F_{ACy}-F_{CDy}=0$　得

$$F_{CDy}=-10\text{kN}-F_{ACy}=-10\text{kN}-(-8.67)\text{kN}=-1.33\text{kN}$$

由 $\dfrac{F_{CDy}}{0.5}=\dfrac{F_{CDx}}{0.75}=\dfrac{F_{CD}}{0.9}$ 得

$$F_{CDx}\approx -2.0\text{kN};F_{CD}\approx -2.4\text{kN}$$

由 $\sum F_x=0$ 即 $F_{CE}+F_{CDx}-F_{ACx}=0$ 得

$$F_{CE}=-F_{CDx}+F_{ACx}=2\text{kN}-26.1\text{kN}=-24.1\text{kN}$$

3）再依次取节点 B、E 即可求出全部杆件轴力，计算从略。将所求得的轴力标在相应杆件轴线一侧（图 17-24d），以便于进行强度计算。

（3）校核：在以上计算中，以节点 A、C、B、E 为隔离体，用于求各杆轴力；节点 F、G 被用于判断零力杆。只能取节点 D 为隔离体可用于校核（见图 17-24e）。显然它应满足平衡条件 $\sum F_x=0$，$\sum F_y=0$。但由于舍入误差的积累效应，上两式只要近似满足就可以了。

2. 用截面法计算桁架内力　节点法用来求解简单桁架时，可以把每根杆的内力都求解出来，但对联合桁架和复杂桁架用节点法要求出所有杆的内力则有些困难。另一方面，即使在简单桁架中，如果只需求出几根杆的内力，用节点法也显麻烦。在这种情况下，用截面法比较方便。

截面法的计算要点是：根据求解问题需要，用假想截面将包括欲求其内力的杆件切断，将桁架分为两部分。然后，根据平面一般力系的平衡方程，对保留部分进行内力计算。

由于平面一般力系的平衡方程只有 3 个，故对切断的杆件数原则上不宜多于 3 根，否则不能全部确定。

例 17-7　求如图 17-25a 所示桁架中 1、2 杆的轴力。

解：（1）计算支座反力：以整体研究，得

$$F_{Ay}=F_B=1.5F$$

（2）计算轴力：取 I—I 截面左边部分的桁架为隔离体，如图 17-25b 所示，其平衡方程为

$\sum M_H=0$　　$-F_1\times 4\text{m}-1.5F\times 12\text{m}+F\times 6\text{m}=0$

$\sum M_E=0$　　$-F_3\times 4\text{m}+F\times 9\text{m}+F\times 3\text{m}-1.5F\times 15\text{m}=0$

$\sum F_y=0$　　$F_{2y}+1.5F-F-F=0$

解得

$$F_1=-3F$$
$$F_3=2.6F$$
$$F_{2y}=0.5F$$

由

$$\frac{F_{2y}}{4}=\frac{F_2}{5}$$

得

$$F_2=0.6F$$

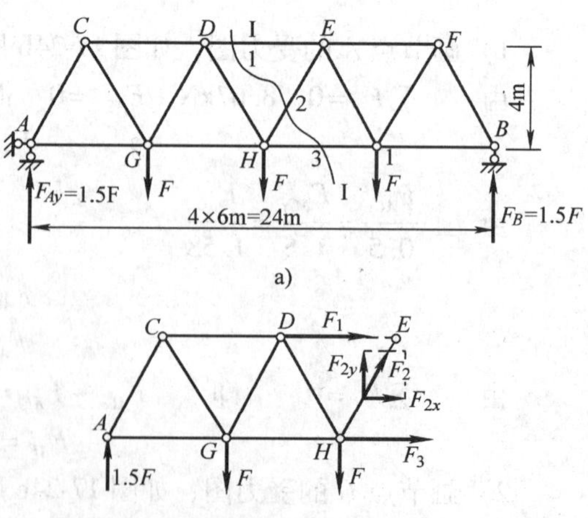

图 17-25　例 17-7 图

3. 节点法与截面法的联合应用　对于联合桁架和复合桁架，往往需要联合运用节点法和截面法，下面举例说明。

例 17-8　求如图 17-26a 所示桁架中 1、2、3 杆的轴力。

解：（1）计算支座反力：由整体平衡条件，可求得

$$F_{Ay}=F_B=\frac{5}{2}F$$

（2）轴力计算：

1）用Ⅰ—Ⅰ截面截取左边部分为隔离体（见图17-26b），由$\sum F_y=0$得

$$\frac{5F}{2}-2F+F_2\cos\alpha-F_4\cos\alpha=0 \qquad ①$$

此式有两个未知数，需联立其他方程才能求解。

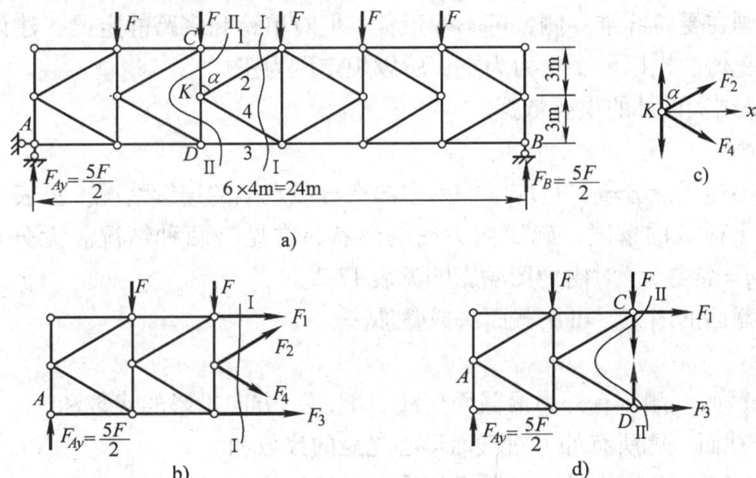

图17-26　例17-8图

2）取节点K为隔离体（见图17-26c），

由$\sum F_x=0$，可得

$$F_2=-F_4 \qquad ②$$

联解式①、式②，可得

$$F_2=-F_4=\frac{1}{2\cos\alpha}\left(-\frac{F}{2}\right)=\frac{1}{2\times\frac{3}{5}}\left(-\frac{F}{2}\right)=-\frac{5}{12}F$$

3）取Ⅱ—Ⅱ截面左边部分为隔离体（见图17-26d），

由$\sum M_C=0$　即　$\frac{-5F}{2}\times 8\text{m}+F\times 4\text{m}+F_3\times 6\text{m}=0$

由$\sum M_D=0$　即　$\frac{-5F}{2}\times 8\text{m}+F\times 4\text{m}-F_1\times 6\text{m}=0$

可解得

$$F_1=-\frac{8F}{3}$$

$$F_3=\frac{8F}{3}$$

小　结

1）静定结构是无多余约束的几何不变体系，其全部反力和内力均可由静力平衡方程求出，且解答是惟一的。

2）静定结构可分为：静定梁、静定刚架、静定拱、静定桁架等。

3）组成静定结构中的杆件如为梁式杆，则其内力一般有弯矩、剪力和轴力；如为链式杆（二力直杆），其内力仅有轴力。

4）求内力的基本方法是截面法。梁和刚架内力中剪力和轴力分量的正负号规定仍与第2篇相同，弯矩图画在受拉纤维一侧，可不标正负，但对单跨和多跨静定梁，建议仍以使下侧纤维受拉时弯矩取正值。拱以承受压力为主，所以规定压为正。

5）内力图是结构设计的重要依据。

①求约束反力。

②由外力的不连续点分段，且应掌握内力图在分段点上的连续情况，见表17-1。

③根据杆段上荷载的情况，确定内力图的形状，常见有两种情况。无分布荷载（$q=0$）和有均布荷载（$q=$常数），对内力图的影响见表17-2。

④求各控制截面的内力，可用截面法或叠加法。

截面法：

a. 剪力等于截面一侧所有外力沿截面切线（截面）方向投影的代数和。

b. 弯矩等于截面一侧所有外力对截面形心之矩的代数和。

c. 轴力等于截面一侧所有外力沿截面法线（轴线）方向投影的代数和。

区段叠加法：

a. 用虚直线连接区段两端点的弯矩值，作为 M_2 图。

b. 将区段间外力作为荷载，作用在以区段长为跨长的简支梁的弯矩图作为 M_1 图。

c. 将 M_1 与 M_2 图进行纵距叠加。

6）内力图的校核是必要的，通常截取节点或结构的一部分，验算其是否满足平衡条件。

习　题

17-1　计算图中梁的内力并作图。

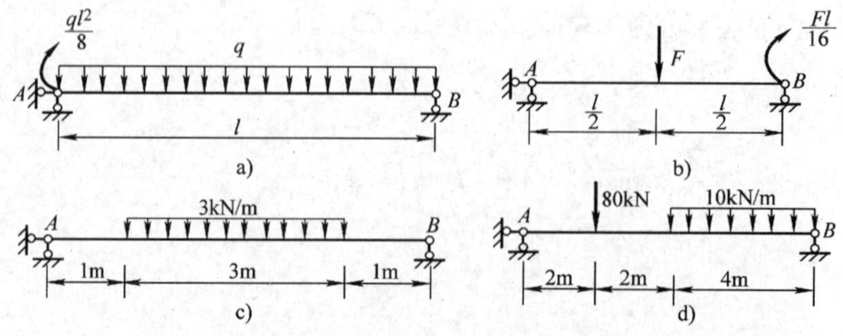

题17-1　图

17-2　如图所示，作多跨静定梁的内力图。

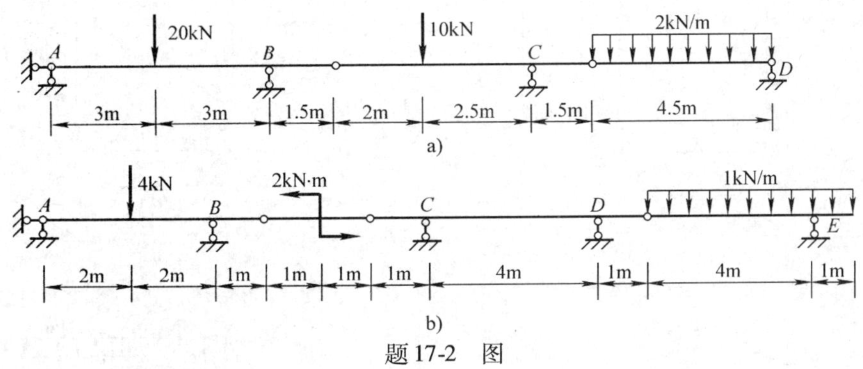

题 17-2　图

17-3　计算图示刚架的弯矩，并作图。

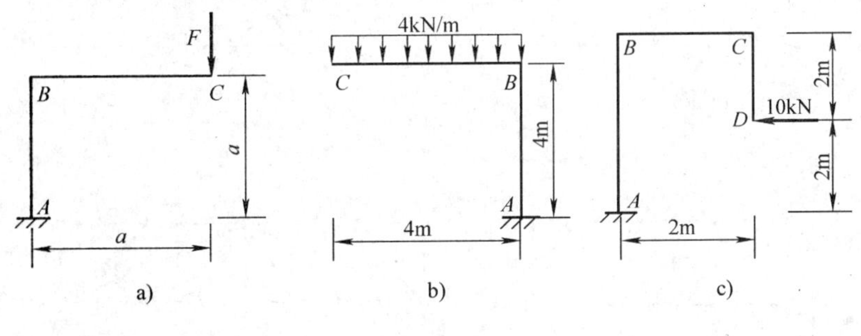

题 17-3　图

17-4　计算图示刚架的 M、F_S、F_N 并作图。

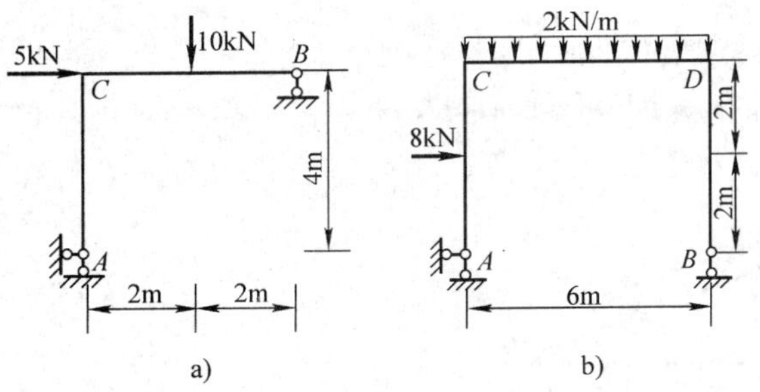

题 17-4　图

17-5　计算图示刚架的弯矩并作图。

17-6　设图示抛物线三铰拱轴线方程为，$y=\dfrac{4h}{l^2}\ (1-x)x$。试计算截面 K 的 M、F_S、F_N 的值。

17-7　已知三铰拱如图所示，跨度 $l=12\text{m}$，拱高 $h=4\text{m}$。在右半拱上，沿水平方向布置有均布荷载 $q=20\text{kN/m}$，在左半拱上有集中荷载 $F=100\text{kN}$，设拱轴为一抛物线，其方程为

$$y=\frac{4h}{l^2}(l-x)x$$

试求支座反力，并绘出内力图。

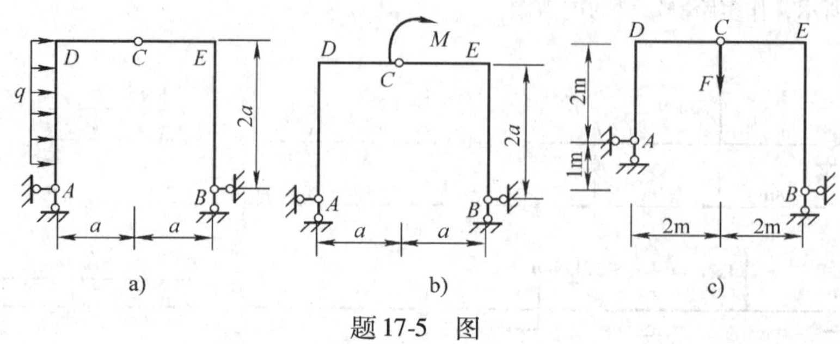

题 17-5 图

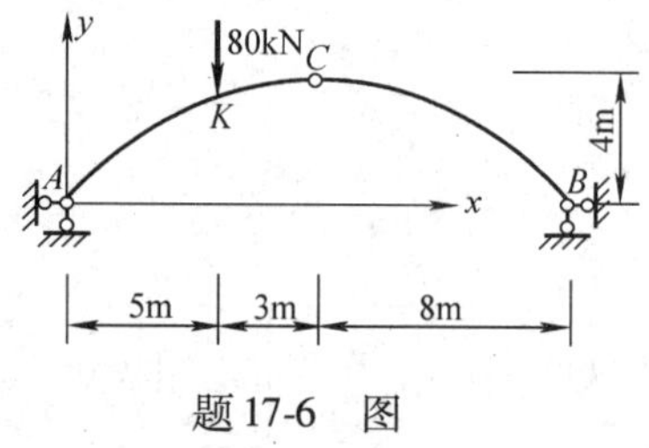

题 17-6 图

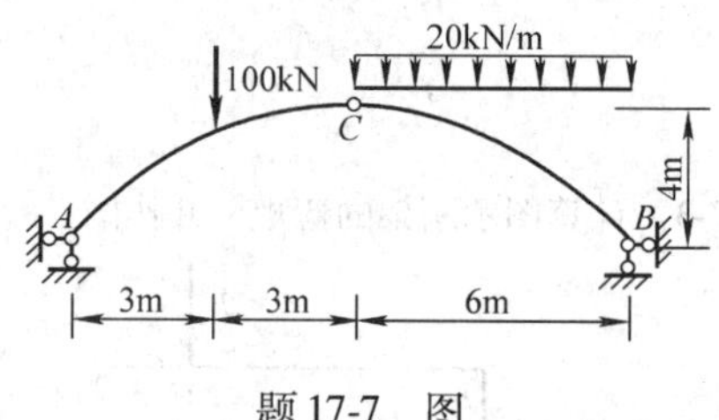

题 17-7 图

17-8 判断如图所示桁架的零力杆。

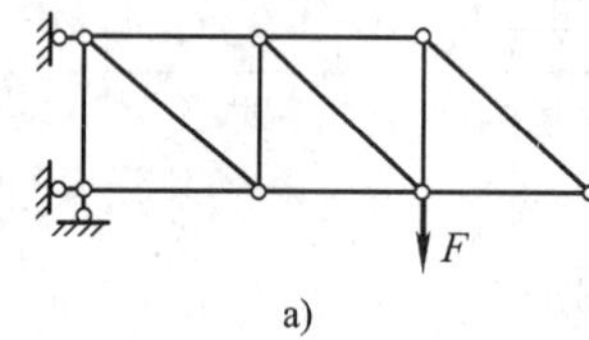

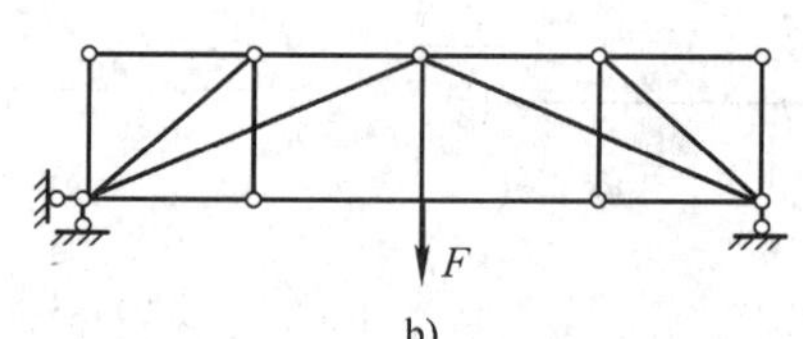

题 17-8 图

17-9 用节点法求图示桁架各杆的轴力。

17-10 用截面法求图示桁架中指定杆件的轴力。

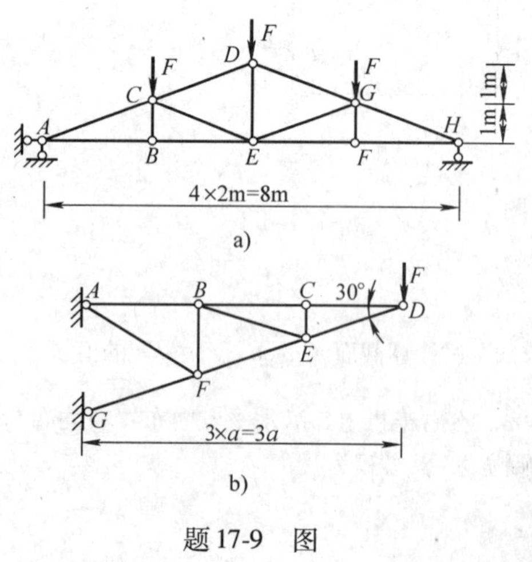

题 17-9 图

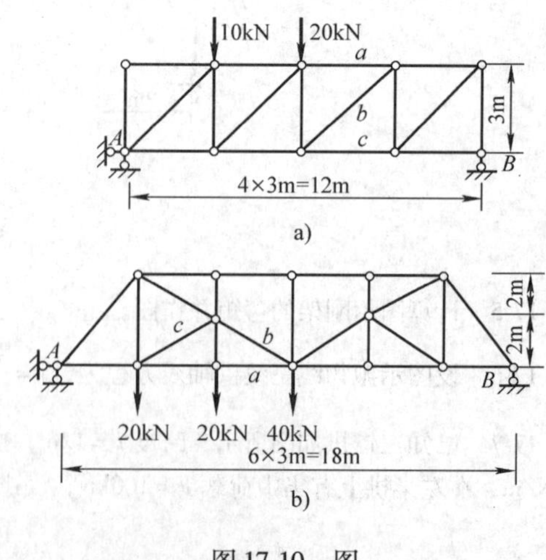

图 17-10 图

17-11　试用较简单的方法，求图示桁架中指定杆件的轴力。

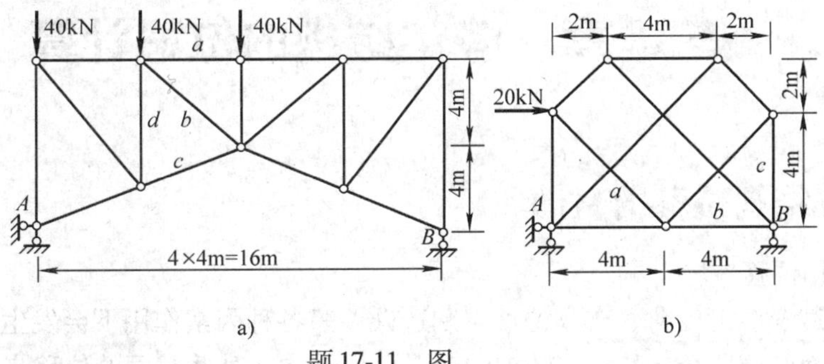

a)　　　　b)

题 17-11　图

第 18 章　静定结构的位移计算

18.1　计算结构位移的目的

18.1.1　变形和位移

结构在荷载、温度变化、支座位移与制造误差等各种因素作用下会发生变形。变形时，结构中各杆横截面的位置会有移动。结构的变形可用结构上某些截面的位移来反映，结构的位移即指结构中杆件横截面位置的改变。

结构的位移分线位移和角位移两种。截面的移动称为线位移，在计算简图上用杆轴上的一点（截面形心）处的移动来表示。截面的转动称为角位移，在计算简图上用杆轴上一点处的切线方向的变化来表示。例如 18-1a 所示的结构，在荷载作用下发生变形如图中双点画线所示，截面（形心）C 移动到 C'，CC' 即为截面（点）C 的线位移，记为 Δ_C，同时，C 截面的起始位置和终了位置的夹角，称为 C 截面的角位移或称转角，记为 θ_C。

在平面结构的位移计算中，通常采用水平位移分量和竖向位移分量来表示线位移。如图 18-1a 所示，C 点的水平位移，其大小是 Δ_{Cx}，其方向是水平向右（→）；C 点的竖向位移，其大小是 Δ_{Cy}，其方向是竖直向下（↓）。在小变形下，如图 18-1b 所示 C 截面的转角，可用变形曲线在 C' 点的切线与原轴线的夹角表示。

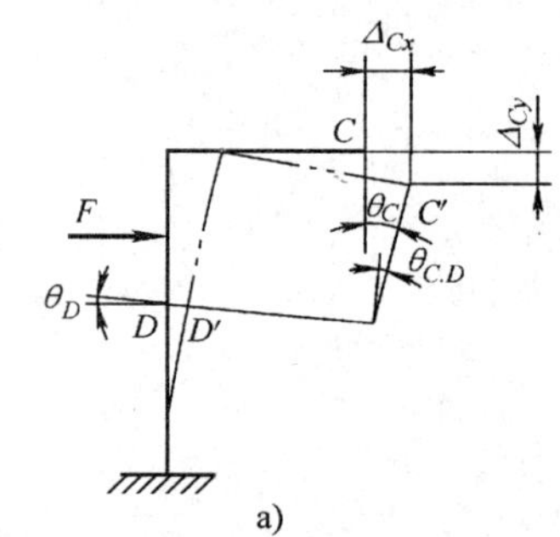

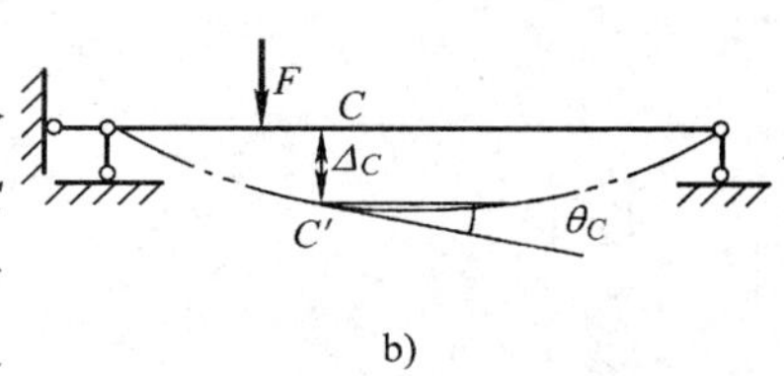

图 18-1　结构的变形与位移

平面悬臂刚架在荷载作用下发生变形如双点画线所示（见图 18-2），D 点的线位移可用竖向位移 Δ_{Dy}（↓）和水平位移 Δ_{Dx}（→）两个分量表示；C 点的竖向位移为 Δ_{Cy}（↑），水平位移为 Δ_{Cx}（→）。C 点的竖向位移向上，D 点的向下，这两个方向相反的竖向位移之和，称为 C、D 两点的相对竖向位移，记为 $\Delta_{C\text{-}Dy}$，即 $\Delta_{C\text{-}Dy}=\Delta_{Cy}+\Delta_{Dy}$。$C$、$D$ 两点的水平位移都是向右，方向相同，此时它们的相对水平位移是二者之差，即 $\Delta_{C\text{-}Dx}=\Delta_{Dx}-\Delta_{Cx}$。同样，如图 18-1a 所示，截面 C、D 的角位移分别为 θ_C（反时针方向）和 θ_D（顺时针方向），这两个转向相反的角位移之和，便是两截面的相对角位移，记为 $\theta_{C\text{-}D}$，即 $\theta_{C\text{-}D}=\theta_C+\theta_D$。

通常将上述的线位移、角位移、相对线位移及相对角位移统称为广义位移，并都可以记为 Δ。

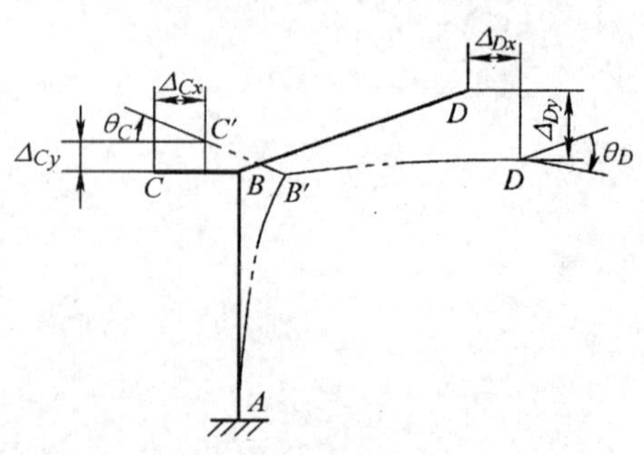

图 18-2　平面悬臂刚架的变形与位移

18.1.2 位移计算的目的

结构上的点或面的位移，是对结构变形的表述。计算结构位移的一个目的是为了校核结构的刚度。结构如果强度能保证，但没有足够的刚度，在荷载作用下变形过大，也无法正常工作。例如桥式起重机在其轨道上运行时，如果桥式起重机梁的变形过大，桥式起重机轨道不平顺，就会引起较大的冲击和振动，影响正常的运行。在工程上，结构的刚度条件通常是用位移来衡量。校核结构的刚度，一般就是检验结构中的某一位移是否超过规定的允许值，以防止结构因产生过大的变形而影响其正常的使用。例如，有关的规范规定，上述桥式起重机梁跨中的最大竖向位移不得超过梁跨度的1/500~1/600。

位移计算的另外一个目的是为了求解超静定结构。在计算超静定结构的内力时，除了平衡条件外，还必须考虑结构的变形和位移条件。因此，超静定结构的受力分析，必定要涉及到结构的位移计算。可以说位移计算是计算超静定结构的基础。

此外，在结构的制作、架设、养护等过程中，也往往需要预先知道结构的变形情况，以便采取一定的施工措施。

在建筑力学中计算结构位移的一般方法，是以虚功原理为基础的单位荷载法。本章将先简单介绍弹性变形体系的虚功原理，然后着重讨论用单位荷载法计算静定结构的位移。

18.2 功与虚功原理

18.2.1 实功与虚功

1. 位移的表示方法　简支梁 AB 在 1 点受集中荷载 F_1 作用下达到平衡，其变形曲线如图 18-3a 中的双点画线所示。集中荷载 F_1 作用点沿 F_1 方向的位移，记为 Δ_{11}。第一个下标，1 表示此位移是与 F_1 相对应的位移；第二个下标 1 表示此位移是荷载 F_1 引起的。

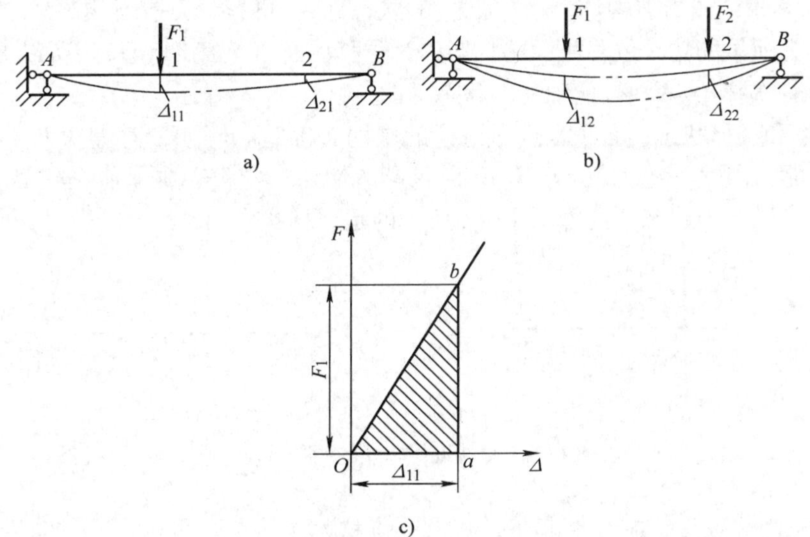

图 18-3　位移的表示方法

2. 功的表示方法　力做功用 W_{ij} 表示，有两个下标，第一个下标表示做功的力，第二个下标表示位移的产生原因。

（1）实功：当 $i=j$ 时，W_{ij}表示做功的力就是产生位移的力。如 Δ_{11}是由荷载 F_1 引起的，W_{11}表示荷载 F_1 在其自身引起的位移 Δ_{11}上所做的功。这种力在其自身引起的位移上所做的功称为实功。由于荷载 F_1 是静力加载，即从零开始逐渐增加到最后值的。对于线性变形体材料，产生的位移与荷载成线性关系，所以梁中各点的位移也从零开始按比例增大。荷载 F_1 在上述加载过程中所做的功为

$$W_{11}=\frac{1}{2}F_1\Delta_{11} \tag{18-1}$$

这相当于 F-Δ 图（见图 18-3c）中三角形 Oab 的面积。由于力自身引起的位移总与力的方向一致，故实功恒为正。应注意实功算式前的系数是 1/2。

（2）虚功：当 $i\neq j$ 时，W_{ij}表示做功的力与产生位移的不是同一个力。如果在上述弯曲后的 AB 梁的点 2 处再作用一集中荷载 F_2，梁 AB 在发生微小变形后又达到新的平衡状态，变形曲线成为双点画线（见图 18-3b）。在加荷载 F_2 的过程中，F_1 的大小和方向均保持不变，所以荷载 F_1，在其相应的位移 Δ_{12}上所做的功是常力做功，为

$$W_{12}=F_1\Delta_{12} \tag{18-2}$$

位移 Δ_{12}是荷载 F_2 所引起，与荷载 F_1 没有任何关系。这种力在与其自身无关的相应位移上所做的功称为虚功。当位移与力的方向一致时，虚功为正功；方向相反时，虚功为负功。应强调的是，虚功算式前的系数是 1。

3. 虚功的两个状态　实功的力与位移彼此不独立，相互之间存在着一定的关系。虚功的力和位移彼此是独立的。由于是小变形，图 18-3b 所示的变形符合叠加原理，把它分解成两种状态。一种是简支梁 AB 在 F_1 单独作用时的状态（见图 18-4a），另一种是简支梁 AB 在 F_2 单独作用时的状态（见图 18-4b），两种状态彼此是独立的。

对虚功 W_{12}来说：图 18-4a 中所示的力 F_1 的状态称为力状态（或第Ⅰ状态），在图 18-4b 中所示的位移 Δ_{12}上所做的功，位移所示的状态称为位移状态（或第Ⅱ状态）。所以虚功中的力和位移可看成是同一结构的两种彼此独立的状态。

所谓力状态和位移状态，必须根据所讨论的虚功来确定。例如，对虚功 $W_{12}=F_1\Delta_{12}$来说，图 18-4a 所示的状态是力状态，图 18-4b 所示的是位移状态。但对虚功 $W_{21}=F_2\Delta_{21}$来说，如图 18-4b 所示的状态则是力状态，而如图 18-4a 所示的是位移状态。

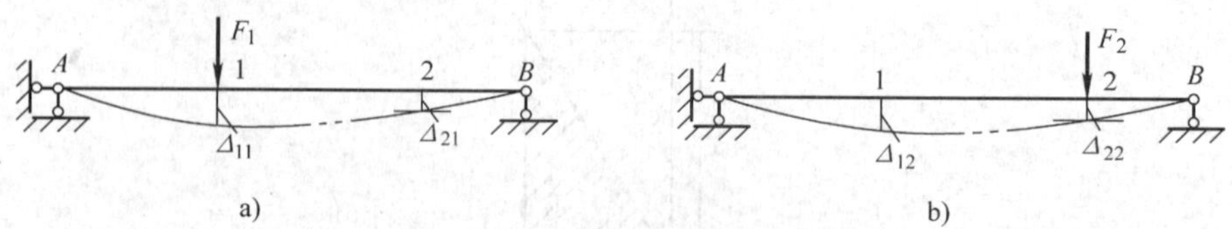

图 18-4　虚功彼此独立的两种状态

4. 广义力与广义位移　在讨论虚功时有力和位移两个因素。做功的力可以是一个集中力或一个集中力偶，也可以是一对集中力或一对集中力偶，甚至可以是某一力系（见图 18-5），统称为广义力。与之相应的位移则分别是线位移或角位移、相对线位移或相对角位移，某一组位移，统称为广义位移。

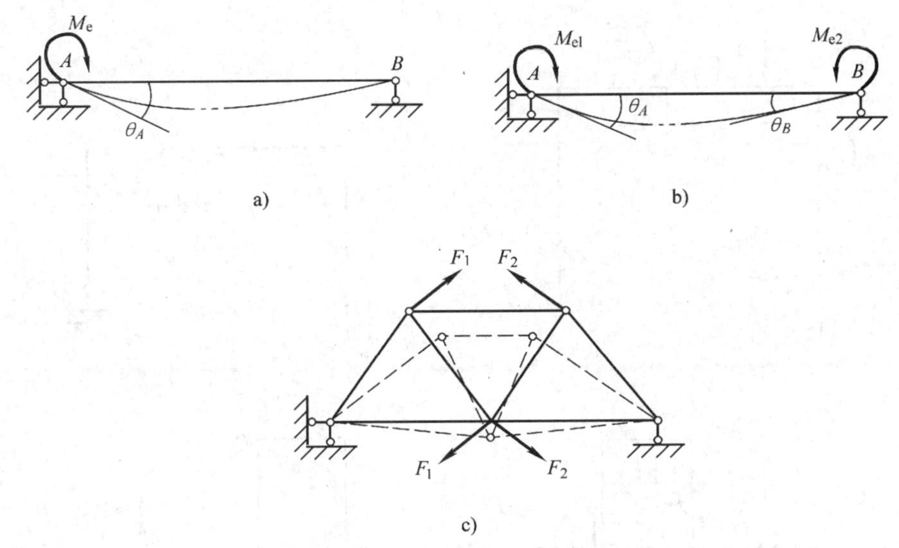

图 18-5　广义力与广义位移

a）一个集中力偶　b）一对集中力偶　c）一个力系

18.2.2　虚功原理

本节我们讨论变形体的虚功原理。设结构的力状态是在荷载和支座反力作用下处于平衡（见图 18-6a），此时结构各杆将产生内力。图 18-6b 所示的结构是由于某种原因（任意荷载或支座移动）引起的任意一个位移状态，各杆件发生了变形。

1. 外力虚功　力状态中的外力（包括作用的荷载和支座反力）在位移状态的相应位移上所做的虚功称为外力虚功。显然，如图 18-6 所示中外力虚功总和为

$$W_e = F_1\Delta_1 + F_2\Delta_2 + M_2\theta_2 + F_3\Delta_3 + \cdots = \sum F_i\Delta_i \tag{18-3}$$

2. 内力虚功　由于位移状态中各杆件发生了变形，力状态中各杆件的内力在位移状态中相应的变形（相对位移）上也做了虚功，称为内力虚功，或变形虚功。在力状态中取杆件的任一微段 dx，微段左侧截面上作用的内力为轴力 F_N、弯矩 M 和剪力 F_S，右侧截面上作用的内力为轴力 $F_N + dF_N$、弯矩 $M + dM$、和剪力 $F_S + dF_S$（见图 18-6c）；图 18-6b 所示是结构的位移状态，dx 微段上 $ABDC$ 变形成 $A'B'D'C'$（见图 18-6d），它的变形可分解为 3 部分：与轴力 F_N 相应的变形是轴向变形（伸长或缩短）du、与弯矩 M 相应的变形是弯曲变形（左、右两端截面的相对转角）$d\varphi$，与剪力 F_S 相应的变形是剪切变形（两端截面沿 y 方向的相对错动）dv（见图 18-6e）。力状态中微段上的各内力在位移状态中微段的相应变形上所做的虚功之和为

$$dW = F_N du + M d\varphi + F_S dv$$

内力增量 dF_N、dM、dF_S 在相应变形上所做的虚功为高阶微量，已略去不计。求一根杆件的内力虚功可将上式沿杆长积分，整个结构的内力虚功总和 W_i 即为

$$W_i = \sum \int F du + \sum \int M d\varphi + \sum \int F_S dv \tag{18-4}$$

式中　$\sum$——对所有杆求和；

$\int$——对整根杆积分。

3. 变形体的虚功原理　根据功能原理，杆系变形体结构的虚功原理可表述如下，设变形

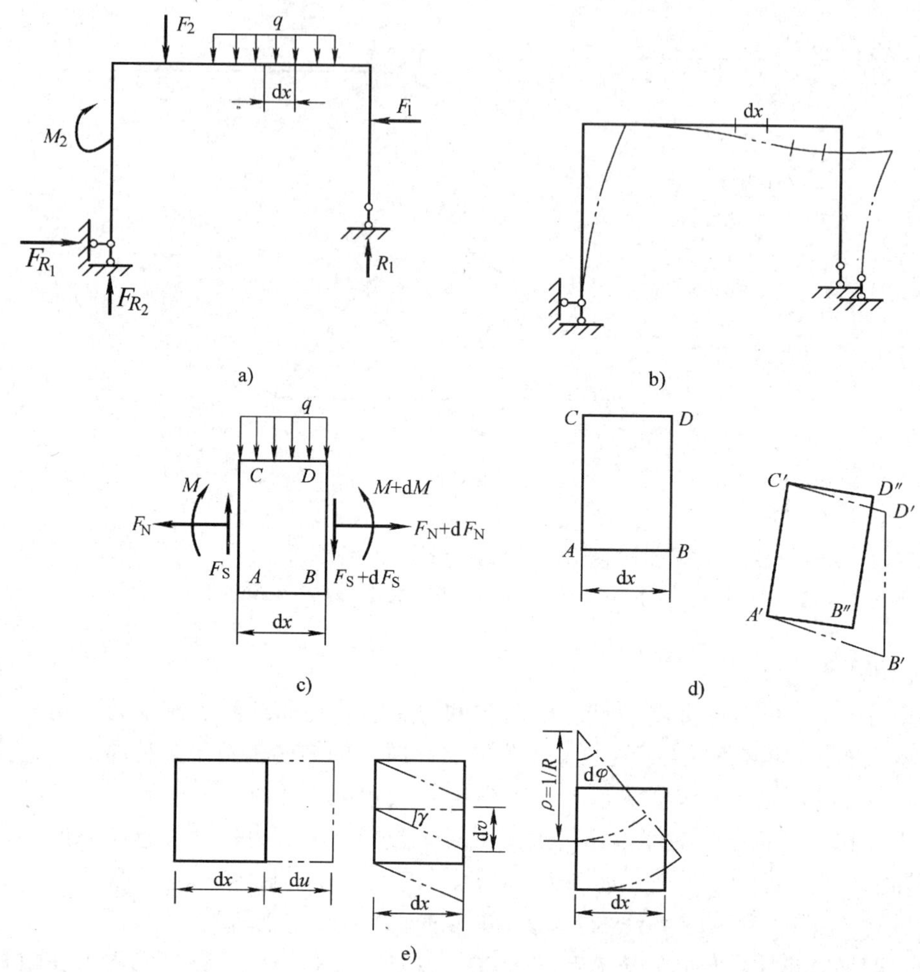

图 18-6　内力虚功示意图

体在力系的作用下处于平衡状态（力状态），又设该变形体由于别的与上述力系无关的原因作用下，发生符合约束条件的微小的连续变形（位移状态），则力状态的外力在位移状态的相应位移上所做的外力虚功总和（记为 W_e），等于力状态中变形体的内力在位移状态的相应变形上所做内力虚功的总和（记为 W_i），即

$$W_e = W_i \tag{18-5}$$

式（18-5）称为虚功方程。虚功原理是本篇中的一个重要的基本原理。在应用时须注意：

1）虚位移或虚变形必须与结构的支承条件相协调并满足变形连续性条件，它必须是结构的支承条件所允许发生的。

2）虚功原理在实际应用中有两种方式：一种是虚荷载法，即对给定的位移状态，虚设一个力状态，利用虚功方程求解位移状态中的未知位移，这时的虚功原理又称为虚力原理；另一种是虚位移法，即对给定的力状态，虚设一个位移状态，利用虚功原理求力状态中的未知力，这时的虚功原理又称为虚位移原理。

本章讨论的结构位移的计算，就是以变形体虚力原理为理论根据的。

18.3 计算结构位移的一般公式

当计算结构某指定的位移时，应取结构的实际状态为位移状态，再根据所要求的未知位移虚设一个力状态，利用虚力原理来求出欲求的位移。虚拟的力状态与结构的实际状态毫无关系，完全可以按我们的需要而独立拟设，但它应该是一个平衡状态，其上作用的力系满足平衡条件。下面讨论具体的运用。

18.3.1 单位荷载法

如图 18-7a 所示结构，在荷载 F_1、F_2 及支座位移 C_1、C_2 等各种因素作用下，发生双点画线所示变形，这一状态称为实际状态。现在要计算实际状态中 C 点的竖向位移 Δ_C。

为了利用虚功方程求 C 点竖向位移，应选取一个虚设的力状态，如图 18-7b 所示，即在 C 点处沿其竖向位移 Δ_C 方向施加一单位集中力 $F_C=1$。由于力状态是虚设的，故称为虚拟状态。根据式（18-3），虚拟状态的外力（包括支座反力）在实际状态的位移所做的总虚功为

$$W_e = F_C\Delta_C + \overline{F}_{R1}C_1 + \overline{F}_{R2}C_2$$

简写为

$$W_e = \Delta_C + \sum \overline{F}_{Ri}C_i \qquad (18\text{-}6)$$

式中 $\overline{F}_{Ri}$——虚拟状态中的支座反力；

C_i——实际状态中相应的支座位移；

$\sum \overline{F}_{Ri}C_i$——支座反力所做虚功之和。

因为实际状态中支座 A 处位移为零，故虚拟状态中 A 处支座反力所做虚功为零，即在 W_e 表达式中该项为零。

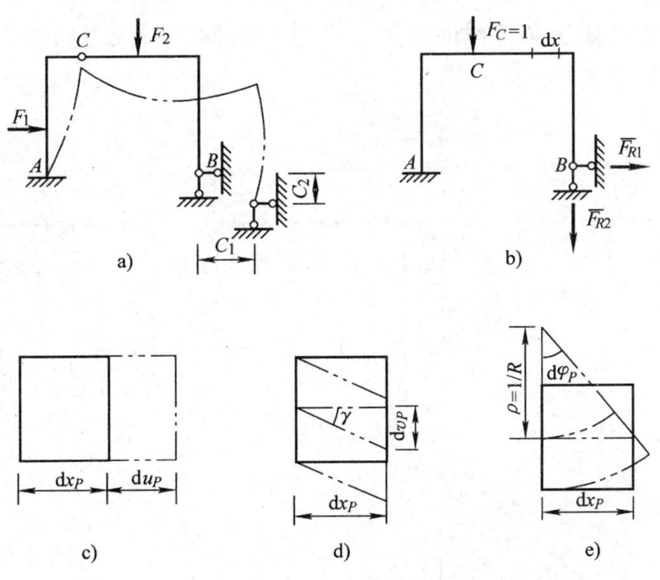

图 18-7 单位荷载法示意图

以 du_P、dv_P、$d\varphi_P$ 表示实际状态中微段 dx 的变形（如图 18-7c、d、e 所示），以 $\overline{F}_N$、$\overline{F}_S$、$\overline{M}$ 表示虚拟状态中同一微段 dx 上的内力，根据式（18-4），则总内力虚功为

$$W_i = \sum \int \overline{F}_N \, du_P + \sum \int \overline{M} \, d\varphi_P + \sum \int \overline{F}_S \, dv_P \tag{18-7}$$

式中 $\int$——沿每一杆的全长积分；

Σ——对结构中所有相关杆件求和。

根据虚功方程（18-5）有

$$\Delta_C + \sum \int \overline{F}_{Ri} C_i = \sum \int \overline{F}_N du_P + \sum \int \overline{M} \, d\varphi_P + \sum \int \overline{F}_S dv_P$$

即

$$\Delta_C = \sum \int \overline{F}_N du_P + \sum \int \overline{M} \, d\varphi_P + \sum \int \overline{F}_S dv_P - \sum \int \overline{F}_{Ri} C_i \tag{18-8}$$

式（18-8）用于计算位移，可称为单位荷载方法。在推导过程中运用了胡克定律和叠加原理，因此适用于线弹性体系。

式（18-8）是平面杆件结构位移计算的一般公式，可以求结构上任何点的任何位移。计算结果若为正，则表示所求得的实际位移 Δ_C 的方向与所假设的单位力 $\overline{F}=1$ 的指向相同，为负，则相反。

18.3.2 虚拟状态中的单位广义力

单位荷载法不仅可以计算线位移，也可以计算其他性质的位移，如角位移、相对位移等。此时，把位移计算式（18-8）的左边可理解为广义位移，单位荷载则应该根据广义位移的性质选定相应的虚拟单位广义力，以使虚拟单位广义力在广义位移上做的虚功等于所要求的位移。

例如，欲求某点的线位移，就应该在该点沿所求位移的方向加一个单位集中力。如图 18-8a 所示为求 K 点沿 k-k 方向的线位移时的单位荷载。

欲求某截面的转角，则应在该截面处加一个单位力偶 M_e。如图 18-8b 所示为求 K 截面（点）转角的单位荷载。

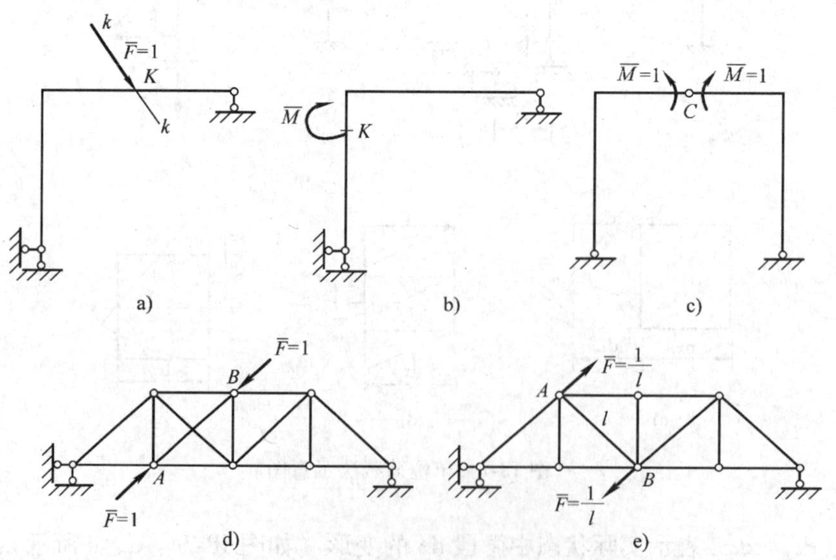

图 18-8 虚拟状态中的单位广义力

欲求两截面的相对角位移，则在两截面处加一对方向相反的单位力偶。图 18-8c 所示为求铰 C 两侧截面的相对转动时应取的单位荷载。

欲求两点间的距离变化，也就是求两点沿其连线方向上的相对线位移，就应该在此两点沿其连线方向上加一对方向相反的单位集中力。图 18-8d 所示为求 A、B 两铰节点沿其连线方向上的相对线位移时的单位荷载。

欲求桁架某杆的角位移时，则可在该杆的两端加一对大小等于杆长倒数、与杆件垂直但方向相反的集中力。图 18-8e 所示为求 AB 杆转动时所取的单位荷载。

18.4 荷载作用下的位移计算

如果结构只受到荷载作用，且不考虑支座位移的影响（即 $C_i=0$）时，则式（18-8）可以简化为如下形式：

$$\Delta=\sum\int\overline{F}_{\mathrm{N}}\,\mathrm{d}u_{\mathrm{P}}+\sum\int\overline{M}\,\mathrm{d}\varphi_{\mathrm{P}}+\sum\int\overline{F}_{\mathrm{S}}\,\mathrm{d}v_{\mathrm{P}}\tag{18-9}$$

式中微段的变形是由荷载引起的（实际状态）。以 M_{P}、F_{NP}、F_{SP} 表示实际状态中微段 $\mathrm{d}x$ 上所受内力，则由第 2 篇可知，实际状态中微段的变形如图 18-7c ~ e 所示：

$$\mathrm{d}u_{\mathrm{P}}=\varepsilon\mathrm{d}x=\frac{F_{\mathrm{NP}}}{EA}\mathrm{d}x,\mathrm{d}v_{\mathrm{P}}=\gamma\mathrm{d}x=\frac{kF_{\mathrm{SP}}}{GA}\mathrm{d}x,\mathrm{d}\varphi_{\mathrm{P}}=\frac{1}{\rho}\mathrm{d}x=\frac{M_{\mathrm{P}}}{EI}\mathrm{d}x \qquad ①$$

式中，ε 是轴向线应变，γ 是切应变，ρ 是中性轴的曲率半径，$1/\rho$ 是曲率。

将式①代入式（18-9）得

$$\Delta=\sum\int\frac{\overline{F}_{\mathrm{N}}F_{\mathrm{NP}}}{EA}\mathrm{d}x+\sum\int\frac{\overline{M}M_{\mathrm{P}}}{EI}\mathrm{d}x+\sum\int\frac{k\,\overline{F}_{\mathrm{S}}F_{\mathrm{SP}}}{GA}\mathrm{d}x\tag{18-10}$$

式中 EA——抗拉刚度；

GA——抗剪刚度；

k——截面的切应力分布不均匀系数，只与截面形状有关，对于矩形截面 $k=1.2$，圆形截面 $k=10/9$，薄壁圆环形截面 $k=2$；

EI——抗弯刚度；

M_{P}、F_{NP}、F_{SP}——实际荷载引起的弯矩、轴力、剪力；

$\overline{M}$、$\overline{F}_{\mathrm{N}}$、$\overline{F}_{\mathrm{S}}$——虚拟单位荷载引起的弯矩、轴力、剪力。

式（18-10）有关内力正负号规定如下：轴力 F_{NP}、$\overline{F}_{\mathrm{N}}$，以拉力为正；剪力 F_{SP}、$\overline{F}_{\mathrm{S}}$，使微段顺时针转向为正；弯矩 M_{P}、$\overline{M}$，当 $\overline{M}$ 与 M_{P} 使杆件同侧受拉时，其乘积取正值，反之取负值，即弯矩只规定乘积 $\overline{M}M_{\mathrm{P}}$ 的正负号。

式（18-10）即为平面杆系结构在荷载作用下的位移计算公式。对于不同类型的结构，式（18-10）还可以作如下简化：

（1）梁和刚架：轴力和剪力的影响很小，位移计算中一般只考虑弯矩的影响，则式（18-10）可以简化为

$$\Delta=\sum\int\frac{\overline{M}M_{\mathrm{P}}}{EI}\mathrm{d}x\tag{18-11}$$

（2）桁架：桁架内力只有轴力，且各杆的轴力和截面沿杆长 L 一般均为常数，则式（18-

10）可以简化为

$$\Delta = \sum \int_0^l \frac{\overline{F}_N F_{NP}}{EA} dx = \sum \frac{\overline{F}_N F_{NP} l}{EA} \tag{18-12}$$

（3）组合结构：组合结构中一些杆件主要承受弯矩，一些杆件只受轴力，则式（18-10）可以简化为

$$\Delta = \sum \int \frac{\overline{M} M_P}{EI} dx + \sum \frac{\overline{F}_N F_{NP} l}{EA} \tag{18-13}$$

（4）拱：拱的位移计算通常只考虑弯曲变形的影响，其位移可以近似按式（18-11）计算，但在计算扁平拱的水平位移或当压力线与拱轴相近时，应同时考虑弯曲变形和轴向变形的影响，即位移计算公式为

$$\Delta = \sum \int \frac{\overline{M} M_P}{EI} dx + \sum \int \frac{\overline{F}_N F_{NP}}{EA} dx \tag{18-14}$$

应该指出，在计算内力引起的变形时，并没有考虑杆件曲率对变形的影响，因此位移计算公式应用于曲杆时是近似的。

例 18-1 试求如图 18-9a 所示矩形截面简支梁中点 C 的竖向位移 Δ_{Cy}，并比较弯矩和剪力对该位移的影响。梁的 EI、GA 均为常数。

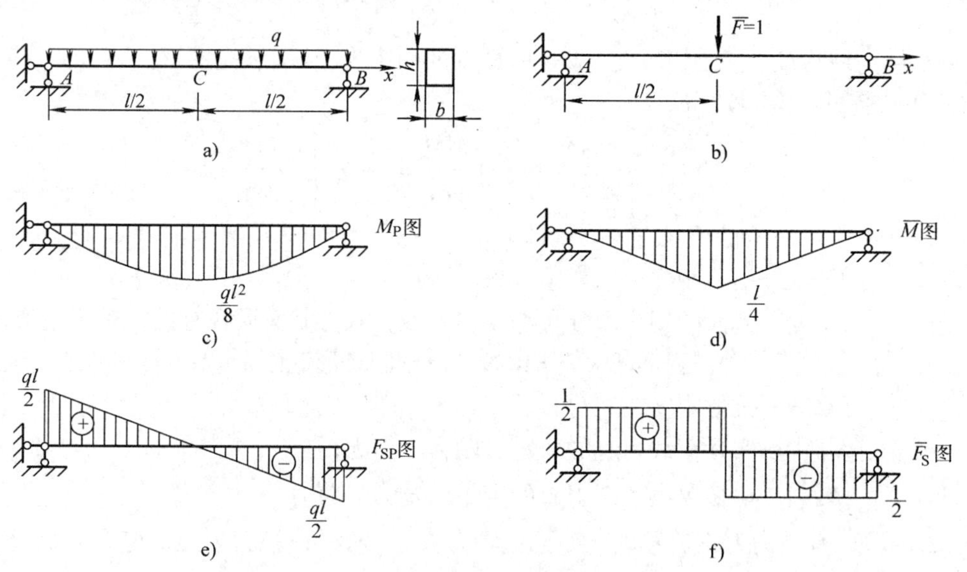

图 18-9 例 18-1 图

解： 作虚拟状态（见图 18-9b），在 C 点加一竖向单位荷载 $F=1$。作实际状态的 M_P、F_{SP} 图（见图 18-9c、e），虚拟状态的 $\overline{M}$、$\overline{F}_S$ 图（见图 18-9d、f）。设坐标原点在 A 点，由于对称，可以只取左半部分 AC 段进行计算。虚拟状态中 AC 段（$0 \leqslant x \leqslant l/2$）上的弯矩方程为

$$\overline{M} = x/2$$

剪力方程为

$$\overline{F}_S = 1/2$$

实际状态中 AC 段的弯矩方程

$$M_P = \frac{q}{2}(lx - x^2)$$

剪力方程为

$$F_{SP} = \frac{q}{2}(l - 2x)$$

将上述各式代入式（18-10），即可得 C 点的竖向位移

$$\begin{aligned}\Delta_{Cy} &= 2\left(\int_0^{l/2} \frac{\overline{M}M_P}{EI}\mathrm{d}x + \int_0^{l/2} \frac{k\overline{F}_S F_{SP}}{GA}\mathrm{d}x\right) \\ &= 2\left[\frac{1}{EI}\int_0^{l/2} \frac{x}{2} \times \frac{q}{2}(lx - x^2)\mathrm{d}x + \frac{k}{GA}\int_0^{l/2} \frac{1}{2} \times \frac{q}{2}(l - 2x)\mathrm{d}x\right] \\ &= \frac{q}{2EI}\int_0^{l/2}(lx^2 - x^3)\mathrm{d}x + \frac{kq}{2GA}\int_0^{l/2}(l - 2x)\mathrm{d}x \\ &= \frac{5ql^4}{384EI} + \frac{kql^2}{8GA}(\downarrow)\end{aligned}$$

式中第一项是弯矩的影响；第二项是剪力的影响。

对矩形截面 $k = 1.2$，$A = bh$，$I = bh^3/12$，把以上数据代入上式，得

$$\Delta_{Cy} = \frac{5ql^4}{384EI}\left[1 + \frac{24E}{25G}\left(\frac{h}{l}\right)^2\right]$$

可以看出，梁的截面高度 h 与跨度 l 之比（h/l）越大，则剪力影响所占比重就越大。设材料的泊松比 $\mu = 1/3$，则 $E/G = 2(1 + \mu) = 8/3$，当 $h/l = 1/10$ 时，有

$$\Delta_{Cy} = \frac{5ql^4}{384EI}\left[1 + \frac{1}{39}\right]$$

可见此时剪力对位移的影响仅是弯矩影响的 $1/39 = 2.56\%$，所以通常可略去不计。

例 18-2 试求如图 18-10a 所示刚架 C 点的转角 θ_C，各杆的 EI 均为常数。

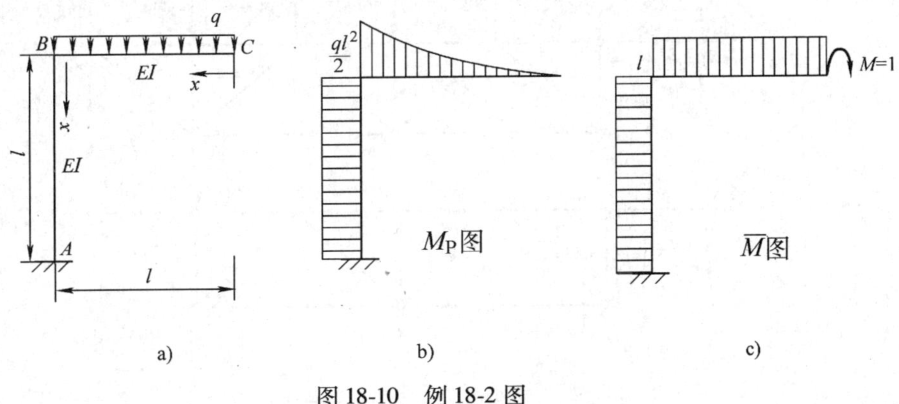

图 18-10 例 18-2 图

解： 作虚拟状态（见图 18-10c），在 C 点加的一个单位集中力偶 $M = 1$。作 M_P 图和 $\overline{M}$ 图（见图 18-10b、c）。各杆的 x 坐标轴（见图 18-10a），水平杆以 C 点为原点，向左为正。竖杆

以 B 点为原点，向下为正。

则 AB 杆的弯矩方程为

$$M_{\mathrm{P}} = -\frac{ql^2}{2}$$

$$\overline{M} = -1$$

BC 杆为

$$M_{\mathrm{P}} = -\frac{qx^2}{2}$$

$$\overline{M} = -1$$

代入式（18-11），得 C 点的转角为

$$\begin{aligned}\theta_C &= \sum\int\frac{\overline{M}M_{\mathrm{P}}}{EI}\mathrm{d}x \\ &= \int_0^l(-1)\left(-\frac{ql^2}{2}\right)\frac{\mathrm{d}x}{EI} + \int_0^l(-1)\left(-\frac{qx^2}{2}\right)\frac{\mathrm{d}x}{EI} \\ &= \frac{ql^3}{2EI} + \frac{ql^3}{6EI} = \frac{2ql^3}{3EI}(\circlearrowright)\end{aligned}$$

例 18-3　试求如图 18-11a 所示对称桁架节点 I 的竖向位移 Δ_{Iy}，各杆采用的型钢规格已在图 18-11a 所示桁架的右半部分杆件旁标出。材料的弹性模量 $E = 2.06\times10^5\mathrm{MPa}$。

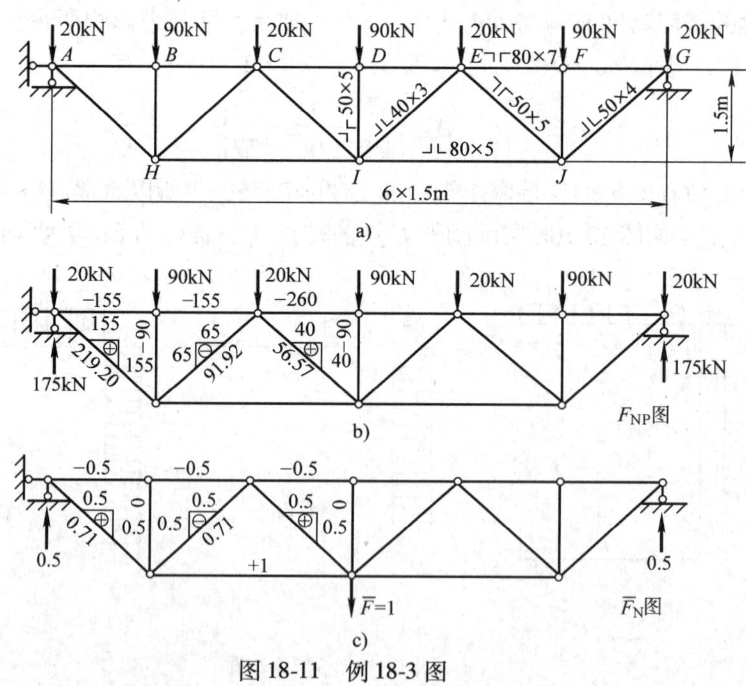

图 18-11　例 18-3 图

解： 实际状态中各杆的轴力 F_{NP}（见图 18-11b）。虚拟状态是在 I 点加一竖向集中力 $F=1$ 作为单位荷载，此时各杆的 $\overline{F}_{\mathrm{N}}$ 如图 18-11c 所示。由于对称只需计算左半边桁架。根据式（18-

12）计算位移时可列成表格 18-1 进行，位于对称轴上的 DI 杆的截面积和轴力都只取一半数值。最后，取桁架左半边各杆的总和再乘以 2，便得

$$\Delta_{Iy}=\sum\frac{\overline{F}_{N}F_{NP}l}{EA}=\frac{2\times156.88\times10^{4}\text{kN/m}}{2.06\times10^{5}\times10^{3}\text{kN/m}^{2}}$$
$$=1.52\times10^{-2}\text{m}=1.52\text{cm}(\downarrow)$$

表 18-1　例 18-3 的计算

杆件	l/m	$A/\times10^{-4}\text{m}^2$	F_{NP}/kN	$\overline{F}_N$/kN	$\overline{F}_N F_{NP} l/A/\times10^4\text{kN/m}$
AB	1.50	21.72	−155	−0.5	5.35
上弦BC	1.50	21.72	−155	−0.5	5.35
CD	1.50	21.72	−265	−1.5	27.45
下弦 HI	3.00	15.82	+220	+1	41.72
竖杆 BH	1.5	9.61	−90	0	0
$DI/2$	1.5	4.80	−45	0	0
AH	2.12	7.79	+219	+0.71	42.32
斜杆 CH	2.12	9.61	−91.92	−0.71	14.40
CI	2.12	4.72	+63.64	+0.71	20.29
					$\sum=156.88\times10^4\text{kN/m}$

18.5　图乘法

18.5.1　图乘法公式的推导

从上节可以看到，计算梁和刚架在荷载作用下的位移时，需先列出 $\overline{M}$ 和 M_P 的方程式，然后再代入积分式 $\Delta=\sum\int\frac{\overline{M}M_P}{EI}dx$ 求解。当杆件数目较多，荷载较复杂时，这个运算过程是很麻烦的。但是，如果结构各杆段均满足下列 3 个条件，则可通过使积分运算转化为两个弯矩图相乘的方法（即图乘法），使计算简化。这 3 个条件是：

1）各杆件的杆轴为直线。

2）各杆段的 EI 为常数。

3）各杆段的 $\overline{M}$ 图和 M_P 图中至少有一个是直线图形。

下面介绍图乘法的内容和应用。

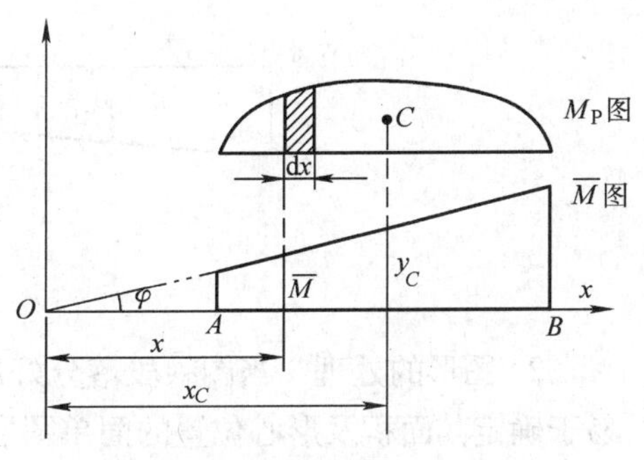

图 18-12　直杆 AB 的 $\overline{M}$ 图、M_P 图

如图 18-12 所示为直杆 AB 的两个弯矩图，设 $\overline{M}$ 图为直线，M_P 图为任意形状。现以杆轴为 x 轴，以 $\overline{M}$ 图的延长线与 x 轴的交点 O 为原点建立图示坐标轴系。由 $\overline{M}$ 图知：

$$\overline{M}=x\tan\varphi$$

代入积分式，并注意杆段的 EI 为常数，则有

$$\int\frac{\overline{M}M_P}{EI}dx=\frac{\tan\varphi}{EI}\int xM_P dx=\frac{\tan\varphi}{EI}\int x dA \qquad ①$$

式中 $dA = M_P dx$ 为 M_P 图中阴影表示的微分面积，则积分 $\int x dA$ 表示 M_P 图的面积 A 对 y 轴的静矩，它等于 M_P 图的面积 A 乘以其形心 C 到 y 轴的距离 x_C，即

$$\int x dA = A x_C$$

将上式代入式①得

$$\int \frac{\overline{M} M_P}{EI} dx = \frac{\tan\varphi}{EI} A x_C = \frac{A y_C}{EI}$$

式中　y_C——M_P 图的形心 C 所对应的 $\overline{M}$ 图的纵坐标。

上式即为图乘法计算公式，它表明积分式等于一个弯矩图的面积 A 乘以其形心所对应的另一个直线弯矩图的纵坐标 y_C，再除以 EI。

如果结构上各杆段均可图乘，则位移计算公式（18-11）可以写为如下形式。

$$\Delta = \sum \int \frac{\overline{M} M_P}{EI} dx = \sum \frac{A y_C}{EI} \tag{18-15}$$

图乘法正负号规定如下：面积 A 与纵坐标 y_C 在杆的同侧时，乘积 $A y_C$ 取正号；A 与 y_C 在杆的不同侧时，$A y_C$ 取负号。

18.5.2　图乘法的应用

1. 分段　从以上图乘法的推导过程中，可以看出在图乘之前要根据以下情况进行分段：

（1）按 EI 的改变点进行分段：以保证图乘段落中的 EI 是常数（见图 18-13a），计算公式为

$$\int \frac{\overline{M} M_P}{EI} dx = \frac{1}{EI_1} A_1 y_1 + \frac{1}{EI_2} A_2 y_2$$

（2）按求纵坐标的图形的转折点进行分段：以保证取纵坐标的图形，在图乘段落中必须是一条直线图形（见 18-13b），计算公式为

$$\int \frac{\overline{M} M_P}{EI} dx = \frac{1}{EI}(A_1 y_1 + A_2 y_2 + A_3 y_3)$$

（3）按求面积的图形分段：以保证求面积的图形，面积容易求、形心位置容易找。

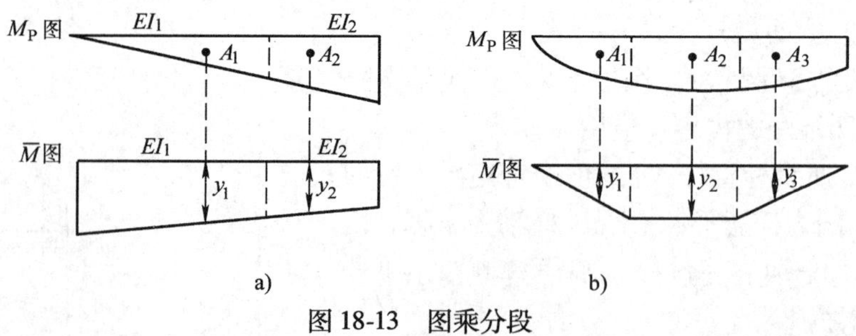

图 18-13　图乘分段

2. 图形的处理　当图乘段落分好后，可根据叠加原理将复杂的 M_P 图或 $\overline{M}$ 图分解成几个易于确定其面积及形心位置的简单图形，分别与另一图形相乘，然后再叠加所得结果。以下给出在不同情况下应用图乘法时面积 A 与纵坐标 y_C 的选取方法。

1）M_P、$\overline{M}$ 图均为梯形时，可不求梯形的形心，而将一个梯形分为两个三角形（见图 18-14）（或者分为一个矩形和一个三角形），分别对其应用图乘法。

对于图 18-14，计算公式为

$$\int \frac{\overline{M}M_P}{EI}\mathrm{d}x = \frac{1}{EI}(A_1y_1 + A_2y_2)$$

2）M_P、$\overline{M}$ 图均为反梯形时，即一部分在杆的一侧，一部分在杆的另一侧时，可将 M_P 图看作两个三角形，一个三角形 ACB 在上边，高度为 a；一个三角形 ABD 在下边，高度为 b（见图 18-15），分别对其应用图乘法，即

$$\int \frac{\overline{M}M_P}{EI}\mathrm{d}x = \frac{1}{EI}(A_1y_1 + A_2y_2) = \frac{1}{EI}\left(\frac{al}{2}y_1 - \frac{bl}{2}y_2\right)$$

其中

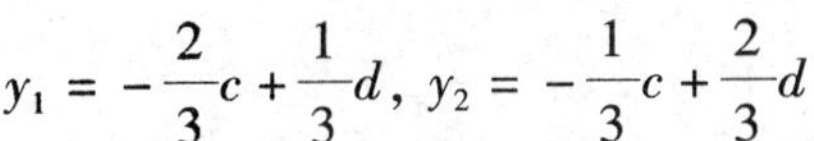

$$y_1 = -\frac{2}{3}c + \frac{1}{3}d,\ y_2 = -\frac{1}{3}c + \frac{2}{3}d$$

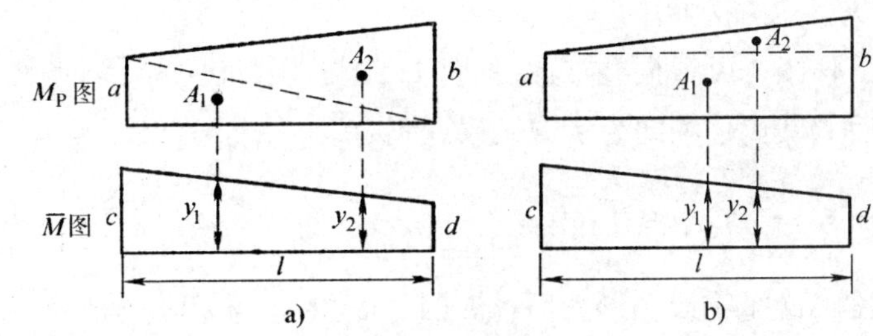

图 18-14 两图均为梯形

a）分两个三角形 b）分一个矩形和一个三角形

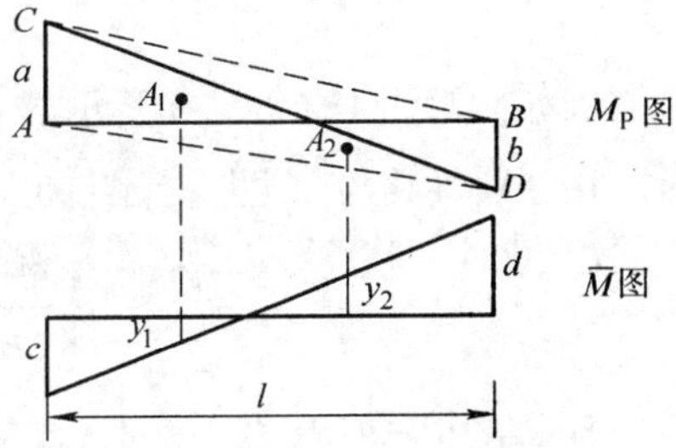

图 18-15 两图均为反梯形

3）图乘时如遇 M_P 是二次或三次标准抛物线图形（所谓标准抛物线，是指顶点在端点或在中点的抛物线），计算时可以直接在图 18-16 中查取面积和形心位置。

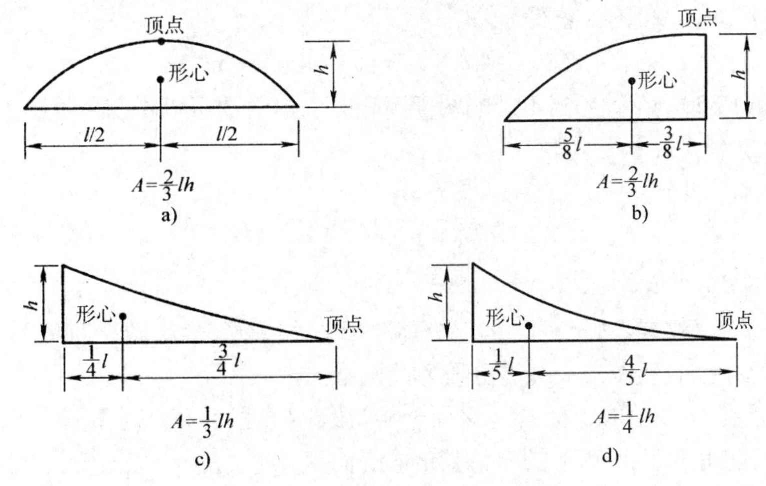

图 18-16 标准抛物线的面积和形心

a）~c）二次标准抛物线 d）三次标准抛物线

4）图乘时常遇 M_P 是非标准的二次抛物线图形。图 18-17 所示为一直杆段在均布荷载作用时可能出现的几种弯矩图。这些非标准的二次抛物线图形均可看成为由两个弯矩图叠加而成，一个是作用在杆两端的弯矩所引起的直线图形，另一个是由均布荷载引起的标准抛物线图形。因此，图乘时可将它们分成为上述二个图形后再分别相乘。

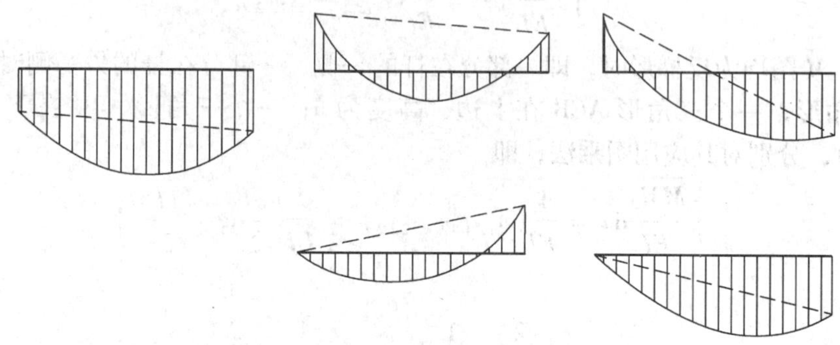

图 18-17　M_P 为非标准抛物线的几种情况

例如，对图 18-18a、d 所示的 M_P、$\overline{M}$ 图，可根据叠加原理将 M_P 图分为图 18-18b、c 两图形，并分别将其与 $\overline{M}$ 图进行图乘，然后取其代数和即为所求结果，则有

$$\int \frac{\overline{M}M_P}{EI}dx = \frac{1}{EI}[A_1y_1 + (-A_2y_2)]$$

A_1 为梯形 $ABDC$ 的面积，A_2 为标准二次抛物线图形的面积。因为面积 A_2 与相应竖标 y_2 在杆的不同侧，因此计算公式中该项乘积应取负值。

18.5.3　图乘法的示例

例 18-4　如图 18-19 所示梁的 $EI = 1000\text{kN} \cdot \text{m}^2$。试用图乘法求梁跨中点 C 截面的竖向位移 Δ_{Cy}。

解：（1）建立求 Δ_{Cy} 的虚拟状态（见图 18-20b）。

（2）作实际状态的 M_P 图：求得

$$M_B = -40\text{kN} \times 1\text{m} = -40\text{kN} \cdot \text{m}$$

其 M_P 图如图 18-20a 所示（当不影响图面清晰时，内力图可以作在荷载图上）。

（3）作虚拟状态的 $\overline{M}$ 图：求得

$$\overline{M}_C = \frac{1 \times 2}{4}\text{m} = 0.5\text{m}$$

其 $\overline{M}$ 图如 18-20b 所示。

（4）图乘：显然 BD 段不需计算。应注意到 AB 段的图形，M_P 图是直线图形，而 $\overline{M}$ 图则是折线图形，不是一条直线图形，只有分段才能图乘。

第 1 种算法：在 $\overline{M}$ 图上取竖标 y_C，必须分 AC 段和 CB 段计算。对 M_P 图上 CB 段的梯形用对角线分解为两个三角形。M 图上的 3 个三角形的面积 A_1、A_2、A_3 以及形心 C_1、C_2、C_3 如图 18-20a 所示。C_1、C_2、C_3 所对应的另一个图上的竖标 y_{C1}、y_{C2}、y_{C3} 如图 18-20 所示。计算中应按相乘的 A 和 y_C 在基线同旁或不同旁判定正或负号。

$$\Delta_{Cy}=\sum\frac{Ay_C}{EI}=\frac{A_1y_{C1}}{EI}+\frac{A_2y_{C2}}{EI}+\frac{A_3y_{C3}}{EI}$$

$$=\frac{1}{1000}\left[-\left(\frac{1}{2}\times1\times20\right)\times\left(\frac{2}{3}\times0.5\right)\text{m}-\left(\frac{1}{2}\times1\times20\right)\times\left(\frac{2}{3}\times0.5\right)\text{m}-\right.$$

$$\left.\left(\frac{1}{2}\times1\times40\right)\times\left(\frac{1}{3}\times0.5\right)\right]\text{m}$$

$$=-0.01\text{m}(\uparrow)$$

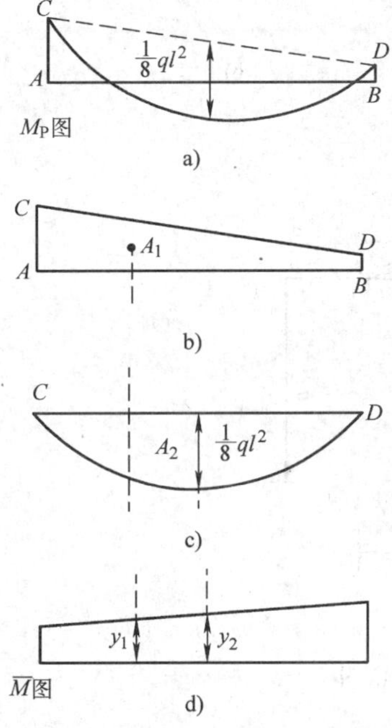

图 18-18　非标准抛物线的图乘

a）非标准抛物线的 M_P 图　b）直线图形

c）标准抛物线　d）$\overline{M}$ 图

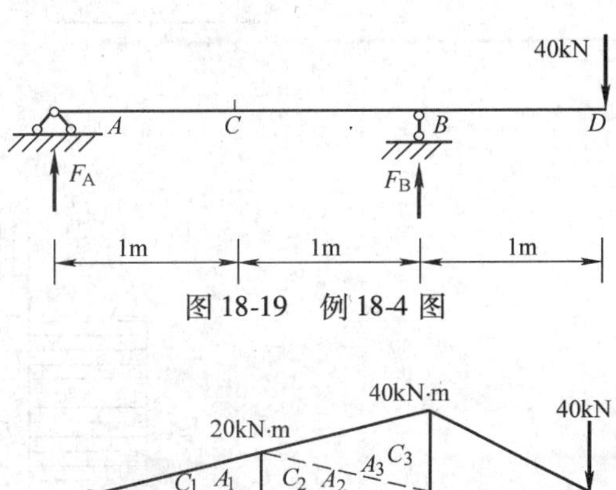

图 18-19　例 18-4 图

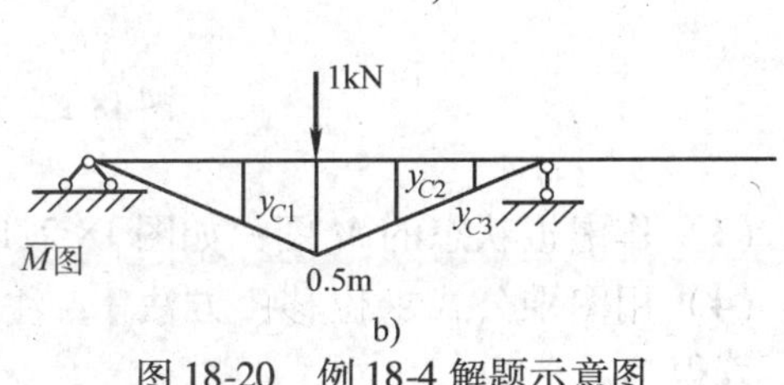

图 18-20　例 18-4 解题示意图

第 2 种算法：在 M_P 图上取竖标 y_C，则不需分段。由 $\overline{M}$ 图不难求出面积及形心位置，以及在 M_P 图上的相应纵坐标，算得

$$\Delta_{Cy}=\sum\frac{Ay_C}{EI}=\frac{1}{1000}\left[-\frac{1}{2}\times2\times0.5\times20\right]\text{m}$$

$$=-0.01\text{m}(\uparrow)$$

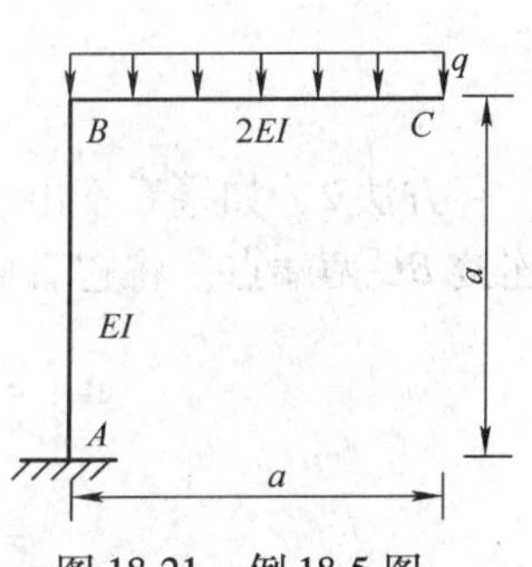

图 18-21　例 18-5 图

计算结果是负表明：C 点的竖向线位移与虚拟力的方向相反。答案后面的（↑）号画出的是实际方向。

例 18-5　试用图乘法求如图 18-21 所示刚架 C 点的竖向位移 Δ_{Cy}，EI = 常数。

解：（1）建立虚拟状态：在 C 点加一个竖向的单位力，如图 18-22b 所示。

（2）作实际状态的 M_P 图：如图 18-22a 所示。

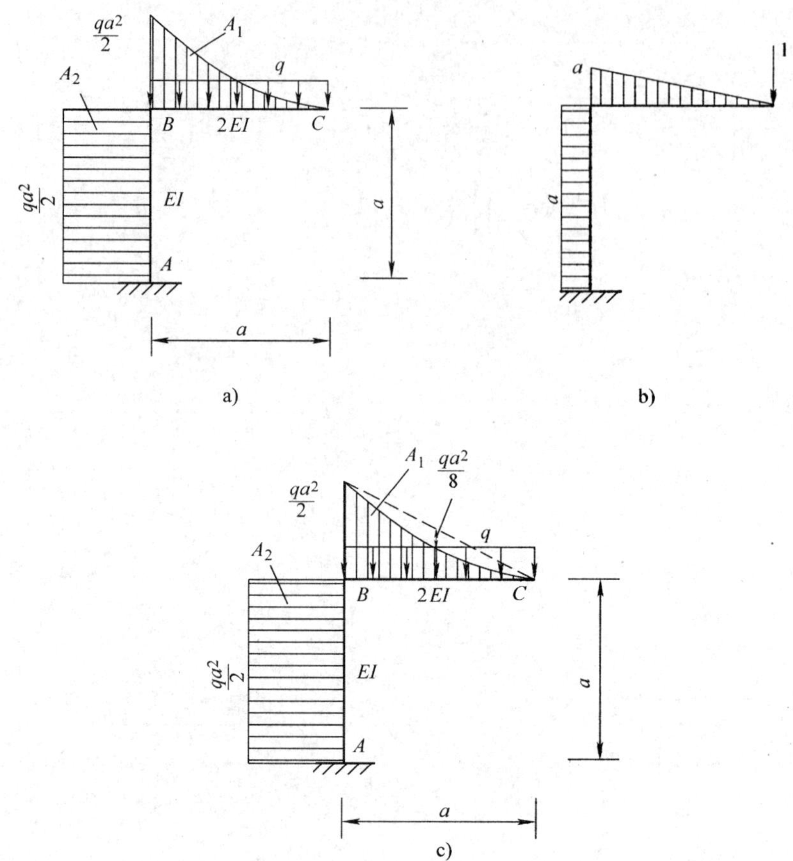

图 18-22　例 18-5 解题示意图

（3）作虚拟状态的 $\overline{M}$ 图：如图 18-22b 所示。

（4）用图乘公式求位移：方法 1，注意到 M_P 图上 C 处是抛物线顶点，即为标准抛物线，算得

$$\Delta_{Cy}=\sum\frac{Ay_C}{EI}=\frac{A_1y_{C1}}{EI}+\frac{A_2y_{C2}}{EI}$$

$$=\frac{1}{2EI}\left(\frac{1}{3}a\,\frac{qa^2}{2}\times\frac{3}{4}a\right)+\frac{1}{EI}\left(a\,\frac{qa^2}{2}\times a\right)$$

$$=\frac{9qa^4}{16EI}\ (\downarrow)$$

方法 2，如果看不出 M_P 图在 C 处是抛物线顶点，把它看成非标准抛物线，可用虚直线连接 BC 两端点，将它看成由一个三角形和一个非标准抛物线组成（见图 18-22c）。算得

$$\Delta_{Cy}=\sum\frac{Ay_C}{EI}=\frac{A_1y_{C1}}{EI}+\frac{A_2y_{C2}}{EI}+\frac{A_3y_{C3}}{EI}$$

$$=\frac{1}{2EI}\left(\frac{1}{2}a\,\frac{qa^2}{2}\times\frac{2}{3}a-\frac{2}{3}a\,\frac{qa^2}{8}\times\frac{a}{2}\right)+\frac{1}{EI}\left(a\,\frac{qa^2}{2}\times a\right)$$

$$=\frac{9qa^4}{16EI}(\downarrow)$$

例 18-6 桁梁组合结构（见图 18-23a）。梁 AD 的截面抗弯刚度为常量 EI，拉杆 BC 的截面抗拉刚度为常量 EA，试用图乘法求 D 点竖向位移 Δ_{Dy}。

解：（1）建立虚拟状态（见图 18-23b）。

（2）对原结构求得杆 BC 中的轴力 $F_N=10qa/3$，并求得梁 AD 的 M_P 图（见图 18-23a）。

（3）对虚拟状态求得杆 BC 的 $\overline{F}_N=10/3$，并求得梁 AD 的 $\overline{M}$ 图（见图 18-23b）。

（4）用图乘公式求位移。

一般情况下，桁梁组合结构中的梁，仍可忽略剪力 F_S 和轴力 F_N 的影响，只计算弯矩 M。通过判断梁的 M_P 图上 A、D 两点处是抛物线顶点。可以算得

$$\Delta_{Dy}=\sum\frac{Ay_C}{EI}+\sum\frac{\overline{F}_N F_{NP} l}{EA}$$

$$=\frac{2}{EI}\left[\frac{1}{3}a\frac{qa^2}{2}\times\frac{3}{4}a\right]+\frac{1}{EA}\times\frac{10}{3}\times\frac{10qa}{3}\times\frac{5a}{4}$$

$$=\frac{qa^4}{4EI}+\frac{125qa^2}{9EA}(\downarrow)$$

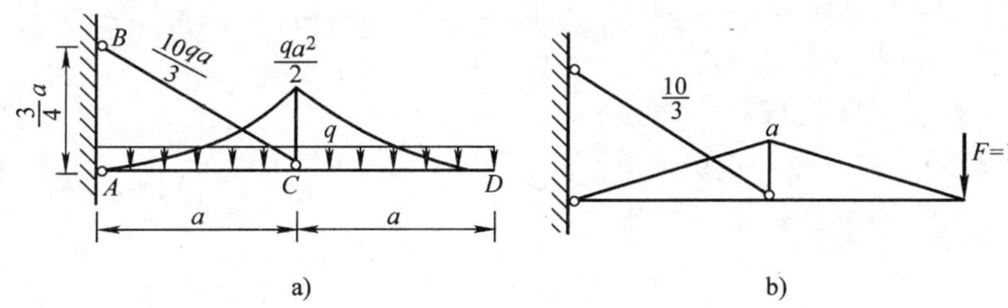

图 18-23　例 18-6 图

18.6　支座移动时的位移计算

静定结构由于支座移动不产生内力，也不产生变形，结构上的各点只发生刚体位移。如图 18-24 所示刚架，其支座 A 发生了水平位移 C_1、竖向位移 C_2 和转角 C_3。现求刚架上任意一点 K 沿任意方向（如 k-k）的位移 Δ_{KC}，第二个下标 C 表示此位移是由支座移动引起的。仍用单位荷载法，实际状态没有变形，因此，位移计算的一般公式（18-8）可以简化为如下形式

$$\Delta=-\sum\overline{F}_{Ri}C_i \qquad (18\text{-}16)$$

式中　$\overline{F}_{Ri}$——虚拟状态下的支座反力；

C_i——实际状态下的支座位移；

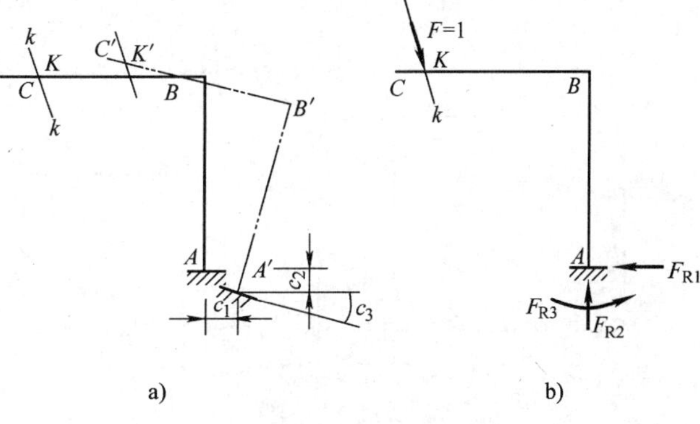

图 18-24　支座移动时的位移计算
a）实际状态　b）虚拟状态

$\sum \overline{F}_{Ri} C_i$——反力虚功。

式（18-16）为静定结构在支座发生移动时的位移计算公式。式中有关正负号规定如下：当虚拟支座反力 $\overline{F}_{Ri}$ 方向与实际支座位移 C_i 方向一致时，其乘积取正值，反之取负值。

例 18-7　如图 18-25a 所示刚架中，支座 B 有竖向沉陷 b，试求 D 点的水平位移 Δ_{Dx}。

解：在 D 点加一水平方向单位力 $F=1$，得虚拟状态如图 18-25b 所示，计算虚拟状态下各支座反力得

$$\overline{F}_{Ay} = -\frac{H}{l}(\downarrow), \overline{F}_{B} = \frac{H}{l}(\uparrow), \overline{F}_{Ax} = 1(\leftarrow)$$

由式（18-16）得

$$\Delta_{Dx} = -\sum(\overline{F}_{Ri} C_i) = -(-\overline{F}_{By} b) = -\left(-\frac{H}{l} b\right) = \frac{Hb}{l}(\rightarrow)$$

应注意：因为实际状态下支座 A 无任何位移发生，故相应虚拟状态下支座 A 处的反力所做虚功为零。

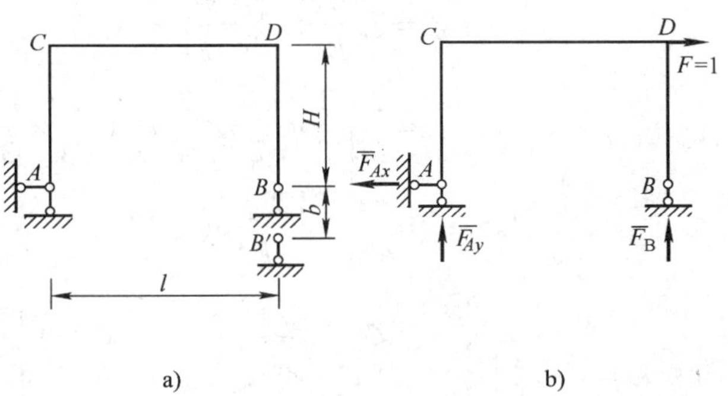

图 18-25　例 18-7 图

例 18-8　如图 18-26a 所示三铰刚架，支座 B 向右水平移动了 2cm，向下竖向移动了 6cm，试求顶铰 C 的竖向位移 Δ_{Cy} 和 C 两侧截面的相对转角 $\theta_{C\text{-}C}$。

解：（1）求 C 点竖向位移：作虚拟状态（见图 18-26b），在 C 点加竖向单位荷载 $F=1$。根据静力平衡条件，可求出支座反力为

$$F_{By} = \frac{1}{2}(\uparrow)$$

$$F_{Bx} = \frac{3}{8}(\leftarrow)$$

由式（18-16）得 C 点的竖向位移

$$\Delta_{Cy} = -\sum \overline{F}_{Ri} C_i = -\left(-\frac{3}{8} \times 2 \times 10^{-2}\text{m} - \frac{1}{2} \times 6 \times 10^{-2}\text{m}\right)$$

$$= 3.75 \times 10^{-2}\text{m} = 3.75\text{cm}\ (\downarrow)$$

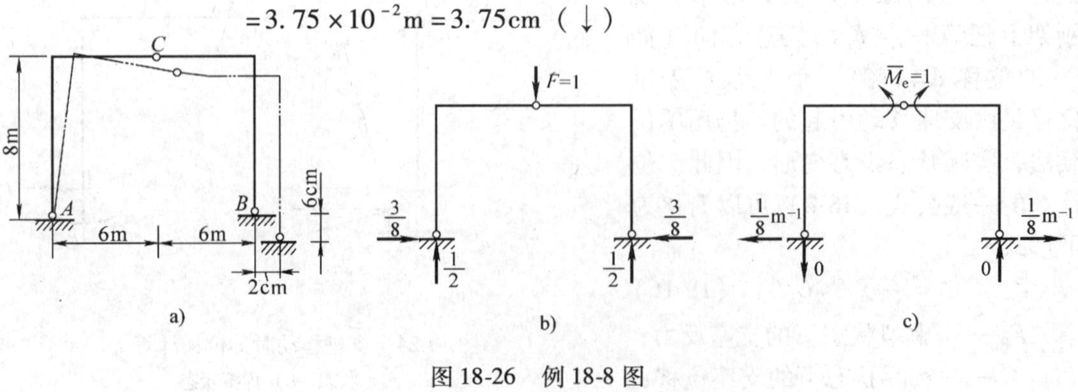

图 18-26　例 18-8 图

（2）求铰 C 两侧截面相对转角 $\theta_{C\text{-}C}$：作虚拟状态（见图 18-26c），加一对作用在铰 C 两侧截面的集中力偶 $M_e=1$。此时的支座反力为

$$F_{By}=0$$

$$F_{Bx}=\frac{1}{8}\text{m}^{-1}(\rightarrow)$$

由式（18-16）得 $\theta_{C\text{-}C}=-\sum\overline{F}_{\text{R}i}C_i=-\frac{1}{8}\text{m}^{-1}\times 2\times 10^{-2}\text{m}$

$$=-0.0025\text{rad}\ (\circlearrowright\circlearrowleft)$$

18.7 弹性体系的几个互等定理

弹性体系有 4 个互等定理，即功的互等定理、位移互等定理、反力互等定理、反力与位移互等定理。其中最基本的是功的互等定理，其他 3 个互等定理都可以由功的互等定理推导出来。

18.7.1 功的互等定理

一弹性结构分别承受力 F_1、F_2 两种状态（见图 18-27a、b），称图 18-27a 为结构的第一状态，图 18-27b 为第二状态。现在研究这两个力按不同次序作用于该结构时所做的功。

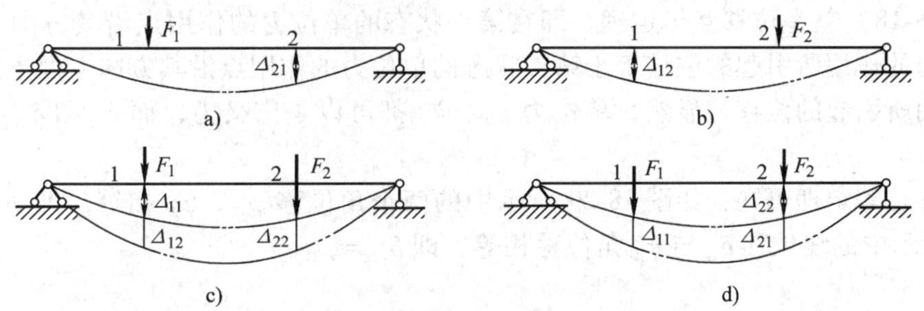

图 18-27 一弹性结构受力状态

a）第一状态 b）第二状态 c）先施加 F_1，后施加 F_2 d）先施加 F_2，后施加 F_1

假设先加力 F_1（见图 18-27c），则在 1 点沿 F_1 方向产生位移 Δ_{11}，在此基础上再加力 F_2，此时在沿 F_2 方向产生位移 Δ_{22} 的同时，在 1 点沿 F_1 方向又产生位移 Δ_{12}，在此过程中，外力所做总功为

$$W_1=\frac{1}{2}F_1\Delta_{11}+F_1\Delta_{12}+\frac{1}{2}F_2\Delta_{22} \quad ①$$

与上述方法相同，假设先加力 F_2，后加力 F_1（见图 18-27d），则外力所做总功为

$$W_2=\frac{1}{2}F_2\Delta_{22}+F_2\Delta_{21}+\frac{1}{2}F_1\Delta_{11} \quad ②$$

因为外力所做的总功与加载次序无关，所以有

$$W_1=W_2 \quad ③$$

将式①、式②代入式③得

$$F_1\Delta_{12}=F_2\Delta_{21} \tag{18-17}$$

式（18-17）就是功的互等定理，可叙述如下：第一状态的外力在第二状态的相应位移上所做的虚功等于第二状态的外力在第一状态的相应位移上所做的虚功。

18.7.2 位移互等定理

如果作用在结构上的力是单位力，即 $F_1=F_2=1$，并用 δ 表示由于单位力的作用所引起的位移，如图 18-28 所示，则由功的互等定理可得

$$F_1\delta_{12}=F_2\delta_{21}$$

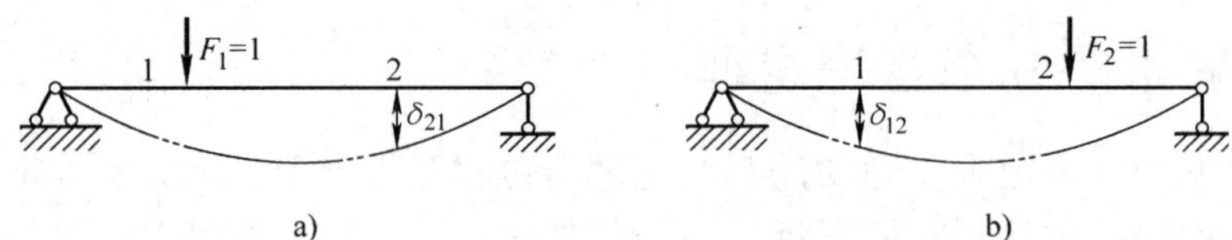

图 18-28 位移互等定理

a）由单位力 F_1 引起的位移 δ_{21} b）由单位力 F_2 引起的位移 δ_{12}

因为 $F_1=F_2=1$，所以有

$$\delta_{12}=\delta_{21} \tag{18-18}$$

式（18-18）就是位移互等定理，即在第一状态的单位力的作用点沿其方向上由于第二状态单位力的作用所引起的位移等于第二状态的单位力的作用点沿其方向上由于第一状态单位力的作用所引起的位移。显然，单位力 F_1、F_2 都可以是广义力，而 δ_{12} 和 δ_{21} 则是相应的广义位移。

由位移互等定理可知：如图 18-29 所示中的两个角位移 φ_{12}、φ_{21} 相等，即 $\varphi_{12}=\varphi_{21}$。如图 18-30 所示中的线位移 δ_{12} 与 φ_{21} 角位移相等，即 $\delta_{12}=\varphi_{21}$。

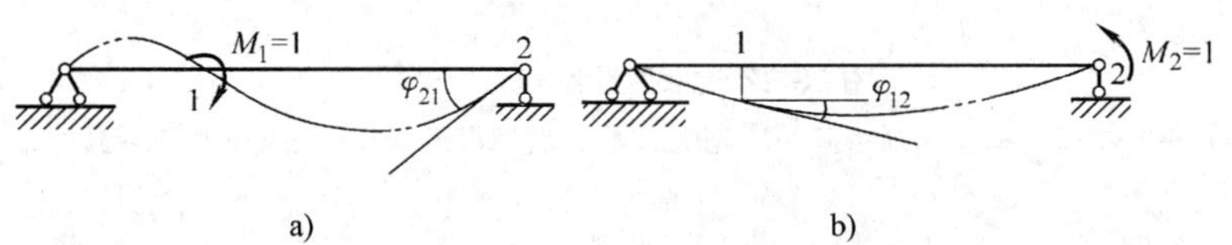

图 18-29 位移互等定理

a）由 M_1 引起的位移 φ_{21} b）由 M_2 引起的位移 φ_{12}

18.7.3 反力互等定理

如图 18-31 所示为两个支座分别发生单位位移的两种状态。其中如图 18-31a 所示表示支座 1 发生单位位移 $\Delta_1=1$ 的状态，设此时在支座 2 上产生的支座反力为 r_{21}；如图 18-31b 所示表示支座 2 发生单位位移 $\Delta_2=1$ 的状态，设此时在支座 1 上产生的支座反力为 r_{12}。

由功的互等定理可得

$$r_{12}\Delta_1=r_{21}\Delta_2$$

因为 $\Delta_1=\Delta_2=1$，所以有

$$r_{12}=r_{21} \tag{18-19}$$

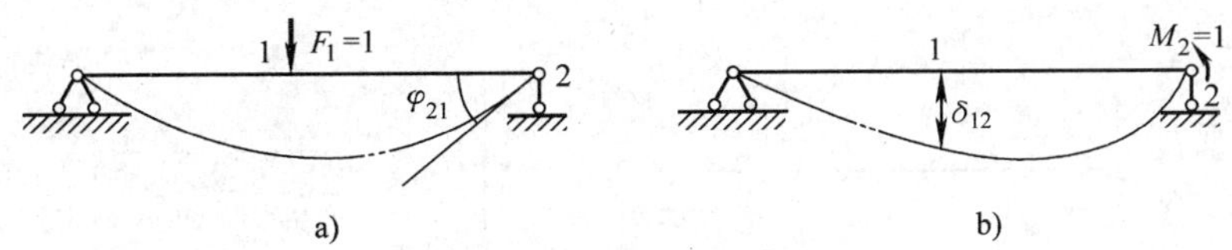

图 18-30　位移互等定理

a）由 F_1 引起的位移 φ_{21}　b）由 M_2 引起的位移 δ_{12}

式（18-19）就是反力互等定理：支座 2 由于支座 1 的单位位移所引起的反力 r_{21}，等于支座 1 由于支座 2 的单位位移所引起的反力 r_{12}。如图 18-31 所示，其他支座反力均未标出，这是因为与它们所对应的另一状态的位移均为零而不做虚功。

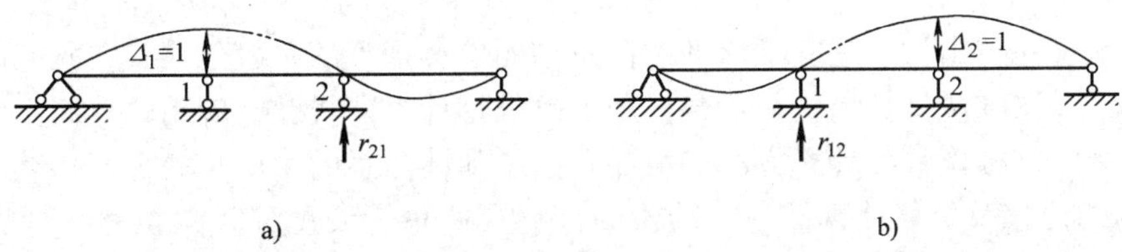

图 18-31　连续梁的两个支座分别发生单位位移的两种状态

a）支座 1 发生单位位移 $\Delta_1=1$ 的状态　b）支座 2 发生单位位移 $\Delta_2=1$ 的状态

反力互等定理适用于结构上任何两个支座上的反力。但应注意同一支座的反力和位移在做功的关系上应该是相对应的，即力对应于线位移，力偶对应于角位移。如图 18-32 所示，由反力互等定理可知：反力矩 M_{12} 和反力 r_{21} 在数值上相等，即 $M_{12}=r_{21}$。

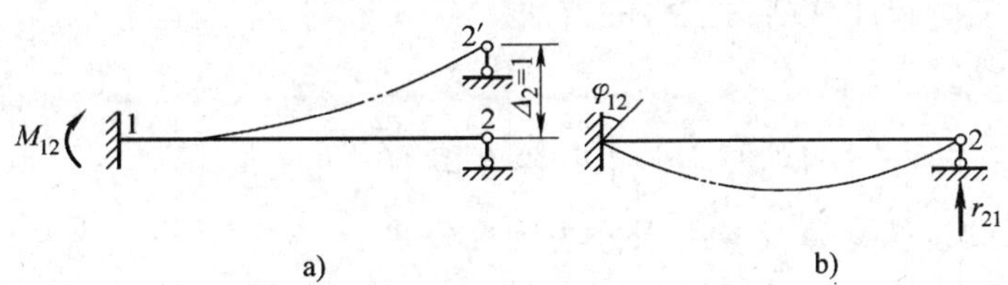

图 18-32　反力互等定理例证

a）支座 2 发生单位位移 $\Delta_2=1$ 的状态　b）支座 1 发生单位位移 $\varphi_{12}=1$ 的状态

18.7.4　反力与位移互等定理

如图 18-33 所示两种状态，其中图 18-33a 表示单位荷载 $F_1=1$ 作用于 1 点时，在支座 2 处引起反力为 r_{21}；图 18-26b 表示当支座 2 沿 r_{21} 的方向发生一单位 $\Delta_2=1$，而引起 1 方向的位移为 δ_{12}，则由功的互等定理可得

$$r_{21}\Delta_2+F_1\delta_{12}=0$$

得

$$r_{21}=-\delta_{12} \tag{18-20}$$

式（18-20）就是反力与位移互等定理，即由于单位荷载的作用，在结构某一支座处所

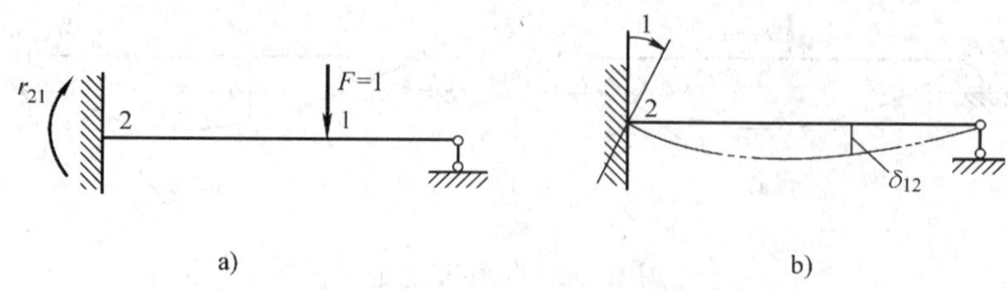

图 18-33　反力与位移互等定理例证

引起的反力等于由于该支座发生与反力方向相一致的单位位移时，引起的单位荷载作用点的位移，但符号相反。

小　　结

本章从虚功原理出发，建立了求平面杆系结构位移计算的一般公式。在此基础上分别介绍了用积分法和图乘法计算结构在荷载作用下的位移计算公式及其应用。然后，介绍了由于支座移动引起的结构位移的计算方法，最后介绍了弹性体系的 4 个互等定理及其应用。

1. 结构的位移及位移计算目的　结构的位移有两种：线位移和角位移。计算位移的目的主要是用于验算结构的刚度及为超静定结构内力及反力的计算作准备。

2. 虚功原理　功包括实功与虚功。在本篇中我们讨论变形体系的虚功原理，即变形体系在外力作用下处于平衡的必要及充分条件是：对于任意微小的虚位移，外力所做的虚功总和等于各微段上的内力在变形体上所做的虚功总和，即

$$W_{\mathrm{i}} = W_{\mathrm{e}}$$

虚功原理在实际应用中有两种方式：即虚荷载法和虚位移法。

3. 位移计算的一般公式及单位荷载法计算结构位移单位荷载法　利用虚功原理，沿所求位移方向虚设单位荷载计算结构位移的方法。

位移计算的一般公式：

$$\Delta = \sum \int \overline{F}\,\mathrm{d}u + \sum \int \overline{M}\,\mathrm{d}\varphi + \sum \int \overline{F}_{\mathrm{S}}\,\mathrm{d}v - \sum \int \overline{F}_{\mathrm{R}i}\,C_i$$

4. 荷载作用下的位移计算及应用积分法计算公式

$$\Delta = \sum \int \frac{\overline{F}_{\mathrm{N}} F_{\mathrm{NP}}}{EA}\mathrm{d}x + \sum \int \frac{\overline{M} M_{\mathrm{P}}}{EI}\mathrm{d}x + \sum \int k\,\frac{\overline{F}_{\mathrm{S}} F_{\mathrm{SP}}}{GA}\mathrm{d}x$$

其中轴力 F_{NP}、$\overline{F}_{\mathrm{N}}$ 以拉力为正，剪力 F_{SP}、$\overline{F}_{\mathrm{S}}$ 以使微段顺时针转向为正，弯矩 M_{P}、$\overline{M}$ 只规定乘积 $\overline{M}M_{\mathrm{P}}$ 的正负号：即当 $\overline{M}$ 与 M_{P} 使杆件同侧受拉时，其乘积取正值，反之取负值。

对于不同类型的结构，其位移计算公式可作相应简化。

图乘法计算公式

$$\Delta = \sum \frac{Ay_C}{EI}$$

当面积 A 与竖坐标 y_C 在杆的同侧时，乘积 Ay_C 取正值，反之取负值。

5. 支座移动时位移计算公式及应用

$$\Delta = -\sum \overline{F}_{\mathrm{R}i} C_i$$

当虚拟支座反力 $\overline{F}_{Ri}$ 方向与实际支座位移 C_i 方向一致时，其乘积取正值，反之取负值。

6. 互等定理　弹性体系的 4 个互等定理，即功的互等定理、位移互等定理、反力互等定理、反力与位移互等定理的介绍及应用。

习　题

18-1　图示梁的 EI 为常量，试求指定截面的位移。

18-2　图示各图乘法是否正确？如不正确，请改正。

18-3　试求图示刚架的指定截面的位移。

18-4　试求图示桁架 E 点的竖向位移。已知 $d=2\text{m}$，$F=80\text{kN}$，各杆的 EA 均为常数。

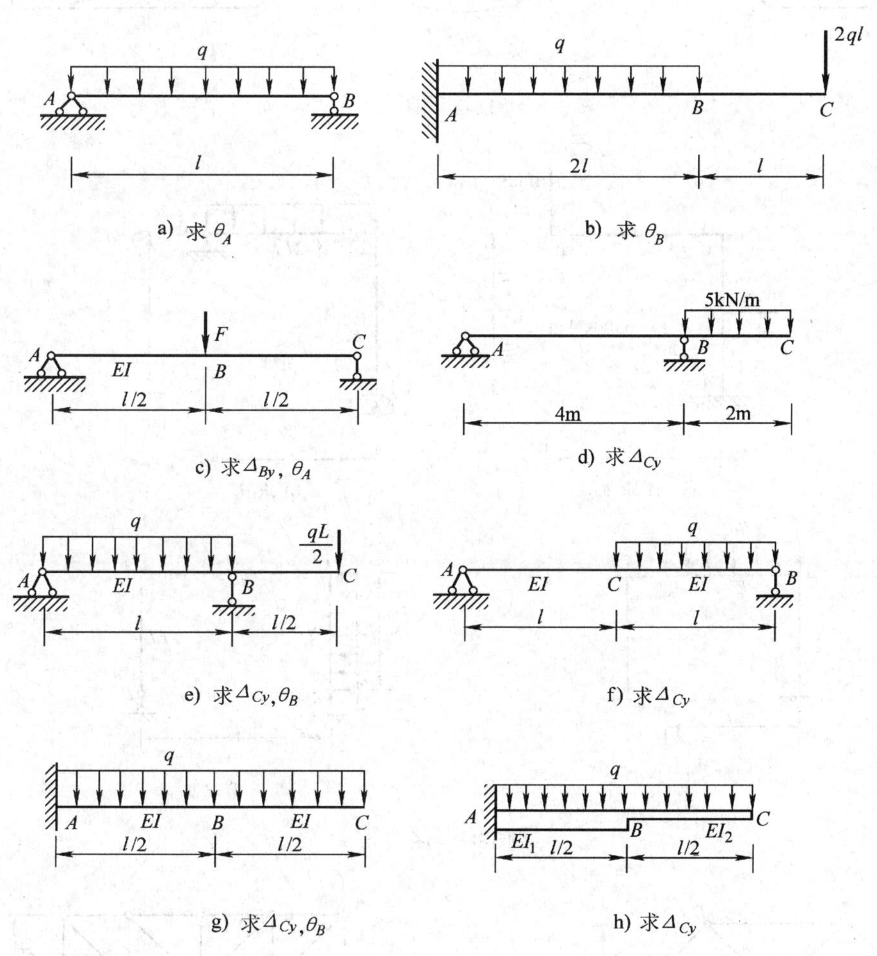

题 18-1　图

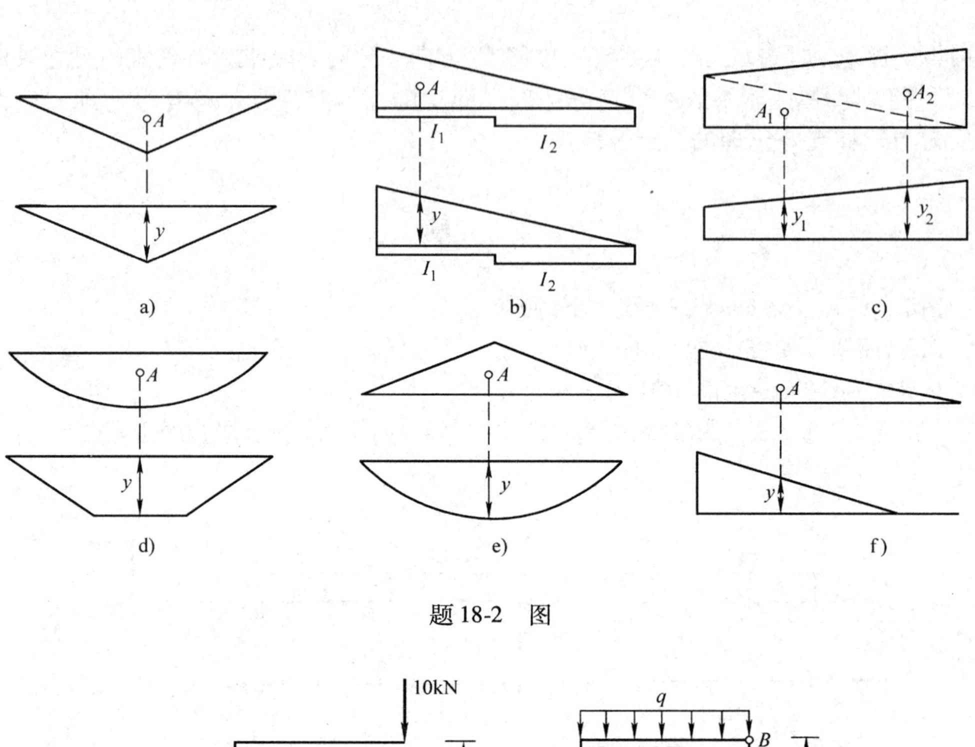

题 18-2　图

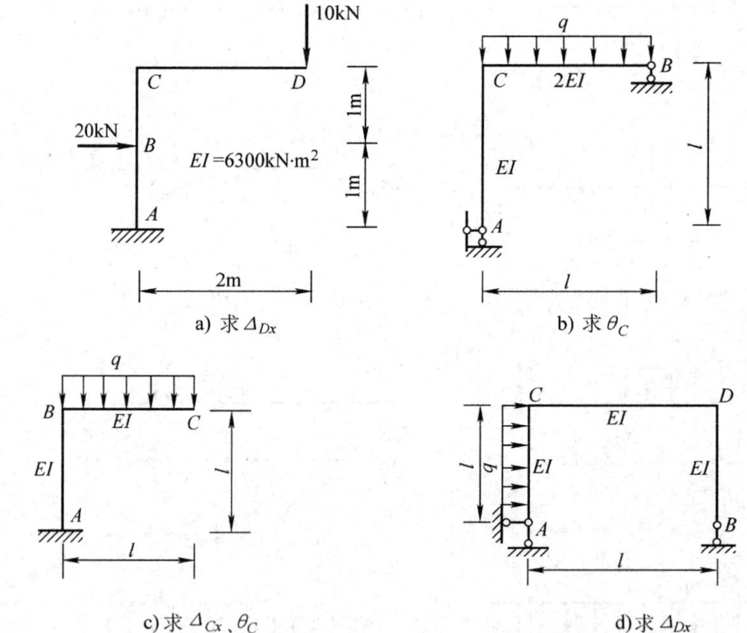

题 18-3　图

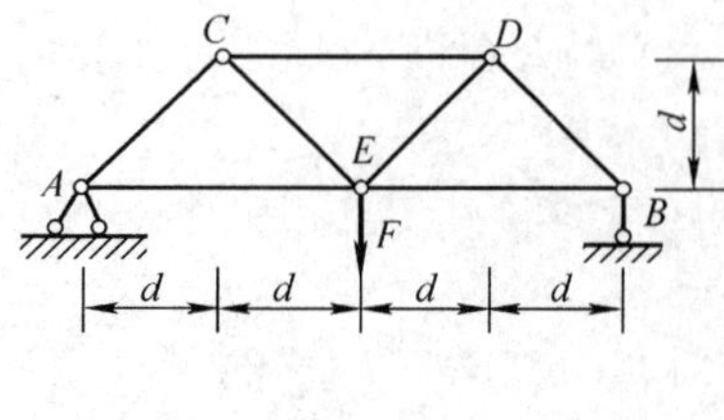

题 18-4　图

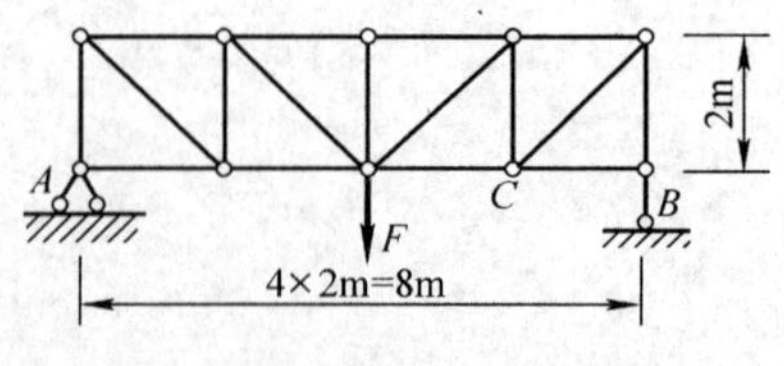

题 18-5　图

18-5　试求图示桁架 C 点的水平位移。已知 $F=20\text{kN}$，各杆的截面面积均为 $A=1000\text{mm}^2$，$E=200\text{kN/mm}^2$。

18-6　试求图示桁梁组合结构的指定截面位移。

18-7　试求图示刚架 C、D 两点之间的相对水平位移 $\Delta_{C\text{-}D}$，设各杆的 EI 值为常数。

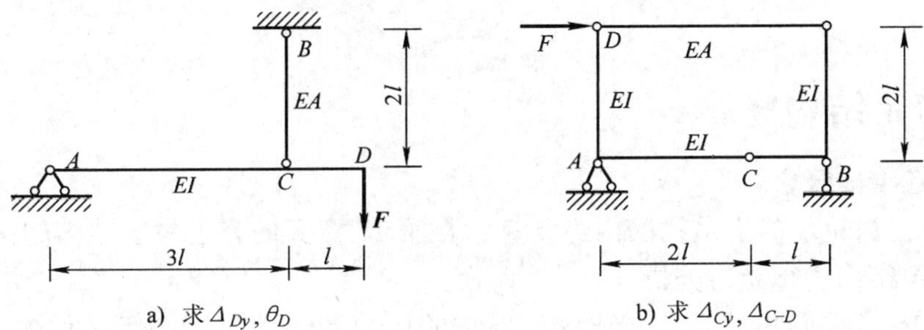

a) 求 Δ_{Dy}, θ_D　　b) 求 $\Delta_{Cy}, \Delta_{C\text{-}D}$

题 18-6　图

18-8　试求图示梁铰 B 左右截面的相对角位移 $\theta_{B\text{-}B}$，设 EI 为常数。

18-9　试求图示刚架 A、B 截面之间的相对转角 $\theta_{A\text{-}B}$ 及 A 点的竖向位移 Δ_{Ay}。设杆的 EI 值为常数。

18-10　图示刚架，支座 A 发生竖向沉陷 $b=1.5\text{cm}$，水平位移 $a=1.0\text{cm}$，试求 C 点的水平位移 Δ_{Cx} 及竖向位移 Δ_{Cy}。

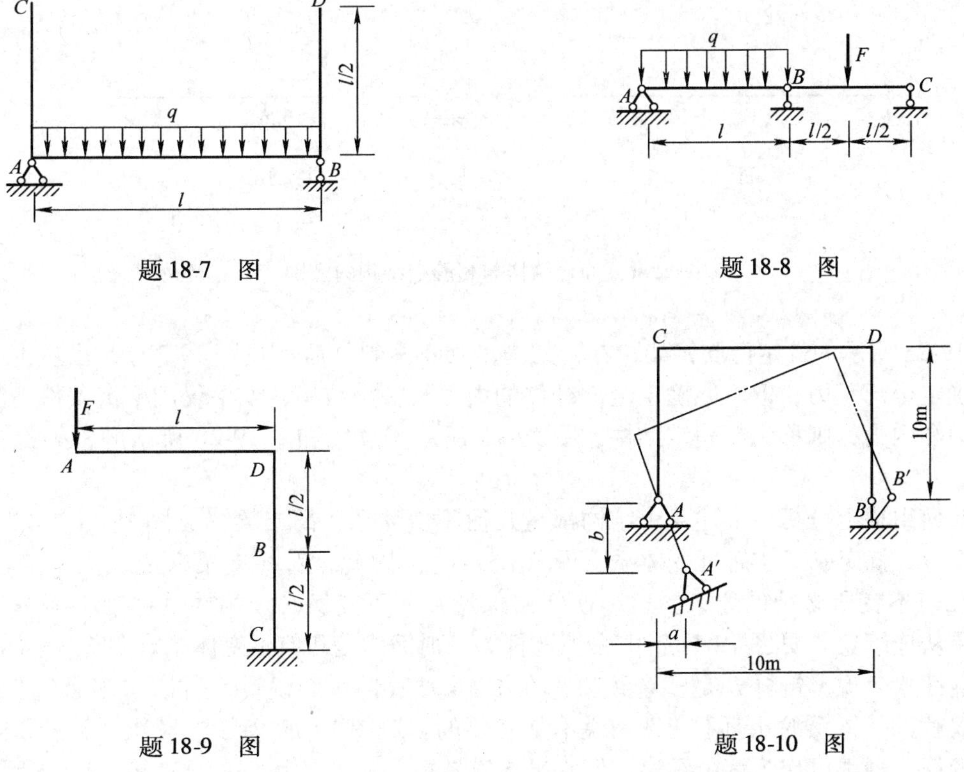

题 18-7　图　　题 18-8　图

题 18-9　图　　题 18-10　图

第19章　力　法

19.1　超静定结构概述

19.1.1　超静定结构概念

在第17章已讨论了静定结构的内力计算，在第18章又研究了静定结构的位移计算，这一章将对超静定结构进行受力分析。

学习了第16章我们知道，一个结构如果它的反力和内力只用平衡条件便可完全确定，就称为静定结构。简支梁是一个静定结构（见图19-1a），在它的基础上增加一根支座链杆，成为连续梁后（见图19-1b），它有4个支座反力，但平衡条件只有3个，仅靠平衡条件不能求出全部反力，因而也就无法确定各截面的内力。

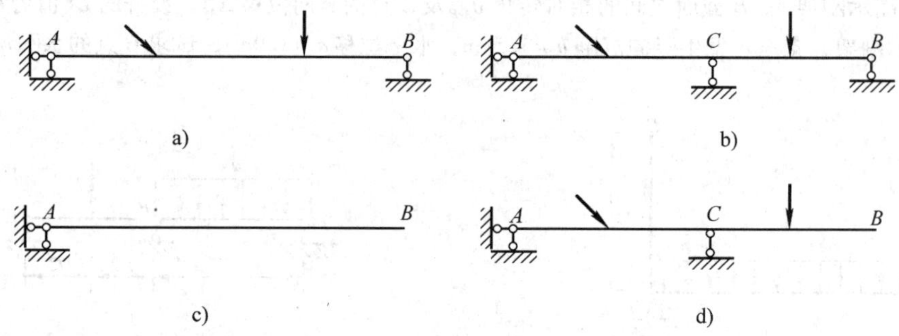

图19-1　静定结构与超静定结构的区别

图19-2a所示的静定简支桁架，在桁架内增加4根斜杆后（见图19-2b），虽然由平衡条件可以确定全部反力，但不能确定全部杆件的内力。一个结构，如果仅用平衡条件不能确定全部反力和内力，则称为超静定结构。图19-1b所示连续梁和图19-2b所示的桁架都是超静定结构。

从几何组成上分析，上述4个结构都是几何不变体系。简支梁（见图19-1a）如果去掉支座链杆B，就变成了几何可变体系（见图19-1c）。因此，对简支梁来说，支座链杆B是其保持几何不变所必须的约束。这种使体系保持几何不变所必须的约束称为必要约束。但是，如果从连续梁（见图19-1b）中去掉链杆B，则仍然是几何不变体系（见图19-1d）。因此，对连续梁来说，链杆B是多余约束。在第16章我们曾经说过，所谓“多余”，是指这些约束仅就保持体系的几何不变性来说不是必要的。对图19-1b所示连续梁，3根竖向支座链杆中的任一根都可作为多余约束，但水平支座链杆是必要约束。同样，图19-2a所示静定桁架中，每根杆件和3根支座链杆都是必要约束，如果从中去掉任意一根（见图19-2c），体系就成几何可变。但是，图19-2b所示超静定桁架，可分别把4个节间中的任一根斜杆作为多余约束去掉，体系仍保持几何不变（见图19-2d）。

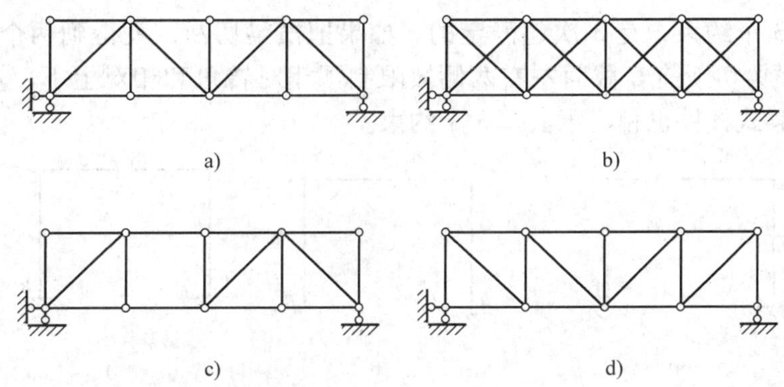

图 19-2　必要约束与多余约束

工程中常见的超静定结构的类型可分为梁（见图 19-1b）、桁架（见图 19-2b）、刚架（见图 19-3a）、拱（见图 19-3b）、组合结构（见图 19-3c）等。

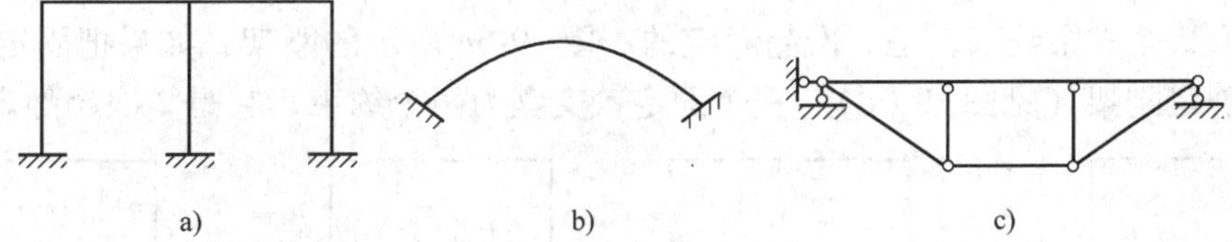

图 19-3　常见的超静定结构

19.1.2　超静定次数的确定

超静定结构中多余约束的个数称为超静定次数。图 19-1b 所示连续梁是 1 次超静定，图 19-2b 所示桁架为 4 次超静定。超静定结构可以看作是在静定结构上增加若干个多余约束而构成。因此，确定超静定次数最直接的方法，就是撤除多余约束，使原结构变成一个静定结构。而所撤除的多余约束的个数，就是原结构的超静定次数。

从超静定结构上撤除多余约束的情况可归纳如下：

1）去掉或切断一根链杆（二力直杆），相当于去掉一个约束。如图 19-4a 所示为超静定桁架，如果去掉链杆 C，并切断每个节间中的一根斜杆，就得到静定结构（见图 19-4b）。一根链杆是一个约束，共去除 5 个约束，可知图 19-4a 所示的桁架有 5 个多余约束，是 5 次超静定结构。

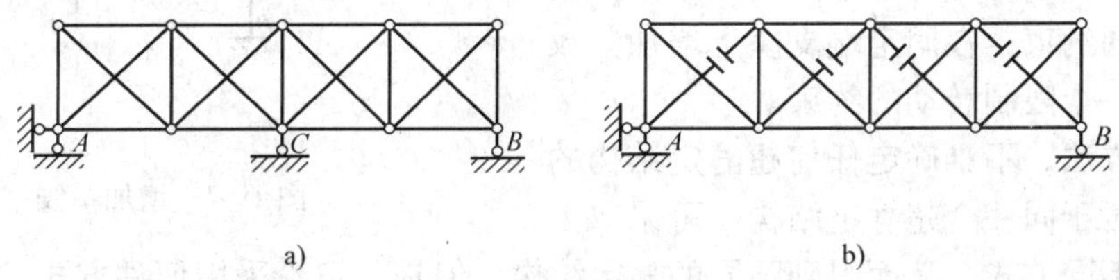

图 19-4　撤掉或切断链杆

2）切断一根梁式杆，或者去掉一个固定端支座，相当于去掉 3 个约束。图 19-5a 所示的超静定刚架，如果去掉刚架右边的固定端支座 B，便得到静定悬臂刚架（见图 19-5b）。

固定端支座相当3个约束，是3次超静定的。如果把横梁切断，就得到两个悬臂静定刚架（见图19-5c）。横梁切断前C截面左右两侧被限制了相对转角和相对上下、左右的线位移。因此，切断一根梁式杆件也相当于去掉3个约束。

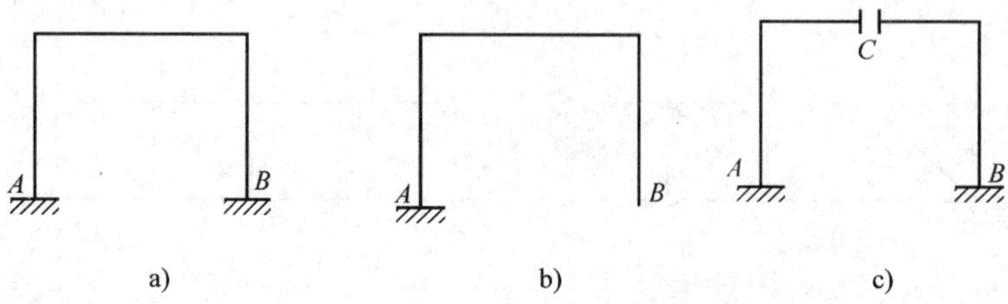

图19-5 撤掉固定端支座或切断梁式杆

3）去掉一个单铰，或去掉一个固定铰支座，相当于去掉2个约束。图19-6a所示超静定刚架，如果把横梁上的单铰C去掉，就得到2个悬臂刚架（见图19-6b）。单铰处原有限制C截面左右两侧发生上下、左右相对线位移的约束，拆开单铰后相当于去掉2个约束。所以原刚架有2个多余约束，是2次超静定的。图19-6c所示的刚架，如果把固定铰支座B去除，得到静定刚架（见图19-6d）。一个固定铰支座为两个约束，它是2次超静定的。

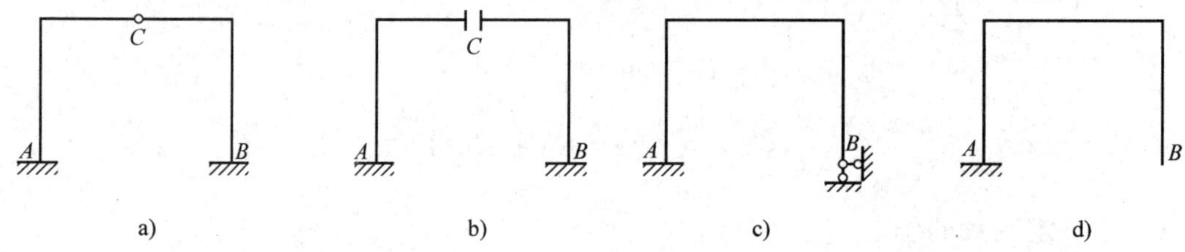

图19-6 拆开单铰或撤掉固定铰支座

4）在梁式截面（或刚节点）上增加一个单铰，或者把固定端支座改为固定铰支座，相当于去掉1个约束。比较图19-5a所示和图19-6a所示的两个超静定结构，后者可看成是前者在梁式杆的截面上加了一个铰得到的；比较图19-5a所示和图19-7a所示的两个超静定结构，可确定后者为3次超静定刚架，如果把两根斜梁的刚节点C改为单铰，把固定端支座A、B改为固定铰支座，它就成为三铰刚架（见图19-7b）。因此，在梁式截面（或刚节点）上增加一个单铰相当于去掉了一个限制原截面左右两侧相对转动的约束；在固定端支座上增加单铰相当于去掉了一个限制转动的约束。

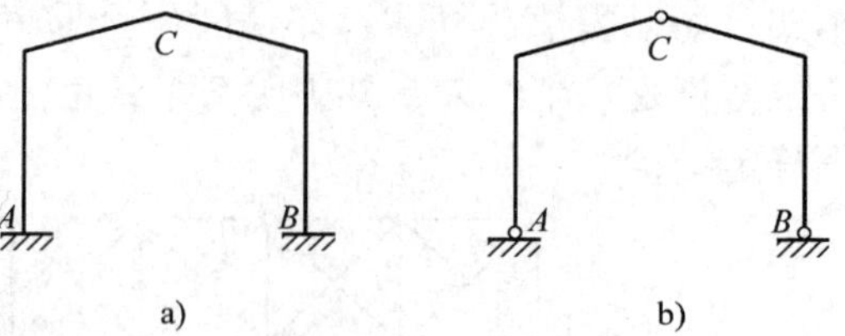

图19-7 增加单铰

应用上述方法，不难确定任何超静定结构的超静定次数。对于同一个超静定结构，可采取去除多余约束的不同方式，从而得到不同的静定结构。但是，不论采用何种方式，所去掉的多余约束的数目应该是相同的。

19.1.3 超静定结构的计算方法

现以连续梁AB（见图19-8a）为例来讨论对超静定结构进行受力分析时需要考虑的因素。

该连续梁为一次超静定，在荷载和支座反力作用下平衡，梁上的这些作用力应该满足平衡条件。若在梁中任取一杆段，则该杆段上的作用力也应该满足平衡条件。因此，计算超静定结构内力时，平衡条件是必须考虑的。

简支梁（见图 19-8b）与连续梁（见图 19-8a）进行对比：简支梁上的 C 点（截面）可以移动，也可以转动。连续梁上的 C 点由于有链杆存在，不能有移动，只可以转动，转动时 C 两侧截面必须协调一致。结构的变形应该符合支座的约束条件；杆件各截面的变形必须连续协调，这些通常称为变形协调条件。两跨简支梁（见图 19-8c），梁 AC、CB 在 C 点处铰接，且有一个链杆支座。两根梁在 C 点处都不能有竖向位移，但可以发生相对转动，即梁 AC 的 C 截面转角与梁 CB 的 C 截面的转角可以不相等。计算静定结构的内力时，不用考虑结构的变形，仅需平衡条件即可解决。但是，计算超静定结构的内力，必须考虑结构的变形协调条件。

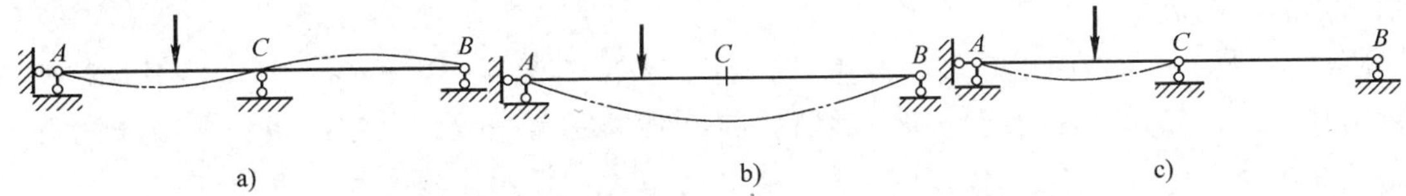

图 19-8　梁的变形协调条件

综上所述可知，在分析超静定结构时，必须综合考虑结构的静力平衡条件和变形协调条件。

连续梁由于上侧温度 t_1，下侧温度 t_2，且 $t_2 >> t_1$（见图 19-9a）或支座移动（见图 19-9b）时，将发生变形并产生内力。梁的制作材料不同，引起的变形和内力也不一样。因此，在计算超静定结构时，还必须考虑材料的某些物理性质。

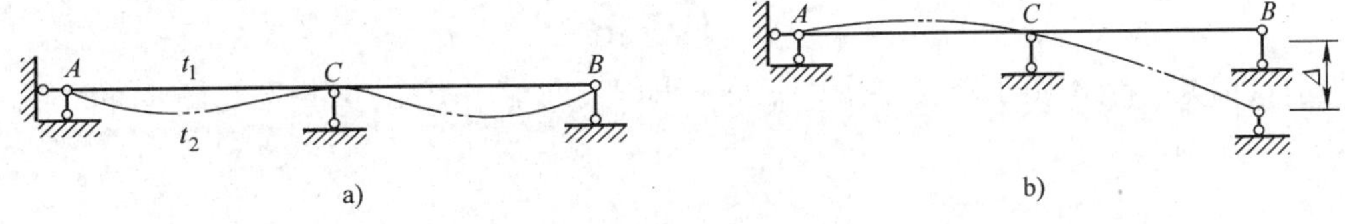

图 19-9　连续梁产生变形

计算超静定结构的方法可分为两类：一类是直接解联立方程，如力法、位移法；另一类是逐次修正的渐近法，如力矩分配法、剪力分配法等。在工程实践中还常用许多近似方法。

19.2　力法的基本概念

力法的基本思路是把超静定结构的计算转换成静定结构的计算，利用我们已熟悉的静定结构的计算方法，对超静定结构进行计算。

下面用一个简单的例子来说明力法的基本概念。

1. 基本结构　在原结构的基础上去掉多余约束而得到的静定结构称为原结构力法的基本结构。图 19-10a 所示的单跨超静定梁 AB，如果把支座 B 作为多余约束去掉，便得到悬臂梁（见图 19-10b），它称为原结构力法的一个基本结构。一个超静定结构去掉多余约束的方法不同，得到的力法的基本结构也不同，有的超静定结构可能有无数多种力法的基本结构。

2. 基本未知量　与多余约束对应的反力称为多余未知力，又叫做力法的基本未知量。在力法计算中，基本未知量是应该优先求解的量，并记为 X_1（见图 19-10c）。同一个超静定结构去掉多余约束的方法不同，得到的力法的基本结构不同，对应的基本的未知量不同，但基本的未知量数目是相同的。

基本结构在原有荷载和多余未知力共同作用下的情况称为力法的基本体系。只要能设法求出多余未知力 X_1，则对原结构的计算即可在基本体系上进行。

3. 基本方程　求解基本未知量的方程称为力法的基本方程。当基本结构同时承受原有的荷载和多余未知力 X_1 的作用时，它的受力状况和原结构就完全相同。无论 X_1 为何值（只要结构不破坏），基本结构的平衡条件都能满足。所以仅靠平衡条件是无法求出多余未知力 X_1 的。为了确定多余未知力 X_1，必须考虑基本体系的变形条件。为此，我们比较原结构与基本体系的变形情况。

原结构在支座 B 处由于有多余约束（链杆支座）而没有竖向位移；基本体系中该多余约束已被去掉，如果其受力情况和变形情况与原结构完全一致，则在荷载和多余未知力 X_1 的共同作用下，B 点沿多余未知力 X_1 方向上的位移也应该等于零，即

$$\Delta_1 = 0 \qquad ①$$

式①为基本体系与原结构完全一致所必须满足的变形协调条件，又称位移条件。

设 Δ_{1F} 表示荷载单独作用在基本结构上引起的 B 点沿 X_1 方向的位移（见图 19-10d）；Δ_{11} 表示多余未知力 X_1 单独作用在基本结构上引起的 B 点沿 X_1 方向的位移（见图 19-10e），并规定与所设 X_1 的方向一致时为正，反之为负。两个下标的含义与前一章所述相同，第一个表示位移的位置与性质，第二个表示产生位移的原因。根据叠加原理，

$$\Delta_1 = \Delta_{11} + \Delta_{1F}$$

故位移条件①可写成

$$\Delta_{11} + \Delta_{1F} = 0 \qquad ②$$

如果以 δ_{11} 表示基本结构由于单位多余未知力（即 $X_1 = 1$）作用，引起沿 X_1 方向的位移（见图 19-10f），则有

$$\Delta_{11} = \delta_{11} X_1$$

于是，位移条件②可写成

$$\delta_{11} X_1 + \Delta_{1F} = 0 \qquad (19\text{-}1)$$

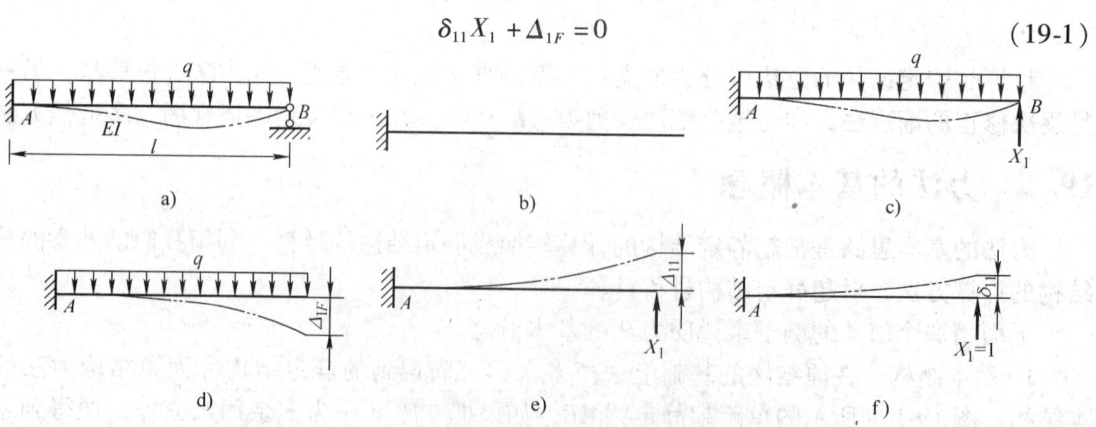

图 19-10　力法原理图示

式（19-1）就是力法的基本的方程。式中系数 δ_{11} 和自由项 Δ_{1F} 都是基本结构在已知力作用下的位移，均可用第 18 章的知识求得。因而，由方程式（19-1）即可求解基本未知量 X_1。

基本未知量 X_1 确定后，把它和荷载共同作用在基本结构上，由于此时基本体系和原结构没有差别，因此原超静定结构的其余反力及内力都可在基本体系（见图 19-10c）上由平衡条件求出，无需赘述。

综上所述，把超静定结构的多余约束全部去掉后，得到一静定的基本结构，以与多余约束对应的未知力作为基本未知量，并根据基本体系在被去掉的多余约束处的已知位移条件建立基本方程，求出基本未知量（多余未知力），然后再由平衡条件计算出其余的反力和内力，这种方法称为力法。整个计算过程自始至终都是在基本结构上进行的，把超静定结构的计算，巧妙地转换为静定结构的内力和位移的计算。

力法是分析超静定结构最基本的方法之一，用它可分析各种类型的超静定结构，应用广泛。

对上述的一次超静定梁，如果取基本结构（见图 19-11b），即将 A 端的固定端支座改为固定铰支座。此时，基本未知量 X_1 为固定支座 A 处的约束反力偶矩，基本体系（见图 19-11c）的位移条件 $\Delta_1=0$，则表示 A 端截面的角位移等于零。

如果用 Δ_{1F} 和 δ_{11} 分别表示荷载和单位未知力 $X_1=1$ 单独作用在基本结构上，引起的 A 端角位移（见图 19-11d、f），则最后得到的力法方程为

$$\delta_{11}X_1+\Delta_{1F}=0$$

仍与式（19-1）形式相同。

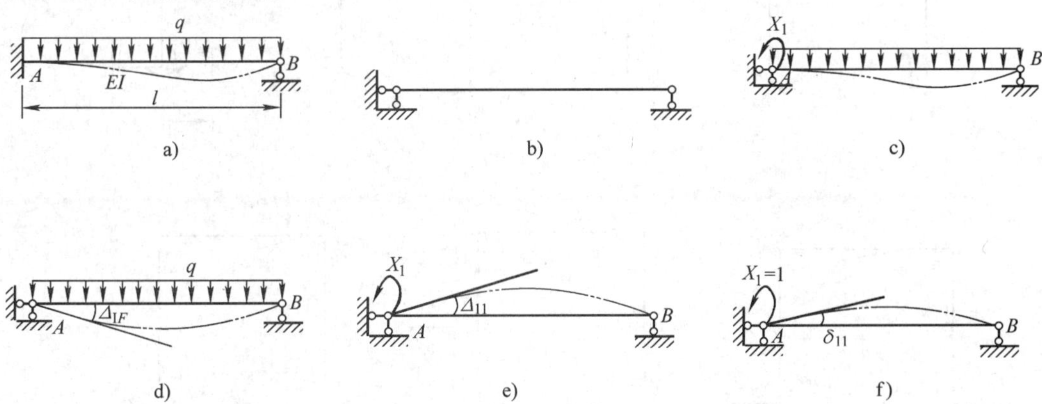

图 19-11　力法解法图示

上述讨论表明，用力法计算超静定结构时，可采用不同的基本结构及基本未知量，但它们的力法方程的形式都是相同的。在具体计算时，不同的基本结构，计算工作量可能会相差很大，这在选取基本结构时应予以注意。

19.3　力法的典型方程

通过以上对一次超静定梁的分析，可知用力法计算超静定结构的关键，是根据位移条件建立力法方程，以求解多余未知力。下面讨论多次超静定结构的计算。

图 19-12a 所示的 3 次超静定刚架，去掉 B 点的固定端支座，用 3 个基本未知量 X_1、X_2、X_3 来代替，得一个基本体系（见图 19-12b）。把基本结构在 X_i 作用点与 X_i 对应的广义位移称为 i 方向的位移，原结构中，由于多余约束的存在，这些位移均为零，所以基本体系在荷载和 X_1、X_2、X_3 的共同作用下，在 1、2、3 方向的位移 Δ_1、Δ_2、Δ_3 都应等于零，即

$$\left.\begin{aligned}\Delta_1=0\\\Delta_2=0\\\Delta_3=0\end{aligned}\right\} \quad ①$$

设各基本未知量等于单位力时，即当 $X_1=1$、$X_2=1$、$X_3=1$ 分别单独作用于基本结构上，引起的 1 方向的位移分别为 δ_{11}、δ_{12}、δ_{13}（见图 19-12c），2 方向的位移分别为 δ_{21}、δ_{22}、δ_{23}（见图 19-12d），3 方向的位移分别为 δ_{31}、δ_{32}、δ_{33}（见图 19-12e），基本结构在荷载作用下，1、2、3 方向的位移分别为 Δ_{1F}、Δ_{2F}、Δ_{3F}（见图 19-12f），根据叠加原理，上述位移条件①可写为

$$\left.\begin{aligned}\delta_{11}X_1+\delta_{12}X_2+\delta_{13}X_3+\Delta_{1F}=0\\\delta_{21}X_1+\delta_{22}X_2+\delta_{23}X_3+\Delta_{2F}=0\\\delta_{31}X_1+\delta_{32}X_2+\delta_{33}X_3+\Delta_{3F}=0\end{aligned}\right\} \quad (19\text{-}2)$$

式（19-2）即是求解多余未知力 X_1、X_2、X_3 的力法方程。其中系数和自由项都是基本结构由于单位未知力和荷载分别单独作用引起的位移，可用上章知识的计算求得。

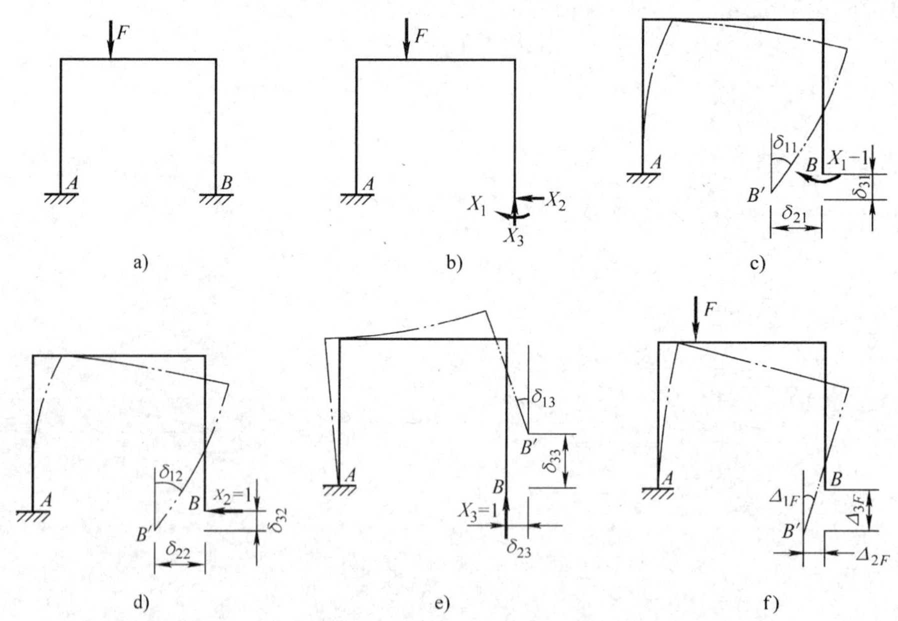

图 19-12　用力法求解 3 次超静定问题解法 1 图示

对上述 3 次超静定刚架，也可以取图 19-13b 所示的基本体系。在横梁 C 截面处切开，相当于去掉了 3 个多余约束，与之对应 3 个基本未知量分别是 C 截面处的弯矩、剪力和轴力，用 X_1、X_2、X_3 来表示。原结构的变形是连续的，同一截面的两侧不可能有相对的移动和转动。因此，在荷载和多余未知力 X_1、X_2、X_3 的共同作用下，基本结构在 1 方向的位移

（切口 C 两侧的截面相对转角）Δ_1、2 方向的位移（切口 C 两侧的截面相对竖向线位移）Δ_2、3 方向的位移（切口 C 两侧的截面相对水平线位移）Δ_3，都应等于零，即

$$\left.\begin{aligned}\Delta_1=0\\\Delta_2=0\\\Delta_3=0\end{aligned}\right\}$$

根据这些位移条件，建立力法方程的形式仍与式（19-2）相同。此时，式中的系数 δ_{ij} 和自由项 Δ_{iF} 是各单位力和荷载分别作用在基本结构，切口处两侧截面的相对线位移或相对转角（见图 19-13c ~ f）。

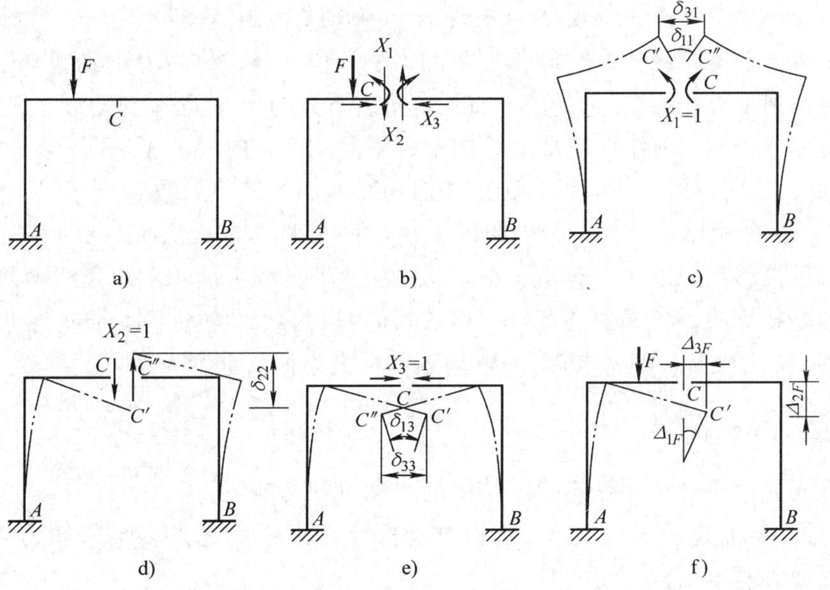

图 19-13 用力法求解 3 次超静定问题解法 2 图示

a）原结构 b）基本体系 c）基本结构在 $X_1=1$ 作用下 d）基本结构在 $X_2=1$ 作用下 e）基本结构在 $X_3=1$ 作用下 f）基本结构在原荷载作用下

图 19-14a、图 19-14b 所示是上述刚架的另两个基本体系。对应的三个基本未知力如图中所示，用上述相同的分析方法，最后得到的力法方程形式仍如式（19-2）。

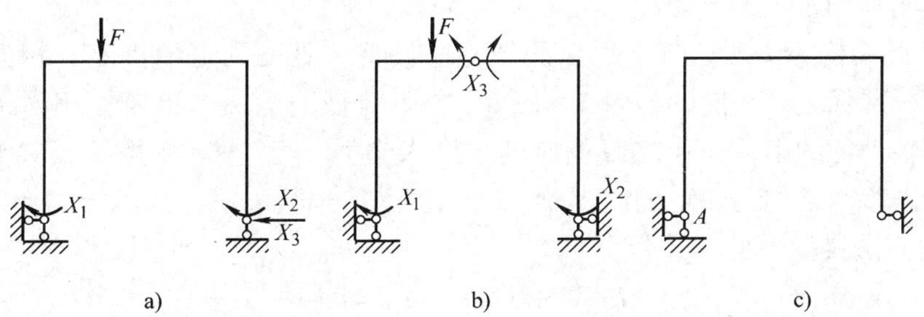

图 19-14 基本体系的另外取法

用力法计算超静定结构，可以选取不同的基本结构。基本结构应该满足两个条件：一是无多余约束，二是几何不变的。图 19-14c 所示的体系是瞬变的（因为 3 根支座链杆相交于 A 点），因此不能取作原刚架的基本结构。

对于 n 次超静定结构，则有 n 个多余约束，对应着 n 个基本未知量。基本结构与原结构对应着 n 个方向的位移条件，据此可建立 n 个方程

$$\left.\begin{aligned}\delta_{11}X_1+\delta_{12}X_2+\delta_{13}X_3+\cdots+\delta_{1n}X_n+\Delta_{1F}=0\\ \delta_{21}X_1+\delta_{22}X_2+\delta_{23}X_3+\cdots+\delta_{2n}X_n+\Delta_{2F}=0\\ \vdots\qquad\qquad\qquad\qquad\\ \delta_{n1}X_1+\delta_{n2}X_2+\delta_{n3}X_3+\cdots+\delta_{nn}X_n+\Delta_{nF}=0\end{aligned}\right\}\tag{19-3}$$

式（19-3）是 n 次超静定结构在荷载作用下的力法方程，通常称为**力法典型方程**。

在上述力法典型方程组中，自左上方的 δ_{11} 至右下方的 δ_{nn}，是主对角线上的系数 δ_{ii} 称为**主系数**。它是令 $X_i=1$ 单独作用在基本结构上，引起的 i 方向（X_i 作用点与 X_i 对应）的位移，它总是与 X_i 方向一致，其值恒为正。主对角线两侧的其他系数 δ_{ij}（$i\neq j$）称为**副系数**，它是令 $X_j=1$ 单独作用基本结构上，引起的 i 方向的位移，与 X_i 方向一致为正，反之为负，也可为零。根据位移互等定理，有 $\delta_{ii}=\delta_{ij}$表明力法典型方程中位于主对角线两侧，对称位置的两个副系数是相等的。各式中的最后一项 Δ_{iF} 称为**自由项**，它是基本结构在原荷载单独作用下，引起的 i 方向位移，与 X_i 方向一致为正，反之为负，也可为零。

19.4 力法计算举例

根据前节所述，用力法计算超静定结构的步骤可归纳如下：

1）判定原结构的超静定次数 n，去掉全部多余约束并代之以多余未知力 X_1、X_2、X_3、…、X_n，从而得到基本结构。

2）基本结构在多余约束处的位移等于原结构相应位置的已知位移，即建立 n 次力法典型方程。

3）分别将原荷载和令各多余未知力等于单位力单独作用在基本结构上，可由积分法或图乘法计算出力法方程中的系数和自由项。

4）将系数和自由项代入力法方程，求解各多余未知力。

5）根据 $M=M_F+\overline{M}_1X_1+\overline{M}_2X_2+\cdots+\overline{M}_nX_n$ 绘制弯矩图。

19.4.1 荷载作用下的超静定梁

例 19-1 求作图示梁的弯矩图（见图 19-15a）。

解：(1) 此结构为 2 次超静定梁：用铰支座代替 A 处的固定端支座，相当于去掉了限制转动的约束，并代之以相应的多余未知力 X_1；在 B 截面上加个单铰，相当于去掉了左右两侧限制相对转动的约束，并代之以相应的多余未知力 X_2（一对弯矩），得到图 19-15b 所示的基本体系。基本结构是两跨的简支梁。

(2) 二次力法典型方程

$$\left.\begin{aligned}\delta_{11}X_1+\delta_{12}X_2+\Delta_{1F}=0\\ \delta_{21}X_1+\delta_{22}X_2+\Delta_{2F}=0\end{aligned}\right\}$$

第一个方程的力学意义：基本结构在原荷载及 X_1、X_2 的共同作用下，A 截面的转角应

等于原结构 A 端的转角，即等于零。第二个方程的力学意义：基本结构在原荷载及 X_1、X_2 的共同作用下，铰 B 两侧截面的相对转角也应等于原结构 B 点两侧截面的相对转角，即等于零。

（3）计算力法方程中的系数和自由项：分别作荷载和单位力 $X_1=1$、$X_2=1$ 单独作用在基本结构的弯矩图 M_F、$\overline{M}_1$、$\overline{M}_2$（见图 19-15c ~ e）。用图乘法求得各系数如下：

$$\delta_{11}=\frac{1}{EI}\left(\frac{1}{2}\times 1\times l\times\frac{1\times 2}{3}\right)=\frac{l}{3EI}$$

$$\delta_{12}=\delta_{21}=\frac{1}{EI}\left[\frac{1}{2}\times 1\times l\times\left(1\times\frac{1}{3}\right)\right]=\frac{l}{6EI}$$

$$\delta_{22}=\frac{1}{EI}\left(\frac{1}{2}\times 1\times l\times\frac{1\times 2}{3}\right)+\frac{1}{2EI}\left(\frac{1}{2}\times 1\times l\times\frac{1\times 2}{3}\right)=\frac{l}{2EI}$$

$$\Delta_{1F}=0$$

$$\Delta_{2F}=\frac{1}{2EI}\left[\frac{2}{3}\times\frac{ql^2}{8}\times l\times\left(1\times\frac{1}{2}\right)\right]=\frac{ql^3}{48EI}$$

（4）将系数和自由项代入力法方程，求解方程。

代入力法典型方程并整理，得

$$\left.\begin{aligned}2X_1+X_2&=0\\8X_1+24X_2+ql^2&=0\end{aligned}\right\}$$

解这个方程组，得

$$X_1=\frac{ql^2}{40}\qquad\qquad X_2=-\frac{ql^2}{20}$$

（5）绘制内力图：用式 $M=M_F+\overline{M}_1X_1+\overline{M}_2X_2$ 计算弯矩并作弯矩图（见图 19-15f）。

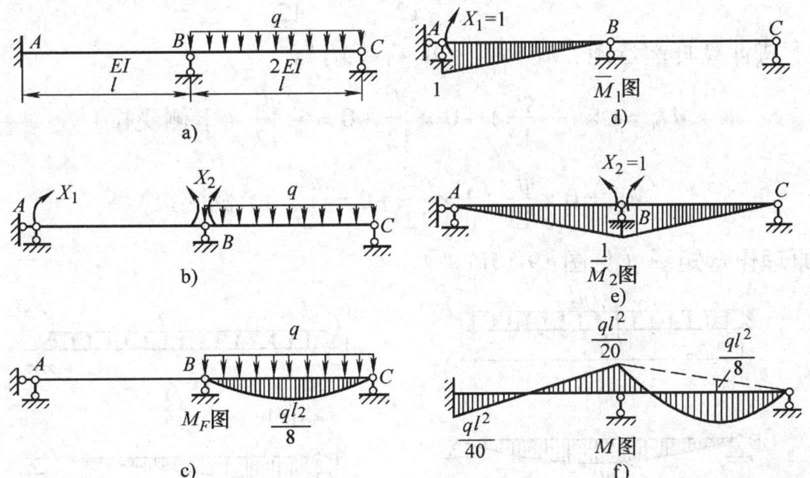

图 19-15　例 19-1 图

选择不同的基本结构，虽然对最终内力图无任何影响，但在求系数和自由项时，其难易程度差异是很大的。本例如去掉 B、C 处的链杆支座，选取悬臂梁作为基本结构，则系数和自由项的计算就变得较复杂。因此，在计算时可对几种基本结构进行比较，选择一种使计算较简单的结构作为基本结构。

例 19-2 作如图 19-16a 所示梁的弯矩图。

解:（1）这是个 3 次超静定梁：去掉支座 A 处限制转动的约束和 B 处限制转动和水平位移的约束，代之以多余未知力 X_1、X_2、X_3，得到如图 19-16b 所示的基本体系，由于梁不计轴力引起的变形，所以 $X_3=0$。

（2）力法方程为

$$\left.\begin{aligned}\delta_{11}X_1+\delta_{12}X_2+\Delta_{1F}=0\\ \delta_{21}X_1+\delta_{22}X_2+\Delta_{2F}=0\end{aligned}\right\}$$

（3）求方程中各系数。分别作基本结构在荷载和单位力单独作用下的弯矩图 M_F、$\overline{M}_1$、$\overline{M}_2$（见图 19-16c ~ e）。用图乘法得各系数

$$\delta_{11}=\frac{1}{EI}\left(\frac{1}{2}\times1\times l\times\frac{1\times2}{3}\right)=\frac{l}{3EI}$$

$$\delta_{12}=\delta_{21}=\frac{-1}{EI}\left(\frac{1}{2}\times1\times l\times\frac{1\times1}{3}\right)=\frac{-l}{6EI}$$

$$\delta_{22}=\frac{1}{EI}\left(\frac{1}{2}\times1\times l\times\frac{1\times2}{3}\right)=\frac{l}{3EI}$$

$$\Delta_{1F}=\frac{1}{EI}\left(\frac{2}{3}\times\frac{ql^2}{8}\times l\times\frac{1}{2}\right)=\frac{ql^3}{24EI}$$

$$\Delta_{2F}=\frac{-1}{EI}\left(\frac{2}{3}\times\frac{ql^2}{8}\times l\times\frac{1}{2}\right)=-\frac{ql^3}{24EI}$$

（4）代入力法方程可解得

$$X_1=-\frac{ql^2}{12},\ X_2=\frac{ql^2}{12}$$

（5）用下式计算杆端弯矩：$M=M_{\mathrm{P}}+\overline{M}_1X_1+\overline{M}_2X_2$

$$M_{AB}=1\times(-\frac{ql^2}{12})+0\times\frac{ql^2}{12}+0=-\frac{ql^2}{12}\text{（上侧受拉）}$$

$$M_{BA}=0\times\frac{ql^2}{12}+1\times\frac{ql^2}{12}+0=\frac{ql^2}{12}\text{（上侧受拉）}$$

用叠加原理作弯矩图（见图 19-15f）。

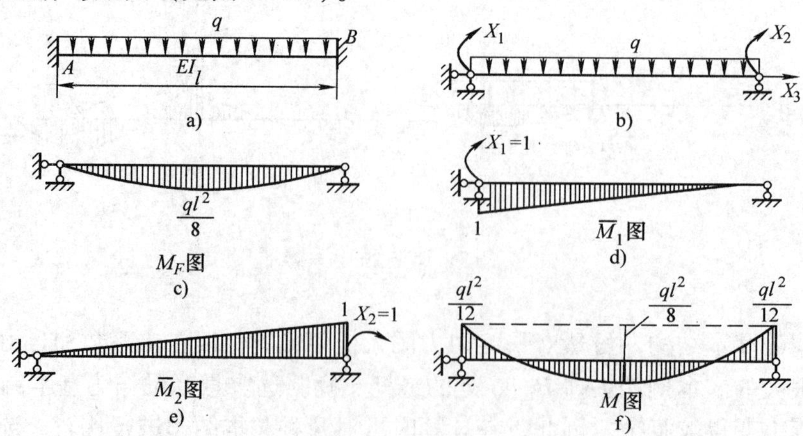

图 19-16　例 19-2 图

19.4.2 超静定刚架

例 19-3 用力法计算图示刚架（见图 19-17a），并作弯矩图。

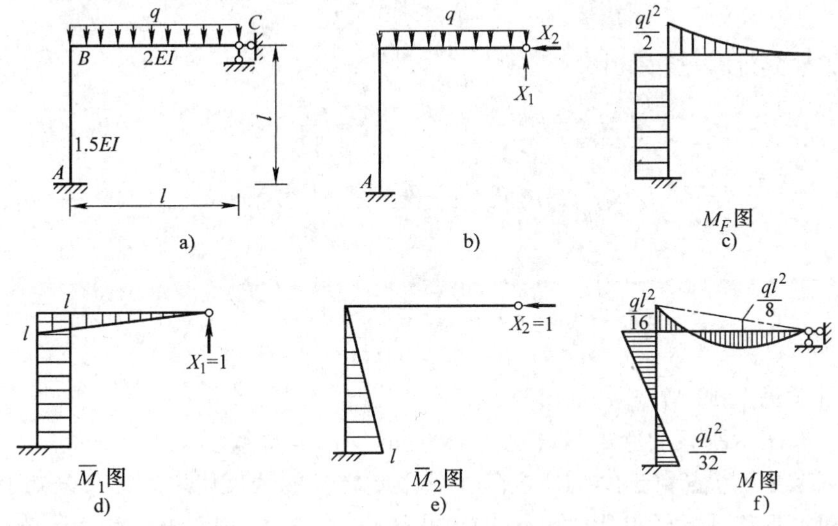

图 19-17 例 19-3 图

a）原结构 b）基本体系 c）基本结构在原荷载作用下的 M_F 图

d）令 $X_1=1$ 作用在基本结构上的 $\overline{M}_1$ 图 e）令 $X_2=1$ 作用在基本结构上的 $\overline{M}_2$ 图 f）原结构的 M 图

解：此刚架为 2 次超静定结构，去掉 C 端铰支座的 2 个约束，得到基本体系如图 19-17b 所示。可建立力法方程如下。

$$\left.\begin{aligned}\delta_{11}X_1+\delta_{12}X_2+\Delta_{1F}=0\\ \delta_{21}X_1+\delta_{22}X_2+\Delta_{2F}=0\end{aligned}\right\}$$

分别作出基本结构在 $X_1=1$，$X_2=1$ 和荷载作用下的弯矩图 M_F、$\overline{M}_1$、$\overline{M}_2$（见图 19-17d ~c），用图乘法求得系数和自由项

$$\delta_{11}=\frac{1}{2EI}\left(\frac{1}{2}\times l\times l\times\frac{2\times l}{3}\right)+\frac{1}{1.5EI}(l\times l\times l)=\frac{5l^3}{6EI}$$

$$\delta_{12}=\delta_{21}=\frac{1}{1.5EI}\left(\frac{1}{2}\times l\times l\times l\right)=\frac{l^3}{3EI}$$

$$\delta_{22}=\frac{1}{1.5EI}\left(\frac{1}{2}\times l\times l\times\frac{2\times l}{3}\right)=\frac{l^3}{4.5EI}$$

$$\Delta_{1F}=\frac{-1}{1.5EI}\left(\frac{ql^2}{2}\times l\times l\right)+\frac{-1}{2EI}\left(\frac{1}{3}\times\frac{ql^2}{2}\times l\times\frac{3\times l}{4}\right)=\frac{-19ql^4}{48EI}$$

$$\Delta_{2F}=\frac{-1}{1.5EI}\left(\frac{ql^2}{2}\times l\times\frac{l}{2}\right)=-\frac{ql^4}{6EI}$$

代入力法方程，并消去$\frac{l^3}{EI}$得

$$\left.\begin{aligned}\frac{5}{6}X_1+\frac{1}{3}X_2-\frac{19}{48}ql=0\\ \frac{1}{3}X_1+\frac{2}{9}X_2-\frac{1}{6}ql=0\end{aligned}\right\}$$

解方程得

$$X_1 = \frac{7ql}{16}, \ X_2 = \frac{3ql}{32}$$

用叠加法计算杆端弯矩如下

$$M_{AB} = l\frac{7ql}{16} + l\frac{3ql}{32} - \frac{ql^2}{2} = \frac{ql^2}{32} \text{（顺）}$$

$$M_{BA} = l\frac{7ql}{16} + 0 - \frac{ql^2}{2} = -\frac{ql^2}{16} \text{（顺）}$$

$$M_{BC} = l\frac{7ql}{16} + 0 - \frac{ql^2}{2} = -\frac{ql^2}{16} \text{（逆）}$$

$$M_{CB} = 0$$

作弯矩图（见图 19-17f）。

例 19-4　作图示刚架的弯矩图（见图 19-18a），EI = 常数。

解： 此刚架为3 次超静定结构。去除 A 处限制转动的约束代之以多余未知力 X_1；解除 B 处限制转动和水平移动的约束代之以多余未知力 X_2、X_3，得到图 19-18b 所示的基本体系。

可建立力法方程。

$$\left.\begin{aligned}\delta_{11}X_1 + \delta_{12}X_2 + \delta_{13}X_3 + \Delta_{1F} = 0\\ \delta_{21}X_1 + \delta_{22}X_2 + \delta_{23}X_3 + \Delta_{2F} = 0\\ \delta_{31}X_1 + \delta_{32}X_2 + \delta_{33}X_3 + \Delta_{3F} = 0\end{aligned}\right\}$$

分别作出荷载和 $X_1 = 1$、$X_2 = 1$、$X_3 = 1$ 单独作用在基本结构上的弯矩图 M_F、$\overline{M}_1$、$\overline{M}_2$、$\overline{M}_3$（见图 19-18c ~ f），用图乘法求系数和自由项如下：

$$\delta_{11} = \frac{1}{EI}\left(1 \times 3 \times 1 + \frac{1}{2} \times 1 \times 3 \times \frac{1 \times 2}{3}\right) = \frac{4}{EI}$$

$$\delta_{22} = \frac{1}{EI}\left(1 \times 3 \times 1 + \frac{1}{2} \times 1 \times 3 \times \frac{1 \times 2}{3}\right) = \frac{4}{EI}$$

$$\delta_{33} = \frac{1}{EI}\left(\frac{1}{2} \times 3 \times 3 \times \frac{3 \times 2}{3} \times 2 + 3 \times 3 \times 3\right) = \frac{45}{EI}$$

$$\delta_{12} = \delta_{21} = \frac{-1}{EI}\left(\frac{1}{2} \times 1 \times 3 \times \frac{1 \times 1}{3}\right) = \frac{-1}{2EI}$$

$$\delta_{23} = \delta_{32} = \frac{1}{EI}\left(\frac{1}{2} \times 1 \times 3 \times 3 + 1 \times 3 \times \frac{3}{2}\right) = \frac{9}{EI}$$

$$\delta_{13} = \delta_{31} = \frac{-1}{EI}\left(\frac{1}{2} \times 1 \times 3 \times 3 + 1 \times 3 \times \frac{3}{2}\right) = \frac{-9}{EI}$$

$$\Delta_{1F} = \frac{1}{EI}\left(\frac{1}{2} \times 3F \times 3 \times \frac{1 \times 2}{3} + \frac{1}{2} \times 3F \times 3 \times 1\right) = \frac{15F}{2EI}$$

$$\Delta_{2F} = \frac{-1}{EI}\left(\frac{1}{2} \times 3F \times 3 \times \frac{1}{3}\right) = \frac{-3F}{2EI}$$

$$\Delta_{3F} = \frac{-1}{EI}\left(\frac{1}{2} \times 3F \times 3 \times 3 + \frac{1}{2} \times 3F \times 3 \times \frac{3 \times 2}{3}\right) = \frac{-45F}{2EI}$$

代入力法方程并整理得

$$\left.\begin{aligned}8X_1-X_2-18X_3+15F=0\\-X_1+8X_2+18X_3-3F=0\\-2X_1+2X_2+10X_3-5F=0\end{aligned}\right\}$$

解此方程组得

$$X_1=-\frac{6}{7}F,\ X_2=-\frac{6}{7}F,\ X_3=\frac{1}{2}F$$

由叠加原理作弯矩图（见图 19-18g）。

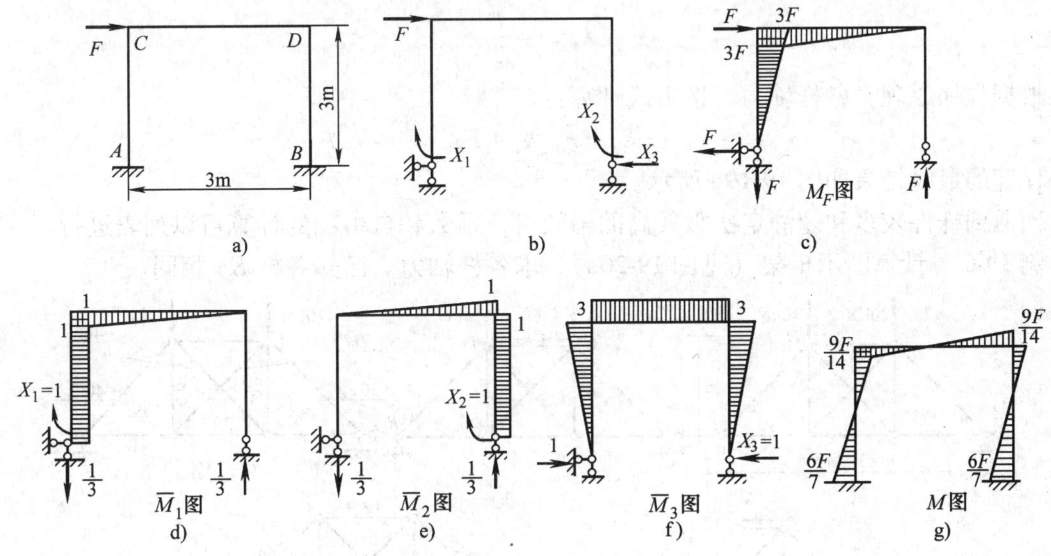

图 19-18　例 19-4 图

19.4.3　超静定桁架

解超静定桁架的思路与解超静定梁、刚架相同。由于基本结构的位移只是由杆件轴向变形引起，其位移（即典型方程中的系数和自由项）应按下式计算：

$$\Delta_{iF}=\sum\frac{\overline{F}_{\mathrm{N}i}F_{\mathrm{N}F}}{EA}l$$

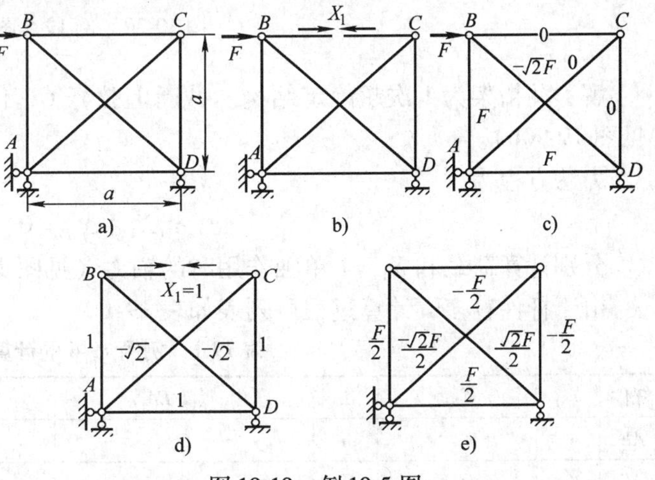

图 19-19　例 19-5 图

例 19-5　计算如图 19-19a 所示桁架，求各杆轴力，已知各杆 EA 值相等。

解：此桁架为 1 次超静定结构。截断 BC 杆，代之以多余未知力 X_1（一对轴力），得到的基本体系（见图 19-19b）。

由于原结构 BC 杆在截面两侧没有相对位移，可建立力法方程。

$$\delta_{11}X_1+\Delta_{1F}=0$$

分别计算在荷载和多余未知力 $X_1=1$ 单独作用在基本结构上各杆的轴力（见图 19-19c、d）。

系数和自由项可求得如下：

$$\delta_{11}=\frac{1}{EA}[1\times1\times a\times4+(-\sqrt{2})(-\sqrt{2})\times\sqrt{2}a\times2]=\frac{4a}{EA}(1+\sqrt{2})$$

$$\Delta_{1F}=\frac{1}{EA}[F\times1\times a\times2+(-\sqrt{2}F)(-\sqrt{2})\times\sqrt{2}a]=\frac{2Fa}{EA}(1+\sqrt{2})$$

代入力法方程可解得

$$X_1=-\frac{F}{2}$$

根据叠加原理，各杆轴力可按下式计算：

$$F_N=\overline{F}_{N1}X_1+F_{NF}$$

计算的最终结果如图 19-19e 所示。

当遇到杆件较多和超静定次数较高的桁架时，系数和自由项的计算可以列表进行。

例 19-6 计算图示桁架（见图 19-20a），求各杆轴力。已知各杆 EA 相同。

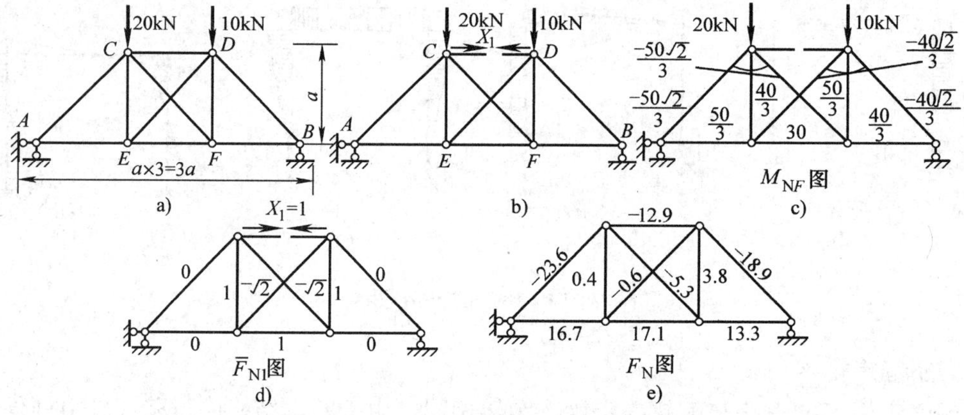

图 19-20 例 19-6 图

解：此桁架为 1 次超静定结构。截断上弦杆 CD 代之以多余未知力 X_1，得到基本体系（见图 19-20b）。

力法方程为

$$\delta_{11}X_1+\Delta_{1F}=0$$

分别计算荷载和 $X_1=1$ 单独作用时的轴力（见图 19-20c、d）。

由于杆件较多，计算过程可列表如表 19-1。

表 19-1 例题 19-6 的计算过程

杆件	$\overline{F}_{N1}$	F_{NF}	L	$\overline{F}_{N1}^2 l/EA$	$\overline{F}_{N1}F_{NF}l/EA$	$F_N=\overline{F}_{N1}X_1+F_{NF}$
AE	0	50/3	a	0	0	16.7
AC	0	$-50\sqrt{2}/3$	$\sqrt{2}a$	0	0	-23.6
CE	1	40/3	a	a/EA	$40a/3EA$	0.4
CD	1	0	a	a/EA	0	-12.9

（续）

杆件	$\overline{F}_{N1}$	F_{NF}	L	$\overline{F}_{N1}^2 l/EA$	$\overline{F}_{N1}F_{NF}l/EA$	$F_N=\overline{F}_{N1}X_1+F_{NF}$
CF	$-\sqrt{2}$	$-50\sqrt{2}/3$	$\sqrt{2}a$	$2\sqrt{2}a/EA$	$100\sqrt{2}a/3EA$	-5.3
EF	1	30	a	a/EA	$30a/EA$	17.1
ED	$-\sqrt{2}$	$-40\sqrt{2}/3$	$\sqrt{2}a$	$2\sqrt{2}a/EA$	$80\sqrt{2}a/3EA$	-0.6
DF	1	50/3	a	a/EA	$50a/3EA$	3.8
DB	0	$-40\sqrt{2}/3$	$\sqrt{2}a$	0	0	-18.9
FB	0	40/3	a	0	0	13.3
Σ				$4(1+\sqrt{2})a/EA$	$20(2+3\sqrt{2})a/EA$	

代入力法方程得

$$\frac{4a}{EA}(1+\sqrt{2})X_1+\frac{20a}{EA}(2+3\sqrt{2})=0$$

解得

$$X_1=\frac{-5(2+3\sqrt{2})}{1+\sqrt{2}}\text{kN}\approx-12.9\text{kN}$$

用式 $F_N=\overline{F}_{N1}X_1+F_{NF}$ 计算最终轴力。最终轴力记在相应杆件一侧（见图 19-20e）。

19.4.4 组合结构

组合结构的特点是，结构内同时含有受弯矩、剪力和轴力作用的梁式杆和只受轴力作用的二力直杆。计算组合结构时，其力法方程中系数和自由项的计算特点是：二力直杆需考虑其轴向变形；梁式杆一般只考虑其弯曲变形，但如它的轴向截面刚度 EA 较小而受轴力又较大时，也需考虑轴力影响。

例 19-7 计算图示组合结构（见图 19-21a），已知梁式杆 AB 的 $EI=1.989\times10^4\text{kN}\cdot\text{m}^2$，$EA_1=2.484\times10^6\text{kN}$，二力直杆 CE、DF 的 $EA_2=4.95\times10^5\text{kN}$；$AE$、$EF$、$FB$ 的 $EA_3=2.46\times10^5\text{kN}$。

解： 此结构为一次超静定结构。截断 EF 杆代之以多余未知力 X_1 得到图 19-21b 所示的基本体系。其力法方程为

$$\delta_{11}X_1+\Delta_{1F}=0$$

分别作出荷载和多余未知力 $X_1=1$ 作用在基本结构上的 M_F，F_{NF}，$\overline{M}_1$，$\overline{F}_{N1}$ 图（见图 19-21c ~ e）。系数与自由项计算时，对梁式杆按考虑轴力影响计算。

$$\begin{aligned}\delta_{11}&=\sum\int\frac{\overline{M}_1^2}{EI}\mathrm{d}x+\sum\int\frac{\overline{F}_{N1}^2}{EA}l=\frac{1}{EI}\left[\frac{1}{2}\times1.5\times2\times\frac{1.5\times2}{3}\times2+1.5\times4\times1.5\right]+\\&\quad\frac{(-1)^2\times8}{EA_1}+\frac{(-0.75)^2}{EA_2}\times1.5\times2+\frac{1}{EA_3}[1.25^2\times\sqrt{2^2+1.5^2}\times2+1^2\times4]\\&=\frac{12}{1.989\times10^4}+\frac{8}{2.484\times10^6}+\frac{1.6875}{4.95\times10^5}+\frac{11.8125}{2.46\times10^5}\\&=60.33\times10^{-5}+0.322\times10^{-5}+0.341\times10^{-5}+4.802\times10^{-5}\\&=65.795\times10^{-5}\end{aligned}$$

$$\Delta_{1F} = \sum\int\frac{\overline{M}_1M_F}{EI}\mathrm{d}x + \sum\int\frac{\overline{F}_{\mathrm{N}1}F_{\mathrm{N}F}}{EA}l$$

$$= \frac{-1}{1.989\times10^4}\left[\frac{1}{2}\times100\times2\times\frac{1.5\times2}{3}+\frac{1}{2}\times100\times2\times1.5+\frac{1}{2}\times200\times2\times1.5\right]\mathrm{m}\times2+0$$

$$= -5530.42\times10^{-5}\mathrm{m}$$

代入力法方程可解得

$$X_1\approx84\mathrm{kN}\ （拉力）$$

最终弯矩与最终轴力分别按下列计算：

$$M=\overline{M}_1X_1+M_F \qquad F_{\mathrm{N}}=\overline{F}_{\mathrm{N}1}X_1+F_{\mathrm{N}F}$$

其结果如图 19-21f 所示。

如不计梁式杆 AB 的轴力影响，可求得

$$\delta_{11}=(65.795-0.322)\times10^{-5}=65.473\times10^{-5}$$

$$X_1=84.5\mathrm{kN}$$

其结果与原计算之差不足 1%。

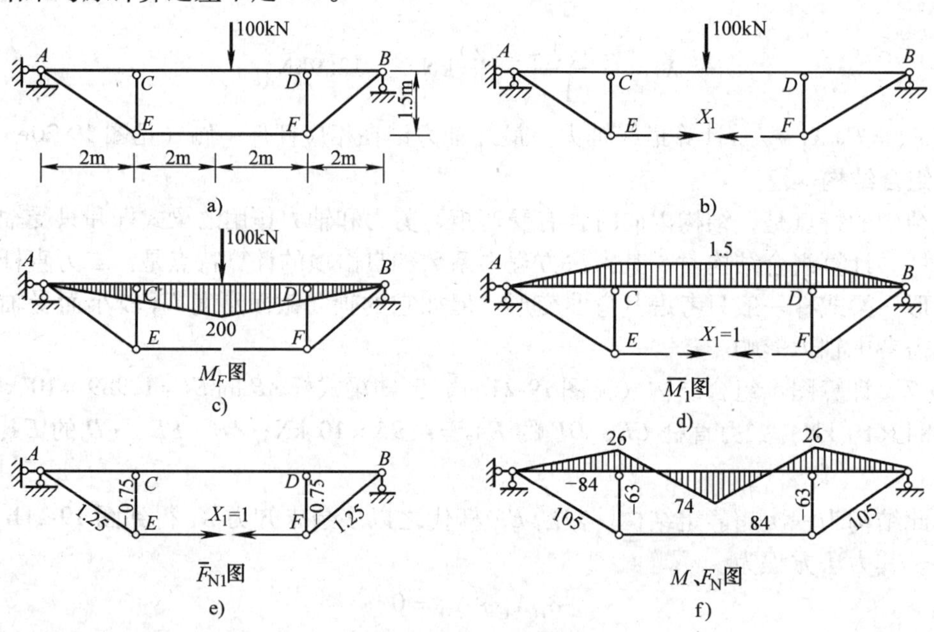

图 19-21　例 19-7 图

19.4.5　铰接排架

单层工业厂房通常采用排架结构，它由屋架（也称屋面大梁）、柱子和基础所组成，是工业厂房的主要承重结构。柱子和基础之间为刚性连接，屋架和柱顶可视为铰接。在屋面荷载作用下，屋架按桁架计算。计算排架在侧向荷载作用下柱的内力时，通常将屋架视为抗拉刚度 EA 为无限大的链杆（称为横梁）。厂房排架（见图 19-22a），其计

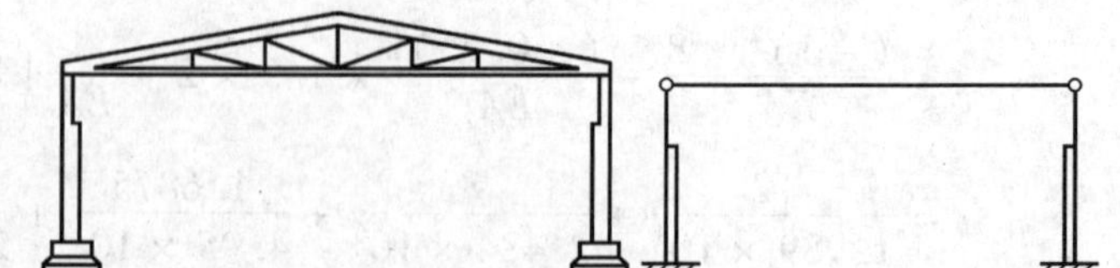

图 19-22　排架

算简图称之为铰接排架（见图 19-22b）。大多数工业厂房都需要在柱子上放桥式起重机梁，因此通常把柱子做成阶梯状。

用力法计算排架时，一般把横梁作为多余约束而切断其轴向约束，代之以多余未知力，利用切口两侧面相对轴向位移为零的条件建立力法方程。

例 19-8 两跨厂房排架的计算简图如图示（见图 19-23a）。求在所示荷载作用下的内力。已知：$E=$常数，$I_2=5I_1$，$H_1=3\text{m}$，$H_2=10\text{m}$，$M_E=20\text{kN}\cdot\text{m}$，$M_H=60\text{kN}\cdot\text{m}$。

解： 此排架为 2 次超静定结构。截断各跨横梁代之以多余未知力 X_1、X_2，原结构的基本体系如图 19-23b 所示。由于截断处两侧面相对位移为零，可得力法方程

$$\left.\begin{aligned}\delta_{11}X_1+\delta_{12}X_2+\Delta_{1F}=0\\ \delta_{21}X_1+\delta_{22}X_2+\Delta_{2F}=0\end{aligned}\right\}$$

分别作出荷载和多余未知力 $X_1=1$，$X_2=1$ 单独作用时的弯矩图（见图 19-23c ~ e），系数和自由项求得如下：

$$\begin{aligned}\delta_{11}&=\frac{1}{EI_1}\left(\frac{1}{2}\times3\times3\times\frac{3\times2}{3}\times2\right)+\frac{1}{EI_2}\left[\frac{1}{2}\times10\times7\times\left(\frac{10\times2}{3}+\frac{3\times1}{3}\right)+\right.\\&\quad\left.\frac{1}{2}\times3\times7\times\left(\frac{10\times1}{3}+\frac{3\times2}{3}\right)\right]\times2\\&=\frac{738.7}{EI_2}\end{aligned}$$

$$\delta_{12}=\delta_{21}=\frac{-1}{EI_2}\left[\frac{1}{2}\times7\times7\times\left(\frac{10\times2}{3}+\frac{3\times1}{3}\right)\right]=\frac{-187.8}{EI_2}$$

$$\delta_{22}=\frac{1}{EI_1}\left(\frac{1}{2}\times7\times7\times\frac{7\times2}{3}\right)+\frac{1}{EI_2}\left(\frac{1}{2}\times7\times7\times\frac{7\times2}{3}\right)=\frac{686}{EI_2}$$

$$\Delta_{1F}=\frac{1}{EI_2}\left(20\times7\times\frac{3+10}{2}\right)+\frac{1}{EI_2}\left(60\times7\times\frac{3+10}{2}\right)=\frac{3640}{EI_2}$$

$$\Delta_{2F}=\frac{-1}{EI_2}\left(60\times7\times\frac{7}{2}\right)=\frac{-1470}{EI_2}$$

代入力法方程并消去 EI_2 得

$$\left.\begin{aligned}738.7X_1-187.8X_2+3640=0\\ -187.8X_1+686X_2-1470=0\end{aligned}\right\}$$

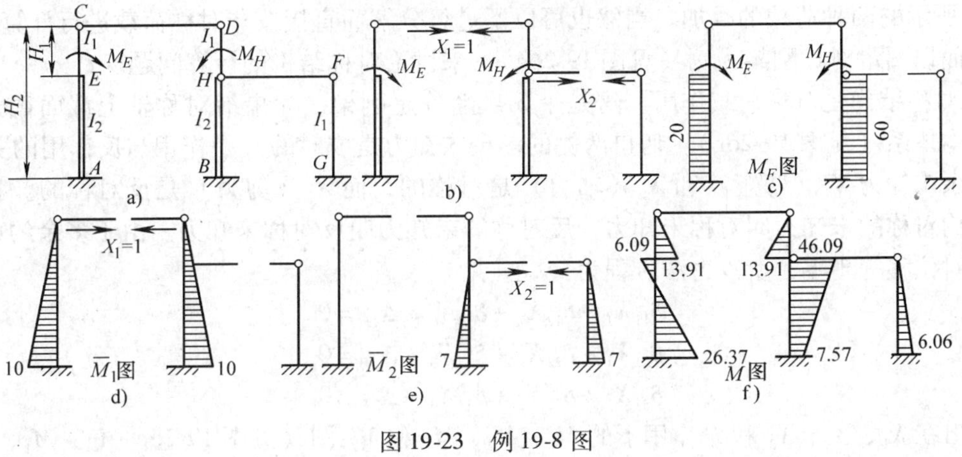

图 19-23 例 19-8 图

解得：$X_1 = -4.637\text{kN}$，$X_2 = 0.866\text{kN}$

用叠加原理作弯矩图（见图 19-23f）。

19.5 对称性的利用

在建筑工程中，很多结构是对称的。所谓对称结构是指：①结构的几何形状和支承状况以某轴对称。②杆件的截面尺寸和材料的力学性能（弹性模量等）也对此轴对称。即若将结构绕这个轴对折后，结构在轴两边的部分将完全重合，该轴线称为结构的对称轴。利用结构的对称性，可使计算大为简化。如图 19-24a ~ c 所示结构都是对称结构。如图 19-24d 所示结构虽然支承状况并不对称，但在竖向荷载作用下支座 A 的水平反力等于零，所以也可以利用对称性。

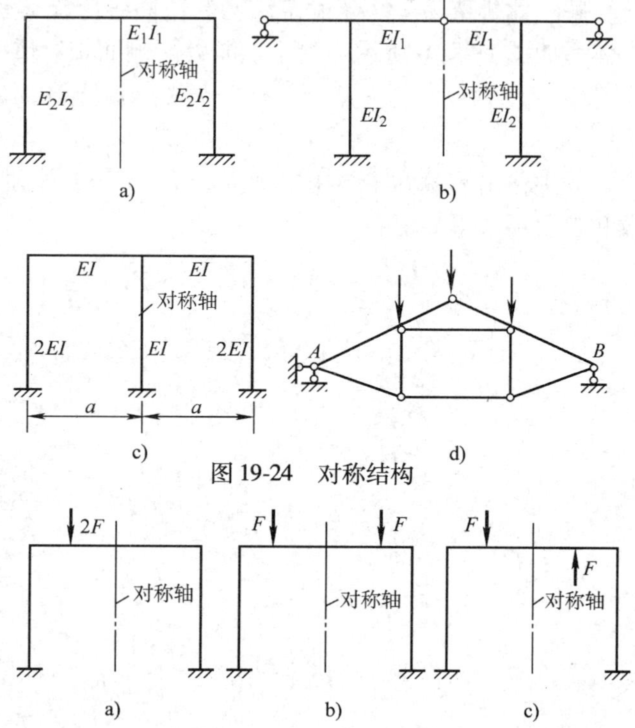

图 19-24 对称结构

图 19-25 对称结构的荷载分类

对称结构的荷载可以分为非对称荷载（见图 19-25a）、对称荷载（见图 19-25b）、反对称荷载（见图 19-25c）。所谓对称荷载，其大小相同，作用方向关于对称轴是对称的；而反对称荷载是大小相同，作用方向关于对称轴是反对称的。

对称结构受对称荷载作用时，其变形是对称的，弯矩图和轴力图也是对称的，剪力图是反对称的；对称结构受反对称荷载作用时其变形是反对称的，弯矩图和轴力图也是反对称的，而剪力图是对称的。对称结构受非对称荷载作用时，也可以将非对称荷载分解为对称荷载与反对称荷载的叠加，以使问题得到简化。如图 19-25a 所示的非对称荷载就可以分解为图 19-25b、c 所示的两种荷载的叠加。当然也可以不进行分解而直接按非对称荷载进行计算。

下面以图示对称刚架为例（见图 19-26a），来讨论对称结构的计算问题。

1. 对称结构受对称荷载作用　这是个 3 次超静定刚架，如果沿对称轴上截面截开，即得到基本体系（见图 19-26b）。切口两侧的多余未知力是成对的（是作用与反作用的关系）。显然多余未知力 X_1（弯矩）和 X_2（轴力）是对称的，而 X_3（剪力）是反对称的。我们把关于结构对称的未知力叫对称未知力，反对称的未知力叫反对称未知力。由于多余约束处截面的相对位移等于零，所以力法方程为

$$\delta_{11}X_1 + \delta_{12}X_2 + \delta_{13}X_3 + \Delta_{1F} = 0$$
$$\delta_{21}X_1 + \delta_{22}X_2 + \delta_{23}X_3 + \Delta_{2F} = 0$$
$$\delta_{31}X_1 + \delta_{32}X_2 + \delta_{33}X_3 + \Delta_{3F} = 0$$

作出在 X_1、X_2、X_3 和 F 作用下的 $\overline{M}_1$、$\overline{M}_2$、$\overline{M}_3$ 和 M_F 图（见图 19-26c ~ f），$\overline{M}_1$、$\overline{M}_2$ 和

M_F 图是对称的，$\overline{M}_3$ 图是反对称的。显然，在求力法方程中的系数时，对称的弯矩图（$\overline{M}_1$、$\overline{M}_2$ 和 M_F 图）与反对称的弯矩图（$\overline{M}_3$ 图）图乘的结果将为零，即

$$\delta_{13}=\delta_{31}=0, \qquad \delta_{23}=\delta_{32}=0, \qquad \Delta_{3F}=0$$

这样力法方程就简化为

$$\left.\begin{aligned}&\delta_{11}X_1+\delta_{12}X_2+\Delta_{1F}=0\\&\delta_{21}X_1+\delta_{22}X_2+\Delta_{2F}=0\\&\delta_{33}X_3=0\end{aligned}\right\}$$

于是，可得如下结论：

1）对称结构在对称荷载作用下，对称轴所在的截面上只有对称的内力（弯矩和轴力），而反对称的内力（剪力）为零。

2）如果所取的基本未知量都是对称未知力或反对称未知力，则反对称未知力必等于零，只需计算对称未知力。

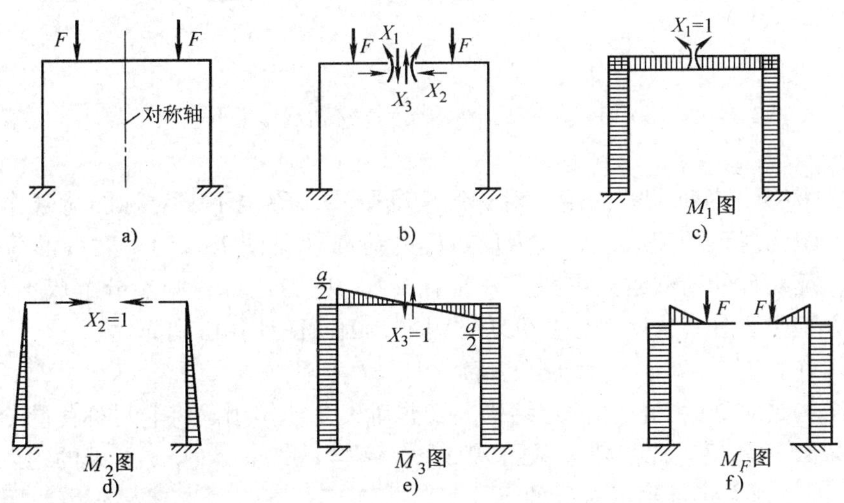

图 19-26　对称结构在对称荷载作用下

2. 对称结构受反对称荷载作用　对称结构受反对称荷载作用（见图 19-27a），取图 19-27b 所示的基本体系，则在反对称荷载单独作用时的 M_F 图（见图 19-27f），也是反对称的。在求力法方程中的系数和自由项时，对称的图与反对称的图图乘结果为零，即

$$\delta_{13}=\delta_{31}=0, \qquad \delta_{23}=\delta_{32}=0, \qquad \Delta_{1F}=0, \qquad \Delta_{2F}=0$$

这样力法方程就简化为

$$\left.\begin{aligned}&\delta_{11}X_1+\delta_{12}X_2=0\\&\delta_{21}X_1+\delta_{22}X_2=0\\&\delta_{33}X_3+\Delta_{3F}=0\end{aligned}\right\}$$

前两个方程为齐次线性方程组，只有零解，即 $X_1=0$，$X_2=0$。所以得出如下结论：

1）对称结构在反对称荷载作用下，对称轴所在的截面上只有反对称的内力（剪力），而对称的内力（弯矩和轴力）为零。

2）如果所取的基本未知量都是对称未知力或反对称未知力，则对称未知力必等于零，只需计算反对称未知力。

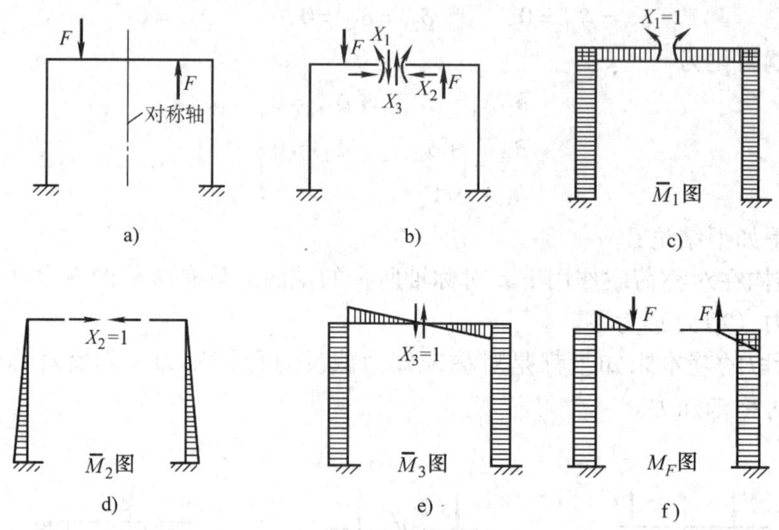

图 19-27　对称结构在反对称荷载作用下

3. 对称结构受非对称荷载作用　对称结构受既不对称也不反对称的荷载作用，可以分解成两组：一组为对称的荷载，一组为反对称的荷载（见图 19-25）。对称的荷载组只需解对称未知力，反对称的荷载组只需解反对称未知力。则力法方程必然分解成不联立的两组，原来的高阶方程组要分解为两个独立低阶方程组，因而使计算得到简化。

例 19-9　作如图 19-28a 所示结构的弯矩图，EI 为常数。

解： 此结构是对称的二次超静定结构，受非对称荷载作用。将非对称荷载分解为对称荷载（见图 19-28b）和反对称荷载（见图 19-28c）两组。解除支座 A、B 处的约束，则多余未知力 X_1、X_2 也分别为对称和反对称的。

由原结构在 A、B 处沿 X_1、X_2 方向的位移等于零的条件，可建立力法方程：

$$\delta_{11}X_1+\Delta_{1F}=0$$

$$\delta_{22}X_2+\Delta_{2F}=0$$

分别作出对称荷载、反对称荷载、多余未知力 $X_1=1$、$X_2=1$ 单独作用下的弯矩图（见图 19-28d ~ g），则

$$\delta_{11}=\frac{1}{EI}\left(\frac{1}{2}\times 2l\times 2l\times\frac{2l\times 2}{3}\times 2\right)=\frac{16l^3}{3EI}$$

$$\delta_{22}=\frac{1}{EI}\left(\frac{1}{2}\times 2l\times 2l\times\frac{2l\times 2}{3}\times 2+4l\times l\times 4l\right)=\frac{64l^3}{3EI}$$

$$\Delta_{1F}=\frac{-1}{EI}\left(\frac{1}{3}\times ql^2\times 2l\times\frac{2l\times 3}{4}\times 2\right)=-\frac{2ql^4}{EI}$$

$$\Delta_{2F}=\frac{-1}{EI}\left(\frac{1}{3}\times ql^2\times 2l\times\frac{2l\times 3}{4}\times 2+2ql^2\times l\times 4l\right)=\frac{-10ql^4}{EI}$$

代入力法方程，可解得

$$X_1 = \frac{3}{8}ql，X_2 = \frac{15}{32}ql$$

由叠加原理，按式 $M = \overline{M}_1 X_1 + \overline{M}_2 X_2 + M_{1F} + M_{2F}$ 计算弯矩，并作最终弯矩图（见图 19-28h）。

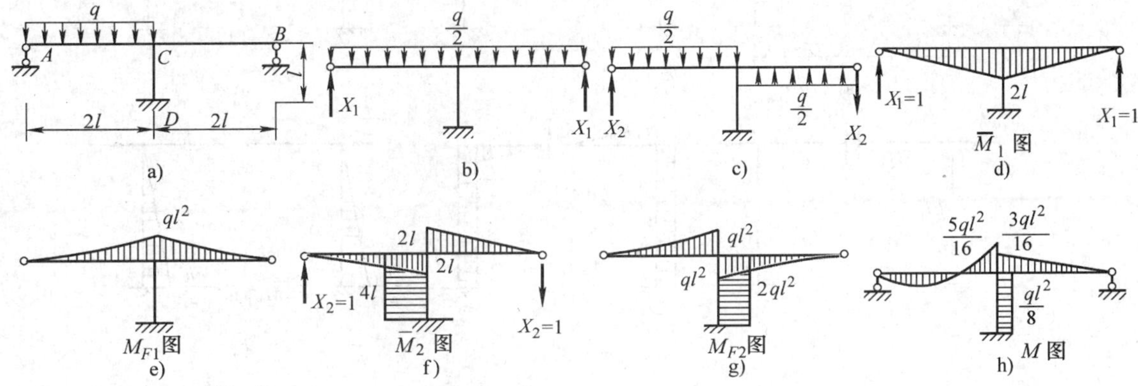

图 19-28　例 19-9 图

例 19-10　计算如图 19-29a 所示刚架，设 $i_1 = EI_1/h$，$i_2 = EI_2/l$，$k = i_2/i_1 = I_2h/I_2l$，并分别作出 $k=0$，3，∞ 时的弯矩图。

解： 荷载 F 可分为对称荷载（见图 19-29b）和反对称荷载（见图 19-29c）。

在对称荷载作用下，只有横梁承受压力 $F/2$，而其他杆无内力。这是因为计算刚架时我们通常忽略轴向变形的影响，也就是忽略横梁的压缩变形。因此，为了作图 19-29a 所示刚架的弯矩图，只需求刚架在反对称荷载作用下（见图 19-29c）的弯矩图即可。

在反对称荷载作用下，基本体系如图 19-29d 所示，切口截面上只有反对称未知力剪力 X_1。基本结构在单位未知力 $X_1 = 1$ 和荷载作用下的弯矩图如图 19-29e、f 所示。由此得

$$\Delta_{1F} = \frac{2}{EI_1} \times \frac{1}{2} \times \frac{Fh}{2} \times h \times \frac{l}{2} = \frac{Fh^2 l}{4EI_1}$$

代入力法方程，并设 $k = \dfrac{I_2 h}{I_1 l}$，得

$$X_1 = -\frac{\Delta_{1P}}{\delta_{11}} = -\frac{Fh}{2l\left(1 + \dfrac{1}{k}\right)} = -\frac{k}{(k+1)} \times \frac{Fh}{2l}$$

当 $k \to 0$ 时

$$X_1 = 0$$

此时柱顶的弯矩等于零。

当 $k = 3$ 时

$$X_1 = \frac{3Fh}{8l}$$

当 $k \to \infty$ 时

$$X_1 = \frac{Fh}{2l}$$

做出上述 3 种情况下相应的弯矩图如图 19-30a ~ c 所示。

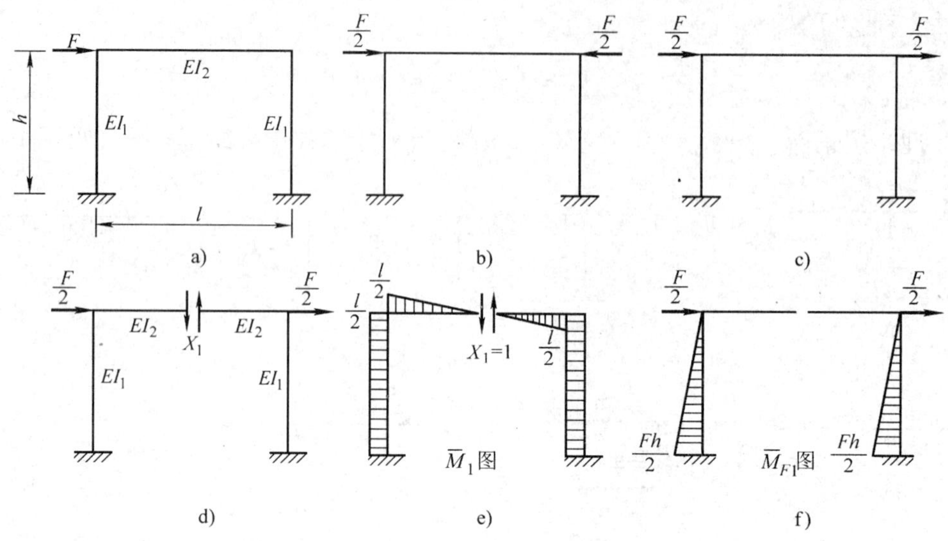

图 19-29　例 19-10 图

讨论：$i_1=EI_1/h$ 称为立柱的线刚度，$i_2=EI_2/l$ 称为横梁的线刚度。刚架的弯矩图随横梁与立柱的线刚度的比值 k 而变化。

1）当横梁的线刚度 i_2 比立柱的线刚度 i_1 小很多的情况下，即 $k\to 0$ 时，立柱顶端的弯矩为零（见图 19-30a）。

2）当横梁的线刚度 i_2 比立柱的 i_1 大很多的情况下，即 $k\to\infty$ 时，立柱中点的弯矩趋于零（见图 19-30c）。

3）一般情况下，立柱的弯矩有零点，此弯矩零点在柱的上半部分范围内变动（见图 19-30d）。

当 $k=0$ 时，弯矩零点在柱顶，随着 k 值的增大（即梁刚度的增大），弯矩零点自柱顶向下移动，柱顶出现弯矩；当 $k\to\infty$ 时，弯矩零点移动到柱的中点，此时柱顶的弯矩达到最大值 $Fh/4$。

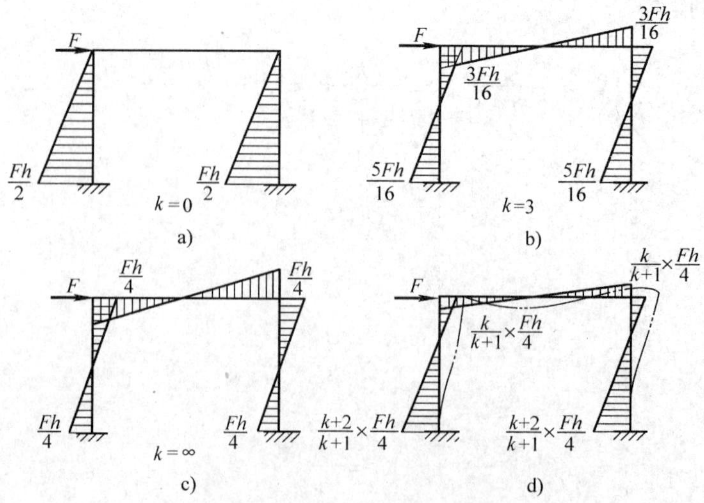

图 19-30　例 19-10 几种情况下的最后 M 图

4）从如图 19-30b 所示可看出，当 $k=3$ 时，弯矩零点位置已很靠近柱中点。因此，当 $k\geqslant3$ 时，可近似认为梁的刚度为无穷大。

19.6 超静定结构的位移计算和内力图的校核

1. 超静定结构的位移计算　在第 18 章指出过，计算结构位移的一般公式不仅可用于计算静定结构的位移，而且可以计算超静定结构的位移。例如，对超静定梁和超静定刚架，求在荷载作用下结构某处的位移 Δ_{iF}，可用下面的位移公式计算：

$$\Delta_{iF} = \sum\int\frac{\overline{M}_i M_F}{EI}\mathrm{d}x$$

式中，M_F 为荷载在原结构上产生的弯矩，即用力法或其他方法求得的最终弯矩。$\overline{M}_i$ 为虚拟单位荷载在原结构上产生的弯矩。因为原结构是超静定的，因而需用力法进行求解。这样做显然很繁琐。事实上，由于基本结构在荷载和多余力共同作用下产生的内力与位移，与原结构在荷载作用下产生的完全一致，所以，可以把求原超静定结构的位移用基本结构来计算。另外注意到，采用任何一种基本结构所求得的内力与位移都与原结构一致，所以可以将由某一种基本结构所求得的最终内力看作是由另一种基本结构求得的。因此，在计算位移时可以选一种便于计算的基本结构，而不必拘泥于原来求解时的基本结构。

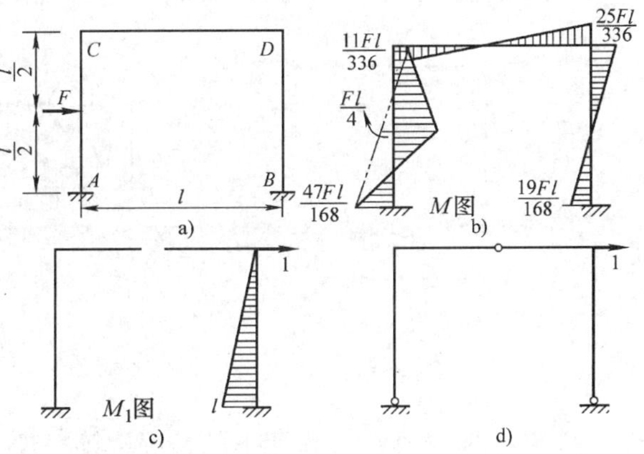

图 19-31　求 D 点的水平线位移

欲求如图 19-31a 所示刚架，节点 D 的水平位移。首先，用力法计算该结构并作最终弯矩图（见图 19-31b）。为求 D 点的水平位移，取对称的基本结构，并虚加单位力，作出 $\overline{M}$ 图（见图 19-31c），则 D 的水平位移为

$$\Delta_D=\frac{1}{EI}\left(\frac{1}{2}\times\frac{19}{168}Fl\times l\times\frac{l\times2}{3}-\frac{1}{2}\times\frac{25}{336}Fl\times l\times\frac{l\times1}{3}\right)=\frac{51Fl^3}{2016EI}\ (\rightarrow)$$

当然，计算虚拟状态时，也可选取其他基本结构（见图 19-31d），所求得的位移是完全相同的。

2. 最终内力图的校核　内力图是结构设计的依据，必须保证其正确无误。因此，要养成分段校核的习惯，即每进行一步，都要进行校核，及时发现错误以免造成大返工。在完成全部计算后要对最终内力图进行总检查、总校核。正确的内力图必须同时满足平衡条件和位移条件。所以校核工作应从这两个方面进行。下面以如图 19-32a 所示结构的内力图（见图 19-32b～d）为例加以说明。

（1）平衡条件的校核：从结构中任意取出一部分，都应当满足平衡条件，$\sum M=0$，$\sum F_x=0$，$\sum F_y=0$，通常的做法是截取节点或截取杆件。截取节点 B（见图 19-32f）看是否满足平衡条件，也可以截取任意一杆如 BC（见图 19-32g）看是否满足平衡条件。从图中可以看出，平衡条件是满足的。

（2）位移条件的校核：计算超静定结构的内力时，除平衡条件外，还应用了位移条件。因此，校核工作也应包括位移条件的校核。位移条件校核的一般做法是：任取一基本结构，任意选取一个多余未知力 X_i，然后根据最终内力图算出沿 X_i 方向的位移 Δ_i，并检查 Δ_i 是否与原结构中的相应位移（已知值）相等。Δ_i 按第 18 章给出的公式计算：

$$\Delta_i = \sum\int\frac{\overline{M}M_P}{EI}\mathrm{d}x + \sum\int\frac{\overline{F}_{\mathrm{N}}F_{\mathrm{N}P}}{EA}\mathrm{d}x + \sum\int\frac{k\overline{F}_{\mathrm{S}}F_{\mathrm{S}P}}{GA}\mathrm{d}x - \sum\overline{F}_{\mathrm{R}i}C_i$$

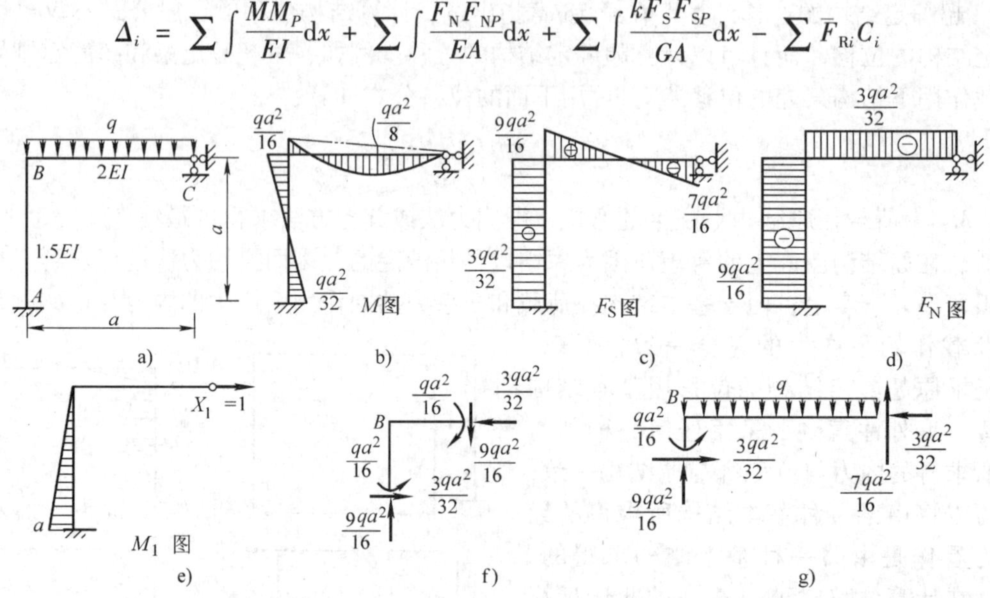

图 19-32　内力图校核

对梁和刚架在荷载作用下的情况取第一项，桁架取第二项，组合结构取第一、二项。如原结构无支座移动，则不考虑第四项。如图 19-32a 所示结构，可取一基本结构（见图 19-32e），原结构在 C 处的已知位移为水平位移和铅垂位移均等于零，可任意选一多余未知力 X_1，作 $X_1=1$ 时的弯矩图 $\overline{M}_1$ 图（见图 19-32e），则用图乘法可求得基本结构沿 X_1 方向的位移为

$$\Delta_1 = \frac{1}{1.5EI}\left(\frac{1}{2}\times\frac{qa^2}{16}\times a\times\frac{a\times 1}{3} - \frac{1}{2}\times\frac{qa^2}{32}\times a\times\frac{a\times 2}{3}\right) = 0$$

可见 Δ_1 与原结构 C 处的水平位移相等，即最终弯矩图满足位移条件。严格地说，对于一个 n 次超静定结构，需要进行 n 次独立的位移校核才具有充分性，但一般只作少量的几次校核即可，且每次校核可取不同的基本结构。

19.7　单跨超静定梁的杆端内力

本节讨论单跨超静定梁由荷载、杆端位移（包括线位移及角位移）产生的杆端内力（包括杆端弯矩及杆端剪力）。目的是为下一章介绍的位移法打下基础。

1. 杆端内力与杆端位移的正负号规定　下面以两端固接梁（见图 19-33a）为例，说明杆端内力与位移的正负号规定。

（1）杆端弯矩：将图示单跨梁（见图 19-33a）从端部截开（见图 19-33b）。对杆段 AB，杆端弯矩规定为绕杆端顺时针转向为正，逆时针转向为负。与此相应，对节点 A 或 B，则绕

节点逆时针转向为正，顺时针转向为负。如图 19-33b 所示的杆端弯矩均为正值。要注意，这里对杆端弯矩的规定是与材料力学不同的。之所以这样规定，完全是为计算上的方便。

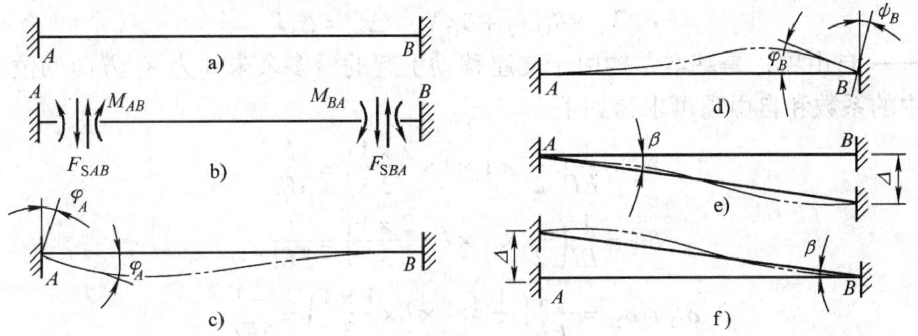

图 19-33　杆端内力与杆端位移的正负号规定

（2）杆端剪力：绕着其所作用的隔离体顺时针转向为正，逆时针转向为负。图示的剪力 F_{SAB}，F_{SBA} 均为正值（见图 19-33b）。

（3）杆端转角：杆端转角规定顺时针转向为正，逆时针转向为负。图示的 A、B 端转角位移 φ_A、φ_B 均为正值（见图 19-33c、d）。

（4）杆端相对线位移：杆件两端相对线位移用 Δ 表示，如将 B 端相对于 A 端的线位移记为 Δ_{AB}，A 端相对 B 端的线位移记为 Δ_{BA}。显然有 $\Delta_{AB}=\Delta_{BA}=\Delta$。其正负号规定为：使杆端连线顺时针转向为正，逆时针转向为负。如图 19-33e、f 所示的相对线位移 Δ，均为正值。应当指出，杆端相对线位移一般很小，所以将 Δ 视为垂直杆轴，且由近似计算：$\beta\approx\Delta/l$，称为弦转角。

2. 等截面直杆的杆端力

（1）由杆端位移求杆端力：如图 19-34a 所示为两端固定的等截面直杆。今设支座 A、B 处分别发生位移 φ_A、φ_B 与 Δ（见图 19-34b），那么由这些位移引起的杆端力为何值呢？下面来讨论这个问题。这是个 3 次超静定问题，取简支梁为基本结构（见图 19-34c）。由于原结构沿多余未知力方向的已知位移分别为 φ_A、φ_B、0。所以位移条件为 $\Delta_1=\varphi_A$，$\Delta_2=\varphi_B$，$\Delta_3=0$ 力法方程为

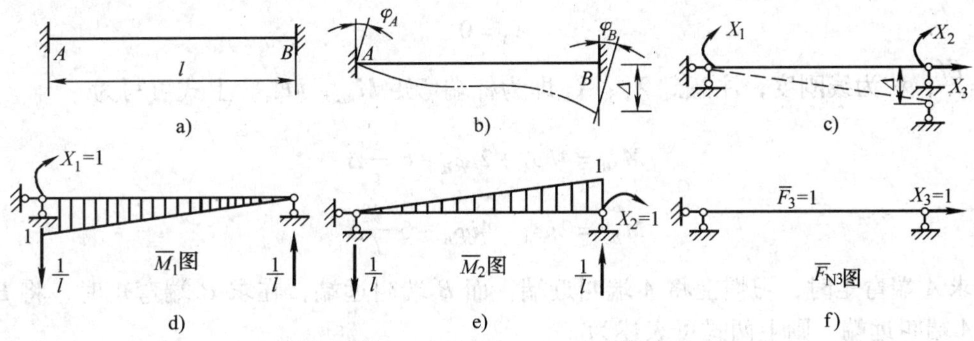

图 19-34　用力法求解杆端力

a）原结构　b）原结构受杆端位移作用　c）基本体系

d）基本结构在 $X_1=1$ 作用下　e）基本结构在 $X_2=1$ 作用下　f）基本结构在 $X_3=1$ 作用下

$$\left.\begin{aligned}\delta_{11}X_1+\delta_{12}X_2+\delta_{13}X_3+\Delta_{1C}=\Delta_1\\\delta_{21}X_1+\delta_{22}X_2+\delta_{23}X_3+\Delta_{2C}=\Delta_2\\\delta_{31}X_1+\delta_{32}X_2+\delta_{33}X_3+\Delta_{3C}=\Delta_3\end{aligned}\right\}$$

式中　Δ_{iC}——自由项，是基本结构由于支座移动引起的沿多余未知力 X_i 方向的位移。

方程中的系数和自由项可求得如下：

$$\delta_{11}=\frac{1}{EI}\left(\frac{1}{2}\times1\times l\times\frac{2\times1}{3}\right)=\frac{l}{3EI}$$

$$\delta_{22}=\frac{1}{EI}\left(\frac{1}{2}\times1\times l\times\frac{2\times1}{3}\right)=\frac{l}{3EI}$$

$$\delta_{12}=\delta_{21}=\frac{-1}{EI}\left(\frac{1}{2}\times1\times l\times\frac{1\times1}{3}\right)=\frac{-l}{6EI}$$

$$\delta_{13}=\delta_{31}=\delta_{23}=\delta_{32}=0,\ \delta_{33}=\frac{1}{EA}(1\times1\times l)=\frac{l}{EA}$$

$$\Delta_{1C}=-\sum\overline{F}_{\mathrm{R}}C=-\left(-\frac{1}{l}\times\Delta\right)=\frac{\Delta}{l}$$

$$\Delta_{2C}=-\sum\overline{F}_{\mathrm{R}}C=-\left(-\frac{1}{l}\times\Delta\right)=\frac{\Delta}{l}$$

$$\Delta_{3C}=0$$

代入力法方程，得

$$\frac{l}{3EI}X_1-\frac{l}{6EI}X_2+\frac{\Delta}{l}=\varphi_A$$

$$-\frac{l}{6EI}X_1+\frac{l}{3EI}X_2+\frac{\Delta}{l}=\varphi_B$$

$$\frac{l}{EA}X_3=0$$

解得

$$X_1=4\frac{EI}{l}\varphi_A+2\frac{EI}{l}\varphi_B-6\frac{EI}{l^2}\Delta$$

$$X_2=2\frac{EI}{l}\varphi_A+4\frac{EI}{l}\varphi_B-6\frac{EI}{l^2}\Delta$$

$$X_3=0$$

令：$i=\frac{EI}{l}$，称为**线刚度**，注意到 X_1、X_2 即为杆端弯矩 M_{AB}，M_{BA}，上式可写为

$$M_{AB}=4i\varphi_A+2i\varphi_B-6\frac{i}{l}\Delta$$

$$M_{BA}=2i\varphi_A+4i\varphi_B-6\frac{i}{l}\Delta$$

在求 A 端弯矩时，习惯上将 A 端叫近端，而 B 端叫远端；在求 B 端弯矩时，将 B 端叫近端，A 端叫远端，则上两式可表述为

杆端弯矩等于近端转角的 $4i$ 倍，远端转角的 $2i$ 倍与相对线位移的 $6i/l$ 倍的叠加。至于杆端的剪力，可用杆的平衡方程求出（见图 19-35）。

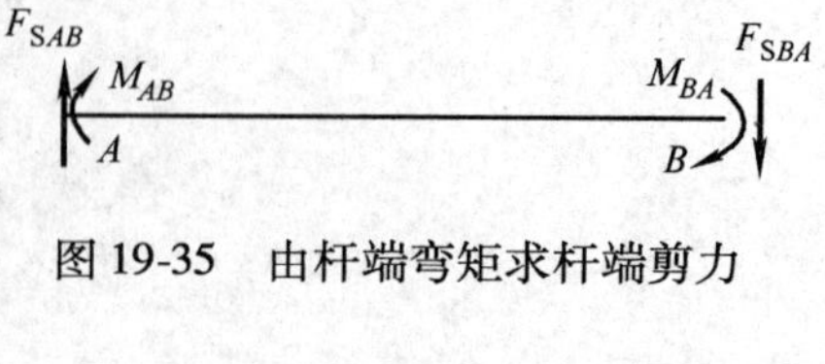

图 19-35　由杆端弯矩求杆端剪力

由 $$\sum M_A = 0,\ \sum M_B = 0$$

可解得

$$F_{SAB} = F_{SBA} = -6\frac{i}{l}\varphi_A - 6\frac{i}{l}\varphi_B + 12\frac{i}{l^2}\Delta$$

对于一端固定另一端铰支座（见图 19-36a）和一端固定另一端为定向支座（见图 19-36b）的杆件，与上面的解算类似，用力法可解得

一端固定另一端铰支座：

$$M_{AB} = 3i\varphi_A - \frac{3i}{l}\Delta,\ M_{BA} = 0$$

$$F_{SAB} = F_{SBA} = -\frac{3i}{l}\varphi_A + \frac{3i}{l^2}\Delta$$

一端固定另一端定向支座：

$$M_{AB} = i\varphi_A,\ M_{BA} = -i\varphi_A$$

$$F_{SAB} = F_{SBA} = 0$$

以上由杆端位移引起的杆端力计算公式，称为转角位移方程。方程中各项的系数称为刚度系数。例如两端固定杆 A 端弯矩计算公式 $M_{AB} = 4i\varphi_A + 2i\varphi_B - 6i\Delta/l$ 中，$4i$，$2i$，$-6i/l$ 都是刚度系数，它们只与杆件的几何尺寸及材料性质有关。其意义是，当杆端发生单位位移时所引起的杆端力。如上式中，当 $\varphi_A = 1$，$\varphi_B = 0$，$\Delta = 0$ 时 A 端的弯矩为 $M_{AB} = 4i$。刚度系数列于表 19-2 中。

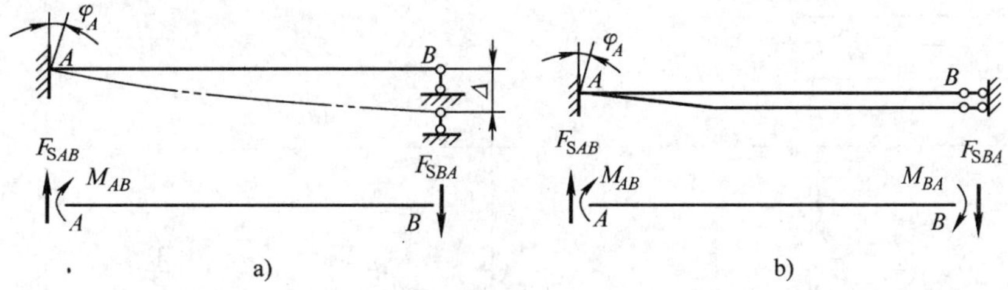

图 19-36　杆端力

(2) 由荷载求杆端力：用力法可以很方便地求出任何荷载作用时的杆端弯矩和剪力，分别用 M^F_{AB}，M^F_{BA}，F^F_{SAB}，F^F_{SBA}表示，叫杆端弯矩和杆端剪力。表 19-2 给出了 3 种单跨超静定梁在常见简单荷载作用下的杆端弯矩和杆端剪力。它们是只与荷载形式有关的系数。

当等截面杆件既有已知力作用又有杆端位移时，则根据叠加原理，杆端力等于几种因素各自引起的杆端力的叠加。

表 19-2　等截面单跨静定梁的杆端弯矩和杆端剪力

序号	梁的简图	杆端弯矩		杆端剪力	
		M_{AB}	M_{BA}	F_{SAB}	F_{SBA}
1	φ=1 A B l	$\frac{4EI}{l} = 4i$ $\left(i = \frac{EI}{l}\right)$	$2i$	$-\frac{6i}{l}$	$-\frac{6i}{l}$

（续）

序号	梁的简图	杆端弯矩		杆端剪力	
		M_{AB}	M_{BA}	F_{SAB}	F_{SBA}
2	A B $\Delta=1$ l	$-\frac{6i}{l}$	$-\frac{6i}{l}$	$\frac{12i}{l^2}$	$\frac{12i}{l^2}$
3	q A B l	$-\frac{ql^2}{12}$	$\frac{ql^2}{12}$	$\frac{ql}{2}$	$-\frac{ql}{2}$
4	A F B a b l	$-\frac{Fab^2}{l^2}$ $a=b=\frac{l}{2}$时 $-\frac{Fl}{8}$	$\frac{Fa^2b}{l^2}$ $a=b=\frac{l}{2}$时 $\frac{Fl}{8}$	$\frac{Fb^2}{l^2}\left(1+\frac{2a}{l}\right)$ $a=b=\frac{l}{2}$时 $\frac{F}{2}$	$-\frac{Fa^2}{l^2}\left(1+\frac{2b}{l}\right)$ $a=b=\frac{l}{2}$时 $-\frac{F}{2}$
5	$\varphi=1$ A B l	$3i$	0	$-\frac{3i}{l}$	$-\frac{3i}{l}$
6	A B $\Delta=1$ l	$-\frac{3i}{l}$	0	$\frac{3i}{l^2}$	$\frac{3i}{l^2}$
7	q A B l	$-\frac{ql^2}{8}$	0	$\frac{5}{8}ql$	$-\frac{3}{8}ql$
8	F A B a b l	$-\frac{Fab(l+b)}{2l^2}$ $a=b=\frac{l}{2}$时 $-\frac{3Fl}{16}$	0	$\frac{Fb(3l^2-b^2)}{2l^3}$ $a=b=\frac{l}{2}$时 $\frac{11F}{16}$	$-\frac{Fa^2(2l+b)}{2l^3}$ $a=b=\frac{l}{2}$时 $-\frac{5F}{16}$

（续）

序号	梁的简图	杆端弯矩		杆端剪力	
		M_{AB}	M_{BA}	F_{SAB}	F_{SBA}
9		i	$-i$	0	0
10		$-\frac{ql^2}{3}$	$-\frac{ql^2}{6}$	ql	0
11		$-\frac{Fa(l+b)}{2l}$ $a=b$ 时 $-\frac{3Fl}{8}$ $a=l$ 时 $-\frac{Fl}{2}$	$-\frac{Fa^2}{2l}$ $a=l/2$ 时 $-\frac{Fl}{8}$ $a=l$ 时 $-\frac{Fl}{2}$	F	0 $a=l$ 时 F

小　结

本章介绍的力法是计算超静定结构的基本方法之一，可适应各种类型的超静定结构的计算。它是利用基本结构在原荷载和多余未知力共同作用下的受力和变形与原超静定结构相等的条件，将超静定计算始终都在静定的基本结构上进行，而使问题得以简化和解决。

力法解题的计算步骤是：

1. 选定基本结构　确定超静定次数，在原结构上去掉所有多余约束而得到的静定结构作为基本结构。代替多余约束的未知力是基本未知量，基本未知量数目等于结构的超静定次数。

2. 建立典型方程　是根据基本结构在多余未知力处的位移与原结构对应已知位移相同的条件建立的。每个方程的左边是基本结构在各个因素作用下产生的位移总和，右边是原结构在相应点处的已知位移。已知位移一般有两种情况，一是无位移，二是有位移（即支座位移）。典型方程的数目等于结构的超静定次数。

3. 计算各项系数　典型方程中的各项系数都是基本结构的位移。分别将原荷载和令各多余未知力等于单位力单独作用在基本结构上，由积分法或图乘法计算出力法方程中的系数和自由项。

4. 求出多余未知力　将所计算的系数和自由项代入方程后，解得基本未知量。

5. 作内力图　用平衡条件或叠加法作弯矩图；利用每一根杆件的平衡求出杆端的剪力

值，作剪力图；利用节点的平衡求出杆端的轴力，作轴力图。

为了简化计算可采用如下措施：

1. 选取合理的基本结构　一个结构的力法基本结构不是惟一的，要选择便于计算的基本结构。

2. 利用对称性　对称结构要利用其对称性，将荷载分为对称和反对称，基本未知量分为对称、反对称未知量，使计算得以简化。

等截面杆件既有力作用又有杆端位移时，杆端力等于几种因素各自引起的杆端力的叠加。

习　　题

19-1　判断下图所示结构的超静定次数。

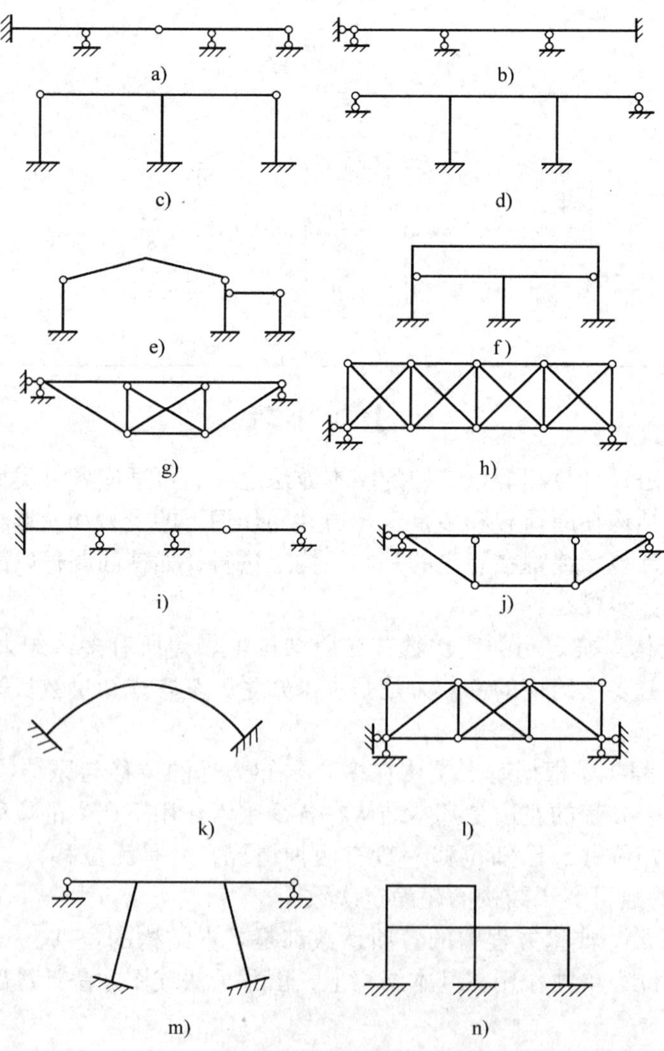

题 19-1　图

19-2　用力法计算图所示各结构，并作弯矩图。

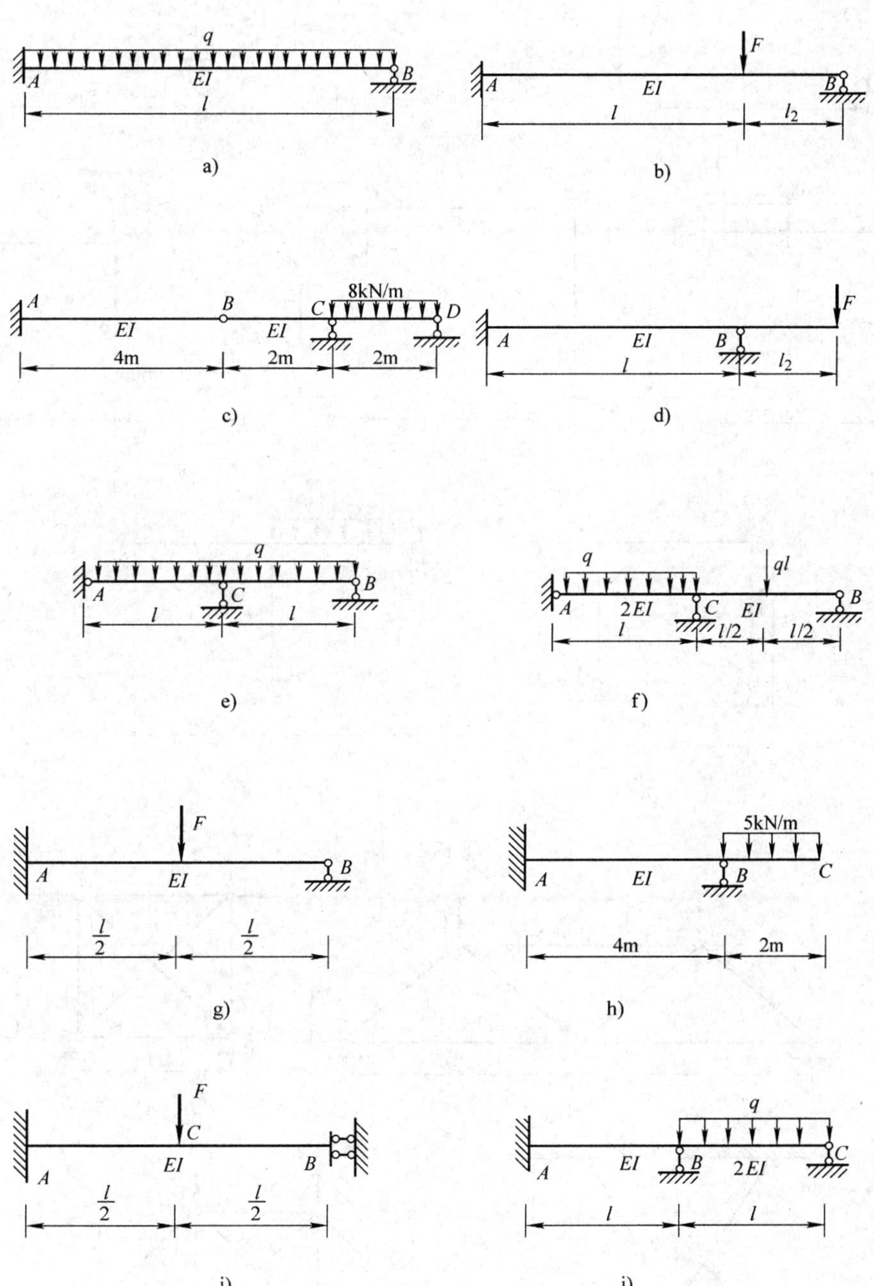

题 19-2　图

19-3　用力法计算下列各刚架，并作弯矩图。

19-4　试求图示桁架各杆轴力。已知：$EA=$常数。

q
B
C
EI
EI
A
l
l
a)
B
C
EI
EI
10kN/m
EI
D
2m
2m
A
4m
b)
B
EI
C
3m
100kN
EI
EI
3m
A
D
4.5m
c)
10kN/m
B
EI
C
EI
6m
A
4m
d)
B
C
EI
EI
q
l
D
EI
l
A
2l
e)
F
C
D
EI
EI
l
A
EI
B
l
l
f)
B
C
EI
q
EI
EI
l
A
D
l
g)
8kN/m
B
2EI
D
2EI
C
EI
4m
A
4m
4m
h)
F
F
D
E
l
A
B
C
2l
2l
a)
D
C
F
F
l
A
B
l
b)
B
C
D
l
30°
30°
A
F
c)
20kN
20kN
C
D
l
A
E
F
B
l
l
l
d)

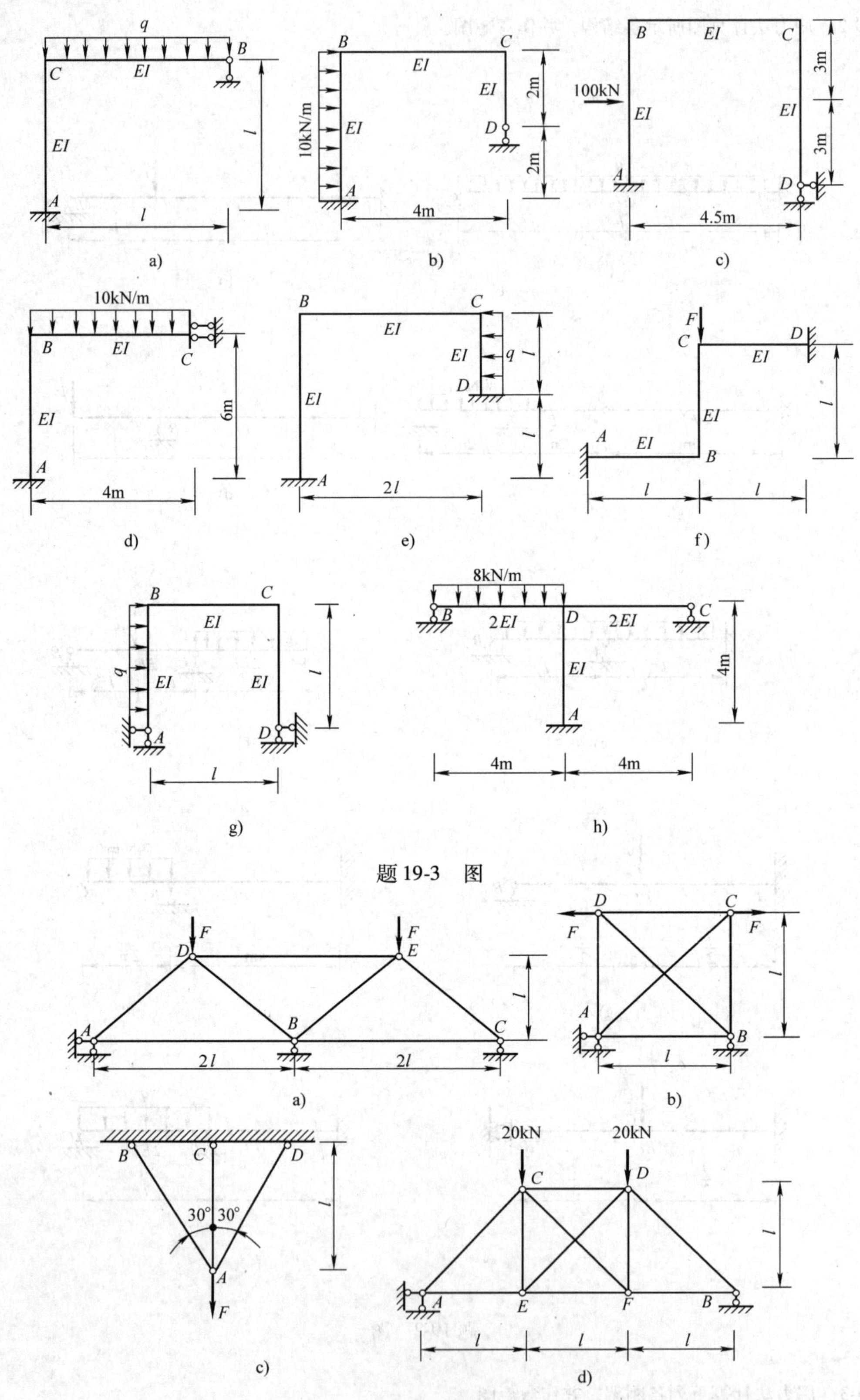

题 19-3　图

题 19-4　图

19-5　试求图示组合结构各杆的内力，并作横梁的弯矩图。已知上弦横梁截面的 $EI=14000\text{kN}\cdot\text{m}^2$，腹杆和下弦杆的 $EA=2.56\times10^5\text{kN}$。

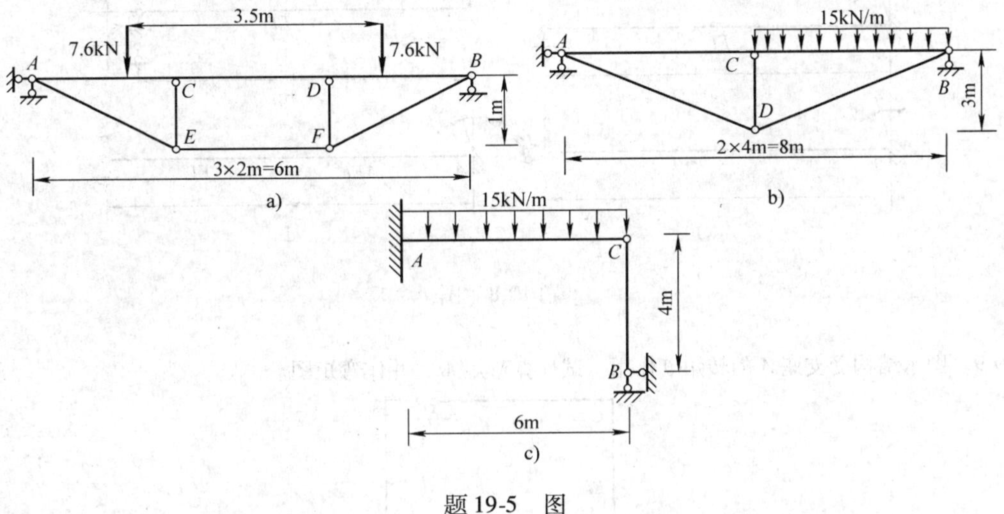

题 19-5　图

19-6　用力法计算图示排架并作弯矩图。杆旁括号内的数字为抗弯刚度 EI 的相对值。

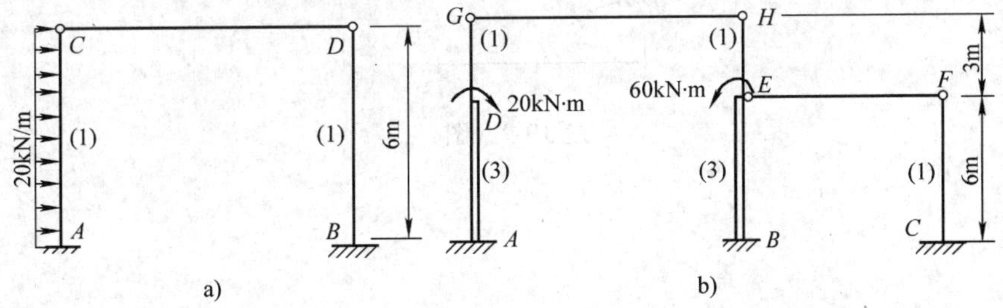

题 19-6　图

19-7　计算图示对称刚架的弯矩，已知 EI = 常数，并作弯矩、剪力和轴向图。

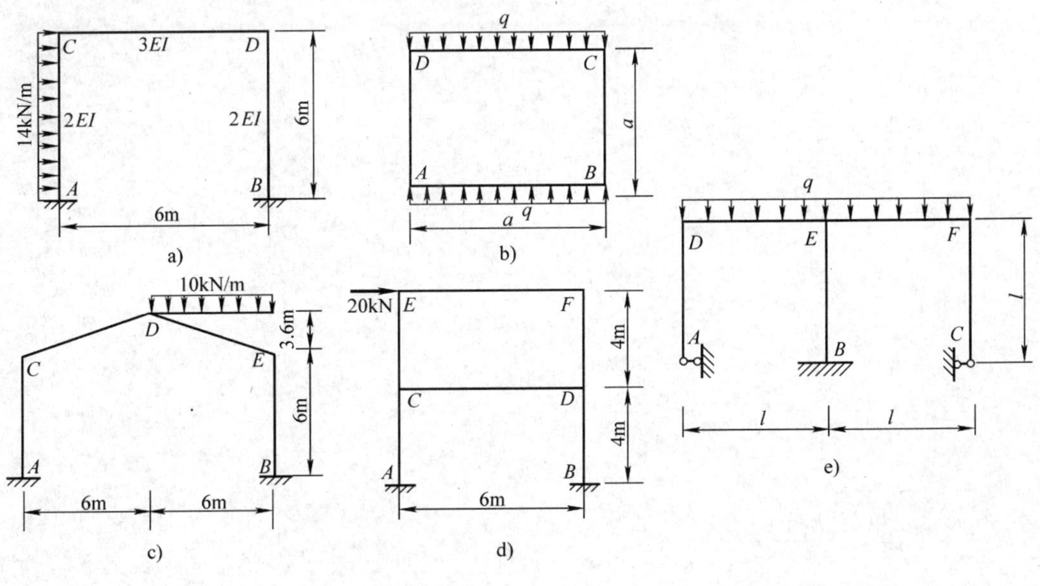

题 19-7　图

19-8　计算图示结构支座移动引起的弯矩，已知 EI = 常数，并作弯矩图和剪力图。

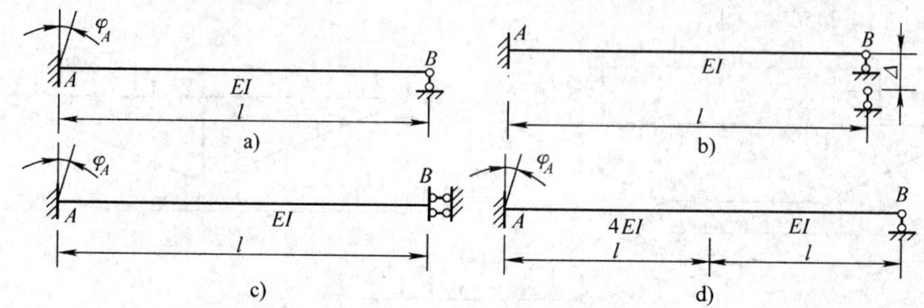

题 19-8　图

19-9　图示结构受支座 A 的转角 θ 作用，试计算弯矩 M，并作弯矩图。

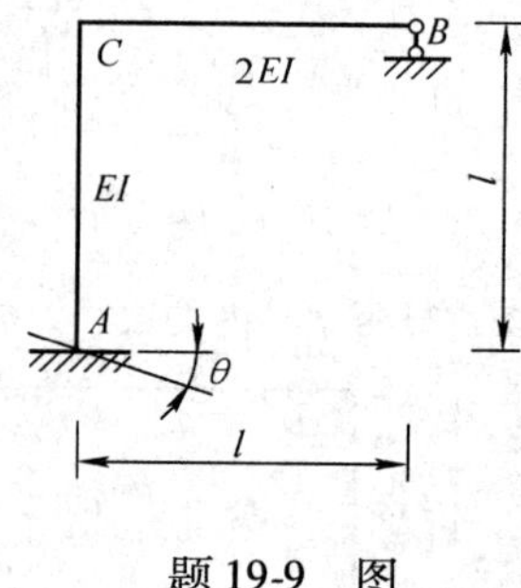

题 19-9　图

第20章　位　移　法

位移法是分析超静定结构的另一种基本方法，它比力法发展稍晚。力法在19世纪末已经用于分析各种超静定结构，随后由于钢筋混凝土结构的问世，使刚架这一结构形式得到广泛的应用，高层、多跨刚架都是高次超静定结构，如果仍用力法来计算将十分繁琐。于是，在20世纪初便产生了适宜于计算这类复杂刚架的位移法。

结构在一定的荷载、温度变化、支座位移作用下，其内力与位移之间有一定的关系，确定的内力可与确定的位移相对应。在分析超静定结构时，力法是以结构的多余未知力作为基本未知量，求出多余未知力后即可利用平衡条件确定结构的内力。而位移法则是以结构上的某些位移作为基本未知量，求出这些位移后即可据此确定计算结构的内力。

20.1　位移法的基本概念

为了说明位移法的基本概念，下面来分析如图20-1a所示刚架。在荷载F、q作用下，刚架将发生如双点画线所示的变形，在刚节点C处的两杆（AC、CD杆）的杆端均发生了相同的转角θ_C，同时还有线位移。对于受弯直杆，通常都略去轴向变形的影响，并认为弯曲变形也是微小的，于是可以假设杆件两端之间的距离在变形前后保持不变。这样，每根受弯直杆的两端只发生沿垂直于杆轴方向的相对线位移（即侧移），没有沿杆轴方向的相对线位移。根据这一假设，图示刚架中，支座A不能移动，刚节点C没有竖向线位移只有水平线位移Δ_{CA}。同样，铰节点D也没有竖向线位移而只有水平线位移Δ_{DB}，并且，由于CD杆受弯后两端之间的距离保持不变，所以$\Delta_{DB}=\Delta_{CA}=\Delta$。

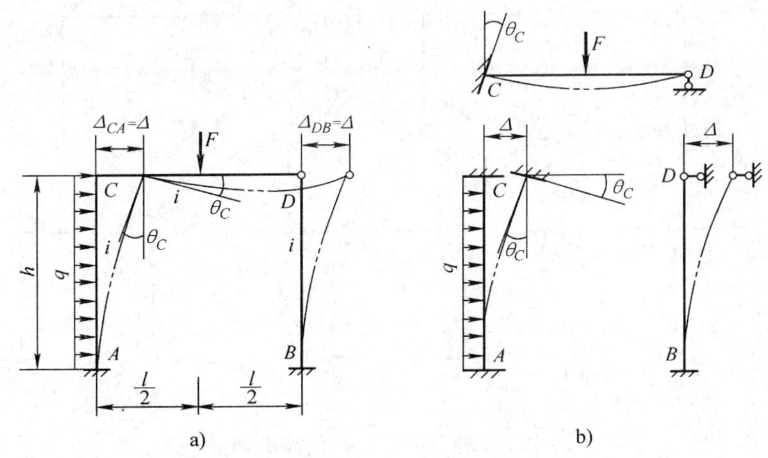

图20-1　位移法的基本概念

对于AC杆，可以把它看作是一根两端固定的梁，除了受均布荷载q作用外，固定支座C还发生了转角θ_C和侧移Δ（见图20-1b）。BD杆可以看作是一根一端固定另一端铰接的梁，在铰接端 D 有侧移 Δ（见图 20-1b）。对 CD 杆，也可以看作是一端固定另一端铰接的梁（见图 20-1b）。由于杆件沿轴线方向的线位移不引起弯矩，可不予考虑，所以除荷载 F 作用外，只需考虑固定支座 C 发生的转角 θ_C。节点 C 的转角 θ_C 以及 C、D 两节点的水平线位移 Δ 尚未知，如果设法把 θ_C 和 Δ 求出，则根据上章介绍的转角位移方程即可求出上述各杆的杆端弯矩。随之各杆的内力也可确定。

20.1.1 基本未知量

将结构拆散并用单跨超静定梁的转角位移方程求解各杆的杆端弯矩时，除了需知道各杆刚节点（相当于固定端）的转角，还要求知道各杆端（不论刚接或铰接）的线位移，以确定杆件的侧移。在用位移法解题时，基本未知量就是指要求得结构各杆端内力所需要的独立节点的转角和独立的节点的线位移。

1. 独立的节点角位移未知量　根据变形连续条件，结构中刚节点处各杆的杆端转角都相等，且等于该刚节点的转角。因此，当结构中的每个刚节点的转角求出后，则各杆端的转角就能全部被确定。在结构中每个刚节点都可能各自独立转动。因此，在位移法中各刚节点的转角（角位移）是基本未知量，独立的节点角位移基本未知量的个数等于结构的刚节点数。

如图 20-2a 所示刚架，有 D、F 两个刚节点，故其节点角位移基本未知量的数目为 2。如图 20-2b 所示刚架，DE、BE 在 E 处刚接后再与 EF 杆铰接，刚架有 3 个刚节点，故节点角位移基本未知量数目为 3。同样，如图 20-2c 所示刚架中杆 CD 与杆 DE 刚接，所以其节点角位移基本未知量数目为 2。

但在图 20-2d 所示刚架中，外伸臂 DE 部分的内力可根据平衡条件确定，若将外伸臂 DE 去掉，以杆端内力 M_{DE}、F_{SDE} 代替（见图 20-2e），则杆件 CD 与杆 BD 铰接，节点角位移基本未知量只需考虑 1 个。由此可知，在确定位移法的基本未知量的数目时，可将结构中的静定部分去掉，然后再进行分析。

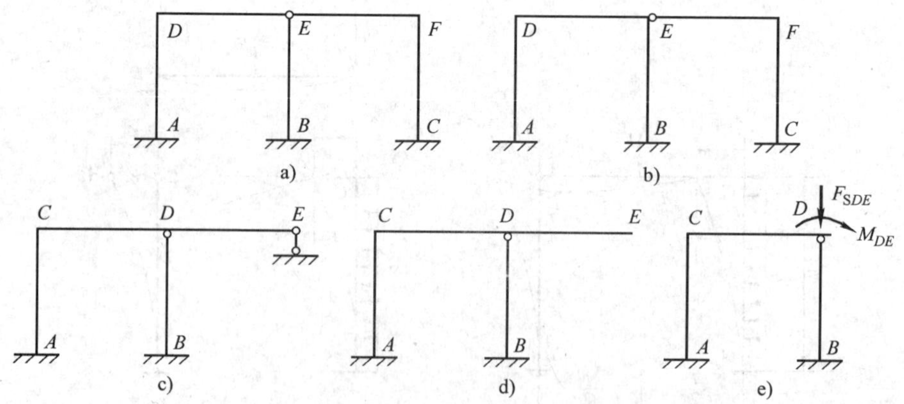

图 20-2　独立的节点角位移未知量

2. 独立的节点线位移未知量　在一般情况下，每个节点均可能有水平和竖向两个位移。采用推导直杆转角位移方程时的假设，即不考虑受弯杆件的轴向变形，并设弯曲变形是微小的，于是认为受弯直杆两端之间的距离在变形前后保持不变，从而减少了结构中独立的节点线位移数目。

如图 20-2a 所示的刚架中，A、B、C 3 个固定端都是不动的点，3 根柱子的顶端与固定端之间的距离又保持不变，因而节点 D、E、F 均无竖向位移；又由于两根横梁的两端之间的距离也保持不变，故 D、E、F 3 个节点均有相同的水平位移。因此，此结构只有一个独立的节点线位移。

对于一般刚架，独立节点线位移数目可直接观察判定，如图 20-2 所示各刚架都只有一个独立的节点线位移。如图 20-3a 所示两层刚架，4 个刚节点 A、B、C、D 有 4 个节点角位移。一层柱顶节点 C、D 的水平位移均为 Δ_2，二层柱顶节点 A、B 的水平位移均为 Δ_1，各点没有竖向位移，每层有一个独立的节点线位移。因此，结构的独立节点线位移的数目等于刚架的层数。

独立节点线位移数目，还可用铰化节点法来确定：把原结构的所有刚节点均改为铰节点，固定端支座改为固定铰支座，得到一个相应的铰化体系。若铰化后的体系为几何不变，则原结构的所有节点均无线位移。若铰化后的体系是可变体系或瞬变体系，用增设链杆的方法使之成为几何不变体系，而所需增设的最少链杆数目就是原结构独立的节点线位移数目。

如图 20-3a 所示刚架，其相应铰接体系如图 20-3c 所示，它是几何可变的，必须在每一层各增设一根非竖向的链杆才能成为几何不变，可知原结构独立的节点线位移数目为 2。又如图 20-3b 所示刚架，将固定端支座和刚节点都改为铰链后，仍为几何不变体系（见图 20-3d），无需再加链杆，由此可判定原结构没有节点线位移。

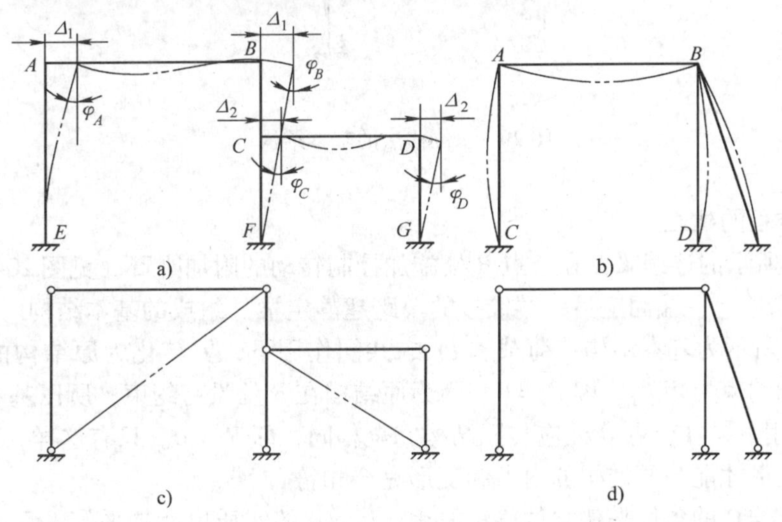

图 20-3　确定独立的节点线位移未知量

20.1.2　基本结构

位移法的基本结构是在原结构上增加与基本未知量相对应的附加约束，得到一个超静定杆的综合体。图 20-4b 所示是图 20-4a 结构的位移法基本结构，它是在节点 C 增加了与节点 C 转角相对应的约束（以控制节点 C 的转动），叫附加刚臂；在节点 C 点或 D 点增加与线位移相对应的水平链杆（以控制节点 C、D 的水平位移），叫附加链杆。

加上附加约束后得到的基本结构，是将原来的整体结构分隔成若干杆件。基本结构（见图 20-4b）就可视为由 3 根独立的单跨超静定梁组成：分别为两端固定的 AC 杆、B 端固

接 D 端铰接的 BD 杆和 C 端固定 D 端铰接的 CD 杆（见图 20-4c）。各杆独立变形，互不干扰。结构的整体计算拆成若干单根杆件的计算，从而使计算得到简化。

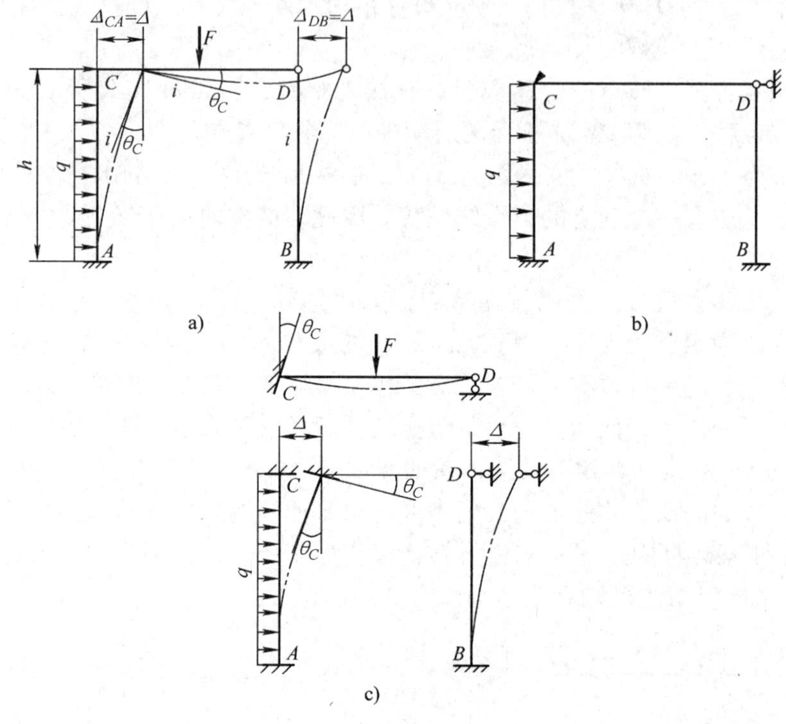

图 20-4　位移法的基本结构

20.1.3　基本方程的建立

如图 20-5a 所示的连续梁，在节点 B 处施加控制转动的附加刚臂（见图 20-5b），原结构变成了由 AB 和 BC（一端固定另一端铰接的单跨超静定梁）组成的基本结构。

如图 20-5d 所示为基本结构在荷载和 θ_B 的共同作用下，要转化为原结构的条件，就是控制附加刚臂的约束力矩 R_1，即 $R_1=0$。因为原结构在 B 处没有约束，所以基本结构在载荷和 θ_B 的共同作用下，在节点 B 处应与原结构完全相同，即 $R_1=0$。只有这样，图 20-5d 所示结构的内力和变形才能与原结构的内力和变形完全相符合。

现根据使 $R_1=0$ 的条件来建立位移法方程。$R_1=0$ 的实质也就是平衡方程。方程的建立可分为以下两种叠加的情形：

1）基本结构在荷载单独作用下（见图 20-5c），节点 B 处于锁住状态。先求出基本结构在荷载作用下 BC 杆的杆端力，之后可求出附加刚臂的约束力矩 R_{1F}。

2）基本结构在基本未知量 θ_B 单独作用下（见图 20-5e），即使基本结构的节点 B 发生节点角位移 Δ_1（$\Delta_1=\theta_B$）。这时可求出杆件 BA 和 BC 的杆端力，便可知附加刚臂的约束力矩 R_{11}。

根据以上分析得

$$R_1=R_{1F}+R_{11}=0 \tag{20-1}$$

进一步应用叠加原理，将 R_{11} 表示成与 Δ_1 有关的量

$$R_1 = r_{11}\Delta_1 + R_{1F} = 0 \tag{20-2}$$

式中 r_{11}——基本结构在单位位移 $\Delta_1 = 1$ 的单独作用下，附加刚臂中的约束力矩；

R_{1F}——基本结构在荷载单独作用下，附加刚臂中的约束力矩。

式（20-2）就是求解基本未知量 Δ_1 的位移法基本方程。

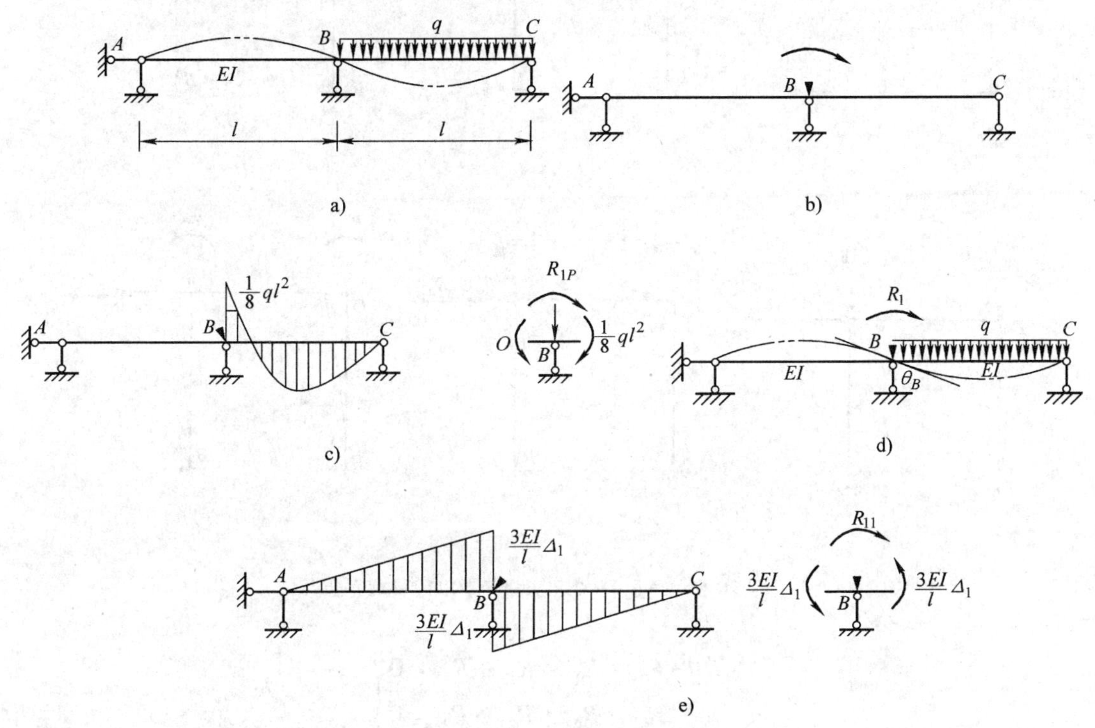

图 20-5 用位移法求解连续梁问题图示

20.2 位移法的典型方程

现结合如图 20-6a 所示刚架，来说明一般情况下具有多个基本未知量的结构，如何建立位移法方程。该刚架有 3 个基本未知量：节点的 C 的转角 Δ_1、节点 D 的转角 Δ_2、节点 C 和 D 的水平线位移 Δ_3。增加与基本未知量相对应的附加约束后，得到其基本结构（见图 20-6b）。

将原荷载作用在基本结构上（见图 20-6c），并与原结构加以比较后，消除两者之间的差异，应从两个方面：一是人为控制附加约束使 Δ_1、Δ_2、Δ_3 发生，而让两者变形一致；二是让基本结构在原荷载和 Δ_1、Δ_2、Δ_3 共同作用下附加约束上的反力为零。

即
$$\left.\begin{aligned} R_1 &= 0 \\ R_2 &= 0 \\ R_3 &= 0 \end{aligned}\right\}$$

因为每一个约束反力都是由 Δ_1，Δ_2，Δ_3 和荷载共同作用下产生的，因此根据叠加原理，可以先求出各个因素单独作用下的约束反力，然后再叠加，基本结构的受力情况可以看成由如图 20-6c ~ f 所示 4 种情况叠加而成，故有

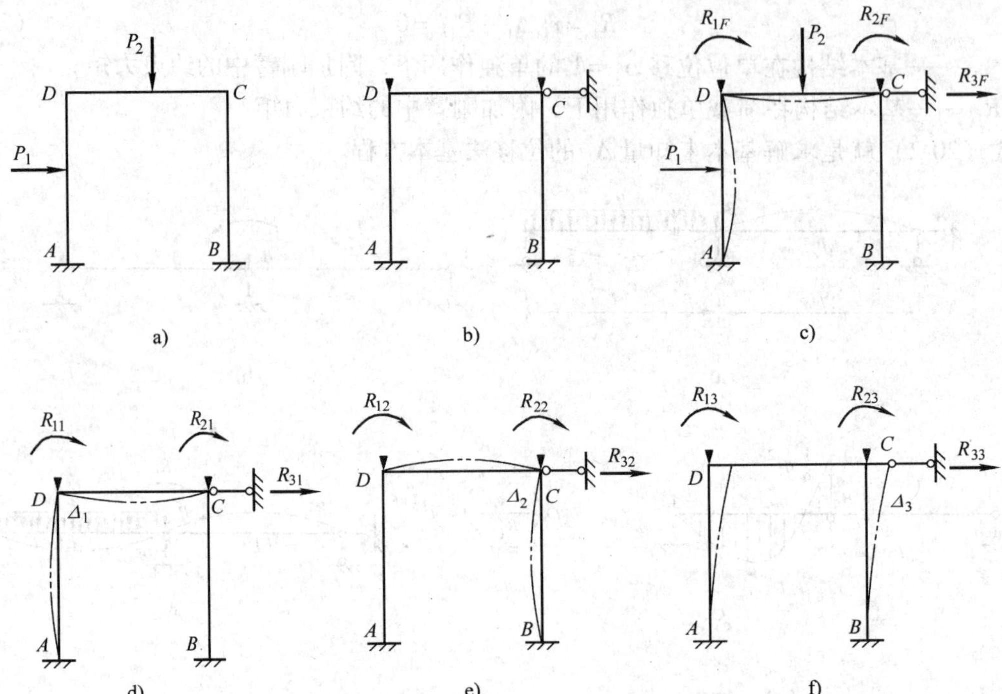

图 20-6 确定三个未知量结构的典型方程

$$\left.\begin{aligned}R_1 &= R_{11} + R_{12} + R_{13} + R_{1F} = 0\\ R_2 &= R_{21} + R_{22} + R_{23} + R_{2F} = 0\\ R_3 &= R_{31} + R_{32} + R_{33} + R_{3F} = 0\end{aligned}\right\}\tag{20-3}$$

若用 r_{ij}表示基本结构由于 $\Delta_j = 1$，在第 i 个附加约束上产生的反力。两个下标，第一个表示约束力作用处所，第二个表示产生的原因，则 $R_{ij} = r_{ij}\Delta_j$

根据叠加原理，式（20-3）可写成

$$\left.\begin{aligned}r_{11}\Delta_1 + r_{12}\Delta_2 + r_{13}\Delta_3 + R_{1F} = 0\\ r_{21}\Delta_1 + r_{22}\Delta_2 + r_{23}\Delta_3 + R_{2F} = 0\\ r_{31}\Delta_1 + r_{32}\Delta_2 + r_{33}\Delta_3 + R_{3F} = 0\end{aligned}\right\}\tag{20-4}$$

这就是有 3 个基本未知量时的位移法典型方程。利用式（20-4）可解出基本未知量 Δ_1，Δ_2 和 Δ_3。

若结构有 n 个基本未知量，建立基本结构时需加 n 个附加约束，可以建立 n 个方程，则典型方程可以推广为

$$\left.\begin{aligned}R_1 = 0，\ & r_{11}\Delta_1 + r_{12}\Delta_2 + \cdots + r_{1i}\Delta_i + \cdots + r_{1n}\Delta_n + R_{1F} = 0\\ R_2 = 0，\ & r_{21}\Delta_1 + r_{22}\Delta_2 + \cdots + r_{2i}\Delta_i + \cdots + r_{2n}\Delta_n + R_{2F} = 0\\ & \vdots\\ R_i = 0，\ & r_{i1}\Delta_1 + r_{i2}\Delta_2 + \cdots + r_{ii}\Delta_i + \cdots + r_{in}\Delta_n + R_{iF} = 0\\ & \vdots\\ R_n = 0，\ & r_{n1}\Delta_1 + r_{n2}\Delta_2 + \cdots + r_{ni}\Delta_i + \cdots + r_{nn}\Delta_n + R_{nF} = 0\end{aligned}\right\}\tag{20-5}$$

位移法典型方程一般形式具有如下特征：

1）方程中处于主对角线上的系数 r_{ii}称为主系数，是基本结构由于 $\Delta_i=1$ 引起的第 i 个附加约束上的反力，恒大于零。处于主对角线两侧的系数 r_{ij}（$i\neq j$）称为副系数，是基本结构由于 $\Delta_j=1$，引起的第 i 个附加约束上的反力，可正、可负，也可为零，且根据反力互等定理，可知 $r_{ij}=r_{ji}$。R_{iF}为方程中的自由项，是基本结构由于原荷载，引起的第 i 个附加约束上的反力，可正、可负，也可为零。

2）典型方程为多元一次线性方程，每一个方程都是力的平衡方程，系数与自由项是根据力的平衡条件求解的。如刚臂上的约束力（力偶矩）可由节点的力矩平衡求得；连杆的约束力可以根据某部分隔离体的平衡求得。

3）在建立位移法方程时，基本未知量 Δ_1，Δ_2，…，Δ_n 等都假设为正号，计算结果为正时，说明 Δ_1，Δ_2，…，Δ_n 的方向与所设方向一致；计算结果为负时，说明 Δ_1，Δ_2，…，Δ_n 的方向与所设的方向相反。

4）系数只与基本结构有关，而自由项既与基本结构有关，也与作用于结构上的外来因素有关。系数、自由项求得后可解出基本方程的基本未知量，然后按叠加原理求得最后内力。

20.3　位移法计算举例

根据位移法的基本概念和典型方程，可知位移法适应求解刚架和连续梁。其解题步骤如下：

1）确定基本未知量，在原结构上增加与基本未知量相对应的附加约束，从而也就确定了对应的基本结构。后面的大部分计算都是在基本结构上进行的。

2）确定基本方程，根据式（20-5）写出，n 个未知量对应的 n 个典型的方程。

3）确定方程的各项系数和自由项。利用表 19-2，求出原荷载作用在基本结构上，引起的各杆端弯矩（称为固端弯矩），并作出弯矩图（M_F 图）；求出分别由 $\Delta_1=1$、$\Delta_2=1$、$\Delta_3=1$、…、$\Delta_n=1$ 单独作用在基本结构上的各杆端弯矩，并分别作出相应的弯矩图（$\overline{M}_1$、$\overline{M}_2$、$\overline{M}_3$、…、$\overline{M}_n$）。在各个图中求出各附加约束上的反力：附加刚臂上的约束反力矩，可由节点的力矩平衡求得；附加链杆的约束反力可以根据某部分隔离体的平衡求得。

4）将求得的各系数代入典型方程，求出基本未知量。

5）根据叠加原理，由式 $M=\overline{M}_1\Delta_1+\overline{M}_2\Delta_2+\overline{M}_3\Delta_3+\cdots+\overline{M}_n\Delta_n+M_F$，计算出各杆端弯矩值。再用区段叠加法，作出最后的弯矩图。

例 20-1　用位移法计算图 20-7a 所示刚架，并作弯矩图。

解：（1）基本未知量与基本结构：此刚架为无侧移刚架，只有节点 D 的转角未知量 Δ_1。取如图 20-7b 所示的基本结构，即在节点 D 加一个与 Δ_1 相对应的附加刚臂，将节点锁住。

（2）基本方程：一个未知量的典型方程：

$$r_{11}\Delta_1+R_{1F}=0$$

（3）求系数：利用表 19-2。

1）作荷载单独作用时的弯矩图（M_F 图），DC 杆为一端固定一端铰接，$M_{DC}^F=-ql^2/8$，其余两杆无荷载，故无固端弯矩，作出 M_F 图（见图 20-7c）。取节点 D 的力矩平衡（见图 20-7d），可得

$$R_{1F} = -\frac{ql^2}{8}$$

2）作 $\Delta_1 = 1$ 单独作用下的弯矩图 $\overline{M}_1$ 图（见图 20-7e）。由节点 B 的力矩平衡条件（见图 20-7d），求得

$$r_{11} = 11i$$

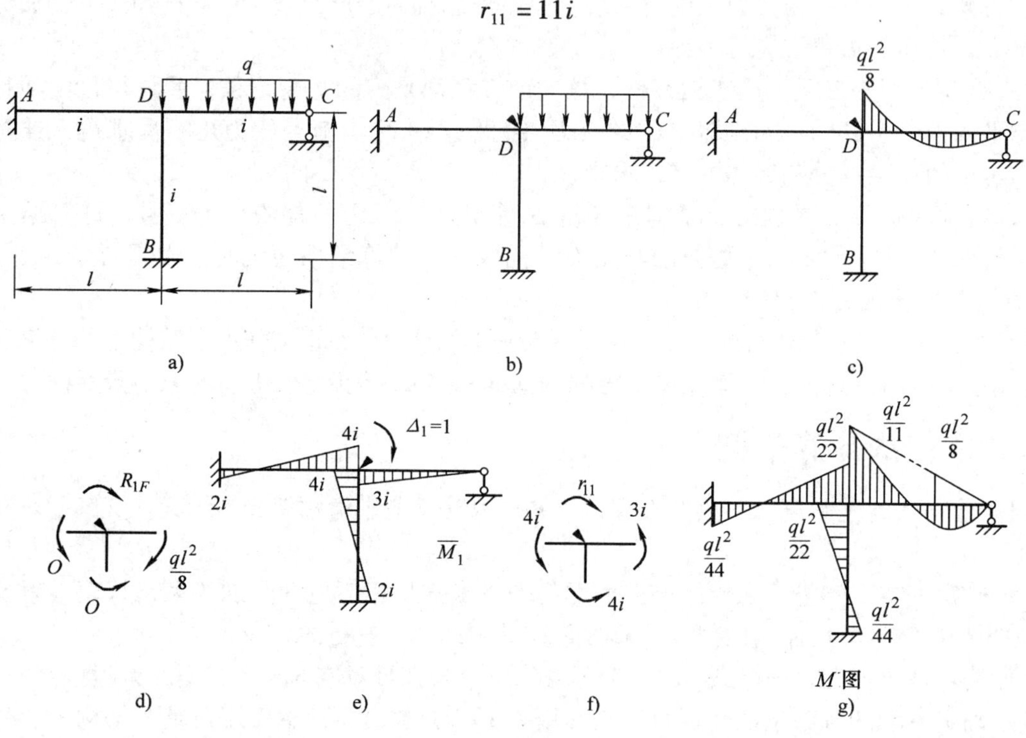

图 20-7　例 20-1 图

（4）解方程：将求得的系数和自由项代入位移法基本方程，得

$$11i\Delta_1 - \frac{ql^2}{8} = 0$$

解得

$$\Delta_1 = \frac{ql^2}{88i}$$

（5）最后 M 图：由叠加公式 $M = \overline{M}_1\Delta_1 + M_F$ 计算。例如：

$$M_{DC} = 3i \times \frac{ql^2}{88i} - \frac{ql^2}{8} = \frac{ql^2}{11}\text{（上侧受拉）}$$

$$M_{DA} = 4i \times \frac{ql^2}{88i} = \frac{ql^2}{22}\text{（上侧受拉）}$$

$$M_{DB} = 4i \times \frac{ql^2}{88i} = -\frac{ql^2}{22}\text{（左侧受拉）}$$

根据杆端弯矩与荷载情况。用区段叠加法作出弯矩图（见图 20-7g）。

例 20-2　用位移法计算如图 20-8a 所示连续梁，并作弯矩图。

12kN
2kN/m
A
B
C
D
i
3i
2i
4m
6m
3m
6m
a)
b)
8kN·m
16kN·m
9kN·m
c)
R1F
8kN·m
d)
R2F
e)
4i
6i
2i
12i
f)
r11
12i
g)
r21
0
h)
i)
r12
6i
j)
r22
k)
12.81
2.94
1.47
17.43
2.59
M图
(kN·m)
l)

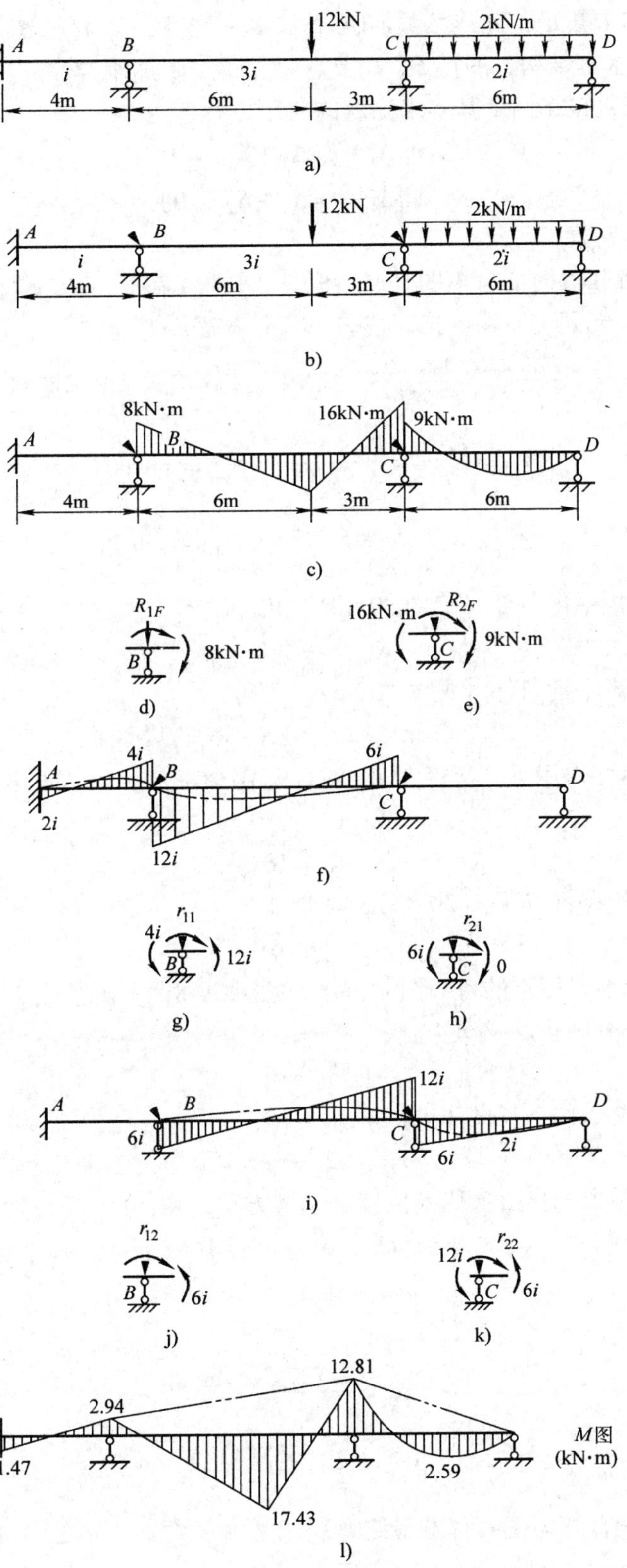

图 20-8　例 20-2 图

解：(1) 基本未知量：此连续梁有两个基本未知量，即节点 B、C 的转角 Δ_1、Δ_2。取如图 20-8b 所示的基本结构，即在 B、C 节点各加一个附加刚臂。

(2) 基本方程：根据两个基本未知量的典型方程，有

$$\left.\begin{aligned} r_{11}\Delta_1 + r_{12}\Delta_2 + R_{1F} = 0 \\ r_{21}\Delta_1 + r_{22}\Delta_2 + R_{2F} = 0 \end{aligned}\right\}$$

(3) 计算方程系数

1) 作荷载单独作用时的弯矩图（M_F 图）。AB 跨无荷载、BC 跨看成两端固定受一集中力作用、CD 跨为一端固定一端铰接，按表 19-2，各固端弯矩：

$$M_{BC}^F = -\frac{Fab^2}{l^2} = -\frac{12\times6\times3^2}{9^2}\text{kN}\cdot\text{m} = -8\text{kN}\cdot\text{m}\ （见图 20\text{-}8c）$$

$$M_{CB}^F = \frac{Fa^2b}{l^2} = \frac{12\times6^2\times3}{9^2}\text{kN}\cdot\text{m} = 16\text{kN}\cdot\text{m}$$

$$M_{CD}^F = -\frac{ql^2}{8} = -\frac{2\times6^2}{8}\text{kN}\cdot\text{m} = -9\text{kN}\cdot\text{m}$$

由节点 B 的力矩平衡条件（见图 20-8d），可得

$$R_{1F} = -8\text{kN}\cdot\text{m}$$

由节点 C 的力矩平衡条件（见图 20-8e），可得

$$R_{2F} = 16\text{kN}\cdot\text{m} - 9\text{kN}\cdot\text{m} = 7\text{kN}\cdot\text{m}$$

2) 作 $\Delta_1 = 1$ 单独作用下的弯矩图 $\overline{M}_1$ 图（见图 20-8f）。由节点 B 的力矩平衡条件（见图 20-7g），求得

$$r_{11} = 16i$$

由节点 C 的力矩平衡条件（见图 20-8h），求得

$$r_{21} = 6i$$

3) 作 $\Delta_2 = 1$ 单独作用下的弯矩图 $\overline{M}_2$ 图（见图 20-8i）。由节点 B 的力矩平衡条件（见图 20-8j），求得

$$r_{12} = 6i$$

由节点 C 的力矩平衡条件（见图 20-8k），求得

$$r_{22} = 12i + 6i = 18i$$

(4) 将求得的系数和自由项代入位移法基本方程，得

$$\left.\begin{aligned} 16i\Delta_1 + 6i\Delta_2 - 8 = 0 \\ 6i\Delta_1 + 18i\Delta_2 + 7 = 0 \end{aligned}\right\}$$

解得

$$\Delta_1 = \frac{0.737\text{kN}\cdot\text{m}}{i}$$

$$\Delta_2 = -\frac{0.635\text{kN}\cdot\text{m}}{i}$$

(5) 用叠加原理作弯矩图：杆端最终弯矩用叠加公式 $M = \overline{M}_1\Delta_1 + \overline{M}_2\Delta_2 + M_F$ 计算。例如

$$M_{AB} = 2i\times\frac{0.737\text{kN}\cdot\text{m}}{i} = 1.47\text{kN}\cdot\text{m}$$

$$M_{BA}=4i\times\frac{0.737\text{kN}\cdot\text{m}}{i}=2.95\text{kN}\cdot\text{m}$$

$$M_{BC}=12i\times\frac{0.737\text{kN}\cdot\text{m}}{i}+6i\times\left(-\frac{0.635\text{kN}\cdot\text{m}}{i}\right)-8\text{kN}\cdot\text{m}=-2.96\text{kN}\cdot\text{m}$$

$$M_{CB}=6i\times\frac{0.737\text{kN}\cdot\text{m}}{i}+12i\times\left(-\frac{0.635\text{kN}\cdot\text{m}}{i}\right)+16\text{kN}\cdot\text{m}=12.81\text{kN}\cdot\text{m}$$

$$M_{CD}=6i\times\left(-\frac{0.635\text{kN}\cdot\text{m}}{i}\right)-9\text{kN}\cdot\text{m}=-12.81\text{kN}\cdot\text{m}$$

由以上杆端弯矩及荷载情况可作出连续梁的弯矩图（见图 20-81）。

例 20-3 试计算图示刚架（见图 20-9a），并作弯矩图。

解：(1) 基本未知量与基本结构：此刚架有两个基本未知量，即节点 A 的转角 Δ_1 和水平线位移 Δ_2。故取基本结构（见图 20-9b），在节点 A 加一个附加刚臂以阻止节点的转动，在 B 处加一个水平附加链杆以阻止节点的水平移动。

(2) 基本方程：根据两个基本未知量的典型方程，有

$$\left.\begin{aligned}r_{11}\Delta_1+r_{12}\Delta_2+R_{1F}=0\\ r_{21}\Delta_1+r_{22}\Delta_2+R_{2F}=0\end{aligned}\right\}$$

(3) 计算方程系数：1) 查表 19-2，基本结构在原荷载作用下的各杆端弯矩

$$M_{CA}^F=-\frac{ql^2}{12}=-\frac{2\times6^2}{12}\text{kN}\cdot\text{m}=-6\text{kN}\cdot\text{m}$$

$$M_{AC}^F=\frac{ql^2}{12}=\frac{2\times6^2}{12}\text{kN}\cdot\text{m}=6\text{kN}\cdot\text{m}$$

$$M_{AB}^F=-\frac{3Fl}{16}=-\frac{3\times24\times6}{16}\text{kN}\cdot\text{m}=-27\text{kN}\cdot\text{m}$$

作 M_F 图（见图 20-9c），取节点 A 为隔离体（见图 20-9d），由 $\sum M_A=0$，得

$$R_{1F}=6\text{kN}\cdot\text{m}-27\text{kN}\cdot\text{m}=-21\text{kN}\cdot\text{m}$$

先取 AC 杆为隔离体（见图 20-9e），由平衡条件，得

$$F_{\text{S}AC}^F=6\text{kN}$$

再取 AB 杆为隔离体（见图 20-9e），由 $\sum F_x=0$，得

$$R_{2F}=-6\text{kN}$$

2) 作 $\Delta_1=1$ 单独作用在基本结构的 $\overline{M}_1$ 图（见图 20-9f）。

由节点 A 的力矩平衡条件（见图 20-9g），求得

$$r_{11}=10i$$

先取 AC 杆为隔离体（见图 20-9h），由平衡条件，得

$$\overline{F}_{\text{S}AC1}=\frac{6i}{l}$$

再取 AB 杆为隔离体（见图 20-9h），由 $\sum F_x=0$ 得

$$r_{21}=-\frac{6i}{l}$$

3) 作 $\Delta_2=1$ 单独作用在基本结构的 $\overline{M}_2$ 图（见图 20-9i）。

24kN
A
B
2i
6m
2kN/m
i
C
3m
3m
a)
24kN
A
B
2kN/m
C
b)
27
6
A
B
2kN/m
C
6
c)
A
B
R_{2F}
F_{SAC}^F
2kN/m
C
F_{SCA}^F
R_{1F}
A
27
6
d)
e)
A
r_{11}
B
r_{21}
4i
6i
C
2i
f)
A
B
r_{21}
4i
$\bar{F}_{SAC1}$
r_{11}
A
6i
4i
2i
C
$\bar{F}_{SCA1}$
g)
h)
$\Delta_2=1$
r_{12}
r_{22}
A
$\frac{6i}{l}$
B
$\frac{6i}{l}$
C
i)
A
B
r_{22}
$\bar{F}_{SAC2}$
r_{12}
A
$\frac{6i}{l}$
$\frac{6i}{l}$
$\bar{F}_{SCA2}$
j)
k)
6.43
6.42
5.79
39.21
29.57
M图
(kN·m)
l)

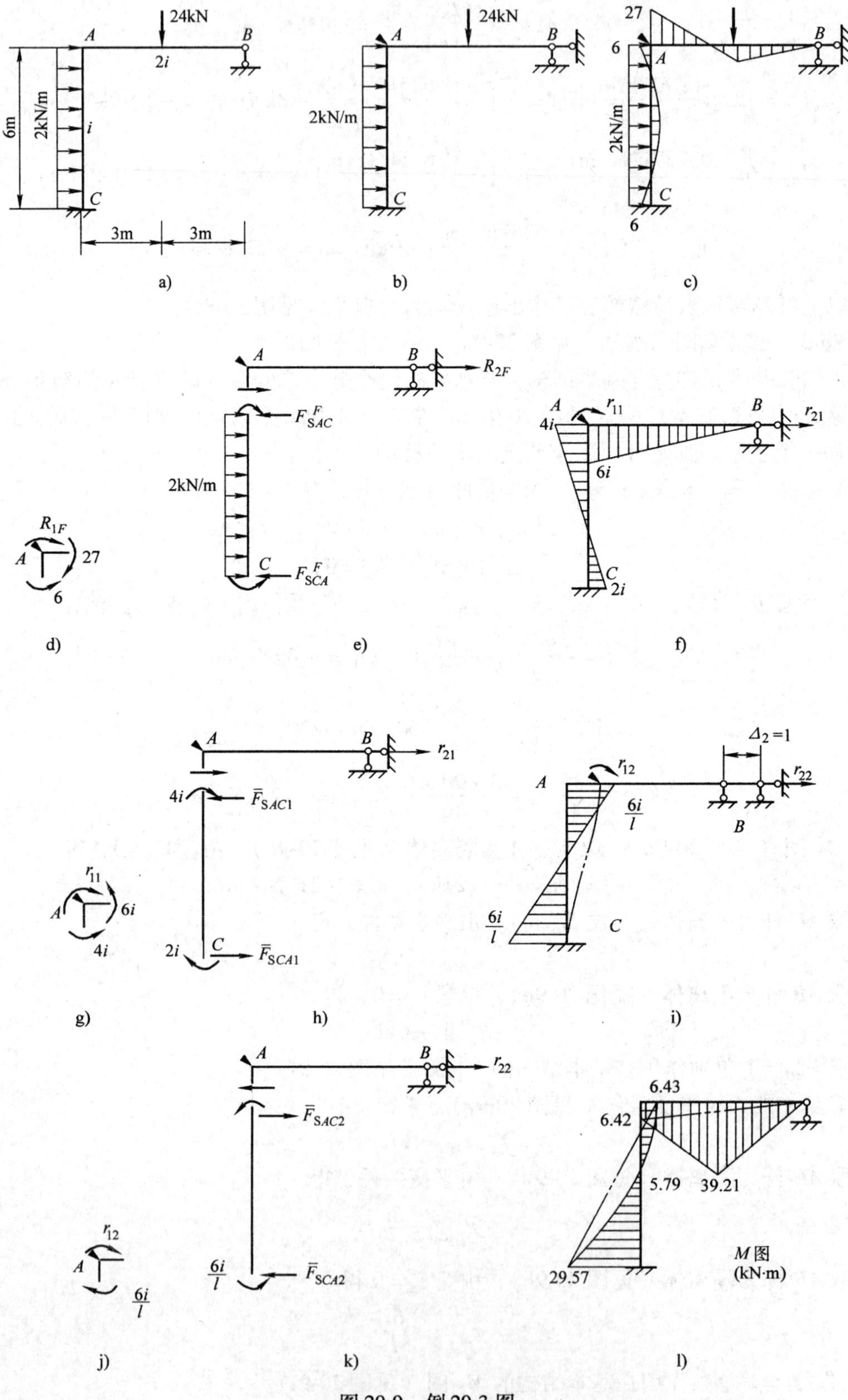

图 20-9 例 20-3 图

由节点 A 的力矩平衡条件（见图 20-9j），求得

$$r_{12}=-\frac{6i}{l}$$

先取 AC 杆为隔离体（见图 20-9k），由 $\sum F_x=0$ 得

$$\bar{F}_{SAC2}=-\frac{12i}{l^2}$$

再取 AB 杆为隔离体（见图 20-9k），由 $\sum F_x=0$ 得

$$r_{22}=\frac{12i}{l^2}$$

（4）将求得的系数和自由项代入位移法基本方程，得

$$\left.\begin{aligned}10i\Delta_1-\frac{6i}{l}\Delta_2-21=0\\-\frac{6i}{l}\Delta_1+\frac{12i}{l^2}\Delta_2-6=0\end{aligned}\right\}$$

解得

$$\left.\begin{aligned}\Delta_1=\frac{5.57}{i}\mathrm{kN\cdot m}\\\Delta_2=\frac{34.71}{i}\mathrm{kN\cdot m}\end{aligned}\right\}$$

（5）用叠加原理作弯矩图：杆端最终弯矩用叠加公式 $M=\bar{M}_1\Delta_1+\bar{M}_2\Delta_2+M_F$ 计算。例如：

$$M_{AB}=6i\times\left(\frac{5.57}{i}\mathrm{kN\cdot m}\right)-27\mathrm{kN\cdot m}=33.42\mathrm{kN\cdot m}-27\mathrm{kN\cdot m}=6.42\mathrm{kN\cdot m}$$

$$\begin{aligned}M_{AC}&=4i\times\left(\frac{5.57}{i}\mathrm{kN\cdot m}\right)-i\times\left(\frac{34.71}{i}\mathrm{kN\cdot m}\right)+6\mathrm{kN\cdot m}\\&=22.28\mathrm{kN\cdot m}-34.71\mathrm{kN\cdot m}+6\mathrm{kN\cdot m}=-6.43\mathrm{kN\cdot m}\end{aligned}$$

$$\begin{aligned}M_{CA}&=2i\times\left(\frac{5.57}{i}\mathrm{kN\cdot m}\right)-i\times\left(\frac{34.71}{i}\mathrm{kN\cdot m}\right)-6\mathrm{kN\cdot m}\\&=11.14\mathrm{kN\cdot m}-34.71\mathrm{kN\cdot m}-6\mathrm{kN\cdot m}=-29.57\mathrm{kN\cdot m}\end{aligned}$$

$$M_{BA}=0$$

根据以上杆端弯矩值及荷载情况，作刚架的最后弯矩图（见图 20-9l）。

从本例中可以看出 r_{12} 比 r_{21} 要便于求得多，所以，根据位移互等定理，应尽量在附加刚臂上求副系数。

例 20-4 试列出图 20-10a 所示刚架位移法典型方程，并求出方程系数。设 $i=1$。

解：（1）基本未知量及基本结构：此刚架有 3 个基本未知量，即节点 A 和 C 的转角 Δ_1、Δ_2 和水平线位移 Δ_3。故取基本结构（见图 20-10b），在节点 A 和 C 处加一个附加刚臂以阻止节点的转动，在 E 处加一个水平附加链杆以阻止节点的水平移动。

（2）基本方程：根据 3 个基本未知量的典型方程，有

$$\left.\begin{aligned}r_{11}\Delta_1+r_{12}\Delta_2+r_{13}\Delta_3+R_{1F}=0\\r_{21}\Delta_1+r_{22}\Delta_2+r_{23}\Delta_3+R_{2F}=0\\r_{31}\Delta_1+r_{32}\Delta_2+r_{33}\Delta_3+R_{3F}=0\end{aligned}\right\}$$

10kN/m
30kN
A
2i
C
2i
E
6m
i
i
B
D
6m
4m
a)
b)
30kN
30kN
R_{1F}
R_{2F}
20kN
R_{3F}
c)
$30kN\cdot m$
$20kN\cdot m$
d)
e)
f)
r_{11}
r_{21}
r_{31}
4
8
2
g)
r_{12}
r_{22}
r_{32}
6
$8kN\cdot m$
$4kN\cdot m$
$6kN\cdot m$
h)
i)
j)
k)
r_{13}
r_{23}
$\Delta_3=1$
r_{33}
F_{SAB}
F_{SCD}
F_{SBA}
F_{SDC}
0.5
$\frac{1}{2}$
l)
m)
n)
o)

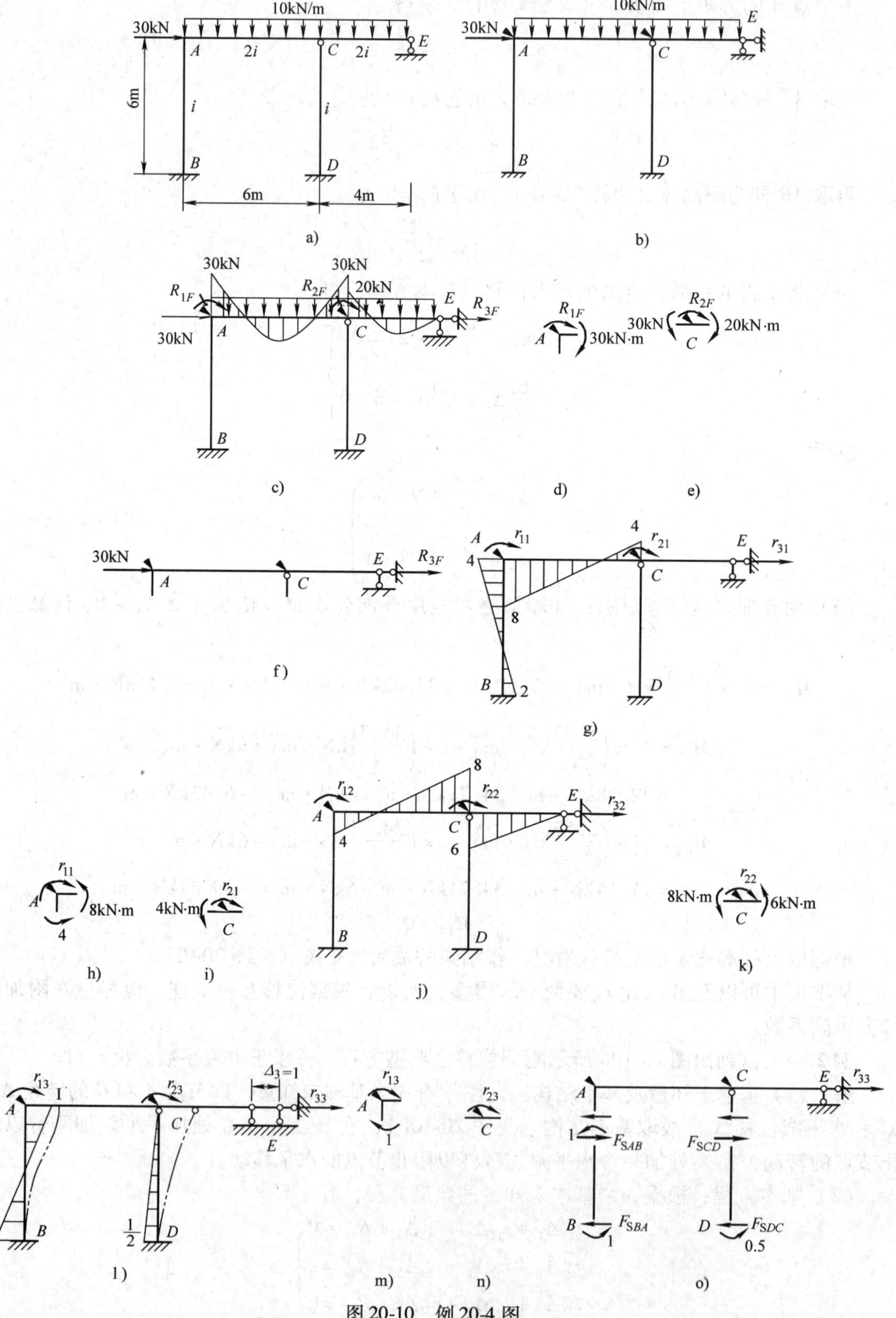

图 20-10　例 20-4 图

（3）计算方程系数：1）根据表19-2，基本结构在原荷载作用下，有

$$M_{CA}^{F} = -M_{AC}^{F} = \frac{ql^2}{12} = \frac{10\times6^2}{12}\text{kN}\cdot\text{m} = 30\text{kN}\cdot\text{m}$$

$$M_{CE}^{F} = -\frac{ql^2}{8} = -\frac{10\times4^2}{8}\text{kN}\cdot\text{m} = -20\text{kN}\cdot\text{m}$$

作 M_F 图（见图20-10c），取节点 A 为隔离体（见图20-10d），由 $\sum M_A = 0$，得

$$R_{1F} = -30\text{kN}\cdot\text{m}$$

取节点 C 为隔离体（见图20-10e），由 $\sum M_C = 0$，得

$$R_{2F} = 30\text{kN}\cdot\text{m} - 20\text{kN}\cdot\text{m} = 10\text{kN}\cdot\text{m}$$

取 AE 杆为隔离体（见图20-10f），由 $\sum F_x = 0$ 得

$$R_{3F} = -30\text{kN}$$

2）作 $\Delta_1 = 1$ 单独作用在基本结构的 $\overline{M}_1$ 图（见图20-10g），由节点 A 的力矩平衡条件（见图20-10h），求得

$$r_{11} = 8\text{kN}\cdot\text{m} + 4\text{kN}\cdot\text{m} = 12\text{kN}\cdot\text{m}$$

由节点 C 的力矩平衡条件（见图20-10i），求得

$$r_{21} = 4\text{kN}\cdot\text{m}$$

3）作 $\Delta_2 = 1$ 单独作用在基本结构的 $\overline{M}_2$ 图（见图20-10j），由节点 C 的力矩平衡条件（见图20-9k），求得

$$r_{22} = 8\text{kN}\cdot\text{m} + 6\text{kN}\cdot\text{m} = 14\text{kN}\cdot\text{m}$$

4）作 $\Delta_3 = 1$ 单独作用在基本结构的 $\overline{M}_3$ 图（见图20-10l），由节点 A 的力矩平衡条件（见图20-10m），求得

$$r_{13} = -1\text{kN}\cdot\text{m}$$

由节点 C 的力矩平衡条件（见图20-10n），求得

$$r_{23} = 0$$

先分别以 AB、CD 杆为隔离体的平衡条件（见图20-10o），得杆端剪力

$$F_{SAB} = 0.333\text{kN},\qquad F_{SCD} = 0.083\text{kN}$$

再取 AE 杆为隔离体（见图20-10o），由 $\sum F_x = 0$，得

$$r_{33} = 0.416\text{kN}$$

综上所述，所求得的系数为

$R_{1F} = -30\text{kN}\cdot\text{m}$，$R_{2F} = 10\text{kN}\cdot\text{m}$，$R_{3F} = -30\text{kN}$

$r_{11} = 12\text{kN}\cdot\text{m}$，$r_{21} = r_{12} = 4\text{kN}\cdot\text{m}$，$r_{32} = r_{23} = 0$

$r_{22} = 14\text{kN}\cdot\text{m}$

$r_{13} = r_{31} = -1\text{kN}\cdot\text{m}$，$r_{33} = 0.416\text{kN}$

20.4 对称性的利用

在用力法计算超静定结构时，已经讨论过对称性的利用，并得到如下结论：对称结构在正对称荷载作用下，其内力和位移都是正对称的；在反对称荷载作用下，其内力和位移都是反对称的。在位移法中，可继续利用上述结论，用半结构法来简化计算。

对称的刚架和连续梁在工程中应用很多，下面对单跨（奇数跨）和两跨（偶数跨）对称结构的简化分别进行讨论。

单跨对称刚架（见图 20-11a），在正对称荷载 F 作用下，其内力和变形都是正对称的，计算时可取刚架的一半。对称轴上的截面 C 不发生转动和水平移动，只能竖向移动；该截面上的内力只能有弯矩和轴力，没有剪力。据此，所取半刚架在截面 C 处设为定向支座（见图 20-11c）。它约束了截面 C 的转动和水平移动，但允许竖向移动；定向支座能产生反力矩和水平反力，但没有竖向反力。

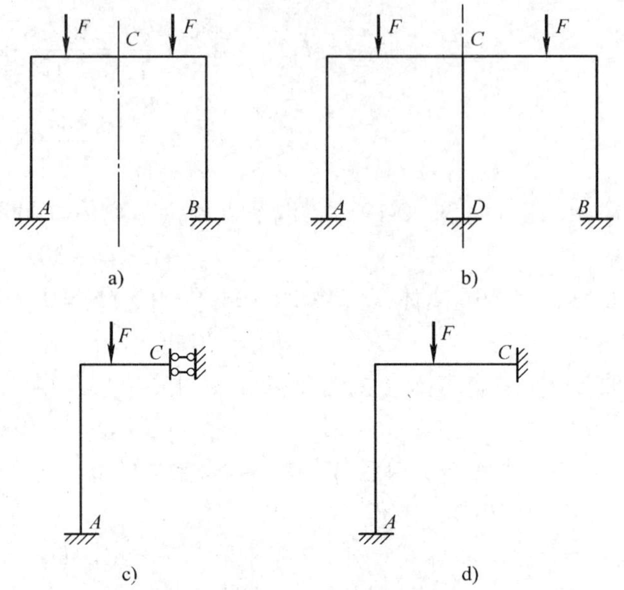

图 20-11　对称刚架受正对称荷载作用

两跨对称刚架（见图 20-11b），在正对称荷载 F 作用下，只能发生正对称的内力和变形，因此，位于对称轴上的柱 CD 只有轴力和轴向变形，不可能发生弯曲和剪切变形。在刚架计算中，一般不考虑杆件轴向变形的影响，所以对称轴上的 C 点，不能发生任何位移，故所取半刚架在截面 C 处设一固定支座（见图 20-11d）。

如图 20-12a 所示单跨对称刚架在反对称荷载 F 作用下，位于对称轴上的截面 C，只有剪力，不存在弯矩和轴力。同时，由于刚架的变形是反对称的，所以截面 C 可以左右移动和转动，但没有竖向位移。因此，取的半刚架在截面 C 处应是一根竖向链杆支承（见图 20-12b）。

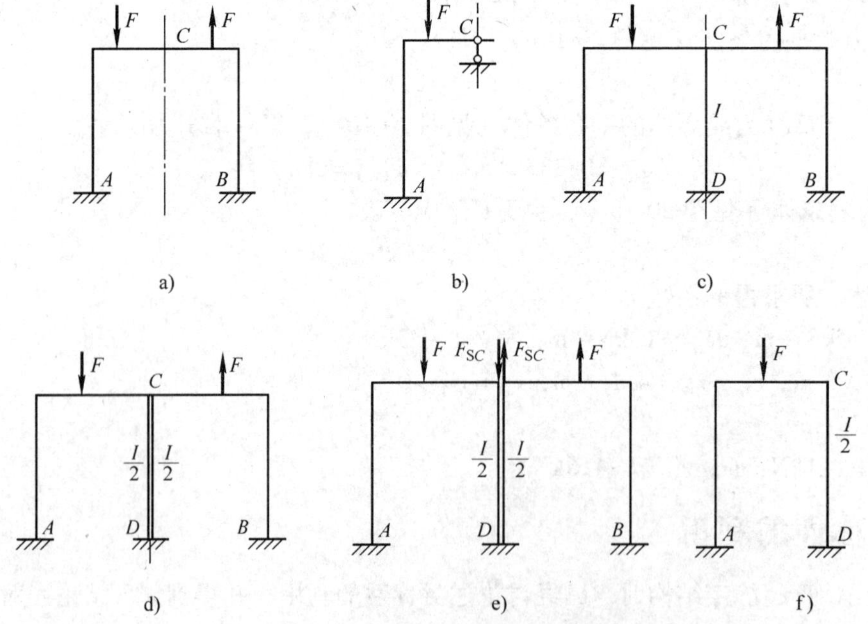

图 20-12　对称刚架受反对称荷载作用

如图 20-12c 所示两跨对称刚架，在反对称荷载 F 作用下，内力和变形都是反对称的，位于对称轴上的立柱会发生弯曲和剪切变形。可将该柱设想为由两根跨长趋近于零、惯性矩各为 $I/2$ 的立柱组成，它们在顶端分别与横梁刚接（见图 20-12d）。现将刚架沿对称轴切开，由于荷载是反对称的，故切口上只有剪力 F_{SC}（见图 20-12e）。这对剪力仅使左、右两柱分别产生等值反号的轴力，而原结构柱子的内力应是此两柱子内力的叠加，故剪力 F_{SC} 对原结构的内力和变形均无影响。因此，可将其略去而取图 20-12f 所示的半刚架。

例 20-5 试作图示刚架的弯矩图（见图 20-13a）。各杆 EI = 常数。

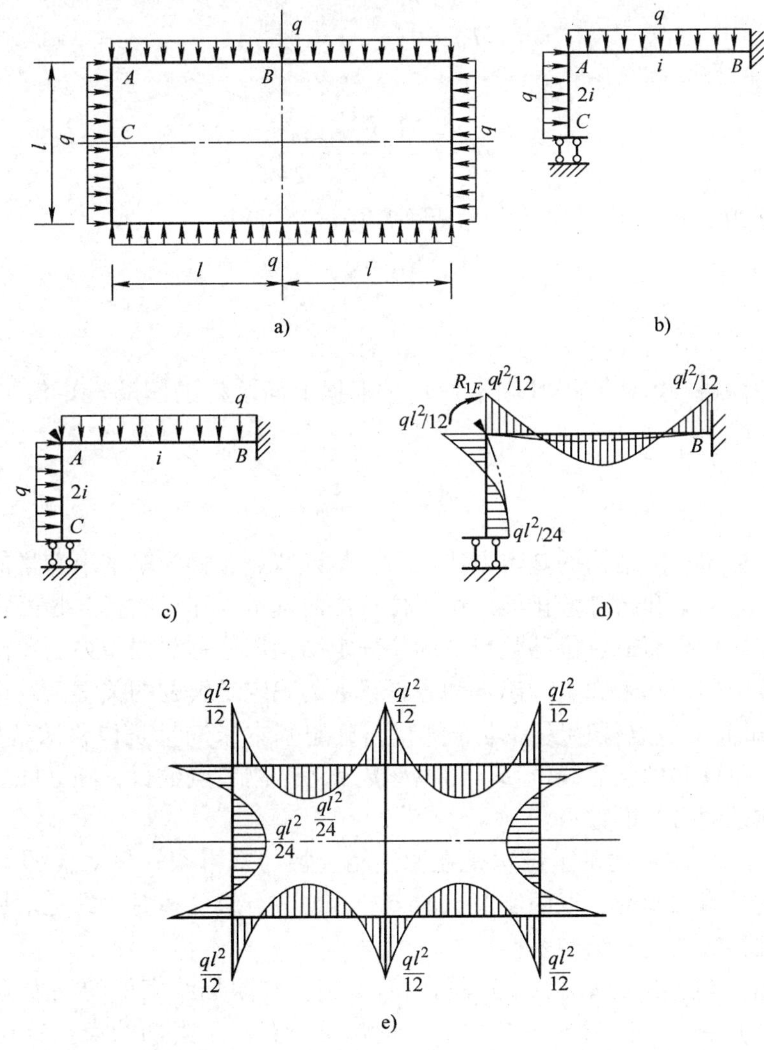

图 20-13　例 20-5 图

a）原结构　b）取四分之一刚架　c）位移法的基本结构　d）M_F 图　e）最后 M 图

解： 此刚架具有两个对称轴，上下对称和左右对称。在对称荷载作用下，需计算的 1/4 刚架（见图 20-13b），其中 $i = EI/l$，AB 杆的线刚度为 i，而 AC 杆的线刚度为 $2i = \frac{EI}{l/2}$。基本未知量只有一个是节点 A 的转角 $\theta_A = \Delta_1$。在节点 A 增加附加刚臂作为基本结构（见图 20-

13c）。

查表 19-2，可求得杆端弯矩

$$M_{AB}^{F}=-\frac{ql^{2}}{12}$$

$$M_{BA}^{F}=\frac{ql^{2}}{12}$$

$$M_{AC}^{F}=\frac{q\left(\frac{l}{2}\right)^{2}}{3}=\frac{ql^{2}}{12}$$

$$M_{CA}^{F}=\frac{q\left(\frac{l}{2}\right)^{2}}{6}=\frac{ql^{2}}{24}$$

作 M_F 图（见图 20-13d），由 A 节点的力矩平衡条件，可得

$$R_{1F}=0$$

代入典型方程，有

$$\Delta_{1}=0$$

于是各杆的杆端弯矩就等于其固端弯矩，根据上面求得的固端弯矩值可作弯矩图（见图 20-13e）。

小　结

位移法是计算超静定结构的基本方法之一，是以节点位移为基本未知量的，此法适应于解超静定刚架、连续梁和超静定排架。由于位移法的基本未知量数目与超静定次数无关。因此，对于超静定次数高而节点位移数目少的超静定结构用位移法比用力法要简单得多。

位移法计算中，基本未知量的确定和方程系数的确定是解题的关键。

1. 基本未知量　节点位移为基本未知量，确定基本未知量是位移法解题的重要一步。节点位移包括角位移和独立的线位移。角位移数目等于刚节点数目，独立的位移数目等于原结构的铰化后体系的自由度数目。

2. 基本结构　位移法的基本结构是在原结构上加与基本未知量对应的附加约束。与节点角位移对应的是附加刚臂，以限制节点的转动；与节点线位移对应的是附加链杆，以限制节点的移动。位移法的基本结构是惟一的。

3. 典型方程　位移法的基本方程是利用基本结构在附加约束处的反力应与原结构受力相等（平衡条件）建立的。有 n 个基本未知量就对应有 n 个附加约束，就有 n 个附加约束处的反力应与原结构受力相等的条件（方程），n 个方程的形式是典型的。

4. 方程系数　位移法典型方程中的系数都是在其基本结构中确定的。由于基本结构中的每一根杆都是独立的单跨梁，可根据表 19-2，分别作出基本结构在原荷载和每个基本未知量为单位位移单独作用下的弯矩图（n 个基本未知量就有 $n+1$ 个弯矩图）。利用对应的弯矩图求出各附加约束上的反力。附加刚臂的反力偶，由弯矩图利用节点的力矩平衡条件求得；附加链杆的反力，先由弯矩图利用柱子的平衡条件求出柱顶的杆端剪力，再根据横梁的平衡条件求得。

习　题

20-1　计算图示刚架的弯矩。

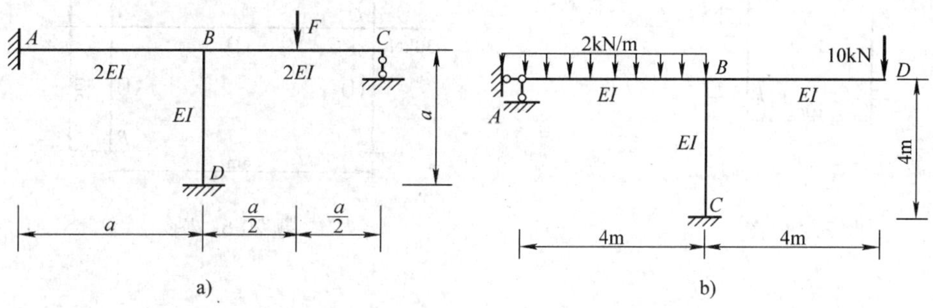

a)　　b)

题 20-1　图

20-2　计算图示刚架的弯矩，EI = 常数。

20-3　计算图示刚架的弯矩，EI = 常数。

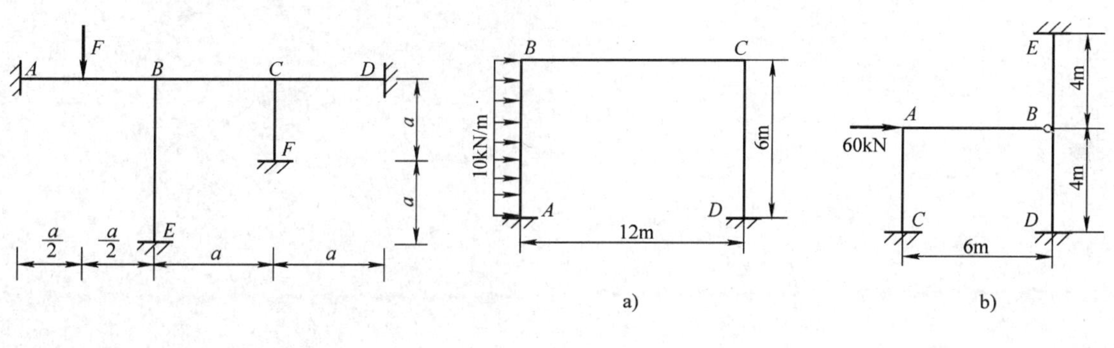

a)　　b)

题 20-2　图　　题 20-3　图

20-4　计算图示排架的弯矩。

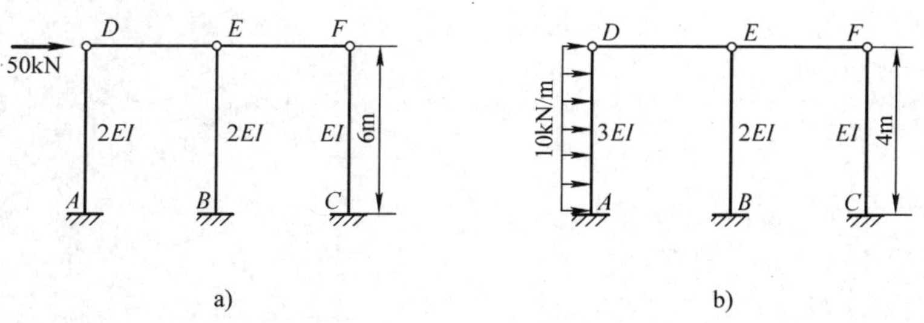

a)　　b)

题 20-4　图

20-5　利用对称性计算图示刚架的弯矩，EI = 常数。

20-6　利用对称性计算图示 2 层刚架的弯矩、杆旁括号内数字为线刚度的相对值。

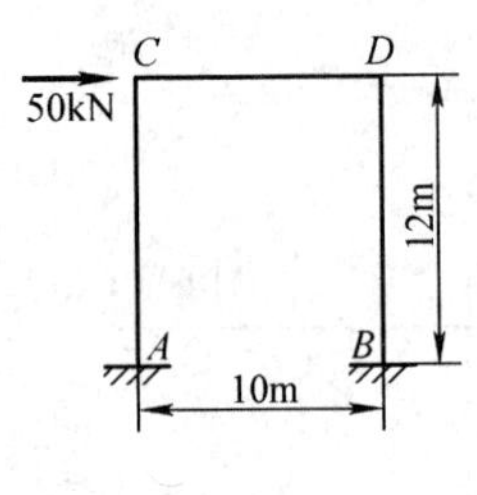

题 20-5　图

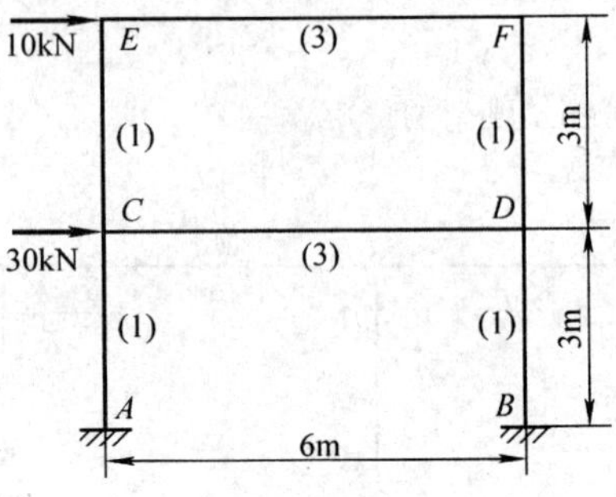

题 20-6　图

第21章　力矩分配法

21.1　力矩分配法的基本概念

力法和位移法求解超静定结构都要求建立和求解联立方程，当未知量较多时，计算十分繁琐，而力矩分配法只是通过简单的图表上的流水作业，就可直接算得杆件的杆端弯矩，且计算精度可以满足工程要求。因此，力矩分配法在目前工程实践中得到广泛应用。

力矩分配法适用于计算连续梁和无侧移刚架。在力矩分配法中，涉及的杆端内力和位移的符号与位移法中的规定相同。

21.1.1　力矩分配法的几个名词

图21-1a所示为无侧移刚架，在节点A处作用集中力偶M，用位移法计算时，基本未知量只有节点A处的转角$\theta_A=\Delta_1$。列位移法方程为

$$r_{11}\Delta_1+R_{1F}=0$$

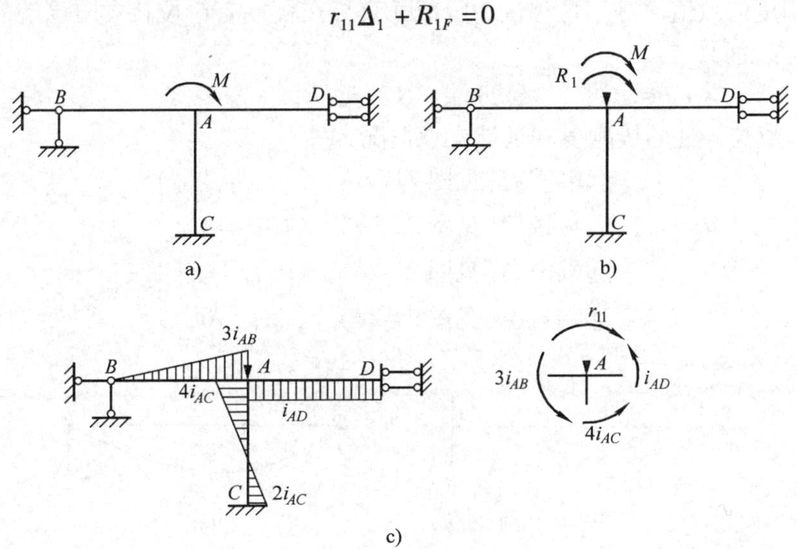

图21-1　位移法计算节点力偶作用下单节点刚架

由$\overline{M}_1$图（见图21-1b），得
$$\left.\begin{aligned}M_{AB}&=3i_{AB}\Delta_1\\M_{AC}&=4i_{AC}\Delta_1\\M_{AD}&=i_{AD}\Delta_1\end{aligned}\right\}\quad ①$$

$$r_{11}=3i_{AB}+4i_{AC}+i_{AD}$$

由$\overline{M}_F$图（见图21-1c），得　$R_{1F}=-M$

解位移法方程，得　$(3i_{AB}+4i_{AC}+i_{AD})\Delta_1=M$，　$\Delta_1=\dfrac{M}{3i_{AB}+4i_{AC}+i_{AD}}$

由 $M=\overline{M}_1\Delta_1+M_P$，得

$$\left.\begin{aligned}M_{AB}&=\frac{3i_{AB}}{3i_{AB}+4i_{AC}+i_{AD}}M\\M_{AC}&=\frac{4i_{AC}}{3i_{AB}+4i_{AC}+i_{AD}}M\\M_{AD}&=\frac{i_{AD}}{3i_{AB}+4i_{AC}+i_{AD}}M\end{aligned}\right\}\qquad②$$

$$\left.\begin{aligned}M_{BA}&=0\\M_{CA}&=\frac{2i_{AC}}{3i_{AB}+4i_{AC}+i_{AD}}M\\M_{DA}&=\frac{-i_{AD}}{3i_{AB}+4i_{AC}+i_{AD}}M\end{aligned}\right\}\qquad③$$

以上是节点在力偶作用下用位移法计算单节点刚架的过程。为此，提出以下几个名词：

1. 转动刚度　转动刚度表示杆端抵抗转动的能力。S_{AB}称为 AB 杆 A 端的转动刚度，它等于使 AB 杆 A 端（也称近端）产生单位转角时所需施加的力矩。

杆端转动刚度的数值，等于位移法中等截面直杆在杆端有单位转角时该端的弯矩值。关于 S_{AB}有以下两点说明：

1）在 S_{AB}中，A 端是转动端，也称近端，B 为远端。

2）S_{AB}的数值与杆件的线刚度和远端支承情况有关：

$$\left.\begin{aligned}&\text{远端固定(见图 21-2a)}\qquad S_{AB}=4i_{AB}\\&\text{远端铰接(见图 21-2b)}\qquad S_{AB}=3i_{AB}\\&\text{远端滑动(见图 21-2c)}\qquad S_{AB}=i_{AB}\\&\text{远端自由(见图 21-2d)}\qquad S_{AB}=0\end{aligned}\right\}\qquad(21\text{-}1)$$

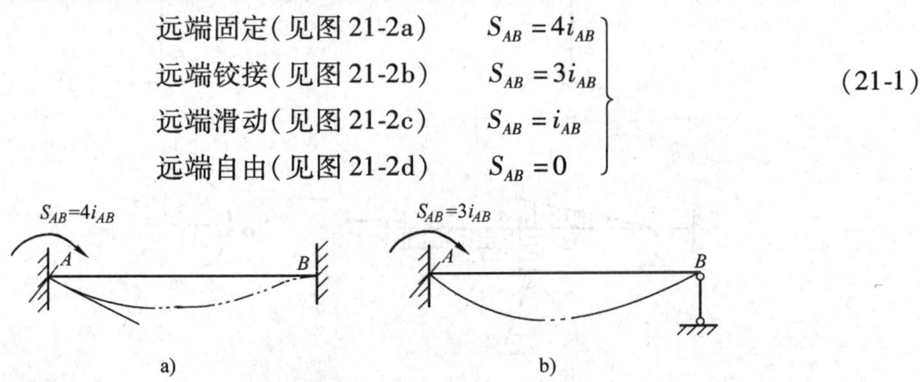

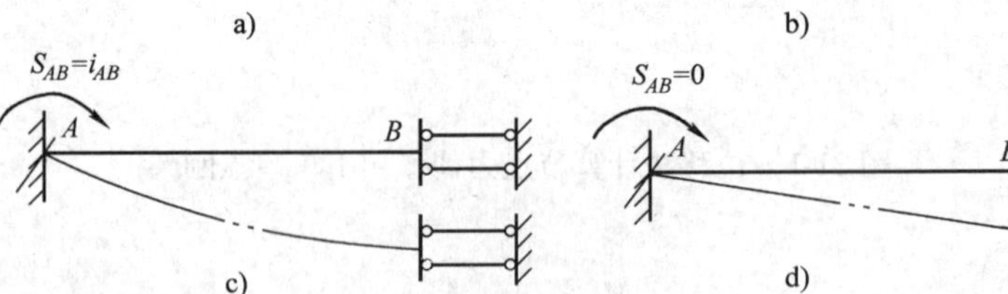

图 21-2　转动刚度

2. 分配系数　由式②可以看出，作用在节点 A 处的集中力偶 M 将按 A 节点处各杆端的转动刚度的比例分配给各杆的 A 端，转动刚度越大所承担的弯矩越大。用 μ_{Aj} 表示杆 Aj 在 A 端的分配系数。

分配系数 μ_{Aj} 在数值上等于杆 Aj 的转动刚度 S_{Aj} 与交于节点 A 各杆在 A 端的转动刚度 S 之

和的比值。

$$\mu_{Aj} = \frac{S_{Aj}}{\sum_{A} S} \tag{21-2}$$

显然，同一节点上各杆分配系数μ之和等于1，即

$$\sum_{A}\mu = \mu_{AB} + \mu_{AC} + \mu_{AD} = \frac{S_{AB} + S_{AC} + S_{AD}}{\sum_{A} S} = 1 \tag{21-3}$$

如图21-1a所示，节点A作用外力偶M时，该节点发生转动，使各杆在A端（近端）产生弯矩，称为分配弯矩。杆件近端的分配弯矩可用下式表示：

$$M_{Aj}^{\mu} = \mu_{Aj}M \tag{21-4}$$

3. 传递系数　当杆件近端有转角时，近端得到分配弯矩的同时，杆件远端产生弯矩（见式③），称为传递弯矩。杆件远端传递弯矩与近端分配弯矩的比值称为传递系数，用C表示。由式②和式③可得

$$C_{AB} = \frac{M_{BA}}{M_{AB}} = 0,\ C_{AC} = \frac{M_{CA}}{M_{AC}} = \frac{1}{2},\ C_{AD} = \frac{M_{DA}}{M_{AD}} = -1$$

对等截面直杆而言，传递系数C随远端支承情况不同，其数值分别为

远端固定端　　$C = \frac{1}{2}$

远端铰支座　　$C = 0$

远端滑动支座　　$C = -1$　　(21-5)

利用传递系数的概念，杆件远端传递弯矩可按下式计算：

$$M_{jA}^{C} = C_{Aj}M_{Aj}^{\mu} \tag{21-6}$$

21.1.2　单节点力矩分配法的基本运算

连续梁在荷载作用下，节点B发生了转角位移θ_B，其变形情况如双点画线所示（见图21-3a）。现讨论如何应用力矩分配法求解。计算分3步：

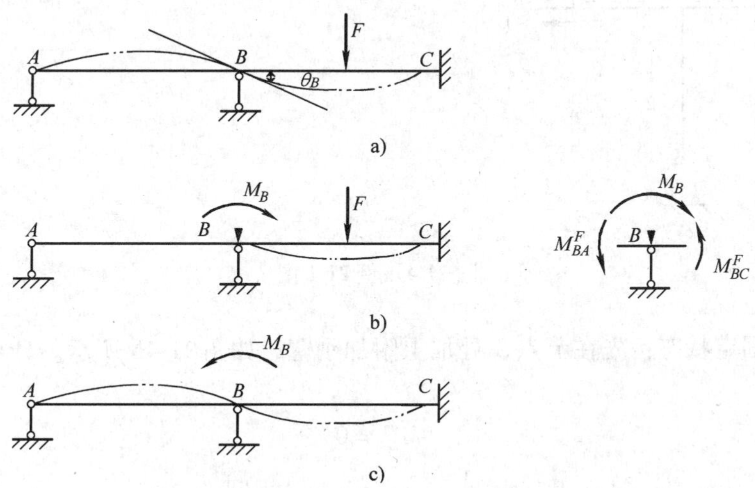

图21-3　单节点力矩分配法的基本原理

1）在节点 B 处增加限制转动的刚臂，形成两个单跨超静定梁组成的基本结构，将荷载作用于基本结构上，各单跨梁产生的杆端弯矩为固端弯矩。此时，在附加刚臂上出现了限制转动的反力矩 M_B，如图 21-3b 所示。$M_B = \sum_B M^F$，M_B 又称为节点 B 处的不平衡力矩。

2）放松节点 B，即在节点 B 处施加与不平衡力矩方向相反的力矩，即（$-M_B$），如图 21-3c 所示。由前述讨论知，按式（21-4）计算节点 B 处各杆近端得到的分配弯矩，由式（21-6）得各杆远端产生的传递弯矩。

3）将图 21-3b、c 所示的两种情况相叠加，就与原结构受力和变形相同了。

综上所述，单节点力矩分配法的基本运算，可归纳如下：

（1）锁住节点：即在计算节点上附加刚臂，将原结构分成若干单跨超静定梁，称为固定状态。计算出各杆在固定状态下的杆端弯矩（固端弯矩）和节点上的不平衡力矩。

（2）放松节点：即在计算节点处施加与不平衡力矩方向相反的力矩，称为放松状态。计算出节点处各杆近端的分配弯矩和相应远端的传递弯矩。

（3）叠加最后弯矩：将各杆固端弯矩与分配弯矩或传递弯矩相加，得各杆的最后弯矩。

以上过程可归纳为“先锁、后松，再叠加”。

例 21-1　试求如图 21-4a 所示刚架的弯矩图，EI = 常数。

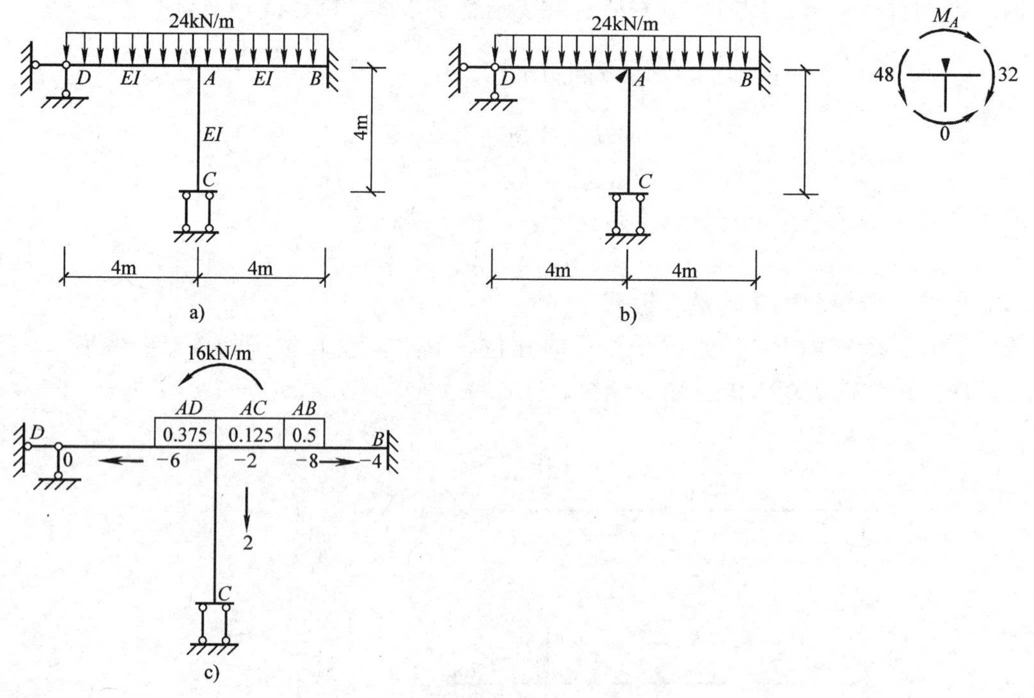

图 21-4　例 21-1 图

解：（1）固定状态：先在节点 A 处加上附加刚臂，如图 21-4b 所示。计算各杆的固端弯矩

$$M_{DA}^F = 0$$

$$M_{AD}^F = \frac{1}{8}ql^2 = \frac{1}{8} \times 24 \times 16\text{kN} \cdot \text{m} = 48\text{kN} \cdot \text{m}$$

$$-M_{BA}^{F}=M_{AB}^{F}=-\frac{1}{12}ql^{2}=-\frac{1}{12}\times 24\times 16\text{kN}\cdot\text{m}=-32\text{kN}\cdot\text{m}$$

节点 A 不平衡力矩

$$M_{A}=48\text{kN}\cdot\text{m}-32\text{kN}\cdot\text{m}=16\text{kN}\cdot\text{m}$$

（2）放松状态：在 A 点处加一个不平衡力矩方向相反的（$-M_{A}$），然后进行分配、传递计算，如图 21-4c 所示。各杆线刚度相等

$$i_{AB}=i_{AC}=i_{AD}=\frac{EI}{4}=i$$

转动刚度 $S_{AB}=4i$

$S_{AC}=i$

$S_{AD}=3i$

分配系数 $\mu_{AB}=\dfrac{S_{AB}}{S_{AB}+S_{AC}+S_{AD}}=\dfrac{4i}{8i}=\dfrac{1}{2}$

$\mu_{AD}=\dfrac{3}{8}$，$\mu_{AC}=\dfrac{1}{8}$

校核 $\sum\mu=\mu_{AB}+\mu_{AC}+\mu_{AD}=1$

分配弯矩 $M_{AB}^{\mu}=\dfrac{1}{2}\times(-16)\text{kN}\cdot\text{m}=-8\text{kN}\cdot\text{m}$

$M_{AD}^{\mu}=\dfrac{3}{8}\times(-16)\text{kN}\cdot\text{m}=-6\text{kN}\cdot\text{m}$

$M_{AC}^{\mu}=\dfrac{1}{8}\times(-16)\text{kN}\cdot\text{m}=2\text{kN}\cdot\text{m}$

传递弯矩 $M_{BA}^{C}=\dfrac{1}{2}\times(-8)\text{kN}\cdot\text{m}=-4\text{kN}\cdot\text{m}$

$M_{DA}^{C}=0$

$M_{CA}^{C}=-M_{AC}^{\mu}=2\text{kN}\cdot\text{m}$

（3）将以上(1)和(2)结果叠加，即得到各杆最后杆端弯矩。画出刚架的 M 图，如图 21-5b 所示。

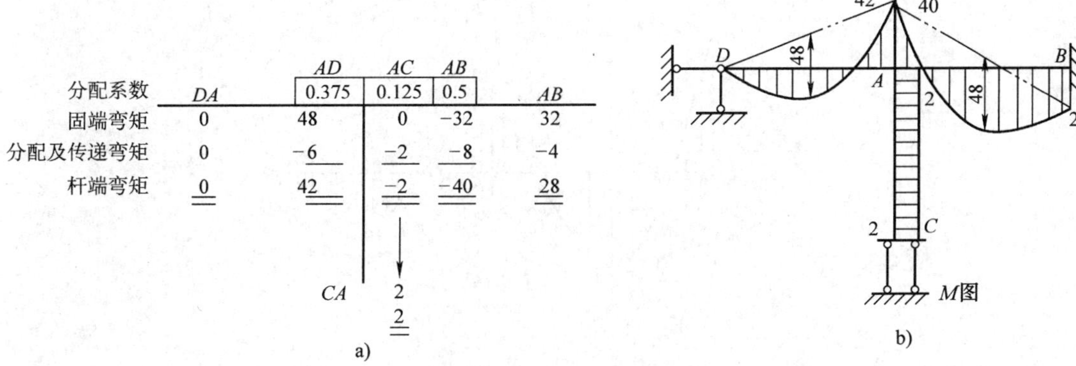

图 21-5 例 21-1 图

实际计算时，可以合并以上步骤，按如图 21-5a 所示格式计算。画双横线表示各杆杆端的最后弯矩。

例 21-2 用力矩分配法求如图 21-6a 所示连续梁的弯矩图，EI = 常数。

解：(1) 算出各杆的固端弯矩

$$M_{BA}^{F}=-M_{AB}^{F}=\frac{1}{12}ql^{2}+\frac{1}{8}pl=\frac{20\times6^{2}}{12}\mathrm{kN\cdot m}+\frac{16\times6}{8}\mathrm{kN\cdot m}=72\mathrm{kN\cdot m}$$

$$M_{BC}^{F}=-\frac{3}{16}pl=-\frac{3\times32\times6}{16}\mathrm{kN\cdot m}=-36\mathrm{kN\cdot m}$$

节点 B 不平衡力矩

$$M_{B}=72\mathrm{kN\cdot m}-36\mathrm{kN\cdot m}=36\mathrm{kN\cdot m}$$

(2) 计算各杆端分配系数：杆 AB 和 BC 线刚度相等，都为 $i=EI/6$，故

转动刚度 $S_{BA}=4i_{AB}=4i$， $S_{BC}=3i_{BC}=3i$

分配系数 $$\mu_{BA}=\frac{S_{BA}}{S_{BA}+S_{BC}}=\frac{4i}{4i+3i}=\frac{4}{7}$$

$$\mu_{BC}=\frac{S_{BC}}{S_{BA}+S_{BC}}=\frac{3i}{4i+3i}=\frac{3}{7}$$

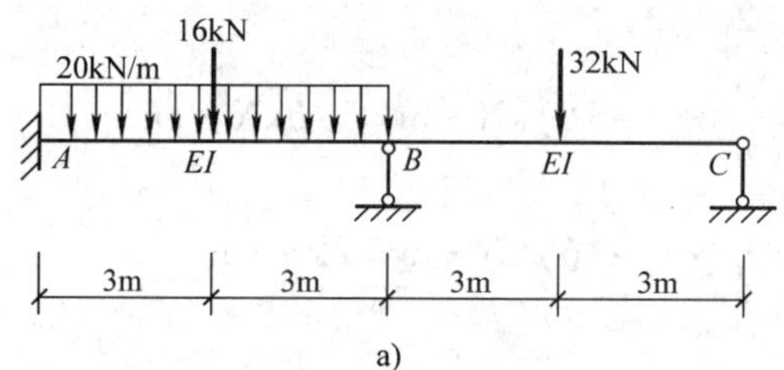

a)

	AB	BA	BC	CB
分配系数		0.571	0.429	
固端弯矩	−72	72	−36	0
分配及传递弯矩	−10.28 ←	−20.56	−15.44	→ 0
杆端弯矩	−82.28	51.44	−51.44	0

b)

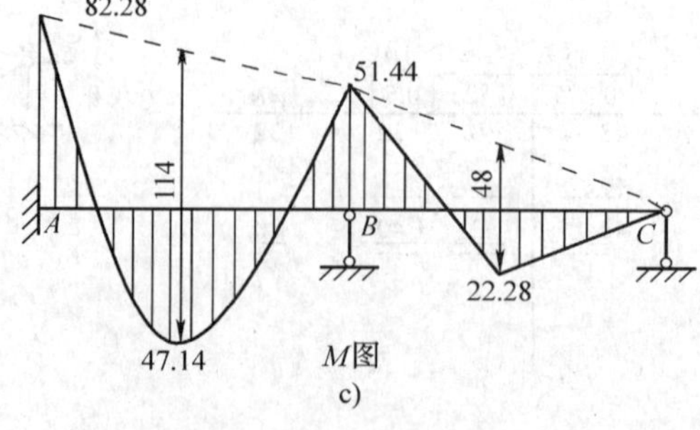

c)

图 21-6 例 21-2 图

（3）分配和传递：利用分配系数和传递系数，直接在计算简图下进行计算（见图 21-6b），应用叠加原理即可作出最后弯矩图，如图 21-6c 所示。

21.2 力矩分配法计算连续梁及无侧移刚架

前面以单节点为分配单元，介绍了力矩分配法的基本概念及计算方法。下面讨论当结构具有多个独立节点角位移时的计算。如图 21-7a 所示是三跨连续梁，按单节点分配的方法，先用刚臂锁住各刚节点（见图 21-7b），计算出各杆的杆端弯矩；由杆端弯矩计算出各节点附加刚臂的约束力矩（不平衡力矩），如图 21-7b 所示的 M_B，M_C。

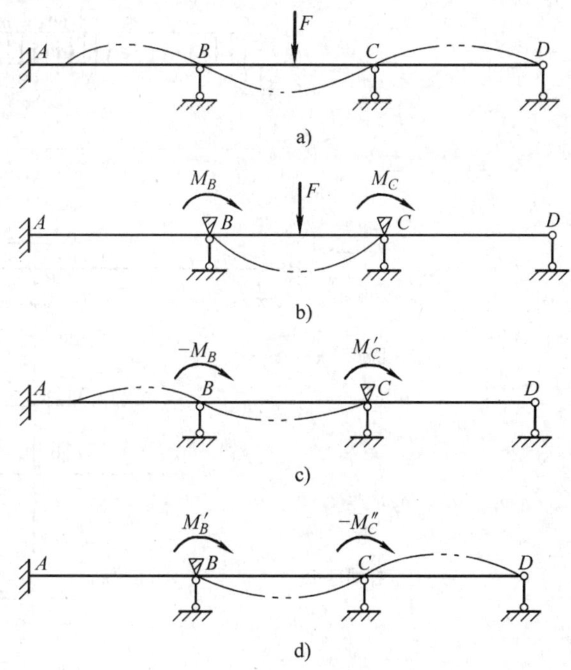

图 21-7　多个节点及力矩分配法原理

要消除约束力矩，必须放松刚臂。若将 B、C 刚臂同时放松，则节点 C 属于弹性固定端，刚度介于固定支座与铰支座之间，无法明确确定节点 B 各杆端的转动刚度和分配系数，不能进行力矩分配。如图 21-7c 所示锁住刚臂 C 不动，放松刚臂 B，即在节点 B 施加反向不平衡力矩（$-M_B$），此时 A，C 端均为固定端，支承条件明确，因此，在多节点进行力矩分配时，每次只宜放松一节点，可按单节点分配形式分配。在节点 B 进行分配，得到节点 B 上各杆的第一次分配弯矩，同时节点 A、C 处的杆端有第一次的传递弯矩，这时节点 C 刚臂的约束力矩为

$$M_C'' = M_C + M_C' \text{（}M_C'\text{为 }C\text{ 点的第一次传递弯矩）}$$

同样，要消除刚臂 C 的约束力矩，也需施加反向不平衡力矩 $-M_C''$，将节点 B 用刚臂重新锁住，放松刚臂 C，按单节点分配（见图 21-7d）。节点 C 上各杆得到第一次分配弯矩，节点 B 杆端有第一次传递弯矩 M_B'。

这时节点 B、C 各放松一次，称为一轮计算。节点 C 达到平衡，但节点 B 的附加刚臂上又有了约束力矩 M_B'，需再进行分配、传递。根据此方法轮流锁住、放松节点 B 和 C 的约束，进行分配和传递，一般经过三四轮计算后，节点的不平衡力矩就很小了，计算精度就能满足要求。

最后，将杆端弯矩与每轮分配的弯矩和传递的弯矩叠加，就得到各杆的最终弯矩。

现通过以下两例题，说明用力矩分配法计算多节点结构的步骤和计算方法。

例 21-3　用力矩分配法求图 21-8 所示的连续梁弯矩图。i = 常数。

解法 1：（1）计算基本数据：在计算过程中节点 B、C 始终作为刚节点轮流锁住、放松，因此，有

1）转动刚度　$S_{BA}=3i$，　$S_{BC}=4i$，　$S_{CB}=4i$，　$S_{CD}=0$

2）分配系数 $\mu_{BA}=\dfrac{3}{7}$，$\mu_{BC}=\dfrac{4}{7}$，$\mu_{CB}=1$，$\mu_{CD}=0$

3）杆端弯矩 $M_{BA}^{F}=\dfrac{1}{8}ql^{2}=120\text{kN}\cdot\text{m}$，　$M_{BC}^{F}=-\dfrac{1}{12}ql^{2}=-80\text{kN}\cdot\text{m}$

$M_{CB}^{F}=80\text{kN}\cdot\text{m}$，　$M_{CD}^{F}=-Pl=-80\times2\text{kN}\cdot\text{m}=-160\ \text{kN}\cdot\text{m}$

60kN/m
80kN
A　i　B　i　C　D
4m　4m　2m

a)

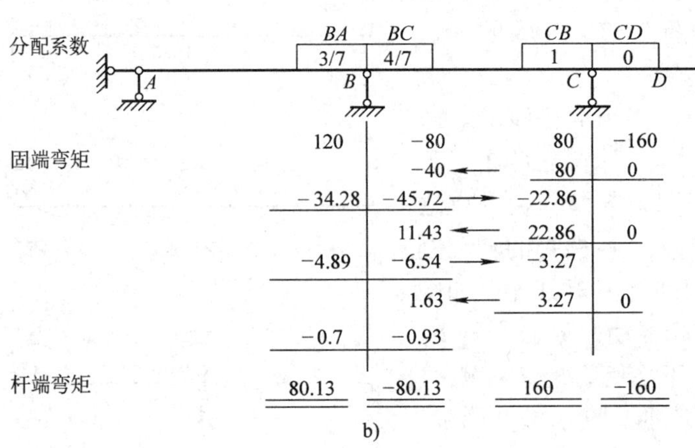

b)

图 21-8　例 21-3 解法 1 图

（2）计算过程：力矩分配计算如图 21-8b 所示。

解法 2：截断外伸杆 CD，将荷载简化到 C 端（见图 21-9a）。

（1）计算基本数据：此时只有节点 B 为刚节点，而 C 端是铰接端。因此，有

1）转动刚度 $S_{AB}=S_{BC}=3i$

2）分配系数 $\mu_{BA}=\mu_{BC}=0.5$

3）杆端弯矩 $M_{BC}^{F}=-\dfrac{1}{8}ql^{2}+\dfrac{M_{0}}{2}=-120\text{kN}\cdot\text{m}+80\text{kN}\cdot\text{m}=-40\text{kN}\cdot\text{m}$

$M_{CB}^{F}=160\text{kN}\cdot\text{m}$

$M_{BA}^{F}=\dfrac{1}{8}ql^{2}=120\text{kN}\cdot\text{m}$

（2）计算：力矩分配计算过程如图 21-9b 所示。弯矩图如图 21-9c 所示。

例 21-4　用力矩分配法求图 21-10a 所示刚架的弯矩图，所有杆的 EI = 常数。

解：（1）锁住节点 B 和 C：杆端弯矩

$$M_{CB}^{F}=-\frac{1}{12}ql^{2}=-\frac{1}{12}\times24\times36\text{kN}\cdot\text{m}=-72\text{kN}\cdot\text{m}$$

$$M_{BC}^{F}=\frac{1}{12}ql^{2}=72\text{kN}\cdot\text{m}$$

$$M_{BD}^{F}=-Pl=-18\text{kN}\cdot\text{m}$$

节点上的集中力偶（$-24\text{kN}\cdot\text{m}$），不产生杆端弯矩而直接作用在节点 C 的附加刚臂上，引起该节点的不平衡力矩，参与分配，所以，第一轮放松节点 C 时，不平衡力矩为（$-24\text{kN}\cdot\text{m}-72\text{kN}\cdot\text{m}$）。

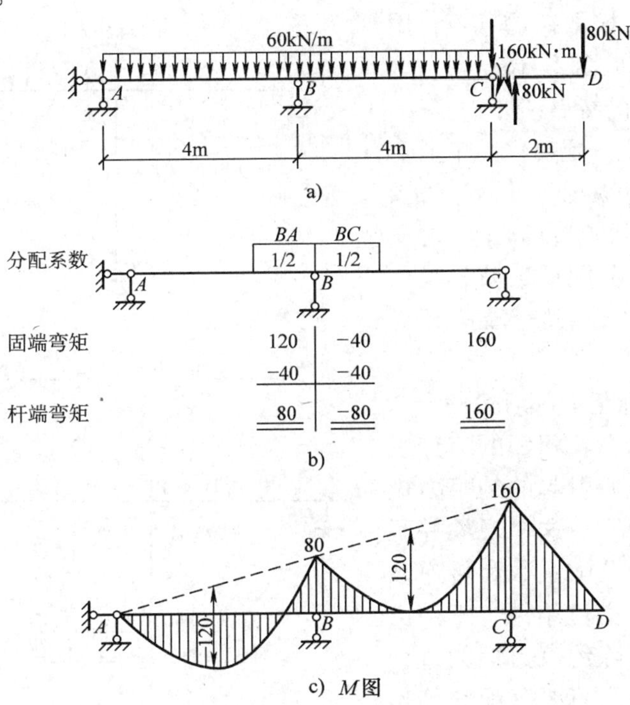

图 21-9　例 21-3 解法 2 图

（2）求转动刚度、分配系数：令 $EI/12=i$，则

$$i_{AC}=\frac{EI}{4}=3i,\ i_{BC}=\frac{EI}{6}=2i,\ i_{BE}=i_{CF}=\frac{EI}{6}=2i$$

1）计算节点 C，$S_{CA}=3i_{CA}=9i$，$S_{CB}=4i_{BC}=8i$，$S_{CF}=i_{CF}=2i$

$$\mu_{CA}=\frac{S_{CA}}{S_{CA}+S_{CB}+S_{CF}}=\frac{9i}{8i+9i+2i}=\frac{9}{19}$$

$$\mu_{CB}=\frac{S_{CB}}{S_{CA}+S_{CB}+S_{CF}}=\frac{8i}{8i+9i+2i}=\frac{8}{19}$$

$$\mu_{CF}=\frac{S_{CB}}{S_{CA}+S_{CB}+S_{CF}}=\frac{2i}{8i+9i+2i}=\frac{2}{19}$$

2）计算节点 B，$S_{BE}=4i_{BE}=8i$，$S_{BC}=4i_{BC}=8i$，$S_{BD}=0$

$$\mu_{BC}=\frac{S_{BC}}{S_{BD}+S_{BE}+S_{BC}}=\frac{8i}{8i+8i}=0.5$$

$$\mu_{BE}=\frac{S_{BE}}{S_{BD}+S_{BE}+S_{BC}}=\frac{8i}{8i+8i}=0.5$$

（3）力矩分配计算：如图 21-10b 所示。

（4）画弯矩图：根据杆端弯矩，用叠加法作出弯矩图（见图 21-10c）。

多节点力矩分配的特点：

1）将多节点力矩分配转化为单节点力矩分配。因此，每放松一个节点前，必须将与该节点相邻的节点固定。之所以这样处理，是由于分配系数公式是由单节点的情况导出的。否则，要另行导出分配系数公式。

2）从第二轮分配起，每消除一个节点上的约束力矩又会在其相邻的节点引起新的约束力矩。但所引起的约束力矩比被消除的力矩小得多。这个现象并不是偶然的，这是因为分配系数和传递系数均小于 1 所产生的必然结果。正是由于这个原因，使得消除约束力矩的过程很短。在一般情况下，只要分配和传递两三轮就能达到工程设计所需要的精度。

多节点力矩分配的解题步骤为：

1）先固定结构的所有节点，将荷载作用其上，计算固端弯矩和分配系数。

2）放松一个节点（与该节点相邻的节点必须固定），先计算节点的不平衡力矩，将其反号，分配给杆件的近端得分配弯矩，并传递到远端得传递弯矩。

3）计算另外节点的不平衡力矩，放松该节点，计算分配弯矩和传递弯矩。

4）重复第 2）步和第 3）步的计算，直至约束力矩小到可以忽略不计（即分配弯矩和传递弯矩达到设计精度）时为止。

5）将杆端的固端弯矩、历次分配弯矩和历次传递弯矩求代数和，即得杆端

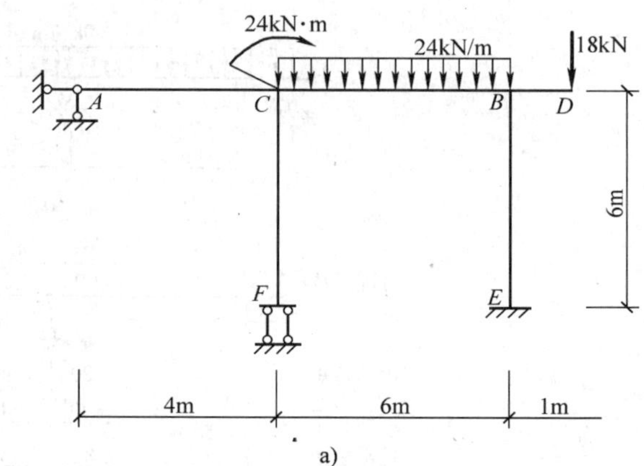

a)

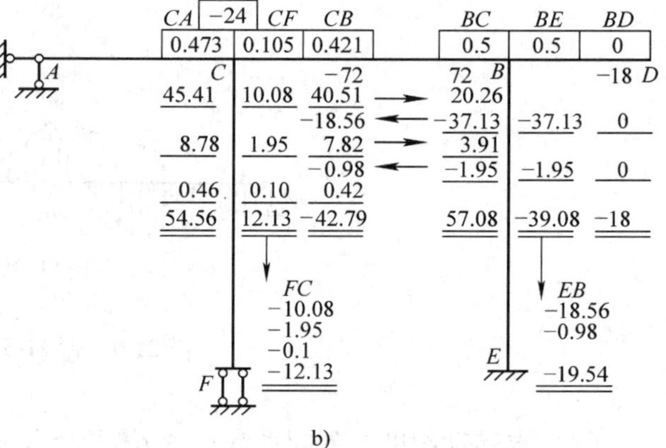

b)

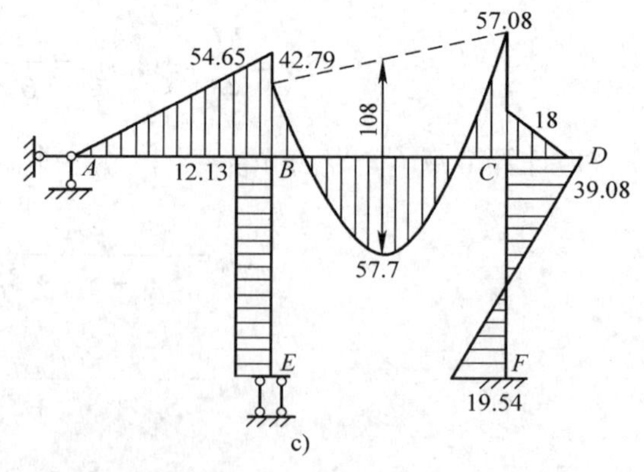

c)

图 21-10　例 21-4 图

a）刚架受力图　b）计算过程　c）最后 M 图

弯矩。由杆端弯矩，并运用叠加原理，即可作出结构的弯矩图。

21.3 超静定结构的受力分析和变形特点

21.3.1 超静定结构的特性

与静定结构相比，超静结构具有以下一些重要特性：

1）静定结构的内力只用平衡条件即可确定，其值与结构的材料性质及杆件截面尺寸无关。超静定结构的内力由静力平衡条件不能全部确定，还需同时考虑位移条件。所以，超静定结构的内力与结构的材料性质及杆件截面尺寸有关，并且内力分布随构件之间相对刚度变化而改变，刚度大的杆件承担的内力也大。

2）静定结构除了荷载作用外的其他因素，都不引起内力。超静定结构由于多余约束的影响，致使除荷载作用外其他因素（如支座移动，温度改变，制造误差等），都能在结构中引起内力。

3）静定结构在任一约束遭到破坏后，即丧失其几何不变性，因而不能再承受荷载。而超静定结构则由于具有多余约束，在多余约束遭到破坏后，仍能维持其几何不变性，而且结构仍具有一定的承载能力。

4）在局部荷载作用下，超静定结构的内力分布比静定结构的内力分布均匀些，分布范围也大些，但内力峰值却降低了。图 21-11a、b 所示两个刚架进行比较，其结构尺寸与受荷载情况均相同。从左边静定刚架的弯矩图中可看到只横梁有弯矩，最大值为 $Fa/4$，横梁中点挠度为 $Fa^3/48EI$，右边的超静定刚架中各杆都受弯矩作用，最大弯矩值为 $Fa/6$，横梁中点挠度为 $Fa^3/96EI$，而当调整横梁与竖柱的刚度比为 2∶1 时，横梁中点的弯矩又可降低（见图 21-11c）。这表明，超静定结构可以通过调整杆件刚度比而达到调整结构内力和位移的目的。

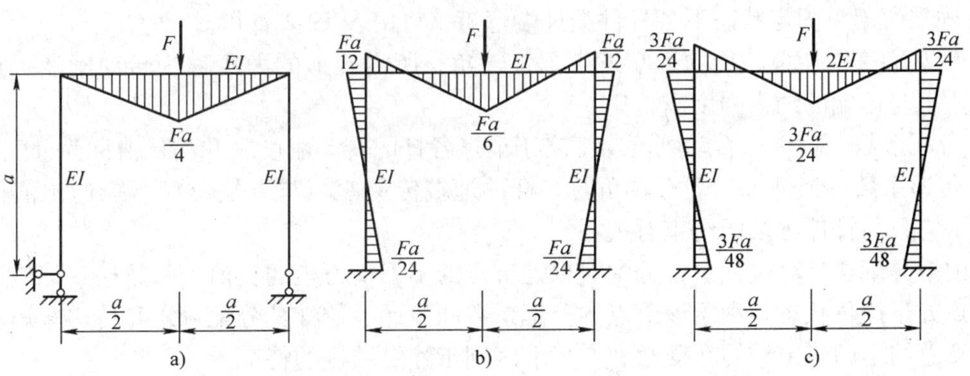

图 21-11 刚架受力后弯矩图

21.3.2 超静定结构的计算方法

结构的计算通常包括内力计算和位移计算两个方面。不论静定和超静定结构，内力和位移要满足下述 3 个条件：

（1）平衡条件：结构整体及其各个部分所受的力系都要满足静力学的平衡条件。

（2）物理条件：在线弹性范围内，应力与应变要满足胡克定律。

（3）变形的几何连续条件：结构的位移应与各杆件的连接形式和外部支承情况相符合。

计算超静定结构的基本方法有3种：①力法以多余未知力为基本未知量，以静定结构为基本结构，以基本结构在多余约束处满足原结构的位移条件建立力法方程。②位移法则以节点位移为基本未知量，附加约束后的超静定结构为基本结构，以基本结构在节点处满足原结构的静力平衡条件建立位移法方程。③力矩分配法是位移法的一种渐近方法，它直接以杆端弯矩作为计算对象，计算简单机械，应用较多。

对于不同的结构形式，其适用的计算方法如下：

（1）超静定桁架和组合结构：由于节点位移较多，宜用力法。

（2）连续梁：最宜于用力矩分配法。

（3）超静定刚架：位移法最宜于计算超静定刚架。当刚架超静定次数较少而节点位移较多时，可采用力法。对无节点线位移的刚架，也可采用力矩分配法。

不论采用何种方法，当结构对称时，要尽可能利用对称性，以使计算得到简化。

超静定结构的计算还有其他一些方法，如剪力分配法、分层法、迭代法、D值法等，可参阅相关教材。从采用计算机进行结构计算的角度来看，由于位移法的计算程序比较简单，易于实现电算化，因此多数结构形式采用矩阵位移法。这方面的计算机软件不少，应很好掌握，以便从繁重的手工计算中解脱出来。

小　结

本章介绍的力矩分配法是以位移法为理论基础的一种渐进解法。它的优点是：无需建立和解算联立方程，直接以杆端弯矩作为计算对象，力学概念明确，总是重复一个基本计算，即单节点的力矩分配，且收敛速度快。但只适用于连续梁和无侧移刚架。

固端弯矩、转动刚度、分配系数、传递系数是力矩分配法的基本物理量。

1. 固端弯矩　固定状态下各杆件的杆端弯矩，可由表19-2查得。

2. 转动刚度　使单跨梁的近端发生单位转角，所需施加的力矩称为转动刚度。它与杆件的线刚度与远端的约束强度成正比。

3. 分配系数　杆件的转动刚度与汇交于节点各杆的转动刚度之和的比值称为分配系数。

4. 传递系数　当杆件近端有转角时，杆件远端传递弯矩与近端分配弯矩的比值称为传递系数。它只与杆件远端的约束有关。

在力矩分配法计算过程中，分配对象是节点的不平衡力矩的负值。每放松一个节点，相邻的节点处于锁住状态。利用该节点的分配系数和传递系数计算分配弯矩和传递弯矩。

本章总结了超静定结构在受力和变形上区别于静定结构的特征。

习　题

21-1　用力矩分配法求图示连续梁的杆端弯矩。

21-2　用力矩分配法求图示刚架的杆端弯矩，已知 EI = 常数。

21-3　用力矩分配法求图示连续梁的杆端弯矩。

21-4　用力矩分配法求图示刚架的杆端弯矩。

21-5　用力矩分配法求图示刚架的杆端弯矩，已知 EI = 常数。

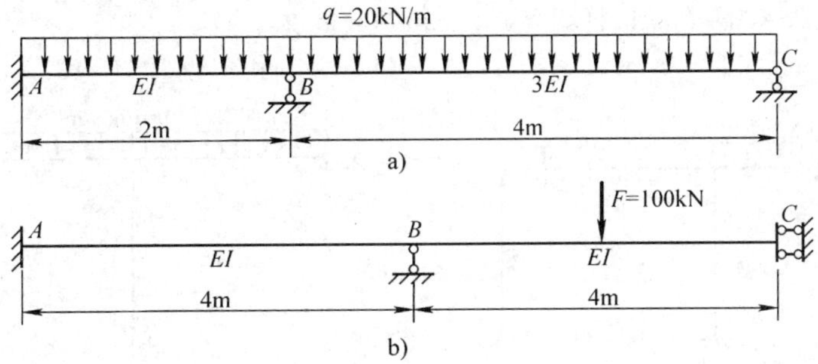

题 21-1　图

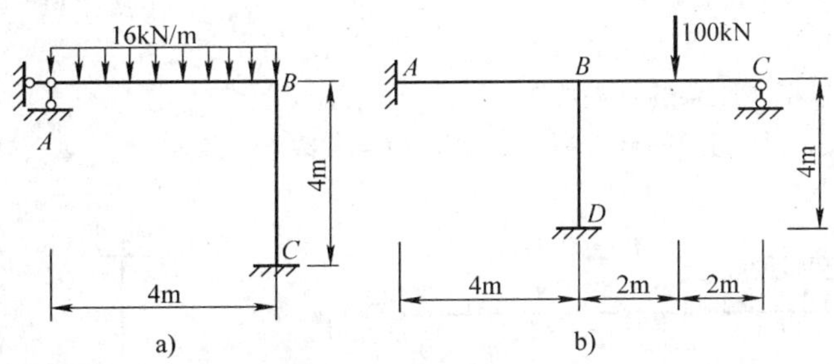

题 21-2　图

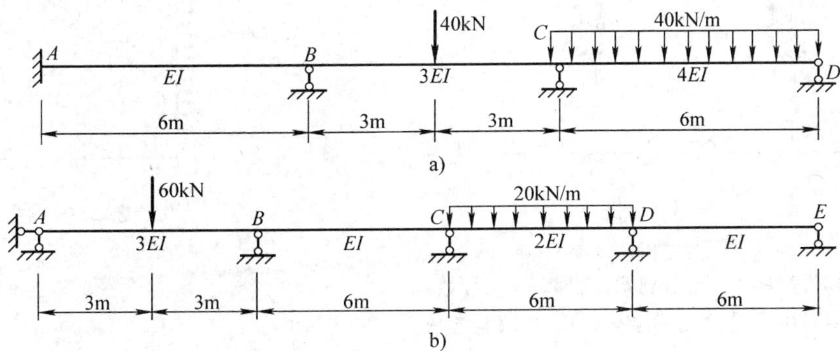

题 21-3　图

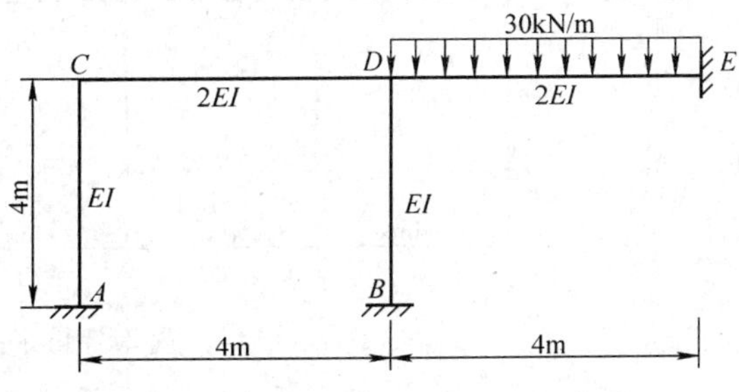

题 21-4　图

21-6　用力矩分配法求图示刚架的杆端弯矩，已知 EI = 常数。

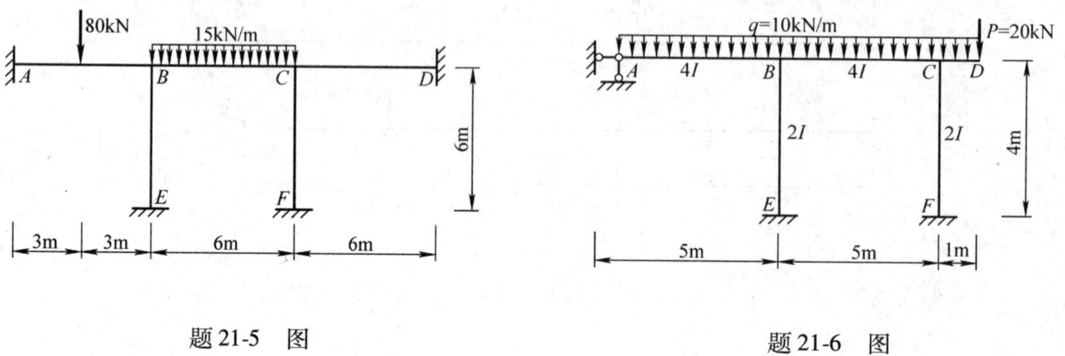

题 21-5　图　　　　题 21-6　图

21-7　用力矩分配法求图示刚架的杆端弯矩。

21-8　用力矩分配法求图示刚架的杆端弯矩，已知 EI = 常数。

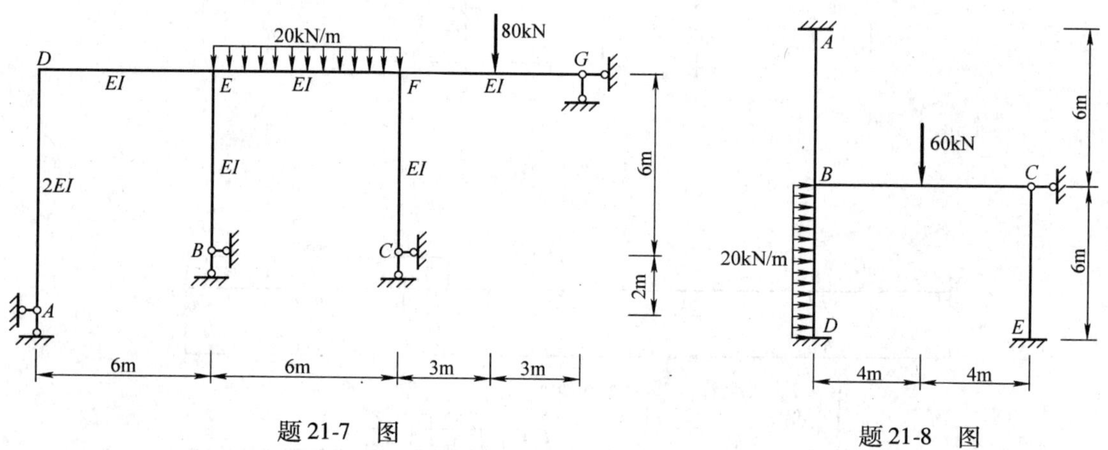

题 21-7　图　　　　题 21-8　图

21-9　利用对称性计算图示刚架，已知 EI = 常数。

21-10　利用对称性计算图示刚架，已知 EI = 常数。

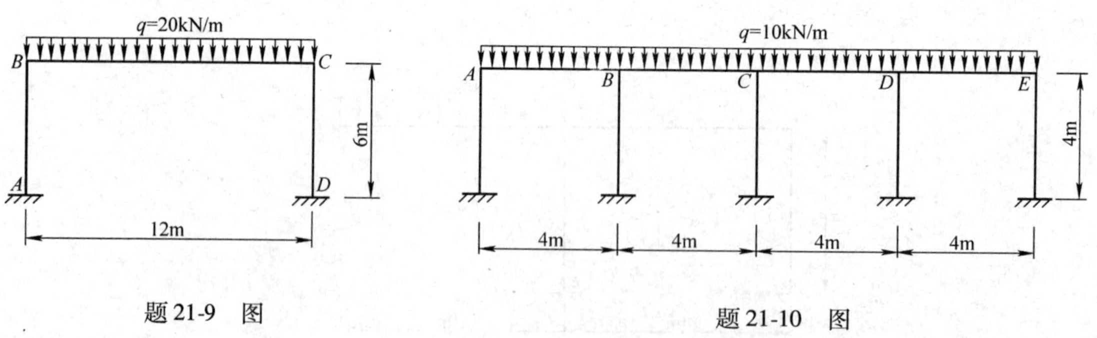

题 21-9　图　　　　题 21-10　图

21-11　利用对称性计算图示连续梁和刚架。

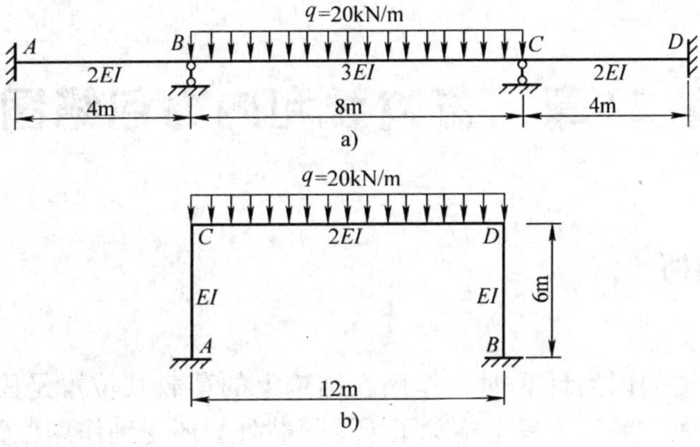

题 21-11　图

第 22 章　影响线和内力包络图

22.1　影响线的概念

22.1.1　问题的提出

前面各章讨论结构的内力计算时，作用在结构上的荷载其位置是固定不变的，称为恒载，或固定荷载。然而一般的工程结构除了承受恒载外，还受到作用位置会变化的活载的作用。15 章 15.4 节已讲到活载分移动荷载，如厂房中桥式起重机梁上的桥式起重机荷载（见图 22-1a），桥梁上的汽车荷载（见图 22-1b）等和可动均布荷载，如楼板上的人群、货物，屋面上的雪荷载等两类。

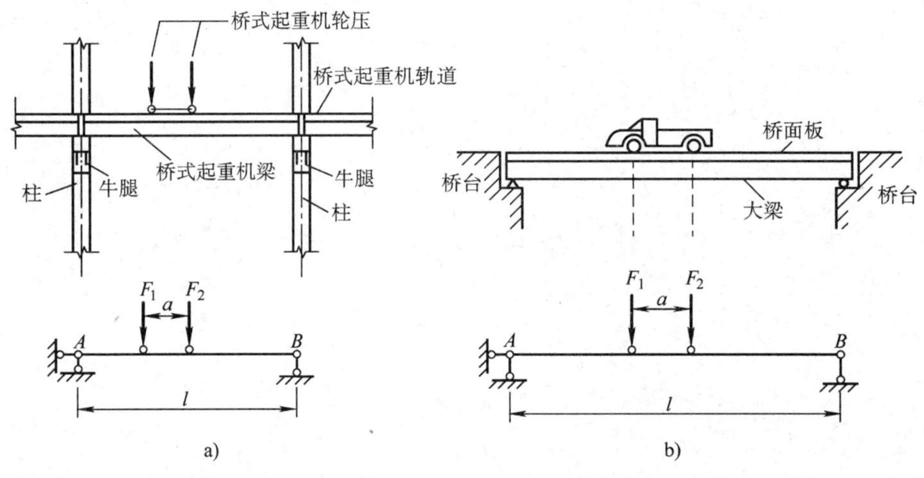

图 22-1　活荷载示例

在固定荷载作用下的结构，支座反力、各截面上的内力及位移等因素是不变的，用内力图可表达结构中各截面的内力大小。据此我们能确定结构中某内力的最大值，以及发生该内力最大值截面的位置。

在活载作用下，结构的反力及各截面的内力将随着活载的变化而变化。梁的各个反力和某截面上的某一内力都需要确定其最大（最小）值，以及产生这个最大（最小）值的移动荷载作用位置或可动均布荷载分布形式。

由于结构中各反力及各截面的各种内力的变化规律均不相同。因此，在研究结构的反力及内力的变化规律时，每次只能研究某一个反力，或者某个截面上的某一内力的变化规律。为了方便，以下我们把某反力或某截面上的某一内力简称为量值，记为 S。

对于一个量值 S 来说，使其产生最大（最小）值的移动荷载位置或可动均布荷载的分布形式，称为该量值的最不利荷载位置。

在梁的各截面的内力最大（最小）值中，存在一个最大（最小）者，称为绝对最大

（最小）内力。

在进行钢筋混凝土梁的设计时，需要求出梁在恒载和活载共同作用时各截面上内力的最大值。由梁上各截面的最大内力值连成的曲线图形称为内力包络图。包络图是设计或验算钢筋混凝土梁的依据。如果梁的内力包络图已绘出，则从图中就不难找出绝对最大内力。

为了作梁的内力包络图，或者求梁中的绝对最大内力，都需要研究梁的内力随活载的变化规律，并确定最不利的荷载位置。对于任何一个指定截面的内力来说，只要确定了它的最不利荷载位置，在活载作用下的计算问题就转化为固定荷载下的计算问题了。活载千变万化，为解决上述问题，需借助影响线。

22.1.2 影响线概念

工程实际中的活载大小、组成的间距、分布的形式是多种多样的，我们不可能逐一加以研究。为此，可以先只研究一个最简单的活载，即竖向单位移动荷载 $F=1$。如果结构中的某量值在单位移动荷载作用下的变化规律分析清楚了，根据叠加原理，就可以进一步研究该量值在各种类型活载作用下的变化规律。

结构中某量值随竖向单位移动荷载 $F=1$ 作用位置而变化的函数关系，称为该量值的影响系数方程（也称影响线方程），对应的函数图形称为该量值的影响线。如果以横坐标表示单位移动荷载的位置，纵坐标表示当单位荷载作用在该位置时该量值的大小，影响线则反映了该量值在单位移动荷载移动作用下的变化规律。

须注意，单位移动荷载 $F=1$ 的量纲为1，因此，某量值影响系数的量纲应是该量值的量纲与集中荷载量纲之比。

影响线是研究活载作用下结构计算的基本工具，利用影响线可确定实际活载对结构某量值的最不利位置，从而求出该量值的最大值。

22.2 作影响线

作影响线的基本方法有两种：静力法和机动法。

22.2.1 静力法作单跨静定梁的影响线

用静力法作某指定内力（或反力）的影响线，与固定荷载作用下求内力（或反力）的方法基本相同，仅需注意单位移动荷载位置是变化的。先根据平衡条件建立该内力（或反力）与单位移动荷载位置之间的函数关系式，即影响系数方程，然后根据方程作出影响线。

1. 简支梁的影响线　作如图22-2a所示简支梁某量值的影响线，建立坐标系：取 A 为坐标原点，x 轴向右为正，以表示单位移动荷载 $F=1$ 的作用位置。

（1）反力影响线：作如图22-2a所示简支梁支座反力 F_{Ay}、F_B 影响线。当单位移动荷载 $F=1$ 移动到梁上的任意位置 x（$0\leqslant x\leqslant l$）时，根据梁的平衡条件，由 $\sum M_B=0$
得反力 F_{Ay} 的影响系数方程

$$F_{Ay}=\frac{l-x}{l}=1-\frac{x}{l}\qquad(0\leqslant x\leqslant l)\qquad①$$

由 $\sum M_A=0$，得反力 F_B 的影响系数方程

$$F_B=\frac{x}{l}\qquad(0\leqslant x\leqslant l)\qquad②$$

由式①、式②便可分别作出反力 F_{Ay}、F_B 的影响线（见图22-2b、c）。

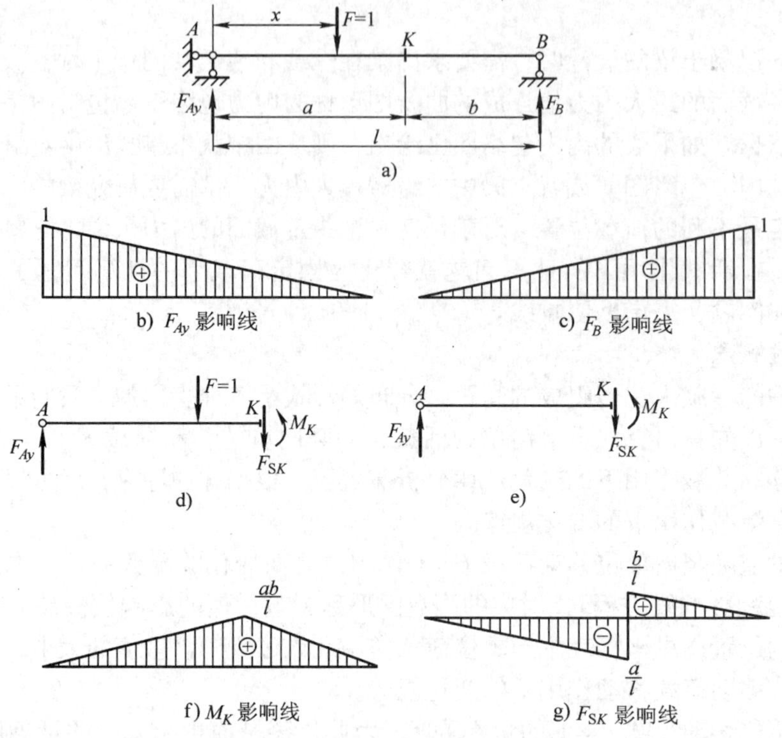

图 22-2　作简支梁的影响线

作影响线时，习惯上将纵坐标为正的影响线画于基线的上方，纵坐标为负的影响线画于基线的下方，并标出正负号。

（2）弯矩影响线：作简支梁（见图 22-2a）任意截面 K 上弯矩 M_K 的影响线。取 AK 段为隔离体，根据单位移动荷载 $F=1$ 是否在 AK 梁段上，分两种情况考虑。

当单位移动荷载 $F=1$ 在 AK 段上（见图 22-2d）时

$$M_K=\frac{l-x}{l}a-1\times(a-x)=\left(1-\frac{a}{l}\right)x=\frac{b}{l}x \qquad (0\leqslant x\leqslant a) \qquad ③$$

当单位移动荷载 $F=1$ 在 KB 段上（见图 22-2e）时

$$M_K=\frac{l-x}{l}a=\left(1-\frac{x}{l}\right)a \qquad (a\leqslant x\leqslant l) \qquad ④$$

式③和式④是弯矩 M_K 的影响系数方程，分别表示单位移动荷载 $F=1$ 在截面 K 以左梁段（$0\leqslant x\leqslant a$）和在以右梁段（$a\leqslant x\leqslant l$）上移动时弯矩 M_K 影响系数的变化规律。

影响系数方程是 x 的一次函数，可知 M_K 的影响线是两段直线，如图 22-2f 所示，K 截面左边的直线称为左直线，截面 K 右边的直线称为右直线。左、右直线在 K 截面处相交，成一三角形，三角形顶点处的竖标为 ab/l（正负规定同前）。

（3）剪力影响线：作简支梁（见图 22-2a）截面 K 上剪力 F_{SK} 的影响线。取截面 K 以左部分 AK 梁段为隔离体。当单位移动荷载 $F=1$ 在 AK 梁段上（见图 22-2d）移动时，

$$F_{SK}=\frac{l-x}{l}-1=-\frac{x}{l} \qquad (0\leqslant x<a) \qquad ⑤$$

当单位移动荷载 $F=1$ 在截面 K 右边 KB 梁段上（见图 22-2e）移动时，

$$F_{SK}=1-\frac{x}{l} \qquad (a<x\leqslant l) \qquad ⑥$$

由剪力 F_{SK}影响系数方程⑤和⑥可知，F_{SK}影响线由两段互相平行的直线段组成（见图 22-2g），纵坐标在 K 点处有一突变，表明单位移动荷载由 K 截面的左侧移动到右侧时，K 截面上的剪力影响系数 F_{SK}将发生突变，突变值为 1。而当单位移动荷载恰好作用在 K 截面上时，剪力 F_{SK}影响系数的值是不确定的。

2. 外伸梁影响线　由于外伸梁是在简支梁的基础上向一端或向两端面延伸的梁，它要研究的量值应分为反力、跨间截面的内力、外伸截面的内力。

（1）反力影响线：如图 22-3a 所示外伸梁，取 A 为坐标原点，x 轴向右为正、向左为负。以 x 表示单位移动荷载 $F=1$ 的位置。由平衡条件可求得两支座反力 F_{Ay}、F_B 的影响系数方程为

$$F_{Ay}=1-\frac{x}{l} \qquad (-l_1\leqslant x\leqslant l+l_2)$$

和

$$F_B=\frac{x}{l} \qquad (-l_1\leqslant x\leqslant l+l_2)$$

反力影响系数方程的形式与相应简支梁的完全相同，只是 x 的取值从 $-l_1$ 到 $l+l_2$。因此，只需将简支梁的反力影响线向两个外伸部分延长，即得到外伸梁的反力影响线（见图 22-3b、c）。

（2）跨间截面内力影响线：现讨论外伸梁 AB 段内任意截面 K 上弯矩 M_K 和剪力 F_{SK}的影响线。截取截面 K 以左部分 CK 段为隔离体，当单位移动荷载 $F=1$ 在 CK 段上移动（见图 22-3d）时，有

$$M_K=\frac{b}{l}x \qquad (-l_1\leqslant x\leqslant a)$$

和

$$F_{SK}=-\frac{x}{l} \qquad (-l_1\leqslant x<a)$$

当单位移动荷载 $F=1$ 不在 CK 段上移动（见图 22-3e）时，有

$$M_K=\left(1-\frac{x}{l}\right)a \qquad (a\leqslant x\leqslant l+l_2)$$

和

$$F_{SK}=1-\frac{x}{l} \qquad (a<x\leqslant l+l_2)$$

上述两组弯矩 M_K 和剪力 F_{SK}的影响系数方程与简支梁相应的影响系数方程形式完全相同。所以，只需将相应简支梁截面 K 的弯矩 M_K 影响线和剪力 F_{SK}影响线分别向两外伸部分延长，即可得到外伸梁 M_K 和 F_{SK}的影响线（见图 22-3f、g）。

（3）外伸部分截面内力影响线：绘制左边外伸部分 CA 上任意截面 K 的弯矩 M_K、剪力 F_{SK}的影响线时，可取点 K 为坐标原点，x 轴向左（向自由端方向）为正（见图 22-4h）。截

取 CK（向外伸部分）段为隔离体，当单位移动荷载 $F=1$ 在 CK 段上移动时，有

$$M_K=-x \quad (0\leqslant x\leqslant d)$$

和

$$F_{SK}=-1 \quad (0<x\leqslant d)$$

当单位移动荷载 $F=1$ 不在 CK 段上时，有

$$M_K=0$$

和

$$F_{SK}=0$$

由上述两组式子可分别作出 M_K、F_{SK} 的影响线（见图 22-3i、j）。

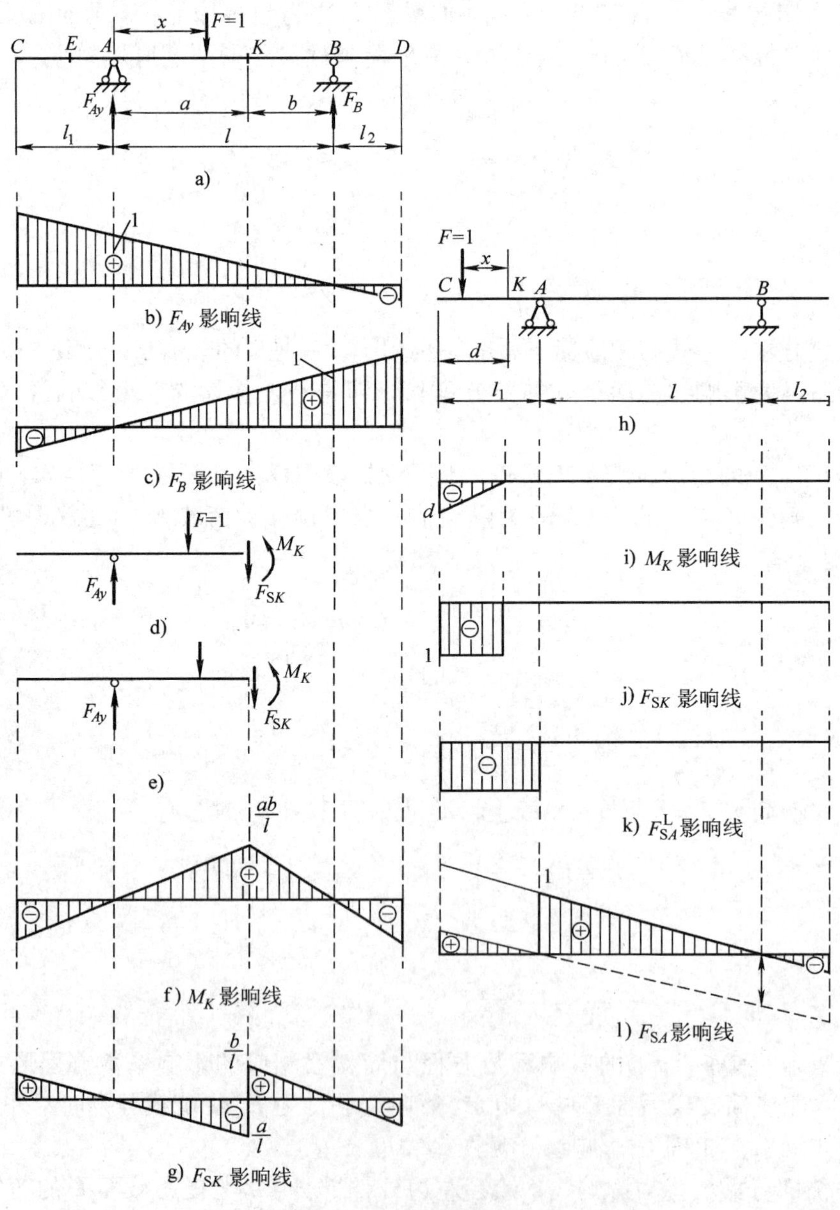

图 22-3　作外伸梁的影响线

对于支座处截面的剪力影响线，则需按支座左、右两侧的截面分别进行考虑，并注意这两个截面是分属于跨间部分和外伸部分。如图 22-3a 所示外伸梁支座 A 左侧截面剪力 F_{SA}^{L} 影响线，可由如图 22-3j 所示的 F_{SK} 影响线，使截面 K 趋于截面 A 而得到（见图 22-3k）。而支座 A 右侧截面剪力 F_{SA}^{R} 影响线则应根据如图 22-3g 所示的 F_{SK} 影响线，使截面 K 趋近截面 A 而得到（见图 22-3l）。

上面以简支梁和外伸梁为例，说明了用静力法作影响线的方法。具体步骤可归纳为：

1）确定坐标系，以坐标 x 表示单位移动荷载 $F=1$ 的作用位置。

2）把单位移动荷载 $F=1$ 放在梁的任一位置上，暂时看成是不动的固定荷载，由平衡条件列出所求量值的影响系数方程。

3）根据影响系数方程算出各控制点的影响系数，据此作出影响线，并标上正负号。

对于静定结构，其反力、内力影响系数方程都是荷载位置 x 的一次函数。所以，静定结构的反力、内力影响线都是由直线段组成。

22.2.2 机动法作影响线

1. 机动法作静定梁的影响线　机动法作静定梁的影响线依据是虚功原理。现以如图 22-4a 所示外伸梁反力 F_B 的影响线为例，来说明用机动法作影响线的原理和具体步骤。

（1）机动法作静定梁的影响线的原理：为用虚功原理，需建立平衡的力状态和协调的位移状态。把外伸梁的 B 支座去掉用 F_B 代替，作为虚功原理中的力状态（见图 22-4a），此时的力状态在移动单位荷载 $F=1$ 及 F_B 的共同作用下是平衡的。再人为地作个协调的位移状态：解除与 F_B 对应约束后，得到一个与原梁对应机构（可变体系）；让该机构发生满足其他约束的微小位移，并人为地控制与 F_B 对应的位移为单位位移，即 $\delta_B=1$，如图 22-4b 所示。由于位移状态是机构的刚体位移，而无弹性变形，所以力状态的内力在位移状态的变形上做功为零。而力状态的外力在位移状态的位移上做的虚功总和为

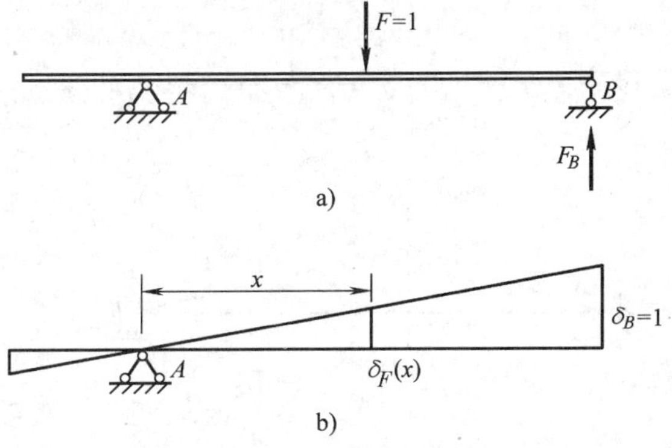

图 22-4　机动法作影响线的原理

$$F\delta_F(x)-F_B(x)\delta_B=0$$

根据虚功原理，且由于 $F=1$、$\delta_B=1$，有

$$\delta_F(x)-F_B(x)=0$$

整理后，得

$$F_B(x)=\delta_F(x)$$

根据上式可以看出 F_B 随 x 的变化规律等同于位移状态中移动单位荷载 $F=1$ 下方对应的位移图。

（2）机动法作静定梁影响线的步骤：机动法作静定梁影响线的关键，是把某个机构的刚体的位移作为虚功原理中的位移状态。首先是得到机构，其次是作出其位移图。所以，机动法作静定梁影响线的步骤总结如下：

1）去掉欲求量值 S 的相应约束，得到对应的机构。例，欲求如图 22-5a 所示截面 K 弯

矩的影响线，就在截面 K 上加个单铰，以去掉产生 M_K 的约束（限制左右两截面相对转动的约束）（见图 22-5b）；欲求截面 K 剪力的影响线，就在截面 K 上加个滑动支座，以去掉产生 F_{SK} 的约束（限制左右两截面相对竖向线位移的约束）（见图 22-5c）。

2）让得到的机构沿 S 的正方向发生微小的位移（须满足其他约束），并人为地控制与欲求量值 S 对应的位移为单位位移。例，欲求截面 K 弯矩的影响线，就令 K 的左右两截面相对转角为 1（见图 22-6c）；欲求截面 K 剪力的影响线，就令 K 的左右两截面相对竖向线位移为 1。画出的虚位移图就是所求量值的影响线。

3）形成的位移图在基线以上为“+”，在基线以下为“-”。按几何关系确定影响线的控制纵标。

机动法作静定结构的影响线都是去掉约束后机构的刚体位移图，所以，都是直线图形。

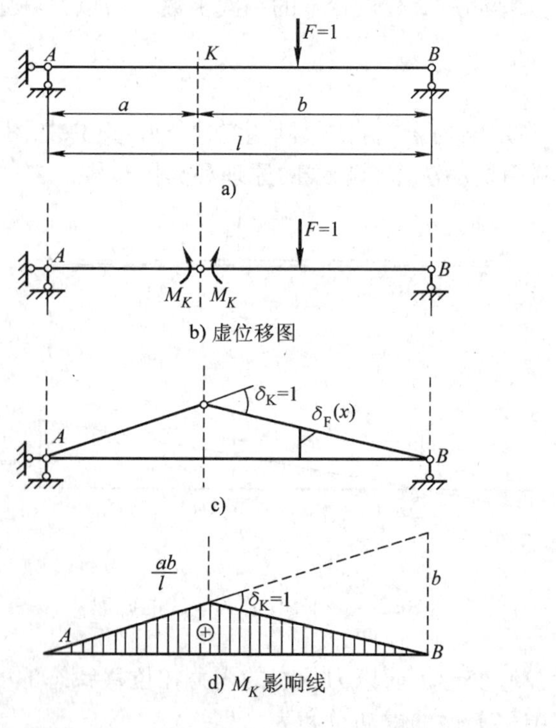

图 22-5　机动法作简支梁弯矩影响线

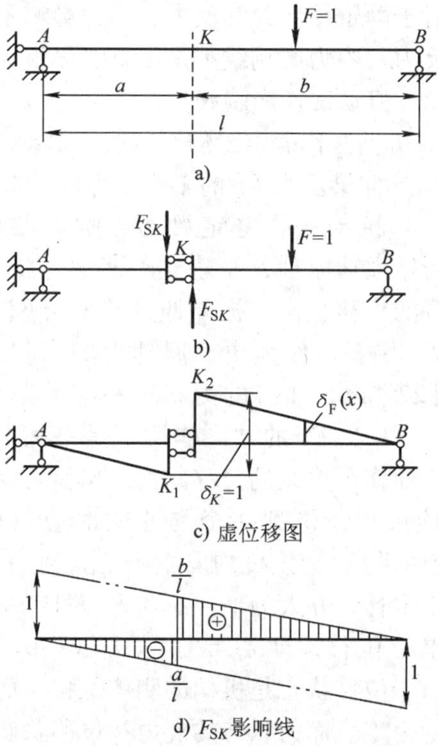

图 22-6　机动法作简支梁剪力影响线

例 22-1　用机动法绘制如图 22-7a 所示多跨静定梁的支座反力 F_B、F_C 影响线。

解：(1) 作支座反力 F_B 影响线：将产生 F_B 的约束链杆 B 去掉，并用 F_B 来代之，反力向上为正。让得到的机构沿 F_B 的正方向发生微小的位移，满足 A、C 处的约束，并令 B 点的竖向线位移 $\delta_B=1$，画出虚位移图如图 22-7b 所示。由于 $\delta_B=1$，按比例求出 D、E 两控制截面的值。F_B 影响线如图 22-7c 所示。

(2) 作支座反力 F_C 影响线：将产生 F_C 的约束链杆 C 去掉，并用 F_C 来代之，反力向上为正。由于 ABD 部分为几何不变的，是不能发生刚体虚位移的。只有 DCE 部分才为机构，令该部分沿 F 的正方向发生微小的单位位移 $\delta_C=1$（见图 22-7d）。由于 $\delta_C=1$，按比例求出 E 截面的值。

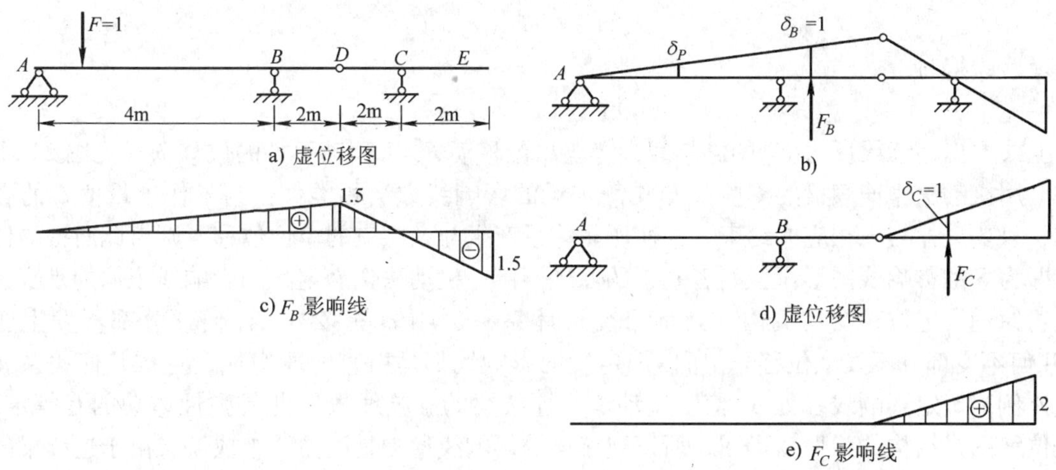

图 22-7　例 22-1 图

例 22-2　用机动法绘制图示多跨静定梁 C 截面弯矩 M_C 影响线（见图 22-8a）。

解：在 C 截面加一个单铰，即去掉了产生 M_C 的约束，并在 C 左右两侧各加一个内力偶 M_C 来代之，弯矩下侧受拉为正（见图 22-8b）。AC 部分是几何不变的，不能发生刚体虚位移。让 C 以右部分沿 M_C 的正方向发生微小的单位位移，即 C 左右两侧截面的相对转角 $\theta_C=1$，由于 C 的左截面不能动，只有右截面顺时针发生单位转角，画出虚位移图（见图 22-8b）。截面 B 的纵距为 $4\text{m}\cdot\theta_C=4\text{m}$，按比例求出截面 E 的值也是 4m，M_C 影响线如图 22-8c 所示。

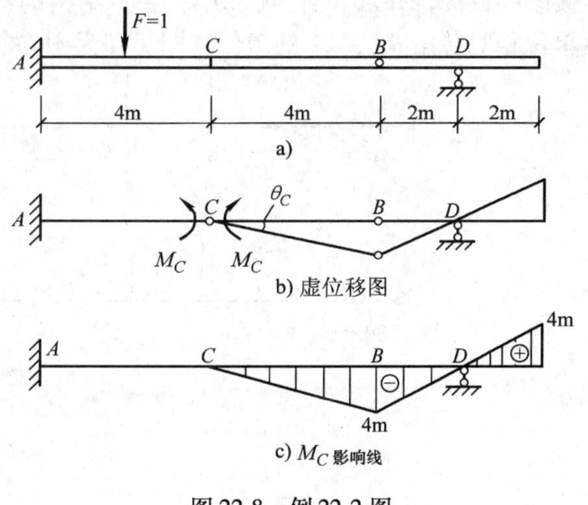

图 22-8　例 22-2 图

2. 机动法作连续梁的影响线　机动法作超静定梁的影响线依据是弹性体功的互等定理。现以图 22-9a 所示的连续梁反力 F_B 的影响线为例，来说明用机动法作连续梁影响线的原理和具体步骤。

用机动法作连续梁的影响线，其方法与用机动法作静定梁的影响线相类似。例，欲求图 22-9a 所示反力 F_B 的影响线，首先去掉支座 B 处的约束，代之以支座反力 F_B，作为功的互等定理的第一状态。然后，作第二状态：人为地控制 B 支座的对应位移为单位位移，即 $\delta_B=1$。由于连续梁去掉一个约束后，仍然是几何不变体系，要满足其他约束的限制，第二状态只能是弹性变形，且外力只使其他支座产生反力。

第二状态的外力在第一状态的对应位移上所做的功为 0；第一状态的外力在第二状态的对应位移上所做的功为

$$F\delta_F(x)-F_B(x)\delta_B$$

根据功的互等定理，且由于 $F=1$、$\delta_B=1$，有

$$\delta_F(x) - F_B(x) = 0$$

整理后，得

$$F_B(x) = \delta_F(x)$$

由上式看出连续梁反力 F_B 的影响线，等于单位移动 $F=1$ 移动下方的位移图（见图 22-9b）。

用机动法作连续梁的影响线与作静定梁的影响线方法相类似：为了作出量值 S 的影响线，只要去掉与 S 相应的约束，并使所得体系产生与 S 相应的单位位移，则由此而得的位移图即为 S 的影响线图形。但两者基于的原理不同：机动法作静定梁的影响线依据的是刚体的虚功原理，虚位移图是机构（几何可变形体系）的刚体位移图，任何部分都不发生变形（几何不变部分不发生位移），所以静定梁的影响线都是由直线段组成，且按几何关系和直线比例能确定影响线各处 δ_F 值。机动法作连续梁的影响线根据的是弹性体功的互等定理，虚位移图是结构的弹性变形图，所以连续梁的影响线通常是由曲线组成。又由于连续梁的位移图是曲线，各处 δ_F 值不作详细计算是不能确定具体大小的，因此，连续梁影响线只画出图形轮廓。

例 22-3 用机动法绘制如图 22-9a 所示连续梁 K 截面弯矩 M_K、剪力 F_{SK} 影响线轮廓。

解：（1）作 K 截面弯矩 M_K 影响线：应先去掉截面 K 的弯矩约束，即将截面 K 的刚性连接改为铰接，并加一对力偶 M_K 代替原结构的约束作用。然后，画出使梁沿 M_K 正方向发生单位相对转角 $\theta_{K-K}=1$ 的虚位移图，即为 M_K 的影响线轮廓（见图 22-9c）。

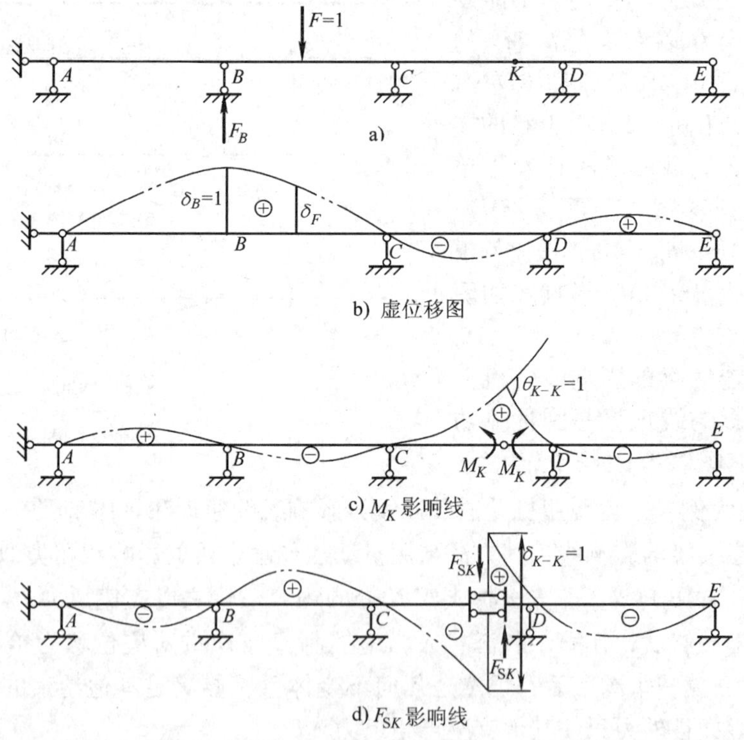

图 22-9 例 22-3 图

（2）作 K 截面剪力 F_{SK} 影响线：应先去掉与剪力 F_{SK} 相应的约束，即将截面 K 的刚性连接改为双链杆（滑动支座），由于这种约束只能抵抗轴力和弯矩，而不能抵抗剪力，因而需

以一对剪力 F_{SK}代替原有约束的作用。然后，画出使梁沿 F_{SK}的正方向发生单位竖向线位移 $\delta_{K-K}=1$ 的虚位移图，即为 F_{SK}的影响线轮廓（见图 22-9d）。

22.3 影响线的应用

对于某一量值 S 来说，使其产生最大（最小）值的移动荷载位置或可动均布荷载的分布形式，称为该量值的最不利荷载位置。作影响线的目的是为了利用它来确定实际活载对结构中某量值的最不利位置，从而求出该量值的最大值。在研究这一问题之前，先来讨论实际荷载作用于某已知位置时，如何利用影响线来求该量值。

22.3.1 利用影响线求量值

若结构中某指定量值 S（可以是反力、弯矩、剪力、轴力等）的影响线已作出，则根据叠加原理，利用影响线便可求出实际荷载在某已知位置作用时的 S 值。

1. 集中荷载　设量值 S 的影响线已作出（见图 22-10a)，现有一组平行的竖向集中荷载 F_1，F_2，…，F_n 作用于某已知位置（见图 22-10a)，影响线上与各荷载作用点相应位置处的竖坐标分别为 y_1，y_2，…，y_n。由影响线的定义可知，竖坐标 y_i 代表单位荷载 $F=1$ 作用于该处时量值 S 的大小。现在作用的荷载是 F_i，故引起的量值应等于 $F_i\cdot y_i$。根据叠加原理，在这组集中荷载作用下所产生的 S 值为

$$S=F_1y_1+F_2y_2+\cdots+F_ny_n=\sum F_iy_i \tag{22-1}$$

上式中须注意 y_i 是带正负号的。

2. 均布荷载　如图 22-10b 所示为某量值 S 的影响线，结构上作用有均布荷载 q。若将均布荷载的作用区间分成无限多个微段，则每一微段 $\mathrm{d}x$ 上的荷载 $q\mathrm{d}x$ 都可看作是一个集中荷载，它所引起的量值为 $y\,q\mathrm{d}x$，故在 CD 区段内的均布荷载所产生的量值为

$$S=\int_C^D yq\mathrm{d}x=q\int_C^D y\mathrm{d}x=qA \tag{22-2}$$

式中　$A=\int_C^D y\mathrm{d}x$——影响线中与均布荷载作用范围 CD 相对应部分的面积。影响线有正或负，面积 A 则是正、负面积的代数和。

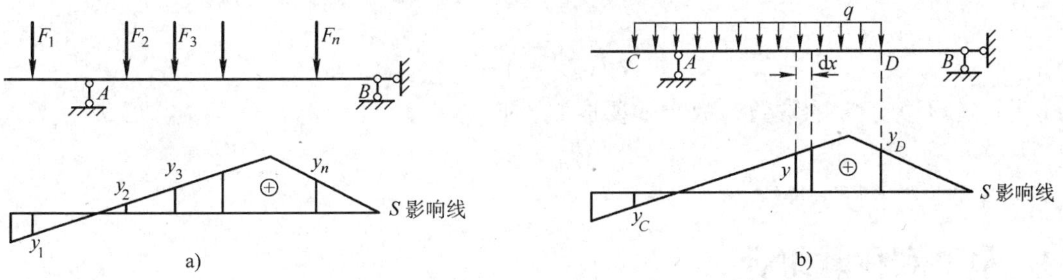

图 22-10　利用影响线求量值

22.3.2 利用影响线确定最不利荷载位置

1. 移动集中荷载　当荷载比较简单时，最不利荷载位置凭观察判断即可确定。例如，当只有一个移动集中荷载 F 时，则只要将 F 置于影响线的竖标最大处即为最不利荷载位置（见图 22-11a)。

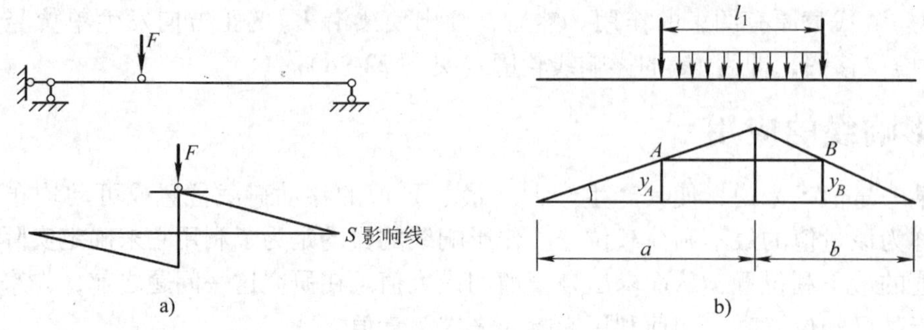

图 22-11　利用影响线确定最不利荷载位置

2. 可动均布荷载　可动均布荷载分两种情况：

（1）可以任意断续布置：对于这种可以任意断续分布的活载，由式（22-2）可知，将荷载布满对应于影响线所有正的面积部分，则产生的量值为最大值；反之，将荷载布满对应于影响线所有负面积部分，则产生量值的最小值。

（2）荷载分布长度不变：对于这种分布形式活载，它的分布长度有时可能小于影响线范围（见图 22-11b）。由于量值 S 是荷载位置 x 的二次函数，其最不利荷载位置可按 $dS/dx=0$ 的条件确定。

如图 22-11b 所示，将分布长度为 l_1 的移动均布荷载置于影响线顶点附近范围内，两端作用点所对应的影响线竖坐标分别为 y_A、y_B。当荷载向右移动一微小距离 dx 时，影响线上与均布荷载作用范围相应的面积 A 将增加 $y_B dx$，减少 $y_A dx$，故 S 的增量为

$$dS = q(y_B dx - y_A dx) = q(y_B - y_A)dx$$

于是有

$$\frac{dS}{dx} = q(y_B - y_A)$$

取 $\frac{dS}{dx}=0$，得到

$$q(y_B - y_A) = 0$$

因为 q 是一个不等于零的常数，故上式要成立，必须

$$y_B = y_A$$

此式表明连线 AB 平行于基线。

22.4　最不利荷载组合

22.4.1　行列荷载的最不利荷载组合

当行列荷载比较简单时，最不利荷载位置凭观察判断即可确定。当有两个移动集中荷载 F_1、F_2（设 $F_1>F_2$）组成行列荷载，并且可以前后调换位置（见图 22-12a）时，最不利荷载位置是其中数值较大的一个荷载 F_1 置于影响线的最大竖坐标处，而把另一个荷载 F_2 放在影响线坡度较缓的一边（见图 22-12b）。当两个荷载的位置不能前后调换时，则需计算 F_1 和 F_2 分别在影响线顶点时的 S 值，加以比较才能确定。

当行列中移动集中荷载的个数较多时，最不利荷载位置就难以凭直观确定。根据最不利荷载位置的定义，当荷载移动到该位置时，量值达到最大值，荷载由该位置向右或向左稍作移动，量值均将减少。下面从讨论荷载移动时量值的变化入手来确定最不利荷载位置。

设量值 S 的影响线为一折线（见图 22-13a），作用的一组集中移动荷载（见图 22-13b），其所产生的量值 S 可由式（22-1）求得

$$S = \sum F_i y_i \quad ①$$

由于 F_i 是常数，y_i 是荷载位置 x 的一次函数，故由式①可知，量值 S 与 x 成线性关系，S 的函数图形应为折线组成。

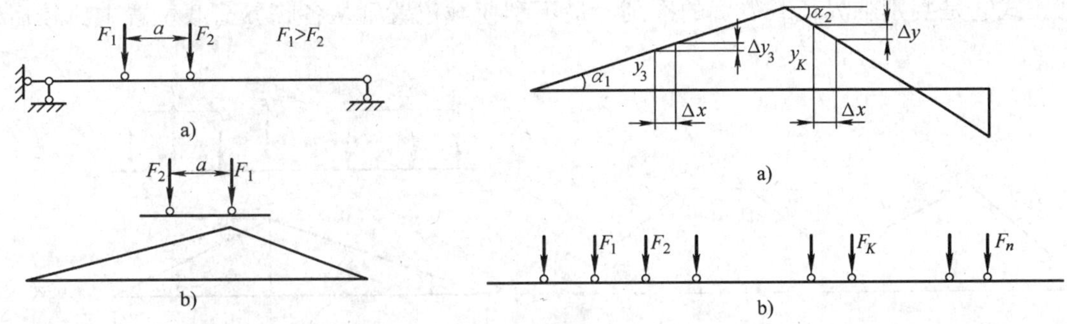

图 22-12　简单行列荷载最不利荷载组合　　　图 22-13　复杂行列荷载最不利荷载组合

量值 S 的最大值应是所有可能产生的极值中最大的一个。由于量值 S 的函数图形为折线，所以极大值将出现在 $\Delta S/\Delta x$ 改变正负号的尖角处，且无论行列荷载向左或向右移动时，量值 S 的增量必须 $\Delta S \leqslant 0$（见图 22-14）。若行列向右或向左移动一微小距离 Δx，则整个行列中的各个集中荷载 $F_i(i=1,\ 2,\ \cdots,\ n)$ 所对应的影响线竖坐标的增量为 Δy_i（图 22-13a 中只标出 Δy_3、Δy_K），量值 S 的增量为

$$\Delta S = \sum F_i \Delta y_i = \sum F_i \tan\alpha_i \Delta x = \Delta x \sum F_i \tan\alpha_i$$

式中　α_i——各段影响线的倾角，逆时针为正。于是有

$\tan\alpha_i$——影响线各段直线的斜率。

欲使式中的 $\Delta S/\Delta x$ 改变正负号，必须是影响线各直线段上作用荷载发生变化，显然，这只有当某一个荷载由影响线的某段越过顶点到另一段上时才有可能。这个能使 $\Delta S/\Delta x$ 改变正负号的荷载称为临界荷载，记为 F_{cr}。临界荷载位于该影响线顶点时行列荷载的位置称为临界荷载位置。

当影响线为三角形时（见图 22-15），将 F_{cr} 置于影响线顶点上，F_{cr} 左边在影响线上的各荷载记为 $\sum F_{左}$，临界荷载 F_{cr} 右边在影响线上的各荷载记为 $\sum F_{右}$。若行列荷载向右移动 Δx 时（设 Δx 向右为正），F_{cr} 也将移到影响线顶点之右。相应影响线纵坐标改变量，在顶点之左为 $\Delta x\tan\alpha_1$；在顶点之右为 $-\Delta x\tan\alpha_2$，$\Delta S \leqslant 0$，于是

$$\begin{aligned}\Delta S_1 &= \sum F_{左}\,\Delta x\tan\alpha_1 - \left(F_{cr} + \sum F_{右}\right)\Delta x\tan\alpha_2 \\ &= \Delta x\left[\sum F_{左}\,\tan\alpha_1 - \left(F_{cr} + \sum F_{右}\right)\tan\alpha_2\right] \leqslant 0\end{aligned}$$

因 Δx 为正值，则

$$\sum F_{左}\tan\alpha_1-\left(F_{cr}+\sum F_{右}\right)\tan\alpha_2\leqslant 0 \quad ②$$

同理，将 F_{cr} 置于影响线顶点上，将行列荷载向左移动（$-\Delta x$）时，F_{cr} 也将移到影响线顶点之左，则

$$\Delta S_2=\left(\sum F_{左}+F_{cr}\right)(-\Delta x)\cdot\tan\alpha_1-\sum F_{右}(-\Delta x)\tan\alpha_2$$

$$=-\Delta x\left[\sum(F_{左}+F_{cr})\tan\alpha_1-\sum F_{右}\tan\alpha_2\right]\leqslant 0$$

所以

$$\sum(F_{左}+F_{cr})\tan\alpha_1-\sum F_{右}\tan\alpha_2\geqslant 0 \quad ③$$

式②、式③是判别临界荷载位置的准则。最不利荷载位置则从各临界荷载位置中比较后确定。

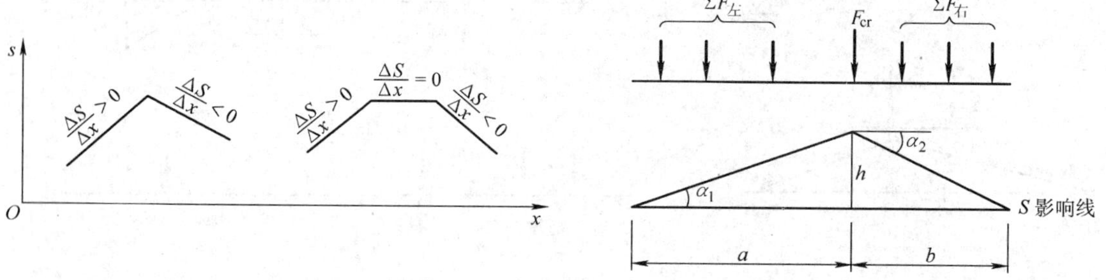

图 22-14　S 的函数在极大值处的图形

图 22-15　F_{cr} 位于影响线顶点

并把 $\tan\alpha_1=h/a$ 和 $\tan\alpha_2=h/b$ 代入式②和式③，可得

$$\left.\begin{aligned}\frac{\sum F_{左}}{a}&\leqslant\frac{F_{cr}+\sum F_{右}}{b}\\ \frac{\sum F_{左}+F_{cr}}{a}&\geqslant\frac{\sum F_{右}}{b}\end{aligned}\right\} \quad (22\text{-}3)$$

式（22-3）是三角形影响线时临界荷载位置的判别式。对这两个不等式可以这样理解：把不等式的每一边均看作是一个“均布荷载集度”，则临界荷载归到影响线顶点的哪一边，哪一边的“均布荷载集度”就大些。

必须指出，判别式（22-3）不适用于竖坐标有突变的直角三角形影响线。此时的最不利荷载位置，可布置几种荷载位置直接算出相应的 S 值，从中选出其中最大者即可确定。

例 22-4　试求简支梁上截面 C 在汽车-15 级荷载作用下的最大弯矩（见图 22-16a）。

解：（1）作 M_C 影响线：如图 22-16b 所示。

（2）考虑车队由左向右行驶情形：把重车后轮（130kN）置于影响线顶点时（见图 22-16c），按式（22-3）判别计算

$$\frac{100\text{kN}+50\text{kN}+130\text{kN}}{15\text{m}}=\frac{280\text{kN}}{15\text{m}}>\frac{70\text{kN}+100\text{kN}+50\text{kN}}{25\text{m}}=\frac{220\text{kN}}{25\text{m}}$$

$$\frac{100\text{kN}+50\text{kN}}{15\text{m}}=\frac{150\text{kN}}{15\text{m}}<\frac{130\text{kN}+70\text{kN}+100\text{kN}+50\text{kN}}{25\text{m}}=\frac{350\text{kN}}{25\text{m}}$$

可知此为一临界荷载位置。

从荷载分布情况可知，当最大荷载作用于最大竖坐标处时，荷载在最大竖坐标处较密集，故可不再分析其他位置。

（3）再考虑车队由右向左行驶情形：仍置重车后轮于影响线顶点（见图22-16d），进行判别

$$\frac{70\text{kN}+130\text{kN}}{15\text{m}}=\frac{200\text{kN}}{15\text{m}}>\frac{50\text{kN}+100\text{kN}+50\text{kN}}{25\text{m}}=\frac{200\text{kN}}{25\text{m}}$$

$$\frac{70\text{kN}}{15\text{m}}<\frac{130\text{kN}+50\text{kN}+100\text{kN}+50\text{kN}}{25\text{m}}=\frac{350\text{kN}}{25\text{m}}$$

可知这又是一个临界荷载位置。同理，其他荷载位置也可不再考虑。

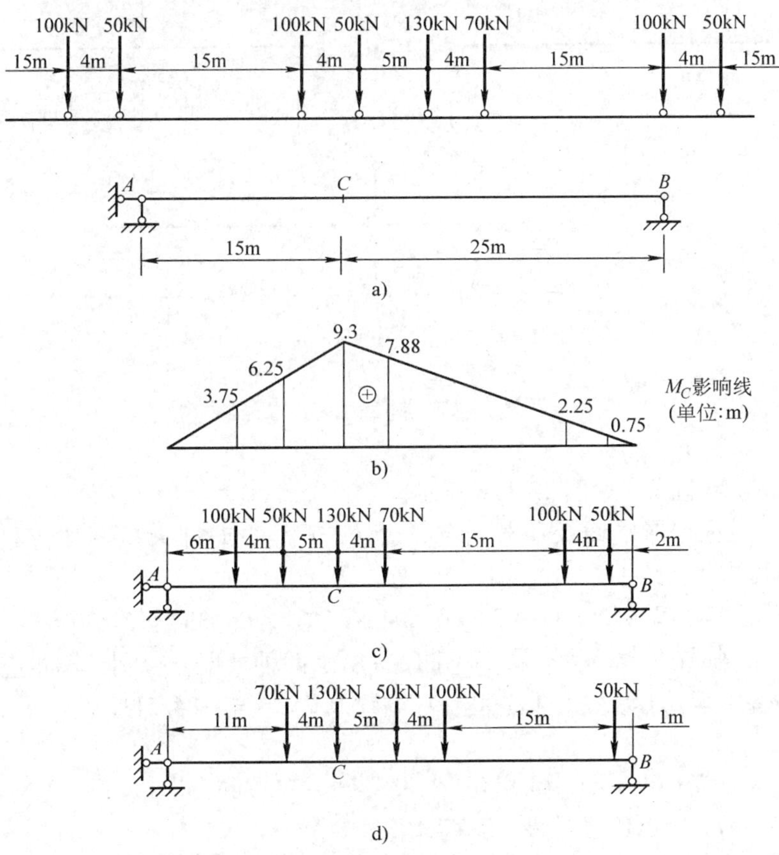

图22-16　例22-4图

（4）分别计算上述临界荷载位置相应的 M_C 值：

图22-16c：$M_C=100\text{kN}\times3.75\text{m}+50\text{kN}\times6.25\text{m}+130\text{kN}\times9.38\text{m}+70\text{kN}\times7.88\text{m}+100\text{kN}\times2.25\text{m}+50\text{kN}\times0.75\text{m}=2721\text{kN}\cdot\text{m}$

图22-16d：$M_C=70\text{kN}\times6.88\text{m}+130\text{kN}\times9.385\text{m}+50\text{kN}\times7.50\text{m}+100\text{kN}\times6.00\text{m}+50\text{kN}\times0.38\text{m}=2695\text{kN}\cdot\text{m}$

经比较，可知如图22-16c所示位置为最不利荷载位置，相应的弯矩最大值为

$$M_{C,\max}=2721\text{kN}\cdot\text{m}$$

例22-5　试求图22-17a所示简支梁在两台桥式起重机荷载作用下截面 C 的最大剪力 $F_{SC,\max}$ 和最小剪力 $F_{SC,\min}$。已知 $F_1=F_2=F_3=F_4=179.4\text{kN}$。

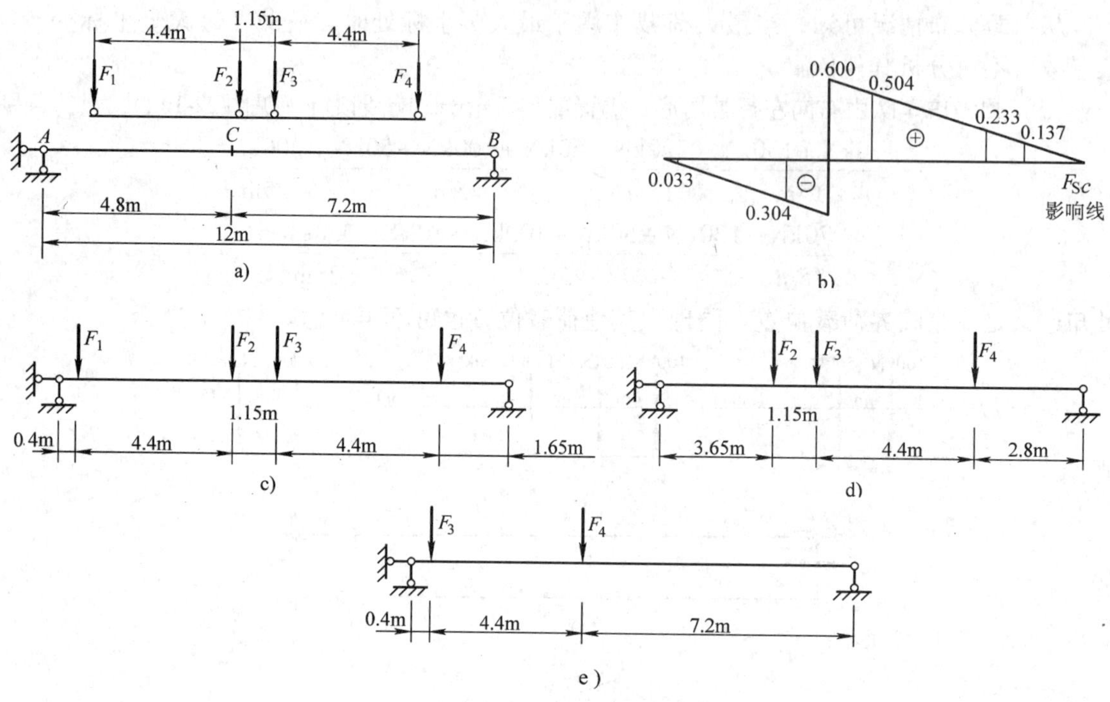

图 22-17　例 22-5 图

解：（1）作 F_{SC}影响线：如图 22-17b 所示。

（2）求 $F_{SC,max}$：根据影响线及荷载情况，置 F_2 于 C 点时即为最不利荷载位置（见图 22-17c）。于是，可求得

$$F_{SC,max}=179.4\text{kN}\times(0.600+0.504+0.137-0.033)=216.7\text{kN}$$

（3）求 $F_{SC,min}$：临界荷载位置有图 22-17d、e 所示两种情况，分别计算相应的 F_{SC}值为

图 22-17d：$F_{SC}=179.4\text{kN}\times(-0.400-0.304+0.233)=-84.5\text{kN}$

和

图 22-17e：$F_{SC}=179.4\text{kN}\times(-0.400-0.033)=-77.7\text{kN}$

经比较可知，图 22-17d 所示位置是最不利荷载位置，故

$$F_{SC,min}=-84.5\text{kN}$$

22.4.2　连续梁在可动均布荷载作用下的最不利荷载组合

图 22-18a 所示连续梁，由于可动均布荷载可以任意地断续分布，用机动法作出影响线的轮廓后，根据图形的正负面积的情况布置活荷载。例，确定 BC 跨中截面 K 弯矩的最不利荷载位置时，应先画出 M_K 影响线轮廓（见图 22-18b）。由式（22-2），有

$$S=\int_C^D yq\mathrm{d}x=q\int_C^D y\mathrm{d}x=qA$$

截面 K 弯矩最大值的最不利荷载位置应当把均布活荷载布满影响线正号面积部分（见图 22-18c）。反之，截面 K 弯矩最小值的最不利荷载位置，应将均布活荷载布满影响线负号面积部分（见图 22-18d）。同理，当确定支座截面 C 弯矩的最不利荷载位置时，先画出 M_C 的影响线（见图 22-18e），布置 M_C 最不利荷载组合，最大值的如图 22-18f 所示，最小值的如图 22-18g 所示。

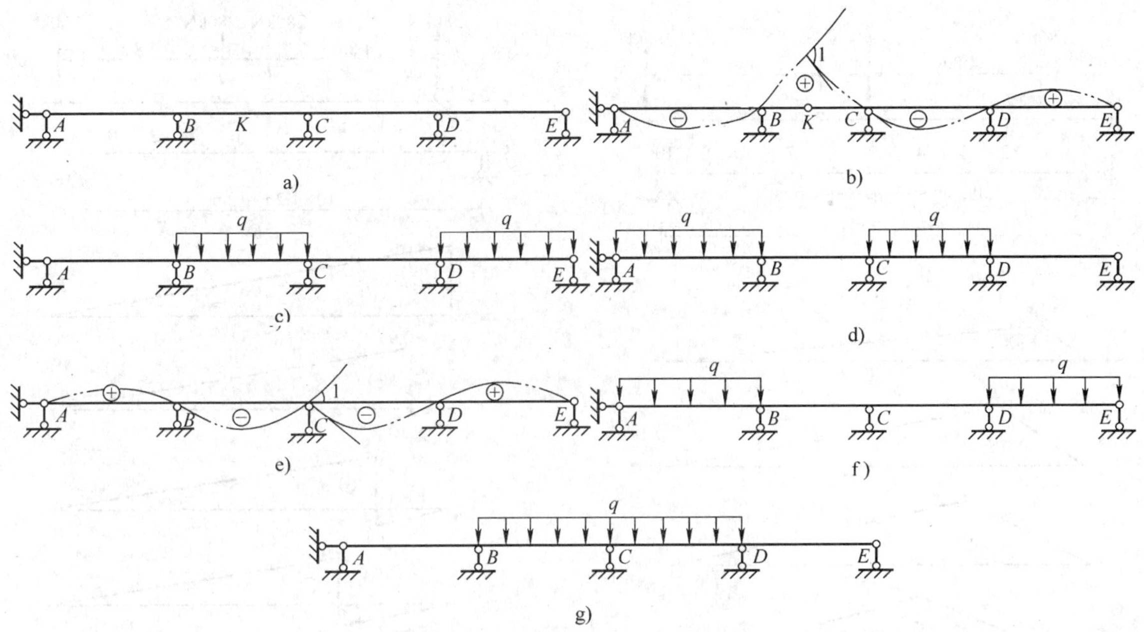

图 22-18　连续梁的最不利荷载组合

很显然对于任一截面，当该截面所在跨布满均布的活荷载，而隔跨也布满均布的活荷载时，是该截面弯矩产生最大正值的最不利荷载组合。当该截面所在跨的相邻跨以及隔跨布满均布的活荷载时，为该截面的弯矩产生最大负值的最不利荷载组合。

22.5　简支梁的内力包络图和绝对最大弯矩

22.5.1　简支梁的内力包络图

上面讨论了在活载作用下如何求简支梁某指定截面内力（弯矩、剪力）的最大或最小值。梁在恒载和活载作用下各截面的内力最大值或最小值连成的曲线图形，称为内力包络图。包络图表明梁在恒载和活载共同作用下，所可能产生的内力（弯矩和剪力）值的极限范围。包络图分为弯矩包络图和剪力包络图，它们是钢筋混凝土梁设计的依据。

下面举例说明简支梁的弯矩包络图和剪力包络图的作法。

一钢筋混凝土桥式起重机梁，跨度 $l=12\text{m}$，恒载为均布荷载，$q=27.05\text{kN/m}$，活载为两台桥式起重机轮压组成的行列荷载，桥式起重机最大轮压为280kN，轮距为4.8m，桥式起重机并行的最小间距为1.44m（见图22-19a）。

首先，将梁分成10等分，并作出各等分点截面的弯矩影响线（见图22-19b），剪力影响线（见图22-20b）。

然后，分别计算各等分点截面上的弯矩最大、最小值和剪力最大、最小值。由于对称，可以只计算半跨截面。

最后，根据计算结果，将各截面的最大、最小弯矩值分别在图中标上，并连以曲线，即得弯矩包络图（见图22-19c）。

同样，可作出图22-20梁的剪力包络图（见图22-20c）。

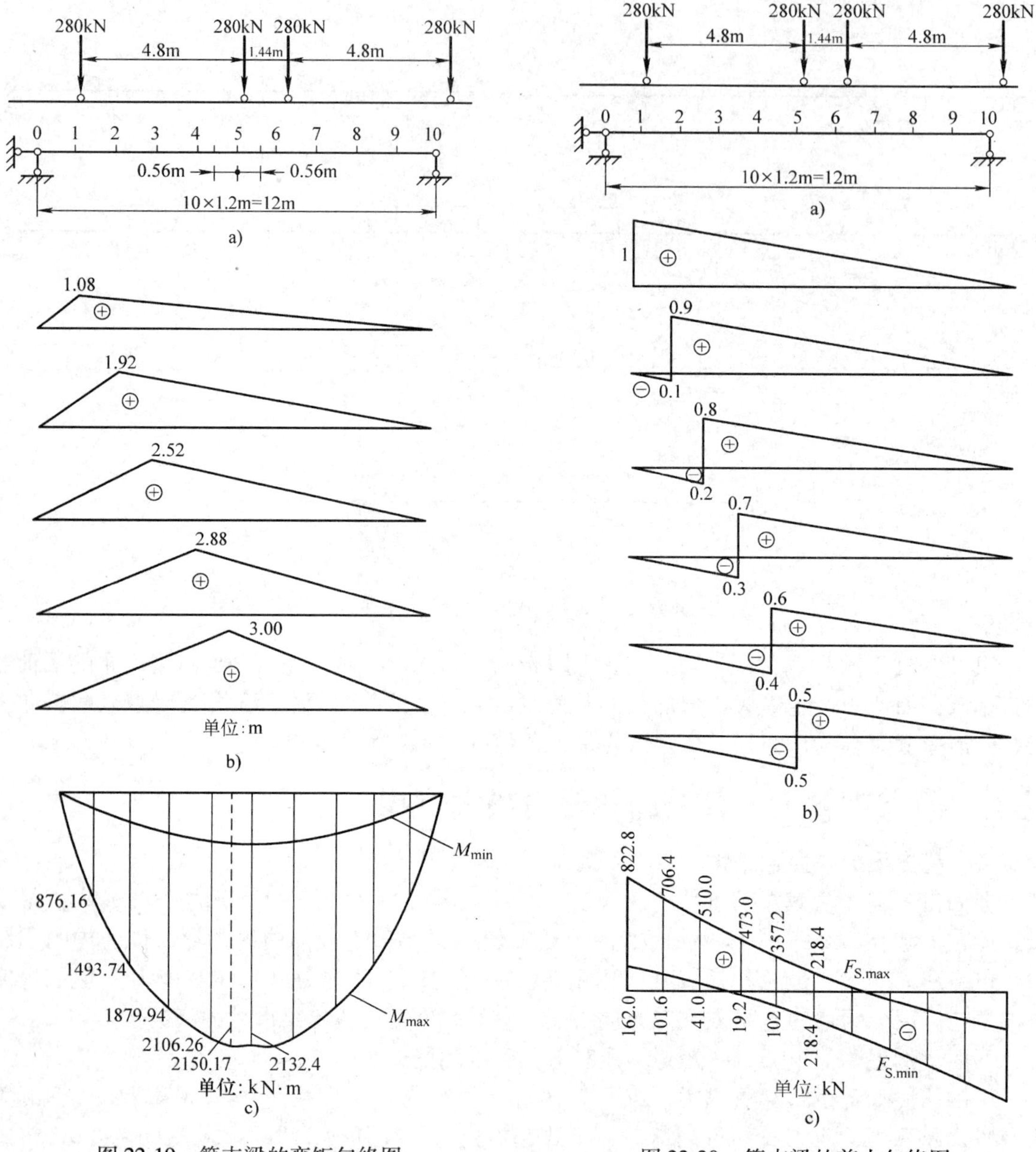

图 22-19　简支梁的弯矩包络图

图 22-20　简支梁的剪力包络图

22.5.2　简支梁的绝对最大弯矩

简支梁弯矩包络图中的最大竖坐标值即为绝对最大弯矩。

作弯矩包络图时由于所选等分点不一定正好能反映出绝对最大弯矩，所以，要单独求出。又由于在设计钢材等均质材料等截面梁时，通常只需知道梁的绝对最大弯矩，对包络图并不需要。在这种情况下，就没有必要花很多精力去作梁的弯矩包络图，而是直接确定绝对最大弯矩。

当梁上作用的活载都是行列荷载时，要确定简支梁的绝对最大弯矩，不仅要知道绝对最大弯矩发生在哪个截面，同时还要知道发生绝对最大弯矩的最不利荷载位置。也就是说截面位置与荷载位置都是未知的。

我们从集中荷载作用下的简支梁弯矩图得到启发，即不论荷载在哪个位置，梁的弯矩图的顶点总是在集中荷载作用点处。因此可以断定，绝对最大弯矩必定发生在某一集中荷载的下方。这样截面位置和荷载位置的两个量就有了联系。

问题转化为确定绝对最大弯矩发生在哪一个集中荷载的下方，以及该集中荷载移动到哪个位置。为此，可采用如下办法来解决，即任选一个荷载，研究该荷载作用下方截面（这截面是随荷载移动而变化）的弯矩，当荷载移动到什么位置时达到最大，并求出其数值。然后，按同样方法分别求出其他各个荷载作用下方截面的最大弯矩，加以比较即可得出绝对最大弯矩。

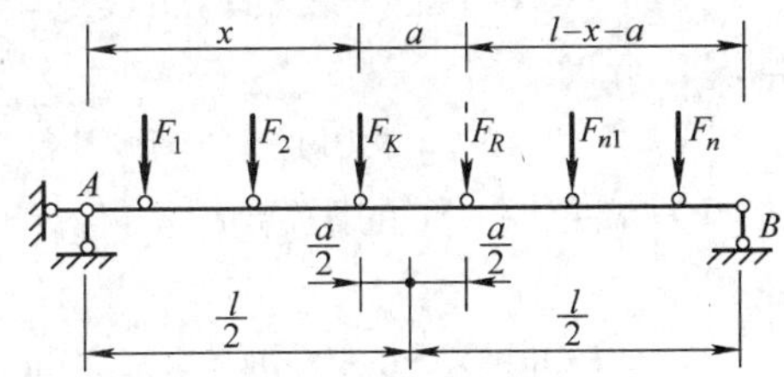

图 22-21　F_K 作用截面的弯矩

下面讨论在一组集中移动荷载作用下，其中某一个荷载 F_K 作用截面下方弯矩成为最大的条件。在如图 22-21 所示中，设 x 表示 F_K 到左边支座 A 的距离，F_R 为与作用于梁上所有荷载静力等效的一个集中力，a 为 F_R 与 F_K 的距离，F_R 在 F_K 右边时 a 为正，反之为负。F_K 作用截面的弯矩为

$$M_K = F_{Ay}x - M^{\mathrm{L}} = \frac{F_R}{l}(l - x - a)x - M^{\mathrm{L}}$$

式中　M^{L}——F_K 以左所有作用在梁上的荷载对 F_K 作用截面（点）的力矩之和，它是一个与 x 无关的常量。

根据 M_K 为极值的条件

$$\frac{\mathrm{d}M_K}{\mathrm{d}x} = \frac{F_R}{l}(l - x - a) = 0$$

可得

$$x = \frac{l}{2} - \frac{a}{2} \tag{22-4}$$

此式表明，当 F_K 与 F_R 位于梁中点两侧的对称位置时，F_K 作用截面的弯矩达到最大值，其值为

$$M_{K,\max} = \frac{F_R}{4l}(l - a)^2 - M^{\mathrm{L}} \tag{22-5}$$

依次将每个荷载作为临界荷载按式（22-5）计算最大弯矩值，再在这些值中选出最大的，它就是绝对最大弯矩。

经验表明，绝对最大弯矩总是发生在跨中截面附近，至于究竟哪个荷载是临界荷载，需直观判断并结合计算进行比较而确定。

例 22-6　试求如图 22-22a 所示的简支梁，在两台桥式起重机作用下的绝对最大弯矩。已知 $F_1 = F_2 = F_3 = F_4 = 330\mathrm{kN}$。

解：(1) 考虑 4 个荷载全在梁上：计算静力等效力

$$F_R = 330\mathrm{kN} \times 4 = 1320\mathrm{kN}$$

F_R 作用在 F_2、F_3 中间，到 F_2 的距离为

$$a = \frac{1.26\text{m}}{2} = 0.63\text{m}$$

将 F_R 和 F_2 对称放在梁中点 C 两侧（见图 22-22b），F_2 作用点即是可能发生绝对最大弯矩截面，其值为

$$M_{\max} = \frac{1320\text{kN}}{4 \times 12\text{m}} \times (12\text{m} - 0.63\text{m})^2 - 330\text{kN} \times 5\text{m}$$
$$= 1905\text{kN} \cdot \text{m}$$

（2）考虑 3 个荷载（F_2、F_3、F_4）在梁上的情况：此时

$$F_R = 330\text{kN} \times 3 = 990\text{kN}$$

为求 F_R 和 F_3 的距离 a，可对 F_3 作用点取矩求得

$$a = \frac{330\text{kN} \times 5\text{m} - 330\text{kN} \times 1.26\text{m}}{990\text{kN}} = 1.25\text{m}$$

将 F_R、F_3 对称放在梁中点 C 两侧（见图 22-22c），则荷载 F_3 作用点是可能发生绝对最大弯矩的截面，其值为

$$M_{\max} = \frac{990\text{kN}}{4 \times 12\text{m}} \times (12\text{m} - 1.25\text{m})^2 - 330\text{kN} \times 1.26\text{m}$$
$$= 1968\text{kN} \cdot \text{m}$$

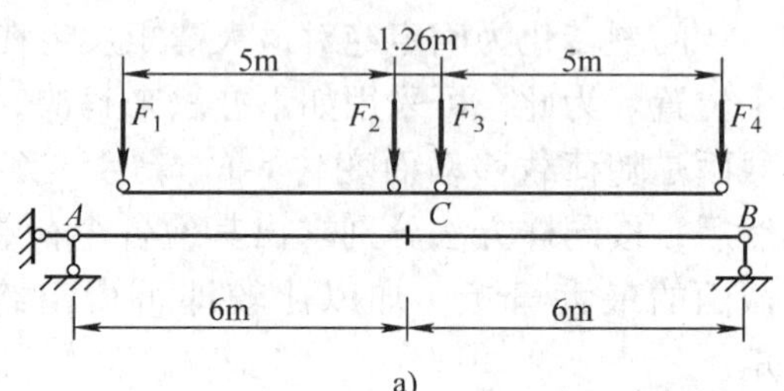

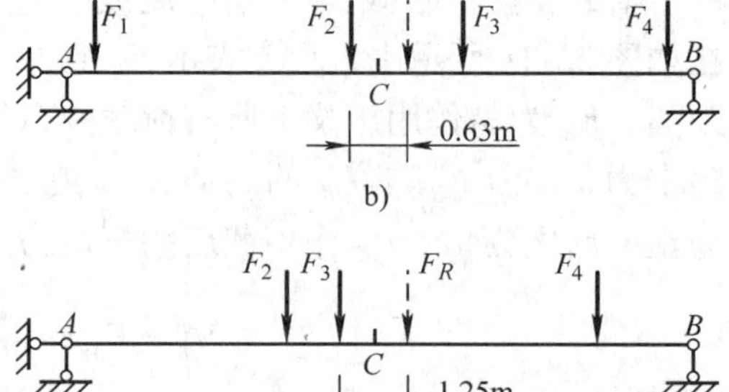

图 22-22　例 22-6 图

由此可知，梁的绝对最大弯矩 $M_{\max}$ 发生在如图 22-22c 所示荷载位置作用时的 F_3 作用下方的截面上，其值为

$$M_{\max} = 1968\text{kN} \cdot \text{m}$$

22.6　连续梁的内力包络图

连续梁是建筑工程中应用较多的一种结构。设计时也需要求出连续梁在恒载和活载作用时，各截面的最大和最小内力，即需要作连续梁内力包络图。在计算连续梁内力包络图时，通常是将恒载和活载的影响分别考虑，然后再叠加。

由上节所述可知，连续梁在均布活载作用下，其各截面弯矩的最不利荷载组合是在若干跨内布满荷载。在这种活荷载作用下，各截面的最大与最小弯矩的计算，可以按每一跨单独布满活载的情况，分别作出其弯矩图，然后对于任一截面，将各弯矩图中对应的所有正值相加，便得到该截面在活载作用下弯矩的最大值；若将各弯矩图中对应的所有负值相加，便可得到该截面在活载作用下的最大负（最小）弯矩。于是，作弯矩包络图的步骤是：

1）用力矩分配法（也可用力法，位移法或查表法）作出恒载作用下的弯矩图。

2）用同样方法依次作出每一跨上单独布满活载时的弯矩图。

3）各跨均分为若干等分，对于每个等分截面处，将恒载弯矩图中该截面的纵坐标值和所有各活载弯矩图中该截面所对应的正的纵坐标值（或负的纵坐标值）相叠加，便可得到该截面的最大弯矩值（或最小弯矩值）。

4）分别将各截面的最大弯矩值和最小弯矩值纵坐标顶点连成曲线，便得到弯矩包络

图。

设计中有时需用到剪力包络图，由于实际中主要是用到支座附近截面上的剪力值。因此，通常是将靠近支座处截面上的最大和最小剪力值求出，在每跨中近似地连以直线，作为剪力包络图。

例 22-7 求图示三跨等截面连续梁的弯矩包络图（见图 22-23a）。其绘制方法与弯矩包络图相同。梁上承受的恒载为 $q=20\text{kN/m}$，活载为 37.5kN/m。

解：（1）用力矩分配法作出恒载作用下的弯矩图（见图 22-23b）。

（2）用力矩分配法作各跨分别单独布满活载时的弯矩图（见图 22-23c ~ e）。

（3）将连续梁的每一跨均分为 4 等分，求出各弯矩图中等分点处的纵坐标值（见图 22-23b ~ e）。

（4）画包络图时，是把各等分截面处恒载弯矩图（见图 22-23b）中的纵坐标值，分别与活载弯矩图（见图 22-23c ~ e）中对应的正纵坐标值相加即得最大弯矩值；与对应的负纵坐标值相加即得最小弯矩值。例如在支座 1 处

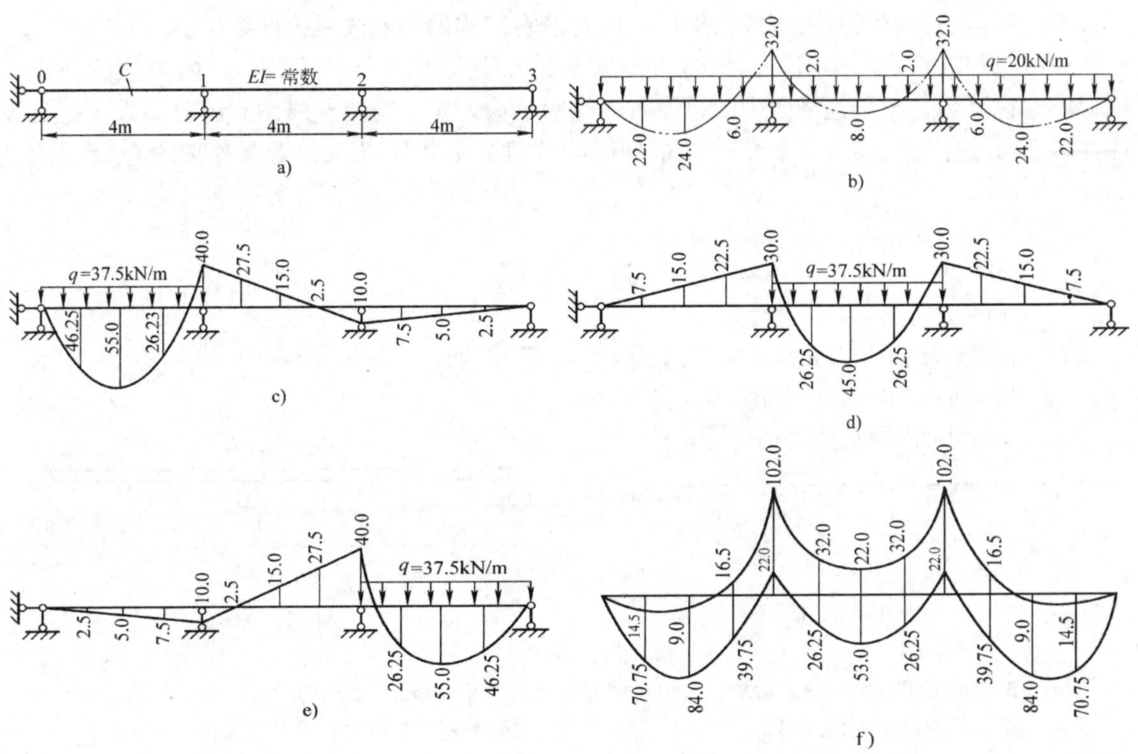

图 22-23 例 22-7 图（未注明单位：kN · m）

$$M_{1\max}=-32.0\text{kN}\cdot\text{m}+10.0\text{kN}\cdot\text{m}=-22.0\text{kN}\cdot\text{m}$$

$$M_{1\min}=-32.0\text{kN}\cdot\text{m}+(-40.0)\text{kN}\cdot\text{m}+(-30.0)\text{kN}\cdot\text{m}=-102.0\text{kN}\cdot\text{m}$$

又如对于 01 跨中截面 C 处

$$M_{C\max}=22.0\text{kN}\cdot\text{m}+46.25\text{kN}\cdot\text{m}+2.5\text{kN}\cdot\text{m}=70.75\text{kN}\cdot\text{m}$$

$$M_{C\min}=22.0\text{kN}\cdot\text{m}+(-7.5)\text{kN}\cdot\text{m}=14.5\text{kN}\cdot\text{m}$$

最后，分别把等分截面处最大与最小弯矩纵坐标的顶点，连成光滑曲线，便得到弯矩包络图（见图 22-23f）。

小　结

影响线是在单位竖向移动荷载 $F=1$ 作用下，结构中某量变化规律的图形。它是研究移动荷载最不利位置和计算梁内力最大值的基本方法。影响线是一个新的概念，应注意与内力图的区别。用静力法或机动法都可作静定结构的影响线，用机动法可作超静定结构的影响线的轮廓。

1. 静力法　根据静平衡条件，建立某量值与单位移动荷载位置的函数关系，作影响线的方法称为静力法。

2. 机动法　在结构中将产生某量值的对应约束去掉后，人为控制所得体系发生虚位移的方法称为机动法。静定结构基于的是刚体的虚功原理，而超静定的结构依据的是弹性体功的互等定理。

静定结构的影响线是由直线段组成，而超静定结构的影响线是由曲线组成。

在恒载和活载共同作用下，结构的各截面所可能发生的最大（最小）内力值的外包线称为内力包络图，弯矩包络图中的最大者为绝对最大弯矩。弯矩包络图和绝对最大弯矩是设计在移动荷载作用下梁的重要依据。根据影响线确定最不利荷载位置是作内力包络图的基础。

习　题

22-1　试用静力法作图示外伸梁 F_{Ay}、F_B、F_{SC}、M_C 的影响线。

22-2　试用机动法作上题各量值以及 M_B 的影响线。

22-3　试用机动法作 M_B、R_A 的影响线。

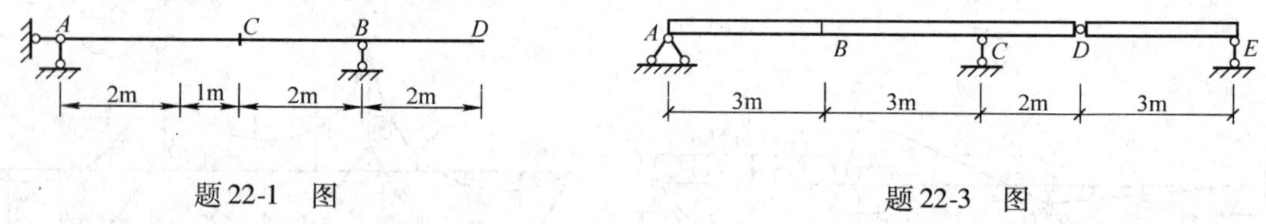

题 22-1　图　　　　题 22-3　图

22-4　试求简支梁的绝对最大弯矩，跨中点截面的最大弯矩，最大、最小剪力。

22-5　桥式起重机梁受桥式起重机荷载作用，求 M_C 的最不利荷载位置并求其最大值。

22-6　求上题绝对最大弯矩 M_{max}。

22-7　求列车荷载移动作用下梁 AB 的绝对最大弯矩 M_{max}。

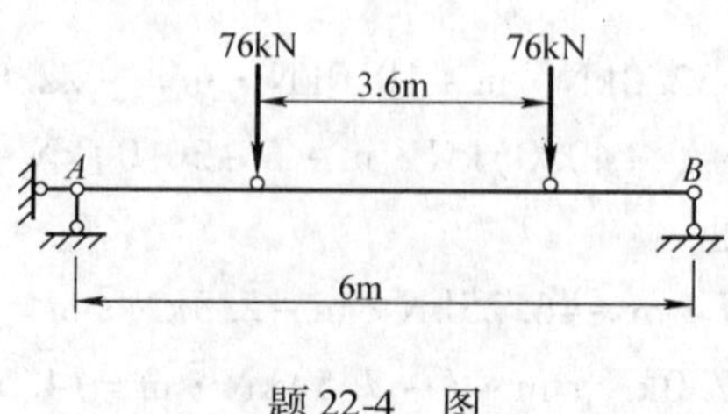

题 22-4　图

120kN
60kN
120kN
4m
4m
A
B
C
6m
6m
a)
40kN
20kN
40kN
30kN
2m
1m
3m
A
B
C
3m
6m
b)

题 22-5　图

6kN
2kN
2kN
3kN
2kN
2m
1m
2m
2m
A
B
12m

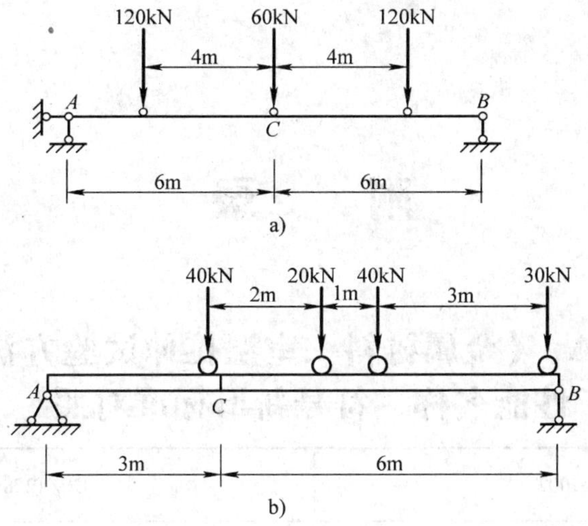

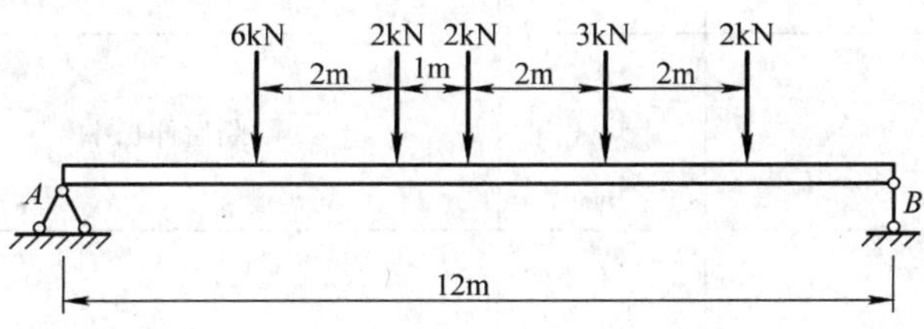

题 22-7　图

附　录

附录 A 《金属材料　室温拉伸试验方法》性能名称、符号新旧标准对照

GB/T228—2002		GB/T228—1987	
性能名称	符号	性能名称	符号
断面收缩率	Z	断面收缩率	ψ
断后伸长率	A $A_{11.3}$ A_{xmm}	断后伸长率	δ_5 δ_{10} δ_{xmm}
断裂总伸长率	A_t		
最大力总伸长率	A_{gt}	最大力下的总伸长率	δ_{gt}
最大力非比例伸长率	A_g	最大力下的非比例伸长率	δ_g
屈服点延伸率	A_e	屈服点伸长率	δ_s
屈服强度		屈服点	σ_s
上屈服强度	R_{eH}	上屈服点	σ_{sU}
下屈服强度	R_{eL}	下屈服点	σ_{sL}
规定非比例延伸强度	R_p 例如 $R_{p0.2}$	规定非比例伸长应力	σ_p 例如 $\sigma_{p0.2}$
规定总延伸强度	R_t 例如 $R_{t0.5}$	规定总伸长应力	σ_t 例如 $\sigma_{t0.5}$
规定残余延伸强度	R_r 例如 $R_{r0.2}$	规定残余伸长强度	σ_r 例如 $\sigma_{r0.2}$
抗拉强度	R_m	抗拉强度	σ_b

附录B 型 钢 表

表 B-1 热轧等边角钢(GB/T 9787—1988)

b—边宽度　　I—惯性矩

d—边厚度　　i—惯性半径

r—内圆弧半径　　W—截面系数

r_1—边端内圆弧半径　　z_0—重心距离

角钢号数	尺寸/mm			截面面积 /cm²	理论重量 /kg·m⁻¹	外表面积 /m²·m⁻¹	参考数值										z_0/cm
							x—x			x_0—x_0			y_0—y_0			x_1—x_1	
	b	d	r				I_x /cm⁴	i_x /cm	W_x /cm³	I_{x0} /cm⁴	i_{x0} /cm	W_{x0} /cm³	I_{y0} /cm⁴	i_{y0} /cm	W_{y0} /cm³	I_{x1} /cm⁴	
2	20	3	3.5	1.132	0.889	0.078	0.40	0.59	0.29	0.63	0.75	0.45	0.17	0.39	0.20	0.81	0.60
		4		1.459	1.145	0.077	0.50	0.58	0.36	0.78	0.73	0.55	0.22	0.38	0.24	1.09	0.64
2.5	25	3		1.432	1.124	0.098	0.82	0.76	0.46	1.29	0.95	0.73	0.34	0.49	0.33	1.57	0.73
		4		1.859	1.459	0.097	1.03	0.74	0.59	1.62	0.93	0.92	0.43	0.48	0.40	2.11	0.76
3.0	30	3	4.5	1.749	1.373	0.117	1.46	0.91	0.68	2.31	1.15	1.09	0.61	0.59	0.51	2.71	0.85
		4		2.276	1.786	0.117	1.84	0.90	0.87	2.92	1.13	1.37	0.77	0.58	0.62	3.63	0.89
3.6	36	3		2.109	1.656	0.141	2.58	1.11	0.99	4.09	1.39	1.61	1.07	0.71	0.76	4.68	1.00
		4		2.756	2.163	0.141	3.29	1.09	1.28	5.22	1.38	2.05	1.37	0.70	0.93	6.25	1.04
		5		3.382	2.654	0.141	3.95	1.08	1.56	6.24	1.36	2.45	1.65	0.70	1.09	7.84	1.07

（续）

角钢号数	尺寸/mm			截面面积	理论重量	外表面积	参考数值										z_0/cm
							$x—x$			$x_0—x_0$			$y_0—y_0$			$x_1—x_1$	
	b	d	r	/cm^2	/kg · m^{-1}	/m^2 · m^{-1}	I_x /cm^4	i_x /cm	W_x /cm^3	I_{x0} /cm^4	i_{x0} /cm	W_{x0} /cm^3	I_{y0} /cm^4	i_{y0} /cm	W_{y0} /cm^3	I_{x1} /cm^4	
4.0	40	3	5	2.359	1.852	0.157	3.59	1.23	1.23	5.69	1.55	2.01	1.49	0.79	0.96	6.41	1.09
		4		3.086	2.422	0.157	4.60	1.22	1.60	7.29	1.54	2.58	1.91	0.79	1.19	8.56	1.13
		5		3.791	2.976	0.156	5.53	1.21	1.96	8.76	1.52	3.10	2.30	0.78	1.39	10.74	1.17
4.5	45	3		2.659	2.088	0.177	5.17	1.40	1.58	8.20	1.76	2.58	2.14	0.89	1.24	9.12	1.22
		4		3.486	2.736	0.177	6.65	1.38	2.05	10.56	1.74	3.32	2.75	0.89	1.54	12.18	1.26
		5		4.292	3.369	0.176	8.04	1.37	2.51	12.74	1.72	4.00	3.33	0.88	1.81	15.25	1.30
		6		5.076	3.985	0.176	9.33	1.36	2.95	14.76	1.70	4.64	3.89	0.88	2.06	18.36	1.33
5	50	3	5.5	2.971	2.332	0.197	7.18	1.55	1.96	11.37	1.96	3.22	2.98	1.00	1.57	12.50	1.34
		4		3.897	3.059	0.197	9.26	1.54	2.56	14.70	1.94	4.16	3.82	0.99	1.96	16.69	1.38
		5		4.803	3.770	0.196	11.21	1.53	3.13	17.79	1.92	5.03	4.64	0.98	2.31	20.90	1.42
		6		5.688	4.465	0.196	13.05	1.52	3.68	20.68	1.91	5.85	5.42	0.98	2.63	25.14	1.46
5.6	56	3	6	3.343	2.624	0.221	10.19	1.75	2.48	16.14	2.20	4.08	4.24	1.13	2.02	17.56	1.48
		4		4.390	3.446	0.220	13.18	1.73	3.24	20.92	2.18	5.28	5.46	1.11	2.52	23.43	1.53
		5		5.415	4.251	0.220	16.02	1.72	3.97	25.42	2.17	6.42	6.61	1.10	2.98	29.33	1.57
		8		8.367	6.568	0.219	23.63	1.68	6.03	37.37	2.11	9.44	9.89	1.09	4.16	47.24	1.68
6.3	63	4	7	4.978	3.907	0.248	19.03	1.96	4.13	30.17	2.46	6.78	7.89	1.26	3.29	33.35	1.70
		5		6.143	4.822	0.248	23.17	1.94	5.08	36.77	2.45	8.25	9.57	1.25	3.90	41.73	1.74
		6		7.288	5.721	0.247	27.12	1.93	6.00	43.03	2.43	9.66	11.20	1.24	4.46	50.14	1.78
		8		9.515	7.469	0.247	34.46	1.90	7.75	54.56	2.40	12.25	14.33	1.23	5.47	67.11	1.85
		10		11.657	9.151	0.246	41.09	1.88	9.39	64.85	2.36	14.56	17.33	1.22	6.36	84.31	1.93

（续）

角钢号数	尺寸/mm			截面面积	理论重量	外表面积	参考数值										
							$x—x$			$x_0—x_0$			$y_0—y_0$			$x_1—x_1$	z_0/cm
	b	d	r	/cm²	/kg·m⁻¹	/m²·m⁻¹	I_x /cm⁴	i_x /cm	W_x /cm³	I_{x0} /cm⁴	i_{x0} /cm	W_{x0} /cm³	I_{y0} /cm⁴	i_{y0} /cm	W_{y0} /cm³	I_{x1} /cm⁴	
7	70	4	8	5.570	4.372	0.275	26.39	2.18	5.14	41.80	2.74	8.44	10.99	1.40	4.17	45.74	1.86
		5		6.875	5.397	0.275	32.21	2.16	6.32	51.08	2.73	10.32	13.34	1.39	4.95	57.21	1.91
		6		8.160	6.406	0.275	37.77	2.15	7.48	59.93	2.71	12.11	15.61	1.38	5.67	68.73	1.95
		7		9.424	7.398	0.275	43.09	2.14	8.59	68.35	2.69	13.81	17.82	1.38	6.34	80.29	1.99
		8		10.667	8.373	0.274	48.17	2.12	9.68	76.37	2.68	15.43	19.98	1.37	6.98	91.92	2.03
7.5	75	5	9	7.412	5.818	0.295	39.97	2.33	7.32	63.30	2.92	11.94	16.63	1.50	5.77	70.56	2.04
		6		8.797	6.905	0.294	46.95	2.31	8.64	74.38	2.90	14.02	19.51	1.49	6.67	84.55	2.07
		7		10.160	7.976	0.294	53.57	2.30	9.93	84.96	2.89	16.02	22.18	1.48	7.44	98.71	2.11
		8		11.503	9.030	0.294	59.96	2.28	11.20	95.07	2.88	17.93	24.86	1.47	8.19	112.97	2.15
		10		14.126	11.089	0.293	71.98	2.26	13.64	113.92	2.84	21.48	30.05	1.46	9.56	141.71	2.22
8	80	5	9	7.912	6.211	0.315	48.79	2.48	8.34	77.33	3.13	13.67	20.25	1.60	6.66	85.36	2.15
		6		9.397	7.376	0.314	57.35	2.47	9.87	90.98	3.11	16.08	23.72	1.59	7.65	102.50	2.19
		7		10.860	8.525	0.314	65.58	2.46	11.37	104.07	3.10	18.40	27.09	1.58	8.58	119.70	2.23
		8		12.303	9.658	0.314	73.49	2.44	12.83	116.60	3.08	20.61	30.39	1.57	9.46	136.97	2.27
		10		15.126	11.874	0.313	88.43	2.42	15.64	140.09	3.04	24.76	36.77	1.56	11.08	171.74	2.35
9	90	6	10	10.637	8.350	0.354	82.77	2.79	12.61	131.26	3.51	20.63	34.28	1.80	9.95	145.87	2.44
		7		12.301	9.656	0.354	94.83	2.78	14.54	150.47	3.50	23.64	39.18	1.78	11.19	170.30	2.48
		8		13.944	10.946	0.353	106.47	2.76	16.42	168.97	3.48	26.55	43.97	1.78	12.35	194.80	2.52
		10		17.167	13.476	0.353	128.58	2.74	20.07	203.90	3.45	32.04	53.26	1.76	14.52	244.07	2.59
		12		20.306	15.940	0.352	149.22	2.71	23.57	236.21	3.41	37.12	62.22	1.75	16.49	293.76	2.67

（续）

角钢号数	尺寸/mm			截面面积 /cm²	理论重量 /kg·m⁻¹	外表面积 /m²·m⁻¹	参考数值										z_0/cm
							x—x			x_0—x_0			y_0—y_0			x_1—x_1	
	b	d	r				I_x /cm⁴	i_x /cm	W_x /cm³	I_{x0} /cm⁴	i_{x0} /cm	W_{x0} /cm³	I_{y0} /cm⁴	i_{y0} /cm	W_{y0} /cm³	I_{x1} /cm⁴	
10	100	6	12	11.932	9.366	0.393	114.95	3.01	15.68	181.98	3.90	25.74	47.92	2.00	12.69	200.07	2.67
		7		13.796	10.830	0.393	131.86	3.09	18.10	208.97	3.89	29.55	54.74	1.99	14.26	233.54	2.71
		8		15.638	12.276	0.393	148.24	3.08	20.47	235.07	3.88	33.24	61.41	1.98	15.75	267.09	2.76
		10		19.261	15.120	0.392	179.51	3.05	25.06	284.68	3.84	40.26	74.35	1.96	18.54	334.48	2.84
		12		22.800	17.898	0.391	208.90	3.03	29.48	330.95	3.81	46.80	86.84	1.95	21.08	402.34	2.91
		14		26.256	20.611	0.391	236.53	3.00	33.73	374.06	3.77	52.90	99.00	1.94	23.44	470.75	2.99
		16		29.627	23.257	0.390	262.53	2.98	37.82	414.16	3.74	58.57	110.89	1.94	25.63	539.80	3.06
11	110	7	12	15.196	11.928	0.433	177.16	3.41	22.05	280.94	4.30	36.12	73.38	2.20	17.51	310.64	2.96
		8		17.238	13.532	0.433	199.46	3.40	24.95	316.49	4.28	40.69	82.42	2.19	19.39	355.20	3.01
		10		21.261	16.690	0.432	242.19	3.38	30.60	384.39	4.25	49.42	99.98	2.17	22.91	444.65	3.09
		12		25.200	19.782	0.431	282.55	3.35	36.05	448.17	4.22	57.62	116.93	2.15	26.15	534.60	3.16
		14		29.056	22.809	0.431	320.71	3.32	41.31	508.01	4.18	65.31	133.40	2.14	29.14	625.16	3.24
12.5	125	8	14	19.750	15.504	0.492	297.03	3.88	32.52	470.89	4.88	53.28	123.16	2.50	25.86	521.01	3.37
		10		24.373	19.133	0.491	361.67	3.85	39.97	573.89	4.85	64.93	149.46	2.48	30.62	651.93	3.45
		12		28.912	22.696	0.491	423.16	3.83	41.17	671.44	4.82	75.96	174.88	2.46	35.03	783.42	3.53
		14		33.367	26.193	0.490	481.65	3.80	54.16	763.76	4.78	86.41	199.57	2.45	39.13	915.61	3.61
14	140	10		27.373	21.488	0.551	514.65	4.34	50.58	817.27	5.46	82.56	212.04	2.78	39.20	915.11	3.82
		12		32.512	25.522	0.551	603.68	4.31	59.80	958.79	5.43	96.85	248.57	2.76	45.02	1099.28	3.90
		14		37.567	29.490	0.550	688.81	4.28	68.75	1093.56	5.40	110.47	284.06	2.75	50.45	1284.22	3.98
		16		42.539	33.393	0.549	770.24	4.26	77.46	1221.81	5.36	123.42	318.67	2.74	55.55	1470.07	4.06

（续）

角钢号数	尺寸/mm			截面面积 /cm²	理论重量 /kg·m⁻¹	外表面积 /m²·m⁻¹	参考数值									
							x—x			x_0—x_0			y_0—y_0			x_1—x_1	z_0/cm
	b	d	r				I_x /cm^4	i_x /cm	W_x /cm^3	I_{x0} /cm^4	i_{x0} /cm	W_{x0} /cm^3	I_{y0} /cm^4	i_{y0} /cm	W_{y0} /cm^3	I_{x1} /cm^4	
16	160	10	16	31.502	24.729	0.630	779.53	4.98	66.70	1237.30	6.27	109.36	321.76	3.20	52.76	1365.33	4.31
		12		37.441	29.391	0.630	916.58	4.95	78.98	1455.68	6.24	128.67	377.49	3.18	60.74	1639.57	4.39
		14		43.296	33.987	0.629	1048.36	4.92	90.95	1665.02	6.20	147.17	431.70	3.16	68.24	1914.68	4.47
		16		49.067	38.518	0.629	1175.08	4.89	102.63	1865.57	6.17	164.89	484.59	3.14	75.31	2190.82	4.55
18	180	12		42.241	33.159	0.710	1321.35	5.59	100.82	2100.10	7.05	165.00	542.61	3.58	78.41	2332.80	4.89
		14		48.896	38.383	0.709	1514.48	5.56	116.25	2407.42	7.02	189.14	625.53	3.56	88.38	2723.48	4.97
		16		55.467	43.542	0.709	1700.99	5.54	131.13	2703.37	6.98	212.40	698.60	3.55	97.83	3115.29	5.05
		18		61.955	48.634	0.708	1875.12	5.50	145.64	2988.24	6.94	234.78	762.01	3.51	105.14	3502.43	5.13
20	200	14	18	54.642	42.894	0.788	2103.55	6.20	144.70	3343.26	7.82	236.40	863.83	3.98	111.82	3734.10	5.46
		16		62.013	48.680	0.788	2366.15	6.18	163.65	3760.89	7.79	265.93	971.41	3.96	123.96	4270.39	5.54
		18		69.301	54.401	0.787	2620.64	6.15	182.22	4164.54	7.75	294.48	1076.74	3.94	135.52	4808.13	5.62
		20		76.505	60.056	0.787	2867.30	6.12	200.42	4554.55	7.72	322.06	1180.04	3.93	146.55	5347.51	5.69
		24		90.661	71.168	0.785	3338.25	6.07	236.17	5294.97	7.64	374.41	1381.53	3.90	166.65	6457.16	5.87

表 B-2　热轧不等边角钢（GB/T 9788—1988）

B—长边宽度　　b—短边宽度
d—边厚度　　r—内圆弧半径
r_1—边端内圆弧半径　　I—惯性矩
i—惯性半径　　W—截面系数
x_0—重心距离　　y_0—重心距离

（续）

角钢号数	尺寸/mm				截面面积 /cm^2	理论重量/ kg·m^{-1}	外表面积 /m^2·m^{-1}	参考数值													
								x—x			y—y			x_1—x_1		y_1—y_1		u—u			
	B	b	d	r				I_x /cm^4	i_x /cm	W_x /cm^3	I_y /cm^4	i_y /cm	W_y /cm^3	I_{x1} /cm^4	y_0 /cm	I_{y1} /cm^4	x_0 /cm	I_u /cm^4	i_u /cm	W_u /cm^3	tanα
2.5/1.6	25	16	3	3.5	1.162	0.912	0.080	0.70	0.78	0.43	0.22	0.44	0.19	1.56	0.86	0.43	0.42	0.14	0.34	0.16	0.392
			4		1.499	1.176	0.079	0.88	0.77	0.55	0.27	0.43	0.24	2.09	0.90	0.59	0.46	0.17	0.34	0.20	0.381
3.2/2	32	20	3		1.492	1.171	0.102	1.53	1.01	0.72	0.46	0.55	0.30	3.27	1.08	0.82	0.49	0.28	0.43	0.25	0.382
			4		1.939	1.522	0.101	1.93	1.00	0.93	0.57	0.54	0.39	4.37	1.12	1.12	0.53	0.35	0.42	0.32	0.374
4/2.5	40	25	3	4	1.890	1.484	0.127	3.08	1.28	1.15	0.93	0.70	0.49	5.39	1.32	1.59	0.59	0.56	0.54	0.40	0.385
			4		2.467	1.936	0.127	3.93	1.26	1.49	1.18	0.69	0.63	8.53	1.37	2.14	0.63	0.71	0.54	0.52	0.381
4.5/2.8	45	28	3	5	2.149	1.687	0.143	4.45	1.44	1.47	1.34	0.79	0.62	9.10	1.47	2.23	0.64	0.80	0.61	0.51	0.383
			4		2.806	2.203	0.143	5.69	1.42	1.91	1.70	0.78	0.80	12.13	1.51	3.00	0.68	1.02	0.60	0.66	0.380
5/3.2	50	32	3	5.5	2.431	1.908	0.161	6.24	1.60	1.84	2.02	0.91	0.82	12.49	1.60	3.31	0.73	1.20	0.70	0.68	0.404
			4		3.177	2.494	0.160	8.02	1.59	2.39	2.58	0.90	1.06	16.65	1.65	4.45	0.77	1.53	0.69	0.87	0.402
5.6/3.6	56	36	3	6	2.743	2.153	0.181	8.88	1.80	2.32	2.92	1.03	1.05	17.54	1.78	4.70	0.80	1.73	0.79	0.87	0.408
			4		3.590	2.818	0.180	11.45	1.79	3.03	3.76	1.02	1.37	23.39	1.82	6.33	0.85	2.23	0.79	1.13	0.408
			5		4.415	3.466	0.180	13.86	1.77	3.71	4.49	1.01	1.65	29.25	1.87	7.94	0.88	2.67	0.78	1.36	0.404
6.3/4	63	40	4	7	4.058	3.185	0.202	16.49	2.02	3.87	5.23	1.14	1.70	33.30	2.04	8.63	0.92	3.12	0.88	1.40	0.398
			5		4.993	3.920	0.202	20.02	2.00	4.74	6.31	1.12	2.71	41.63	2.08	10.86	0.95	3.76	0.87	1.71	0.396
			6		5.908	4.638	0.201	23.36	1.96	5.59	7.29	1.11	2.43	49.98	2.12	13.12	0.99	4.34	0.86	1.99	0.393
			7		6.802	5.339	0.201	26.53	1.98	6.40	8.24	1.10	2.78	58.07	2.15	15.47	1.03	4.97	0.86	2.29	0.389
7/4.5	70	45	4	7.5	4.547	3.570	0.226	23.17	2.26	4.86	7.55	1.29	2.17	45.92	2.24	12.26	1.02	4.40	0.98	1.77	0.410
			5		5.609	4.403	0.225	27.95	2.23	5.92	9.13	1.28	2.65	57.10	2.28	15.39	1.06	5.40	0.98	2.19	0.407
			6		6.647	5.218	0.225	32.54	2.21	6.95	10.62	1.26	3.12	68.35	2.32	18.58	1.09	6.35	0.98	2.59	0.404
			7		7.657	6.011	0.225	37.22	2.20	8.03	12.01	1.25	3.57	79.99	2.36	21.84	1.13	7.16	0.97	2.94	0.402

（续）

角钢号数	尺寸/mm				截面面积/cm²	理论重量/kg·m⁻¹	外表面积/m²·m⁻¹	参考数值													
								x—x			y—y			x_1—x_1		y_1—y_1		u—u			
	B	b	d	r				I_x /cm⁴	i_x /cm	W_x /cm³	I_y /cm⁴	i_y /cm	W_y /cm³	I_{x1} /cm⁴	y_0 /cm	I_{y1} /cm⁴	x_0 /cm	I_u /cm⁴	i_u /cm	W_u /cm³	tanα
7.5/5	75	50	5	8	6.125	4.808	0.245	34.86	2.39	6.83	12.61	1.44	3.30	70.00	2.40	21.04	1.17	7.41	1.10	2.74	0.435
			6		7.260	5.699	0.245	41.12	2.38	8.12	14.70	1.42	3.88	84.30	2.44	25.37	1.21	8.54	1.08	3.19	0.435
			8		9.467	7.431	0.244	52.39	2.35	10.52	18.53	1.40	4.99	112.50	2.52	34.23	1.29	10.87	1.07	4.10	0.429
			10		11.590	9.098	0.244	62.71	2.33	12.79	21.96	1.38	6.04	140.80	2.60	43.43	1.36	13.10	1.06	4.99	0.423
8/5	80	50	5	8	6.375	5.005	0.255	41.96	2.56	7.78	12.82	1.42	3.32	85.21	2.60	21.06	1.14	7.66	1.10	2.74	0.388
			6		7.560	5.935	0.255	49.49	2.56	9.25	14.95	1.41	3.91	102.53	2.65	25.41	1.18	8.85	1.08	3.20	0.387
			7		8.724	6.848	0.255	56.16	2.54	10.58	16.96	1.39	4.48	119.33	2.69	29.82	1.21	10.18	1.08	3.70	0.384
			8		9.867	7.745	0.254	62.83	2.52	11.92	18.85	1.38	5.03	136.41	2.73	34.32	1.25	11.38	1.07	4.16	0.381
9/5.6	90	56	5	9	7.212	5.661	0.287	60.45	2.90	9.92	18.32	1.59	4.21	121.32	2.91	29.53	1.25	10.98	1.23	3.49	0.385
			6		8.557	6.717	0.286	71.03	2.88	11.74	21.42	1.58	4.96	145.59	2.95	35.58	1.29	12.90	1.23	4.13	0.384
			7		9.880	7.756	0.286	81.01	2.86	13.49	24.36	1.57	5.70	169.60	3.00	41.71	1.33	14.67	1.22	4.72	0.382
			8		11.183	8.779	0.286	91.03	2.85	15.27	27.15	1.56	6.41	194.17	3.04	47.93	1.36	16.34	1.21	5.29	0.380
10/6.3	100	63	6	10	9.617	7.550	0.320	99.06	3.21	14.64	30.94	1.79	6.35	199.71	3.24	50.50	1.43	18.42	1.38	5.25	0.394
			7		11.111	8.722	0.320	113.45	3.20	16.88	35.26	1.78	7.29	233.00	3.28	59.14	1.47	21.00	1.38	6.02	0.394
			8		12.584	9.878	0.319	127.37	3.18	19.08	39.39	1.77	8.21	266.32	3.32	67.88	1.50	23.50	1.37	6.78	0.391
			10		15.467	12.142	0.319	153.81	3.15	23.32	47.12	1.74	9.98	333.06	3.40	85.73	1.58	28.33	1.35	8.24	0.387
10/8	100	80	6		10.637	8.350	0.354	107.04	3.17	15.19	61.24	2.40	10.16	199.83	2.95	102.68	1.97	31.65	1.72	8.37	0.627
			7		12.301	9.656	0.354	122.73	3.16	17.52	70.08	2.39	11.71	233.20	3.00	119.98	2.01	36.17	1.72	9.60	0.626
			8		13.944	10.946	0.353	137.92	3.14	19.81	78.58	2.37	13.21	266.61	3.04	137.37	2.05	40.58	1.71	10.80	0.625
			10		17.167	13.476	0.353	166.87	3.12	24.24	94.65	2.35	16.12	333.63	3.12	172.48	2.13	49.10	1.69	13.12	0.622
11/7	110	70	6		10.637	8.350	0.354	133.37	3.54	17.85	42.92	2.01	7.90	265.78	3.53	69.08	1.57	25.36	1.54	6.53	0.403

（续）

角钢号数	尺寸/mm				截面面积 /cm²	理论重量/ kg·m⁻¹	外表面积 /m²·m⁻¹	参考数值													
								x—x			y—y			x_1—x_1		y_1—y_1		u—u			
	B	b	d	r				I_x /cm⁴	i_x /cm	W_x /cm³	I_y /cm⁴	i_y /cm	W_y /cm³	I_{x1} /cm⁴	y_0 /cm	I_{y1} /cm⁴	x_0 /cm	I_u /cm⁴	i_u /cm	W_u /cm³	tanα
11/7	110	70	7	10	12.301	9.656	0.354	153.00	3.53	20.60	49.01	2.00	9.09	310.07	3.57	80.82	1.61	28.95	1.53	7.50	0.402
			8		13.944	10.946	0.353	172.04	3.51	23.30	54.87	1.98	10.25	354.39	3.62	92.70	1.65	32.45	1.53	8.45	0.401
			10		17.167	13.476	0.353	208.39	3.48	28.54	65.88	1.96	12.48	443.13	3.70	116.83	1.72	39.20	1.51	10.29	0.397
12.5/8	125	80	7	11	14.096	11.066	0.403	227.98	4.02	26.86	74.42	2.30	12.01	454.99	4.01	120.32	1.80	43.81	1.76	9.92	0.408
			8		15.989	12.551	0.403	256.77	4.01	30.41	83.49	2.28	13.56	519.99	4.06	137.85	1.84	49.15	1.75	11.18	0.407
			10		19.712	15.474	0.402	312.04	3.98	37.33	100.67	2.26	16.56	650.09	4.14	173.40	1.92	59.45	1.74	13.64	0.404
			12		23.351	18.330	0.402	364.41	3.95	44.01	116.67	2.24	19.43	780.39	4.22	209.67	2.00	69.35	1.72	16.01	0.400
14/9	140	90	8	12	18.038	14.160	0.453	365.64	4.50	38.48	120.69	2.59	17.34	730.53	4.50	195.79	2.04	70.83	1.98	14.31	0.411
			10		22.261	17.475	0.452	445.50	4.47	47.31	140.03	2.56	21.22	913.20	4.58	245.92	2.12	85.82	1.96	17.48	0.409
			12		26.400	20.724	0.451	521.59	4.44	55.87	169.79	2.54	24.95	1096.09	4.66	296.89	2.19	100.21	1.95	20.54	0.406
			14		30.456	23.908	0.451	594.10	4.42	64.18	192.10	2.51	28.54	1279.26	4.74	348.82	2.27	114.13	1.94	23.52	0.403
16/10	160	100	10	13	25.315	19.872	0.512	668.69	5.14	62.13	205.03	2.85	26.56	1362.89	5.24	336.59	2.28	121.74	2.19	21.92	0.390
			12		30.054	23.592	0.511	784.91	5.11	73.49	239.06	2.82	31.28	1635.56	5.32	405.94	2.36	142.33	2.17	25.79	0.388
			14		34.709	27.247	0.510	896.30	5.08	84.56	271.20	2.80	35.83	1908.50	5.40	476.42	2.43	162.23	2.16	29.56	0.385
			16		39.281	30.835	0.510	1003.04	5.05	95.33	301.60	2.77	40.24	2181.79	5.48	548.22	2.51	182.57	2.16	33.44	0.382
18/11	180	110	10	14	28.373	22.273	0.571	956.25	5.80	78.96	278.11	3.13	32.49	1940.40	5.89	447.22	2.44	166.50	2.42	26.88	0.376
			12		33.712	26.464	0.571	1124.72	5.78	93.53	325.03	3.10	38.32	2328.38	5.98	538.94	2.52	194.87	2.40	31.66	0.374
			14		38.967	30.589	0.570	1286.91	5.75	107.76	369.55	3.08	43.97	2716.60	6.06	631.95	2.59	222.30	2.39	36.32	0.372
			16		44.139	34.649	0.569	1443.06	5.72	121.64	411.85	3.06	49.44	3105.15	6.14	726.46	2.67	248.94	2.38	40.87	0.369
20/12.5	200	125	12		37.912	29.761	0.641	1570.90	6.44	116.73	483.16	3.57	49.99	3193.85	6.54	787.74	2.83	285.79	2.74	41.23	0.392
			14		43.867	34.436	0.640	1800.97	6.41	134.65	550.83	3.54	57.44	3726.17	6.02	922.47	2.91	326.58	2.73	47.34	0.390
			16		49.739	39.045	0.639	2023.35	6.38	152.18	615.44	3.52	64.69	4258.86	6.70	1058.86	2.99	366.21	2.71	53.32	0.388
			18		55.526	43.588	0.639	2238.30	6.35	169.33	677.19	3.49	71.74	4792.00	6.78	1197.13	3.06	404.83	2.70	59.18	0.385

表 B-3　热轧槽钢(GB/T 707—1988)

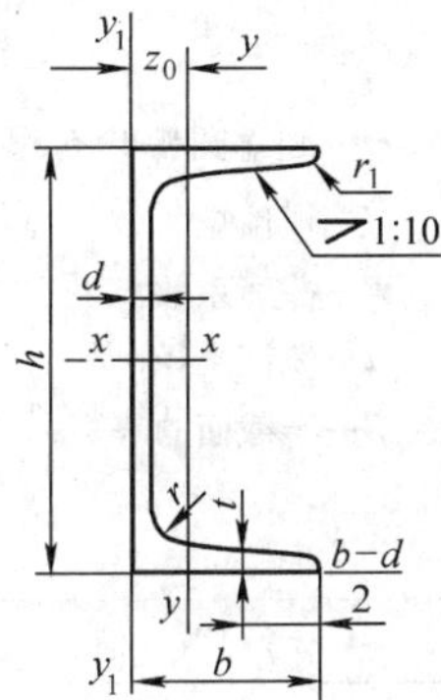

h—高度　　　　r_1—腿端圆弧半径

b—腿宽度　　　　I—惯性矩

d—腰厚度　　　　W—截面系数

t—平均腿厚度　　　　i—惯性半径

r—内圆弧半径　　　　z_0—y—y 轴与 y_1—y_1 轴间距

型号	尺寸/mm						截面面积/cm^2	理论重量/$kg \cdot m^{-1}$	参考数值							z_0/cm
									x—x			y—y			y_1—y_1	
	h	b	d	t	r	r_1			W_x/cm^3	I_x/cm^4	i_x/cm	W_y/cm^3	I_y/cm^4	i_y/cm	I_{y1}/cm^4	
5	50	37	4.5	7	7.0	3.5	6.928	5.438	10.4	26.0	1.94	3.55	8.30	1.10	20.9	1.35
6.3	63	40	4.8	7.5	7.5	3.8	8.451	6.634	16.1	50.8	2.45	4.50	11.9	1.19	28.4	1.36
8	80	43	5.0	8	8.0	4.0	10.248	8.045	25.3	101	3.15	5.79	16.6	1.27	37.4	1.43
10	100	48	5.3	8.5	8.5	4.2	12.748	10.007	39.7	198	3.95	7.8	25.6	1.41	54.9	1.52
12.6	126	53	5.5	9	9.0	4.5	15.692	12.318	62.1	391	4.95	10.2	38.0	1.57	77.1	1.59
14 a	140	58	6.0	9.5	9.5	4.8	18.516	14.535	80.5	564	5.52	13.0	53.2	1.70	107	1.71
b	140	60	8.0	9.5	9.5	4.8	21.316	16.733	87.1	609	5.35	14.1	61.1	1.69	121	1.67
16a	160	63	6.5	10	10.0	5.0	21.962	17.240	108	866	6.28	16.3	73.3	1.83	144	1.80
16	160	65	8.5	10	10.0	5.0	25.162	19.752	117	935	6.10	17.6	83.4	1.82	161	1.75
18a	180	68	7.0	10.5	10.5	5.2	25.699	20.174	141	1270	7.04	20.0	98.6	1.96	190	1.88
18	180	70	9.0	10.5	10.5	5.2	29.299	23.000	152	1370	6.84	21.5	111	1.95	210	1.84
20a	200	73	7.0	11	11.0	5.5	28.837	22.637	178	1780	7.86	24.2	128	2.11	244	2.01
20	200	75	9.0	11	11.0	5.5	32.837	25.777	191	1910	7.64	25.9	144	2.09	268	1.95
22a	220	77	7.0	11.5	11.5	5.8	31.846	24.999	218	2390	8.67	28.2	158	2.23	298	2.10
22	220	79	9.0	11.5	11.5	5.8	36.246	28.453	234	2570	8.42	30.1	176	2.21	346	2.03
a	250	78	7.0	12	12.0	6.0	34.917	27.410	270	3370	9.82	30.6	176	2.24	322	2.07
25b	250	80	9.0	12	12.0	6.0	39.917	31.335	282	3530	9.41	32.7	196	2.22	353	1.98
c	250	82	11.0	12	12.0	6.0	44.917	35.260	295	3690	9.07	35.9	218	2.21	384	1.92
a	280	82	7.5	12.5	12.5	6.2	40.034	31.427	340	4760	10.9	35.7	218	2.33	388	2.10
28b	280	84	9.5	12.5	12.5	6.2	45.634	35.823	366	5130	10.6	37.9	242	2.30	428	2.02
c	280	86	11.5	12.5	12.5	6.2	51.234	40.219	393	5500	10.4	40.3	268	2.29	463	1.95
a	320	88	8.0	14	14.0	7.0	48.513	38.083	475	7600	12.5	46.5	305	2.50	552	2.24
32b	320	90	10.0	14	14.0	7.0	54.913	43.107	509	8140	12.2	49.2	336	2.47	593	2.16
c	320	92	12.0	14	14.0	7.0	61.313	48.131	543	8690	11.9	52.6	374	2.47	643	2.09
a	360	96	9.0	16	16.0	8.0	60.910	47.814	660	11900	14.0	63.5	455	2.73	818	2.44
36b	360	98	11.0	16	16.0	8.0	68.110	53.466	703	12700	13.6	66.9	497	2.70	880	2.37
c	360	100	13.0	16	16.0	8.0	75.310	59.118	746	13400	13.4	70.0	536	2.67	948	2.34
a	400	100	10.5	18	18.0	9.0	75.068	58.928	879	17600	15.3	78.8	592	2.81	1070	2.49
40b	400	102	12.5	18	18.0	9.0	83.068	65.208	932	18600	15.0	82.5	640	2.78	1140	2.44
c	400	104	14.5	18	18.0	9.0	91.068	71.488	986	19700	14.7	86.2	688	2.75	1220	2.42

表 B-4　热轧工字钢（GB/T 706—1988）

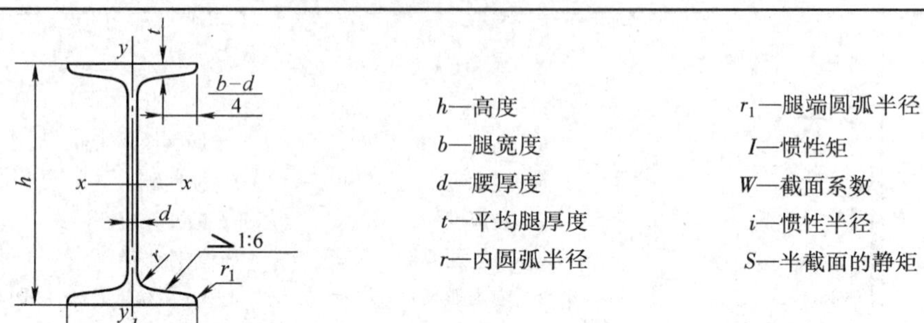

型号	尺寸/mm						截面面积 /cm²	理论重量 /kg·m⁻¹	参考数值						
									x—x				y—y		
	h	b	d	t	r	r_1			I_x /cm⁴	W_x /cm³	i_x /cm	$I_x:S_x$	I_y /cm⁴	W_y /cm³	i_y /cm
10	100	68	4.5	7.6	6.5	3.3	14.345	11.261	245	49.0	4.14	8.59	33.0	9.72	1.52
12.6	126	74	5.0	8.4	7.0	3.5	18.118	14.223	488	77.5	5.20	10.8	46.9	12.7	1.61
14	140	80	5.5	9.1	7.5	3.8	21.516	16.890	712	102	5.76	12.0	64.4	16.1	1.73
16	160	88	6.0	9.9	8.0	4.0	26.131	20.513	1130	141	6.58	13.8	93.1	21.2	1.89
18	180	94	6.5	10.7	8.5	4.3	30.756	24.143	1660	185	7.36	15.4	122	26.0	2.00
20a	200	100	7.0	11.4	9.0	4.5	35.578	27.929	2370	237	8.15	17.2	158	31.5	2.12
20b	200	102	9.0	11.4	9.0	4.5	39.578	31.069	2500	250	7.96	16.9	169	33.1	2.06
22a	220	110	7.5	12.3	9.5	4.8	42.128	33.070	3400	309	8.99	18.9	225	40.9	2.31
22b	220	112	9.5	12.3	9.5	4.8	46.528	36.524	3570	325	8.78	18.7	239	42.7	2.27
25a	250	116	8.0	13.0	10.0	5.0	48.541	38.105	5020	402	10.2	21.6	280	48.3	2.40
25b	250	118	10.0	13.0	10.0	5.0	53.541	42.030	5280	423	9.94	21.3	309	52.4	2.40
28a	280	122	8.5	13.7	10.5	5.3	55.404	43.492	7110	508	11.3	24.6	345	56.6	2.50
28b	280	124	10.5	13.7	10.5	5.3	61.004	47.888	7480	534	11.1	24.2	379	61.2	2.49
32a	320	130	9.5	15.0	11.5	5.8	67.156	52.717	11100	692	12.8	27.5	460	70.8	2.62
32b	320	132	11.5	15.0	11.5	5.8	73.556	57.741	11600	726	12.6	27.1	502	76.0	2.61
32c	320	134	13.5	15.0	11.5	5.8	79.956	62.765	12200	760	12.3	26.8	544	81.2	2.61
36a	360	136	10.0	15.8	12.0	6.0	76.480	60.037	15800	875	14.4	30.7	552	81.2	2.69
36b	360	138	12.0	15.8	12.0	6.0	83.680	65.689	16500	919	14.1	30.3	582	84.3	2.64
36c	360	140	14.0	15.8	12.0	6.0	90.880	71.341	17300	962	13.8	29.9	612	87.4	2.60
40a	400	142	10.5	16.5	12.5	6.3	86.112	67.598	21700	1090	15.9	34.1	660	93.2	2.77
40b	400	144	12.5	16.5	12.5	6.3	94.112	73.878	22800	1140	15.6	33.6	692	96.2	2.71
40c	400	146	14.5	16.5	12.5	6.3	102.112	80.158	23900	1190	15.2	33.2	727	99.6	2.65
45a	450	150	11.5	18.0	13.5	6.8	102.446	80.420	32200	1430	17.7	38.6	855	114	2.89
45b	450	152	13.5	18.0	13.5	6.8	111.446	87.485	33800	1500	17.4	38.0	894	118	2.84
45c	450	154	15.5	18.0	13.5	6.8	120.446	94.550	35300	1570	17.1	37.6	938	112	2.79
50a	500	158	12.0	20.0	14.0	7.0	119.304	93.654	46500	1860	19.7	42.8	1120	142	3.07
50b	500	160	14.0	20.0	14.0	7.0	129.304	101.504	48600	1940	19.4	42.4	1170	146	3.01
50c	500	162	16.0	20.0	14.0	7.0	139.304	109.354	50600	2080	19.0	41.8	1220	151	2.96
56a	560	166	12.5	21.0	14.5	7.3	135.435	106.316	65600	2340	22.0	47.7	1370	165	3.18
56b	560	168	14.5	21.0	14.5	7.3	146.635	115.108	68500	2450	21.6	47.2	1490	174	3.16
56c	560	170	16.5	21.0	14.5	7.3	157.835	123.900	71400	2550	21.3	46.7	1560	183	3.16
63a	630	176	13.0	22.0	15.0	7.5	154.658	121.407	93900	2980	24.5	54.2	1700	193	3.31
63b	630	178	15.0	22.0	15.0	7.5	167.258	131.298	98100	3160	24.2	53.5	1810	204	3.29
63c	630	180	17.0	22.0	15.0	7.5	179.858	141.189	102000	3300	23.8	52.9	1920	214	3.27

附录 C　习题答案

第 1 章

略

第 2 章

2-1　$F_R = 499.8\text{kN}$

方向角：$\alpha = 38.5°$

2-2　$F_B = 2.83\text{kN}$，$F_D = 3.46\text{kN}$

2-3　a）$\alpha = 26.6°$，$F_A = 1.58\text{kN}$，$F_B = 0.71\text{kN}$

b）$\alpha = 22.5°$，$F_A = 2.24\text{kN}$，$F_B = 1\text{kN}$

2-4　$F_A = \dfrac{\sqrt{2}}{2}F$，$F_B = -\dfrac{\sqrt{2}}{2}F$

2-5　a）$\begin{cases} F_{AB} = 0.577W（拉力） \\ F_{AC} = -1.15W（压力） \end{cases}$

b）$\begin{cases} F_{AB} = 0.577W \\ F_{AC} = 0.577W \end{cases}$

2-6　$\begin{cases} F_{AC} = 10.42\text{kN}（压） \\ F_{AB} = -18.35\text{kN}（压） \end{cases}$

2-7　管子作用在每一立柱上的压力为 $F_{AB}/2 = 2.31\text{kN}$

2-8　$F_{AC} = F_{AB} = -\dfrac{F}{2\sin\alpha}$　$F_D = \dfrac{Fl}{2h}$

2-9　a）$M_0(F) = Fl$

b）$M_0(F) = 0$

c）$M_0(F) = Fl\sin\alpha$

d）$M_0(F) = -Fa$

e）$M_0(F) = F(1 + r)$

f）$M_0(F_P) = F\sqrt{a^2 + b^2}\sin\alpha$

2-10　$M_A(F) = 171\text{kN}\cdot\text{m}$ 挡土墙是安全的。

2-11　$F_{AB} = 5\text{kN}$

$M_2 = 3\text{kN}\cdot\text{m}$

2-12　$F_C = F_A = 2.7\text{kN}$

第 3 章

3-1　$m_A(F) = 218.5\text{kN}$

3-2　简化结果：$m_O(F) = -6007\text{kN}\cdot\text{m}$，$F = 8026.9\text{kN}$

作用线的位置：合力 F 指向左下方，合力作用线与 x 轴夹角为 92.4°。

3-3　a）$F_A = 200\text{kN}$（↑），$F_B = 150\text{kN}$（↑），

b）$F_A = 192\text{kN}$，$F_B = 288\text{kN}$

c）$F_A = -5\text{kN}$，$F_B = 5\text{kN}$

d）$F_A=\frac{1}{2}ql$，$M_A=\frac{1}{6}ql^2$

3-4　a）$F_{Ax}=7.07\text{kN}$，$F_{Ay}=29.02\text{kN}$，，$F_B=8.05\text{kN}$

b）$F_{Ax}=1.414\text{kN}$，$F_{Ay}=-1.1\text{kN}$（↓），$F_B=2.5\text{kN}$

c）$F_{Ax}=0$，$F_{Ay}=9\text{kN}$（↑），$F_B=5\text{kN}$

d），$F_B=-0.75\text{kN}$，$F_{Ax}=0$，$F_{Ay}=3.75\text{kN}$

3-5　a）$F_{Ax}=3\text{kN}$，$F_{Ay}=0.25$（↓），$F_{By}=4.25\text{kN}$（↑）

b）$F_{Ax}=0$，$F_{Ay}=17\text{kN}$（↑），$M_A=33\text{kN}\cdot\text{m}$（逆时针）

3-6　a）$F_{By}=6.12\text{kN}$（↑），$F_{Ax}=0$，$F_{Ay}=5.96\text{kN}$

b）$F_{By}=11.24\text{kN}$（↑），$F_{Ax}=0$，$F_{Ay}=2.24\text{kN}$

3-7　a）$F_{Cy}=18\text{kN}$（↑），$F_{By}=6\text{kN}$（↑），$F_{Ay}=6\text{kN}$（↑），$M_A=32\text{kN}\cdot\text{m}$（逆时针）

b）$F_C=F_D=\frac{F}{2}=20\text{kN}$（↑），$F_G=36\text{kN}$（↑），$F_E=64\text{kN}$（↑）

$F_B=64\text{kN}$（↑），$F_{Ay}=36\text{kN}$（↑）

3-8　a）$F_D=15\text{kN}$（↑），$F_{Cy}=30\text{kN}$，$F_B=0$，$F_{Ay}=30\text{kN}$，$F_{Ax}=30\text{kN}$

b）$F_{Bx}=-1\text{kN}$，$F_{By}=5\text{kN}$，$F_{Ax}=1\text{kN}$（→），$F_{Ay}=7\text{kN}$（↑）

3-9　$F_{AC}=8\text{kN}$（拉），$F_{BC}=6.93\text{kN}$（压）

3-10　$F_H=7975.2\text{N}$

3-11　$F_{Ax}=F_{Bx}=-W\sin\alpha, F_{By}=W\cos\alpha, F_{Ay}=W(1+\cos\alpha), M_A=W(1+\cos\alpha)$（逆时针）

3-12　$F_B=52.31\text{kN}$，$F_{Ax}=4\text{kN}$，$F_{Ay}=54.62\text{kN}$

第4章

4-1　$F_x=70.7\text{kN}$，$F_y=-35.4\text{kN}$，$F_z=61.2\text{kN}$

4-2　$F_x=36\text{kN}$，$F_y=32.3\text{kN}$，$F_z=10\text{kN}$

4-3　$F_{AO}=-1414\text{N}$，$F_{BO}=F_{CO}=707\text{N}$

4-4　$F_A=F_B=26.4\text{kN}$，分别沿 AD、BD 方向；$F_C=33.5\text{kN}$，沿 DC 方向。

4-5　$M_x=75\text{N}\cdot\text{m}$，$M_y=-29.9\text{N}\cdot\text{m}$，$M_z=129.9\text{N}\cdot\text{m}$

4-6　$F_1=-5\text{kN}$，$F_2=-5\text{kN}$，$F_3=-7.07\text{kN}$，$F_4=5\text{kN}$，$F_5=5\text{kN}$，$F_6=-10\text{kN}$

4-7　$F_1=25\text{N}$，$F_2=525\text{N}$，$F_3=450\text{N}$

4-8　$a=35\text{cm}$

4-9　$F=200\text{N}$，$F_{Ax}=86.6\text{N}$，$F_{Ay}=150\text{N}$，$F_{Az}=100\text{N}$，$F_{Bx}=F_{Bz}=0$

4-10　$F=0.8\text{kN}$，，$F_{Az}=-0.48\text{kN}$，$F_{Ay}=-0.32\text{kN}$，，$F_{Bz}=-0.32\text{kN}$，$F_{By}=1.12\text{kN}$

4-11　$F_{Az}=10\text{kN}$，$M_{Ax}=40\text{kN}\cdot\text{m}$，$M_{Ay}=-10\text{kN}\cdot\text{m}$

4-12　$F_{Ax}=-5\text{kN}$，$F_{Ay}=-4\text{kN}$，$F_{Az}=8\text{kN}$

$M_{Ax}=32\text{kN}\cdot\text{m}$，$M_{Ay}=-30\text{kN}\cdot\text{m}$，$M_{Az}=20\text{kN}\cdot\text{m}$

4-13　$M_1=\frac{b}{a}M_2+\frac{c}{a}M_3$，$F_{Ax}=\frac{M_3}{a}$，$F_{Az}=\frac{M_2}{a}$，

$F_{Dx}=-\frac{M_3}{a}$，$F_{Dy}=0$，$F_{Dz}=-\frac{M_2}{a}$

4-14　$F_{Ax}=2.1\text{kN}$，$F_{Ay}=0$，$F_{Az}=0.2\text{kN}$，

$M_{Ax}=0.8\text{kN}\cdot\text{m}$，$M_{Ay}=14.2\text{kN}\cdot\text{m}$，$M_{Az}=-8.4\text{kN}\cdot\text{m}$

4-15 $F_1 = F_5 = -F$，$F_3 = F$，$F_2 = F_4 = F_6 = 0$

4-16 $F_1 = F_2 = F_3 = \frac{2M}{3a}$，$F_4 = F_5 = F_6 = -\frac{3M}{4a}$

4-17 $x_C = 11\text{cm}$

4-18 $x_C = -\frac{r_1 r_2^2}{2(r_1^2 - r_2^2)}$

4-19 $y_C = 43.9\text{cm}$

4-20 $x_C = 1.17\text{m}$，$y_C = 2.15\text{m}$

4-21 $x_C = 2.02\text{m}$，$y_C = 1.15\text{m}$，$z_C = 0.716\text{m}$

4-22 $h = \frac{\sqrt{2}}{2} r$

第 6 章

6-1 a）$F_{N1} = F$，$F_{N2} = -2F$，$F_{N3} = 5F$

b）$F_{N1} = 55\text{kN}$，$F_{N2} = 15\text{kN}$，$F_{N3} = -15\text{kN}$

c）$F_{N1} = -F$，$F_{N2} = 3F$，$F_{N3} = 0$

6-2 $F_{N1} = -3.84\text{kN}$，$F_{N2} = -35.36\text{kN}$

6-3 $\sigma_a = 10\text{MPa}$

6-4 $\sigma_{AB} = 25\text{MPa}$，$\sigma_{BC} = -41.7\text{MPa}$，$\sigma_{AC} = 33.3\text{MPa}$，$\sigma_{CD} = -25\text{MPa}$

6-5 $\sigma = 0.267\text{MPa}$

6-6 左柱 $\sigma_{上} = -0.6\text{MPa}$，$\sigma_{中} = -1.0\text{MPa}$，$\sigma_{下} = -0.85\text{MPa}$，

右柱 $\sigma_{上} = -0.3\text{MPa}$，$\sigma_{中} = -0.2\text{MPa}$，$\sigma_{下} = -0.65\text{MPa}$

6-7 $\Delta l_A = -0.13\text{mm}$

6-8 $\sigma_{max} = 127.3\text{MPa}$，$\Delta l = 0.573\text{mm}$

6-9 $[F] = 421\text{kN}$

6-10 $A_{上} = 0.0204\text{m}^2$，$A_{下} = 0.1149\text{m}^2$，$\Delta = 5.85\text{mm}$

6-11 $d = 19\text{mm}$

6-12 $x = 1.08\text{mm}$，$\sigma_1 = 44\text{MPa}$，$\sigma_2 = 33\text{MPa}$

6-13 $\Delta_v = 1.6\text{mm}$

6-14 $F_{N1} = -\frac{F}{6}$，$F_{N2} = \frac{F}{3}$，$F_{N3} = \frac{5}{6}F$

第 7 章

7-1 $\tau = 59.7\text{MPa}$，$\sigma_{bs} = 93.8\text{MPa}$

7-2 $\delta = 80\text{mm}$

7-3 $[F] = 1100\text{kN}$

7-4 $\tau = 99.5\text{MPa}\ [\tau]$，$\sigma_{bs} = 125\text{MPa} < [\sigma_{bs}]$，$\sigma = 125\text{MPa} < [\sigma]$

7-5 $[F] = 157\text{kN}$

7-6 $\tau = 94.3\text{MPa}$，$\sigma_{bs} = 222\text{MPa}$，$\sigma_{max} = 118\text{MPa}$

第8章

8-1 a） $T_{左} = -2kN \cdot m$，$T_{右} = 3kN \cdot m$（作图略）

b） $T_{左} = -M_e$，$T_{右} = M_e$（作图略）

8-2 $\tau_A = 71.4MPa$，$\tau_B = 71.4MPa$，$\tau_C = 35.7MPa$，$\varphi = 0.018rad$

8-3 $\tau_{max} = 120MPa$

8-4 $\tau_{max} = 24.2MPa$，$\theta_{max} = 0.46°/m$

8-5 （1） $\tau_A = 25.09MPa$，$\gamma_A = 0.31 \times 10^{-3}rad$；（2） $\tau_{max} = 41.8MPa$，$\tau_{min} = 16.73MPa$

8-6 （1） $\tau_1 = 97.8MPa$；（2） $\tau_{1max} = 122MPa$；（3） $\tau_{max} = 239MPa$

第9章

9-1 a） $F_{S1} = 2kN$，$M_1 = -2kN \cdot m$

b） $F_{S1} = F_{S2} = -ql$，$M_1 = M_2 = -\frac{ql^2}{2}$

c） $F_{S1} = 0$，$F_{S2} = 4kN$，$M_1 = M_2 = -2kN \cdot m$

d） $F_{S1} = ql$，$F_{S2} = \frac{3ql}{2}$，$M_1 = -\frac{1}{2}ql^2$，$M_2 = -\frac{13}{8}ql^2$

e） $F_{S1} = -\frac{F}{2}$，$F_2 = F$，$M_1 = -\frac{1}{2}Fl$，$M_2 = -Fl$

f） $F_{S1} = \frac{F}{2}$，$F_{S2} = -\frac{F}{2}$，$M_1 = \frac{Fl}{2} + \frac{ql^2}{2}$，$M_2 = \frac{Fl}{2} + \frac{ql^2}{2}$

g） $F_{S1} = -\frac{M}{2l}$，$F_{S2} = 0$，$M_1 = -\frac{M}{2}$，$M_2 = -M$

h） $F_{S1} = -\frac{5}{3}kN$，$M_1 = 5kN \cdot m$

9-2 a） $F_{Smax} = F$，$M_{max} = Fl$

b） $F_A = F_{Smax} = 2ql$，$|M|_{max} = \frac{3}{2}ql^2$

c） $F_{SA} = F_{Smax} = \frac{3}{4}ql$，$M_{max} = \frac{9}{32}ql^2$

d） $F_{Smax} = 1kN$，$M_{max} = 1kN \cdot m$

9-3 a） $F_{Smax} = \frac{5}{8}ql$，$|M|_{max} = \frac{1}{8}ql^2$

b） $F_{Smax} = 8kN$，$|M|_{max} = 24kN \cdot m$

c） $F_S = 0$，$M_{max} = 10kN \cdot m$

d） $F_{Smax} = 15kN$，$|M|_{max} = 25kN \cdot m$

e） $|F_S|_{max} = F$，$M_{max} = Fl$

f） $F_{Smax} = ql/2$，$M_{max} = \frac{1}{8}ql^2$

g） $F_{Smax} = 25kN$，$M_A = -20kN$，$M_{max} = 11.25kN \cdot m$

h）$F_{Smax}=10kN$，$M_{max}=5kN\cdot m$

i）$F_{Smax}=ql$，$|M|_{max}=\frac{3}{2}ql^2$

9-4 a）$|M|_{max}=ql^2$　$|M|_{max}=\frac{1}{2}ql^2$　b）$|M|_{max}=\frac{1}{4}ql^2$　$|M|_{max}=\frac{1}{8}ql^2$　c）$|M|_{max}=\frac{1}{4}Fl$　$|M|_{max}=\frac{1}{8}Fl$

9-5 略

9-6 a）$M_C=Fl$，$M_A=0$

b）$M_A=M_B=-20kN\cdot m$

c）$M_A=M_B=-20kN\cdot m$，$|M|_{中}=15kN\cdot m$

d）$M_A=M_B=-20kN\cdot m$，$M_{max}=0$

e）$M_A=30kN\cdot m$，$M_B=-40kN\cdot m$

f）$M_C=7.5kN\cdot m$，$M_B=-5kN\cdot m$

9-7 $dM/dx=F_S(x)-M, \frac{dF_S(x)}{dx}=0$

9-8 $q(x)=6ax+2b$，c 为 $x=0$ 处的集中力偶值。

9-9 $l_0/l=0.207$

第 10 章

10-1 a）$\frac{2}{3}R^3$，b）$3.25\times10^6mm^3$，c）$2.69\times10^6mm^3$

10-2 $y_C=275.13mm$　　$S_z=199.7\times10^5mm^3$

10-3 74%

10-4 a）$I_z=0.0525h^4$　　$I_y=0.014h^4$

b）$I_z=105.4\times10^5mm^4$　　$I_y=1221\times10^5mm^4$

c）$I_z=0.0525h^4$　　$I_y=0.014h^4$

10-5 a）$I_z=\left(\frac{1}{8}-\frac{8}{9\pi^2}\right)\pi R^4$　　$I_y=\frac{\pi R^4}{8}$

b）$I_z=11.35\times10^7mm^4$　　$I_y=3.54\times10^7mm^4$

c）$I_z=10.19\times10^7mm^4$　　$I_y=5.36\times10^7mm^4$

10-6 $a=111.2mm$

10-7 a）$I_z=3.59\times10^6mm^4$，b）$I_z=58.37\times10^6mm^4$

10-8 $\alpha_0=0.49rad$　　$I_{z0}=5.3\times10^6mm^4$　　$I_{y0}=7.0\times10^5mm^4$

第 11 章

11-1 答案略

11-2 （1）应力比为 1∶2　　（2）$\sigma'=\frac{1}{16}\sigma$

11-3 $F_N^*=900kN$

11-4 1-1 截面 $\sigma_A=7.41\text{MPa}$，$\sigma_B=0$，$\sigma_C=3.71\text{MPa}$

2-2 截面 $\sigma_A=-9.26\text{MPa}$，$\sigma_B=0$，$\sigma_C=-4.63\text{MPa}$

11-5 $R=1\text{m}$

11-6 $h/b=\sqrt{2}$

11-7 $[F]=28.93\text{kN}$

11-8 $\tau_{\max}=\dfrac{16ql}{3\pi d^2}$，$\sigma_{\max}=\dfrac{16ql^2}{\pi d^3}$，$\dfrac{\tau_{\max}}{\sigma_{\max}}=\dfrac{d}{3l}$

11-9 $\tau_{\max}=0.3\text{MPa}$，$F_S=30\text{kN}$

11-10 $\tau_\phi=\dfrac{F_S}{\pi r_0\delta}(1-\cos\phi)$ 且当 $\phi=\pi$ 时，$\tau_{\max}=\dfrac{F_S}{\pi r_0\delta}$

11-11 1）$F_{N1}^*=142.2\text{kN}$，$F_{S1}^*=1.56\text{kN}$

2）$F_{N2}^*=8.89\text{kN}$，$F_{S2}^*=0.722\text{kN}$

11-12 $\sigma_{\max}=118.9\text{MPa}$，$\tau_{\max}=7.02\text{MPa}$

11-13 $\sigma_B^+=30.59\text{MPa}$，$\sigma_B^-=\sigma_{c\max}=51.76\text{MPa}<[\sigma]_c$，$\sigma_{t\max}=43.14\text{MPa}>[\sigma]_t$

所以，不满足强度要求。

11-14 $\tau_{\max}=0.52\text{MPa}<[\tau]$

11-15 Ⅰ20a

11-16 提高了92.5%

第12章

12-1 $f_B=\dfrac{625ql^4}{10368EI}$，$\theta_B=\dfrac{125ql^3}{1296EI}$

12-2 $\theta_A=\dfrac{ql^3}{6EI}$，$\theta_B=0$

12-3 $\theta_A=-\dfrac{5ql^3}{48EI}$，$f_D=-\dfrac{ql^4}{384EI}$

12-4 $\theta_B=\dfrac{ql_1^3}{6EI}$，$f_B=\dfrac{ql_1^3}{24EI}(3l_1+4l_2)$

12-5 $M_{\max}=-\dfrac{25}{8}ql^2$

12-6 $f_{\max}=\dfrac{11Fl^3}{6EI}$

12-7 a）$\theta_C=\dfrac{5ql^3}{6EI}$，$f_C=\dfrac{2ql^4}{3EI}$

b）$\theta_C=-\dfrac{23Fl^2}{12EI}$，$f_C=-\dfrac{17Fl^3}{12EI}$

12-8 $f_B=\dfrac{3Fl^3}{16EI}$

12-9 $\theta_A=-\frac{5ql^3}{48EI}$，$f_D=-\frac{ql^4}{384EI}$

12-10 $f_B=\frac{ql_1^3}{24EI}$（$3l_1+4l_2$）

12-11 $\sigma_{max}=33\text{MPa}\leqslant[\sigma]$，$f_{max}/l=1/1818<1/400$，所以，既满足强度条件又满足刚度条件。

12-12 $d=0.16\text{m}$

12-13 a）$F_B=\frac{14}{27}F$，b）$F_B=-\frac{3M}{4l}$

12-14 a）$F_B=\frac{11}{16}F$，b）$M_A=M_B=\frac{Fl}{8}$（逆时针）

12-15 $\Delta l_2=0.457\times10^{-2}\text{m}$，$f_D=10.23\text{cm}$

第13章

13-1 $\sigma_{max}=148.73\text{MPa}$

13-2 $\sigma_A=8.5\text{MPa}$，$\sigma_B=0.16\text{MPa}$，$\sigma_C=-8.5\text{MPa}$，$\sigma_D=-0.16\text{MPa}$

$\sigma_{max}=8.5\text{MPa}<[\sigma]=10\text{MPa}$，满足强度条件。

13-3 a）$b=9.1\text{cm}\approx10\text{cm}$，$h=18.2\text{cm}\approx20\text{cm}$

b）$d=15.6\text{cm}\approx16\text{cm}$

13-4 $q_{max}\leqslant1.385\text{kN/m}$

13-5 1. $\sigma_{max}=0.65\text{MPa}$，$\sigma_{min}=-6.02\text{MPa}$

2. $h>372\text{mm}$

13-6 最大拉应力 $\sigma_{max}=4F/a^2$，最大压应力 $\sigma_{min}=-8F/a^2$，8 倍

13-7 $\sigma_A=33.33\text{MPa}$，$\sigma_B=-6.67\text{MPa}$，$\sigma_C=-46.67\text{MPa}$，$\sigma_D=-6.67\text{MPa}$

第14章

14-1 1. $F_{cr}=632.8\text{kN}$，$\sigma_{cr}=20.1\text{MPa}$

2. $F_{cr}=158.2\text{kN}$，$\sigma_{cr}=5.03\text{MPa}$

14-2 $F_{cr}=252.2\text{kN}$

14-3 中柔度杆；$F_{cr}=962.4\text{kN}$

14-4 $\lambda_y=160$，$\varphi_y=0.276$，$\frac{F}{\varphi A}=196.2\text{MPa}<[\sigma]=215\text{MPa}$ 满足

14-5 AB 梁：$\sigma_{max}=129\text{MPa}<[\sigma]=160\text{MPa}$（按抗弯计算）

CD 压杆：$\frac{F_N}{\varphi A}=155.6\text{MPa}<[\sigma]=215\text{MPa}$（按稳定计算）

14-6 $F_{max}=268.2\text{kN}$

14-7 $\delta=3.2\text{mm}$

14-8 1. $h=70.8\text{mm}$

2. $F_{max}=665.4\text{kN}$

第15章

15-1 计算简图略

15-2　计算简图略

15-3　计算简图略

15-4　计算简图略

第16章

16-1　a）无多余约束的几何不变体系；　b）无多余约束的几何可变体系；
c）无多余约束的几何可变体系；　d）有1个多余约束的几何不变体系；
e）无多余约束的几何不变体系；　f）有2个多余约束的几何不变体系；
g）无多余约束的几何可变体系；　h）几何可变体系；
i）有1个多余约束的几何不变体系；　j）有1个多余约束的几何不变体系；
k）有1个多余约束的几何不变体系；　l）有1个多余约束的几何不变体系；

16-2　a）无多余约束的几何不变体系；　b）无多余约束的几何不变体系；
c）有2个多余约束的几何不变体系；　d）几何可变体系；
e）无多余约束的几何不变体系；　f）几何可变体系；
g）无多余约束的几何不变体系；　h）几何可变体系；
i）无多余约束的几何不变体系；　j）有1个多余约束的几何不变体系；
k）无多余约束的几何不变体系。

16-3　略

16-4　$h \neq 2\text{m}$，$h \neq \infty$

第17章

17-1　a）$M_{中} = 0.0625ql^2$　b）$M_{中} = 0.21875Fl$
c）$M_{中} = 7.5\text{kN}\cdot\text{m}$　d）$M_{中} = 120\text{kN}\cdot\text{m}$，作图略

17-2　a）$M_B = 6.08\text{kN}\cdot\text{m}$　b）$M_D = 1.875\text{kN}\cdot\text{m}$，作图略

17-3　a）$M_{BA} = Fa$ 左拉　b）$M_{BA} = 32\text{kN}\cdot\text{m}$ 右拉　c）$M_{BA} = 20\text{kN}\cdot\text{m}$ 左拉，作图略

17-4　a）$M_{CA} = 20\text{kN}\cdot\text{m}$ 右拉，$F_{SCA} = 5\text{kN}$，$F_{NCA} = 0$
b）$M_{CA} = 16\text{kN}\cdot\text{m}$ 右拉，$F_{SCA} = 0$，$F_{NCA} = -3.3\text{kN}$，作图略

17-5　a）$M_{DC} = qa^2$ 左拉　b）$M_{DC} = 0.5M$ 上拉　c）$M_{DA} = 0.8F_m$ 左拉，作图略

17-6　$M_K = 103\text{kN}\cdot\text{m}$，$F_{SK}^L = 33.9\text{kN}$，$F_{SK}^R = -66.2\text{kN}$

17-7　$F_x = 82.5\text{kN}$，在 $x = 9\text{m}$ 处，$M = -7.5\text{kN}\cdot\text{m}$，作图略

17-8　答案略

17-9　a）$F_{AC} = -3.4F$　b）$F_{GF} = -2F$

17-10　a）$F_a = -25\text{kN}$，　$F_b = 17.7\text{kN}$，　$F_c = 12.5\text{kN}$
b）$F_a = 65\text{kN}$，　$F_b = 48\text{kN}$，　$F_c = 18\text{kN}$

17-11　a）$F_a = -60\text{kN}$，　$F_b = 37.8\text{kN}$，　$F_c = 18.6\text{kN}$，　$F_d = 66.7\text{kN}$
b）$F_a = -14.4\text{kN}$，　$F_b = -10\text{kN}$，　$F_c = -20\text{kN}$

第18章

18-1　a）$\theta_A = \dfrac{ql^3}{24EI}$　b）$\theta_B = \dfrac{28ql^3}{3EI}$　c）$\Delta_{Bg} = \dfrac{Fl^3}{48EI}$，$\theta_A = \dfrac{Fl^2}{16EI}$
d）$\Delta_{Cy} = \dfrac{110}{3EI}$　e）$\Delta_{Cy} = \dfrac{ql^4}{24EI}$（↓），$\theta_B = \dfrac{ql^3}{24EI}$　f）$\Delta_{Cy} = \dfrac{5ql^4}{48EI}$（↓）

g）$\Delta_{Cy}=\dfrac{ql^4}{8EI}$（↓），$\theta_B=\dfrac{7ql^3}{48EI}$　　h）$\Delta_{Cy}=\dfrac{ql^4}{128}\left(\dfrac{15}{EI_1}+\dfrac{1}{EI_2}\right)$

18-2　a）不正确　b）不正确　c）正确　d）不正确　e）不正确　f）不正确，作图略

18-3　a）$\Delta_{Cx}=0.09\text{m}$　　b）$\theta_C=\dfrac{ql^3}{48EI}$

c）$\Delta_{Cx}=-\dfrac{ql^4}{4EI}$（→），$\theta_C=\dfrac{2ql^3}{3EI}$　　d）$\Delta_{Dx}=\dfrac{3ql^4}{8EI}$（→）

18-4　$\Delta_{Ey}=\dfrac{932.5}{EA}$（↓）

18-5　$\Delta_{Cx}=0.2\text{mm}$（→）

18-6　a）$\Delta_{Dy}=4Fl^3/3EI+32Fl/9EA$，　$\theta_D=3Fl^2/2EI+8F/9EA$

b）$\Delta_{Cy}=-20Fl^3/27EI+Fl/3EA$，　$\Delta_{C\text{-}D}=\dfrac{16\sqrt{2}Fl^3}{9EI}$

18-7　$\Delta_{C\text{-}D}=\dfrac{ql^4}{24EI}$（→←）

18-8　$\theta_{B\text{-}B}=\dfrac{ql^3}{24EI}+\dfrac{Fl^2}{16EI}$

18-9　$\Delta_{Ay}=\dfrac{4Fl^3}{3EI}$，　$\theta_{A\text{-}B}=\dfrac{Fl^2}{EI}$

18-10　$\Delta_{Cx}=0.5\text{cm}$（←），　$\Delta_{Cy}=1.5\text{cm}$（↓）

第19章

19-1　a）2次　b）4次　c）4次　d）5次　e）2次　f）7次　g）3次
h）4次　i）2次　j）1次　k）3次　l）2次　m）5次　n）9次

19-2　a）$M_{AB}=\dfrac{ql^2}{8}$　b）$M_{AB}=\dfrac{-Fl_1l_2(l_1+2l_2)}{2(l_1+l_2)^2}$　c）$M_{AB}=0.8\text{kN}\cdot\text{m}$

d）$M_{AB}=0.5Fl_2$　e）$M_{CA}=\dfrac{ql^2}{8}$　f）$M_{CA}=\dfrac{ql^2}{6}$

g）$M_{AB}=\dfrac{3Fl}{16}$　h）$M_{AB}=5\text{kN}\cdot\text{m}$　i）$M_{BA}=Fl/8$

j）$M_{BC}=\dfrac{ql^2}{20}$，作图略

19-3　a）$M_{CA}=\dfrac{ql^2}{32}$左　b）$M_{BC}=20\text{kN}\cdot\text{m}$下　c）$M_{BC}=45.08\text{kN}\cdot\text{m}$下

d）$M_{BC}=42.6\text{kN}\cdot\text{m}$上　e）$M_{BC}=-\dfrac{ql^2}{68}$上　f）$M_{BC}=\dfrac{5Fl}{22}$右

g）$M_{CB}=\dfrac{11ql^2}{40}$上　h）$M_{DC}=7.38\text{kN}\cdot\text{m}$下，作图略

19-4　a）$F_{AB}=F_{BC}=0.41F$（拉力）　　$F_{AD}=F_{EC}=0.59F$（压力）

$F_{BD}=F_{BE}=0.83F$（压力）　　$F_{DE}=0.17F$（拉力）

b）$F_{AD}=F_{AB}=F_{BC}=0.1F$（压力）$F_{AC}=F_{BD}=0.15F$（拉力）$F_{DC}=0.9F$（拉力）

c）$F_{AB}=F_{AD}=0.33F$（拉力）　　$F_{AC}=0.44F$（拉力）

d）$F_{AC}=F_{BD}=28.3\text{kN}$（压力）　　$F_{AE}=F_{EF}=F_{FB}=20\text{kN}$（拉力）

$F_{CF}=F_{DE}=0$　　$F_{CE}=F_{DF}=0$　　$F_{CD}=20\text{kN}$（压力）

19-5 a）$F_{AB}=9.4\text{kN}$（压力）$F_{AE}=F_{BF}=10.5\text{kN}$（拉力）$F_{CE}=F_{DF}=4.7\text{kN}$（压力）

$F_{EF}=9.4\text{kN}$（拉力）　　$M_{CA}=-0.1\text{kN}\cdot\text{m}$ 下

b）$F_{AB}=23.8\text{kN}$（压力）$F_{CD}=35.7\text{kN}$（压力）$F_{AD}=F_{BD}=29.8\text{kN}$（拉力）

$M_{CA}=11.4\text{kN}\cdot\text{m}$ 上

c）$F_{BC}=33.65\text{kN}$（压力）　　$M_{AC}=68.1\text{kN}\cdot\text{m}$ 上

19-6　a）$M_{AC}=225\text{kN}\cdot\text{m}$ 左　　b）$M_{AD}=78.1\text{kN}\cdot\text{m}$ 右，作图略

19-7　a）$M_{BD}=61.2\text{kN}\cdot\text{m}$ 左　　b）$M_{DA}=0.04qa^2$ 左　　c）$M_{BE}=23.9\text{kN}\cdot\text{m}$ 左

d）$M_{EF}=22.1\text{kN}\cdot\text{m}$ 下　　e）$M_{EF}=\dfrac{3ql^2}{8}$ 上，作图略

19-8　a）$M_{AB}=\dfrac{3EI}{l}\varphi_A$　　b）$M_{AB}=\dfrac{-3EI}{l^2}\Delta$

c）$M_{AB}=\dfrac{EI}{l}\varphi_A$　　d）$M_{AB}=\dfrac{48EI}{11l}\varphi_A$，作图略

19-9　$M_{CB}=\dfrac{6EI}{7l}\theta$ 下，作图略

第 20 章

20-1　a）$M_{AB}=0.04Fa$　　b）$M_{BA}=19.4\text{kN}\cdot\text{m}$

20-2　$M_{CD}=\dfrac{Fa}{116}$

20-3　a）$M_{AB}=-88.5\text{kN}\cdot\text{m}$　　b）$M_{AB}=16.1\text{kN}\cdot\text{m}$

20-4　a）$M_{AD}=-120\text{kN}\cdot\text{m}$　　b）$M_{AD}=-50\text{kN}\cdot\text{m}$

20-5　$M_{AC}=-168.3\text{kN}\cdot\text{m}$

20-6　$M_{DB}=-28.1\text{kN}\cdot\text{m}$

第 21 章

21-1　a）$M_{BC}=22.4\text{kN}\cdot\text{m}$　　b）$M_{BA}=120\text{kN}\cdot\text{m}$

21-2　a）$M_{BC}=18.3\text{kN}\cdot\text{m}$　　b）$M_{BC}=-54.5\text{kN}\cdot\text{m}$

21-3　a）$M_{BA}=-2.1\text{kN}\cdot\text{m}$　　b）$M_{DE}=-23.3\text{kN}\cdot\text{m}$

21-4　$M_{DE}=-22.8\text{kN}\cdot\text{m}$

21-5　$M_{AB}=-61.3\text{kN}\cdot\text{m}$

21-6　$M_{BA}=27.3\text{kN}\cdot\text{m}$

21-7　$M_{DE}=5.65\text{kN}\cdot\text{m}$　　$M_{FG}=-84.2\text{kN}\cdot\text{m}$

21-8　$M_{BD}=64.8\text{kN}\cdot\text{m}$　　$M_{BC}=-69.6\text{kN}\cdot\text{m}$

21-9　$M_{BC}=-192\text{kN}\cdot\text{m}$

21-10 $M_{CB}=12.8\text{kN}\cdot\text{m}$ $M_{BA}=15.7\text{kN}\cdot\text{m}$

21-11 a) $M_{BA}=77.6\text{kN}\cdot\text{m}$ b) $M_{CA}=160\text{kN}\cdot\text{m}$

第 22 章

22-1 答案略

22-2 答案略

22-3 答案略

22-4 $M_{\max}=111.72\text{kN}\cdot\text{m}$，$M_{中\max}=114\text{kN}\cdot\text{m}$，$F_{s中\max}=38\text{kN}$，$F_{S中\min}=-38\text{kN}$

22-5 a) $M_{C\max}=420\text{kN}\cdot\text{m}$ b) $M_{C\max}=136.7\text{kN}\cdot\text{m}$

22-6 a) $M_{\max}=426.67\text{kN}\cdot\text{m}$ b) $M_{\max}=178.035\text{kN}\cdot\text{m}$

22-7 $M_{\max}=28.05\text{kN}\cdot\text{m}$

参 考 文 献

[1] 李前程，安学敏，赵彤．建筑力学［M］．北京：高等教育出版社，2004.
[2] 中国机械工业教育协会，梁圣复．建筑力学［M］．北京：机械工业出版社，2001.
[3] 范钦珊．工程力学［M］．北京：机械工业出版社，2004.
[4] 重庆建筑工程学院．建筑力学：第一分册．理论力学［M］．3 版．北京：高等教育出版社，1998.
[5] 董卫华．理论力学［M］．武汉：武汉工业大学出版社，1997.
[6] 刘燕．工程力学［M］．北京：中国建筑工业出版社，2003.
[7] 张良成．工程力学与建筑结构［M］．北京：科学出版社，2002.
[8] J M 盖尔．材料力学［M］．（英文版．原书 5 版）北京：机械工业出版社，2002.
[9] 干光瑜，秦惠民．建筑力学：第二分册．材料力学［M］．3 版．北京：高等教育出版社，1998.
[10] 周国瑾，施美丽，张景良．建筑力学［M］．上海：同济大学出版社，1998.
[11] 俞茂宏，汪惠雄．材料力学［M］．北京：高等教育出版社，1986.
[12] 陈志刚，田景伦．工程力学［M］．重庆：重庆大学出版社，1997.
[13] 薛正庭．土木工程力学［M］．北京：机械工业出版社，2003.
[14] 汪菁．工程力学［M］．北京：化学工业出版社，2004.
[15] 苏炜．工程力学［M］．武汉：武汉工业大学出版社，2000.
[16] 袁海庆．材料力学［M］．武汉：武汉工业大学出版社，2000.
[17] 张流芳．材料力学［M］．武汉：武汉工业大学出版社，1997.
[18] 张如三．材料力学［M］．北京：中国建筑工业出版社，1997.
[19] 李世清．材料力学［M］．重庆：重庆大学出版社，1998.
[20] 龙驭球，包世华．结构力学教程［M］．北京：高等教育出版社，2002.
[21] 杨茀康，李家宝．结构力学［M］．3 版．北京：高等教育出版社，1983.
[22] 胡兴国．结构力学［M］．武汉：武汉工业大学出版社，1997.
[23] 潘立本．建筑力学［M］．上海：上海交通大学出版社，2002.
[24] 陈永龙．建筑力学［M］．北京：高等教育出版社，2000.
[25] 刘寿梅．建筑力学［M］．北京：高等教育出版社，2002.
[26] 包世华．结构力学［M］．武汉：武汉理工大学出版社，2000.

21 世纪高职高专规划教材目录（机、电、建筑类）

高等数学（理工科用）（第 2 版）
高等数学学习指导书（理工科用）（第 2 版）
计算机应用基础（第 2 版）
应用文写作
经济法概论
法律基础
法律基础概论
C 语言程序设计

工程制图（机械类用）（第 2 版）
工程制图习题集（机械类用）（第 2 版）
计算机辅助绘图—AutoCAD 2005 中文版
公差配合及技术测量
工程力学
金属工艺学
机械设计基础
工业产品造型设计
液压与气压传动
电工与电子基础
电工电子技术（非电类专业用）
机械制造基础
机械制造技术
数控技术
专业英语（机械类用）
金工实习
数控机床及其使用维修
数控加工工艺及编程
机电控制技术
计算机辅助设计与制造
微机原理与接口技术

机电一体化系统设计
控制工程基础
机械设备控制技术
金属切削机床
机械制造工艺与夹具

冷冲模设计及制造
塑料模设计及制造
模具 CAD/CAM

汽车构造
汽车电器与电子设备
公路运输与安全
汽车检测与维修
汽车空调
汽车营销学

工程制图(非机械类用)
工程制图习题集（非机械类用）
离散数学
电路基础
单片机原理与应用
电力拖动与控制
可编程序控制器及其应用（欧姆龙机型）
可编程序控制器及其应用（三菱机型）
工厂供电
微机原理与应用
模拟电子技术
数字电子技术
数字逻辑电路
办公自动化技术
现代检测技术与仪器仪表
传感器与检测技术

制冷原理与设备
制冷与空调装置自动控制技术
电视机原理与维修
自动控制原理与系统
电路与模拟电子技术
低频电子线路
电路分析基础
常用电子元器件

单片机原理及接口技术案例教程
多媒体技术及其应用
操作系统
数据结构
软件工程
微型计算机维护技术
汇编语言程序设计
VB6.0 程序设计
VB6.0 程序设计实训教程
Java 程序设计
C ++ 程序设计
Delphi 程序设计
计算机网络技术
网络应用技术
网络数据库技术
网络操作系统
网络安全技术
网络营销
网络综合布线
网络工程实训教程
计算机图形学实用教程
动画设计与制作
管理信息系统
电工与电子实验
专业英语（电类用）

物流技术基础
物流仓储与配送
物流管理
物流运输管理与实务

建筑制图
建筑制图习题集
建筑力学（第 2 版）
建筑材料
建筑工程测量
钢筋混凝土结构及砌体结构
房屋建筑学
土力学及地基基础
建筑设备
建筑给排水
建筑电气
建筑施工
建筑工程概预算
房屋维修与预算
建筑装修装饰材料
建筑装修装饰构造
建筑装修装饰设计
楼宇智能化技术
钢结构
多层框架结构
建筑施工组织
房地产开发与经营
工程造价案例分析
土木工程实训指导
土木工程基础实验教程
建设工程监理
建设工程招标与合同管理
房地产法规与案例分析
建设法规与案例分析